清华大学人居科学系列教材

城 市 规 划

Introduction to Urban Planning and Design

〔修订版〕

谭纵波 著

清华大学出版社
北京

内 容 提 要

本书系统地阐述了城市的起源与发展、城市化以及城市规划学科的演进历程等基础理论,概述了城市规划的任务、职能、内容和工作程序以及城市规划调研、城市生态环境与用地选择等基本方法,重点论述了城市总体布局、土地利用规划、道路交通规划、绿化与开敞空间系统规划以及基础设施规划等城市规划的核心内容,并对城市设计及我国现行城市规划体系进行了专题论述。

本书针对我国经济体制转型环境下的城市规划与建设,结合国内外城市规划思想、理论、方法与实例进行阐述,反映了清华大学建筑学院城市规划学科教学改革的成果,可作为高等院校城乡规划、建筑学、风景园林、人文地理等专业的教材或参考书,也可供城市规划、建筑设计等专业人员作为参考资料。

图书在版编目(CIP)数据

城市规划/谭纵波著. --修订版. --北京:清华大学出版社,2016(2024.8重印)
清华大学人居科学系列教材
ISBN 978-7-302-43324-8

Ⅰ.①城… Ⅱ.①谭… Ⅲ.①城市规划-高等学校-教材 Ⅳ.①TU984

中国版本图书馆 CIP 数据核字(2016)第 051617 号

责任编辑:周莉桦 赵从棉
封面设计:陈国熙
责任校对:赵丽敏
责任印制:杨 艳

出版发行:清华大学出版社
　　　网　　　址:https://www.tup.com.cn,https://www.wqxuetang.com
　　　地　　　址:北京清华大学学研大厦 A 座　　　邮　　编:100084
　　　社 总 机:010-83470000　　　邮　　购:010-62786544
　　　投稿与读者服务:010-62776969,c-service@tup.tsinghua.edu.cn
　　　质量反馈:010-62772015,zhiliang@tup.tsinghua.edu.cn
印 装 者:三河市铭诚印务有限公司
经　　销:全国新华书店
开　　本:203mm×253mm　　　印　　张:31　　　字　　数:677 千字
版　　次:2005 年 11 月第 1 版　　2016 年 6 月第 2 版　　　印　　次:2024 年 8 月第 10 次印刷
定　　价:88.00 元

产品编号:067959-04

关于城市规划教学及教材
编写的点滴体会

——谭纵波《城市规划》代序

　　谭纵波同志要我为他的新著作序言,颇感难以应命。多年来,我习惯在作序言时认真阅读原稿,直到形成比较明确的观点才下笔,在我当前的工作和精力下,已经难达这一要求了。这里谈些关于城市规划教学及教材编写的点滴体会,作为本书的代序。

　　1943 年我大学三年级的时候,曾听了两位老师讲的城市规划课程,一位是鲍鼎老师,另一位是朱皆平老师,他们各在建筑和土木系开设了讲座,我对城市规划的最初认识即源于他们的教诲。1945 年,我在随梁思成先生工作时,他正在读沙里宁的《城市:它的起源·发展·衰败》一书,1946 年我来清华大学工作,才有缘阅读沙氏此书,很有收获,这期间还陆续地阅读到其他一些城市经典书籍。1948 年我前往美国,师从沙里宁先生,他通过不定期的座谈和日常论文的指导,经常对学生进行个别的谈论和交流,他丰富的工作经历和对学术的精辟见解,对我启发很大。同时,我还在如饥似渴地阅读城市规划方面的理论书籍,包括芒福德的《城市文化》(Culture of cities)等。沙氏提醒我说多读书是好的,但书的作者难免有他自身的局限性,所以要学会思考,强调思想方法,我第一次听到这种提法,印象很深。此外,在美期间的参观考察,和与一些有识之士的接触等,对我日后的治学多有裨益。不过,比较系统的思考,还是通过论文写作和案例实践,才得到更多的锻炼。

　　1950 年底我回国之后,第二年就在清华开设城市规划概论课程,有些措手不及。当时已经强调学习苏联了,我不谙俄文,通过程应铨等人翻译的一些苏联资料,读到"公共卫生学"中有城市规划部分的专论,发现苏联的城市规划体系和西方国家很不一样。英美并没有什么法定通用的教材,一些名著重点放在对现实的批判与规划理念的思考上,如对良好居住的追求、对理想城市的探索等,各家之说,并无定论;而苏联的学科体系似较完整,当时读到的资料以及后来听到苏联专家的讲学内容,感觉仿佛是模子中出来的,体系相似。当然也有新的内容,如对人口的分析,包括基本人口、劳动人口、被抚养人口,等等,初读之,感到很新鲜;但久之,对自己来说,这种体系就显教条化了,后来渐悉苏联城市设计手法大体也是一套路子。所以我在讲这门课时,便努力糅合这两种体系,尝试进行综合的讲解。

讲好这门课有一定的困难。虽然那时距离我最初学习城市规划已有七八年的时间了,但对城市这样一个复杂的现象和问题,还是缺少生活体验的,而且年轻学生对城市更缺少感性认识,所以效果并不好。例如对工业区规划,我着实花费了不少力气备课,如对几种工业体系、冶炼、铸造、轻工业等各种生产过程、工业厂房的要求,特殊生产环境的需求等,每次都进行参观考察,但是教学效果仍然难以令学生满意。我还参观过苏联援助的工业项目,曾去了东北富拉尔基,严冬之际,白雪皑皑,几乎毫无收获。毫不讳言地说,这门课程还是很难讲的,因为无论对教师还是对学生来说,很多抽象的东西都很难有切实的体会。

1958年,由于"大跃进"运动的开展,当时的城市规划教研组教师带学生到河北、山西等地参与了一些具体的规划工作,倒是生动活泼多了。我所领导的小组修订了保定的城市总图,当时市长很投入,学生们工作也很有激情,其成果也得到了实践(保定新区基本按规划实施)。因此体会到这门课程一定要和具体的规划设计工作结合起来,包括后来小城镇规划和人民公社的设计,尽管并未实现,也从中受益匪浅。

除了这些以外,我还参加了国家组织召开的一些城市规划会议,对政策的讲解、正反例子的讨论等都非常有助于增进对城市规划的认识,亦感觉这门学问不能照本宣科,搬弄教条,而是要理论和实践相结合,才会生动和活泼。

当时我上课只给学生介绍参考资料,并没有完整的教材。直到1959年国庆之后不久,中央书记处整顿教学秩序,并且通令要编写教材。当时建设工程部教材司主管此事,我作为建筑学教材委员会的委员,还作为清华大学建筑系的教学行政工作的负责人,自然把抓教材当作大事,开始从事建筑设计、设计原理、建筑画的教材编写。

在这过程中,关于城市规划的教材,主管教材的部门一定要我编写,但当时学校领导因其"政策性很强",坚决不同意我接受这一任务,为此一位副校长还专门找我谈话解释。若干年后这个谜才揭晓,原来其中背景是由于在经济困难的时期,国务院李富春副总理说过"城市规划三年不搞",因此谁都不敢碰。后来建工部决定由几个学校共同编写,包括清华、同济、南京工学院、重庆建工学院,四校分头编写,最后在京开会汇总。主管规划的曹洪涛同志对我说:"不管如何,您是老教师,这项工作还得您主持了。"由于学校有言在先,我仍然很为难。但稿件讨论之后还是都汇集到了我的手头,只好努力进行整合修订,但由于初稿是在短时期内由几个单位分头编写的,如何统稿整合,保证质量,确实勉为其难。

当时清华正在整顿大跃进后搞乱了的教学秩序("按人头计"重新补课),只有到了晚上才能静心做事,为了更好地完成工作,我找了几位老师一道讨论修改。交卷以后,有关领导如程子华同志等对于总体规划部分还担心有政治性错误,又派城市规划院进行审查修订,当时的副院长史克宁同志主持,又派邹德慈同志和我取得联络,我还记得关于十年来中国城市政策一段,安永瑜先生参与了改写。总之,历经多次讨论核对,反复改写才最终定稿,后来总算得到批准付印。

编选教材的这段初创历史算是翻过去了,但从研究建国后中国城市规划学术发展来说,还是有它的时代意义的。

(1) 这本书的编写已在建国10周年之后,经历了经济困难时期,从学习苏联埋头建设,再回过头来研究城市规划理论,并强调走中国社会主义道路。此书从而成为当时从无到有的唯一的一本城市规划方面的学术著作,包含了很多人的努力和智慧。

(2) 当时城市规划十分重视政治。城市的发展和城市的规划当然不能脱离政治,三年经济困难原因很复杂,但当时要控制城市人口,与当时在计划经济下没有足够的商品粮来供养城市人口有关,这是当时规划的政治。至于对政治有点过分强调甚至神秘化,例如在总体规划等章节中就有显现,这是历史发展过程对城市科学的不掌握使然。当今经济社会大发展,城市化进程加速,要注意避免过度城市化,否则也可能带来不良后果,这也说明必须从政治上高瞻远瞩。

(3) 这本书名为"城乡规划",而未用"城市规划",因为当时在认识上城乡是一体的,原稿还曾有郊区规划,因不够成熟而删去,包括人民公社规划,尽管是特殊情况下的产物,但参与者还是抱有极大的热情,足见对农村是很重视的。今天城市有了很大发展,城乡结合问题,村镇发展问题,更应该以科学发展观的新高度来认识。

(4) 在编写过程中,由于"城市规划三年不搞",我颇感困惑,并访问了一些同志(甚至还是某些专业负责同志),他们对当时规划存在的某些现象批判得一无是处,"文革"中甚至发展到"规划无用论"。其实城市规划的发展是一个过程,学术的进步要不断地总结积累,而且还不可避免地受到时间、地点条件的影响,以此观点仍能发现原著的创造性所在。因此不是规划本身有用无用的问题,关键在于规划本身的科学性,过去常抱怨,规划得不到重视,等等,现在形势大好,普遍希望要有规划,但实践说明,老一套的规划技能已不能适应,需要更有创造性的理念,更多的相应的规划科学基础,以推进规划的发展,解决实际问题,所以规划科学本身还是需要与时俱进的。

无论如何,对这本被遗忘了的不完善的教材进行一些回顾还是会有很多感慨和收获的。我很感谢曹洪涛同志在当时条件下给予我们的鼓励和支持,同时怀念在"文革"中逝去的史克宁同志。

这本书刊印一二年之后,曾经计划再版,但后来发现书中有一个插图的地名音近赫鲁晓夫,由于当时我国已经和苏联关系恶化,因此就不打算再印了。所以可以说,由于当时种种政治的原因,造成城市规划工作的神秘化,以致影响到我国的城市规划正常发展。

我为这本书一段时间内耗费了相当的精力。当时经济困难粮食不足,一顿饭一个玉米面馒头,"按热量办事"变成行动准则,我当时自恃年轻,迫于重负,努力以赴,精神与体力超支。书成交卷之后,随即难以成眠,虚汗不止,抱病入院,孰料病情越来越重,以致整整付出了我三年的宝贵时间,才渐康复。所以对这本书和这一段特殊的历史,回想起来有一种复杂的感情,很难简单说清,亦少为人所知。

至于"文革"以后教材的编写,由于清华在工宣队主管的时候,不知道怎么来的那股"规划无用论",强烈反对恢复城市规划专业,所以"文革"后城市规划教材的编写清华就没有参加。

近几十年来,由于世界城市化进程不断地加速和深化,城市规划的著述也越来越多。20世纪80年代康奈尔大学的Rapes教授曾对我说,在四五十年代一年才会出现一两本好的著作,现在几乎每天就有一两本新书产生。话虽如此说,还以规划理念的书居多。例如1940年代末,"*The Urban Patterns：City Planning and Design*"属于教材性质的代表书籍之一,几十年来不断增订,多达5版,而新出的教科书并不是很多。Peter Hall的《城市与区域规划》,可以说是教材,也可以说是著作。主持大伦敦规划的阿伯克隆比颇负盛名,但他有一本早期的城市规划书,我到美国国会图书馆才找到,却很一般,这也是时代使然。事物变化了,时代发展了,此书当时有其历史意义,我们不能求全责备,只有作些比较研究,才能看到规划理念的不断发展。

另一个值得注意的现象是,近些年在美国出版了很多"选读"(reader)或者选编之类的文献,例如"*The City Reader*"已经发行了三版。对于一些著述等身的大师,不知从何开始阅读,如Mumford、Castells就有专门选本问世,从经典作者的经典著作中,筛选一些重要的篇章,让学生读遴选过的原著,以提高阅读和思考能力,我认为这倒是一个好方法。其效果可能要比由编者消化后再传播给学生要好一些。虽然学生初读起来可能要费点功夫,但对他们的理解力、分析力和创造力的提高,效果可能会更理想。

联系到研究生的教学,国外一些学校有些著名教授一两周要让学生阅读相当数量的原著并认真写作读书报告,这也是一种提高学生总结、分析、判断能力的行之有效的方法。再联系到城市规划人才的培养,我想到葡萄牙建筑师Alvaro Siza说过的一段话:

"我们认为建筑师是无专业的专业人员。建筑包含着如此多的元素,如此多的技术以及如此不同的问题,以致我们不可能掌握所有必要的知识。真正需要的是结合不同的元素和学科的能力。因为建筑师具有广阔的视野,不受具体知识的限制,他们能够把不同的因素联系起来并保持非专业化的综合能力。从这个角度来说,建筑师是无知的,但是他可以和许多人一起工作,并将大量的具体问题综合起来。这些技能只有通过经验才能获得,有了这些技能,我们就能对付伴随每一个项目而来的新问题。"

我非常欣赏这句话。城市规划,比起建筑来说,涉及的学科就更难限定了,越来越向多学科、交叉学科、跨学科发展,因此我一直强调多学科的融贯研究。多了一门专业积累,就等于多了一种观察城市的视角,而只有具备了相关专业的综合基础,才有可能对城市作出比较全面的认识和思考,这从认识论的角度来说是有道理的。无论城市规划的教学还是城市研究的开展,就规划工作本身来说,核心之点在于综合的整体的思想。这句话说来似乎很简单,实际则需要较长时期的认识过程和知识与经验的积累,以及哲学、方法论的自觉锻炼,在这里也仅能点明为止了。

　　以上只是我对城市规划这门概论教学和教材不一定成熟的看法。写到这里,必须要声明,我前面所说的种种想法,主要供城市规划学人对我国解放以后城市规划学科的发展和教材的编写有所了解和参考,并不是说不需要写教科书。城市规划概论的编写,特别对本科生应该是很有意义的一种方式,它有助于向初学者介绍一个较为完整的概念,培育他们的专业兴趣和启发思想,促使他们进一步阅读原著并有志于从事这一专业,所以我更感受到教材编写的任务之重和要求之高。教材应当作为学术著作认真来写,有历史沿革,有理论,有实践,有总结,有科学方法,有发展方向,著者还可以审慎地提出个人的学术见解,等等,而且教材不必限定数量,不一定仅有一种法定版本,可以有多种版本,发挥不同学术观点与特色。

　　再回到谭纵波同志的这本《城市规划》教材上来,我虽粗作阅读,但觉得这本书写得颇为认真。作者对城市规划基础课程中学科知识结构的构建曾作了认真的研究,主张规划教育中规划思想与规划技能并重。本书有些章节很有新意和新解,注意到历史的源流、理论体系的发展,并重视土地利用、道路交通规划、规划技术、基础设施等,有其特色,愿为推荐。谨记所感,提供讨论。

2005 年 10 月 20 日

吴良镛:清华大学建筑学院教授,中国科学院院士,中国工程院院士。

序

　　城市的出现是人类文明进化的重要标志，并且城市始终体现着人类社会的演化而不断发展前进。城市建设的历史说明，各种类型各种规模的人居实体，不论是西安半坡原始聚落，还是埃及卡洪等大型城镇，从开始选址到营造建设，都已具有自己的目标，有指导思想，是经过一定的策划和设计的。从这个角度讲，有城市出现，就有了"城市规划"。现代资本主义工业化推动了城市化的浪潮，同时针对城市特别是大工业城市出现的诸多问题，更促进了近代城市规划学科的诞生与发展。可以说：城市规划是人类社会的基本行为。城市规划学科是一个具有悠久历史传统基础，又是当代新兴的极热门的应用学科。其理论与实践正处于不断快速发展和完善的过程。

　　21世纪是人类社会发展历程中的一个充满变化的新纪元。全球范围内经济、政治、文化一体化与多元化并行的浪潮，新兴科技迅速创新，更为重要的是人们世界观、发展观的思想理念发生的变革，促使我们要自觉思考如何营建美好宜人的人居环境空间问题，如何能使我们生活工作的城市实现协调而永续的发展问题，这就是城市规划学科最根本的目标和意义。改革开放以来，中国全国和各个城市社会经济的持续快速发展使世界瞩目。同时，全国范围内的城市化也已进入加速曲线，出现城市建设规模和速度史无前例的大好形势。城市规划建设事业面临着空前的机遇，也面临着严峻挑战。一方面，我们经过多年努力和实践，取得了丰富可贵的成绩；另一方面，出现的问题和失误也是非常普遍和突出的，实践中的困难和体制方面的欠缺还会长期存在。因此，我们的城市规划首先要变革观念，理解、落实贯彻科学发展观，以人为本的指导思想，而将全面提升人民生活素质，营建和谐社会，保证社会、经济、文化、环境协调的可持续发展作为目标。制定综合性、科学性的城市规划，应当成为全国各个城市政府和人民共同的任务。当然更是我们城市规划工作者的责任。

　　在国家现代化进程中，城市规划工作的重要意义和作用不言而喻。这项具有立法性、战略性、综合性内涵的工作，必须对城市发展各个方面的要素和利益进行协调统筹安排，既要从现实出发又要面向未来远景，可以说是一项多学科融贯的复杂系统工程。研究探索城市规划理论发展，提高改进城市规划设计水平，完善营建城市规划体系，当然也是具有极大难度但必须进行的任务。

　　谭纵波博士长期以来在进行规划专业学术理论研究，主持参与国内外多项规划设计工作实践，以及积累多年教学经验的基础上，总结编写成为本书。

本书从城市本身的起源及发展,城市化和城市规划学科的演进历程等基础理论入手,概括论述了城市规划的职能、内容和工作程序。其后重点介绍了规划调研和城市生态环境与用地选择方法。本书核心部分是分章讲解了城市总体布局、土地利用规划,以及道路交通、绿化系统、基础设施等几项重要专业规划。最后专题论述了城市设计和中国城市规划体系。全书结构清晰,论点明确,内容十分丰富,引用资料数据和实例图纸均较新颖,是一本理论研讨性的学术专著,可作为城市规划与设计专业教学的教材,也可供规划设计实际工作者参考。本书的出版,是对我们城市规划建设事业作出的颇有价值的贡献。

谨此为序。

2005 年 9 月 4 日

赵炳时:清华大学建筑学院教授,先后担任清华大学建筑学院院长、清华大学城市规划设计研究院院长和《世界建筑》杂志社社长。

修订版前言

时光如梭,转眼《城市规划》已出版10年。

在这10年中,城市规划所处的社会经济环境发生了明显的变化,我国的整体经济实力大为增强,城市化水平大幅度提高;当然随之而来的各种城市问题也愈发明显。在这期间,我国法定城市规划的内容也发生了较大的变化。面对诸多变化,作者必须思考《城市规划》作为城市规划基础教材,其内容新增与删减的取舍。对此,作者采取了以下原则:将已变化或变化方向明确的内容纳入了新版《城市规划》之中,例如:2007年颁布的《城乡规划法》、2006年颁布的《城市规划编制办法》、2011年颁布的国家标准《城市用地分类与规划建设用地标准》(GB 50137—2011)、2010年颁布的国家标准《城市园林绿化评价标准》(GB/T 50563—2010)以及国务院《关于调整城市规模划分标准的通知》等法律、法规和文件中所涉及的内容。这些内容主要体现在第4、5、8、10及13章中。此次修订还新增了近年来已被城市规划界普遍接受的一些新概念,如"邻避"(not in my back yard,NIMBY)设施、快速公交系统(bus rapid transit,BRT)、公共交通导向的开发模式(transit-oriented development,TOD)及"空间句法"(space syntax)等,更新了一些相关的数据和插图,如我国的城市化水平、各类城市规划实践案例等,借鉴了一些相关专业的最新研究成果,如石峁古城遗址等史前遗址研究等。另一方面,《城市规划》出版10年以来,其内容经受了城市规划实践的检验,其原理被证明是行之有效的,令作者颇感欣慰。因此,对于《城市规划》的基本架构此次未作大的调整。2007年《城乡规划法》将规划的覆盖范围拓展至包括广大乡村地区在内的更广泛的空间之中,但从规划实践的实际状况来看,尚未真正形成城乡一体的理想规划格局,"多规合一"、"全域规划"仍处于探索阶段。因此,此次修订保留《城市规划》的书名,并将规划的重点仍聚焦于城市规划。面向未来,我国城市化的发展仍将持续,以空间快速拓展为特征的城市化终究将被存量空间环境改善与空间外延拓展并行的城市化所取代。愿《城市规划》中的基本原理与方法仍适用于这种新型城市化的局面。

最后,作者要特别感谢10年来陪伴作者一起成长的学生和读者,感谢清华大学将"优秀教材""精品课"等荣誉授予"城市规划"及相关课程,感谢持续为写作提供实践机会和素材的清华同衡规划设计研究院以及我的实践团队中的每一个人,感谢清华大学出版社张占奎、周莉桦及赵从棉等老师一丝不苟的工作和热心帮助。

2015年9月于蓝天阁

第一版前言

什么是城市？哪里是城市？城市规划是什么？是用来做什么的？它涉及哪些学科领域和知识内容？对于这些看上去很容易回答、答案似乎也很简单，甚至略显幼稚的问题，我们认真地思考过吗？我们可以用一种通俗易懂的方式向那些初次接触城市规划的读者解释吗？在已经出版的城市规划论著中，有一些试图告诉并教会读者如何编制一个具体的城市规划方案，但本书的着眼点显然不在这里。如果读者期望的是一本可以获取城市规划编制技巧的书籍，那么本书可能不是一个好的选择。本书意在与读者一起了解（或称解读）城市与城市规划（understanding cities and urban planning），分析并思考城市规划中所涉及的一些本质性的问题和最基本的原理，例如本段开头所提出的那些问题。

城市规划是一门既古老又年轻的学科。说其古老是因为人类活动总是伴随着这样那样的计划与规划行为（planning）；说其年轻是因为近现代城市规划作为一种应用技术和一门学科，从最初的出现到基本形成距今尚不足百年，在我国则更短。如果按照西方近现代城市规划的内涵来套用，可能仅有百余年的时间。为避免误解，这里所说的城市规划是指在我国领土上因近代工商业发展所开展的类似于西方的近现代城市规划。如果除去帝国主义殖民者的规划活动，这个时间可能更短。事实上，从 20 世纪 90 年代前后开始，伴随着我国经济体制的转型，适应市场经济环境的城市规划才开始作为主角逐渐登上历史的舞台。可以说，城市规划的这种由遵循计划经济向适应市场经济的蜕变过程仍在进行之中。在市场经济环境下，城市规划不再单纯是一种工程技术，而逐渐具有了作为社会管理手段的性质。

在目前我国快速城市化的大背景下，城市规划作为工程技术的内容依然重要，但同时市场经济环境下社会利益集团的产生和对权利的诉求又需要城市规划必须作为处理、协调、缓解各种利益矛盾的手段之一。这使得城市规划所涉及的领域宽泛、内容繁多。但本书不准备也不可能成为包罗万象的"百科全书"，除侧重对基本概念的论述、分析与思考外，在涉及内容范围上也有所取舍，尽可能保留了作者认为的核心内容，而暂时舍去了相对专门的和间接的内容（图 0-1），虽有以偏概全之嫌，权作作者管中窥豹的一家之言和城市规划百花园中的一株小草。

本书共由 13 章组成。第 1 章至第 3 章回顾了城市、城市化及城市规划的起源与发展。第 4 章"城市规划的职能·内容·程序"是对城市规划的一个概括性描述。第 5 章"城市规划调查研究与分析"、第 6 章"城市生态环境与用地选择"基本上属于进行城市规划时准备阶段所要开展的基础工作和基本思想与方法。第 7 章至第 11 章是城市规

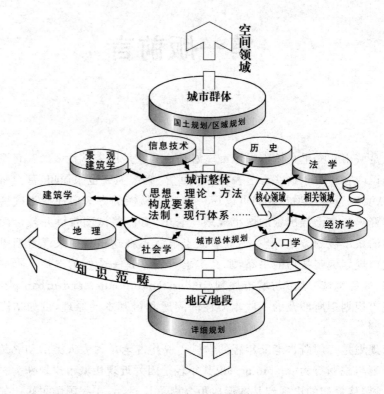

图 0-1 城市规划学科知识结构

资料来源：谭纵波.论城市规划基础课程中的学科知识结构构建[J].城市规划,2005(6):56.

划的核心内容,包括总体布局、土地利用、道路交通、绿化及开敞空间系统以及基础设施。第 12 章是有关城市设计的内容。最后,在第 13 章论述了我国现行城市规划的形成、内容、存在问题及发展方向。

城市规划的内容通常需要辅以大量图片进行形象化的说明,但限于篇幅,最终只保留了部分图表。相关图片将以电子介质的形式另行出版。

限于作者的水平和认识上的局限性,书中存在谬误实属难免,望广大读者批评指正,不吝赐教,以便在后续版本中更正。

作 者
2005 年 10 月

目　录

第1章 城市的起源与发展

1.1 城市的起源

1.1.1 什么是城市

虽然世界上有相当一部分人生活在城市,但要给城市下一个准确的定义却并不是一件容易的事情。这是因为要回答"什么是城市"这个问题,至少要回答"城市是怎样的一个地方"和"哪里是城市"。关于前者,诸如地理学、社会学、经济学、人类学等不同的学科基于其对城市不同的观察角度,对城市有着不同的理解和界定,很难将其概括为一个简明扼要的抽象定义。例如:地理学强调"城市是一种特殊的地理环境"[①];经济学关注为开展各种经济活动提供场所的城市;社会学把研究的侧重点放在城市中人的阶层构成、行为活动以及相互之间关系上。建筑学与城市规划学则将城市物质空间环境的营造视为该学科之己任。对于后者,即"哪里是城市",在许多国家主要是依据人口聚集的密度和规模给出一个大致的推断。有关这一点,将在第2章中结合城市化的概念作进一步探讨。

从汉字"城市"的含义上可以推测出防御与商品交换是早期城市的主要功能,但是,用这种望文生义的方式去理解城市同样有失偏颇。单纯从文字的含义上去分析的话,"城市"的反义词是"乡村",但两者之间却隐含着一个重要的共同之处,即两者都是人类聚居的形式。希腊建筑学家道亚迪斯(C. A. Doxiadis,1913—1975)提出的"人类聚居学"理论道出了城市的实质——人类聚居的形式之一。在道亚迪斯提出的从人类自身到世界城市的15个人类聚居空间层次中,小城市至世界城市的9个层次均具有明显的城市特征。

另一方面,我们通常所耳熟能详的某某直辖市、某某市则是一个行政区划范围的概念,并不完全等同于书中所探讨的"城市"。

那么什么是城市?城市的实质是什么?下面,我们不妨从早期城市形成与发展的过程中探求其本质。

1.1.2 定居与原始聚落

人类具有动物的本性,如依靠移动来躲避危险,寻找、获取及储存食物,开展相互协

---

① 周一星. 城市地理学[M]. 北京:商务印书馆,1997:6.

作的群体活动;同时人类也追求动物所不具有的精神需求,例如对先祖的敬仰和对神灵的崇拜。

城市的产生事实上可以追溯到人类的定居阶段。原始社会中,由于人类尚未掌握自觉的生产意识与生产手段,只能像其他动物一样过着居无定所的生活,靠采集自然界的果实、捕食猎物来勉强充饥,依靠在较大的范围内不断变换自身的位置来获取相对充足的食物资源,同时躲避自然界的种种危险。但渐渐地,人类因追求稳定生活所采取的储藏食物的方法、对种植可周期性收获植物的发现以及对野生动物的驯化等农耕文化因素,使得原始人类不再像他们的先辈那样无牵无挂,易于游动。

另一方面,社会性的人类族群从一开始就以聚落的形式从事各种维持生存的活动,追逐猎物途中的临时聚落与农耕文化下的村落之间的差别仅仅在于其永久性的不同。也就是说,人类以群体为单位的活动方式决定了一旦因生存需要在某一个地方永久性地停留下来,那么最初的定居形式——村落也就产生了。

考古学发现,以狩猎、采集为主要生产方式的原始聚落大约出现在距今 15000 年的中石器时期。此后,在距今 12000 年至 10000 年前,农业逐渐从畜牧业中分离出来,人类完成了第一次社会分工。此时,对农作物种植技术和家畜驯化技术的掌握使人类获得了较为稳定的食物来源。这意味着人类一方面不必再依靠移动来获取食物;另一方面,作物的定点种植和剩余食物的储藏都需要生活地点的相对固定和对来自聚落外威胁的防御。第一次社会分工使人类的居所逐渐趋于稳定,形成了最初的原始聚落。同时,美国城市理论家刘易斯·芒福德(Lewis Mumford,1895—1990)提出人类最初的定居起源于地点固定的周期性祭祀活动,该观点则反映了人类原始聚落形成过程中精神和文化因素的作用。

这些人类早期的原始聚落主要分布在尼罗河、两河(底格里斯河、幼发拉底河)流域、印度河、黄河、长江流域等农业文明的发达地区,这也证明了人类的定居与农业文明有着密切的关系。从这些农业文明形成的年代来推测,早期原始村落应在公元前9000 年至公元前 4000 年以不同形式出现(因为年代的久远而无法确定其形成的确切年代)。同样,依靠考古发掘而获得确切形态的原始村落的实例甚至更晚。为了便于推测,我们不妨借用位于奥地利 Hallstatt 的新石器时代居民点(约公元前 2000 年)等实例来观察早期原始村落的形态(图 1-1)。这些早期原始村落一般具有明显但不规则的边界(可能是围栏或是矮墙),多栋建筑物所形成的尚未有效组织的建筑群,以及由这些建筑物所围合成的不规则的室外空间。这些空间可能起到通道和室外活动场地的作用。应该说在这些实例中已包含了形成村落的基本要素。

作为人类文明的发祥地之一,中国的早期原始村落同样形成于新石器时期。在西安半坡遗址(约公元前 4000 年)所发现的原始村落中,用于防御、排水等目的的壕堑界定出一个明确的空间范围,用于公共目的的较大建筑物位于村落中央,与分散其周围的较小建筑物形成相互呼应的建筑组群,反映出原始聚居的状况。

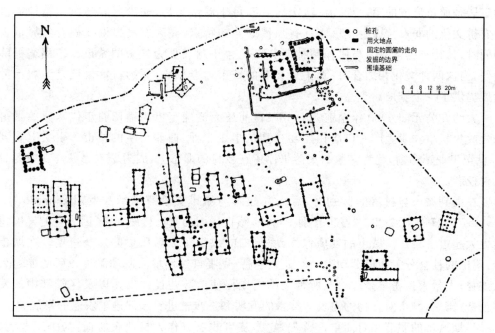

图 1-1　奥地利 Hallstatt 新石器时代居民点平面图

资料来源：参考文献[3]

1.1.3　原始聚落的分化与城市的形成

定居仅仅是人类由村落走向城市的第一步,定居点数量的增加与单个定居点中人口的增加都不足以必然地走向城市。以定居为主要特征的农业革命虽然使得人类的生存与繁衍不再是一个严峻的问题,但也使其沉湎于食色之中。虽然我们无法给出原始村落向城市转变的确切时间和某个决定性的象征事件,但从原始村落发展为城市的确是一次质的变化。城市的形成取决于其外在条件与内在因素的成熟。通常,可以从生产力的发展(经济因素)与社会变革(文化因素)这两个方面来寻求答案。

从生产力发展角度来看,城市出现的直接因素是手工业与农业的分离(第二次社会分工)及商业与手工业的分离(第三次社会分工)。虽然,制造饰物、容器、工具等物品的活动一直伴随着人类生存活动而存在,但只有当农业文明发展到一定程度,其剩余的食物足以养活一部分不必直接从事农业生产的人群时,手工业才会出现;同样,只有到手工业的生产规模超过本聚落所需时,专职商品交换的人群才会出现。这种社会分工的出现、非农人口的增加并脱离土地向某些聚居点集中的根本原因就是农业生产力的提高。农业生产力的提高有力地促进了城市的发展,同时,城市反过来为农业成果提供了军事上的保障和技术上的支持。农村—城市形成相互依赖、相互促进的关系。因此,农业文明的发达与发展是城市出现的经济基础。

在城市的形成过程中还有一个往往被忽视的因素——文化因素。如前所述,人类的定居是城市形成的第一步，但是，定居后满足于温饱与性，缺少进取与协作精神恰恰是农耕文化的弱点。而游牧民族具有强悍好斗的特点，在为农民提供抵御自然界危害的同时，其特有的号召力与协作精神使其更适合于驾驭更为复杂的城市。芒福德提醒我们，当这两种文化相结合时，真正意义上的城市才会形成，原始村落仅仅是为城市的发展提供了一个雏形。

大约在公元前4000年至前3000年（目前还无法确定更为确切的年代），原始聚落分化成为从事农业生产人口居住的乡村和从事手工业、商业为主的城市。事实上直到18世纪工业革命前，绝大多数的聚落仍停留在乡村的形态上，成为城市的只是其中的少数佼佼者。

在提到城市与村落的区别时，意大利建筑与城市史学家贝纳沃罗（Leonardo Benevolo，1927—　）指出："城市有别于村庄，不仅是因为它比村庄大，还因为它的发展速度大大超过了村庄。城市的发展像发动机一样，决定了以后历史的发展速度。"在城市中，明确的社会分工使得劳动生产率大大提高，克服自然环境限制和距离障碍的能力大大加强；大量人口密集聚居以及所带来的问题促使市政建设的发达以及伴随其中的发明创造；当然，城市对食物的需求与技术的发明和进步也进一步促进了农业的发展。

早期城市的职能相对简单。首先，它是从事非农工作人员的聚居地，为手工业者、行政管理者、技术、教育、神职人员等提供了便于开展各自工作并方便生活的场所。这些非农业人员，特别是与农业生产相关的灌溉、排水、历法编制等专业人员的聚居使城市具有了积累和传播农业生产信息、技术的职能。其次，城市作为可提供较强防御能力的聚居地，使得农村地区的剩余财富向城市聚集，体现为城市的储藏职能。不仅如此，包括宗教、农业信息、技术、文学、艺术等人类的精神财富也依靠城市的庇护得以展示、传承和发展。

这种人类物质财富和精神财富的高密度集中又使得城市的整体安全至关重要。作为保卫劳动成果的手段，城市的防御职能便凸显出来，虽然这种职能只是一种派生的职能，同样，作为派生的城市职能还有城市作为交易市场的职能。因为人类的交易行为早在定居之前就已存在，与城市并无必然的联系，只是城市作为地域中心（有时是几何中心）和物质、文化的储藏地更便于物资与信息的交流。

并不是所有的原始聚落都演进为城市。城市的形成、存在与发展必须具备一定的条件。首先，城址的选择必须确保城市的安全，其中包括避开洪水、下陷、滑坡、风沙等来自自然界的威胁，并选择易守难攻的地形以抵御来自异族的掠夺。其次，城市周围要有作为其腹地的农业地区，并且具有较为便捷的交通来到达这些地区（或者说城市是这一地区中便于到达的地点），以便形成相当范围内人、物、信息的汇聚。再次，城市及其周边地区要存在一个良好的生存环境（生态环境），可以方便地获取必需的水源、食物、能源，并且可以方便、有效地处理废弃物。

中国传统城市选址中的"风水"思想以及选址实践均证明，为城市选择一个良好的生存环境对城市的繁荣与发展至关重要。

1.1.4　城市的实质

让我们回到开始时的问题："什么是城市？"从上面的论述中可以归纳出：

（1）城市是人类聚居的形式之一

无论城市在本质上与村落有多大的不同，无论当今城市进化到什么程度，其中包含了多么复杂的功能，城市过去以及将来始终是人类居住生活的场所。道亚迪斯也正是基于这种理解，将城市看做人类聚居的形式之一，并依据聚居的规模进行了空间层次上的划分。明确了城市的这种基本性质，实际上也就形成了我们"以人为本"地看待城市、解决问题的基本出发点。

（2）城市是一定区域的中心

城市与乡村是一对同源异质的对立存在。同样起源于原始聚落的城市与乡村相互依赖，但城市往往成为这一关系中的主宰，或者说更多地处于主动地位。乡村是城市的存在基础和统治对象；城市是其所在区域范围内物品、信息的交易集散地。因此，任何规模或等级的城市都必然是一定区域的中心。

（3）城市是人类文明的摇篮和藏库

可以说从原始聚落到原始村落，再到城市雏形的出现，直至现代大都会，城市的出现与发展始终伴随着人类文明的进步，同时也孕育出大量新的人类文明成果。如果说城市的储藏功能在初期还仅限于储藏食物和有形的财富的话，那么包括文字记载在内的人类精神财富在不知不觉中也成为城市收藏保存的重要对象。尤其是近代以来，人类重大的发现、发明与创造几乎都与城市有着直接的关系。不仅如此，这些人类文明的成果大多通过学校、图书馆、博物馆等形式完好保存，并传播至更广的范围。从这个意义上来说，正因为有了城市，人类的文明才得以进化、积累、传播和延续。

（4）城市是一种社会活动方式

相对于自给自足的农耕文化，城市社会要求其中的成员参与明确细致的社会分工，服从并遵守严密高效的协调组织，以实现农业社会中无法实现的宏大目标。这种城市社会组织形式及其产物在向其成员——市民提供优于同时期农业从业人员所无法享受到的高质量生活（包括物质的和精神的）的同时，也要求其成员部分牺牲农耕社会中那种悠然自得的自由。

所以，对个人来说，城市就变成了一种生活方式。即告别闻鸡鸣而起、日落而归的农耕生活，早上准时起床，简单进食后打上领带，匆匆汇入上班人群的"朝九晚五"的生活方式。

1.1.5　城市的特征

在明确了"什么是城市"之后，我们进一步来观察城市在与其相对参照物——乡村进行比较时所呈现出的特征。

(1) 具有非农业的职能

城市与乡村的最大区别就在于居住其中的人员主要从事非农业(这里农业可广义地解释为农林牧渔业,即第一产业)生产。同时,开展这些非农业活动的场所均集中在城市空间内特定的范围——建成区内。因此,与主要为第一产业从业人员提供居住生活场所的村落不同,城市的主要职能无外乎为非农的第二、第三产业活动及从事这些产业活动的人员提供必要的工作和生活场所。

(2) 高度密集的生活居住空间

城市的聚居规模、社会活动组织方式、营造城市环境的代价及城市的生产方式均使得城市居民不得不放弃那种接近自然的低密度松散居住形式,而将自身置于高密度的住宅、工作场所及拥挤的交通工具和公共设施中。城市中,人类追求经济利益的可能性和现实性使其自身的物理生存空间被极大限度地压缩,并且随着城市人口规模的增加,这种状况呈加剧的态势。

(3) 较为确定的领域界限

通常,城市呈现出与其周围地理环境与社会环境截然不同的特征。早期城市中的城垣、堑壕给出明确的领域分割界限;而近代以后的城市中,虽然这种空间上的界限不再如此明确,但土地利用性质与强度上的特征也将城市与郊区划分为不同的领域。这种领域上的界限实际上是我们要讨论的所有问题的对象范围。

(4) 公共的人工环境和人工景观

可以说城市中的所有环境都是人造的或者是按照人的意志改造过的(包括依照人的意志未改造的)。原始的自然环境不复存在,取而代之的是密集的建筑物,承载湍急车流、人流的道路以及间或其间的广场或绿地。这些所形成的经过精心设计的或杂乱无章的城市景观都是人工的产物。对于城市中的每一个人来说,这些人工环境的一部分需与他人共享;这些由众多意志叠加而成的景观必须被接纳,无论你是否喜欢。

1.2   城市的演进

在明确了"什么是城市"这一问题后,我们还有必要简要回顾城市发展与演进的过程。这有助于了解历史发展文脉中的城市(即城市从哪里来,走向何方),也有助于加深对当代城市及城市发展规律的理解。

城市发展及规划史内容丰富、涉及面广,是一门自成体系的学科,在此不可能对其内容一一论述,仅试图以城市发展的重要阶段为主线,从宏观角度概括性地眺望城市发展的历史长河。城市的发展与所处社会历史的背景密切相关,在不同的地域呈现出不同的特点,中西方的历史断代法截然不同,难以相互套用。但为了体现纵向的历史连贯性和地域间的同期横向比照,下面尝试将西方城市发展与中国城市发展的主要阶段和重要事件按照年代顺序交替论述,以展现城市发展的整体面貌。

1.2.1　早期的城市雏形

尼罗河、两河(底格里斯河、幼发拉底河)、印度河以及黄河、长江流域孕育了人类早期农业文明,形成埃及、美索布达米亚、印度和中国这四大古文明的发祥地,也从此产生了人类早期城市的雏形。由于年代过于久远,且当时所使用建筑材料的耐久性差,通过考古学研究被发掘并且从形态上被证实的城市并不太多。我们只能依靠这些有限的线索加上一定的想象力来推测人类早期城市的大致规模和状况。

1. 古埃及

古埃及的文明史可以上溯到大约公元前 4000 年,作为统一的王国持续了 3000 多年(公元前 3200—前 30 年)的时间。有趣的是,由于古埃及人信奉人死后的"永恒世界",其建设的重点是金字塔等国王的陵墓,而不是现实生活所需要的城市。因此,我们今天所知道的古埃及城市,无论是第一位法老下令建设的孟菲斯城(Memphis),还是作为帝国中期首都的底比斯(Thebes),抑或阿曼赫特普四世(约公元前 1370—前 1350 年)建设的新首都阿玛纳(Tell-el-Amarna)均没有留下清晰的痕迹,只有其中用石头建造的陵墓和神庙依稀尚存。

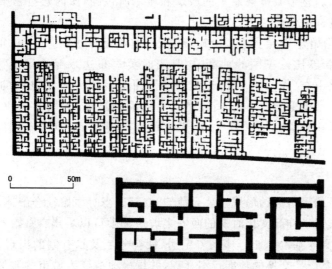

0　　　50m

图 1-2　埃及卡洪城(El Lahun)平面图

资料来源:参考文献[3]

另外,为修建金字塔的工匠、奴隶提供生活居住设施的聚居地也形成了古埃及的另一种特殊的城市。其中,著名的卡洪城(Kahune,又名伊拉洪(El Lahun)或拉洪)就是西索斯特立斯二世(Sesostris Ⅱ,约公元前 1800 年)为建造伊拉罕(Illahun)金字塔的劳工而修建的。卡洪城的形状为 380m×260m 的长方形,内部分为东西两大部分。据推测,占总面积约三分之一的西部为奴隶的居住区,东部的北侧排列着十几个大庄园,东部南侧大概是供自由民劳工、手工业者、商人等生活居住的地区。城中的建筑物主要用棕榈枝、芦苇加黏土或土坯等非耐久性材料建成(图 1-2)。卡洪城在存在了大约 100 年后突然被遗弃。与卡洪城类似的还有吐特谟斯一世(Tutmosis,约公元前 1400 年)为建造底比斯附近国王谷的劳工而建的代尔梅迪纳(Deir-el-Medina)城,但其规模比卡洪城要小得多,面积仅为 0.63hm²。

2. 美索不达米亚

与古埃及文明几乎同时期出现的还有位于西亚两河流域的美索不达米亚文明,历经巴比伦时代(公元前 4000—前 1275 年)、亚述时代(公元前 1275—前 538 年)及波斯时代(公元前 538—前 333 年),前后持续达 3000 多年。其中充斥着战乱,割据与统一的局面交替出现。与古埃及的城市雏形不同,美索不达米亚特定的地理位置使其贸易、战争以及行政管辖的职能在其早期城市中就体现得较为突出,表现为厚重高大的城墙(甚至是双重城墙),取代庙宇、作为军事中心的国王宫殿以及发达的世俗建筑。

在现已查证的古代美索不达米亚地区的城市中,比较著名的有乌尔(Ur)、巴比伦(Babylon)、尼尼微(Ninive)、帕萨加德(Pasagarde)和波斯波利斯(Persepolis)等。乌尔是苏美尔人在大约公元前 3000 年兴建起来的城市,面积约为 100hm²,城内居民约 1 万人(一说 3.4 万人)。整个城市被厚重的城墙和城壕所包围,城内建有宫殿、庙宇、居民区及作为宗教设施的塔台(月神台)。

早期的巴比伦始建于公元前 2000 年左右,被毁后于公元前 650 年重建,分别是巴比伦王国与新巴比伦王国的首都,也是当时美索不达米亚地区最繁华的政治、经济、商业与文化中心(图 1-3)。巴比伦城的平面为 1.5km×2.5km 的不规则长方形,幼发拉底河从其中穿过。城市周边是双重城墙和城壕,城墙上设 9 座城门。城市中有庙宇、宫殿和普通住房。其中,新巴比伦时期建设的"空中花园"被誉为世界七大奇迹之一。

3. 中国

中国古代的原始聚落大约形成于公元前 5000 年。当时原始社会解体,并逐渐向奴隶社会过渡。从形成于仰韶文化时期的西安半坡遗址中可以看出:原始聚落已初步具备居住、生产和防御等基本功能。伴随着定居、社会分工及私有制的出现,聚落的防御功能、手工业生产及产品交换的功能逐渐显现,并缓慢地演变为城市的雏形。根据现阶段的考古成果,中国的早期城市雏形大约出现在距今 4600 年至 3900 年的新石器时期晚期至夏朝早期,例如:良渚、陶寺、石峁等史前时期的城市遗址[①]。位于河南偃师市二

---

① 良渚古城遗址,公元前 2600 年至前 2300 年,位于现杭州市余杭区;古城呈圆角长方形,东西宽 1.35～1.7km,南北长 1.8～1.9km,总面积约 2.9km²。陶寺古城遗址,公元前 2500 年至前 1900 年,位于现山西省襄汾县;城址同样呈圆角长方形,东西宽 1.8km,南北长 1.5km,总面积约 2.7km²。石峁古城遗址,公元前 2300 年至前 2000 年,位于现陕西省神木县;城址呈不规则的长方形,面积约为 4km²。(资料来源:高江涛. 陶寺遗址聚落形态的初步考察[J]. 中原文物,2007(3): 13-20;陕西省考古研究院. 陕西神木县石峁遗址[J]. 考古, 2013(7): 15-24.)

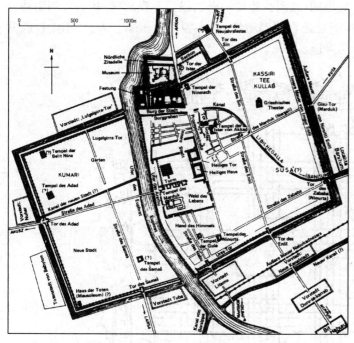

(a) 巴比伦市中心平面图

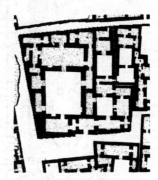

(b) 伊斯塔（Istar）神庙附近
的房屋及其平面图

图 1-3　巴比伦市中心平面图
资料来源：参考文献［3］

里头村的古商城遗址是迄今为止已系统考古挖掘的中国最古老的城址之一。该城址形成于夏晚期或商代早期（距今大约 3800—3500 年），东西宽约 2.1km，南北长约 1.5km。

已发现的同时期或稍晚的城市遗址还有偃师尸乡沟商城、郑州商城及安阳殷墟等。其中，郑州商城约建于 3500 年前。城址近似正方形，边长 1.7km 左右，如包括城外手工业作坊在内，则整个城市的面积达 25km²。

至西周时期（公元前 1027—前 770 年），伴随着奴隶制的不断完善和诸侯分封，城市的数量有了较快的增长（西周封 71 国）。各国的都城成为名副其实的政治统治中心和军事防御据点。除各分封诸侯的都城外，周王朝的都城丰镐（丰京和镐京，据推测位于西安西南）及后来的洛邑（今洛阳）的建设是这一时期的代表。

除早期的城市建设实践外，成书于战国时期的《周礼·考工记》还从礼制的角度对周王城的规划建设进行了总结，形成了中国古代乃至世界上最早的城市规划建设理论。该书中提到："匠人营国，方九里，旁三门，国中九经九纬，经涂九轨，左祖右社，面朝后市，市朝一夫"[①]，清晰地描绘出王城的格局（图 1-4）。但必须说明的是，在迄今为止的考古发掘中并没有发现这一时期中完全按照这一规制建成的城市。反倒是在此之后封建

---

① 夫＝百步；一夫＝百步见方。

王朝的都城规划多附会此布局原则,且附会程度不断加强。不仅从汉、唐长安到明清北京无不受该布局原则的影响,而且还影响到朝鲜、日本等周边国家。因此,不能排除其中的论述带有理想城市色彩的可能。

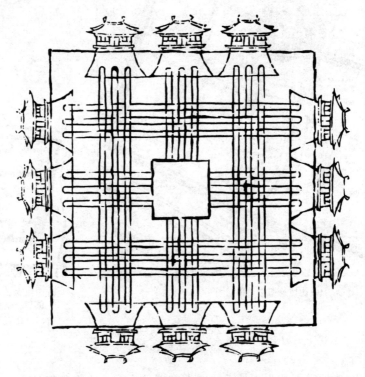

图 1-4 《三礼图》中的周王城图

资料来源:参考文献[6]

1.2.2 古希腊的城市

古希腊文化源远流长,在宗教、思想、艺术、建筑、城市等方面达到了相当高的水平,为当代欧洲文明的始祖。古希腊文化大约始于公元前 2000 年,后经诸多的战乱与民族占据的更迭,在公元前 5 世纪至前 3 世纪达到顶峰。由于其濒临地中海的多山地理条件,较以农业为主的古埃及文明而言,在古希腊文明中,牧业、手工业以及伴随掠夺行为的海上贸易占据其经济的主要地位;相对于古埃及的统一帝国,大量由自然地形环抱的地区各自形成了以防御、宗教活动地为核心的城邦国家。

每个城市控制着一片或大或小的地区(通常这个地区的范围是由山脉确定的)和一个港口,形成一个完整的城邦国家。最初的城市修建在一些小丘上,以利于防御外敌的进攻,后城市延伸至小丘脚下的平原,形成建有神庙并具有防御功能的上部城市(卫城)和商业、行政机构所在的下城;在城市形态上,整个城市围绕市政厅、贵族议会或居民代表大会等公共建筑或公共活动空间与宗教建筑等展开,以适应奴隶制下的民主体制这种城市国家的组织形式。由于民主城邦制的特点,城市中不存在像王宫那种封闭的排他区域,同时设有可容纳全体市民(或大部分市民)的广场或剧场;城市大致由公共活动区、宗教区和居住区组成。其中,开展祭祀活动的宗教区以及进行政治集会、开展商业活动、进行演出和举办运动会的公共区是整个城市的核心;城市中的建筑物布局和造型与自然环境紧密结合,形成各自城市的特点;此外,大城市发展到一定程度后,应对人口进一步增加的办法不是继续扩大现有城市的规模,而是另行建造一个新的城市。

在古希腊的城市中,最负盛名的要数古典时期(公元前 5—前 4 世纪)的雅典(图 1-5)。雅典位于阿提卡(Attika)半岛的中心,城市最初始于卫城高地上的居民定居点,在公元前 6 世纪中叶形成以卫城圣地为中心的被围墙所包围的范围,其面积约为 60hm^2。雅典及其卫城在希波战争中被毁(公元前 479 年),后重建,并在公元前 5 世纪后半叶达到鼎盛时期,城墙内所包括的面积约为 250hm^2,人口估计达 10 万人(一说达 30 万人)。雅典的城市布局以卫城为中心,卫城的西北部山脚下是城市广场(Agora),以及围绕广场布置的神庙、议事堂、法庭和敞廊等。整个城市形态,无论是道路还是广场抑或主要建筑物的布局均没有一定的规则。据推测,居住建筑成组地围绕卫城、广场及公共建筑布置,密集、狭小、质朴和不规则。

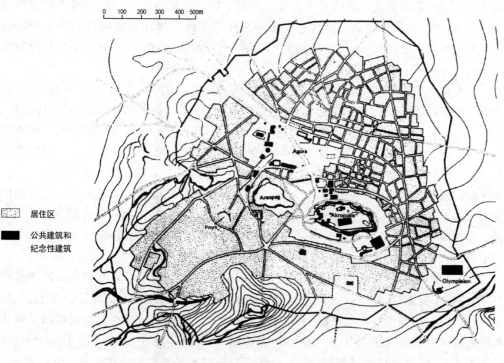

图 1-5　伯里克利斯时期(公元前 495—前 429 年)的雅典
资料来源:参考文献[3]

希波战争(公元前 492—前 449 年)前的古希腊城市形态多为自然形成,道路系统、广场空间、建筑物的布局均呈不规则的形态。公元前 5 世纪米利提(Milet)的希波丹姆

(Hippodamos)在重建毁于希波战争中的希腊城市时,开始采用有规则的方格网状道路系统,并提出城市最大人口规模(1万人),城市土地功能划分(文化、公共活动、私人财产)和居民性质划分(手工业者、农民、战士)。

希波丹姆直接参与规划建设的城市有:米利提(Milet,建于公元前5世纪,希波战争后)、奥林塔斯(Olynth)新城的扩建(公元前432年)等。希波丹姆的以方格网状道路系统为标志的城市形态对其后的城市建设产生了深远的影响,成为希腊化时期(公元前3—前2世纪)城市形态的主流,如普里涅(Priene,公元前350年)、帕埃斯图姆(Paestum)、阿格里真拖(Agrigent)和塞利农特(Selinunt)等。就连当时马其顿帝国建立的亚历山大城(Alexandria,公元前332年,占地面积约900hm²,人口50万人以上)也采用了希波丹姆首创的城市形态体系。

1.2.3　中国春秋战国及秦汉时期的城市

1. 春秋战国时期(公元前8—前3世纪)

当欧洲古代城市文明在希腊绽放出绚丽的花朵时,作为东方文明古国的中国已开始了由奴隶社会向封建社会过渡的历程。相对于诸侯都城较小的规模和较单一的职能(政治统治中心和军事防御据点),春秋末期至战国中叶的城市已伴随着封建土地所有制的确立和手工业、商业的发展日趋繁荣,规模不断扩大。同时,城市的数量和分布范围也达到了前所未有的程度。

已发现的这一时期的城市遗址有:齐临淄(公元前4世纪)、赵邯郸(公元前4—前3世纪)、燕下都(公元前4—前3世纪)等。其中,临淄作为齐国的国都,始建于西周晚期,先建内城、后建外廓,至春秋晚期形成东西宽约4km、南北长约4.5km的规模。城中共有7万户,推测可达30万人。从已发掘的遗址来看,城市功能已包括政治、军事、手工业、商业和居住等(图1-6)。"其民无不吹竽鼓瑟,弹琴击筑,斗鸡走狗,六博蹋鞠者;临淄之涂,车毂击,人肩摩……"①就是对城市繁荣景象的最好描述。从已发掘出的临淄城中可以看出:城市建设已有初步的规划,但与《周礼·考工记》中的规制相距甚远。在管仲执政期间,齐临淄的城市建设有了长足的进步。可以认为齐临淄的城市建设实践反映了管仲城市规划与建设的思想,并与《管子》中的相关论述相吻合。

《管子》中有关城市规划建设的思想代表了春秋战国时期突破礼制束缚的愿望和相对开放、进步的思潮,与《周礼·考工记》一起成为中国古代城市规划理论的基石。《管子》从城址选择、城市规模与密度、城市形态、布局等方面对城市规划与建设提出了较为系统的理论和具体方法。其中,"因天才,就地利,故城郭不必中规矩,道路不必中准绳"的实事求是、因地制宜的思想与《周礼·考工记》中讲究等级规制的思想形成鲜明对比。

---

① [汉]司马迁.史记[M].上海:中华书局,1959(卷六十九苏秦列传第九:2257)。筑:古弦乐器,已失传,大体形似筝,颈细而肩圆,演奏时,以左手握持,右手以竹尺击弦发音。蹋鞠:一种踢球的游戏。

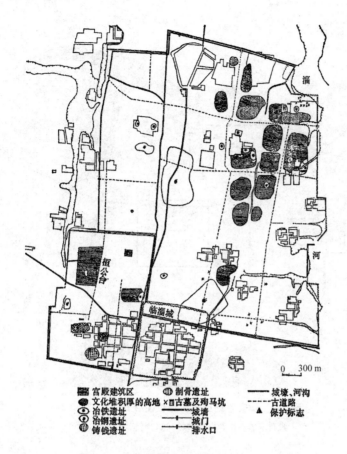

图 1-6　齐临淄故城遗址示意图

资料来源：群力.临淄齐国故城勘探纪要[J].文物,1972(5)：45-54.

2. 秦汉时期

　　至秦汉时期(公元前 3—公元 3 世纪)，中国的封建社会逐步形成、完善,并第一次出现大范围内统一的中央集权国家。在行政上,中央集权的郡县制取代了分封制,税率、货币、文字、度量衡等得到统一;在城市建设上,原诸侯国都城城墙被拆除,但其作为商业中心及行政管辖中心的职能得到加强,城市分布的地域也有了较大的扩展(例如：武威、张掖、酒泉、敦煌等西域城市)。汉代基本上延续了秦代确立的行政管理和城市体系。

　　这一时期代表性的城市有作为秦都城的咸阳、西汉都城长安及东汉都城洛阳等。其中,西汉都城长安是在秦长安宫的基础上,先宫殿后城墙建设而成的。城墙始建于惠帝元年(公元前 194 年),历时 4 年建成。城墙平面呈不规则的正方形,约 5km 见方,共设 12 门,部分附会《周礼·考工记》中的城市布局原则。宫殿群占据城内大部分面积(1/2 以上)。城内除宫殿外,还有手工业作坊、市场以及作为一般居住地区的闾里,在城外还建有宫殿、皇帝祭祀专用的礼制建筑、皇家园林等。据推测,整个长安城最盛时人口数量在 30 万以上(图 1-7)。

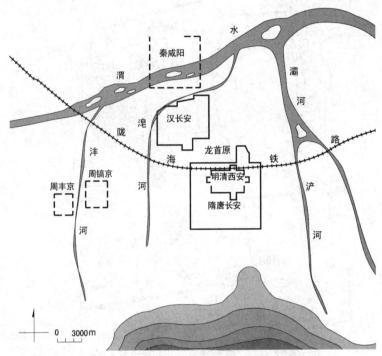

图 1-7   长安附近历代都城位置变迁图

资料来源:作者根据参考文献[6]重绘

1.2.4   古罗马的城市

古罗马文明起源于公元前 9 世纪的意大利的伊特鲁里亚(Etrurien)文化,历经伊达拉里亚时期(Etruria,公元前 750—前 300 年)、罗马共和时期(公元前 510—前 30 年)和罗马帝国时期(公元前 30—公元 476 年),在公元 1 世纪的帝国初期发展到顶峰。此时罗马帝国的版图横跨欧、亚、非三大陆,统治着上亿的人口和数以千计的城市,其首都罗马的人口数量在极盛时期曾超过 100 万人。

古罗马的城市源于如同希腊城邦国家中那样的大大小小的城市。在共和时期后段,伴随着由军事侵略带来的领土扩张和财富集中,城市建设活动非常活跃。其中包括与军事目的直接相关的道路、桥梁和城墙的建设,供城市生活所需货物运输及交易的港口、交易所兼法庭(basilica),以及维持大量城市人口密集居住的府邸(domus)、公寓(insulae)、输水道、浴室、广场和剧场等。城市中,供奉神灵的宗教建筑让位于用于世俗享乐的公共建筑。至罗马帝国时期,用于出租的公寓大量出现;在继续建设剧场、斗兽场、浴室的同时,为王权服务的宫殿、陵墓以及为皇帝歌功颂德的纪念物,如广场、凯旋门、记功柱等也大量建造。

康(Arthor Korn)在谈到古罗马帝国的实质时说:"罗马不是一个生产性的社会,而

是一个迫使其他生产性民族朝贡的军事掠夺国家。"因此,在古罗马城市中,军事强权的烙印非常明显。这表现在:

(1)奴隶的大量使用使得大型公共建筑物的建造不必再依托自然地形,而完全依靠人工。

(2)军队的移动、作战以及朝贡品的运输与储藏使道路、桥梁及城防设施的建设成为城市建设的重点,其技术高度发达。

(3)在超越传统城邦范围内获取生活必需品和财富的能力使大规模城市的形成与存在成为可能。而因人口聚集所产生的衣食住行需求又导致公寓、输水设施、排水系统、港口等城市基础设施,乃至斗兽场、浴室、剧场等公共设施的大量建设。

(4)由于对殖民地土地分配的需要,形成了作为地界的规整的方格网状分支公路网。这种公路网系统与城市主要道路的重叠,又使得以两条成直角交叉的主要道路为核心的方格网状城市道路系统顺理成章地构成了殖民城市的典型形态。

在古罗马时期建造的数千个城市中,最能反映当时城市建设水平的当推首都罗马城(图 1-8)。罗马城位于台伯河(Tiber)下游,始建于公元前 5 世纪,最初只是建立在帕拉丁(Palatin)等 7 座小山上兼作防御与商品交易的城市。从公元前 4 世纪被高卢人摧毁后重建开始,到罗马统一帝国后期的公元 3 世纪,罗马城内不断进行广场、交易所、神

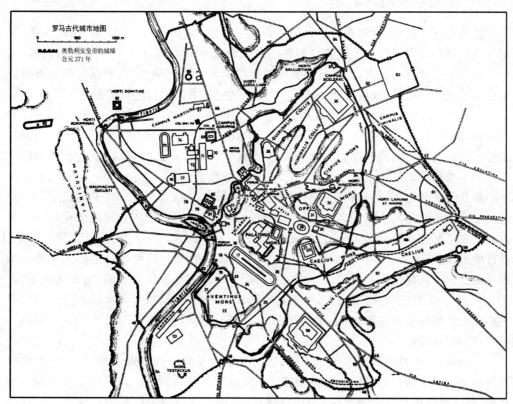

图 1-8　帝国时期的罗马城平面图

资料来源:参考文献[3]

庙、宫殿、竞技场、斗兽场、浴场等大型公共设施、地下排水道、高架水道等城市基础设施以及高密度集合住宅——公寓的建设（或改建）。在图拉真帝（Trajan，公元 98—117 年在位）时期罗马城的建设达到顶峰。此时的罗马城面积达 20km² （其中，城墙内13.86km²），人口数量超过 100 万。罗马城中，供一般市民居住的带底商的公寓建筑异常发达（高达 6～7 层，共 4.4 万余所），但城内道路系统较差，总长度不过 85km。道路宽度最宽一般为 4.8～6.5m（法律规定不得小于 2.9m）。

至此，公共活动空间（开敞空间）与建筑、高密度的带底商公寓等形态要素以及道路、输水、排水等城市基础设施构成了高度城市化社会存在的必要条件。

伴随着版图的扩张，罗马帝国还在欧洲和北非的一些地区建设了大量的营寨，成为许多现代欧洲城市的发端，如米兰、佛罗伦萨、伦敦、巴黎、维也纳、科隆等。这些城市大多由近似于正方形或长方形的城墙所包围。城市被两条相互垂直的主要道路分割成 4个相等的部分，广场、公共建筑等被布置在这两条主要道路交会的地方。

位于北非阿尔及利亚的提姆加德（Timgad，建于公元 100 年，于 7 世纪被淹没）是罗马营寨城市中较为典型的一个。此外，始建于公元前 4 世纪、公元 79 年被火山埋没的著名的庞贝城（Pompeii）最初也是作为营寨城市而建设的。

1.2.5 欧洲中世纪的城市

罗马帝国衰落后，欧洲进入了封建势力占主导地位的中世纪时期（约公元 5—13 世纪）。这一时期，在被伊斯兰教势力所统治的欧洲及中近东地区中形成了形态自然、缺少强有力统一规划的城市；而在日耳曼民族南侵所涉及的区域内，古罗马时期城市赖以生存的系统遭到破坏，农耕文化占据上风，城市文化又重新回到进化的起点。

公元 5—10 世纪，以农耕文化为主体的日耳曼民族的南侵使城市不再是经济活动的中心，战争阻碍了商路，城市衰落，城市居民也迁向了可直接获得生活必需品的农村。帝都罗马的人口由鼎盛时期的 100 万人锐减至 4 万人。但在很多城市中，古罗马时期所遗留下来的城市结构依然存在，并主要被用作防御设施。

从公元 9 世纪起，先是在意大利，后扩展到尼德兰（Nederlanden，今荷兰、比利时、卢森堡及法国东北部）、法国、德国南部莱茵河流域等地，农业与手工业再度分化。城市又逐渐恢复了其作为商业、手工业以及宗教、政治中心的地位。大约从公元 11 世纪开始，城市中的商业、手工业行会逐渐成为维护其自身权益的带有某种政治色彩的团体。城市逐渐摆脱了封建领主的束缚，走向自治，出现了自由城与城市共和国，市民文化盛行。至公元 12—13 世纪，伴随着商业、手工业的繁荣和货币流通，城市再次成为经济活动的中心。中世纪城市的发展在 14 世纪中叶由于一连串瘟疫的流行，导致人口减少而陷于停顿，甚至是倒退。

一般认为，中世纪是西欧在经济、文化以及城市发展上的倒退。不过，中世纪中后期城市文化的重新兴起更应该被视作当代西欧城市发展的渊源。古罗马铸就了城市的辉煌，但这种辉煌是以对疆土范围内财富的掠夺和高度集中为前提的。从中世纪农业经济中发展起来的城市文化看似是一种倒退中的重新起步，但这种起步却具有更为普遍的意义。

中世纪的城市的起源大约可以分为三类：①围绕封建领主城堡形成的城市；②由古罗马时期遗留下来的营寨为基础的城市；③由于所处地理位置（交通要道）而发展起来的城市。

通常，中世纪的城市呈现出以下特点：

（1）城市形态大多呈不规则的自然生长态势。城市的轮廓由防御用的城墙所决定。在围绕封建领主城堡形成的城市中，许多城市先在城堡外围形成城郊，然后建造第二道城墙以保护城郊，之后建设活动又突破第二道城墙，形成新一轮的城市扩张，以此类推，重复多次。

（2）除古罗马时期遗留下来的方格网状道路系统及个别的实例外，中世纪城市的道路系统呈自然生长状——曲折、狭窄。主要道路由城市中心（例如教堂）向周边城门放射，并在一些交会处形成作为公共交往空间的城市广场。

（3）大教堂、主教府邸等宗教设施，市政厅等政治性建筑及商业设施等构成城市的中心和公共领域。其中，教堂往往是位于城市重要位置上的最显著的建筑。

（4）由于城墙的限制，城市建设用地紧张，建筑密集、街道狭窄。市民的住宅通常以底商上住等形式与手工业作坊及商业建筑混在一起。

西欧中世纪城市个体的人口规模普遍较小，均在 20 万人以下，远没有古罗马城那样的辉煌，但城市数量较多，同期人口在 5 万人以上的城市就有十多个。中世纪城市中较具代表性的有：法兰西首都巴黎（Paris）（图 1-9）、作为海上贸易转运中心并拥有圣马

图 1-9　中世纪的巴黎平面图

资料来源：参考文献[3]

可广场的威尼斯(Venezia)、手工业及银行业中心城市佛罗伦萨、以坎波(Campo)广场而著名的山城锡耶纳(Siena)、滨海商业城市布吕格(Brügge)、以古罗马时期营寨为基础发展起来的博洛尼亚(Bologna),以及德国商业、手工业城市纽伦堡(Nvremberga)等。

1.2.6　中国隋唐及宋元时期的城市

在欧洲进入中世纪封建社会,城市文明重新回到进化起点的时候,中国封建社会正步入其鼎盛时期。从魏晋到隋唐,再从五代到宋元,在公元3—14世纪长达1148年的时间里,中国的封建社会从中期过渡到后期;伴随着战争,割据与统一的局面交替出现;城市分布重心及重要城市的地理位置逐渐向东、向南转移;都城格局进一步附会礼制并大致定型。

1. 魏晋隋唐时期

魏晋隋唐时期(公元3—10世纪)是中国封建社会成熟并高度发达的时期。城市在分布上形成向东南沿海地区、沿大运河及沿长江发展的趋势;在城市建设上附会封建儒家思想和礼制的要求,宫城居中且与皇城、大城(外郭)形成嵌套关系,突出宫城的地位、轴线对称和方正平直的总体布局。这一时期中,作为都城建设的有:曹魏邺城(公元204年)、六朝建康(公元229年)、北魏洛阳(公元495年)、隋唐长安(公元582年)以及作为陪都的隋唐洛阳(公元605年)等。作为地方城市的有:南方海港城市广州(番禺)、长江与运河交汇处的扬州、运河与黄河交汇处的汴州(今开封)三大商业城市以及益州(成都)、洪州(南昌)、新绛(今侯马市西)等。此外,高昌(今吐鲁番东)、交河(今吐鲁番西)、统万(今山西靖边县北)、渤海国上京龙泉府(今黑龙江宁安市)、索阳(今甘肃安西县城东南)、北庭(新疆吉木萨尔县北)等都是这一时期少数民族地区的城市。

曹魏邺城是汉相曹操作为诸侯王的国都,在春秋时期齐桓公所筑城池的基础上,于公元204年兴建的。邺城为东西约2.4km、南北约1.5km的长方形,分为南北两大部分。北部是宫殿、皇家园林和贵族居住区;南部是作为居住区的规整坊里、市场和手工业作坊。邺城布局中首次采用了大致居中的单一宫城,并将宫殿建筑群的中轴线运用于整个城市,明确了功能分区,利用方格网状的道路系统划出了规整的里坊。邺城对封建礼制的附会有所加强,并影响到其后诸多都城的布局。

隋唐长安始建于隋文帝开皇二年(公元582年),名大兴城,唐朝更名长安,并继续作为都城。隋唐长安城为东西宽约9721m、南北长约8651m的长方形,包括位于城外大明宫在内的总面积达87km²(图1-10)。工程建设由宇文恺(隋)、阎立德(唐)主持。长安城规划借鉴了曹魏邺城、北魏洛阳城等城池的规划建设经验,在方正对称的原则下,沿南北轴线将皇宫和皇城置于全城的主要地位。棋盘式的路网系统划分出108个封闭式的里坊及东西两个市场。城内除皇宫外,还分布有园林、寺观、官署、市场和住宅。据推测,唐代长安城内外的总人口数量在100万以上,成为当时世界上最大的城市。隋唐长安城严谨、宏伟的总体布局进一步附会了《周礼·考工记》中的布局原则,不仅成为中国古代封建都城规划建设史上的里程碑,而且对朝鲜、日本等周边国家的城市建设也产生了深远的影响①。

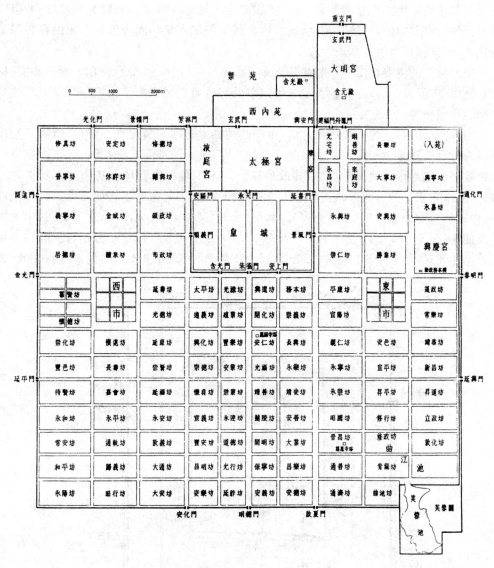

图 1-10　唐长安复原图
资料来源：参考文献[7]

2. 宋元时期

宋元时期（公元 10—14 世纪）时值中国封建社会后期，尤其是宋代，以农业、手工业和商业为代表的经济、文化与科学技术②的发展以及在此背景下市民文化的兴起与封建

---

① 如日本的平城京、平安京的规划布局全面模仿了隋唐长安。

② 中国古代四大发明或在宋代有了根本性改进（如人工磁化指南针、活字印刷），或得到改良与普及（如造纸术）。

王朝生活上的腐败糜烂、政治上的昏庸无能形成鲜明的对照。伴随经济的发展,城市职能和内部结构发生了明显的变化,以经济职能为主的地方城市得到较大的发展;城市内部固定的"市"和封闭的"坊"被开放街坊所代替。但城市格局除因地形等原因存在局部变化外,整体格局并没有本质性改变。

宋元时期的主要城市有:作为都城及陪都的东京(开封)、西京(洛阳)、南宋临安(杭州)、金中都、元大都;作为区域性地方城市以及对外贸易城市的平江(苏州)、广州、明州(宁波)和泉州等。

在汴州(开封)成为宋朝都城之前,由于其地处大运河与黄河交汇处,自隋唐开始逐渐成为工商交通重镇。后周世宗柴荣于显德二年(公元 956 年)又对其进行了大规模的改扩建。北宋继续将其作为都城,并改称东京。由于是在原有城市基础上逐步扩建而成的,北宋东京城的平面形状没有隋唐长安那样规整,但仍采用了宫城居中,里、外城嵌套,中轴线对称的总体布局(图 1-11)。其中,皇城(又称宫城、大内)始建于唐代,宋太祖建隆四年(公元 969 年)扩建,平面为周长 5 里(一说 9 里 18 步)的正方形,设 6 门;里城为原唐汴州城,始建于德宗建中二年(公元 781 年),周长 20 里 50 步,设 10 门;外城(又

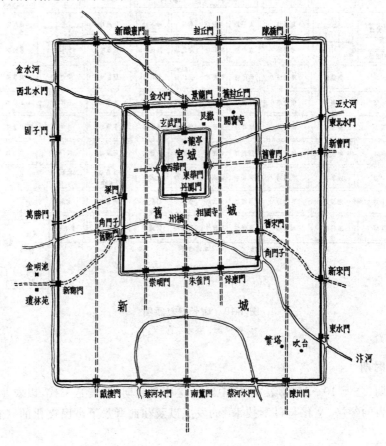

图 1-11 宋东京复原图

资料来源:参考文献[7]

称罗城)为柴荣扩建汴州的成果,平面为东西宽约 6.9km、南北长约 7.6km 的不规则长方形,设有 12 个城门和 6 个水门。东京城内虽无明确的分区,但与政治统治相关的功能多集中在里城,而一般居住、手工业作坊、商业、仓库及皇家园林等多分布在外城。随着商业、手工业的繁荣,北宋中期之后东京取消了用围墙围绕的里坊和市场,但设有厢坊(里城 8 厢 121 坊,外城 9 厢 14 坊)。商品交易的场所已不再固定在一个特定的范围内,并出现各行各业相对集中的繁华商业地段,分布在城的东北、东南和西部等处。据推测,北宋东京鼎盛时期的城市人口超过 100 万人(一说 130 万~170 万人),是当时世界上最大的城市。工商业的发达、人口及建筑密度的提高(2~3 层建筑)以及相对狭窄的街道系统带来城市防火问题,因此北宋东京的主要街道上均设有防火望楼。

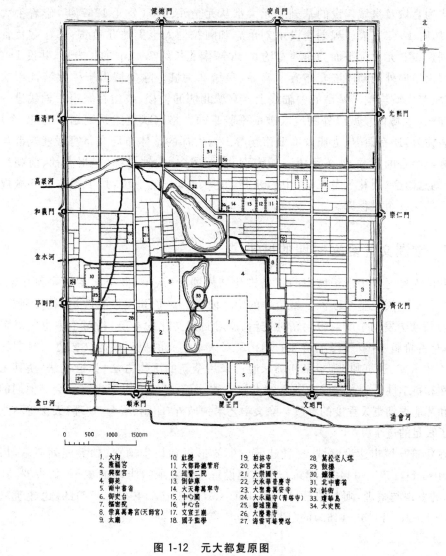

图 1-12　元大都复原图

资料来源:参考文献[7]

作为地方贸易性城市,苏州早在春秋末期就已成为吴国的都城。隋大运河开通(公元 610 年)之后,地处大运河与长江交汇处的苏州更是得到了较大的发展。南宋绍定二年(公元 1229 年)刻于石碑上的平江府图清晰地反映了南宋时期苏州的城市格局,是中国最早的城市地图。平江府平面为东西宽约 3km、南北长约 4km 的长方形,共设 5 门,城内除设有作为府衙署的子城外,还分布着馆驿①、仓库、米市、商店、酒楼、旅舍、兵营以及住宅、作坊、寺观和园林等。城内拥有水陆两套交通系统,城墙上共设 7 座水门和水闸;城内有大小桥梁 300 余座,形成前街后河的独特格局。

在辽南京和金中都之后,元朝也定都北京,称大都(图 1-12)。元大都的建设一方面避开了金中都旧址,进行全新的规划布局;另一方面又利用了金中都时期的城外湖泊和离宫作为宫城及皇城建设的基础。元大都从元至元四年(公元 1267 年)起着手大规模建设,历时 18 年完成。规划建设由刘秉忠和阿拉伯人也黑迭儿负责;郭守敬负责水系的规划建设。元大都平面为东西宽约 6.6km、南北长约 7.4km 的长方形,共设 11 门,依旧按照由里向外的顺序嵌套布置了宫城、皇城和大城。除皇城由于受太液池影响偏西外,宫城与大城均位于城市的中轴线上。宫城北侧的钟楼、鼓楼将城市中轴线进一步向北延伸②。大城内皇城以外的地区被横平竖直的方格网状道路系统划分为 50 个坊,除用于居住外,还有衙署、寺庙及商业市场等。元大都的整体布局在将宫殿建筑群与自然风景有机结合的同时,熟练运用三城嵌套、宫城居中、中轴对称、左祖右社、前朝后市的手法,刻意附会《周礼·考工记》中的礼制,并突出皇权的地位,是中国古代都城规划建设史上的又一个里程碑。

1.2.7　欧洲文艺复兴时期的城市

欧洲在经过了中世纪城市的重新进化与发展后,从 15 世纪起在意大利开始了"文艺复兴",后扩展至整个欧洲。城市中的中产阶级为维护和发展其政治、经济利益,在意识形态领域中发动了反对教会精神统治、反对封建文化的斗争;相对于中世纪对宗教的崇拜,对古希腊、古罗马民主精神的颂扬和对人本主义的提倡成为文艺复兴时期的思想主流。艺术家、建筑师、雕塑家和画家通过采用全新的工作方法(如透视法)使其工作更具理性和科学性。艺术家成为独立的专门人才,而不必依附于领主或行会。他们的创造激情和才能得到更大程度的释放。除文学艺术领域外,印刷、冶金、地理、天文等科学技术也有了长足的进步。

在建筑与城市建设领域,现代建筑学的雏形得到初步确立(勃鲁涅列斯基,Filippo Brunelleschi,1377—1446);建筑与城市建设理论研究取得丰硕的成果,如古罗马《建筑十书》的发现与整理,阿尔帕蒂(Leone Battista Alberti,1404—1472)的《论建筑》、费拉锐特(Filarete,1400—1469)的《理想的城市》等。

---

① 用来接待来往官吏和外国使臣的设施。
② 实际上钟鼓楼的实际轴线略偏西于城市中轴线。

　　必须指出的是,同文艺复兴在思想、意识形态上所取得的成就相比较,在城市建设方面,其理论的应用及其实践活动多停留在单体建筑以及城市局部改造的范畴内;相对于活跃的理想城市理论研究,真正将其付诸实施的仍属凤毛麟角。事实上,欧洲大陆的人口增长及其分布在中世纪时期业已完成,在缺乏生产力水平突变或经济体制变革的情况下,城市的新建或扩建缺少必然的动力。因此,文艺复兴对城市规划与建设方面的影响力远没有达到其在文学艺术领域中的程度。欧洲文艺复兴时期的城市规划建设均在以中世纪所形成的城市大背景下展开。

　　文艺复兴时期意大利城市规划与建设的代表性实例有佛罗伦萨、弗拉拉(Ferrara)、罗马等。在佛罗伦萨,西格诺里亚广场与乌菲齐(Uffizi)大街及佛罗伦萨大教堂的建设均为这一时期的代表作;在弗拉拉,按照鲁塞蒂(Rosetti)的规划在 16 世纪建造起来的顺直通畅的道路网以及设在节点上的广场与中世纪的城区形成鲜明的对照;在威尼斯,圣马可广场的最终形成使文艺复兴时期的建筑风格融入中世纪的广场空间中。

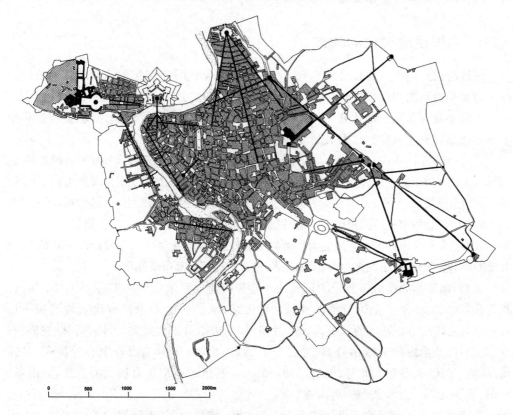

图 1-13　文艺复兴时期之后(18 世纪)的罗马城平面图

资料来源:参考文献[3]

　　历经中世纪的衰落,15 世纪伴随着罗马教廷的回迁,罗马重新成为欧洲宗教与文化的中心。大量古典主义的道路、广场与建筑被兴建。文艺复兴时期罗马的规划最初由教皇尼古拉五世(Nikolaus Ⅴ,1447—1455)制定,其中包括对古代遗留设施的利用改造和笔直宽阔的道路、广场以及宗教建筑的兴建。后经希克图斯四世,尤其是在其侄子教皇尤利二世(Julius Ⅱ)在位期间得到实施。17世纪后巴洛克时期的城市建设逐渐将罗马的古代遗迹、中世纪城区和当时的纪念性建筑融为一体,形成新的城市面貌(图1-13)。市政广场(1536年,米开朗琪罗设计)、圣彼得大教堂及圣彼得广场(1656—1667,伯尔尼尼设计)、纳伏那广场(17世纪中叶重建)、波波罗广场(17世纪)是其中的代表作。

罗马在文艺复兴时期所进行的城市规划建设将古典主义的作品与片断置于中世纪城市大背景中,散布于整个城市的作品并没有形成一个完整的系统,因而没有从根本上改变城市的形态,甚至与历史之间或多或少有些不和谐,但是文艺复兴所提倡的理性与秩序以及在城市设计中所采用的轴线、对称、比例、尺度、对景等城市设计手法对此后的城市设计产生了深远的影响。可以说,文艺复兴时期的巴洛克式城市设计就像一个高大的地标,其投出的长长阴影后来横扫整个欧洲和美洲,这个阴影甚至在第二个千年交替之际投向了中国这个东方文明的圣地。

1.2.8　中国明清时代的城市

明清时代是中国封建社会的晚期。与欧洲文艺复兴时期思想的活跃与城市建设受生产力水平的局限相反,中国明清时期的封建经济高度发展,传统的农业、手工业、商业的发展水平及商品流通都达到了封建社会的顶峰,资本主义萌芽开始出现,但政治思想上的中央集权和独裁专制也发展到登峰造极的程度。

在这一时期中,由手工业的发展带动经济作物的种植,从而促进城乡商品经济的发展,进而导致了城市数量的增加和类型的多样化;在城市的分布上,一方面江南出现城市密集地区,另一方面边陲城市的分布范围也有了进一步扩张。同时由于闭关锁国政策的影响,唐宋时期发达的海港贸易城市在不同程度上衰落,取而代之的是沿长江及大运河的工商贸易和内港城市。城市格局除从总体上呈现出更为严格的附会礼制外,与秦汉后期都城建设一脉相承,没有发生根本性变化,只在筑城材料、园林艺术、城市职能等局部有所变化。

明初,南京作为都城得到了大规模的改建和扩建。明永乐十九年(公元1421年)迁都北京,北京又恢复了全国首都的地位。除此之外,这一时期中具有代表性的城市还有:作为地区性中心城市的成都、太原、兰州;作为边防重镇的宣化、大同、榆林、左云、右玉、兴县,以及沿海防卫城市登州(今蓬莱)、镇海、南汇;作为工商业中心的扬州、景德镇、临清、平遥、太谷等。此外,明清时期一般府州县级的城市也有较大的发展,如南通、安阳、淮安、保定、天水、宁夏、荆州等。

明清北京城是中国城市规划建设史上的杰作,被誉为"都市计划的无比杰作""中国都城发展的最后结晶"[①]。明代北京是在元大都的基础上建设起来的。1371年大将军徐达修复被攻占后的元大都,将元大都北城墙向南缩进5里。明朝决定迁都北京后,于

① 分别引自:梁思成.北京——都市计划的无比杰作[J].新观察,1951,2:7-8;WU L Y. A brief history of ancient Chinese city planning[M]. Kassel:Gesamthochschulbibliothek,1986.

永乐四年(公元 1406 年)开始有计划地营建北京城,历时 14 年,并于永乐十九年(公元 1421 年)正式迁都于此。后于嘉靖三十二年(公元 1553 年)加筑外城,但由于财政等原因只完成了南城部分,因而形成了独特的"凸"字形平面。明北京外城东西宽约 7.95km、南北长约 3.1km,共设 5 门;内城东西宽约 6.65km、南北长约 5.35km,共设 9 门(东西城墙位于元大都原址,北侧、南侧城墙分别南移 5 里和 2 里);皇城东西宽约 2.5km、南北长约 2.75km,设有 4 门;最内是宫城,即紫禁城,东西宽约 0.76km、南北长约 0.96km,仍设 4 门。宫城、皇城、内城、外城依次嵌套与其中的城门、宫殿建筑群、景山、钟鼓楼形成一条长达 7.5km 的城市中轴线。城内道路基本上沿用了元大都的系统,形成了方格网状的道路体系。城内除宫殿、皇家园林外,主要有寺庙、衙署、仓库、府第及平民住宅,手工业、商业设施多集中在外城。

　　清朝全面承袭了明北京城,除对局部城墙、建筑进行修缮改造外,城市格局没有发生变化(图 1-14)。

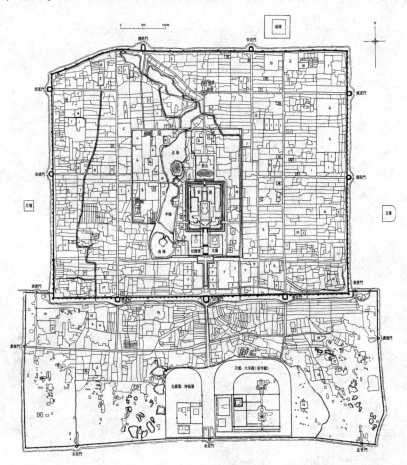

1—亲王府; 2—佛寺; 3—道观; 4—清真寺; 5—天主教堂; 6—仓库; 7—衙署; 8—历代帝王庙; 9—满洲堂子; 10—官手工业局及作坊; 11—贡院; 12—八旗营房; 13—文庙、学校; 14—皇史宬(档案库); 15—马圈; 16—牛圈; 17—驯象所; 18—义地、养育堂

图 1-14　清代(乾隆时期)北京城平面图

资料来源:参考文献[7]

明清北京城更为严格、具体地附会了"左祖右社,面朝后市"等《周礼·考工记》中的礼制及"前朝后寝"等封建传统,是中国古代都城建设的集大成,但无论在规划思想上,还是在适应社会发展变革上,都很难看到进步的痕迹。

1.2.9 绝对君权时期的城市

17 世纪中叶之后欧洲步入了绝对君权时期。国王扩大自身权力的愿望与新兴资产阶级对建立统一国内市场的需求使两者走到一起,建立起反对封建割据与教会势力的中央集权绝对君权国家。这一时期的城市设计与建设受文艺复兴时期意大利城市建设实践的影响,巴洛克式的手法广泛运用于体现君权思想的构思之中。在城市与建筑设计中,古典主义盛行,以体现秩序、组织、永恒、至上的王权。其具体表现为城市与建筑中的几何结构和数学关系、对轴线和主从关系的强调、平面上的广场和立面上的穹顶。

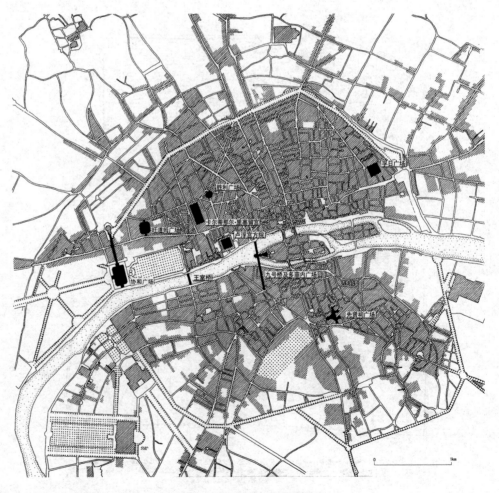

图 1-15 18 世纪末巴黎地图

资料来源:参考文献[3]

　　君权国家的首都如巴黎、维也纳、都灵、拿波里、柏林及圣彼得堡等城市得到较大的发展,成为全国的政治、经济和文化中心。另一方面,像阿姆斯特丹这种依然沿用中世纪城市国家管理模式的城市,以及像伦敦那样通过君权与资产阶级土地所有者等多种意志的叠加所形成的城市也同时存在。

　　从 16 世纪初开始,法国国王开始将其皇宫设在巴黎城内。在亨利四世期间,巴黎建起城墙、道路、给排水系统及一系列由统一建造的房屋所围合的广场(如皇家广场、法兰西广场等),并扩建了卢浮宫(图 1-15)。在路易十四执政的绝对君权鼎盛时期,城市中包括卢浮宫改造在内的城市建筑、广场(如旺道姆广场、胜利广场等)、林荫道(香榭丽舍大道)的建设与郊外凡尔赛宫的兴建均体现了君权的强大和建设、改造城市的能力。路易十五时期又建设了协和广场。

　　伦敦的情况与巴黎有所不同。虽然 1689 年革命后的英国君主政权在短时间内建成了欧洲最强的经济国家,并使伦敦最终成为欧洲最大的城市,但在 1666 年伦敦大火之后,刚刚得到巩固的英国君主政体既没有权威也没有财力来实施像巴黎那样的大规模城市建设,况且,作为新兴资产阶级的土地所有者要确保其权力和利益。所以,君主的权力被限制在扩建主要道路和控制建筑高度等范围之内。城市建设出现"多元化"的倾向。政府在公共设施方面的建设及对其他建设的限制与贵族和土地所有者的建设共同构成了当时的城市形态。事实上,17 世纪伦敦城市中狭窄曲折的街道和密集的房屋建筑已经孕育着工业革命到来时必将出现的城市问题。

1.2.10　古代东西方城市发展的特征

　　纵观东西方城市发展的历史,可以发现:基于不同社会经济体制与历史文化背景的古代城市在规划建设上呈现出很大的不同,但从中也可以发现共通的方面。对于这种东西方的异同,试简述如下。

　　(1) 城市发展阶段

　　虽然欧洲与中国的早期城市均产生于奴隶制社会,但欧洲从奴隶社会下的古希腊、古罗马,过渡到中世纪的封建社会,经文艺复兴到达蕴含资本主义萌芽的君权社会,前后之间虽有传承和影响,但每个时期的城市均呈现出各自的特点,有时甚至是建立在对前一个时期否定的基础之上。因此,西方城市的进化阶段较为明显。

　　相反,中国较早地完成了由奴隶社会向封建社会的过渡,城市文明基本上是建立于以农耕文化为基础的封建社会。由于封建社会的超稳定性、生产力发展缓慢及朝代更迭时周而复始的破坏等原因,中国古代的城市格局自秦汉以来两千多年没有发生本质变化,基本上默守着《周礼·考工记》中的规制。

　　(2) 建城目的

　　虽然每个时期的城市不尽相同,但西方古代城市建设的主要目的并非仅仅围绕君主或领主等单一权力中心展开。古希腊、古罗马等奴隶制下的民主体制或共和制社会,文艺复兴时期人本主义思想的昌盛,使捍卫与维持市民生活与活动权利成为建城的主要目的之一。甚至在中世纪,城市的主宰并非世俗的君王而是超现实的宗教设施。

中国古代的城市建设自始至终都体现着至高无上的皇权。城市规划与建设始终围绕宫殿、官府衙署等单一中心展开;普通市民及其生活被置于从属的地位,有时甚至被作为防范的对象。因此,城市中广场、公共绿地等公共活动的场所并不是一个普通存在的现象。

(3) 城市职能

前面提到城市是聚居的一种形式,其主要功能就是提供安全、适宜的居住场所,无论是宫殿还是平民住宅均在此列,正所谓"筑城以卫君,造廓以居民"[①],并由此派生出军事防御、政治统治、宗教信仰、手工业生产、商品交换等其他城市职能。在这一点上应该说东西方古代城市是相通的。只是相对于欧洲而言,中国古代城市中经济因素体现得较少,因城市经济发展而自发产生的和发展的城市也相对较少。

此外,相对于欧洲封建社会的领主土地所有制,中国封建社会的地主土地所有制使地主可以离开土地而居住在城市中,进一步加强了城市作为封建统治中心的作用。因此,城市的对外防守、对内统治功能居首位。

(4) 城市规模

除古罗马之外,欧洲城市的个体规模普遍较小。中国古代在不同时期人口超过百万的城市就有 7 个,一般城市的数量也多达 1200～1700 座[②]。不仅如此,中国古代单一城市的用地规模也较欧洲城市为大。例如:同为人口超过百万的城市,唐长安的用地面积达 84km²,而几乎同时期的古罗马城的用地规模仅为 20km²。当然这种情况也造成了古罗马城市狭窄的街巷和密集的公寓以及与之相对应的唐长安城的空旷(如城南一带里坊很少有人居住)与超尺度的街道空间(如位于城市中轴线上的朱雀大街宽达 150m)。

(5) 城市形态

古代城市无外乎分成两种。一种是按照一定的规划意图建设起来的,具有规整平直的道路系统、几何形的城市平面或相对自由的布局;另一种是自然发展起来的,依山傍水,道路迂回曲折。诚然,就某一具体城市而言,可能两种要素兼而有之,这并非绝对,也可能以其中的一种为主。这两种类型均存在于欧洲与中国古代城市中,只不过欧洲主要源自不同的时期(如古罗马时期的城市与中世纪的城市),而中国则主要因城市类型而异(如都城和个别的商业、手工业城市),且自然发展起来的城市为数较少。

(6) 城市规划

以《周礼·考工记》为核心的礼制思想以及阴阳五行、易学、风水成为中国古代都城,乃至地方城市规划建设实践的指南,历经两千余年得到不间断的发展完善和传承,

---

① 汉·赵晔. 吴越春秋[M]. 南京:江苏古籍出版社,1999.
② 中国古代人口超过百万的城市是南朝建康,唐长安,洛阳,北宋开封,南宋临安,明初南京及清北京(见:参考文献[9])。

形成了一系列一脉相承的古代城市建设实例。相反,欧洲城市虽在不同时期出现过有关理想城市的描述(例如:公元前 4 世纪柏拉图的《乌托邦》、文艺复兴时期费拉锐特的《理想的城市》)和规划技法(例如:公元前 5 世纪古希腊希波丹姆创建的方格网道路系统、文艺复兴时期巴洛克式的城市设计),但并不存在一个连续的具有传承关系的规划理论体系。

在看待东西方古代城市规划建设实践时,一方面要用历史唯物主义的观点看其成就和不足,尤其是对中国古代城市规划建设成就必须给予客观的评价,避免产生民族虚无主义或夜郎自大的心态;另一方面,必须清醒地意识到现代的城市规划与建设并非古代的延续,而更多源自于工业革命所带来的生产力进步和由此而引发的社会变革。

参考文献

[1] 吴良镛. 人居环境科学导论[M]. 北京:中国建筑工业出版社,2001.

[2] MUMFORD L. The City in History, Its Origins, Its Transformation, and Its Prospects[M]. Sau Diego, New York Orland: Harvest Book Harcourt Inc., 1968.
倪文彦,宋俊岭,译. 城市发展史——起源、演变和前景[M]. 北京:中国建筑工业出版社,1989.

[3] BENEVOLO L. The History of the City[M]. Cambridge: MIT Press, 1980.
薛钟灵,余靖芝,等,译. 世界城市史[M]. 北京:科学出版社,2000.

[4] 沈玉麟. 国外城市建设史[M]. 北京:中国建筑工业出版社,1989.

[5] KORN A. History Builds the Town[M], London: Lund Humphries, 1967.
星野芳久訳. 都市形成の歴史[M]. 東京:鹿島出版会,1970.

[6] 董鉴泓. 中国城市建设史[M]. 2 版. 北京:中国建筑工业出版社,1989.

[7] 刘敦桢. 中国古代建筑史[M]. 北京:中国建筑工业出版社,1984.

[8] 贺业钜. 中国古代城市规划史[M]. 北京:中国建筑工业出版社,1996.

[9] 庄林德,张京祥. 中国城市发展与建设史[M]. 南京:东南大学出版社,2002.

[10] 曹洪涛. 中国古代城市的发展[M]. 北京:中国城市出版社,1995.

[11] 张驭寰. 中国城池史[M]. 天津:百花文艺出版社,2003.

第2章　城市化与近现代城市规划

2.1　城市化与城市问题

2.1.1　工业革命与城市化现象

1. 工业革命的背景

尽管东西方古代城市的发展走过了不同的道路,各种城市已经形成并逐渐成熟,但从本质上来说,在工业革命之前,居住在城市中并不是一种普遍现象。1800年,在世界范围内大约只有5%的人口居住在城市中。但这种情况从18世纪末开始,伴随着工业革命的产生而有了根本性的改变。可以说,18世纪末发源于英国的工业革命在人类文明史上的地位与意义丝毫不亚于人类由原始社会向农业社会过渡中的三次社会分工。

工业革命极大地改变了人类的物质世界和生活方式,但它并不是独立产生和发展的。事实上,文艺复兴所带来的思想上的解放导致了人们对科学规律的兴趣、探索和发现,并引发了17世纪欧洲的科学革命;摆脱了行会控制的资本主义生产方式的出现,使新兴资产阶级产生了将其维护自身利益的要求诉诸政治的愿望,并最终导致了17世纪始于英国的政治革命。

1640年在英国、1789年在法国发生的资产阶级革命为工业革命打下了政治基础;认识客观世界的科学世界观与知识的积累为工业革命时期的发明与发现提供了科学技术上的支持;伴随对外贸易增长的财富掠夺与聚集为大工业生产提供了原始积累;而海外市场的拓展产生了对大规模生产的要求:这一切均导致了工业革命发生在18世纪末的英国并非偶然。这场18世纪下半叶开始的工业革命于19世纪40年代在英国基本完成,随后,法、德、俄、日在19世纪内也相继完成了工业革命。人类社会开始,并在一部分地区完成了从农业社会向工业社会的过渡。

2. 工业革命的成果及影响

焦炭炼铁法(1709年,亚伯拉罕·达比)、水力纺纱机(1769年,理查德·阿克赖特)、联动式蒸汽机(1736年,马修·博尔顿、詹姆斯·瓦特)、汽船(1807年,罗伯特·富尔顿)、蒸汽机车(1830年,乔治·斯蒂芬森)等的发明,被看作是工业革命最具代表性的事件。

机械(纺织机、印刷机等)的发明、较高效能动力(蒸汽机等)的获得,以及交通条件的改善(运河的开凿与铁路网的兴建),使工业生产场所不再受作为动力的水源和作为燃料的煤炭产地的限制,并使以追求利润最大化为目标的大规模、集中的资本主义生产方式成为可能。这种资本主义的生产方式彻底改变了人类迄今为止的聚居形态。城市规模不再受食品、燃料、原材料供应地范围的限制,其产品更是以整个世界为市场,甚至从事生产劳动的人员的居住地点也不必再局限于步行距离的范围内。

另一方面,伴随生产力的增长、生活条件的改善以及医学的进步,欧洲的人口有了较大幅度的增长,加上由于"圈地运动"而失去土地的农民,使得工业革命获得了可以集中从事大规模生产的廉价劳动力,同时也使城市人口飞速增加,城市规模迅速扩大。

在城市建设与管理方面,资本主义的生产关系也带来城市建设管理手段的变化。政府不再包揽有关城市建设的一切事物,而是专心从事道路、公园、排水等城市基础设施的建设,并针对自由资本主义时期所出现的弊端,逐步实施对资本的限制。与以往封建君主社会有所不同,在资本主义条件下,寻求保护资本追逐利润的自由和满足公众对环境的最低需求的平衡点成为政府行政的出发点,同样也是近代城市规划的出发点。

在工业革命的发祥地英国,曼彻斯特、伯明翰、利物浦、格拉斯哥等一些新兴工业城市或港口城市开始出现,并作为产业中心飞速发展起来。例如曼彻斯特在 1760 年时仅有 1.2 万人,19 世纪中叶以后便达到了 40 万人(图 2-1)。不仅如此,作为首都的伦敦,1801 年到 1851 年间人口从大约 100 万人增长到约 200 万人,1881 年增加到 400 万人,到 1911 年则达到 650 万人,在一个多世纪中人口规模增加了 5.5 倍。在人口向城市集中的同时,人口在全国范围内由东南部向新兴工矿城镇集中的西北部迁移。

3. 城市化现象

上述这种人口在短期内由农村地区向城市地区集中的现象,被称为"城市化"或"城市化过程"。城市化过程在区域范围内表现为农业人口向城镇地区的快速集聚,城市用地范围扩展;在城市内部表现为城市基础设施及住宅来不及满足大量涌入市民的最低要求而导致环境恶化,并造成次生问题。正是由于工业化导致了人口向城市中的集中以及由于此所造成的问题,才迫使人们必须寻找一种不同于以往的新型技术和管理手段来解决这些问题。这正是近代城市规划的起源。

城市化现象最早产生于英国,后来伴随着工业化的传播扩散到欧美大陆以及世界上其他一些地区。不同地区的城市化高峰时期和完成城市所需要的时间是不相同的。英国的城市化水平在 1801 年时即达 32%,1851 年超过 50%,在 1900 年的时候达到 75%,从 18 世纪末工业革命开始,完成城市化的过程差不多用了一百二三十年的时间;而美国的城市化水平在 1800 年仅有 6%,超过 50% 是在 1920 年,达到 75% 是在 1990 年,前后近二百年;而日本 1890 年时的城市化水平为 9%,1955 年超过 50%(56.1%),1975 年时达到 75%,整个过程较英美有所缩短。中国的城市化真正起步于 1949 年新中国成立后,20 世纪 50 年代初的城市化水平大约为 13%,在 1998 年首次超过 30%,2011 年首次超过 50%,2014 年达到 54.77%。其中,1965—1978 年这 13 年间始终徘徊在 17% 以内。如果按照目前的发展速度进行下去,中国很有可能在更短的时

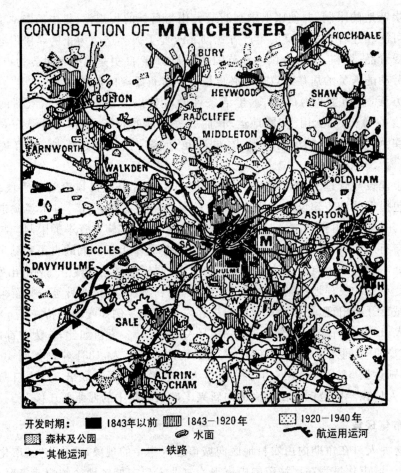

开发时期：■ 1843年以前　▥ 1843—1920年　▦ 1920—1940年
　　　　　▨ 森林及公园　　〰 水面　　　〜 航运用运河
　　　　　⤙ 其他运河　　　── 铁路

图 2-1　曼彻斯特在 18—19 世纪的城市发展

资料来源：参考文献[6]

间内完成城市化的全过程。[1]

2.1.2　城市化的衡量标准

1. 城市化的定义

城市化，即英文 urbanization，这一名词由西班牙工程师瑟轵（A. Serda）于 1867 年首先提出，中文通常译为"城市化""城镇化"或"都市化"。

城市化这一概念至少包含了社会学、人口学、经济学、地理学以及城市规划上的含

---

① 数据来源：中华人民共和国建设部. 国外城市化发展概况[M]. 北京：中国建筑工业出版社，2003；Arthur O'Sullivan. Urban Economics[M]. Fourth Edition. New York：McGraw-Hill，2000；日本建设省监修. 日本の都市. 昭和 60 年度版[M]. 东京：第一法规出版社，1985；中国市长协会. 中国城市发展报告 2001—2002[M]. 北京：西苑出版社，2003，以及国家统计局《统计年鉴》等数据。

义,并形成不同的理解和侧重面。通常我们将其理解为"人类生产和生活方式由乡村型向城市型转化的历史过程,表现为乡村人口向城市人口转化以及城市不断发展和完善的过程",也可以更直截了当地表述为"农业人口及土地向非农业的城市转化的现象及过程"[①]。

表 2-1　美国人口普查局有关城市人口的定义

名　称	定　义	2000 年 人口数/百万	百分比/%
城市地区 (urban area)	其中的人口称为城市人口,即城市化地区中的人口与城镇人口的总和	222.36	79.0
城市化地区 (urbanized area)	至少要包括一个大的中心城市和人口密度超过 1000 人/平方英里的周边地区,且总人口达到 5 万人	192.32	68.3
城镇 (urban place, urban cluster)	城市化地区之外独立存在的城市型居民点,在相对较小的区域中至少有 2500 人的地区	30.04	10.7
大城市地区 (metropolitan area)	相当于大城市统计区与大城市联合统计区相加的范围。包括一个拥有大量人口的核心城区和与该核心城区在经济上连为一体的地区。其中包括: ① 人口在 5 万人以上的中心城市; ② 一个城市化地区; ③ 区内总人口在 10 万人(新英格兰地区7.5万人)以上	225.98	80.3
大城市统计区 (metropolitan statistical area)	区内人口不足 100 万人,或不便划分独立的大城市基础统计区(primary metropolitan statistical area)的大城市地区	(264 个)	
大城市联合统计区 (consolidated metropolitan statistical area)	人口超过 100 万人的大都市地区,并包含有两个以上的城市化地区。区内进一步划分为两个以上的大城市基础统计区	(20 个)	

资料来源: U. S. Census Bureau. *United States Census* 2000;大城市统计区及大城市联合统计区的数量为 1990 年数字,源自 Arthur O'Sullivan. *Urban Economics*[M]. Fourth Edition. New York: McGraw-Hill, 2000.

事实上,由于世界各国对城市(或城镇)本身的定义各不相同,因此,对于城市化一词至今没有在统计学上形成统一口径。城市变化发展的动态特征和城市边缘区的交错状态使城市与乡村在空间上的分界线难以划定,更不可能与行政管理边界相重合。但从统计学的角度来看,要确定确切的城市人口数量就必须明确界定居住在什么地方的人才是城市人口,换句话说就是要界定"哪里是城市"(或"哪里不是城市")。这使我们

[①]　分别引自国家标准《城市规划基本术语标准》(GB/T 50280—1998)(1999 年);李德华. 城市规划原理[M]. 3 版. 北京:中国建筑工业出版社,2001。

又回到了第 1 章开篇时所提出的问题。

在西方工业化国家，通常采用人口密度和人口规模复合指标来界定城市化地区（urban area）的范围。例如，美国人口普查局采用表 2-1 中所列出的概念来描述和界定城市化地区。其中，除考虑到人口密度与集中的程度外，还考虑了通勤圈等社会经济上的因素。

日本则采用"人口密集地区"（densely inhabited district，DID）的概念来界定城市化地区。具体而言就是当人口密度超过 4000 人/km² 的国情调查分区（规模约为 50 户）相互联系在一起组成总规模大于 5000 人的地区时，这一地区就被看作为城市化地区。2000 年日本"人口密集地区"内的总人口达 8281 万人，占总人口的 65.2%；面积 12457 km²，占国土面积的 3.3%[①]。除此之外，行政区划和城市规划区范围也用来校正城市人口数值。

中国的城市人口统计在计划经济时期主要按照农业与非农业人口的户籍划分进行，20 世纪 90 年代后改用"城镇人口"的概念。按照国家统计局的相关文件，人口统计按照"城镇"和"乡村"进行划分[②]。划分的标准为："城镇包括城区和镇区。城区是指在市辖区和不设区的市，区、市政府驻地的实际建设连接到的居民委员会和其他区域。镇区是指在城区以外的县人民政府驻地和其他镇，政府驻地的实际建设连接到的居民委员会和其他区域。与政府驻地的实际建设不连接，且常住人口在 3000 人以上的独立的工矿区、开发区、科研单位、大专院校等特殊区域及农场、林场的场部驻地视为镇区。""城镇人口"占总人口的比例即为城市（镇）化率，或称城市化水平。

2. 城市化现状

在城市化现象出现 200 多年后，从世界范围来看，城市化的发展水平尚有较大的差别。根据联合国统计：至 2014 年，世界平均城市化水平为 54%。换句话说，经过 200 多年的发展，世界上过半数的人口居住在城市中。在各大洲中，按照城市化水平的高低依次为北美洲 81%、拉丁美洲及加勒比海地区 80%、欧洲 73%、大洋洲 71%、亚洲 48%、非洲 40%。按照同一数据来源，中国的城市化水平为 54%，已超过亚洲平均值，与世界平均值持平，但仍低于东亚地区的平均值（59%）。虽然由于存在统计口径上的差别，很难对城市化水平做出较为科学准确的横向比较，但从总体上看，中国的城市化水平与发达国家相比仍存在一定的差距。[③]

3. 城市化的一般规律

城市化过程是一个涉及面广、动力机制复杂的过程，同时，也并不是一个平滑稳定的过程，而呈现出较强的阶段性。美国城市地理学家诺瑟姆（Ray M. Northam）在分析

---

① 数据来源：日本総務省統計局.日本統計年鑑 2004.网络版。

② 中华人民共和国国家统计局《统计上划分城乡的规定》(国务院于 2008 年 7 月 12 日国函〔2008〕60 号批复。)

③ 数据来源：United Nations, Department of Economic and Social Affairs, Population Division, World Urbanization Prospects〔highlights〕. The 2014 Revision. http://esa.ue.org/unpd/wyo/Highlights/WUP2014-Highlights.pdf.

了一些国家和地区的城市化发展规律后,把整个城市化过程(城市人口在总人口中占的比例变化过程)大致归纳成为一条被拉平的 S 形曲线,并把这一过程划分成 3 个阶段(图 2-2),即城市化水平较低、发展速度较慢的初期阶段(城市化水平低于 30%),农村人口向城市快速聚集的加速阶段(30%~70%),以及城市人口增长趋缓甚至停滞的后期阶段(高于 70%)。这一规律在欧美发达国家的城市化过程中均可以得到验证。

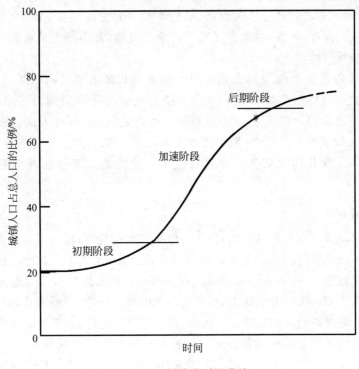

图 2-2 城市化过程曲线

资料来源:参考文献[3]

就中国目前的城市化水平而言,正处在加速阶段,也就是城市化高速发展时期。

2.1.3 城市化的几种模式

城市化现象是伴随着工业化的出现与发展而产生的,因此两者之间有着密切的联系。首先,大规模的工业化生产需要大批的劳动力,并以其所在城市地区中优于农村的择业机会、报酬、文化生活以及社会地位等形成极具诱惑的吸引力;另一方面,工业化带来以农业技术的发达和农业机械化程度的提高为代表的农业生产率的提高,从而导致农村剩余劳动力的产生(有时甚至是农户的破产),形成农村人口向外转移的压力。城市化过程中人口由农村流向城市就是这两个作用力结合的结果。

但事实上,在工业化与城市化的实际发展过程中,两者并不呈现出成比例的线性增长关系,也不一定表现为同步进行,有时甚至出现严重的背离现象,由此形成了城市化的几种不同模式。

1. 伴随着工业化的城市化

由于工业及其相关职能向城市的集中，导致城市规模、数量乃至城市地区范围的扩大，从而吸引广大农村地区人口向城市地区集中。应该看到，广义上的工业化并不仅仅是第二产业的发展，更不限于制造业的发展，而是以制造业为主体的第二产业的发展为先导，直接带动了相关的产业管理职能、信息研发职能的进一步集中；同时也间接地促进了金融、贸易、商业、服务、房地产等第三产业的发展，在不同发展阶段形成不同的但相对持续的劳动力需求。

城市地区的发展表现为城市数量的不断增加和城市规模的不断扩大，并在一定阶段形成大城市连绵区。城市化的过程表现为城市地区对劳动力需求不断增长，并容纳了绝大部分来自于广大农村的劳动力。也就是说，城市对人口的吸引力和它所能够接纳的人口基本保持平衡；城市化水平是随着广义上的工业化的发展而提高的。可以认为西方工业化国家的城市化过程基本上走的是一条伴随着工业化的城市化道路。

2. 过度城市化

相对于伴随着工业化的城市化，由于农村人口增长过度、城乡间经济发展水平差距扩大等原因造成的农村剩余劳动人口向城市盲目流动，使城市人口增加的现象被称之为过度城市化现象（over urbanization）。即城市人口的实际数量远远超过工业化发展对劳动力的需求和城市的容纳能力，造成城市中的高失业率，并导致贫困、贫民窟、犯罪乃至社会动乱等城市问题的出现。东南亚、拉丁美洲、印度等发展中国家在其发展过程中均不同程度地出现过这种现象。从农村剩余劳动力状况以及城乡差别的角度来看，中国实际上也存在着出现过度城市化的潜在压力，虽然由于政策性因素的干预尚未充分显现，但应该引起足够的警惕。

3. 低度城市化

与过度城市化现象相反，当城市化水平低于工业化发展实际需要时，则被认为是低度城市化（under urbanization）。低度城市化主要表现为社会资源向以制造业为核心的第二产业过度倾斜而造成相关产业、商业服务乃至社会服务设施、城市基础设施、住房等第三产业的相对落后，并反过来影响和阻碍了整个经济体系的健康发展。造成低度城市化现象的主要原因是人为的政策性因素，如严格的城市户籍制度、无业民遣返制度，以及对经济发展规律认识上的问题，如单纯追求工业产值或 GDP 增长率。中国以及原东欧一些国家均不同程度的存在低度城市化的现象。《中国城市发展报告 2001—2002》中指出："城市化率偏低将成为制约经济发展、影响社会稳定与实现现代化目标的'巨大瓶颈'，成为限制我国在经济全球化中保持竞争优势的'巨大瓶颈'，也将成为我国提高国家综合实力和知识经济时代新一轮财富聚集中的'巨大瓶颈'。"

4. 泛城市化

在欧美一些国家,当向心的城市化发展到一定程度后,开始出现城市人口的居住、购物甚至工作地点向郊外扩散的现象,被称为郊区化(suburbanization);同时,也出现大城市或大城市地区人口向中小城市甚至非城市地区迁移的逆城市化(counter urbaniza-tion)现象。郊区化和逆城市化现象与城市化发展阶段、国土资源条件、经济运行方式(如信息革命所带来的影响等)以及社会价值观念等有关,其成因和发展机制较为复杂,目前尚无权威性论断,但无论如何,郊区化与逆城市化均可以看作是城市化过程在更大区域范围中的继续和扩散,并不意味着城市化水平的下降。

事实上,在某些国家和地区中,由于城市化已达到相当的水平,在郊区化与逆城市化的同时,非城市地区的就业状况、生活环境与质量甚至生活方式均与城市没有本质性差别。城乡之间的界限变得不再那么清晰。对于这种状况,我们可以将其称为"泛城市化",像比利时、新加坡以及中国的香港地区等均可以看成是泛城市化国家与地区的实例。

2.1.4 城市化所带来的城市问题

在伴随工业革命的城市化初期,大量农业人口在较短的时间内集中涌向已有的城区或者是没有来得及进行规划的新扩展城区,要么既有的城市基础设施不堪负重,要么城市基础设施根本就没有来得及进行建设。同时由于交通设施欠发达,使人口密度上升。狭小、恶劣的居住环境中,由于排泄物和废弃物的不当处置而造成的水源污染等导致霍乱等疾病的发作和蔓延。同时,工厂的建设打破了旧有的城市格局,使城市的景观和形态发生了根本性的改变,教堂和公共建筑不再是城市的主宰。这种变化到来之快使得已有的城市规划建设显得力不从心。更重要的是,在工业革命初期的自由资本主义时期,资本追求利润最大化的欲望没有受到任何制约,企业内部效益的最大化一部分是建立在损害劳动者及社会利益基础之上的。这些问题不断积累,至 19 世纪中叶已发展到十分严重的程度。

这种在工业革命初期出现的城市问题被称之为传统(古典)城市问题。近代城市规划的出现与发展在一定程度上缓解了这些问题。但是,随着城市化的进展,传统问题在得到缓解之后,又出现了与传统城市问题截然不同的现代城市问题,仍是我们今天不得不面临的状况。

1. 传统城市问题

传统城市问题的出现有其特定的历史条件和社会背景,并呈现出以下几个特点。

首先,自由资本主义(Liberal)时期,不受约束的资本家片面追逐利润,缺少对劳动者生存条件的最起码的关注,致使广大产业劳动者和城市盲流处于极端恶劣的生活环境中。中小工厂毫无秩序地混入市区;林立的烟囱排放出遮天蔽日的黑烟和有害气体;工厂中排出的废水与生活污水滞留在洼地中,散发出冲天的臭气并污染着环境和水源。

投机商所建造的高密度低质住宅杂乱无章地排列在工厂的附近,缺少必要的采光、通风条件、室外活动场地甚至最起码的给排水和垃圾处理设施。对这种状况,恩格斯在1845年出版的《1844年英国工人阶级状况》中有着生动具体的描绘[①]。这种情况不但严重影响了城市劳动者阶层的健康,同时也导致了传染病的暴发(如英国在1832年、1848年和1866年暴发了全国性的霍乱)。

其次,整个人类对突如其来的工业化以及城市化状况既没有物质上的储备,也没有现成的相关制度上的对策,甚至不清楚造成城市问题的关键性原因(如直到1854年才发现霍乱流行的原因)。只有当城市问题以及其所引发的矛盾积累到相当程度的时候才引起重视。

此外,工业革命初期的传统城市问题虽然集中体现在城市中的特定阶层(城市劳动者、无业民)和特定地区中(如劳动者居住区、贫民窟等),但通过对整个城市环境的污染以及传染病的流行波及到城市整体(图2-3、图2-4)。

图2-3　伦敦两座高架铁路桥之间的一个贫民窟

资料来源:参考文献[5]

---

①　Eriedrich Engels. "the Great Towns" from the condition of the working class in England in 1844[M]. Richard T. LeGates and Frederic Stout. The City Reader. 2nd Ed. London and New York: Routledge. 2000: 46-55.

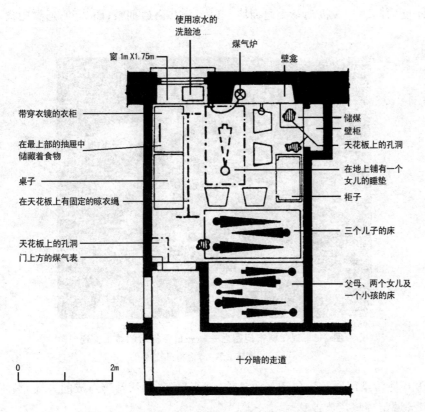

图 2-4 1848 年格拉斯哥的一个 9 口人的工人之家

资料来源：参考文献[5]

2. 现代城市问题

与工业化早期城市接纳大量产业工人所形成的城市化现象不同,第二次世界大战后,西方工业化国家中城市化的主要动力由第二产业转向第三产业。伴随着生产力的进一步提高,产业与交通技术的进步,产业结构的重组,大众收入、生活水平提高以及民主化进程的发展,社会整体开始进入大众消费的时代。这种情况除导致对能源与资源的大量摄取外,也使城市人口的进一步增长成为可能。

在这一过程中,一方面出现城市间发展不均衡的现象,一些大城市或大城市地区的集聚效应凸现,人口规模进一步扩大;另一方面,一些以钢铁、纺织等传统产业为主的工业城市由于产业发展上的结构性缺陷而趋于衰落。如果说在处于衰落状态的城市中,所出现的主要问题是失业、新的贫困、城市活力低下、生活环境恶化、地方财政出现困难以及随之而产生的犯罪等社会问题的话,那么在人口急剧增长的城市中,已有设施以及设施增长的速度无法满足人口增长、生活水平的提高以及生活方式的改变所提出的要求,因而导致更具普遍意义的现代城市问题。主要表现为:

（1）居住环境问题——包括住宅面积狭小、密集、昂贵,基础设施、生活服务设施不足等;

（2）交通问题——机动车交通拥堵、事故，公共交通拥挤(图 2-5)，通勤距离、时间过长等；

图 2-5　现代城市问题之一——日益拥堵的城市交通

资料来源：作者拍摄

（3）环境污染问题——包括工业排放、汽车尾气、生活污物造成的大气、水体以及土壤、噪声等城市环境污染或称城市公害；

（4）城市灾害问题——地震、山体滑坡、洪水、火灾、地面下沉等城市型原生灾害或次生灾害；

（5）城市舒适性问题——城市绿色空间、公共活动空间被压缩甚至丧失，传统城市文脉的破坏，城市景观的杂乱无章等；

（6）社会问题——传统社区的解体，对弱者的漠视甚至是挤压，以土地问题为代表的社会财富分配不公，以及更具普遍性的犯罪问题等。

相对于传统城市问题，现代城市问题涉及面更广，更为复杂，因果关系也更为隐晦。首先，现代城市问题多半不再局限于城市的某个局部或集中显现在城市的某个阶层中（例如，环境污染问题和交通拥挤问题）；其次，诸多城市问题交织在一起，并相互作用，增加了解决问题的难度。有时为解决某一问题所采取的单方面措施甚至会导致其他问题的加剧或新问题的产生。例如：为解决交通拥堵问题而修建的各种城市道路会加剧噪声及大气污染问题，并诱发新一轮交通需求的增长；为解决居住面积不足而进行的大规模住宅建设又会带来大量绿地被侵占等生态方面的问题。

事实上，现代生活方式本身充满了各种矛盾，而这些矛盾又集中地体现在作为生活载体的城市中。但是，就像我们无法用根本改变现代生活方式来解决诸如能源消耗、环境污染及各种社会问题一样，对于各种城市问题也只能通过采取积极的措施加以解决。现代城市规划与建设实际上也就是各种矛盾与问题不断出现又不断得到缓解或部分解决的过程。也就是说,我们对待城市问题的态度,应该是解决问题而不是借此否定城市。

由于历史的原因,中国的城市化过程有其独特的问题,但随着城市化进程的加快,带有普遍性的问题更多地暴露出来。相对于西方工业化国家,中国的城市化进程被压缩到了更短的时间内,各种城市问题,包括古典的和现代的问题同时出现,导致中国的城市问题更为复杂。这就决定了解决这些问题所需要的知识、技术、管理组织方式及着眼点都必须是多元化的。

2.2　近代城市规划的诞生

2.2.1　近代城市规划的切入点

与从建筑学、美学及工程手段等入手,着重考虑城市物质空间形态的传统城市规划有所不同,近代城市规划从一开始就带有强烈的社会改造色彩,以解决社会矛盾和社会问题的城市问题作为根本的目的。

1. 解决传统城市问题的三种途径

面对工业革命初期所产生的传统城市问题,必须寻求解决的途径。在西方工业化国家的早期实践中,出现过许多力图解决或改善传统城市问题的尝试,大致可以归纳为以下三种途径。

首先,是对社会制度的改革。针对资本主义,尤其是工业革命初期自由资本主义社会中所存在的种种尖锐矛盾,马克思基于他的历史唯物史观、阶级斗争学说和剩余价值观念,提出彻底改变资本主义的生产关系,以社会主义代替资本主义才是解决问题的根本出路,即依靠革命推翻资本主义制度来解决社会现实中所存在的问题。从历史现实上来看,虽然这种思想犀利地切中了问题的要害,但在当时,除 1871 年巴黎公社短暂的政权外,并没有被广泛接受和采纳。

解决传统城市问题的第二种途径是改良主义。即在维持资本主义制度的前提下,通过以立法、政府行政为代表的公共干预,在一定程度上限制资本的无节制扩张;并通过公共财政的投入,改善劳动阶层的居住环境和生活状况。以 1848 年英国《公共卫生法》为代表的近代城市规划立法可以看作是这种途径的开端。虽然改良主义在汉语中或多或少带有贬义的成分,但实践中被西方工业化国家广为采纳,并在实践中被证明这种看似不彻底的改良主义途径却是行之有效的。

此外,欧文、傅里叶等所提出的"新协和村"、"法兰斯泰尔"等空想社会主义的解决方案,以及后来霍华德所提出的田园城市的设想,都或多或少带有理想主义的色彩。理想主义的解决方案把主要精力集中在对理想社会规范、生活方式甚至是城市建筑布局的主观描述上,不免从一开始就带有或与现实妥协、或被现实排斥的宿命。

2. 近代城市规划的起源

改良主义的现实路线并非一帆风顺。要解决城市化过程中所出现的问题就必须至少克服以下三个方面的障碍：①城市当局具有解决问题的愿望；②具有解决问题的知识，并找到解决问题的手段；③建立行之有效的解决问题的组织机构。对于解决问题的愿望，在城市问题恶化到相当程度的 19 世中叶后已经不再构成太大的障碍。剩下来的就是找到解决问题的手段和建立相应的组织机构。

我们先来看一下前者。在英国，工业革命初期国家与地方政府所奉行的是一条充分保护个人财产、鼓励民营企业发展的不干预政策。但自由资本主义时期所暴露出来的问题使这种过分相信和依赖"自由竞争"的政策显出破绽。这主要表现在两个方面：一个是恶劣的城市环境以及由此而导致的流行病蔓延；另一个是道路、运河、铁路等公共设施在建设管理中所暴露出的各自为政的混乱状况。虽然在立法过程中曾出现过激烈的争论，但最终由政府出面代表公共利益、干预民间的经济活动，这种模式被选作为解决上述问题的手段，并成为近代城市规划的起源。即代表公权的政府不但可以通过土地强行征收等手段进行公共设施的建设和城市改造，也可以通过限制私权的自由来达到维持最低城市环境、保障市民健康的目的。

还有，英国从 1835 年《城市自治机构法》（*The Municipal Corporations Act*）到 1848 年《公共卫生法》（*Public Health Act*）以及 1858 年《地方自治法》（*Local Government Act*）均试图将有关建筑和城市建设的管理权限交归地方政府。

3. 1848 年英国《公共卫生法》

确立公共干预体系的整个过程是缓慢的。首先，在地方上逐渐出现了以城市公共设施建设为主的城市环境改善对策。1800—1840 年间，在英格兰及威尔士的 208 个城镇中，制定了大约 400 个与城市改良相关的法规，城市的道路、给排水、煤气、市场、港湾、墓地等设施得到不同程度的改善。但城市基础设施的建设并没有从根本上解决市民居住环境，尤其是劳动者阶层的居住状况。通过立法形式限制私权来改善包括居住在内的公共卫生状况，成为 19 世纪中叶英国在社会改良方面所作出的重要选择。1848 年英国《公共卫生法》的制定是一系列社会改良行动中的决定性事件，也被认为是近代城市规划的开端。

立法的直接起因是始于 19 世纪 30 年代的大面积霍乱流行，进入 40 年代后有关城市劳动者阶层生活状况的官方报告相继发表①，其中所反映出的情况和提出的建议直接孕育了 1848 年《公共卫生法》。公共卫生法案在 1847 年经议会审议，1848 年正式颁布，开创了以政府为代表的公权对私权实施各种限制的先河，具有划时代的意义。依据 1848 年《公共卫生法》可设立中央卫生部和地方卫生局，专门负责城市给排水、道路、公

---

① 例如：1842 年《关于劳动者阶层卫生状况的报告》（*Report on the Sanitary Conditions of the Labouring Population*，1842）；1844 年、1845 年《大城市及人口稠密地区状况咨询委员会报告》（*First Report of the Commissioners for Inquiring into the State of Large Towns and Populous Districts*，1844；*Second Report etc.*，1845）。

园、清扫以及出租房屋、屠宰场和墓葬等公共卫生管理事务。之后的 1855 年《消除公害法》(*Nuisance Removal Act*)、1866 年《环境卫生法》(*Sanitary Act*)及一系列建筑管理法规相继颁布。

1875 年修订后的《公共卫生法》规定了设置地方政府环境卫生部门的义务。基于《地方自治法》的建筑条例迅速普及，至 1882 年约 1000 个城镇、600 个村制定了建筑条例。在这些建筑条例中，除有关建筑单体的规定外，还包括新建道路、排水、建筑物间距等城市规划内容。1890 年《公共卫生法》修订后，在中央政府所颁布的模范建筑条例中，又增加了用于处理垃圾、排泄物的后院小路的相关规定。

按照这些地方政府颁布的建筑条例，在 19 世纪 70 年代之后一种被称为"依法建设的住宅"(by-law housing)迅速普及(图 2-6)。虽然用今天的眼光来看这些住宅时，你会感觉到机械、枯燥和令人乏味，但这在当时确实是一个很大的进步。

图 2-6　基于建筑条例建造的英国城郊住宅区

资料来源：参考文献[5]

4. 近代城市规划的诞生

虽然 1848 年《公共卫生法》奠定了近代城市规划的基础，但直接对城市形态起控制作用的是地方政府制定的建筑条例。这种情况不仅限于英国，例如著名的《普鲁士道路建筑红线法》(*Preußisches Fluchtliniengesetz*)就出现于 1875 年的德国。此后，1894 年英国的《伦敦建筑法》问世。这些建筑法规具体规定了城市道路的宽度、建筑红线位置、建筑物周围的空地及建筑物高度等组成城市形态的基本要素。

同时，在 19 世纪中叶英国改善城市环境的诸多努力中，1851 年《劳动者阶层住宅法》(*Labouring Class Lodging House Act*)将改善居住环境的宏观目标落实到包括获得贷款在内的具体住宅保障措施中，成为近代城市规划立法的另一个源头。1909 年《住宅与城市规划法》(*Housing，Town Planning etc．Act*)正式颁布,城市规划首次作为立法的主要内容出现,后经 1919 年的修订,1925 年与住宅法分离成为独立的城市规划法,并在 1932 年改称《城乡规划法》(*Town and Country Planning Act*)。

在德国,由于工业革命的时期较英国滞后,城市问题在 19 世纪中叶以后才逐渐暴露出来,但 1875 年的《普鲁士道路建筑法红线法》、1902 年的《土地整理法》及其所奉行的土地公有化政策都被看作是近代城市规划诞生阶段的重要事件。

至此,近代城市规划,作为源于改造恶劣城市环境和改善劳动者阶层居住状况的社会改良运动,逐渐演变为政府管理城市的重要手段。

2.2.2　近代城市规划的特征

近代城市规划从改善环境状况入手,从政府主导城市基础设施建设和对私人建设活动实施控制这两个方面入手,强调公共干预,试图通过对城市环境以及物质形态的改善来解决或缓解部分社会问题。从实践结果来看,城市规划作为公共干预的手段,确实在一定程度上调整了资产阶级利益集团之间的矛盾,缓和了各个阶级之间的冲突。近代城市规划的出现是"自由资本主义"(liberal)城市向"后自由主义"(post-liberal)城市过渡的重要标志之一。近代城市规划体现出以下几个特征。

1. 使保护私有财产与维持公众利益取得平衡

资产阶级政权出于对自身利益的考虑,强调对私有财产的保护,在城市中具体体现为土地所有权的私有和享受充分的使用自由。但工业革命之后,城市中所出现的种种城市问题使得这种对土地支配的绝对自由受到了质疑。所寻求的解决途径也无外乎来自两个方面:通过包括土地强制征用在内的手段确保政府机构有能力进行城市基础设施的建设;同时,通过颁布法规来限制私有土地中的绝对建设自由。因此,从土地的所有形态来看,政府仅占有较少、但是关键的份额,便于进行基础设施建设,从而决定整个城市的骨架。除此之外不再享有特权。即便是建造诸如学校、医院等公共设施,也需要像其他民间开发者一样通过竞争从市场上获得所需的建设用地。另一方面,对于城市中每一块具体的建设用地则主要由其所有者决定如何使用,政府仅仅通过建筑法规等实施间接的控制。据此,在保护私有财产与维护公众利益之间形成了一种平衡,虽然这种平衡在不同的国家和地区以及不同的时期各有差异。

2. 城市贫民阶层的生活状况受到一定程度的关注

近代城市规划基于针对问题寻求对策的路线,其关注点从一开始就不是宫殿、大型纪念建筑的兴建,而是城市平民尤其是中下层城市居民的生活状况。在近代城市规划诞生前后所出现的试图解决城市问题的三种途径,均对城市贫民的生活居住表现出很大程度的关心。这种关心的现实途径通过有关劳动阶层住宅立法体现出来,成为近代城市规划中主要起源之一,并在后来逐步演变为政府政策中的一个重要组成部分(住房政策)。但必须指出的是:住房政策的核心是弥补通过市场解决居住问题过程中的不足,而不是替代住房市场。

3. 采用人工手段弥补城市环境的不足

伴随工业革命的城市化所导致的后果之一就是城市密度的提高和城市规模的扩大。在使自然环境受到不同程度的破坏的同时,也使城市居民接触自然环境的机会大大降低。因此,近代城市规划在通过城市基础设施建设、保障城市正常运转的同时,主要采用兴建各种公园、广场等人工手段来弥补城市中公共活动空间不足的问题。例如:豪斯曼巴黎改造中的布洛尼森林公园(Bois de Boulogne)和文赛娜森林公园(Bois de Vincennes),美国纽约中央公园以及此后发展起来的城市公园系统(Park System)就是其中的实例(关于城市公园系统参见第 10 章"城市绿化及开敞空间系统规划")。

4. 城市规划专业的出现

虽然城市规划作为一个独立的专业出现在西方高等学校是 20 世纪初的事情,但近代城市规划不再是艺术家和建筑师的专属领地。除日趋复杂的城市构成、工程技术之外,社会因素的重要地位使城市规划不再单纯是空间形体的设计;对私有财产的保护使城市规划更多地成为利益协调的手段。艺术家与建筑师在描绘城市蓝图时不仅要考虑到政府是否有足够的实施能力,而且要顾及广大私有业者是否可以接受。在城市规划作为政府行政的有效手段日益发挥其作用的同时,对其政治上的中立性和其从业人员的多学科综合性的要求也相应成为必然。一个包含了许多已有学科但又不同于其中任何一个的、以利益协调为手段、以社会改良为目的的新型专业,以及相应的专业化从业者集团开始出现。

2.2.3　传统城市规划与近代城市规划

如果将工业革命看作是近代城市规划与之前的古代城市规划的分水岭,那么我们可以将古代城市规划称为传统城市规划。欧洲在工业革命之前的城市规划和中国封建社会的城市规划均属传统城市规划。很显然,近代城市规划绝不是传统城市规划的简单延续,但也并非建立在海市蜃楼之上,近代城市规划继承了大量传统城市规划的手段,尤其是处理城市物质空间的规划手法,诸如开辟林荫道,设置轴线、广场,安排重要公共建筑的位置等。如果仅仅关注城市形态设计的话,很难察觉这两者之间的本质区别。18 世纪中叶,著名的豪斯曼的巴黎大改造提供了一个传统城市规划向近代城市规划过渡时期的绝好实例。

1. 豪斯曼的巴黎大改造

在拿破仑三世执政期,塞纳区行政长官豪斯曼在其任期内(1853—1870 年)主持了对巴黎的大规模城市改造,成为 19 世纪欧洲城市规划与建设的最主要代表(图 2-7)。19 世纪中叶,作为工业革命后的法国首都,巴黎已逐渐成为全欧洲的铁路交通枢纽之一,城市人口激增,城市发展迅速,中世纪形成的城市格局与城市功能之间的矛盾日益突出。作为行政管理者，豪斯曼上任后在拿破仑三世的支持下着手对巴黎进行了有计划的大规模改造，其成果重要体现在以下几个方面。

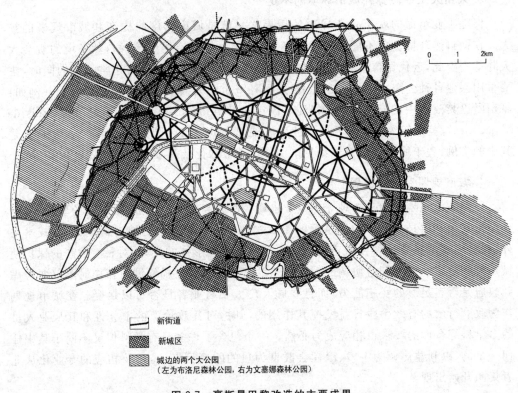

图 2-7　豪斯曼巴黎改造的主要成果
资料来源：参考文献[5]

（1）对中世纪形成的城市道路网进行了彻底改造，建设了大量笔直宽阔的林荫道（市中心新建道路 95km，拆毁 49km；市区外围新建 70km，拆毁 5km）。并利用新建的城市干道网络将铁路站房、广场、公园、剧场、百货店、医院以及市政府、法院等重要城市节点联系在一起。

（2）统一规定了新建道路两侧建筑物的高度和立面等，使道路景观成为连续的整体。

（3）新建了包括城市西端布洛尼森林公园和城市东端文赛娜森林公园在内的大小城市公园、广场共 28 处，并同林荫大道（boulevard，avenue）和沿塞纳河的滨河绿地一起形成城市绿化系统。

（4）新建或改造了街道照明（煤气灯）、供水、排水等城市基础设施，使巴黎成为当时欧洲乃至全世界近代化程度最高的城市。

（5）在行政管理上，针对城市功能多元化以及市民贫富阶层分化的状况，将超过中世纪城墙范围的整个行政区分为 20 个部分自治的分区。

巴黎大改造不但为今天的巴黎城市形态奠定了基础，也成为后来许多城市效仿的范例。巴黎大改造中的林荫大道等所形成的视觉冲击力往往会使人们产生误解，认为其主要成果就是这些宏伟的外观。事实上这只是其中的一个侧面，即其中所包含的传统城市规划手段（或称巴洛克式城市设计）。即便如此，巴黎大改造在这一方面仍包含了传统城市规划所不具备的特点——强调城市的功能、环境与效率。如作为视觉中心的城市节点同样是作为城市功能中心的铁路站房、百货店、歌剧院；城市基础设施、公园的主要服务对象是新兴资产阶层及普通市民等。但更具意义的侧面是政府通过对私人建设活动的控制来实现统一的规划目标，如新设道路两侧建筑物的建设全部由民间资本完成。此外，在道路建设过程中对道路建设用地的过量征用也体现出近代城市规划中公权优先于私权的思想。[①]

豪斯曼的巴黎大改造部分实现了近代城市规划的理念，成为城市规划史上的重要事件，但其中的问题，如改造的政治动机（美化帝都、防范起义者等）、对城市干道背后贫民窟的忽视等也成为后来褒贬评判的对象。

2. 近代城市规划的三个立足点

从豪斯曼的巴黎大改造可以看出：与古代城市不同，在资本主义条件下，近代城市规划的对象不再是单一的建设主体。政府的城市规划与建设职能主要体现在两个方面，即在有限的财政预算范围内为城市提供最基本的基础设施及公共服务设施；而将城市的主要建设工作交给（或者说允许）民间资本完成，政府仅通过建筑法规等进行间接的控制。而后者更多地作为管理城市的有效手段，并成为城市规划的核心延续至今。

可以认为，近代城市规划主要基于以下三个前提。

（1）产权明确的多元建设主体。近代城市规划中，规划主体与规划对象（建设主体）不再完全统一。资本主义私有制使得每一个城市土地所有者都有权按照自己的意志决定土地的使用方式。即便是政府，其所开展建设活动所需要的土地也要通过经济手段获得，有时甚至是完全市场化的行为。明确的产权关系导致了城市建设意志的多元化，不再有绝对的权威可以统领整个城市。

（2）公共干预下的市场机制。意志的多元化配合对利益的追求导致城市建设局部的合理、高效与整体的矛盾、不协调甚至是混乱。以政府为代表的公共干预试图在整体利益与私人利益之间取得某种程度的平衡，使市场机制在遵守一定规则的前提下发挥作用，形成"有节制"的市场。

（3）城市规划科学和城市规划专业人员。城市规划所涉及领域、内容的日益复杂化以及涉及利益的多元化，使其不可能再是依附某些特定人物或阶层的工具，而转向寻求更为广泛的支持。城市规划不再仅仅是某种意志的代言，而是可以被广泛接受的理性分析结论。要做到这一点，吸纳各种相关专业人员参与，并形成独立的科是必不可少的条件。

---

① 土地的"过量征用"指政府征用道路建设用地时，除道路红线内的土地外，额外征用道路两侧的土地作为保障土地升值回馈社会的手段。但在巴黎大改造中，由于议会的强烈反对，该手段没有得到实现，政府被迫给付高额的土地补偿费，形成压迫财政预算的主要原因。

参考文献

[1] STAVRIANOS L S. The World Since 1500, A Global History[M]. Euglewood Cliffs, N. J.: Prentice-Hall, Inc. ,1971.

吴项婴,梁赤民,译. 全球通史——1500 年以后的世界[M]. 上海:上海社会科学院出版社,1999.

[2] HALL P. Urban and Regional Planning[M]. Fourth Edition. London and New York: Routledge, 2002.

邹德慈,李浩,陈燧莎,译. 城市和区域规划[M]. 北京:中国建筑工业出版社,2008.

[3] 周一星. 城市地理学[M]. 北京:商务印书馆,2008.

[4] 沈玉麟. 国外城市建设史[M]. 北京:中国建筑工业出版社,1989.

[5] BENEVOLO L. The History of the City[M]. Cambridge: MIT Press, 1980.

薛钟灵,余靖芝,等,译. 世界城市史[M]. 北京:科学出版社,2000.

[6] 横山正訳. 近代都市計画の起源[M]. 東京:鹿島出版会,1976.

[7] [日]都市計画教育研究会. 都市計画教科書[M]. 3 版. 東京:彰国社,2001.

[8] HALL P. Cities of Tomorrow[M]. Updated Edition. Oxford: Blackwell, 1996.

[9] GALLION A B, EISNER S. The Urban Pattern, City Planning and Design[M]. Fifth Edition. New York: VNR, 1986.

[10] The City Planning Institute of Japan. Centenary of Modern City Planning and Its Perspective[C]. Tokyo: The City Planning Institute of Japan, 1988.

[11] [日]渡辺俊一. 『都市計画』の誕生——国際比較から見た日本近代都市計画[M]. 東京:柏書房株式会社,1993.

第 3 章　城市规划的演进

3.1　西方近现代城市规划理论与实践

在西方伴随工业化的城市化过程中,针对所出现的城市问题,除资产阶级政府所采取的种种实际应对措施外,还出现了大量试图从社会、经济、工程技术、建筑、城市规划等各个角度解决城市问题或适应城市发展新形势的解决方案。尽管其中有些得到实施或部分实施,有些仅仅停留在理论层面,有些甚至失败了,但有一点是共同的,这就是面对社会所发生的变革以及由于变革所带来的问题,提出积极的应对措施,指明顺应时代发展的方向。在评判这些近代城市规划理论时并不能简单地以是否实现为标准,而应看到其对问题实质与发展方向的把握是否准确,是否有作为思想的存在价值。

西方近现代城市规划的思想流派、理论、规划实践、代表人物众多,在此不可能一一列举,仅选取其中的主要思想和事件简述如下。

3.1.1　空想社会主义城市

虽然以圣西门、傅里叶和罗伯特·欧文为代表的空想社会主义的思想出现在 19 世纪初,但人类对自由理想社会的追求可以看作是一种自然的思想表露。例如古希腊哲学家柏拉图(Plato,约公元前 427—前 347)所著的《理想国》以及英国人文主义者托马斯·莫尔(Thomas More, 1478—1535)所著的《乌托邦》(Utopia,1516 年)。在后者所描绘的理想之邦中,有 50 个城市,城市与城市之间最远一天到达。城市不大,以免与乡村脱离。每户有一半人在乡村工作,住满两年轮换。街道宽 200ft,通风良好。住户门不上锁,以废弃财产私有的观念。生产的东西放在公共仓库中,每户按需要领取,设公共食堂、公共医院。

我国南北朝时期陶渊明所撰写的《桃花源记》也有类似的对理想社会的描写。

但是,这些描述与当时所处的社会状况差距较大,基本上不具有现实意义,甚至可以看作是对现实社会某种程度上的逃避。

1. 欧文与新协和村

罗伯特·欧文(Robert Owen, 1771—1858)是英国一位大工厂的股东和经理。他主张建立崭新的社会组织,把农业、手工业和工厂制度结合起来,并提出未来社会由 500～1500 人的公社(community)组成,实行土地国有和部分共产主义。欧文根据他的思想于 1817 年提出"新协和村"(village of new harmony)方案,即在 1000~2000acre 的土地上建造可容纳 1200 人的公社。其中居住区的建筑为呈正方形的围合式院落。院内设有为公共餐厅服务的厨房、学校、图书馆、成年人聚会点等公共设施以及体育设施和绿化等。附近设有工厂、手工作坊和其他农业用房。村外有耕地、牧场及果园。全村的产品集中于公共仓库,统一分配,财产共有。

欧文在 1817—1820 年间曾尝试向英国政府建议采纳他的方案,但未获成功,遂于 1825 年带 900 人从英国到美国印第安纳州(Indiana),用 15 万美元购买了 120km² 土地,用于新协和村的实际建设,但不久试验宣告失败(图 3-1)。

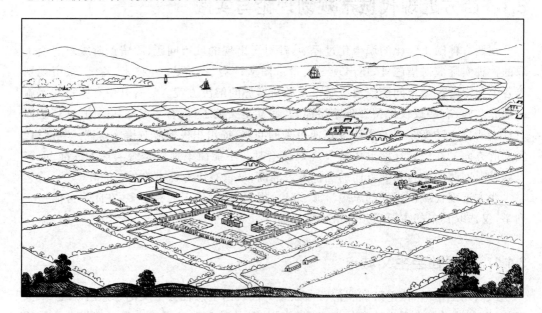

图 3-1 欧文的新协和村

资料来源：参考文献[8]

2. 傅里叶与"法郎吉"

作为自由资本主义的对立面,社会主义强调社会整体的福利、合作和有计划的变革。法国空想社会主义者查勒斯·傅里叶(Charles Fourier, 1772—1837)主张通过集体协作形成普遍调和的社会状态。傅里叶将人类历史分成八个阶段,以第八阶段的"大调和"为终极目标,并描绘出具体的社会及居住组织形态。他提出采用具有合理组成的功能性集团"法郎吉"(phalanges)[①]作为聚居的基本单位,以取代暧昧的公社;以被称之为"法兰斯泰尔"(phlanstère)的巨型建筑取代边界模糊的城市。平面为 Ω 形的"法兰斯泰尔"坐落在 1mile²(约 250hm²)的土地上,可以容纳 1500~1600 名来自不同阶层的人员共同居住(不以家庭为单位),组成"按贡献分配"的共同体。

---

① 原意为古代军队中的"方阵"。

　　这种带有共产主义色彩的思想在当时引起了较大的反响,在 1830—1850 年间,在法国、俄国、阿尔及利亚和美国等国家共进行了 50 个试验,但大多没有成功。其中唯一一个例外是法国盖斯(Guise)的钢铁企业家戈定(Godin)为他的工人所建设的"家庭斯泰尔"(familistère)。"家庭斯泰尔"的尺度较"法兰斯泰尔"有所节制,内部也保留了以家庭为单位的居住方式。主要建筑由三个带有玻璃屋顶的四层住宅组团组成。除居住建筑外还设有学校、剧场、洗衣房、公共浴室以及工厂(图 3-2)。整个建筑群于 1880 年建成后交给由工人组成的协会来管理。

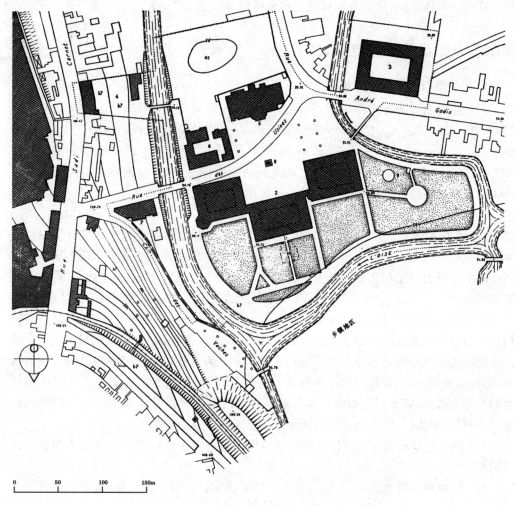

图 3-2　戈定为工人建造的"家庭斯泰尔"平面
资料来源:参考文献[1]

3. 空想社会主义城市的意义

　　虽然空想社会主义以失败而告终,但作为思想仍然是人类的财富,并依然给我们以启示。空想社会主义的意义表现为:首先,提出了人类社会的理想目标,并将城市物质环境的改善作为达到这一目标的重要手段,体现出人与环境互动的质朴思想;其次,将对大众阶层的普遍关注置于社会改造目标的首位,通过对劳动者阶层日常生活模式的设想描绘出未来大同社会的基本物质基础;再次,对集体生活与协作的强调,体现了农业社会向工业社会(城市社会)过渡的过程中所必须解决的问题(解决方式或许有些过分);此外,明确了城市规划建设的目标是为大多数人提供良好的环境和健康的生活方式,城市规划不再是独裁者表现个人淫威与欲望的工具。

诚然,空想社会主义过分注重对理想社会原则和活动方式的描绘,而缺少以之取代现实社会的具体途径,使其最终被现实社会所抛弃。

3.1.2　从田园城市到卫星城市

1. 霍华德与田园城市理论

在世纪转折之际的 1898 年,有一位名叫埃比尼泽·霍华德(Ebenezer Howard,1850—1928)的英国人发表了一本题为《明天——一条通向真正改革的和平道路》(*Tomorrow: A Peaceful Path to Real Reform*)的小册子,1902 年再版时改为《明日的田园城市》(*Garden City of Tomorrow*)。在之后的一个世纪里,其对西方国家尤其是英美国家的城市规划所产生的影响是任何一本著作所无法比拟的。

《明日的田园城市》并不是什么鸿篇巨制,全文正文不过一百多页。全书共分 13 个章节,论述了田园城市从概念到管理经营细节的各个方面。那么是什么成就了田园城市理论在西方规划史上的地位的呢?这主要是因为该理论针对工业革命后英国城市中所出现的问题提出了理想但又具有一定可行性的解决方案。换句话说就是,将人类既要享受现代文明的恩惠,又不愿意放弃贴近自然的原始本能的要求与当时的社会、经济环境以及城市发展状况创造性地结合在一起。文中著名的"三磁力"图将田园城市理论的核心思想形象而又具体地表现出来(图 3-3)。其基本思想认为:现代的城市和乡村相互交织着吸引人的长处和相对应的缺点。城市中充满着获得就业和享用各种服务的机会,但环境差、生活代价高;相反,乡村有着良好的环境,但缺少就业与享受现代文明成果的机会。因而,解决问题的唯一途径就是将这两者的优点结合起来,形成新型的"城市—乡村"聚居形式,即田园城市。田园城市思想的主要内容如下:

(1) 城市与乡村的结合具体体现为城市周围拥有永久性的农业用地作为防止城市无限扩大的手段;

(2) 限制单一城市的人口规模;当单一城市的成长达到一定规模时,应新建另一个城市来容纳人口的增长,从而形成"社会城市";

(3) 实行土地公有制,由城市的经营者掌管土地,并对租用的土地实行控制,将城市发展过程中产生经济利益的一部分留给社区;

(4) 设置生产用地,以保障城市中大部分人的就近就业。

1919 年田园城市和城市规划协会将田园城市的定义归纳为:"田园城市是为安排健康的生活和工业而设计的城镇;其规模要有可能满足各种社会生活,但不能太大;被乡村带包围；全部土地归公众所有或者委托他人为社区代管。"

图 3-3　城乡三磁力图
资料来源：参考文献[4]

　　霍华德利用图示为我们描绘出田园城市的具体形象：占地 1000acre 的田园城市坐落在 6000acre 土地的中心附近，可容纳 3.2 万人。设有水晶宫（crystal palce）的中央公园（central park）、六条放射状林荫大道（boulevards）、兼作公园的主要环形林荫大道（grand avenue）组成城市的骨架。住宅用地呈同心圆放射状布局；靠近城市中心处设有市政厅、剧院、图书馆、展览馆、画廊和医院等公共建筑；学校和教堂设在主要林荫大道中；城市外围是工厂、仓库、牛奶房、市场、煤厂等。环形铁路连接城市间铁路用来解决城市间的交通。当城市人口规模继续扩大时，若干个田园城市围绕一个面积为 1.2 万 acre、人口为 5.8 万人的中心城市，形成一个总面积为 6.6 万 acre、总人口 25 万人的城市群，即"社会城市"。

　　田园城市虽然是一个抽象的理想城市模式，但与空想社会主义所不同的是，它并非完全空想，而是在很大程度上受到当时英美一些新型聚居点实践的影响。例如：英国伯明翰郊外的伯恩维尔（Bournville，1879—1895）、伯肯黑德（Birkenhead）附近的阳光港（port sunlight）等被称为公司城镇（company town）的郊外聚居点，以及美国芝加哥郊外的河滨居住区（riverside，1869—1871）等。

田园城市有别于其他理想城市方案的另外一个特点就是被付诸实践。虽然没有获得普遍意义上的成功,但田园城市的实际建设除了为其理论提供了一个直观的范本外,更通过实践影响到当时的一批建筑师,使田园城市理论发展为(或者说被修正为)更具现实意义和普遍意义的田园郊外(garden suburb)和卫星城理论。

2. 田园城市的实践

霍华德将其后半生的主要精力投入到了田园城市的建设中。在他的倡导下,"田园城市协会"和"田园城市有限公司"分别于 1899 年和 1903 年成立。1903 年在距伦敦64km 的地方建立了第一个田园城市莱契沃尔思(Letchworth)(图 3-4);1920 年坐落在伦敦北面 36km 的第二座田园城市韦林(Welwyn)开始兴建。

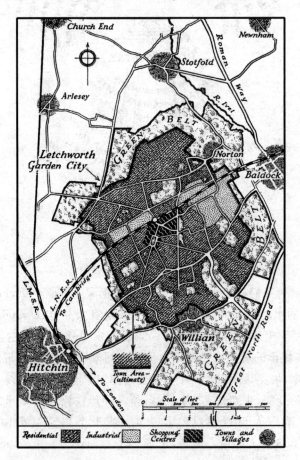

图 3-4　莱契沃尔思(Letchworth)的规划图

资料来源:参考文献[4]

莱契沃尔思由霍华德理论的追随者、建筑师翁温(Raymond Unwin, 1863—1940)和帕克(Berry Parker, 1867—1947)设计,整个占地 1547hm², 城市部分占地 745hm², 规划居民 7000 户。但在很长时间内人口远没有达到规划的目标。韦林由索伊森斯(Louis de Soissons)设计。其中新乔治亚风格的建筑很快吸引了伦敦的中产阶层通勤者,在建成 15 年后人口即达到了 1 万人,并拥有了 50 家工厂。

　　但是,田园城市的实践很快出现了另外的方向。翁温和帕克于 1905—1909 年在伦敦西北的戈德斯格林(Golders Green)建设了汉普斯特德田园城郊(Hampstead Garden Suburb)。由于田园城郊正像其名称所表达的那样,是一个依附于城市郊区的郊外居住区而不是一个独立的城市,因而被田园城市理论的支持者指责为背离了霍华德的田园城市思想。晚些时候帕克设计的另外一个田园城郊——位于曼彻斯特南面的维森肖(Wythenshawe,1930)虽然带有很强的莱契沃尔思和韦林的城市设计特征,但不得不对田园城市中自给自足的就业平衡设想作出根本性的妥协,而事实上形成"卧城"的开端。

3. 卫星城市的理论与建设

　　事实上翁温和帕克对霍华德的田园城市理论所产生的偏离不仅限于实践领域。1912 年翁温在一本名为《拥挤无益》(*Nothing Gained by Overcrowding*)的出版物中提出居住区应该采用每英亩 12 户的低密度(相当于每户 0.33hm²),低于霍华德在田园城市理论中所提出的每英亩 15 户。

　　后来,翁温于 1922 年出版《卫星城镇的建设》(*The Building of Satellite Towns*),正式提出卫星城的概念(图 3-5),指出卫星城是指在大城市附近,并在生产、经济和文化生活等方面受中心城市吸引而发展起来的城镇。翁温在 20 世纪20 年代参与大伦敦规划期间,将这种理论运用于大伦敦的规划实践,提出采用"绿带"加卫星城镇的办法控制中心城的扩展、疏散人口和就业岗位。即便不考虑大伦敦地区卫星城建设非但没有疏散人口反而吸引来更多人口这一结果,单就对待城市群形态的思想而言,翁温和帕克已经与霍华德的田园城市思想发生了较大的偏离,因而受到颇多争议。

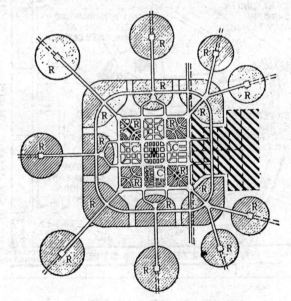

C—中心区；R—中心城与卫星城住宅区

图 3-5　卫星城概念示意图

资料来源:参考文献[2]

从客观上看,霍华德的田园城市理论在实践过程中被修正是一件再正常不过的事情。以改良主义为基础的西方近现代城市规划的历史实际上就是一个理想与现实、私权与公权以及各种思想之间不断妥协、调整的产物。

卫星城的理论在"二战"之后的英国城市建设实践中得到了进一步的发展。

3.1.3　邻里单位理论与居住区规划

在英美新型城市建设的过程中,有关居住单位的规划思想也得到了发展。在霍华德给出的田园城市图解中已经存在着城市分区(wards)思想的雏形。1929 年美国建筑师佩利(Clarence Arthur Perry)在编制纽约区域规划方案时,明确提出邻里单位(neighborhood unit)的概念,并于同年出版《邻里单位》(*The Neighborhood Unit in Regional Survey of New York and Its Environs*)。

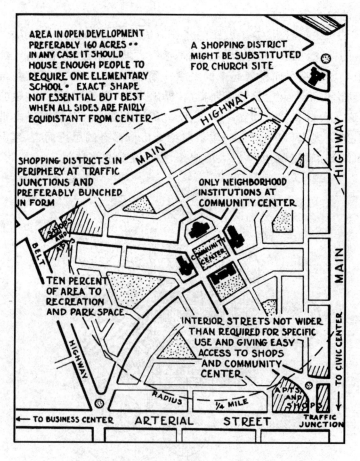

图 3-6　邻里单位示意图

资料来源:参考文献[7]

佩利所提出的邻里单位的核心思想是,以一所小学所服务的范围形成组织居住社区单元的基本单位,其中设有满足居民日常生活所需要的道路系统、绿化空间和公共服务设施,居民生活不受机动车交通的影响。按照这一思想所形成的社区规模由设在社区中央小学的服务范围所决定(服务半径 1/4mile,约合 400m),如建设独立式住宅,可容纳大约 5000 人。整个社区周围被城市干道所包围,区内道路宽度仅满足区内交通的要求,以防止吸引过境交通穿过。儿童上学和区内居民的日常活动不必穿越城市干道。区内设有占总面积 10% 的公园游憩用地;在社区的中央和靠近城市干道交叉口处分别设有社区中心和必要的商业设施(图 3-6)。

佩利邻里单位概念的产生与当时美国城市发展的动向密切相关。其中,由小奥姆斯特德(Frederick Law Olmsted Jr.)设计,位于纽约市郊的森林山庄花园(Forest Hills Gardens,1906—1911)直接成为邻里单位理论所依据的原型。此外,由佩里的工作伙伴赖特(Henry Wright)和斯特恩(Clarence Stein)规划的位于美国新泽西州的雷德朋居住区(Radburn,1928—1933)诠释了汽车交通时代的邻里单位思想,成为第一个将邻里单位与人车分行思想结合在一起,并付诸实施的实例[①]。

邻里单位的规划思想首先被英美的规划师所接受,并被运用于新城的建设中。第二次世界大战后更是被各国的城市规划所广泛采纳。

3.1.4　工业城市与带形城市

如果说空想社会主义与田园城市理论看到了工业革命所带来的问题并试图解决这些问题,那么嘎涅的工业城市和马塔的带形城市则洞察到了工业革命对城市形态所带来的巨大影响,并提出了顺应工业革命后城市形态变革的思想。

1. 工业城市——近现代产业对城市形态的影响

在传统农业社会的城市中,居住、宗教、公共活动以及手工业几乎组成了社会活动的全部。工业革命后,以工厂为代表的大机器生产模式成为城市经济与城市社会活动的重要内容;居住与工作场所的分离取代了以家庭作坊为代表的生产方式。随之而来的是这种新型生产方式对城市空间的需求,乃至对城市形态整体的巨大影响。

法国青年建筑师嘎涅(Tony Garnier)于 1899—1901 年间设计、1917 年发表的"工业城市"规划方案,成为解决旧有城市结构与新生产方式之间矛盾、顺应时代发展的代表性作品(图 3-7)。在嘎涅提出的工业城市中,拥有规划人口 3.5 万人,工业用地成为占很大比例的独立地区,与居住区相呼应;工业区与居住区之间用绿带进行分割,除利用铁路相互联结外,还留有各自扩展的可能。工业用地位于临近港口的河边,并有铁路直接到达;居住区呈线型与工业区相互垂直布置,中心设有集会厅、博物馆、图书馆、剧院等公共建筑;医院、疗养院等独立设置在城市外面。

---

① 　关于雷德朋,详见第 9 章"城市道路交通规划"。

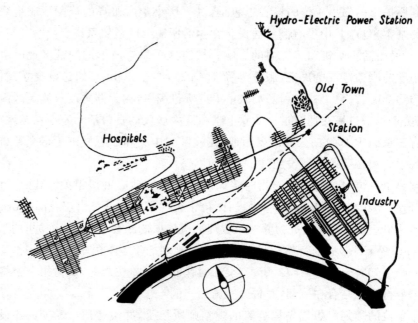

图 3-7   嘎涅的工业城市

资料来源：参考文献[8]

工业城市方案中所涉及的功能分区、便捷交通、绿化隔离等成为后来现代城市规划中的重要原则，时至今日依然发挥着作用。

2. 带形城市——近现代交通工具对城市形态的影响

产业功能的出现导致了城市功能分区与城市组成形态的变化；而铁路运输工具以及后来汽车的普及为旅客与货物在城市内部各地区之间，甚至是城市之间的快速移动提供了可能。1882 年西班牙工程师索里亚·伊·马塔（Arturo Soria Y Mata，1844—1920）发表了有关带形城市（linear city）的设想，即城市沿一条高速、高运量的轴线无限延伸，以取代传统的由核心向外围一圈圈扩展的城市形态。带形城市的用地布置在可行驶有轨电车的主路的两侧，宽 500m，与主路垂直方向每隔 300m 设置一条宽 20m 的道路，形成梯子状的道路系统，其中除安排独立式住宅外，还设有公园、消防站、卫生站等公共设施。城市用地与农田之间设有林地（图 3-8）。

马塔提出这种城市形态可以有三种实际运用模式，即：①在现有城市的近郊围成环状城市；②连接两个城市，形成带状城市；③在尚未城市化的地区形成新城市。事实上，马塔于 1882 年将其设想实际应用于马德里郊外，修建了一个 4.8km 的试验段，并在 1894 年提出了一个位于马德里郊外的马蹄状带形城市方案。

但实际上，在土地私有和追求利益最大化的资本主义社会中，无论是带形城市还是可以视为其变种的指状城市形态都很难形成或长久保持。

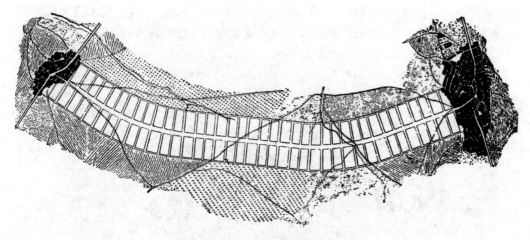

图 3-8　连接比利时两个城市的带形城市

资料来源：参考文献[13]

3.1.5　勒·柯布西埃的"明日城市"

较之于"工业城市"和"带形城市"的思想，勒·柯布西埃(Le Corbusier，1887—1965)在充分利用近代工业技术的发展所带来的可能性方面走得更远。虽然他的留世作品多为单体建筑，并以强烈的个性色彩而使人印象深刻，但他的城市观同样具有洞察社会与技术发展趋势的魅力。

1. 新建筑运动倡导者的城市观

20 世纪 20 年代，以勒·柯布西埃、格罗皮乌斯(Walter Gropius，1883—1969)、密斯·凡·德·罗(Mies van der Rohe，1886—1969)为代表的现代建筑运动逐渐成为建筑界的主流。现代建筑运动注重功能、材料、经济性和空间，反对装饰和形式主义的思想也表现在城市规划领域。体现为注重城市的功能，考虑到工业化时代社会生活方式的改变，充分利用新材料、新结构、新技术在城市建设中应用的可能性，注重经济和实用，并主张以工业化时代的城市功能、尺度、风格和景观取代已经老朽化了的传统城市中心。其中，勒·柯布西埃通过他的著述和规划设计方案为我们勾勒出现代建筑理念在城市规划领域中的延伸和扩展。

2. 勒·柯布西埃与《明日的城市》

1922 年，勒·柯布西埃出版了《明日的城市》(*The City of Tomorrow*)一书，较全面地阐述了他对未来城市的设想：在一个人口为 300 万的城市里，中央是商业区，有 24 座 60 层的摩天楼提供商业商务空间，并容纳 40 万人居住；60 万人居住在外围的多层连续板式住宅中，最外围是供 200 万人居住的花园住宅。整个城市尺度巨大，高层建筑之间留有大面积的绿地，城市外围还设有大面积的公园，建筑密度仅为 5%。采用立体交叉的道路与铁路系统直达城市中心(图 3-9)。采用高容积率、低建筑密度来疏散城市中心、改善交通,为市民提供绿地、阳光和空间是这一规划方案所追求的目标。

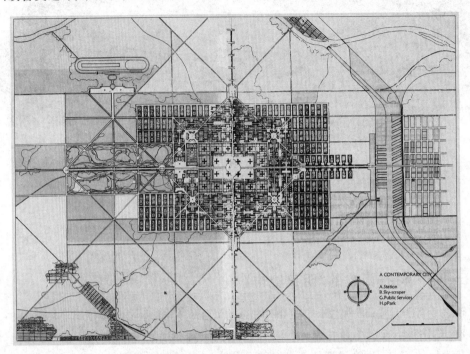

图 3-9　勒·柯布西埃的《明日的城市》规划方案
资料来源:参考文献[9]

此后,勒·柯布西埃在 1925 年为巴黎中心区改建所作的规划(Voison 规划,16 栋 60 层的办公大厦,地面完全开敞),以及 1933 年所提出的《光明城》(Radiant City,城市中心为容纳 2700 人的居民联合体)规划方案中重现了这一思想。

《明日的城市》中所体现出的勒·柯布西埃的现代建筑思想对第二次世界大战后的城市建设产生了广泛的影响。阿尔及尔(阿尔及利亚首都)、安特卫普(比利时,位于布鲁塞尔以北的城市)、英国伦敦罗汉普顿的阿尔顿西区(Alton West estate at Roehampton)、昌迪加尔(Chandigarh,印度旁遮普省省会)以及巴西利亚(Brasilia,巴西首都)等都是其中的实例。

3. 勒·柯布西埃的城市规划观

从某种意义上说,经常被作为田园城市理论对立面论述的勒·柯布西埃的城市观,与空想社会主义及霍华德的理论有着许多相似的地方,比如:都或多或少带有理想主义的色彩,都具有改造社会的使命感,并企图通过对生活环境的改造解决社会问题,适应社会的进步等。甚至在通过使居民贴近、回归自然的方式来解决城市问题等方面都有相似之处。事实上,被称为"城市集中主义"的勒·柯布西埃与被称为"城市分散主义"的田园城市理论的最大区别就是是否肯定,甚至赞赏大城市的存在。换个表达方式就是,针对工业革命以来的城市问题,勒·柯布西埃的解决方案是建设或改造大城市,而霍华德的解决方案是建设小城市群(社会城市)。

应该说勒·柯布西埃在正视并积极利用工业革命所带来的技术进步方面,较 19 世纪以来以霍华德为代表的大城市反对派更为符合历史发展的趋势。皮特·霍尔将勒·柯布西埃有关城市规划的思想归纳为以下四点[①]:

(1) 传统城市由于规模的增长和市中心拥挤程度的加剧已出现功能性老朽;

(2) 采用局部高密度建筑的形式,换取大面积的开敞空间以解决城市拥挤问题;

(3) 在城市的不同部分用较为平均的密度,取代传统的"密度梯度"(density gradient,即越靠近市中心密度越高的现象),以减轻中心商业区的压力;

(4) 采用铁路、人车分流高架道路等高效的城市交通系统。

勒·柯布西埃的城市规划思想充满着对工业时代的认同与赞美;其对城市密度的辩证观点成为现代建筑运动的价值取向之一,充满着自信和指点江山的豪情壮志。

3.1.6　城市美化运动

1. 美国的规划传统

相对于欧洲工业化国家而言,美国的城市化过程相对较长,前后近 200 年的时间,再加上优越的国土资源条件,因此,除纽约等大城市外,城市化过程中所暴露出的问题和矛盾远没有欧洲国家那样尖锐。另一方面,由于美国浓厚的自由商业气氛和文化积淀的薄弱,在城市扩张过程中大量采用了由测量师或土木工程师所绘制的经济上高效但视觉上乏味的棋盘状道路系统(checkerboard plan)。例如纽约(1811)、旧金山(1849)、芝加哥(1834)等城市的早期规划均是如此。

在解决城市化过程中所出现的城市问题上,美国所采用的手段与欧洲国家基本相同,即改善已有城市内部环境并兴建环境良好的郊外居住区。其中,奥姆斯特德父子(Frederick Law Olmsted & Jr.)作出了较大的贡献,其主持设计建设的纽约中央公园以及后来被发展为公园绿地系统的规划思想成为美国现代城市规划史前阶段的代表[②]。另一方面,父子俩人分别于 19 世纪中和 20 世纪初为中产阶层设计的郊外居住区,如河滨居住区(river side)、森林山庄花园(forest hill gardens)等也成为当时领郊区化之先、改善居住环境的典范,甚至直接或间接地成为田园城市理论以及邻里单位理论所依据的范本。

2. 城市美化运动

1893 年,为纪念哥伦布"发现"美洲大陆 400 周年[③],芝加哥举办哥伦布世界博览会。会场设在密执根湖畔,由博览会的负责人、建筑师丹尼尔·伯纳姆(Daniel Hudson Burnham,1846—1912)和奥姆斯特德规划。来自全国各地的建筑师按照古希腊以来的

---

① 参考文献[3]:56-58。

② 通常,1909 年《芝加哥规划》被认为是美国现代城市规划的开端。

③ 在哥伦布到达美洲大陆之前,原住民早已生活在这片土地上。所谓"发现"一说带有很强的殖民主义色彩。

欧洲古典建筑风格设计了各个展馆,形成被称为白色城市的会场景观风貌。宽阔的林荫大道、广场、巨大的人工水池、华丽的古典主义建筑不仅与当时美国呆板划一的城市形象形成强烈的对比,给新大陆的移民们以视觉上的冲击,同时也直观地体现出总体规划设计的巨大潜力。

博览会的成功使 19 世纪的美国人看到了不仅在经济技术上,而且在社会文化领域赶上欧洲的希望。会场设计的局部成功也使城市整体的规划设计顺理成章,并直接导致了城市美化运动(city beautiful movement)的兴起。事实上,在城市美化运动之前的19 世纪末,美国城市中已经出现采用拱门(类似欧洲的凯旋门)、喷泉、雕塑来装点城市的"城市艺术运动"(municipal art movement)。城市美化运动进而将这种美化城市的愿望推广至整个城市。以市民中心、林荫大道、广场、公共建筑为核心的宏伟壮丽的城市整体设计成为豪斯曼流城市设计在美洲的翻版,名副其实地起到了"美化"城市的作用,但没有涉及隐含在城市问题背后的社会问题。因此,城市美化运动持续了大约 15 年后趋于衰落。此后,1907 年发源于圣路易斯的社区中心运动,作为城市美化运动的对立面出现,并最终取而代之。

3. 芝加哥规划

城市美化运动的核心人物伯纳姆在经过首都华盛顿(1901)、旧金山(1905)的规划工作后,于 1909 年发表芝加哥规划(Plan of Chicago)(图 3-10)。芝加哥规划是 1906 年由商会性质的商业俱乐部出资委托伯纳姆编制,并作为礼物送给芝加哥市政府的,并没有由政府主导。规划中,伯纳姆虽然也再次使用了城市美化运动中常见的林荫大道、放射状大道、广场、大型公园等典型的豪斯曼流形式主义城市设计手法,但并不仅限于此。事实上,规划中对商业与工业的布局、交通设施的安排、公园与湖滨地区的设计,甚至对城市人口的增加以及芝加哥地区开发的方向等问题都给予了关注,成为"城市总体规划"(master plan)的雏形。另一方面,芝加哥规划在宣传和获得公众认知方面也作出了不懈的努力,成为最早具有公众参与意识的规划。

芝加哥规划后来有部分被付诸实施,而它的意义更体现在树立了一种从全局和长远观点综合地看待和规划城市的思想方法,确立了城市规划的地位。当然,过于形式主义,忽视社会、经济问题等批评也一直伴随着芝加哥规划。

3.1.7　大伦敦规划与英国新城建设

1. 巴罗报告

在美国人热衷于修饰城市华丽壮观外表、努力赶超欧洲的时候,在工业革命发祥地的英国,已有 3/4 的人口居住在城市中。但是,英国的传统工业及其聚集的地区(如北部煤田地带)开始出现衰落的端倪。与此同时,对市场反应更为敏感的"新工业"①宁愿选择英国南部一些大城市作为立足之处,并由此带来人口向包括伦敦地区在内的大城

---

① 相对于煤炭、钢铁及重型机械制造等英国传统工业,代表 20 世纪工业发展方向的新型工业有电机、汽车、飞机、精密机械等。

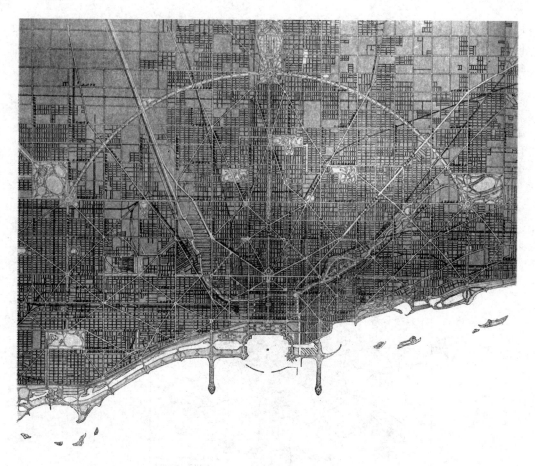

图 3-10　伯纳姆的芝加哥规划

资料来源：参考文献[11]

市集中的现象。1937 年英国政府任命了一个由巴罗爵士任主席的皇家委员会负责调查工业与人口分布状况中的问题并给出解决办法。1940 年该委员会发表《皇家委员会关于工业人口分布的报告》(*Report of the Royal Commission on the Distribution of the Industrial Population*，简称"巴罗报告")，在创造性地将区域经济问题与城市空间分布问题综合考虑的前提下，得出高度集中型的大城市弊大于利的结论，从现实角度佐证了霍华德"城市分散主义"的合理性。巴罗报告的结论、工作方法以及按照其建议所开展的后续工作直接影响到包括大伦敦规划在内的英国战后城市规划编制与规划体系的建立，在英国城市规划史上占有重要的地位。

2. 大伦敦规划

按照巴罗报告所提出的应控制工业布局并防止人口向大城市过度聚集的结论，作为皇家委员会成员之一的艾伯克隆比(Patrick Abercrombie，1880—1957)于 1942—1944 年主持编制了大伦敦规划，并于 1945 年由政府正式发表(规划面积 6731km²，人口 1250 万)。该规划的基本观点是：在英国全国人口增长不大，伦敦地区半径 30mile 范围内人口规模保持基本稳定的前提下，如果要改善城市中心的居住环境就必须疏散其中的工业和 60 多万人口，加上其他地区的疏散人口，需要疏散到伦敦外围的人口总数达 100 余万。作为解决这一问题的大胆设想，艾伯克隆比提出在当时伦敦建成区之外设置一条宽约 5mile 的"绿带"，来阻止城市用地的进一步无序扩张（图 3-11）。需要疏散的 100 万人口由设在绿带外的 8 个新城和 20 多座已有城镇接纳。由于在当时的交通条件下这些大部分距离伦敦 20～50mile 远的城镇不足以完全依托伦敦，因此必须考虑每个城镇中的就业平衡问题。

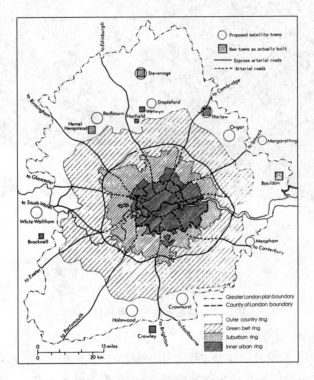

图 3-11   大伦敦规划方案（1944 年）
资料来源：参考文献[3]

大伦敦规划按照由内向外的顺序规划了 4 个圈层，即：

（1）内圈——控制工业，改造旧街坊，将人口密度降低到 190～250 人/hm² 的水平；

（2）近郊圈——建设环境良好的居住区，人口密度控制在 125 人/hm² 以下，尽量利用空地进行绿化；

（3）绿带——宽约 5mile 的绿带，由森林、大型绿地公园，各种游憩、运动场地，蔬菜种植地构成；

（4）外圈——用于疏散工业和人口。其中计划设置 8 座卫星城（新城），并扩建 20 多座已有的城镇。

大伦敦规划充分吸取了当时西方国家城市规划思想的精髓。例如，大伦敦规划部分实现了霍华德城乡结合改善居住环境、以小城镇群代替大城市以及每个城镇保持就业平衡、相对独立的理想城市目标；在规划编制过程中采用了盖迪斯所倡导的"调查—分析—制定解决方案"的科学城市规划方法。大伦敦规划开创了在较大范围内考虑城市发展问题的思维方式与工作方法，并将生产力布局和区域经济发展问题与城市空间规划紧密结合，成为现代城市规划中里程碑式的规划案例。

但是，大伦敦规划所采取的抑制大城市发展的思想集中体现了自霍华德以来的"城市分散主义"传统，但对大城市在新兴产业条件下（如第三产业的发展）的优势估计不足，甚至对巴罗报告中明显过时并带有倾向性的结论全盘接纳[①]。另外，带有主观决策性质的规划目标与土地私有制下的城市开发机制之间也存在根本性矛盾。因此，大伦敦规划在后来实施过程中出现了种种问题，例如外围新城的建设非但没有疏解中心城区的人口，反而吸引了伦敦地区以外的人口；伴随第三产业的远距离通勤现象的出现，导致新城的"卧城"化以及中心城交通压力增大等都成为被指责的焦点。

3. 新城建设

伦敦地区新城的建设和已有城镇的改造扩建是大伦敦规划是否能够得到落实的关键。1946 年英国工党政府全面接受了由里思勋爵（Lor Reith，1889—1971）所领导的委员会就新城开发具体事项所作的报告，正式颁布《新城法》（*New Town Act*）。根据《新城法》，成立于 1943 年的城乡规划部（Ministry of Town and Country Planning）在1946—1950 年间，确定了位于英格兰、苏格兰及威尔士的 14 个新城，其中 8 个位于伦敦地区，与大伦敦规划中的新城数量恰好相同（但具体位置有所不同）。这一时期被认为是英国第一代新城的开发时期（表 3-1）。第一代新城中的人口密度较低，规模不大，即使不完全按照霍华德所提出的 3.2 万的人口规模，也大都在 6 万人以下。

表 3-1　1946 年《新城法》颁布后伦敦地区首批新城一览

新城名称	中文译名	开始年度	规划人口/万人
Stevenage	斯蒂芬内奇	1946	6
Hemel Hempstead	赫默尔·汉普斯特德	1947	6.5
Crawley	克劳利	1947	6.2
Harlow	哈罗	1947	6
Hatfield	哈特菲尔德	1948	2.6
Welwyn	韦林（扩建）	1948	4.2
Basildon	巴西尔顿	1949	8.6
Bracknell	布拉克内尔	1949	2.5

资料来源：[意]L. 贝纳沃罗. 世界城市史[M]. 薛钟灵,余靖芝,等,译. 北京：科学出版社,2000.（中文译名做了适当调整）

---

① 例如：巴罗报告认为大城市的住房与公共卫生条件比小城市差，但事实恰好相反。

1952 年《城镇开发法》正式颁布,疏解大城市人口的方式开始向对已有城镇的改造与扩建倾斜。在整个 20 世纪 50 年代,只有苏格兰的坎伯诺尔德(Cumbernauld)新城被确定。进入 60 年代之后新城建设活动重新变得活跃起来,1961—1966 年间共确定了利文斯通(Livingston, 1962)、朗科恩(Runcorn, 1964)、欧文(Irvine, 1966)等 7 座新城。这一时期所建设的新城被认为是英国的第二代新城。与第一代新城相比,新城人口密度和规模均有所提高,通常规划人口在 10 万左右,因而其又被称为"新城市"(new city)。

至 20 世纪 60 年代末,密尔顿·凯恩斯(Milton Keynes,1967)、彼得伯勒(Peter-borough, 1967)、北安普敦(Northampton,1968)等第三代新城开始出现。其人口规模增至 20 万~25 万人,同时包含已有城镇在内。以疏散大城市人口为目的的新城建设和既有城镇改造扩建最终走到了一起。

进入 20 世纪 70 年代后,伴随英国总人口数量趋于稳定以及既有城市内部问题的凸显,采用建设新城的方法来解决大城市问题的规划方针受到质疑,至 20 世纪 80 年代撒切尔政权执政时期新城建设政策被正式打上终止符。

4. 哈罗新城

英国早期的第一代新城通常规划人口规模不大(为 2 万~6 万人),主要安排由伦敦市中心疏散出来的工业,并按照就业平衡的原则,围绕设有各种公共服务设施的新城中心,以邻里单位的形式组织居住区。坐落在伦敦东北约 20mile 处的哈罗新城是第一代新城中的代表(图 3-12)。哈罗新城由英国建筑师、城市规划师吉伯德(Frederick Gibb-erd,1908—1984)于 1947 年设计,占地 25.6km²,最初规划人口 6 万人,后修改为 8 万人。哈罗新城的规划按照田园城市和邻里单位的思想,采用了明确的功能分区,将各项城市用地及设施布置在围绕火车站所形成的半圆形地区内。新城中心被布置在火车站南侧;工业用地沿铁路分设新城东西两端;居住用地被分成了 4 个片区,并进一步被分为 13 个由 4000~7500 人组成的邻里单位。各居住片区之间设有公园绿地及农田;城市干道恰好在各片区之间穿过,城市次干道将各个片区联系在一起。在各个邻里单位中设有小学以及由商店、会堂、酒吧等组成的次中心;每个邻里单位又被分成数个 150~400 户组成的居住组团,其中设有集会所和儿童游乐园。

哈罗新城由专门为此成立的新城开发公司负责开发,虽然因就业困难、缺少城市生活、人口增长缓慢等原因受到指责,但在 20 世纪 70 年代中期达到了规划中的人口规模。

5. 密尔顿·凯恩斯新城

密尔顿·凯恩斯是英国为数不多的第三代新城之一,坐落在伦敦与伯明翰之间,距伦敦约 80km;1967 年开始规划,1970 年开始建设,规划人口 25 万,面积 88.7km²(图 3-13)。密尔顿·凯恩斯的规划较为集中地体现了 20 世纪以来英国田园城市及新城运动的成果、经验与教训,成为新城发展的终结之作。与初期的新城相比较,密尔顿·凯恩斯主要在城市规模、城市形态以及追求城市居民的阶层多样化和提供生活多样化方面有显著的变化。

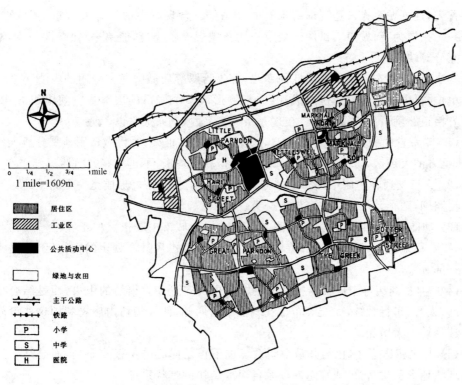

图 3-12 哈罗新城平面图
资料来源：参考文献[1]

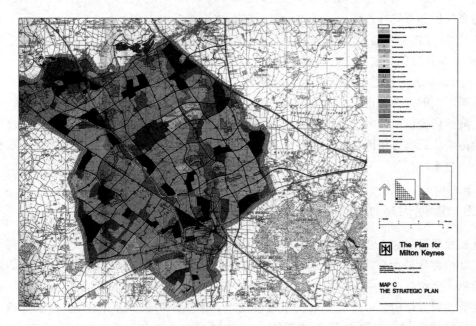

图 3-13 密尔顿·凯恩斯平面图
资料来源：参考文献[13]

首先,规划城市人口达到前所未有的 25 万人(含现状中的 4 万人),将"新城"的概念进一步拓展为"新城市",试图改变第一代新城规模较小、功能单一、独立性差、本地就业不充分等缺陷。

其次,城市形态发生了本质性的变化,一改哈罗等新城中通常采用的围绕小学形成邻里单位,再由数个邻里单位组成片区,最终形成整个城市的层级式空间组织方式,而改为方格道路网下的均衡布局。在这一格局下,新城的布局呈以下特点:

(1) 略带弯曲的方格道路网构成匀质城市的基本框架;并将城市用地划分成大约为 $1km^2$ 见方的大街区,每个街区在城市中的地位相对均衡,不再具有方向性。

(2) 人行交通在街区中部与上述方格路网立体交叉,恰好形成另一个间距约为 1km 的方格路网,两个系统相互嵌套但不交叉。

(3) 功能分区不再以片区或组团来划分。虽然城市中心依然位于整个城市的几何中心,工业用地、大学用地等分布在城市周边,但均仅占用某个划定的大街区,或是大街区的一部分。

(4) 学校、商店等组成社区中心的设施不再被安置在大街坊的中央,而是结合公共汽车站,人行、车行系统,立交等布置在城市干道两侧,使大街坊内居民利用这些设施时的可选择性大大增加。

(5) 与之相适应,绿化与开敞空间系统也不再是向心的层级式布局,而是结合道路网与现状地形和村落,形成穿越并联系各个大街坊的带状系统。

再次,密尔顿·凯恩斯的规划除在物质空间形态方面做出较大的改变外,还以建立接纳不同阶层共同居住生活的均衡社会为主要目标,并以提供就业、住房和公共服务设施的多样性和可选择性作为实现这一目标的具体措施。

另外,连接密尔顿·凯恩斯与伦敦的高速铁路和高速公路(M1)在城市中心附近穿过,使其在保持较高独立性的同时,具有便捷的通向中心城市的可达性。因此,在这个意义上,密尔顿·凯恩斯与其说是大伦敦地区的一个新城,不如说是伦敦与伯明翰之间高速通道上的一个城市。

虽然所提供的住宅种类具多样性,密尔顿·凯恩斯新城仍延续了英国低密度居住的传统。只是方格网状的干道系统和由此形成的大街坊使这种低密度的居住形态更适合于汽车时代。

3.1.8 近现代规划史上的三个宪章

在伴随为解决工业革命所带来的城市问题所形成的近代城市规划中,传统的建筑学以及由此发展而来的现代建筑运动在城市的物质空间规划领域扮演了不可替代的重要角色。无论是改良主义的理想,还是政府改善城市居住环境的措施,最终都无可回避地要落实到具体的城市建设中去。在城市规划科学尚未形成体系的年代,建筑师或多或少地行使了城市规划执行者的职责。而以勒·柯布西埃、(Frank Lloyd Wright, 1867—1959)赖特为代表的建筑师更是将其建筑观直接延伸至整个城市,形成其城市规划思想。《雅典宪章》(*The Charter of Athens*)、《马丘匹丘宪章》(*Charter of Mach-upicchu*)和《北京宪章》(*Beijing Charter*)正是现代建筑学的城市及城市规划观汇总。

1. 雅典宪章

成立于 1928 年的国际现代建筑协会(CIAM)在 1933 年的雅典会议上提出了一个现代建筑有关城市及城市规划问题思考的纲领性文件——《雅典宪章》。《雅典宪章》共分成 8 个部分,主要针对其所主张的居住、工作、游憩、交通四大城市功能,采用问题—对策的分析方法,一一加以论述,系统地提出了科学制定城市规划的思想和方法论。《雅典宪章》的主要观点和主张有:

(1) 城市的存在、发展及其规划有赖于所存在的区域(城市规划的区域观);

(2) 居住、工作、游憩、交通是城市的四大功能;

(3) 居住是城市的首要功能,必须改变不良的现状居住环境,采用现代建筑技术,确保所有居民拥有安全、健康、舒适、方便、宁静的居住环境;

(4) 以工业为主的工作区需依据其特性分门别类布局,与其他城市功能之间避免干扰,且保持便捷的联系;

(5) 确保各种城市绿地、开敞空间及风景地带;

(6) 依照城市交通(机动车交通)的要求,区分不同功能的道路,确定道路宽度;

(7) 保护文物建筑与地区;

(8) 改革土地制度,兼顾私人与公共利益;

(9) 以人为本,从物质空间形态入手,处理好城市功能之间的关系,是城市规划者的职责。

《雅典宪章》作为建筑师应对工业化与城市化的方法与策略,集中体现出以下特点:首先,现代建筑运动注重功能、反对形式的主张得到充分的体现,反映在按照城市功能进行分区和依照功能区分道路类别与等级等方面;其次,城市规划的物质空间形态侧面被作为城市规划的主要内容,虽然土地制度以及公与私之间的矛盾被提及,但似乎恰当的城市物质形态规划可以解决城市发展中的大部分问题。此外,《雅典宪章》虽然明确提出以人为本的指向,并以满足广大人民的需求作为城市规划的目标,但现代建筑运动驾驭时代的自信使得其通篇理论建立在"设计决定论"的基础之上,改造现实社会的主观理想和愿望与可以预期的结果被当作同一件事情来论述。作为城市真正主人的广大市民仅仅被当作规划的受众和被拯救的对象。

无论如何,《雅典宪章》虽带有时代认识的局限性,但其中的主要思想和原则对城市化进程中的中国来说至今仍具现实指导作用。

2. 马丘比丘宪章

现代建筑运动顺应时代发展的要求,旗帜鲜明地祭出功能主义和规划决定论的大旗,但无论其理论还是实践中均出现一些脱离社会现实和矫枉过正的情况,并在 20 世纪 50 年代中期前后开始受到质疑和指责。其中,既有像第十小组(Team 10)那样对现代建筑运动所进行的温和修正和改良,也有像简·雅各布(Jane Jacobs, 1916—)在

《美国大城市生与死》(*The Death and Life of Great American Cities*)中所持论点那样对传统规划思想所作出的辛辣批评。

在这种背景下，一批城市规划学者于1977年12月在秘鲁的利马进行学术讨论，并在古文化遗址马丘比丘山签署了《马丘比丘宪章》，根据1930年之后近半个世纪以来的城市规划与建设实践和社会实际变化，对《雅典宪章》进行了补充和修正。

《马丘比丘宪章》共分成12个部分，对《雅典宪章》中所提出的概念和关注领域逐一重新进行了分析，并提出具体的修正观点。首先，《马丘比丘宪章》声明所进行的是对《雅典宪章》的提高和改进，而不是放弃，承认其中的许多原理至今依然有效。在此基础之上，主要在以下几个方面阐述了需要修正和改进的观点：

（1）不应因机械的分区而牺牲了城市的有机构成，城市规划应努力创造综合的多功能环境；

（2）人的相互作用与交往是城市存在的基本依据，在安排城市居住功能时应注重各社会阶层的融合，而不是隔离；

（3）改变以私人汽车交通为前提的城市交通系统规划，优先考虑公共交通；

（4）注意节制对自然资源的滥开发、减少环境污染，保护包括文化传统在内的历史遗产；

（5）技术是手段而不是目的，应认识到其双刃剑的特点；

（6）区域与城市规划是一个动态的过程，同时包含规划的制定与实施；

（7）建筑设计的任务是创造连续的生活空间，建筑、城市与园林绿化是不可分割的整体。

此外，《马丘比丘宪章》还针对世界范围内的城市化问题，将非西方文化以及发展中国家所面临的城市规划问题纳入到考虑问题的视野之中。

3. 北京宪章

在1999年于北京召开的国际建协第20届世界建筑师大会上通过了由吴良镛院士起草的《北京宪章》。与上述两个宪章不同，《北京宪章》并不是专门针对城市及城市规划问题所提出的，而是继承了自道亚迪斯以来有关人居环境科学的成就，站在人居环境创造的高度，倡导建筑、地景、城市三位一体的规划思想。主张在新世纪中，建筑师要重新审视自身的角色，摆脱传统建筑学的桎梏，而走向更加全面的广义建筑学。

《北京宪章》概括地回顾了20世纪的"大发展"和"大破坏"，对新世纪所面临的机遇与挑战给予了客观的估计和中肯的警告。《北京宪章》通篇贯穿着综合辩证的思想，针对变与不变、整体的融合与个体的特色、全球化与地方化等问题做出了独到、精辟的论述，将景象纷呈的客观世界与建筑学的未来归结为富有东方哲学精神的"一致百虑，殊途同归"。

从上述三个宪章中可以看出："宪章"是对过去一段时期内的建筑与城市规划主流思想与理论进行的总结和对未来的展望，是对社会经济发展中的特定问题和一定范围内的共同意识所进行的归纳，是一种宣言。宪章可以使我们更明确地认识到我们所面临的问题、未来可能的发展方向以及可以采取的措施。

3.1.9　西方近现代城市规划思想家

在西方近现代城市规划中有一个有趣的现象：虽然大部分著名的城市规划方案或设想是由建筑师、规划师或工程师提出的，但他们却往往未能扮演城市化过程中真正的"思考者"的角色。或许有关物质空间设计技能的训练使其有意无意地堕入了设计决定论的思维模式，而忽视了城市规划满足人类最基本的且多元化的要求和协调复杂社会矛盾的侧面。霍华德、盖迪斯和芒福德这三位城市规划理论巨匠考虑问题的出发点、方法乃至结论虽不尽相同，但至少非工程设计的"外行"背景则是相同的，或许这不仅仅是巧合。

图 3-14　西方近代城市规划理论
家——霍华德
资料来源：参考文献［16］

1. 霍华德

埃比尼泽·霍华德(图 3-14)1850 年 1 月 9 日出生于英国伦敦的小商店主家庭，幼时所受教育并不充分，15 岁辍学就业，18 岁时通过自学掌握速记技能，开始其速记职业生涯。1871 年霍华德在 21 岁的时候远渡重洋到达美国的内布拉斯加州(Nebraska)试图从事农业生产，但不久即告失败，后进入芝加哥的一家速记公司，专门从事报道芝加哥法庭的工作。1876 年霍华德回到英国就职于一家独家报道议会大厦消息的公司(Gurneys)。虽然曾有过作为合伙人开展事业的短暂尝试，但最终霍华德以自由职业者的身份，将为这家公司以及其他同类公司工作作为终生的职业。或许是因为从事速记工作的缘故，霍华德对间距可调式打字机的发明倾注了与田园城市同样的热情。

从 1898 年《明天——一条通向真正改革的和平道路》出版起，霍华德就致力于田园城市理论的宣传和田园城市建设实践，先后就任田园城市先导公司常务董事(the Garden City Pioneer Company，1902)、田园城市与城市规划联盟主席(Garden Cities and Town Planning Federation 1913)等职务，并分别于 1905 年和 1921 年移居第一座田园城市莱切沃尔思和第二座田园城市韦林。由于其卓越的田园城市理论与实践，霍华德于 1927 年被封为爵士。1928 年他长眠于亲手缔造的第二座田园城市——韦林。

霍华德对近代城市规划的贡献在于他针对西方工业革命后所面临的城市问题，提出了充满理想的现实解决方案。与乌托邦和空想社会主义者不同，霍华德从一开始就考虑到方案付诸实施过程中的经济问题和管理问题，并身体力行地推动田园城市的实际建设。虽然现实中的田园城市以及后来英国"新城"的发展方向或多或少对其理论作出了修正，甚至是某种意义上的背离，但在近现代以来诸多有关城市发展的理想提案中，像田园城市一样真正获得官方认可，并因此得以较大规模实施的绝无仅有。

霍华德田园城市思想的产生一方面源于当时英美城市化的大背景，另一方面也受到当时一些社会改造思想的影响。美国作家爱德华·贝拉米(Edward Bellamy, 1850—
1898)在1888年出版的一部幻想未来城市与社会的小说——《回顾:2000—1887》(*Looking Backward: From 2000 to 1887*)被认为对霍华德的思想产生了较大的影响,另外,
英国19世纪中叶以来的公司城镇和美国的郊外聚居点也不可避免地成为霍华德所能
看到的现实参照物。

2. 盖迪斯

帕特里克·盖迪斯(Patrick Geddes, 1854—
1932)是一位苏格兰的生物学家、社会学家、教育家和
城市规划思想家,是西方城市规划走向科学的奠基人
之一(图3-15)。

盖迪斯出生于苏格兰的一个军人家庭,中学毕业
后曾在苏格兰国家银行工作过一年。之后,除在他20
岁考入爱丁堡大学时接受过为期一周的常规大学教
育外,青年盖迪斯基本上按照自己的兴趣和意愿学习
了地质学和生物学等方面的大学课程。除生物学外,
盖迪斯还对社会学具有浓厚的兴趣,并试图将生物学
的基本三要素(环境、功能、有机体)及其相互作用的
研究方法运用于社会学领域。步入成年后的盖迪斯
以在大学中讲授生物学(包括植物学和动物学)为职
业,先后就职于爱丁堡大学和敦提大学学院。但是,
盖迪斯的主要活动和影响却在大学以外,无论是致力
于改善爱丁堡贫民窟环境条件的爱丁堡社会联合会

图3-15　西方近代城市规划
理论家——盖迪斯
资料来源:www.edinburgh.gov.uk

(1884),还是"大学生宿舍"和成人教育,以及后来由"大学生宿舍"发展而来的实施立体
直观教育的"了望塔"(Outlook Tower, 1892)。

盖迪斯涉足城市规划领域一方面得益于其一贯主张的各学科之间的渗透和综合,
另一方面则源自于其对社会改良所倾注的热情。与霍华德不同,盖迪斯首先是从社会
实践活动开始关注城市与城市规划的。他的实践从1897年在塞浦路斯的拉纳卡设立
收容难民的农场开始。1903年丹佛姆林的建设规划则是盖迪斯按照其方法和理念开展
城市规划的第一次尝试,其规划成果——《城市规划:给卡内基丹佛姆林托管委员会的
报告》(*City Development—A Report to the Carnegie Dunfermiline Trust*)初步体现了
盖迪斯有关城市与城市规划的思想和注重调查研究的工作方法。

在经过一系列城市规划相关工作后(如促进利物浦大学和伦敦大学设立城市规划
系、协助英国1909年《城乡规划法》起草工作等),盖迪斯于1912开始着手撰写《进化中
的城市》(*Cities in Evolution*),并于1915年出版。《进化中的城市》全面体现了盖迪斯
的城市与城市规划观,全书共分18个章节,广泛涉及城市的发展、人口分布、城市与技
术背景、城市住房、城市规划教育、城市学与城市的调查研究以及城市建设的精神和经

济意义等。书中提出的主要论点,例如,编制城市规划应采用调查—分析—规划的手法、将城市置于区域背景中进行考虑的区域规划思想、提倡物质空间与社会经济的综合与多专业的融会贯通、理论与实践相互反馈的城市学、城市规划应起到对民众的教育作用并改善平民生活环境等都具有划时代的意义,成为西方近代城市规划理论与方法的基础之一。

　　盖迪斯的这种注重对客观现实进行调查,在更大范围内考虑城市的思维方式多半受益于他所钟爱的生物学领域,这种以多学科的固有知识体系和工作方法为基础应对城市社会中的复杂问题的方式,正是近代城市规划学科产生与发展的主要模式。

　　除著书外,盖迪斯还通过举办城市展览会的形式进行宣传工作,如 1913 年在比利时根特国际博览会上所举办的展览和 1915 年在印度各地举行的城市展览。

　　另外值得一提的是,盖迪斯是一位敢于向传统挑战的学者,无论在其求学阶段,还是在他的执教生涯中均表现出对真理探求的不同寻常的执著。在 1911 年第一次拒绝授勋的 21 年后,盖迪斯在他逝世的那年才无奈地接受了爵士称号。

3. 芒福德

图 3-16　西方近代城市规划理
　　　论家——芒福德

资料来源:www.libarg.upenn.edu

　　刘易斯·芒福德(Lewis Mumford,1895—1990)是继霍华德与盖迪斯之后又一位对西方城市规划理论发展做出重大贡献的人物(图 3-16)。所有试图论述芒福德及其业绩的人都遇到一个相同的难题,即怎样称呼他。社会学家、城市史学家、城市规划思想家、人文学家、批判家,如果按照通常的学科分类,可以给他罗列一大堆头衔,但是这些都不足以说明他对人类文明尤其是城市文明的贡献和在其中的定位。虽然他自己有时自称为"通才"(generalist),但哲学家或者哲人,而且是"没穿斗篷的哲人"这一称呼更能体现出他在现代社会中的定位[①]。

　　芒福德 1895 年出生于美国纽约州的长岛。作为犹太人父亲与德裔母亲的私生子,芒福德的姓氏却来源于与他没有任何血缘关系的母亲的英裔前夫。芒福德幼年在外祖父的带领下,以散步的形式遍游纽约的曼哈顿,养成了对事物进行实地观察的习惯。1912 年,17 岁的芒福德在技术高中毕业后,进入纽约市立大学夜校部半工半读,两年后转入全日制,后因患肺结核退学。虽然后来又重新恢复学籍,甚至在斯坦福、MIT、宾夕法尼亚等多所大学任教,但芒福德一生没有获得大学的文凭和任何一个学位。在经历过第一次世界大战期间应征参加海军,学习无线电技术后,芒福德的一生主要以新闻记者、杂志编辑、自由作家以及大学教授为职业。

---

① "没穿斗篷的哲人"(ungowned philosopher),隐喻在野的哲人(Lewis Mumford. *Sketch from Life*. 1982)。

芒福德是一个高产的作家,共撰写过 30 本书籍和 1000 余篇论文及评论。其研究涉猎哲学、历史、社会学、城市、建筑、艺术等广泛领域,其中有关技术史、城市历史与社会学的研究极具开拓性。

芒福德对城市的关注源于他在 1915 年读到盖迪斯的《进化中的城市》,并深受其影响。在芒福德的著作中,直接涉及城市的有:1938 年出版《城市的文化》(*The Culture of Cities*)、《城市的发展》(*The City Development:Studies in Disintegra-tion and Renewal*,1945),1961 年出版《历史中的城市(又译,城市发展史)》(*The City in History*)、《高速公路与城市》(*The Highway and the City*,1963)和《城市展望》(*The Urban Prospect*,1968)。①

借用金经元先生的概括总结,芒福德有关城市以及城市规划的主要观点和思想可归纳为:

(1) 从城市发展的过程认识城市,研究文化和城市的相互作用(城市观)。

(2) 人类社会与自然界的有机体相似,必须与周围环境发生互作用,取得平衡。城市社区赖以生存的环境就是区域(区域观)。

(3) 城市规划必须对城市和区域所构成的有机生态系统进行调查研究、进行科学分析,反对形式主义。正确的规划方法是:调查、评估、编制规划方案和实施(规划观)。

事实上,芒福德的城市观以及对待城市规划的态度并不是孤立的。他毕生把技术、城市、文化作为观察、思考与研究的切入点,最终目的是探讨西方文明的发展过程,并试图描绘其未来趋势。正因为如此,芒福德在许多关系到人类命运的问题上表现出过人的胆识,例如:倡导非暴力的"共产主义"、敦促美国政府遏制法西斯、反对核武器、反对越战等。

除了通过著书立说宣传自己的观点外,芒福德还涉足城市规划的实践活动,与麦克凯(Benton MacKaye)、斯坦因(Clarence Stein)等人一起于 1923 年成立了美国区域规划协会(Regional Planning Association America,RPAA),开展了城市规划与社区规划的实践活动。

3.2　中国的近现代城市与城市规划实践

3.2.1　近代的城市发展

1. 半封建半殖民地社会中的城市

18 世纪末,正当西方国家发生工业革命,城市的发展即将进入一个崭新的阶段时,中国持续两千多年的封建社会正度过最后一个"盛世"(清乾隆,1736—1795),开始了其

---

① 目前已被翻译成中文的著作有:刘易斯·芒福德. 城市发展史——起源、演变和前景[M]. 倪文彦、宋俊岭,译. 北京:中国建筑工业出版社,1989;刘易斯·芒福德. 城市文化[M]. 宋俊岭、李翔宁、周鸣浩,译. 北京:中国建筑工业出版社,2009.

走向没落的道路。近代中国的城市发展虽然无法背离城市因产业发展和交通条件变化而发展的普遍规律,但由于近代社会中没有发生如同西方国家那样的工业革命,因此,中国近代的城市缺乏发展与变革的原动力。与整个国家的近代化过程相同,中国近代城市的发展是被动的、局部的和畸形的。城市的发展实质上是一个社会的经济活动与组织模式的集中反映。在一个缺乏内在变革动力的社会中,城市发展的缓慢、畸形和支离破碎也就不足为怪了。

由于中国近代城市发展这种被动的特征,在看待城市规划与建设时不可回避地涉及以下两个方面的问题:①如何看待主动学习与被动开放,汲取近代化过程中由于无知、迷信、盲目自大等所带来的教训;②如何用历史唯物主义看待中国近代城市,包括租界或殖民城市建设的成就与先进规划思想的传播,区分殖民者的主观意图和城市规划与建设实践的成果。

中国近代城市发展具有显著的不完整性,表现在地域分布的不平衡与城市内部的民族对立两个方面,体现出半殖民地半封建社会的特点。首先,中国近代城市的发展与外来殖民势力的侵略密不可分,因此,在入侵者便于到达的沿海、沿(长)江地区和特定的地域呈现出较为明显的发展,如南起香港、澳门,经福州、厦门,至宁波、上海、青岛、天津,北抵旅大的沿海城市以及日本帝国主义者盘踞的东北和台湾地区等。另一方面,在殖民侵略者规划建设的城市中,无论是以租界的形式出现还是由某个帝国主义国家独占,均体现出殖民侵略者的种族隔离思想和对中国民众的歧视。如果说在西方近代城市发展中所出现的城市问题主要体现在劳动者阶层中,体现了阶级对立的话,那么中国近代城市中的矛盾还同时体现在民族对立中。这也与半殖民地社会的特点相吻合。

2. 中国近代城市发展的分期

近代中国城市的发展可大致分为以下几个阶段[①]:

(1) 1840—1894 年:自鸦片战争开始,清朝政府被迫签订《南京条约》等一系列不平等条约至中日甲午战争止。伴随着割地赔款、被迫开辟通商口岸和租界的开设,出现了殖民地(如香港)、半殖民地(如上海、天津、汉口等)城市。同时,1865 年之后伴随"洋务运动",中国官办的军工、民用企业也开始在一些半殖民地城市中出现。

(2) 1895—1913 年:自甲午战败,被迫签订《马关条约》至第一次世界大战爆发。《马关条约》以及"八国联军"入侵北京后,帝国主义在华势力进一步扩大,对中国的经济入侵已由商品逐步转向资本,随着大量工厂的兴建,半殖民地城市中租界的范围成倍扩大;同时,产生了一批由帝国主义列强独占的城市,如青岛、旅大、哈尔滨等。

(3) 1914—1918 年:第一次世界大战期间。此时西方列强无暇东顾,同时,在此前后民族资本主义有了一定的积累,开始出现较快增长的局面。以上海为中心的江浙地区城市有了长足的发展,如无锡、苏州、杭州、常州、南通等。

(4) 1919—1937 年:军阀混战、国民党政权建立以及伪满时期。1911 年辛亥革命

---

① 主要参照文献[20]、[21]中对中国近代城市发展的分期。

在形式上结束了中国的封建王朝,在军阀混战的状况下,大量地主、军阀、政客涌入各地租界,但城市本身未能有大的发展。1927年国民党政权建立后,其政治中心南京和经济中心上海均有所发展,开始出现中国政府所主导的城市规划与建设活动。但自1931年"九一八"事变后,日本帝国主义占领全东北,建立伪满政权,对一大批城市,如长春、沈阳、哈尔滨、大连、牡丹江、鞍山、抚顺等进行了有计划的建设。

(5) 1937—1949年:自抗日战争爆发至新中国成立前夕止。1937年"七七事变"后,抗日战争开始,国民党政府在向内地撤退的过程中将沿海部分工业内迁,并着重建设军需工业,使西南和西北地区一些原来不太发达的城市有较大的发展,如重庆、衡阳、泸州、宝鸡等。抗日战争胜利后,国民党政府在一些大的城市(如南京、上海、重庆等)着手编制过城市规划,但基本上未获实施。

从城市产生的原因以及所发生变化的程度来看,我国近代城市可以大致分为以下两大类:即由于各种原因而发展起来的近代新兴城市和既有的传统封建城市。

3. 近代的新兴城市

与西方工业革命后城市的发展以及城市化现象的出现不同,由于近代中国社会没有产生作为城市发展原动力的工业革命,并且近代工商业的产生与发展与西方列强的殖民侵略有着不同程度的联系,因此,可以认为近代中国城市的产生与发展主要源自外部力量的介入。但19世纪后半叶之后,中国官僚资本和民族资本的兴起以及铁路等近代化交通设施的传入和建设,对近代新兴城市的促进在某种程度上符合近代城市发展的普遍规律。中国近代城市就是在这种普遍意义与特殊性的矛盾中产生并发展起来的。按照其产生和发展的原因可大致分为以下4种类型[①]:

(1) 以西方列强的租界为核心发展起来的近代新兴城市,如上海、天津、武汉等;

(2) 由某一帝国主义国家独占、经营的近代新兴城市,如青岛(德国与日本)、旅大(帝俄和日本)、哈尔滨(帝俄)、广州(法国)、长春(日本)等;

(3) 因官僚资本或民族资本开办工矿企业而形成的近代新兴城市,如唐山、焦作、玉门等;

(4) 因铁路等近代化交通设施的兴建而形成的近代新兴城市,如郑州、徐州、石家庄、蚌埠等。

4. 原有的封建城市

如果说近代新兴城市代表着中国作为半殖民地社会的特征,那么大量变化较小的传统城市的状况则反映了当时中国作为半封建社会的特征。中国封建社会中的城市职能较为简单,主要作为政治统治中心、手工业聚集点、交通与贸易据点等。

中国传统封建城市在近代以后的变化可大致分为三种情况:①由于商埠或租界的设立等外来因素的影响,以及民族资本主义工商业的发展,城市的局部发生了某些变化,城市在维持原有格局的前提下有一定的发展,如北京、西安、成都、济南、南通、无锡

---

① 分类参照文献[20]。

等；②传统自给自足的农业经济模式没有发生根本性改变，城市变化不大，大量内地中小城市均属这一类型；③由于近代工业与交通设施的发展，导致一部分传统交通商贸城市和手工业城市区域衰败，如大运河沿线的淮阴、淮安、临清以及上海附近的嘉定等。

与近代新兴城市相比较，传统封建城市中的变化体现出以下特征：

（1）绝大多数城市受到外来因素影响，租界和作为变相租界的商埠往往形成与传统街区截然不同的格局，并在建筑风格、市政设施等方面与原有城区形成对比；

（2）近代建筑，包括教会建筑及其附属慈善机构、学校、工厂、新式学堂、钱庄、票号、会馆、戏院、旅馆等改变了传统城市的面貌；

（3）作为近代交通工具的铁路的修建对城市格局和发展产生了较大的影响；

（4）沥青道路、自来水、排水、电力、电话、公共交通等近代基础设施开始出现。

事实上，在中国近代半殖民地半封建社会中，新兴的近代城市与变化了的传统封建城市之间并没有严格的界限，均为西方近代化要素与中国传统城市或定居点结合的结果，只是从原有的发展基础与发展结果的对比来看，哪一方更具主导地位而已。

3.2.2　近代城市规划思想在中国的传播

中国近代化进程的特征表现在地域上的局限性和过程的复杂性。中国社会特别是民众阶层对于近代化的认识与态度经历了一个从被迫接受到效仿，再到自觉追求的过程。以上海为例，这一进程在 20 世纪 30 年代进入了成熟期[①]。近代城市规划思想、理念、技术在中国的传播也基本上经历了相同的过程，初期多表现为殖民侵略者直接对其控制的殖民地城市或租界所进行的规划；后期由中国政府主导、留学人员参与的城市规划开始出现。但无论哪一种形式，其结果都可以看作是西方近代城市规划思想在中国的传播。

1. 租界中的城市规划

在殖民侵略者主导的规划中，有些是早期租界的规划，如上海、天津、武汉等地租界的规划；也有一些是某一帝国主义国家独占城市的规划，如青岛、大连、长春、哈尔滨等。

上海是早期租界规划的典型。

鸦片战争后，清政府被迫于 1842 年签署《南京条约》，开放上海、广州、厦门、福州和宁波 5 个城市作为通商口岸。1845 年清朝地方政府与英国领事签订《上海地租章程》，划出专供英侨使用的"居留地"830 亩（约 55.3hm²），成为上海租界的开端。之后，英租界以及后来由英美租界合并而成的公共租界分别经 1848 年、1863 年、1893 年、1899 年及 1915 年的逐渐扩张，总面积达 54793 亩（约 3653hm²）；法租界也于 1848 年开始，经 1861 年、1900 年及 1914 年的三次扩张，总面积达 15149 亩（约 1010hm²）。至此，在开埠 70 年后，上海的租界总面积达 4663hm²，为初期的近 40 倍，成为这个城市人口达 160 万的商埠城市的主体。

英美法殖民者在上海遇到了与本国相似的近代城市中的生活环境问题，为此，通过

---

① 忻平. 从上海发现历史——现代化进程中的上海人及其社会生活(1927—1937)[M]. 上海：上海人民出版社，1996.

作为租界行政管理机构的"工部局"(Municipal Council,其前身为道路码头委员会,公共租界)、"公董局"(法租界)等进行了开设、拓宽道路,建设给排水、煤气设施,疏浚河道,修建铁路等一系列城市基础设施建设。其中,1854年编制、1855年正式颁布的《上海洋泾浜以北外国居留地(租界)平面图》是已知最早的英租界官方道路规划图(图3-17)。上海租界中的城市规划明显带有同时代西方工业化国家的特征。其具体内容一部分表现为有关城市基础设施建设规划,如上述规划以及1875—1879年由荷兰工程师奈格编制的黄浦江整治规划方案等;另一部分则表现为有关建筑物的建设管理条例,例如在公共租界中1916年修改定稿并颁布的《新西式建筑条例》就采用建筑规则控制建筑物与街道的关系,与美国第一部综合区划条例(纽约)的制定与颁布恰好处在同一时期[①]。法租界中也有类似的做法,如1938年公董局颁布的《法租界市容管理图(1938年)》等。西方近代城市规划中的这两大内容更进一步综合反映在1926年公共租界工部局交通委员会提出的《上海地区发展规划(1926)》以及规划报告中,其中包括:功能分区布局、道路系统规划与道路交通改善措施、区划条例与建筑法规、交通管理与公共交通线路规划等。

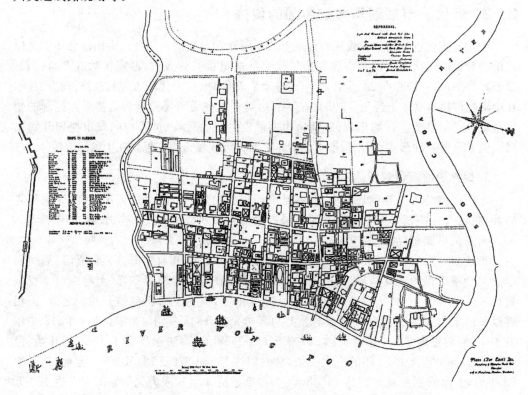

图 3-17   上海洋泾浜以北外国居留地(租界)平面图

资料来源:上海城市规划志编纂委员会.上海城市规划志[M].上海:上海社会科学院出版社,1999.

---

①   有关上海公共租界中建筑法规对城市空间形态的影响,参见:陆君超.上海公共租界"规划"与城市空间形成[D].北京:申请清华大学工学硕士学位论文,2013.

1860 年第二次鸦片战争后,天津、武汉等地也相继被迫成为对外开放的商埠,英、美、法、俄、日、德等帝国主义列强开始兴建租界。虽然尚未见其租界中规划活动的细节,但从所形成的租界地区道路形态以及城市基础设施的建设,甚至"越界筑路"的状况来看与上海租界中的情况大同小异。

虽然租界中的城市规划采用了同时代较为先进的规划思想与技术手段,但各个租界相对狭小的范围,加之由于各自为政所产生的矛盾,也形成了半殖民地中城市规划的先天缺憾。

2. 殖民侵略者主导的城市规划

帝国主义列强并不满足于对仅作为城市局部的租界的占用,他们利用一切机会想方设法获取对整个城市的支配权,作为其在中国的立足点和侵略基地。与租界中的城市规划不同,由某个帝国主义国家独占城市的规划更体现出规划的完整性和较为长远的规划意图,也更能反映出当时西方工业化国家近代城市规划的技术水平。大连、青岛、哈尔滨等是这类城市的代表。

青岛原为山东半岛胶州湾中的一个渔村,1898 年德国强迫清政府签订《中德租界条约》,强行租用青岛 99 年。由于德国计划长期独占,且原有城市基础薄弱,因此城市规划较为完整。最早的城市规划编制于 1900 年,1910 年再次编制"城乡扩张规划"并大幅度扩展了规划范围(图 3-18)。1914 年与 1937 年日本曾两度占领青岛,也编制过一些规划。德国所编制的城市规划一方面体现出对华人居住地区所采用的歧视性规划思想和设施标准,如早期规划中的德国区与中国区的划分以及不同的道路宽度、绿化及基础设施标准等;但另一方面也同时体现出一些合理的近代城市规划技术,如港口设施布局、港口与铁路设施的关系、结合自然地形的不规则网格状道路系统以及对教堂等标志性建筑物与城市景观结合的处理等。

大连于 1898 年被清政府以 25 年的租期租借给沙俄帝国,从 1904 年起又被日本所侵占。1900 年俄国编制了大连(青泥洼市)的城市规划。规划受当时欧洲古典主义城市规划的影响,采用围绕广场的环形放射状道路系统,与彼得堡的城市规划颇为类似。日本侵占大连后,设立都市计划委员会,规划城市向原俄国规划市区以西部分发展。新扩展市区部分采用了方格网状的道路系统。整个城市规划人口为 122 万,规划面积达 416km² 。与大连类似的城市还有哈尔滨。

此外,日本帝国主义在 1931 年"九一八"事变之后,对我国东北地区伪"满洲国"中的主要城市进行了较为系统的规划,包括长春(伪满"新京")、沈阳(伪满"奉天")、牡丹江、图们、吉林等。这些城市规划基于其长期霸占的目的和计划,具有较强的完整性和连贯性,在规划技术上也不同程度地体现了一些当时西方流行的做法和近代城市规划的某些原则,如较为注重交通问题、道路设计结合地形并按功能区分类别、绿化配合道路引入市区内、铁路市区段局部引入地下等。

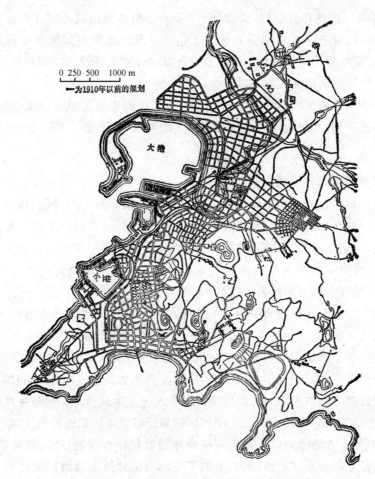

图 3-18   1910 年德国占领时期的青岛市城市规划图

资料来源：参考文献[20]

3. 中国主导的城市规划

中国近代半封建半殖民地的社会特征以及近代化过程的特点注定了由中国人所主导的近代城市规划出现在较晚的时期，即 19 世纪 20 年代之后。其中，"大上海计划""上海都市计划一、二、三稿"、南京的"首都计划"以及汕头的"市政改造计划"等是这一类城市规划的代表。

1927 年国民党政府成立上海特别市，同年成立设计委员会，着手开展城市规划。在 1929—1931 年间编制了《大上海计划图》及其相关的专项规划图和专项规划说明，包括：《上海市全市分区及交通计划图说明书》《市中心区域分区计划图说明书》《上海市新商港区域计划草案说明书》等。规划避开已有的租界地区，在黄浦江下游设城市中心区（今五角场地区），并在靠近黄浦江与长江交汇处的吴淞新设大型商港。规划包括市中心区的道路系统规划、详细分区规划、政治区规划与建设，以及包含租界地区在内的全市分区规划(含商业区、工业区、商港区、住宅区)、交通规划(含水道航运、铁路运输、干道系统规划)等。其中,中心区规划采用了源于西方的方格网与放射路相结合的道路系统,并在中央部分设置了两条相互垂直相交的十字形轴线,使西方巴洛克式的城市设计手法与中国讲究对称的传统布局形态有机地结合在一起。至 1937 年抗日战争爆发,该规划得到部分实施。

抗日战争胜利后,国民党上海市政府开始着手城市规划工作。城市规划小组及技术顾问委员会于 1946 年成立。一些从欧美留学归来的建筑师、工程师以及在华的外籍学者参与了规划的编制工作,将"区域规划""有机疏散""快速干道"等当时较为先进的城市规划理论运用到规划中。城市规划编制工作从 1946 年 3 月开始,到 1949 年 6 月,历时 3 年,经历三次主要调整,并形成相应成果,即"大上海都市计划初稿、二稿、三稿"。"大上海都市计划初稿"于 1946 年 12 月陆续完成,形成《大上海都市计划总图草案报告书》,其中包括 10 个章节以及《大上海区域计划总图初稿》《上海市土地使用总图初稿》和《上海市干路系统总图初稿》3 张图纸。规划内容涉及区域规划,城市性质与布局,绿化系统,铁路、公路及干道系统规划,市政公用设施,公共卫生设施以及文化设施规划等。在对"初稿"进行讨论和修订的基础上,1948 年 2 月形成《大上海都市计划总图草案报告书(二稿)》,主要对规划范围及年限进行了调整。此后,1949 年初对"二稿"的调整工作重新开始,至同年 6 月上海解放后完成《上海市都市计划总图三稿初期草案说明》及总图,主要包含区划及交通规划两个部分(图 3-19)。

虽然"大上海都市计划初稿、二稿、三稿"的内容未能付诸实施,但这丝毫不能削弱它在中国近代城市规划史上里程碑式的地位。其中所包含的对"区域规划""卫星城镇""邻里单位""有机疏散""快速干道"等城市规划理论的应用代表了中国城市规划专业人员在促进城市与城市规划的近代化过程中的远见、勇气、智慧和决心。

1927 年国民党政府定都南京,于 1929 年制定"首都计划"。这也是中国早期较系统地开展城市规划的另一个实例。"首都计划"主要包括城市分区规划与道路系统规划两部分内容。城市分区规划将城市分为中央政治区、市行政区、工业区、商业区、文教区和住宅区(住宅区又进一步按照密度等划分为 4 个等级),体现了近代城市规划中城市功能分区的思想。而道路网规划则采用方格网加对角线的形态,显然受到美国华盛顿等城市规划路网形态的影响。虽然该规划未能得到很好的实施,但作为西方近代城市规划思想与技术在中国传播的实例,在中国近现代规划史上仍占有重要的地位。

从以上情况可以看出:我国近代城市规划缺少由生产发展变革所带来的原动力,属先天不足;另一方面,1949 年后由于全面向苏联学习等政治因素的影响,源自西方工业化国家的近代城市规划思想与方法在 20 世纪 80 年代改革开放之前也未能得到进一步的传播。

图 3-19　上海都市计划三稿

资料来源：上海市城市规划设计研究院. 大上海都市计划：影印版[M]. 上海：同济大学出版社，2014.

参考文献

[1] BENEVOLO L. The History of the City[M]. Cambridge：MIT Press，1980.

薛钟灵，余靖芝，等，译. 世界城市史[M].北京：科学出版社，2000.

[2] 沈玉麟.外国城市建设史[M].北京：中国建筑工业出版社，1989.

[3] HALL P. Urban and Regional Planning[M]. Fourth Edition. London and New York：Routledge，2002.

邹德慈，金经元，译.城市和区域规划[M].北京：中国建筑工业出版社，1985.

[4] HOWARD E. Graden Cities of Tomorrow[M]. Cambridge：The MIT Press，1965.

　　金经元，译. 明日的田园城市[M]. 北京：商务印书馆，2000. 以及中国城市规划设计研究院情报所
　　于 1987 年刊行的同一译者的内部译本。

[5] TAYLOR N. Urban Planning Theory Since：1945[M]. SAGE publications，1998.

　　李白玉，陈贞，译. 1954 年后西方城市规划理论的流变[M]. 北京：中国建筑工业出版社，2006.

[6] ［日］日笠端，日端康雄. 都市計画[M]. 3 版. 東京：共立出版株式会社，1993.

[7] PERRY C A. The Neighborhood Unit in Regional Survey of New York and Its Environs[M].
　　Vol. 7 in：Committee on Regional Plan of New York and Its Environs. *Neighborhood and Commu-*
　　nity Planning：Monograph One. 1929.

　　倉田和四生訳. 近隣住区論——新しいコミュニティ計画のために[M]. 東京：鹿島出版会，1975.

[8] CHOAY F. The Modern City：Planning in the 19th Century[M]. New York：George Braziller，
　　Inc.，1969.

[9] LE CORBUSIER. The City of Tomorrow and its Planning[M]. New York：Dover Publications，
　　Inc.，1987.

[10] LEVY J M. Contemporary Urban Planning[M]. Eighth Edition. Upper Saddle River：Prentice-
　　Hall，Inc. 2009.

　　孙景秋，等，译. 现代城市规划[M]. 5 版. 北京：中国人民大学出版社，2003.

[11] REPS J W. The Making of Urban America，a History of City Planning in the United States[M].
　　Princeton：Princeton University Press，1965.

[12] GARVIN A. The American City，What Works，What Doesn't[M]. New York：McGraw-
　　Hill，1996.

[13] BOSMA B，Hellinga H. Mastering the City[M]. North-European City Planning 1900—2000.
　　New York：NAI Publishers，1997.

[14] ［日］都市計画教育研究会. 都市計画教科書[M]. 3 版. 東京：彰国社，2001.

[15] 吴良镛. 世纪之交的凝思：建筑学的未来[M]. 北京：清华大学出版社，1999.

[16] 金经元. 近现代人本主义城市规划思想家[M]. 北京：中国城市出版社，1998.

[17] ［日］木原武一. ルイス・マンフォード[M]. 東京：鹿島出版会，1984.

[18] 同济大学. 中国城市建设史[M]. 北京：中国建筑工业出版社，1987.

[19] 刘敦桢. 中国古代建筑史[M]. 北京：中国建筑工业出版社，1984.

[20] 董鉴泓. 中国城市建设史[M]. 2 版. 北京：中国建筑工业出版社，1989.

[21] 庄林德，张京祥. 中国城市发展与建设史[M]. 南京：东南大学出版社，2002.

第4章 城市规划的职能·内容·程序

4.1 城市规划的职能

4.1.1 城市规划概述

在讨论城市规划的实质性内容之前,首先遇到的问题就是:"为什么要进行城市规划"和"什么是城市规划",对于前者,利维(John M. Levy)在其《现代城市规划》(第8版)中归纳为现代社会的"相互联系性"(interconnectedness)和"复杂性"(complexity)。也就是说,现代社会是一个复杂的相互关联的整体,任何简单的凭直觉的判断和决定已不足以把握全局的发展方向并获得预期的结果。就像在农村,你可以邀请三五亲朋,按照约定俗成的形式,在数天之内建成一座农家小院而不需要做什么特别的"规划",但建设一座城市、一个街区甚至一座大楼,情况就完全不同了。这就是为什么我们需要"规划"的原因。

要回答"什么是城市规划"可能难度更大一些。这是因为在各种不同的社会、经济、历史、文化背景下,对城市规划的理解有着较大的差异。

1. 城市规划的定义

"城市规划"在英国被称为"town planning";在美国被称为"city planning"或"urban planning";在法语和德语中分别被称为"urbanisme"和"stadtplanung";日语中用"都市计画"来表示,与我国在1949年之前及目前我国台湾地区的用法相同。

英国的《不列颠百科全书》中有关城市规划与建设的条目中提到:"城市规划与改建的目的,不仅仅在于安排好城市形体——城市中的建筑、街道、公园、公用事业及其他的各种要求,而且,更重要的在于实现社会与经济目标。城市规划的实现要靠政府的运筹,并需运用调查、分析、预测和设计等专门技术。"此外,英国的城乡规划(town and country planning)可以看作是更大空间范围内的社会经济与空间发展规划。

美国国家资源委员会(National Resource Committee)则将城市规划定义为:"城市规划是一种科学、一种艺术、一种政策活动,它设计并指导空间的和谐发展,以适应社会与经济的需要。"[1]美国的城市与区域规划(city and regional planning)也可以看作是覆盖范围更广泛的规划体系。

---

① Phillips J C. State and local government in America[M]. Washington, D. C.: American Book Co., 1954: 539.

在日本城市规划专业权威教科书中，城市规划被定义为："城市规划即以城市为单位的地区作为对象，按照将来的目标，为使经济、社会活动得以安全、舒适、高效开展，而采用独特的理论从平面上、立体上调整满足各种空间要求，预测确定土地利用与设施布局和规模，并将其付诸实施的技术。"① 以及 "城市规划是以实现城市政策为目标，为达成、实现、运营城市功能，对城市结构、规模、形态、系统进行规划、设计的技术"。②

计划经济体制下的苏联将城市规划看作是："整个国民经济计划工作的继续和具体化，并且是国民经济中一个不可分割的组成部分。它是根据发展国民经济的年度计划、五年计划和远景计划来进行的。"③

中国在 20 世纪 80 年代前基本上沿用了上述定义，改革开放之后有所修正，定义为"城市规划是对一定时期内城市的经济和社会发展、土地利用、空间布局以及各项建设的综合布局、具体安排和实施管理"。④

事实上，用一句话或几句话简单地概括城市规划的定义并不是一件容易的事情，如果抽象到适用于不同国家与地区的程度就更为困难。下面不妨就上述城市规划定义中所包含的共同点以及相互之间的差异进行简要的分析。

2. 城市规划的语义要素

讨论城市规划的定义并不是玩咬文嚼字的教条主义的文字游戏，而是通过对文字表述的分析，达到理解城市规划内涵的目的，即了解城市规划所包含的语义内容。因此，可以从以下几个方面——城市规划的语义要素来理解城市规划的含义。

（1）具有限定的空间范围

首先，城市规划有一个明确的空间范围，通常被称为城市规划区。城市规划的作用被限定在这个范围内。城市规划区一般包含已建成的城市地区、在规划期内（例如：10 年之内）即将由非城市利用形态向城市利用形态转化的地区以及有必要限制这种转化活动的地区。在这一地区中，改变土地利用形态（例如：在原有的农田上建设建筑物、修筑道路、开辟游乐场所）等开发建设活动，需要按照城市规划预先给出的方式进行。

（2）作为实现社会、经济诸目标的技术手段

其次，城市规划是一项技术。但与以电子产品、汽车等大众消费品的制造技术为代表的现代应用技术不同，其目的不仅是要依此建设一个作为物质实体的城市，更重要的是通过对作为物质实体城市的各种功能在空间上的安排，实现城市的社会、经济等诸多发展目标。因此，城市规划本身不是目的，也不可能取代对社会、经济目标本身的制定工作。城市规划必须与相应的社会经济发展计划相配合，才能真正发挥其作用。

---

① 参考文献[7]：70。
② 参考文献[9]：27。
③ 教材选编小组. 城乡规划[M]. 北京：中国工业出版社，1961：39.
④ 中华人民共和国建设部. 城市规划基本术语标准（GB/T 50280—1998）[S]. 北京：中国建筑工业出版社，1998.

（3）以物质空间为作用对象

城市规划的关注对象是作为物质实体的城市和城市空间。在有关某个城市的诸多发展计划、规划中,城市规划是将诸多发展目标具体落实到空间上去的唯一的技术手段。例如发展经济需要容纳产业发展的空间,发展教育需要建设学校的空间,提高医疗卫生水平需要医院等相应的场所。这一切都需要通过城市规划落实到具体的城市空间中去。

（4）包含政策性因素和社会价值判断

由于诸项城市功能在空间分布上的排他性,因此,任何一个具体的城市规划都包含有政策性因素。而政策的产生除某些客观条件外,不可避免的在不同程度上受到社会价值判断(或者说是政治)的影响。例如,我国长期执行的"严格控制城市用地规模"的政策就是基于我国人地关系这一国情所制定的;而城市中是优先发展有轨公共交通还是大量兴建城市道路、立交,鼓励发展私人小汽车,就必须基于社会价值判断作出结论。甚至在某些情况下,客观因素与社会价值判断同时存在,例如:在人均土地资源紧张的客观条件下,是鼓励发展中高密度的经济适用住房,还是放任低密度高档房地产项目的开发,就是一个很好的实例。

3. 城市规划与社会经济体制

如果说以上城市规划语义要素中所列举的是城市规划的共同之处,那么在不同的社会经济体制下的城市规划各自具有鲜明的特征。这种差异更多地体现在城市规划被赋予的职能方面。

"城市规划是人类为了在城市的发展中维持公共生活的空间秩序而作的未来空间安排的意志"[1]。在不同的社会经济体制中,产生这种"意志"的途径是不同的。封建社会中,皇权至高无上,因此,传统封建社会中的城市规划体现的是统治者或少数统治阶层的"意志";而在近代之后的西方资本主义社会中,国家对私有财产的保护使得个人或利益集团的"意志"成为主体。

与此类似,在计划经济体制下,城市规划作为国民经济计划的体现,代表着国家的统一"意志",具有较强的按计划实施的建设计划的性质;而在市场经济体制下,城市规划所面对的是建设投资渠道的多元化以及由此而产生的利益集团的多元化和"意志"的多元化。

在以市场经济为主导的现代社会中,城市规划实质上是一种为达成社会共同目标和协调利益集团彼此之间矛盾的技术手段。

4.1.2　城市规划的性质

1. 城市活动与城市规划

城市规划为城市中的社会经济活动提供了一个物质空间上的载体。如同演员与舞

---

① 参考文献[1]:42。

台的关系一样,虽然高水平的舞台并不能保证演员的演出总是一流的,但是很难设想高水平的演员能在一个糟糕的舞台上有上乘的表演效果。因此,城市的物质空间形态规划虽不能直接左右城市活动,但却能为各项城市活动提供必不可少的物质环境,更何况城市活动本身也会直接或间接地为其载体提供物质上的支持。

1928 年成立于瑞士的国际现代建筑协会(CIAM)在 1933 年雅典会议上通过的著名的《雅典宪章》中,将居住、工作、游憩和交通作为现代城市的四大功能,提出城市规划的任务就是要恰当地处理好这些功能及其相互之间的关系。

随着时代的发展,城市功能日趋复杂,《雅典宪章》中的某些原则也受到来自各方面的质疑,但时至今日这种按照城市功能进行城市规划的思想仍具有很强的现实意义。只不过各项城市功能的内涵、存在方式与规划标准随着时代的变化而发生了较大的改变。例如:就工作而言,其内涵早已突破传统制造业的范围,扩展到日益庞大的第三产业,进而发展至当今迅速发展的信息产业、创意产业等。随之而来的是,规划中工作地点在城市中的空间分布也相应地从位于城市外围的工业区转向多元化的,甚至是分散的就业中心,如商业服务中心、中央商务区(CBD)等(图 4-1)。居住功能的要求也从满足基本居住功能转向对综合环境质量的追求。甚至由于 SOHO[①]等概念的出现,居住功能与工作功能之间的界限也变得不再那么明显。城市的交通功能依然重要,但未来信息时代的城市交通或许将进入比特主宰的世界。[②]

图 4-1　大城市的新型就业中心——CBD 地区(上海陆家嘴金融贸易区)

资料来源:上海陆家嘴(集团)有限公司.陆家嘴金融贸易区(宣传资料)

---

① 小型办公与家庭办公(small office and home office)的简称。

② 关于未来信息化社会的建筑与城市,参见:Mitchell W J. City of Bits, Space, Place, and the Infobahn[M]. Cambridge:The MIT Press, 1996.

2. 城市规划技术与城市规划制度

正如以上所提到的,城市规划与社会经济体制密切相关。这是因为城市规划作为一门与社会生活密切相关的应用技术具有两面性。即:城市规划中一方面包含面对客观物质空间的工程技术内容;另一方面又包含作为维持社会生活正常秩序准则的制度性内容。

作为工程技术手段的城市规划,以追求城市整体运转的合理性与效率为目标,在不同国家和地区之间以及不同的社会体制下具有相对的普遍性,并且易于学习、借鉴和流传。例如:根据城市各类用地之间的相互关系而作出的用地布局、道路网及交通设施的布局,以及各种城市基础设施的规划等,均可以看作为此类内容。中国封建社会中的传统城市规划以及计划经济体制下城市规划,通常以此为侧重点。

与此相对应的是,作为制度的城市规划所关注的是城市整体运转过程中的公平、公正与秩序(图4-2)。由于其出发点建立在社会价值判断的基础之上,因此不同国家与地

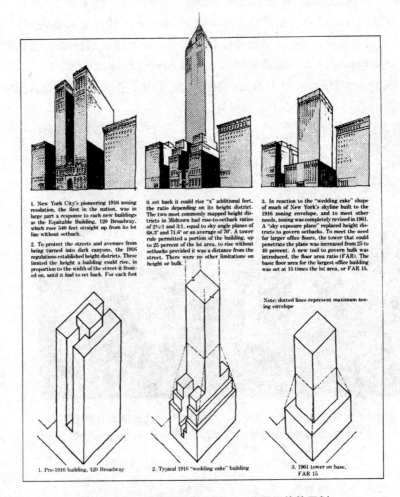

图4-2　作为制度的城市规划——美国纽约的区划

资料来源:Barnett J. An Introduction to Urban Design[M]. New York:Harper & Row, Publishers, 1982.

区之间以及不同的社会体制下往往存在着较大的差异。例如：在城市开发建设过程中对私权的保护与限制的方式和程度、对代表公权的城市政府规划管理部门权限的界定、城市规划本身的地位、权力的授予等，均属于此类内容。作为制度的城市规划是现代社会中、在市场环境下，城市建设与开发领域中不可或缺的相对公平、公正与整体合理的游戏规则。

因此，现代社会中，城市规划的性质不再单纯是一项有关城市建造的工程技术，而同时具有作为社会管理手段的特征。这种特征也可以视为近现代城市规划与传统城市规划的分水岭。

4.1.3 城市规划的特点

1. 多学科综合性

综合性是城市规划的一个首要特征。城市规划在学科知识结构和理论上涉及多种学科；在实践中涉及社会、经济、环境与技术诸方面因素的统筹兼顾和协调发展。城市规划的这种多学科综合性表现在以下方面。

（1）对象的多样性

作为城市规划的对象，城市本身就是一个非常复杂的"巨系统"。城市规划必须面对多样的城市活动，并力图按照各种城市活动本身的规律，在空间上为各种活动作出较为合理妥善的安排，并协调好各种活动之间的矛盾。

（2）研究、解决问题的综合性

在上述过程中，城市规划必然涉及诸多领域的问题，并在解决这些问题时借用相关学科的知识、理论和技术。例如：对某个城市的建设用地发展做出评价时，涉及测量、气象、水文、工程地质、水文地质等领域中的知识以及农田保护等国家土地利用政策；研究确定某个城市的发展规模与发展战略时，不可避免地涉及人口发展预测、社会经济发展预测等有关社会、经济领域中的问题与技术手段；各项城市基础设施的规划设计又包含大量相关工程技术的内容；而城市风貌、城市景观、旧城保护等又与美学、艺术、历史等学科密切相关。

（3）实施过程的多面性

城市规划的多学科综合性还表现在实施过程中包含建设性内容与控制性内容。前者涉及工程技术、财政与经营等领域，而后者则与政治、法律、公共管理等领域密不可分。

由此可以看出，严格界定城市规划所包含的学科领域并不是一件容易的事情，而且，随着时代的发展，城市规划越来越多地借用了相关学科的理论、知识和方法，并逐渐形成相对核心和稳定的内容。在此我们可以借用系统工程中的概念，将城市规划称之为一个"开放的巨系统"[1]（图 4-3）。

---

① 有关概念转引自参考文献[3]。

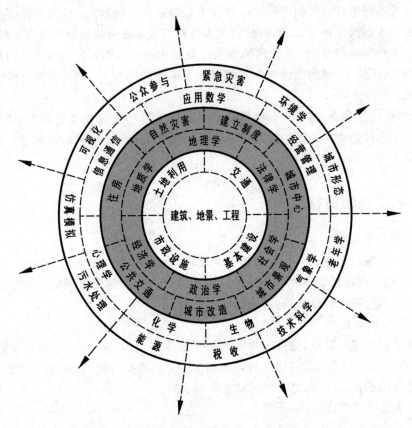

第一圈　早期的发展：1900—1940年
第二圈　中期的发展：1940—1965年
第三圈　近期的发展：1965年

图 4-3　城市规划相关学科的演变

资料来源：Branch M C. Continuous City Planning：Integrating Municipal Management and City Planning[M].
Hoboken：A Wiley-Interscience Publication，1981.（转引自参考文献[3]）

但必须指出的是，城市规划的多学科综合性并不等于没有侧重和在学科领域上的分工。城市规划仍侧重于物质空间环境领域，对相关领域的知识、理论与方法的了解和掌握并不等于取而代之。

2. 政策性、法规性

上面讨论城市规划语义要素时就已强调过：城市规划包含政策性因素和社会价值判断。因此，城市规划的各个层面中均体现不同的政策性因素，大到国家的基本政策（如保护耕地的政策），小到技术性政策（如各类城市用地的面积、比例指标），甚至对于城市规划中某些问题的某些倾向，如大广场、宽马路的规划建设也会通过政府颁布的技术性政策方针加以纠正。事实上，城市规划作为政府行政的工具，其本身就是政策的直接体现。

城市规划的另外一个特征就是在政策明确的前提下,采用具有强制性的手段来贯彻实施各项既定政策。即按照事先的约定(按照一定程序确定的城市规划内容),对与城市建设相关的具体行为作出明确的界定,保护合法行为的权益,限制或处罚非法的行为。事实上,在市场经济与法制化的现代社会中,城市规划已成为城市建设相关领域中一项重要的游戏规则。

3. 长期性、经常性

城市规划的长期性与经常性特征是矛盾统一的关系,并反映在城市规划与城市发展建设的全过程中。

一方面,城市规划具有长期性。首先,是反映在规划目标期限的周期上。通常一个城市整体的宏观战略性规划具有 10～20 年的规划目标年限。其次,城市规划是一个根据城市社会经济发展状况以及城市建设情况不断反馈、调整、完善的动态过程,一个战略目标的实现(如工业城市、港口城市的建成),往往需要长时期的多轮次的城市规划与实践反复反馈,反复修改调整。从某种意义上来说,城市规划是永无止境的。只要城市存在、发展、变化,城市规划就会存在。

另一方面,这种城市规划与城市现实的互动,除为数不多的突发因素外(例如:城址迁移,大型体育、博览活动的举办等),更多地体现在日常的较小规模的城市建设活动与规划管理工作中。因此,城市规划又是一项经常性的工作。这种经常性体现在:城市规划为日常的城市建设、规划管理工作提供了依据;同时,规划管理部门对城市变化状况的监测与反馈,又成为对城市规划做出合理修订的必要依据。

此外,城市规划的长期性与经常性还是城市规划技术与管理实践中常常遇到的一对矛盾。规划的长期性要求规划必须具有相对的稳定性,而规划的经常性则要求城市规划要适应不断变化的城市发展建设现状。

4. 实践性、地方性

城市规划具有很强的实践性。这表现在:

(1) 城市规划的目的是实践

编制城市规划的根本目的就是要以此来指导城市发展与建设,作为城市规划管理工作的依据。通常我们所说的"三分规划,七分管理",通俗地表达了城市规划以实践为目的的本质。因此就要求城市规划不但要以先进的理论和思想作为指导,而且必须注重其可操作性,使理论可以指导实践,真正做到理论与实践相结合。

(2) 城市规划的效能依靠实践检验

城市规划的优劣主要取决于其是否符合实际要求,是否能够解决问题,是否适用,这些都必须在实践中加以检验。城市规划与其他工程技术类学科具有共同的特点,许多规律与理论必须通过大量的实验、实践才能得出;而理论与方法的正确与否又必须回到实践中去加以检验。如果说城市规划与其他工程技术类的学科有什么不同,那就是城市规划以现实中的城市作为其"实验室"。

正是因为城市规划这种实践性,由于不同国家、地区乃至具体城市中自然条件、社会经济发展水平、城市规划所面临的问题等诸多的差异,致使城市规划必须因地制宜,与各个地方的特点密切结合。除国家所执行的统一政策、法规、标准外,城市规划更多地反映了地方政府的意志。因此可以说,城市规划也是一项地方性很强的工作。

4.1.4 城市规划的职能

上面我们不厌其烦地讨论了城市规划的定义、性质和特点等,那么在现代社会中,城市规划究竟应该起到什么作用,即其所应该承担的不可替代的职能是什么? 对此不妨归纳如下:

1. 城市规划的基本职能

现代城市的复杂性要求我们必须预先做出各种安排和计划,用以描绘城市未来的发展目标和状况,引导和控制各项城市活动的发展趋势。这些安排和计划可以是文字性的描述,诸如:城市宪章、纲领(例如"打好黄山牌,做好徽文章")、口号(例如"为把某市建设成北方工业基地而奋斗")、象征(例如"建成北方香港""建成小上海等")以及具体描述,也可以是更为具体的数字目标值。但是,这些方式与手段都不足以表达这些目标在空间上的体现。城市规划才是唯一通过具体、准确的图形,在空间上描绘城市或地区社会经济发展蓝图的手段。例如,发展工业促进城市经济增长的政策通过城市规划落实为各类工业用地,以及道路、铁路专用线,供电、排水等相关配套设施;又如:城市社会发展计划提出的人均住宅面积、人均公园绿地面积等总量指标,通过城市规划落实为具有具体面积规模的各种类型的居住用地、公园绿地,以及这些用地在城市中的具体分布。这种在空间上形象地描绘城市或地区社会发展蓝图的职能,是城市规划最基本的职能,其他相关的职能都是由此派生而来的。

2. 城市规划的实施职能

城市规划的这种通过准确平面图形,对城市或地区未来发展蓝图的描绘为城市建设提供了不可替代的依据,使抽象的或总量上的政策、方针、目标具有了具体的形象和在空间上的分布。不同空间层次上的城市规划相互配合,为城市建设和城市管理提供了可操作的依据。例如,对形成城市骨架的道路系统而言,城市总体规划等宏观层次的规划确定其大致的走向、线形和断面形式,确保其用地不被占用;而微观层次上的详细规划或工程设计,则进一步明确断面尺寸、路面标高、车道划分、转弯半径、出入相邻地块的开口位置等。此外,区划(zoning)等适用于市场经济环境的规划制度及内容,更是直接为城市规划管理部门判断所有城市开发建设活动的合法性提供了明晰、准确的依据。

3. 城市规划的宣传职能

城市规划的派生职能还体现在,以形象体现的城市发展蓝图易于广大市民的认知与理解。这种对城市发展未来状态以及现代社会的游戏规则的形象描绘,使得抽象的政策、规则与枯燥的数字变得更为生动、形象,更容易被普遍接受,从而起到对规划内容的宣传作用,进而为使之成为大多数人自觉遵守的对象建立了基础。可以说,城市规划目标、内容等相关信息的广泛传播,是公众关注并逐步走向参与的必要条件。而城市规划作为维护空间秩序的意志体现,在较大范围内达成共识则是其得到执行的必要基础。此外,城市规划在调查、分析过程中所掌握和制作的有关城市物质空间形态方面的结果,也为城市发展过程留下形象的记录,并成为反映城市变迁状况的信息载体,例如城市综合现状图就是其中的代表。

4. 作为政府行政工具的城市规划

城市规划的职能还表现在:它是各级政府机构,尤其是城市政府实施城市发展政策的有力工具。城市规划的综合性和其形象描绘城市空间发展蓝图的基本职能,使得政府必须通过其将各个部门的政策与计划,具体落实到城市物质空间中去。例如:发展城市经济需要安排工业、商务、商业、服务等用地,需要改善道路、机场等各类交通设施的水平;提高社会教育水平需要安排各类学校等教育用地,等等。因此,在西方工业化国家的二元城市规划结构体系中,总体规划等宏观规划用来指导、协调乃至约束各个政府部门与城市开发建设相关的行为与活动,例如教育主管部门负责的公立学校建设,公共卫生部门负责的公立医疗设施建设等;而详细规划等微观规划(多为法定城市规划)则用来引导和控制民间的各种开发行为,例如商品住宅的开发、办公建筑的开发等。

4.2 城市规划的基本内容

4.2.1 社会经济发展目标与城市规划

1. 物质空间与非物质空间规划

城市规划是实现社会经济发展目标的技术手段与保障。因此,城市规划并不是孤立存在的,它与城市社会、经济发展计划等密切相关,共同组成实现社会经济发展目标的体系。事实上,盖迪斯关于城市社会复杂性与活动相互关联性的思想以及对综合规划的倡导,影响到第二次世界大战后西方工业化国家城市规划的发展趋势。当今的城市规划,已完成了从注重城市物质空间形态的规划(physical planning)转向对物质空间形态规划与非物质空间形态规划(non-physical planning)并重的过程。

具体而言,非物质空间规划是关于各种城市活动(activity)的计划,主要包含城市经济发展计划,例如,产业发展、劳动力与雇用、收入、金融等方面的内容;以及城市社会发展计划,例如,人口、教育、公共卫生、福利、文化等方面的内容。物质空间规划则是为这些活动提供场所和所需设施以及保护生态环境和自然资源的规划。而政府按照通过税收等手段所获得城市运营资金来源和必要开支所编制的财政计划,则是保障物质空间规划得到实施的必要条件。

因此,现实的城市运营与发展,就是按照非物质空间规划、物质空间规划以及财政计划而展开的。

2. 城市综合规划

如上所述,以城市物质空间为主要对象的城市规划仅仅是整个城市社会经济发展规划中的一个主要组成部分,而包含物质空间规划与非物质空间规划以及财政计划的城市综合规划才是城市发展的纲领性文件。通常,城市综合规划对城市社会经济的发展目标、内容、实施措施与步骤作出安排,并对相关城市物质空间的未来状况作出相应描述,是有关城市发展的战略性规划(图 4-4)。2004 年之前,英国的开发规划(development plan)体系中的结构规划(structure plan)、日本的城市综合规划,都可以看作是这一类型的规划。在我国现行的各类规划与计划中还没有这种类型的规划,城市综合规划所应反映的内容分散在不同的规划与计划之中。

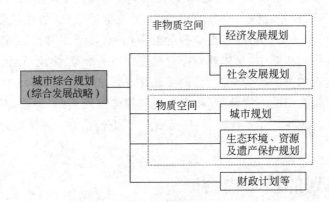

图 4-4　城市综合规划的内容

资料来源:作者自绘

近年,我国各地政府开始尝试编制独立于现行城市规划体系之外的"战略规划",以寻求城市长远发展的途径,但在内容上仍侧重对物质空间形态的关注,致力于回答以往城市规划中有关"城市性质、规模与空间发展方向"方面的问题。事实上,城市规划中对"城市性质、规模与空间发展方向"的讨论,是对城市规划前提的自我设定与自我反馈,容易导致物质空间规划"万能论"与"决定论"的倾向。而城市综合规划则脱开传统城市规划的领域限定,从更为广泛的范围和更为科学合理的角度,为城市规划提供前提和依据。

城市综合规划明确体现了包括城市规划在内的各类规划与计划的不同分工,在分析、确定城市社会经济发展目标(例如,经济发展规模、速度,产业结构,社会发展水平,生活环境质量等)的基础上,描绘上述目标在空间上的落实情况。后者直接与城市规划相呼应,有时甚至是相同内容。在这里,我们可以把城市规划近似地看成是社会经济发展指标在空间上的分布,认识到城市规划的这种承上启下的作用。

3. 我国现行规划体系中的两个方面

城市规划内容本身侧重于城市物质空间规划,但在不同的国家与地区以及不同的历史时期,其侧重程度有所不同。城市规划与非物质空间规划内容的关系大致有两种情况。一种是城市规划内包含非物质空间规划的内容,例如英国的开发规划;另外一种情况是存在包含非物质空间规划内容的其他规划,并作为城市规划的前提和反馈对象,例如日本的综合规划。

在我国现行的规划体系中,各级政府编制的"国民经济和社会发展第×个五年规划"以及"××年国民经济和社会发展远景目标纲要"几乎是唯一专门表述非物质形态规划内容的文件。国民经济和社会发展五年规划除论述城市发展战略目标、重大方针政策外通常提出一些城市经济发展重要指标,如人均国内生产总值(GDP)、国民收入、工农业总产值、财政收入、社会商品零售额、三种产业比例等,以及城市社会发展重要指标,如平均寿命,义务教育普及率,市民每万人医生、病床数,科研经费占 GDP 比例等[1]。

必须指出的是:在实践中由于城市总体规划的目标年限(通常为 20 年)远远超过国民经济和社会发展五年规划的目标年限,甚至相关的中长期展望的年限也无法完全覆盖城市总体规划的目标期限,因此造成城市规划的依据相对不足。

此外,随着城市规划中城乡统筹思想的贯彻执行以及国民经济和社会发展规划对空间要素的关注,针对由不同行政部门所主导的城市规划、国民经济和社会发展规划以及土地利用总体规划分头编制并执行的现实状况,"三规合一"开始作为一种规划整合方向被提出。"三规合一"后的新型综合性规划或许可以发展成为城市综合规划[2]。

4.2.2 城市规划的空间层次

城市规划在内容上侧重物质空间规划并涉及非物质空间规划,在空间上涵盖城市、城市中的地区、街区、地块等不同的空间范围,并涉及国土规划、区域规划以及城市群的规划。

1. 国土及区域规划

国土规划的概念最早起源于纳粹德国,特指在国土范围内对机动车专用道路、住宅建设等开发建设活动的统一计划。现代的国土规划被定义为"在国土范围内,为改善土地利用状况、决定产业布局、有计划地安置人口而进行的长期的综合性社会基础设施建设规划"[3],或者更为明了地表达为"国土规划是对国土资源的开发、利用、治理和保护进

---

[1] 自 2006 年 3 月《中华人民共和国国民经济和社会发展第十一个五年规划纲要》发布起,沿用多年的"五年计划"改称为"5 年规划"。规划中首次提出了"主体功能区"的概念,开始从注重经济社会发展指标转向对空间要素的关注。

[2] "三规合一"即由住房和城乡建设系统主导的城市规划、由发改系统主导的国名经济和社会发展规划以及由国土资源系统主导的土地利用总体规划合并为一部规划。参见:谭纵波. 城市空间发展战略规划职能思辨[C]. 中国城市规划学会 2007 年年会论文集,2007.

[3] 本間義人.国土計画を考える——開発路線のゆくえ[M].東京:中央公論新社,1999.

行全面规划"①。由此可以看出,国土规划一方面对国土范围的资源,包括土地资源、矿产资源、水力资源等的保护、开发与利用进行统筹安排;另一方面则对国土范围内的生产力布局、人口布局等,通过大型区域性基础设施的建设等进行引导。

不同国家中国土规划的内容与形式也存在着较大的差别。例如:美国田纳西河流域管理局(TVA)所做的流域开发规划常常被引为国土规划的经典案例,但事实上美国从来就不存在全国性的规划,甚至在1943年国土资源规划委员会(NRPB)被撤销之后,就没有一个负责国土规划的机构,但这并不影响联邦政府通过各种政策与计划影响定居与产业分布的模式。日本早在1950年就制定了《国土综合开发法》,并据此编制了迄今为止的5次"全国综合开发规划"。该规划主要侧重国土范围内区域性基础设施的建设和重点地区的建设。1974年日本又制定了《国土利用规划法》,将对国土利用状况的关注以及对包括城市规划在内的相关规划内容的协调,列入国土规划的内容。此外,荷兰也是一个重视国土规划,并较早开展该项工作的国家。

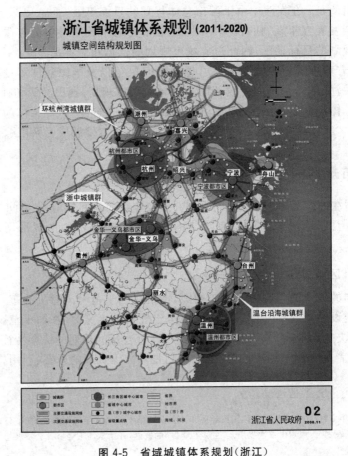

图4-5　省域城镇体系规划(浙江)

资料来源:浙江省人民政府. 浙江省城镇体系规划(2011—2020年)[R].2009.

---

① 本間義人.国土計画を考える——開発路線のゆくえ[M].東京:中央公論新社,1999.

　　中国自 20 世纪 80 年代起，尝试开展国土规划方面的工作，但至今尚未有正式公布的国土规划。全国城镇体系规划、全国土地利用总体规划纲要以及全国主体功能区规划可以看作是国土规划的一种类型。

　　如果说国土规划专指范围覆盖整个国土空间的规划，那么对其中的特定部分所进行的规划则被称为区域规划。

　　与国土规划相同，我国目前尚缺少严格意义上的综合性区域规划。国民经济和社会发展计划，省域主体功能区规划，对应省、市、县等行政管辖范围的土地利用总体规划以及各种行政范围内的城镇体系规划，如省域城镇体系规划（图 4-5），市域、县域城镇体系规划，跨行政区域的区域规划研究，如：京津冀北地区空间发展战略规划（图 4-6）、珠江三角洲经济区城市群规划等都可以看作是侧重于区域发展及空间布局研究的区域性规划。

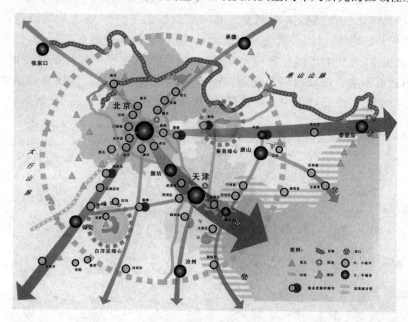

图 4-6　大北京规划
资料来源：吴良镛，等.京津冀地区城乡空间发展规划研究[M].北京：清华大学出版社，2002.

　　应该指出的是，国土规划以及区域规划本身并不属于城市规划的范畴，但通常作为城市规划的上级规划存在。在自上而下的规划体系中，城市规划以这些上级规划为依据，在其框架下细化与落实相关目标。

2. 城市总体规划

　　城市总体规划是以单独的城市整体为对象，按照未来一定时期内城市活动的要求，对各类城市用地、各项城市设施等所进行的综合布局安排，是城市规划的重要组成部分。按照《城市规划基本术语标准》的定义，城市总体规划是："对一定时期内城市性质、发展目标、发展规模、土地利用、空间布局以及各项建设的综合部署和实施措施。"

　　城市总体规划在不同国家与地区被冠以不同的名称。如在美国，城市总体规划被称为 master plan、comprehensive plan，或者是 general plan（后两者有综合规划的含义）；日本则把城市总体规划称为"城市基本规划",或者直接借用 master plan 的称谓;而德国则把相当于城市总体规划内容的规划称为"土地利用规划"(flächennutzungsplan)。但无论称谓如何,城市总体规划所起到的作用是类似的,均是对城市未来的长期发展作出的战略性部署。

在近现代城市规划二元结构中,城市总体规划属于宏观层面的规划,通常只从方针政策、空间布局结构、重要基础设施及重点开发项目等方面对城市发展作出指导性安排,不涉及具体工程技术方面的内容,也不作为判断具体开发建设活动合法性的依据。

由于城市总体规划涉及城市发展的战略和基本空间布局框架,因此要求有较长的规划目标期限和较好的稳定性。通常城市总体规划的规划期在 20 年左右。

我国现行的城市总体规划脱胎于计划经济时代,依照"城市规划是国民经济计划工作的继续和具体化"的思路,主要侧重于对城市功能的主观布局以及城市建设工程技术,并将其任务确定为:"综合研究和确定城市性质、规模和空间发展形态,统筹安排城市各项建设用地,合理配置城市各项基础设施,处理好远期发展与近期建设的关系。"[1](图 4-7)虽然近年来各地政府以及规划院等单位试图改革城市总体规划的编制方法与内容,以适应市场经济下城市建设的需要,但尚在摸索过程中。

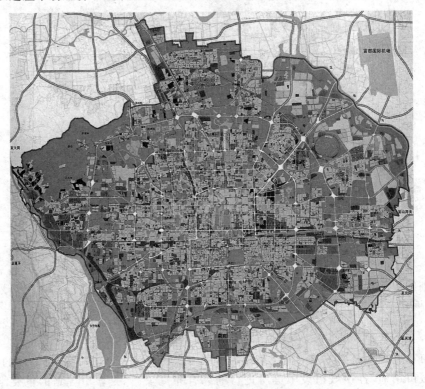

图 4-7　北京市城市总体规划

资料来源:北京市人民政府.北京城市总体规划(2004—2020)图集[R].2005.

---

① 参考文献[1]。

2000 年,广州市政府率先在国内开展了"城市总体发展概念规划"咨询活动,随之带来了各地政府编制"城市发展概念性规划""城市空间发展战略规划"等宏观战略性规划的热潮。这种"概念性规划"或"战略规划",对城市发展过程中所遇到的问题以及未来必须突破的发展"瓶颈"进行综合分析,仍侧重对城市空间发展结构的描述,应属于宏观层次的城市规划,甚至可以归为城市总体规划的类型之中。但目前这类规划尚未纳入我国现行的城市规划体系中,属于地方政府编制的意向规划,缺少明确的法律依据。从这种状况也可以看出:我国现行城市总体规划的编制指导思想、方法及内容需要及时作出调整,以适应市场经济环境。

此外,2007 年颁布的《城乡规划法》未将"分区规划"列入法定规划体系,但规划实践中对此有不同的意见和争议。

3. 详细规划

与城市总体规划作为宏观层次的规划相对应,详细规划属于城市微观层次上的规划,主要针对城市中某一地区、街区等局部范围中的未来发展建设,从土地利用、房屋建筑、道路交通、绿化与开敞空间以及基础设施等方面作出统一的安排,并常常伴有保障其实施的措施。由于详细规划着眼于城市局部地区,在空间范围上介于整个城市与单个地块和单体建筑物之间,因此其规划内容通常接受并按照城市总体规划等上一层次规划的要求,对规划范围中的各个地块以及单体建筑物作出具体的规划设计或提出规划上的要求。相对于城市总体规划,详细规划的规划期限一般较短或不设定明确的目标年限,而以该地区的最终建设完成为目标(图 4-8)。

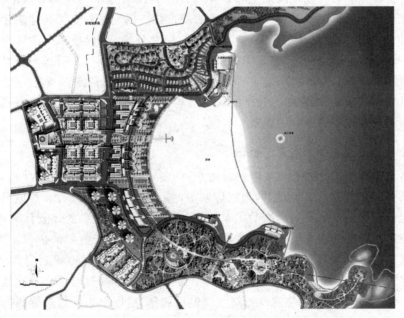

图 4-8　详细规划的实例(浙江省玉环县坎门后沙地区)

资料来源:清华大学建筑学院沼渔潭工作室.浙江省玉环县坎门后沙修建性详细规划[R].2002.

详细规划从其职能和内容表达形式上可以大致分成两类。一类是以实现规划范围内具体的预定开发建设项目为目标,将各个建筑物的具体用途、体型、外观以及各项城市设施的具体设计作为规划内容,属于开发建设蓝图型的详细规划。该类详细规划多以具体的开发建设项目为导向。我国的修建性详细规划即属于此类型的规划。另一类详细规划并不对规划范围内的任何建筑物作出具体设计,而是对规划范围的土地利用设定较为详细的用途和容量控制,作为该地区建设管理的主要依据,属于开发建设控制型的详细规划。该类详细规划多存在于市场经济环境下的法治社会中,成为协调与城市开发建设相关的利益矛盾的有力工具,通常被赋予较强的法律地位。德国的建设规划(bebauungsplan)与日本的地区规划可以看作该类规划的典型。

在中国的城市规划体系中,20 世纪 90 年代之前的详细规划属于建设蓝图型规划;在此之后,为适应市场经济的要求,1991 年建设部颁布的《城市规划编制办法》首次将详细规划划分为"修建性详细规划"与"控制性详细规划"。后者借鉴了美国等西方国家普遍应用的"区划"的思路,属于开发建设控制型的规划。至此,详细规划的两大类型均存在于我国现行城市规划体系中。

4. 建筑场地规划

在北美地区,在相当于详细规划的空间层次上还有一种被称为"场地规划"(site planning)的规划类型。凯文·林奇(Kevin Lynch)将场地规划描述为:"在基地上安排建筑、塑造建筑之间空间的艺术,是一门联系着建筑、景园建筑和城市规划的艺术。"[①]虽然场地规划与建设蓝图型的详细规划相似,都是着重对微观空间的规划与设计,但与详细规划又有所不同。首先场地规划通常以单一的土地所有地块为规划对象范围,亦即开发建设主体单一,设计目的明确,建设前景明朗;因此,场地规划更像是建筑设计中的总平面设计。其次,场地设计主要关注空间美学、绿化环境、工程技术和设计意图的落实等,不涉及多元化开发建设主体之间的协调。因此,场地规划可以看成是开发建设蓝图型详细规划的一种特殊情况——单一业主在其拥有的用地范围内所进行的详细规划。工厂厂区内的规划、商品住宅社区的规划等均属于此类型的规划。在这一点上,场地规划又与开发建设蓝图型详细规划类似(图 4-9)。

5. 各个规划层次之间的关系与反馈

虽然各个规划层次之间处于一种相对独立、自成体系的状态,但无论在"自上而下"的规划体系中,还是在"自下而上"的规划体系中,各个层次的规划都存在着以另一层次规划为前提或向另一规划层次反馈的关系。尤其是在"自上而下"的规划体系中,具有更大规划空间范围的上级规划往往作为所覆盖空间范围内下级规划的依据。例如,区域规划为城市总体规划提供依据,而城市总体规划又进一步为详细规划提供依据;反之,详细规划在编制过程中所发现的城市总体规划中所存在的、仅通过详细规划无法解决的问题,又为下一轮城市总体规划的修订提供反馈信息,即下级规划的编制与执行过

---

① 参考文献[12]。

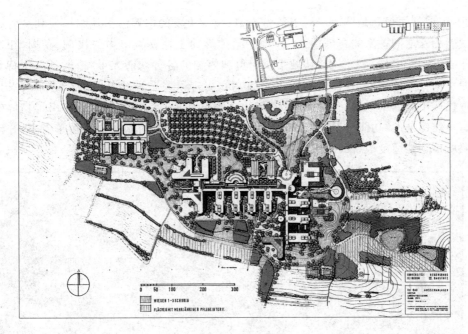

图 4-9　场地规划实例

资料来源：参考文献［12］

程中所暴露出的属于上级规划范畴的问题，又可以为上级规划的新一轮修订提供必要的反馈信息。同样，城市规划的编制与实施也存在着这样的互动关系。

4.2.3　城市规划的主要组成部分

以上我们分析了城市规划所涉及的学科领域和空间层次，那么城市规划在落实到物质空间规划时究竟涉及哪些方面和具体内容呢？虽然不同国家和地区中城市规划对规划内容划分的方式、称谓各不相同，但仍可以归纳为下面将要论述的 4 个方面，即土地利用、道路交通、绿化及开敞空间以及城市基础设施。此外，还有一些从其他角度着手所开展的规划，例如城市环境规划、城市减灾规划、历史文化名城或街区保护规划、城市景观风貌规划、城市设计等，但这些规划的内容在落实到物质空间方面时，仍与以上 4 个方面发生密切的联系，甚至与此重叠，仅仅是出发点不同而已。例如：减灾规划中的避难场所，多利用公园绿地等开敞空间；紧急避难与救援通道的规划与道路规划密切相关等。

现将这 4 个方面简述如下。其详细内容分列于第 7～10 章。

1. 土地利用规划

可以说，所有的城市活动最终落实到城市空间上的时候，都体现为某种形式的土地利用。居住、生产、游憩等城市功能相应地体现为居住用地，工业用地，商务、商业用地，公园绿地等；而为满足上述功能而必备的各种城市设施，如道路、广场、水厂、污水处理厂、高压输电、变电站等同样也要占用土地，从而表现为某种形式的土地利用（图 4-10）。

因此,土地利用规划是城市规划中最为基本、最为重要的内容。土地利用规划从各种城市功能相互之间关系的合理性入手,对不同种类的土地在城市中的比例、布局、相互关系作出综合的安排。事实上,从城市所担负和容纳的各种功能入手,根据各自的特点划分为不同种类的用地,并依据相互之间的亲和与排斥关系进行分门别类的布局安排是近现代城市规划中"功能分区"理论的基础。1933 年的《雅典宪章》对此作出了精辟的概括。虽然后来的"功能分区"理论中机械、死板与教条主义的侧面逐渐暴露出来,并出现强调城市功能适度混合的观点,但"功能分区"依然是现代城市规划的基本原则之一。

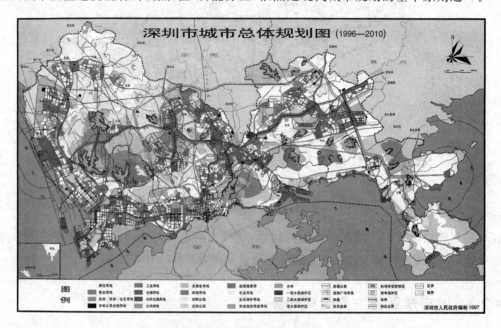

图 4-10　土地利用规划图实例(深圳)
资料来源:深圳市人民政府.深圳市城市总体规划(1996—2010)[R].1997.

在组成城市规划的这 4 个基本方面中,土地利用规划与所在国家和地区的政治制度与经济体制关系最为密切,其中不但包含规划技术上的普遍规律,而且还随土地所有制、行政管理形式的不同,表现为不同的形式与内容;因此,也最具变化和复杂性。此外,土地利用规划中不仅包含土地利用的目标,还常常伴随实现这些目标的手段。

在讨论某个国家或地区的城市规划时,甚至可以将土地利用规划作为城市规划的代名词。

2. 道路交通规划

城市内各种城市活动的开展伴随着人员、物品从一个地点向另一个地点的移动;一个城市为了维持正常的运转,同样必须保持人员和物品与外部的交流。这些人员和物品的移动就构成了城市交通与城市对外交通。虽然在现代社会中,相当部分的信息移动已由电子通信技术完成,不再伴随物质的移动,但人员的面对面交往与物品的交换仍是维持社会运转的必要条件。因此,按照城市中或城市与外部人员和物品移动的需求,对包括道路在内的各项交通设施作出预先的安排,使城市社会更加便捷、高效地运转就是道路交通规划所要达到的目的,也是城市规划的重要内容之一(图 4-11)。

图 4-11　城市干路网规划实例(北京)

资料来源:北京市城市规划设计研究院.北京城市总体规划[R].1992.

　　实际上,这里所说的道路交通规划包含两个部分的主要内容,即交通规划与道路规划设计。前者侧重对人员、物品移动规律的观测、分析、预测和计划,通常作为交通工程规划,具有相对的独立性;后者则是按照前者的分析、预测及计划的结果,为满足人员与物品的移动需求在城市空间上所作出的统一安排,是城市规划关注的重点。

　　此外,城市道路系统除满足城市交通的需求外,还为城市基础设施的敷设提供地下、地上的空间。

3. 公园绿地及开敞空间规划

　　城市是一个人工营造的依赖人工技术存在的人类聚居地区,城市的建设伴随着人类对自然原始生态系统的改造。人类改造自然能力的不断增强,也就意味着对自然生态破坏程度的加深。另一方面,处于自身所创造的钢筋混凝土、钢铁与玻璃的人工环境中的人类,无论在心理上还是在生理上都比以往更加热爱和向往自然的环境。因此,城市规划就担负起双重的任务,即一方面尽可能减少城市这种人工环境的建设对原有生态系统平衡的破坏,尤其是避开一些难以复原或更为敏感的地区;另一方面将自然的因素有意识地保留或引入城市的人工环境中,或者用人工的方法营造绿色环境,作为对丧失自然环境的一种弥补。

在讨论城市绿色空间时,人们往往将关注点集中在大型城市公园、绿地等公共绿地上,但城市的绿色空间是一个完整的体系,各种类型的绿色空间,无论它是否向公众开放、是否为多数人所利用,均是这个系统的有机组成部分,在构成绿色空间体系上均起着重要的作用。各种专属使用的绿色空间,如居住区中的集中绿地、校园中的绿地等就是具有代表性的实例。同时,相对于传统的"园林绿化"的概念,开敞空间(open space)是一个更能体现城市中建设与非建设状况的概念。按照这一概念,城市中除道路等交通专属空间外,非建设空间(注意,不是未建设的空间)均可看作是开敞空间的组成部分。如果说城市建筑构成了城市空间中作为"图"的实体部分,那么由绿色空间为主体所形成的城市开敞空间就是城市空间中的"底"。当我们将城市开敞空间作为关注对象时,这种"图""底"关系发生逆转。城市开敞空间系统是城市规划所关注的重要内容之一(图 4-12)。

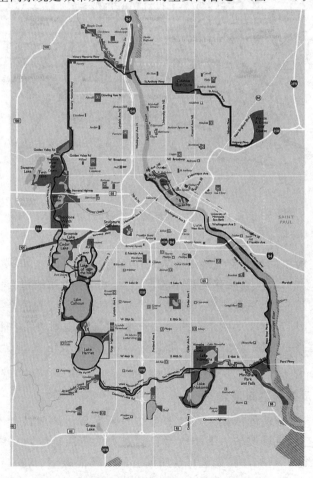

图 4-12 公园绿化及开敞空间规划(Minneapolis)

资料来源:http://www.minneapolisparks.org/forms/parks/parkMap.pdf

4. 城市基础设施规划

现代城市是一个高度人工化的环境。这个环境必须依靠人工的手段才能维持其正常运转。很难设想,现代城市离开电力供应和污水的排放会是一个什么样的状况。电力、电信、给水、排水、燃气、供热等城市基础设施是一个维持现代城市正常运转的支撑系统。由于城市基础设施大多埋设在地面以下,很少给人以视觉印象,甚至有时会被忽略,但每时每刻都在影响着千千万万的市民生活和城市活动的开展。因此,可以说城市基础设施是城市中的幕后英雄。

相对于城市规划中的其他要素而言,城市基础设施规划(又称城市工程规划)中,属于纯工程技术的内容较多,与其他工程技术相同,在不同国家或地区之间可以相对容易的借鉴。但城市基础设施的规划与建设涉及城市经济发展水平与财政能力。同时,规划中设施类型的选择与建设顺序的确定与社会价值判断相关。在城市规划中,城市基础设施的规划通常会受到其他规划要素(如土地利用规划、道路交通规划)的影响和左右,具有相对被动的特点(图 4-13)。

图 4-13　城市基础设施规划实例(筑波新城中心地区的综合管沟)
资料来源:つくば市.つくば市の共同溝——住みよい都市環境を目指して

4.2.4　法定城市规划

法定城市规划简单说就是依据法律编制并实施的城市规划。

城市规划是有关该城市未来空间发展的基本方针、政策甚至是具体的蓝图,是社会意志的集中体现。那么,是不是所有冠以城市规划的文件都能体现大多数市民的意志呢?答案是否定的。除去封建时代代表帝王意志的城市规划,现代城市规划中的一些早期案例也缺少民主决策的特征。例如,1909 年美国的"芝加哥规划",原本是作为商界赠送给政府的礼物,没有任何证据表明它是社会意志的集中体现,也不存在法律上的依据。在现代法治社会中,只有具有法律上合法地位的规则才有可能被社会公众接受并遵守。城市规划作为现代城市社会中一项重要的规则,其合法性的重要性是不言而喻的。因此,城市规划的内容能否得到较好的落实和实施首先取决于其法律地位。就目前我国的城市规划而言,赋予其明确的、恰当的法律地位也是体现"依法治国"精神的重要环节。

编制城市规划的目的在于按照其预定内容,实施具体的城市建设。城市规划的实施主要通过两种途径:一个是通过政府在财政预算范围内对城市基础设施和公益性设施进行建设,即政府直接作为投资与建设的主体;另一个是,通过城市规划中的预设指标,如土地利用的用途、建设强度等,对民间的开发建设活动实施控制和引导,以达到城市规划所预期的目标。在后一种情况中,政府仅对开发活动进行监督,并不直接参与。无论哪一种情况,政府在执行规划的过程中,即城市规划行政的过程中都需要依据相关的法律法规,而做到依法行政。这种依据法律所编制并实施的城市规划被称为"法定城市规划"。通常,法定城市规划又可以根据城市规划文件与法律文件的关系大致分为两类:一类是城市规划文件独立于法律文件之外,即依据城市规划相关法规(通常是全国或某个地区范围内的统一立法),编制内容、确定程序等符合法律要求的城市规划文件,作为城市规划管理的依据,中国、德国、日本等国家和地区均属于这种类型。另一类是部分城市规划文件作为法律文件,直接通过立法程序被赋予法律地位,美国的区划条例属于这一类型(图4-14)。

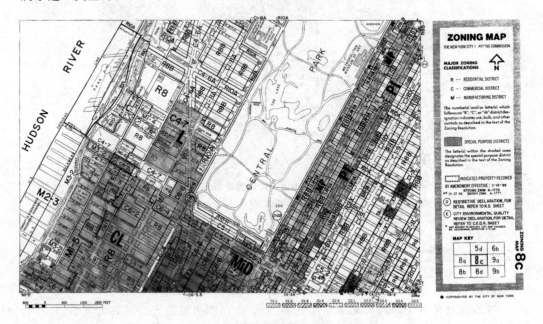

图 4-14　法定城市规划的实例(美国的区划)

资料来源:The City of New York. *ZONING RESOLUTION*[S]. 2002.

城市规划依据法律规定,对私人等专属财产实施限制的权力通常被谨慎地限定在一定范围之内,并在这种限制达到一定程度的情况下(例如规划不允许开发建设,即建设权利完全被剥夺的情况)赋予被限制对象获得补偿的权利。在二元结构的城市规划体系中,通常这种对私有权利实施限制的规划内容集中存在于微观层次的规划中,且具有唯一性。此外,法定城市规划还涉及土地政策、私有财产的保护与限制、城市建设资金来源等相关问题。

虽然法定城市规划的内容和表达形式与城市规划体系密切相关,但通过预先设计的、公开的、包含听取不同意见的决定程序是保障法定城市规划合法性的关键。只有城市规划能够真正成为广大市民利益的代表,真正体现社会意志,才能够成为可约束公众行为的合格的法定城市规划。

4.3　城市规划的编制与实施

4.3.1　城市规划的编制程序

城市规划从收集编制所需要的相关基础资料,编制、确定具体的规划方案,到规划的实施以及实施过程中对规划内容的反馈,是一个完整的过程。从广义上来说,这是一个不间断的循环往复的过程。但从城市规划所体现的具体内容和形式来看,城市规划工作又相对集中在规划方案的编制与确定阶段,呈现出较明显的阶段性特征(图 4-15)。

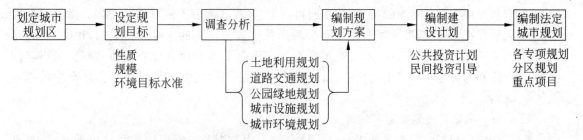

图 4-15　城市规划编制与实施的过程

资料来源：根据参考文献[7],作者编绘

虽然不同国家与地区的城市规划,以及不同类型的城市规划,其编制与实施程序均存在着较大的差异,但仍可以发现其中的某些规律。例如,利维将美国总体规划的编制过程归纳为 5 个阶段,即研究阶段、社区目标和目的阐述阶段、规划编制阶段、规划实施阶段以及规划评价与修订阶段[1];日本的宏观层次的城市规划编制也依次分为区域划定、目标设定、调查分析、规划立案、实施进度计划以及城市规划法规化等几个阶段[2];我

---

①　参考文献[5]。文献[6]中也有相似论述。

②　参考文献[7]。

国的城市规划编制工作也可以大致分为基础资料收集与分析、规划方案编制、规划方案
审批等几个阶段。由此可以看出：以宏观层次的城市总体规划工作为例,规划的编制与
实施大致可以分为以下 5 个阶段,其中 1~3 阶段属于城市规划编制所遵循的程序。微
观层次的详细规划也基本上遵循相应步骤,但所涉及的方面及空间领域相对较小。

(1) 城市规划调查及基础资料收集

城市规划必须从对一个城市社会、经济、空间状况的了解和把握入手。其了解与把
握程度的深浅直接影响到城市规划方案的质量。因此,城市规划相关基础资料的收集
以及对城市状况的直观感受,是开展城市规划时首先需要进行的工作。有关具体的资
料收集与调查方法将在第 5 章中详细论述。

(2) 城市发展目标的确立

在获得相应的基础资料后,所要进行的就是对城市目前状况的客观分析,并在分析
的基础上对城市在未来一段时期内(通常为 20 年)的性质、人口规模、城市空间发展战
略等作出切合实际的合理的决策,作为城市发展的目标,为下一步将城市诸功能具体落
实到空间中提供依据。有关城市发展目标的具体内容详见第 5 章。

(3) 城市规划方案的编制与确定

在城市发展目标大致确定后,城市规划的编制人员需要结合城市现状将城市发展
所必需的各项功能和设施落实到具体的城市空间上去,并以此描绘未来城市的状况。
这个过程通常是城市规划工作的核心,是城市规划目标从具体的规划内容、抽象的指标
向有形的空间转换的过程。城市规划的相关理论,以及土地利用、道路交通、绿化系统
和基础设施等诸方面的规划理论与方法,都将较为集中地得到运用。由于城市规划在
空间布局方面的多解的特点,从不同角度出发,或者侧重不同方面的规划方案的可能性
大量存在,最终需要通过选优和妥协的途径收敛为单一的选择。在编制、比较,尤其是
选择规划方案的过程中,不可避免地在不同程度上涉及社会价值判断,因此,城市规划
的编制与确定在程序上的公平、公正和市民阶层的广泛参与是现代民主社会中的基本
原则。

(4) 城市规划方案的实施

城市规划一经确定就成为现代社会的行为准则和政府依法行政的依据之一,具有
较强的权威性和严肃性。城市规划所确立的内容,一方面依靠政府本身进行建设实施,
如道路、公园、城市基础设施等;另一方面,则通过法律所赋予的强制权力,对城市中所
有的建设活动(包括建筑物、构筑物的新建、改建、扩建、修缮,以及对土地形态的改变
等)实施强制性控制与管理。对于前者,其内容主要通过根据政府财政投入能力所编制
的年度建设计划(包括 3 年计划、5 年计划等近期建设计划)得以实施;而后者则更多依
赖规划被赋予的法律地位,即规划内容的法规化。美国的"区划"和与此相类似的日本
的"地域地区"即是这种规划内容法规化的代表。

(5) 城市规划方案的评估与反馈

对城市规划方案实施效果的评估实际上是一项非常困难的工作,其难度甚至超出
当初该规划的编制工作本身。况且规划在实施过程中会有大量的非规划因素影响甚至

左右着规划实施的结果。不过无论如何,抛开对规划本身的评价不谈,规划是否被执行、在什么程度上被执行还是可以得到大致判断的。一次规划编制工作的完成实际上就是下次规划编制工作的开始,每次规划编制工作都是对现行规划内容的继承和修订。对城市规划方案在实践中效果的评估与反馈正是这种永无终止的规划过程的一个重要环节。

4.3.2　城市规划的编制与确定

如上所述,在整个城市规划编制与实施的过程中,城市规划的方针、政策以及具体的内容都在城市规划方案的编制过程中成形,并通过一定的程序确立为社会行为的准则。因此,城市规划编制与确定的主体或称主导者以及参与其中的团体或个人至关重要。现代民主社会试图为社会各阶层的意愿表达提供合适的途径和手段,因此,城市规划的编制与确定过程就是社会各阶层不同观点、利益相互制约和相互妥协的过程。

1. 城市规划的编制主体

城市规划应该由谁来编制？或者说谁有资格编制城市规划？看上去好像是一个不言自明的问题。答案也很简单,就是政府。但是,政府(或者广义的解释为城市的统治者)是否是城市规划的天然主导者？我们知道许多城市规划的思想、设想甚至是具体的规划方案不一定体现了当时政府的意愿。勒·柯布西埃的"明日城市"、霍华德的莱契沃尔思、韦林乃至伯纳姆的"芝加哥规划"就是最好的实例。但是,城市政府作为城市社会的管理者在按计划实施建设方案这个意义上来说,作为编制城市规划的主体具有更普遍的意义。

事实上,现代社会中的城市规划作为社会生活行为准则的一部分,其内容只有在法律规定的框架与授权范围内起作用。因此,城市规划编制主体的行为也要受到法律条文的约束。

城市规划编制工作通常由以下三类人员参与:

(1) 政府部门——通常提出编制城市规划的计划、组织技术力量、提供必要经费等,是规划编制的主体。

(2) 市民团体及个人——代表社会各阶层以及各利益集团的要求,对规划内容实施影响。在公众参与意识发达的民主社会中,通常是影响城市规划内容的重要力量。

(3) 城市规划专业人员——为城市规划方案的提出与选择提供专业知识、技术咨询的专业化集团。

按照现行《中华人民共和国城乡规划法》(以下简称《城乡规划法》),我国的城市规划由相应城市人民政府负责组织编制,即城市政府是编制城市规划的法定主体[①]。

---

① 2007 年《城乡规划法》第二章"城乡规划的制定"中的第十二条、第十三条、第十四条、第十五条、第十九条、第二十条及第二十一条分别就各级城镇体系规划、城市(镇)总体规划以及控制性详细规划和修建性详细规划的编制主体做出了明确规定。

2. 城市规划确定的主体及方式

由城市政府部门组织、城市规划专业人员具体编制的城市规划方案，只是城市规划被正式采纳过程的开始，或者说最初的城市规划方案仅仅为相关各方审视、权衡各自的利益提供了一个可视化平台。因此，城市规划只有通过特定的途径获得相关利益集团的认可之后，才开始具有对社会成员行为的制约力。城市规划的确定必须按照预先确定的程序（通常是由相关立法所制定的程序）进行，并在这一过程中直接或间接地体现社会各利益团体的意愿。影响城市规划决定的因素，或者说是确定城市规划的主体大致来自以下两个方面。

首先是城市中的一般市民或代表特定利益群体的非政府组织。在西方工业化国家中，城市规划在编制或决定阶段主要通过听证、公示等手段，直接地广泛听取各个利益团体及普通市民对规划方案的意见；同时城市议会对规划方案的审议、通过也可以看作是一种间接反映市民意见的方式。例如：德国的建设规划在规划方案编制的早期阶段和议会审查批准后都需要与市民沟通，听取市民的意见，并对是否采纳这些意见做出明确的答复。上级政府的监察部门还会对整个程序的合法性进行检查。我国 2007 年颁布的《城乡规划法》中，特别增改了大量与公众参与相关的条款，体现出在城市规划立法过程中对这一问题的重视[①]。

决定城市规划的另一方面因素就是政府部门的行政审批制度。事实上，对于城市规划究竟由谁来决定这一问题，不同的国家与地区基于不同的历史、文化和政治背景，以及对城市规划职能的不同理解，所采取的态度大相径庭。在西方工业化国家，城市规划通常被视为地方政府的事务，上级政府仅对涉及地方政府之间协调的区域性的问题做出判断，例如英国的开发规划；或者干脆将城市规划完全作为地方的自治权利之一，通过市议会进行城市规划的实质性立法，例如美国的区划。而在东方一些中央集权传统较长的国家，如日本，城市规划也经历了由早期中央政府主导向地方分权自治的过程。按照现行《城乡规划法》，我国实行城市规划的分级审批制度。不同类型的规划由不同的上级人民政府或同级人民政府审批[②]。

由于各种类型的城市规划在城市管理中所起到的作用不同，确定其内容所必须通过的程序就有较大的差别，最终所形成的规划文件在管理职能上的地位也就不同。也就是说，城市规划的不同确定方式，决定了规划本身的地位和控制范围。一般来说，越是经过较复杂的法定程序审议通过，获得社会广泛认知和认可的规划，其强制性功能越强；反之亦然。在西方工业化国家的城市规划体系中，凡涉及具体开发利益的规划，其

---

① 2007 年《城乡规划法》中与公众参与相关的条款可分为三种类型，即：规划的公布、公告、公示以及听证等意见的听取和结论的及时公布；人民代表大会行使审议和监督权力；个人对规划内容的查询和质疑。详见第十三章"我国的城市规划体系"中的相关论述。

② 《城乡规划法》中涉及规划审批的要款有：第十二条、第十三条、第十四条、第十五条、第十九条、第二十条及第二十二条。详见第十三章"我国的城市规划体系"中的相关论述。

决定过程通常相对复杂,而城市的宏观战略性规划等则相对简洁。

3. 城市规划的公众参与

从理论上说,现代城市是市民的城市。即城市由市民组成,城市的发展计划应按照市民的价值判断,由市民进行,为市民服务。但是由于城市的复杂性以及历史与现实的原因,城市规划往往与大部分市民保持相当的距离,而由少部分政府官员和专业技术人员操作。第二次世界大战后,西方国家中城市规划的公众参与成为城市规划领域中备受关注的焦点之一。那么,城市规划为什么要公众参与呢? 主要有以下两个原因。

(1) 城市是市民的城市。城市的主人理应对其生活载体的未来发展发表意见,进行决策。

(2) 城市规划具有强制力。城市规划是现代城市社会的重要行为准则之一,需要城市社会的组成者自觉遵守或慑于其强制力而遵守。由于城市规划的内容有可能涉及城市中的每一个市民的切身利益,因此,每一个市民都有权关注其内容并发表自己的意见。

城市规划实际上还涉及城市规划合法性与有效性的问题,即如何在保证相对公平和公正的前提下,获得城市社会成员——市民的广泛理解、尊重、支持和遵守。只有在为市民充分提供反映意见的渠道,合理地吸收其意见,并反映到规划方案中去,同时遵照法定程序,在协调各方利益之后通过的城市规划才有可能获得广大市民最大限度的支持和自觉遵守。这样的方案才能得到更好的落实和实施。同样,现代社会对个体而言也是一个权利与义务相对平衡的社会。城市规划作为现代社会的行为准则之一,其相关者的权利与义务是相对平衡的,即只有广大市民通过公众参与的形式,充分表达、反映自己的意见,享受到应有的民主权利,才能更加自觉地遵守城市规划,遵守应尽的义务。

在现代民主社会中,公众参与主要有以下几种方式:

(1) 通过议会代表选举、市民代表、代表市民的专业人员参加的听证活动,主要通过议会反映市民意见;[①]

(2) 以市民为对象的各种社会舆论调查,如问卷、访谈、意见征集等;

(3) 在规划编制、审批的不同阶段的规划方案公示,以及相应的听证会、地区市民说明会、座谈会等;

(4) 确定后的城市规划文件的公示、宣传等。

4. 规划师的角色

在城市规划的编制过程中,除作为编制主体的政府行政部门和市民之外,城市规划

---

① "议会",在我国为人民代表大会,以下如不作特殊说明具有相同含义。

师的作用也是举足轻重的。由于现代城市社会的复杂性,城市规划的编制通常需要有专家集团的参与。利维在《现代城市规划》中,将规划师概括为以下几种类型,并指出现实中的某个规划师可能是几种类型的复合。[①]

(1) 作为中立公仆(neutral public servant)的规划师;

(2) 作为促成社区共同意识者(builder of community consensus)的规划师;

(3) 作为企业家(entrepreneur)的规划师;

(4) 作为代言人(advocate)的规划师;

(5) 作为激进改革代理人(agent of radical change)的规划师。

在戴维多夫(Paul Davidoff)于 20 世纪 60 年代提出代言规划之前,西方国家中的规划师通常标榜自己的中立性、非政治性和为公众利益服务的角色,相当于上述类型(1)。但戴维多夫对此提出了质疑,并认为规划师所代表的不是抽象的一般公众利益,而是具体的某个团体(通常是弱势团体)的利益,因此规划师具有了类似于辩护律师的角色。他同时还倡导规划的多元化,认为可以有从不同角度出发、代表不同观点的规划存在。虽然,戴维多夫的主张在实践中难以操作,甚至还引起了有关规划师道德上的争论,但他所倡导的代言规划和规划中的多元主义,为我们思考规划师的角色留下了深刻的启示。[②]

无论如何,规划师不是一个独立存在的主体,他必须以某种价值观为前提,按照规划任务的要求,在限定的范围内,努力协调(或主张、代言)社会利益中的矛盾,依靠所掌握的专业知识,提出解决问题与矛盾的方案,作为决策依据。

4.3.3　城市规划与建筑设计

1. 建筑与城市

当一个人访问一所陌生的城市,留下有关这个城市的印象时,多半来自两方面:一方面来自城市中的建筑形象;另一方面源自道路、绿化等非建筑实体以及与建筑实体所组合形成的空间形象。由于城市建筑构成了城市空间中的实体部分,所以建筑物是构成城市的重要因素之一。众多的建筑单体集合而构成了城市,形成了城市空间和城市形象。相反,城市中的建筑群体、道路、绿化等开敞空间形成了具体建筑个体的既存环境。通常我们评价一个单体建筑设计得成功与否,很重要的一点就是看其与周围环境的关系处理得是否恰当。因此,建筑与城市之间存在相互影响、相互作用的辩证关系。

虽然试图探讨究竟建筑与城市谁先存在——是建筑影响城市形象,还是城市环境

---

① 参考文献[5]:79-81。

② Paul Davidoff. *Advocacy and Pluralism in Planning*. Journal of the American Institute of Planners (1965). 转引自:Edited by Richard T. LeGates, Frederic Stout. *The City Reader*[M]. 2nd edition. London and New York:Routledge,2000.

影响建筑设计——的命题看上去多少有些像鸡与蛋哪个在先的问题,但这也正说明了两者之间的密切关系。作为建筑师和规划师有必要清楚地认识到这一点,并将这种建筑与城市的辩证思维运用到实际工作中去。

2. 城市规划与建筑设计

近代资本主义制度的诞生,使包括土地所有权、建筑自由权等在内的私有权利得到了最大限度的保障。土地私有制带来了建筑的自由,即理论上土地所有者可以按照自己的使用要求和审美标准等在自己所拥有的地块上设计、建造建筑物。但这种大量个体的建筑自由在城市密集环境中的实现,必定会带来生活环境上的诸多问题。而为了解决这些问题,必须对个体的建筑自由施加一定的限制。这就是近代城市规划产生的主要背景。这种对建筑自由的限制,具体就是依靠城市规划通过相关城市、建筑法规,对建筑的用途、形态所提出的要求。吴良镛院士在其《广义建筑学》中将这种情形形象地比喻为"鸟在笼中飞"。[①] 但近代城市规划中所采用的简单划一的标准一方面只能使城市环境维系在一个最低限度的水平;另一方面,也在一定程度上妨碍了建筑的个性发挥,为人诟病。

事实上,现代城市社会中,过分张扬的建筑对城市整体景观的破坏,与划一的城市规划指标对建筑创作的制约是一对矛盾。人们试图通过城市设计等手法,去探求城市与建筑的和谐与统一,但在追求个体利润最大化的社会中又被认为带有过多的理想主义成分。

此外,从建筑设计与城市规划学科之间的关系来看,虽然建筑设计与城市规划均涉及物质空间的设计,且两者在近代之前并没有严格的区分,但近代城市规划并非脱胎于建筑设计。想当然地认为从建筑设计到城市设计再到城市规划一脉相承的想法,甚至认为城市规划是放大了的建筑设计的观念与实际并不相符。由于城市是由各个建筑单体所构成的,在城市按规划实施的过程中,单体建筑的建设实际上也是实施城市规划的重要环节。即城市规划的内容,尤其是依赖市场开发建设的部分更是必须依靠大量形形色色建筑物的设计与建设得到落实。

3. 基于城市观的建筑创作

如上所述,城市为单体建筑的创作提供了一个既存环境,乃至历史、文化与社会的大背景。建筑史上无数的创作实例表明,城市可以为建筑创作提供环境的、空间的和思想上的源泉。在一个既有的城市环境中,任何一个单体建筑的兴建必然会涉及与相邻建筑关系的问题。无论是对比还是协调,其特点的体现均有赖于既存城市的状况和特性,有人将这种建筑物之间的关系称为"建筑物之间的对话"。这实际上是建筑物之间作为物质实体和空间的"对话"。

城市的历史、文化、社会甚至是某些重大历史事件,都可以成为建筑设计借以表达的对象,丹尼尔·里勃斯金德(Daniel Libskind)设计的柏林犹太人博物馆很好地诠释了

---

① 参考文献[13]：101-102。

这一点。该博物馆的设计在解构主义的表面形式下，将纳粹时期犹太人在柏林的居住地点、大屠杀这些直接或间接与城市相关的要素巧妙地组织在一起，并形成了极具震撼力和丰富内涵的建筑表达（图 4-16）。

图 4-16　柏林犹太人博物馆

资料来源：犹太人博物馆介绍资料

此外，建筑师也屡屡从物质空间形态方面提出其对城市以及城市规划的主张。从勒·柯布西埃的巴黎中心区改造方案，到日本建筑师丹下建三提出的"东京规划 1960"，直至 20 世纪 90 年代后风行美国的"新城市主义"，都是其中的代表。

参考文献

[1] 李德华. 城市规划原理[M]. 北京：中国建筑工业出版社，2001.

[2] 中国城市规划学会，全国市长培训中心. 城市规划读本[M]. 北京：中国建筑工业出版社，2002.

[3] 吴良镛. 人居环境科学导论[M]. 北京：中国建筑工业出版社，2001.

[4] 邹德慈. 城市规划导论[M]. 北京：中国建筑工业出版社，2002.

[5] LEVY J W. Contemporary Urban Planning[M]. Eighth Edition. Upper Saddle River：Prentice-Hall, Inc. ,2009.

　　孙景秋，等，译. 现代城市规划[M]. 5 版. 北京：中国人民大学出版社，2003.

[6] HOCH C J, Dalton L C, So F S. The Practice of Local Government[M]. Third Edition. International City / Country Management Association，2000.

[7] [日]日笠端，日端康雄. 都市计划[M]. 3 版. 東京：共立出版株式会社，1993.

[8] [日]加藤晃. 都市计划概论[M]. 5 版. 東京：共立出版株式会社，2000.

[9] [日]都市計画教育研究会.都市計画教科書[M].3 版.東京：彰国社,2001

[10] 李萍萍,吕传廷,袁奇峰,等.广州城市总体发展概念规划[M].北京：中国建筑工业出版社,2002.

[11] 董光器.城市总体规划[M].南京：东南大学出版社,2003.

[12] [美]凯文·林奇,加里海克.总体设计[M].黄富厢,朱琪,吴小亚,译.北京：中国建筑工业出版社,1999.

[13] 吴良镛.广义建筑学[M].北京：清华大学出版社,1989.

第5章　城市规划调查研究与分析

5.1　城市规划调查研究与基础资料收集

5.1.1　城市规划与城市规划调查研究

1. 城市规划调查研究的重要性

城市规划是对城市未来发展作出的预测、决策和引导，所以，在城市规划工作中对城市现实状况把握的准确与否，决定了城市规划能否发现现实中的核心问题、提出切合实际的解决办法，从而真正起到指导城市发展与建设的关键作用。因此，可以说城市规划调查研究是所有城市规划工作的基础，其重要性应得到足够的认识。城市规划调查研究工作就好比医生对病人的诊断或对健康者进行体检，只有通过各种现代化的设备和检测手段找到病人的发病原因，或发现看似健康者的身体中潜在的病理隐患，才能够做到"对症下药""药到病除"或"预防疾病的发生"。

另一方面，由于城市规划涉及的领域宽广，内容繁杂，所以城市规划从对基础资料的收集到方案构思，再到补充调研、方案修改，直至最终定案是一个工作内容复杂、工作周期较长的过程。而这一过程也正是城市规划工作人员对一个城市从感性认识上升至理性认识的过程。因此，可以毫不夸张地说：对城市的认识贯穿于整个城市规划工作的全过程。这种认识过程除通过规划人员深入现场进行实地踏勘外，更主要的是依赖于对各种包括统计资料在内的基础资料的收集和分析。

2. 城市规划科学方法论

对城市规划调查研究重要性的认识还是城市规划科学方法论的重要体现。近现代城市规划与传统城市规划（或者更确切地称之为城市设计）的最大区别就在于前者从对客观世界的感性认识中解脱出来，从主观上将城市规划作为一门客观的、理性的、符合逻辑的科学，以取代主观色彩浓厚的设计。近现代城市规划广泛地借鉴了其他学科领域中的研究方法。从斯诺医生绘制的伦敦索忽区(Soho)霍乱死亡者分布图[①]，到盖迪斯所提倡的调查—分析—规划的科学方法，直至第二次世界大战后西方规划界所盛行的

[①]　约翰·斯诺医生(Dr. John Snow)于1854年将伦敦索忽地区死于霍乱疾病者的居住位置标注在一张地图上，从而发现了霍乱的发生与一口位于宽街(Broad Street)上的供水机井之间的关系，确认了霍乱的传染途径，从而推动了英国公共卫生运动的发展。

理性主义规划(rational planning)思想和方法,无一不体现出城市规划理性、科学的一面。

因为城市规划所面对的是一个物质与非物质复合而成的客观现实世界,有着其客观的规律和因地、因时而变的特点,所以任何以往的经验和想当然的观念都不足以充分保障对具体城市认知和把握的准确程度。从这个意义上来说,城市规划最能体现"没有调查就没有发言权"这一真理;任何将所谓城市规划"权威"凌驾于客观事实之上,甚至将其神化的观念或实践都是极其有害的。

此外,城市规划的综合性质和作为解决社会经济问题的技术工具的特征都决定了其复杂程度已远远超出人类个体依靠感性认识所能把握的程度,必须借助团体的力量、多学科的知识和方法、定性判断与定量分析相结合的手段来综合处理和解决所面临的问题。

所有这一切,都需要建立在对客观世界的现实状况准确了解、把握的基础之上。而城市规划调查研究正是达到这一目的的必经途径。

3. 城市规划调查研究的种类

城市规划调查研究按照其对象和工作性质可以大致分为三大类。

(1) 对物质空间现状的掌握

任何城市建设都落实在具体的空间上。在更多情况下,城市依托已有的建成区发展。因此,城市规划首先要掌握城市的物质空间现状,例如各类建筑物的分布状况、城市道路等基础设施的状况;或者未来城市发展预定地区的现状,例如地形、地貌、河流、公路走向等。通常,这类工作主要依靠通过地形图测量、航空摄影、航天遥感等专业技术预先获取的信息完成。同时,根据规划类型和内容的需要,在上述信息的基础上,采用现场踏勘、观察记录等手段,进一步补充编制规划所需要的各类信息。

(2) 对各种文字、数据的收集整理

城市规划可以利用的另一类既有信息就是有关城市各方面情况的文字记载和历年统计资料。例如:有关城市发展历史的情况可以通过查阅各种地方志史获取;有关城市人口增长、经济及社会发展的情况则可以通过对城市历年统计资料的分析汇总而得到。

(3) 对市民意识的了解和掌握

城市规划不仅仅是规划城市的物质空间形态,更重要的是要面对城市的使用者——广大市民,掌握其需求、好恶,为其做好服务。因此,需要从总体上掌握广大市民的需求和意愿。对此,城市规划通常借用社会调查的方法,对包括城市管理者在内的各阶层市民意识进行较为广泛的调查。访谈法、问卷法、观察法等都是常用的调查方法。

事实上,通过各种方法获取与城市规划相关的信息仅仅是城市规划调查研究工作的第一步。接下来还要利用各种定性、定量分析的方法,对所获得的信息进行整理、汇总、分析,并通过研究得出可以指导城市规划方案编制的具体结论。

5.1.2　城市规划基础资料

由于城市规划涉及城市社会、经济、人口、自然、历史文化等诸多方面,因此,城市规划基础资料的收集及相应的调查研究工作也同样必须涉及多方面的内容。这些内容概括起来大致可以分成以下 10 个大类(表 5-1)。每一类基础资料的内容都直接或间接地成为编制城市规划时的依据或参考。

表 5-1　城市规划基础资料一览表

类　别	分　项	内　容
城市自然环境与资源	地质状况	工程地质(地质构造、土地承载力、地面土层物理状况、滑坡、塌陷等特殊地质构造等) 地震地质(地质断裂带、地震动参数区划等) 水文地质(地下水存在形式、储量、水质,开采补给条件等)
	气象资料	温度、湿度、降雨、蒸发、风向、风速、日照、冰冻
	水文资料	江河湖海水位、流量、流速、水量、洪水淹没线、流域规划、山洪、泥石流及其防护设施等
	地形地貌特征	地形图、航空影像图、航天遥感影像图等
	自然资源的分布、数量及利用价值	水资源、燃料动力资源、矿产资源、农副产品资源等
城市人口	现状及历年人口规模	城镇常住人口(包括:非农业人口、农业人口)、暂住人口(在城市中居住一年以上)、流动人口等
	人口构成	年龄构成、劳动力构成、家庭人口构成、就业状况等
	人口变动(率)	出生(率)、死亡(率)、自然增长(率)、机械增长(率)
	人口分布	人口密度、人口分布等
城市社会经济发展状况	国民经济和社会发展现状、规划及长远展望	国内生产总值(GDP)、固定资产投资、财政收入、产业发展水平、文化教育科技发展水平、居民生活水平、环境状况等
	各类工矿企事业单位现状及发展计划	用地面积、建筑面积、产品产量、产值、职工人数、货运要求、环境污染等
	城市公共设施的现状及发展规划	各类学校等文化教育设施、医疗卫生设施、科研机构、商业、金融、服务设施等的用地面积、建筑面积、职工人数等
上位规划及相关规划	国土规划、区域规划	与该城市相关地区的社会、经济发展状况,发展潜力劣势,区域资源与环境状况,区域基础设施建设计划等
	城镇体系规划	有关该城市的规模、性质,在城镇群中的等级,职能分工等
	土地利用总体规划	居民点及工矿用地(含城镇用地)、基本保护农田,以及各类用地的范围、规模及分布状况

续表

类　别	分　项	内　容
城市历史	历史沿革	历史沿革、城址变迁、市区扩展过程、历次规划资料等
	文化遗产	文物古迹、历史建筑一览及分布等
城市土地利用与建筑物现状	土地利用	城市土地利用现状、历年变化状况、土地权属状况等
	建筑物的现状	建筑物的用途、占地面积、建筑基底面积、总建筑面积、高度（层数）、建筑质量、结构形式、居住建的居住人数，以及根据上述数据计算出的建筑密度、容积率等
城市交通及交通设施状况	对外交通设施现状与规划	机场、火车站、长途汽车站、码头等设施的现状（用地规模、客货运量等）以及相关部门编制的发展规划
	城市道路、广场	城市各类现状道路的延长、断面形式、交通性广场、桥梁、公共停车场等设施的情况
	城市公共交通设施	各类公共交通线路、车辆数、运量、站场的现状及相关部门的发展计划
	交通流量	主要道路断面交通量、居民出行状况、机动车交通状况等
城市园林绿化、开敞空间及非城市建设用地	城市公园、绿地	各类城市公园、街头绿地、生产防护绿地的现状规模、分布等，以及园林绿化部门发展计划
	风景名胜区	城市中或城市附近风景名胜区的情况、相关规划等
	非城市建设用地	水面、农田、林地、草地、弃置地等非城市建设用地的现状分布情况等
城市基础设施	市政设施现状	给水、排水、电力、电信、燃气、供热、防洪、战备防空、环境保护、环卫等设施的分布、系统网络、管径、容量等
	市政设施规划	同上内容的规划资料
城市环境状况	污染源监测数据	污染物类型、排放数量、危害程度等
	环境质量监测数据	大气、水质、噪声

（1）城市自然环境与资源

包括影响城市用地选址和建设条件的地质状况、影响城市用地布局和建设标准的气象条件，涉及城市安全、用水及景观的水文条件，作为城市规划与建设基础条件的地形地貌特征，以及影响城市产业发展与生活质量的各种自然资源分布及利用价值等（图 5-1）。

（2）城市人口

有关城市人口的现状及变迁动态的统计资料是城市规划中有关人口规模预测中不可缺少的基础资料，它直接影响到对城市未来发展规模的估计。通常城市规划所需要掌握的人口统计资料包括：现状及历年城镇常住人口、暂住人口及流动人口的数量；影响教育、医疗卫生设施设置的人口年龄构成；依城市性质而不同的劳动力构成、就业状况以及与住宅用地规划相关的家庭人口构成等。

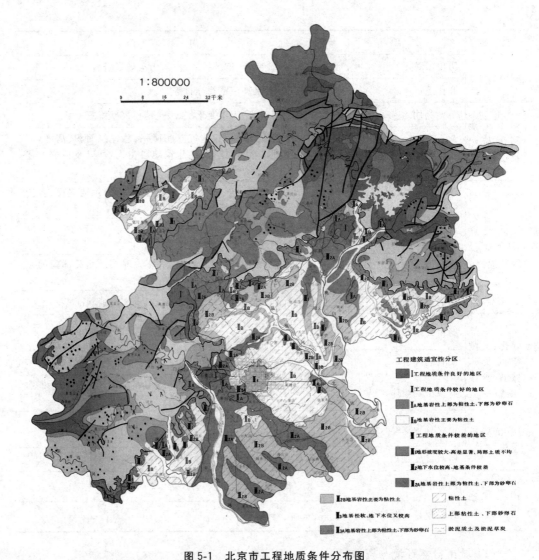

图 5-1   北京市工程地质条件分布图
资料来源：北京市测绘院.北京地图集[M].北京：测绘出版社,1994.

在衡量人口增长或减少变化时通常采用人口自然增长(率)和人口机械增长(率)等指标(详见本章第 3 节中有关人口规模预测部分)。

此外,在旧城改造规划、详细规划等需要对人口空间分布作出较详细安排的规划中,还需要掌握现状人口在空间上的分布以及单位面积中的人口密度等数据。

（3）城市社会经济发展状况

城市社会经济的发展是城市发展的根本动力。因此,对于城市社会经济发展现状以及发展趋势的预测对城市规划至关重要。通常,城市规划基础资料所涉及的城市社会经济发展信息有：国内生产总值(GDP)、固定资产投资、财政收入、产业发展水平、文化教育科技发展水平、居民生活水平、环境状况等。这些信息一方面可以通过历年的城市统计年鉴获取,另一方面可以依据城市计划部门(通常被称为"发展与改革委员会")编制的国民经济和社会发展规划及其长远展望等获得。

除此之外,与城市土地利用直接相关的各类工矿企事业单位的现状及其发展计划,城市公共设施的现状及其发展规划也是城市规划基础资料的重要组成部分。

(4) 上位规划及相关规划

任何一个城市都不是孤立存在的,它是存在于区域之中的众多聚居点中的一个。因此对城市的认识与把握不但要从城市进行,同时还要从更为广泛的区域角度看待。通常,城市规划将国土规划、区域规划以及城镇体系规划等具有更广泛空间范围的规划作为研究确定城市性质、规模等要素的依据之一,有意识地按照广域规划和上级规划中对该城市的预测、规划和确定的地位,实现其在城市群中的职能分工。

此外,由各级政府土地管理部门编制的土地利用总体规划也直接影响到城市规划用地的规模和范围。

(5) 城市及城市规划的历史

除少数完全新建的城市外,城市规划大多是现有城市的延续与发展。了解城市本身的发展过程,掌握其中的规律,一方面可以更好地规划出城市的未来,另一方面还可以将城市发展的历史文脉有意识地延续下来,并发扬光大。另外,通过对城市发展过程中历次城市规划资料的收集以及与城市现状的对比、分析,也可以在一定程度上判断以往城市规划对城市发展建设所起到(或没有起到)的作用,并从中获取有用的经验和教训。

(6) 城市土地利用与建筑物现状

城市规划的主要直接对象之一就是城市的土地利用以及相关的建筑物建设状况。因此,对城市土地利用以及建筑物状况的调查与整理在城市规划调查研究中占有非常重要的地位。现实中,在相关统计工作不够完备的城市中,有关此类资料的调查、收集和整理,占据了城市规划调查研究工作量中相当大的比重。通常,城市总体规划更多地关注土地利用的状况,更多地收集和整理与土地利用有关的信息;而详细规划除土地利用外还必须掌握规划对象地区中建筑物的诸属性(图 5-2)。

(7) 城市交通设施状况

城市交通设施可大致分为道路、广场、停车场等城市交通设施,以及公路、铁路、机场、车站、码头等对外交通设施。掌握各项城市交通设施的现状,并分析发现其中所存在的问题,是在规划中能否形成或完善合理的城市结构、提高城市运转效率的关键。在基础资料的收集过程中,除对现有交通设施的状况进行调查外,通常还会根据需要对城市内部以及城市与外部联系的节点,进行包括人流和物流在内的专项交通流量调查。这些有关城市交通设施和交通流量的调查资料是编制城市道路交通规划及对外交通规划的重要依据。

(8) 城市园林绿化、开敞空间及非城市建设用地

城市中的各类公园、绿地、风景区、水面等开敞空间以及城市外围的大片农林牧业用地和生态保护绿地构成了城市的绿化及开敞空间系统。这一系统是维持城市生态环境的必要组成部分。城市规划应在掌握现状的基础上,一方面有意识地、系统地保留和

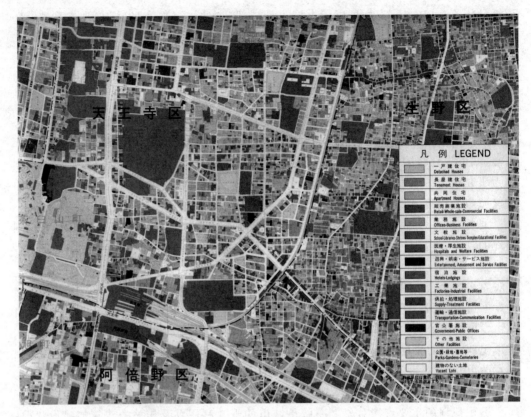

图 5-2　土地利用现状图实例

资料来源：大阪市计画局.天王寺区·浪速区建物用途别土地利用现况图.1992.

利用自然的绿色开敞空间；另一方面，在城市中尤其是城市中心地区努力营造由公园、绿地等组成的人工绿化系统，并使二者有机地结合。

（9）城市工程系统（城市基础设施）

城市工程系统，也称城市基础设施，是维持城市正常运转必不可少的支撑系统，通常包括给排水、电力电信、燃气供热以及环保环卫等方面。由于城市基础设施大多埋设在地下，且分属各个专业部门管理，所以，城市规划全面掌握其现状情况，并在规划中协调各系统之间的关系具有一定的难度。

（10）城市环境状况

与城市规划相关的城市环境资料主要来自于两个方面：一是有关城市环境质量的监测数据，包括大气、水质、噪声等方面，主要反映现状中的城市环境质量水平；另一个是工矿企业等主要污染源的污染物排放监测数据。随着环境问题受重视程度的不断提高，越来越多的城市单独编制了环境保护专项规划，其中涉及城市用地及环境保护设施布局的内容也应作为城市规划的依据之一。

应该说明的是，由于现实中统计资料和政府各部门掌握资料的限制，以及规划的种类和目的不同，不是所有相关数据都需要获取或可以获取，只能尽可能地按照理想的状况努力搜寻。有时也可以采用间接的方法进行推导。例如：城市流动人口就是一个较难掌握的数据，但可以通过对车站、机场、码头等城市对外交通设施流量的统计间接推算。

5.1.3　城市规划调查研究方法

上面我们提到城市规划调查研究的种类可概括为：① 对物质空间现状的掌握；② 对各种文字、数据的收集整理；③ 对市民意识的了解和掌握。在城市规划实践中经常采用的基础资料收集和调查研究的方法主要有以下几种。

1. 文献、统计资料的收集利用

在城市规划调查研究中，对各种已有的相关文献、统计资料进行收集、整理和分析，是相对快速便捷地从整体上了解和掌握一个城市状况的重要方法之一。通常，这些相关文献和统计资料以公开出版的城市统计年鉴、城市年鉴、各类专业年鉴（如公用事业发展年鉴）、不同时期的地方志以及城市政府内部文件的形式存在，可以作为公开出版物直接获取，从当地图书馆、档案馆借阅或通过城市政府相关部门获取。这些文献及统计资料具有信息量大、覆盖范围广、时间跨度大、在一定程度上具有连续性可推导出发展趋势等特点。在获取相关文献、统计资料后，一般按照一定的分类（例如表 5-1 中的分类）对其进行挑选、汇总、整理和加工。例如，对于城市人口发展趋势就可以利用历年统计年鉴中的数据，编制人口发展趋势一览表以及相应的发展趋势图，并从中发现某些规律性的趋势。再如，通过对不同时期地方志中有关城市发展位置、规模的描绘（有时伴有插图）可以大致归纳出城市空间发展的过程，并可以此为据绘制出城市发展变迁图等。

此外，在一些统计工作较为发达的国家和地区，伴随着计算机技术尤其是 GIS 技术的广泛应用，统计资料的收集汇总已不仅限于数值方面，而走向数值、属性、图形相结合，例如对城市土地利用状况、建筑物状况的统计。这些统计成果特别适用于城市规划工作。

2. 各种相关发展计划、规划资料的利用

如果说各类文献和统计资料是对城市现状及历史所作出的客观记录，那么由城市政府主导编制的各类发展计划和部门规划则是对城市未来发展状况所作出的预测。这一类的计划或规划主要有：政府发展与改革部门编制的国民经济与社会发展五年规划及其中长期展望、城市发展战略（研究）等。此外，城市政府中的各个职能部门均存在指导本部门发展的各类计划或规划。例如交通管理、园林绿化、电力、通信、供水、燃气、铁路、公路交通、河流流域防洪与开发利用等专业规划，有关工商业发展的经济类发展计划，有关学校、医院、体育、文化设施等文教卫生体育类的发展计划，以及土地管理部门编制的土地利用总体规划等。通常，这一类的计划或规划可以从城市政府及各职能部门中获取。

另一方面，由城市上级政府主导编制的国土规划、区域规划、区域发展战略以及城

镇体系规划等也是影响城市规划的因素之一，在城市规划调查研究阶段应设法一并获得。

由于上述各类计划、规划是由政府中的不同职能部门甚至不同级别的政府主导编制的，因此，各类规划的目标年限通常存在着较大的差异，也很难与城市规划的目标年限相吻合。所以，对各类计划和规划中的目标、数据有时不能直接采用，而必须经过一定的加工和推导。

3. 各类地形图、影像图的利用

城市规划的特点之一就是通过图形手段形象地描绘城市未来的社会经济发展状况。可以说，城市规划是通过将现实中的三维空间按照一定的比例和规则转化成二维的平面图形的一种表达形式[①]。因此，地形图、影像图等反映现实城市空间状况的图形、图像就成了城市规划图形必不可少的基础资料。同时，确定后的城市规划内容也是通过相同的坐标体系返回到现实城市空间中去。

在城市规划中，根据不同类型和目的，选用不同比例尺的地形图作为基础图形。通常采用以下比例尺。

(1) 市（县）域城镇体系规划：1/100000～1/200000；

(2) 城市总体规划：1/5000～1/25000；

(3) 详细规划：1/500～1/2500。

通常，各类比例尺的地形图可以在测绘部门有偿获取（图5-3）。对于1/50000以下的小比例尺地图，在不违反保密要求的前提下也可以借用军用地图。近年来，随着个人计算机技术突飞猛进的发展，城市规划图形的制作已进入计算机时代。新近完成测量的地形图也相应地步入了电子化时代，大大缩短了基础地形数据的处理时间，且一部分带有高程数据的地形图可以直接用来生成三维地形模型。但对于一部分尚未电子化，绘制于纸、薄膜等介质上的地形图只能采用扫描、矫正乃至矢量化的手段进行预处理。

此外，各种利用直接成像技术获得的影像图，如航空照片、卫星遥感影像图等也得到越来越广泛的应用。尤其是近几年卫星遥感技术的进步和向民用领域的开放，使得卫星遥感影像图成为低成本、短周期、大面积获取城市空间信息的重要手段[②]。

4. 踏勘与观测

在城市规划调查研究工作中，除了尽可能搜集利用已有的文献、统计资料外，规划人员直接进入现场进行踏勘和观测，也是一种重要的城市规划调查研究方法。规划人员通过直接的踏勘和观测工作，不仅可以获取有关现状情况，尤其是物质空间方面的第

---

① 虽然在某些诸如详细规划或城市设计中也会采用一些模型、虚拟空间等三维表达形式，但二维图形仍是传递城市规划信息的最基本和最重要的形式。

② 例如：目前美国的商业卫星IKONOS、Quick Bird（快鸟）、WorldView系列、GeoEye-1等均可提供基本满足城市总体规划等大范围规划需要的影像。其中，GeoEye-1全色波段的分辨率达0.41m，彩色多光谱分辨率为1.65m。此外，美国陆地卫星七号（LANDSAT-7，全色波段分辨率15m，彩色多光谱分辨率30m）、法国SPOT-4卫星（全色波段分辨率10m、彩色多光谱分辨率20m）等均可提供不同分辨率的卫星遥感影像图。

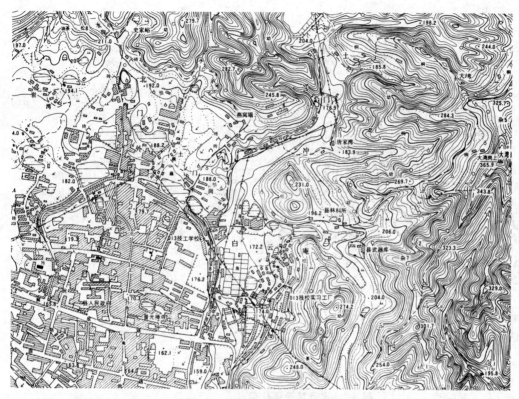

图 5-3　万分之一地形图的实例

一手资料,弥补文献、统计资料乃至各种图形资料的不足;另一方面,可以在建立起有关城市感性认识的同时,发现现状的特点和其中所存在的问题。具体的踏勘和观测方法可分为以下几种。

(1)以全面了解掌握城市现状为目的对城市规划范围的全面踏勘。利用已获取的地图、影像资料等,对照实际状况,采用拍摄照片、录像、在地形图上作标注等方法记录踏勘和观测的过程与成果(图 5-4)。

(2)以特定目的为主的观测记录。例如在现有图形资料不甚完善的情况下,对特定地区中的土地利用,建筑物、城市设施现状等通过实地观测、访问的方法,进行记录,并事后整理成可利用的城市规划基础资料。

(3)典型地区调查。通常是为掌握整个城市的情况而采取的对城市中具有典型意义的局部地区所进行的调查工作,例如对某一城市居住水平及环境状况的调查,类似于社会调查中的抽样调查。调查中一般利用地形图、相关设计图等,采用现场记录、拍照、访问等方法进行调查。与抽样调查相同,典型地区的选择是影响调查结果准确性的关键。

5. 访谈调查

通过文献、统计资料、图形资料的收集、实地踏勘等进行的调查工作主要获取的是城市的客观状况。而对于城市相关人员的主观意识和愿望,无论是城市规划的执行者,

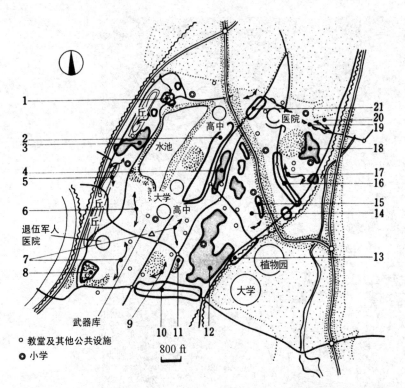

1. 带有公园的新建12层公寓
2. 工厂与铁路编组站
3. 位于山丘上的老旧住宅
4. 3层老旧住宅,1层商店有空置现象
5. 联排式住宅
6. 兼有联排别墅和公寓的地区,有魅力
7. 建筑密度高,不带电梯的公寓
8. 战后建设的民营公寓,9~16层,共1118户
9. 高密度带电梯的公寓
10. 位于交叉口的地区商业中心
11. 历史性地标(埃德加·阿兰·波尔故居)
12. 已衰败的住宅群,主要是依据旧房屋租借
    法建设的没有电梯的公寓,间或有几处带
    电梯的公寓
13. 车库、轻工业、仓库等
14. 混合地区
15. 沿林荫道建设的带电梯的公寓,有魅力
16. 商业密集地区,状态良好,多为平房专用建筑
17. 混合地区
18. 老旧的平房
19. 散布的商店,多利用商住公寓的1层
20. 新建的带电梯的公寓
21. 平房商店,状态差

图 5-4 现场踏勘记录实例

资料来源:根据参考文献[11],作者编绘

还是城市各级行政领导,抑或广大市民阶层,则主要依靠各种形式的社会调查(市民意识调查)获取。其中,与被调查对象面对面的访谈是最直接的形式。访谈的形式和对象可以是针对特定人员的专门访问,例如城市行政领导、城市规划管理人员、长期在当地从事城市规划工作的技术人员等;也可以是针对一定范围人群的座谈会,例如政府各行政职能部门的负责人、市民代表等。访谈调查具有互动性强,可快速了解整体情况,相对省时、省力等优点,但很难将通过访谈得到的结果直接作为市民意识和大众意愿的代表。因此,在访谈中一定要注意提取针对同一个问题的来自不同人群的观点和意见。

6. 问卷调查

问卷调查是要掌握一定范围内大众意识时最常见的调查形式。通过问卷调查的形式可以大致掌握被调查群体的意愿、观点、喜好等,因此该方法广泛应用于包括城市规划在内的许多社会相关领域中。问卷调查的具体形式多种多样,例如可以向调查对象发放问卷,事后通过邮寄、定点投放、委托居民组织等形式回收;或者通过调查员实时询问、填写、回收(街头、办公室访问等);甚至可以通过电话、电子邮件等形式进行调查。调查对象可以是某个范围内的全体人员,例如旧城改造地区中的全体居民,称为全员调查;也可以是部分人员,例如城市总人口的 1‰,称为抽样调查。问卷调查的最大优点是能够较为全面、客观、准确地反映群体的观点、意愿、意见等。但随之而来的问题是问卷发放及回收过程需要较多人力和资金的投入。此外,问卷调查中的问卷设计、样本数量确定、抽样方法选择等也需要一定的专业知识和技巧。

在城市规划工作中,由于时间、人力和物力的限制,通常更多地采用抽样调查,而不是全员调查的形式。按照统计学的概念,抽样调查是通过按照随机原则在一定范围内按一定比例选取调查对象(样本),汇总调查样本的意识倾向,来推断一定范围内全体人员(母集)的意识倾向的方法,即通过对样本状况的统计反映母集的状况。例如,如果希望了解某个城市居民对住房面积的要求,并不需要询问该城市中的每一个家庭,而只需要通过对该城市 1‰,甚至更少的家庭进行调查即可。抽样调查能否准确反映整体状况的关键之一是样本的选取必须是随机的,还有就是样本的数量要达到一定的程度①。

此外,与城市规划相关的调查还有环境认知调查、环境行为调查等。前者如凯文·林奇所创造的城市环境认知理论与相关调查方法;后者如在西方国家所普遍采用的环境行为调查方法,尤其是通过观察、记录来了解调查对象行为规律的方法等②。

近年来随着互联网普及程度的提高,互联网平台也被广泛应用于与城市规划相关的市民意愿调查。利用互联网平台进行调查的优点是成本相对低廉,结果统计快捷,但同时受访者的年龄、群体、阶层等仍受到一定程度的限制。

最后还需要说明的是,城市规划调查研究工作始终贯穿于规划编制工作的全过程。除集中在城市规划工作的前期阶段进行外,在规划方案的编制、修改过程中还会根据实际需要反复进行相关的补充调研活动。

5.2　城市规划中的统计与分析

5.2.1　城市规划量化分析概论

1. 量化分析的意义和局限性

城市规划科学与其他门类的科学一样,都是试图采用一定的方式来描述和解释现实世界。现实世界中某些因素很容易用数字或数学的方式表达,例如人口的数量可以用正整数表达,某地区一年中气温的变化可以用连续的曲线表达。但还有其他一些因素就很难直接用数字或数学方式表达,例如,不同人对城市景观的感受、专家对具体规

---

① 根据统计学原理,在置信度、被调查母集的标准差以及误差范围确定的前提下,所需要的样本数可以计算出来,即:$n = \dfrac{Z^2 \sigma^2}{\Delta^2}$,其中,$Z$ 为某一置信度所对应的临界值,σ 为总体标准差,Δ 为误差范围。但由于现实中往往被调查母集的标准差事先无法知道,因此,样本的数量通常根据统计学研究成果大致确定,例如对于一个城市的调查,在抽取 600 个样本的情况下,一般可以使统计结果达到 95％的置信度和不超过 4％的偏差度(见参考文献[10],99-100)。此外,必须说明的是统计结果的准确程度并不与样本数量在母集中所占比例成正比,即样本数量达到一定的绝对值后即可保证其对母集推断的准确性。

② 分别参见:Kevin Lynch. The Image of the City[M]. Boston:The MIT Press,1960;李道增. 环境行为学概论[M]. 北京:清华大学出版社,1999.

划方案的评价等。对于前者,我们可以采用数学表达的形式直接进行定量描述和分析,而对于后者,除可以采用传统的定性分析方法外,也可以通过一定的统计学方法将其转化为可以用数字描述的因素,然后再采用定量分析的方法。

另一方面,我们知道城市和城市规划都是复杂的巨系统,到目前为止还没有谁可以用数学模型的方法将其逼真地模拟出来。对于一些全局性的问题更多的还要依靠传统的基于经验和感性的判断。但这并不等于说城市运行的一部分或城市规划子系统不能被逼真地模拟出来。事实上在规律性较强和统计资料较完备的领域,如交通规划,采用定量分析方法和数学模型进行模拟已经是一种极为普遍的现象。

较之传统的基于经验和感性判断的描述,量化分析能更准确地表达客观现实的状况。如同采用时、分、秒对时间的描述就比"一袋烟的工夫"更为准确一样,对某一城市与周边地区具体交易活动的统计数字要比"某某市是某某地区的商贸中心"更能说明问题的实质和程度。

事实上,城市规划的实践大致依据两种不同的方法进行。一种是基于经验与感性判断的规范化途径。城市规划按照各种规范和标准要求进行的方式可以视为这种途径的典型;另一种是以定量描述、分析、预测客观世界为基础的系统化途径。系统化途径实际上是以量化分析为基础,按照通过经验获取的规律与理论,运用统计学、数学等方法进行的预测、推论和评价。现实中,这两种途径并无截然的界限,只是侧重有所不同。

因此,在城市规划中采用量化分析的意义在于更加科学、准确、全面地把握城市现状、存在的问题以及预测未来的发展趋势,同时使规划决策更为科学化。但其局限性表现在对基础统计数据的积累程度、准确程度的依赖,以及其结果的可信度在很大程度上取决于一系列假设和前提的可靠性上。所以在整个城市综合系统层面上,数学模型等量化分析尚无法代替人脑的综合分析和判断。在西方国家中,试图完全依赖数学模型开展城市规划的研究在20世纪70年代达到顶峰后,其局限性也逐渐被认识。但采用定量分析、系统分析的方法描述现实世界的思想和方法对提高城市规划的科学性起到了不可替代的推动作用。

目前,定量分析和系统分析方法在城市规划中的应用主要集中在两个方面。一个是基于对规律的发现和掌握,对未来发展趋势作出预测,以人口预测、经济发展预测等为代表;另一个体现在方案优化过程中,方案中对水资源、能源、土地等有限资源的合理分配以及对多方案优劣的比较选择等是该类应用的代表。

2. 分析方法的种类

城市规划中进行量化分析的方法较多。从最简单的算术运算到拥有数百个变量的数学模型都属于量化分析。按其思路,量化分析大致可以分为以下几种方法。

(1) 单位数值化方法

单位数值化方法属于量化分析中比较简单的方法。常见的人均城市用地面积、居住区规划中确定各类商业服务面积时所采用的千人指标即属于这一类。单位数值指标主要依靠对现状进行调查、统计,并加以修正获得。在规划中适用于时间、地点以及其他诸条件变化不大的情况,例如在居住区规划中,如果居住水平、所处地域、住宅形式、户型等类似,沿用对以往实例统计得到的人均用地面积就不会出现大的差错,但如果上述要素中的任何一项发生较大变化,就无法简单套用通过统计得出的人均用地面积指标。由于城市规划中的许多人均指标通常形成在一定范围内有规律的分布(例如正态分布),因此通过统计得出的单位数值指标经常被应用于城市规划的实际工作中。

(2) 类比的方法

细心的读者可能已发现,在上述单位数值法中,量化分析的对象是一个单一的变量,其适用前提是其他的变量基本保持不变,但现实世界是一个由多变量组成且变量之间相互影响的环境,分别采用通过单一变量形成的单位数值存在着较大的风险。因此,在对城市未来发展进行预测时,往往选取一个各方面条件类似的参照物进行比较。还是以居住用地规模的预测为例,在确定其数值时可以寻找一个现实中类似的城市或地区作为预测和推论的对象,例如甲城市将乙城市的现状作为 10 年后的规划目标。发展中国家或地区在进行城市发展预测时常采用这种方法。例如通过人均 GDP 的数值推测私人汽车保有量、通过人口结构的变化预测各类服务设施的规模等。但这种方法的最大问题是很难找到两个完全一样的城市,而且城市发展的过程也不会完全重复。尽管如此,类比的方法在从宏观上对城市发展作出量化分析方面仍具有很强的实用性。

(3) 数理统计的方法

可以说统计学的发展为定量地描述客观世界,以及对客观世界进行量化分析提供了强有力的理论基础和技术方法,因而被广泛地应用于包括城市规划在内的众多领域之中。采用数理统计的方法,可以将众多的数据归纳整理,并通过推导、验证、决策评判等,从中发现隐含着的规律和结论。数理统计方法的应用使城市规划预测与判断的准确程度大为提高,进一步增强了城市规划的理性和科学性。数理统计方法在城市规划中主要应用于规划编制过程中的预测与推导,例如经济发展预测、人口规模预测、基础设施容量预测等,以及对规划方案本身的评价和多方比较中的择优。

(4) 数学模型模拟的方法

计算机技术的发展使其有能力在一定程度上再现现实世界的某些过程,例如台风的形成与移动、原子弹的爆炸等。而像城市这样复杂的现象,虽然还无法完全再现,但可以在一定程度上揭示组成城市活动的主要因素(因子)及其之间的相互作用和影响的关系与程度。这种用计算机模仿现实世界诸现象及过程的方法称为模拟,其中,表达组成现实世界诸因素及其相互关联的数学运算式的集合称为数学模型。由于城市的复杂性,迄今为止还没有哪一个数学模型可以像模拟原子弹爆炸那样精确地模拟城市发展的全过程。但采用数学模型模拟现实世界的思路更加深刻地揭示了在作为有机体的城市中,其组成要素之间的内在关系。一些流行的电脑游戏——例如 SimCity 形象地展示了数学模型模拟方法的概念和未来的潜力。

3. 量化的表现形式

在量化分析中常常采用将现实世界中的某种联系或因果关系用数学等式表达的方

法。而影响到特定因素(因变量)变化的变量(自变量)通常被称为要素、因素、变量等。每一个具体的变量对应着一系列的值,例如性别对应着男女、人口规模对应着诸如 10 万人这样的具体数值等。根据各自所代表的值的属性不同,变量又可以分为几种不同的类型。一种是值可以用数值表达的变量,例如人口规模、用地面积、经济增长率等,这一类变量很容易用数学方法直接进行运算。另一种是值只能根据程度划分的变量,例如市民对某个城市雕塑的评价、专家对某个城市规划方案的评价等。虽然可以采用简单打分的方式,但通过对分数进行简单运算所得出的结果往往没有实际意义,需要通过一定的统计学方法将其转化为可运算的数值。还有一些变量很难用一个固定的数值来表达,而只能描绘为在一定范围内重现的可能性,我们称之为概率。例如汽车进入停车场的时间间隔、洪水发生的时间间隔、在路口排队等候信号的车辆数量等。量化分析中的许多理论和分析方法就是解决这些不同类型的变量之间相互转换和相互说明的问题的。

5.2.2　常用数理统计概念与方法

"统计"被定义为:"一组方法,用来设计实验、获得数据,然后在这些数据基础上组织、概括、演示、分析、解释和得出结论。"[1]统计学是一门独立的应用学科,具有完整的理论体系和丰富的应用方法。要全面了解统计学原理及其应用必须参阅专门的著作。在此仅简述统计学中最基本的概念及方法。

1. 数据的描述与比较

按照统计学的基本观点,无论我们所获得的数据是来自于对某一特定集合的全样本调查(普查)还是抽样调查,所获得的均是一个看似杂乱、毫无意义的数值的集合,必须按照一定的规则对数据进行整理和归纳,突出其特征并使其具有可比性。

首先,在统计学中数值被看作参数(parameter)和统计量(statistic)。前者是概括整个总体所有数据的一个数值,例如城市人口的平均年龄;而后者则是概括样本数据的一个数值,例如在某市街头随机抽选的 100 人的平均身高。

其次,按照不同的分类方法可分为以下几种数据。

(1) 定量数据与定性数据。定量数据由描绘数量或度量的数字组成,例如年龄、气温、面积、长度等;而定性数据则根据非数字的特性分为不同的类别,又称类别或属性,例如人种、建筑外观风格、对某种服务的满意程度等。

(2) 离散数据与连续数据。上述定量数据又可以进一步划分为离散数据和连续数据,前者特指可能出现数值的个数是有限的或可数的,例如,某一地区中建筑物的栋数、交叉口一次绿灯放行的机动车辆数等;而后者包含无穷个可能数值,这些数值对应于某种连续的度量,它表示一个范围,没有间隔、中断或者跳跃,例如某一河流断面的流量、

---

① 参考文献[4]。

城市用电量等。

此外还可以按层次将数据分成名词数据、顺序数据、间隔数据、比率数据等。

统计学的一项基本职能是用几个简单的数值来描述整个统计数据集合的特征,或者描述某个调查样本与整个集合的关系。统计中常用的代表值有如下几种。

(1) 平均数:指一个数据集合的算术平均值,即将所有数值相加再除以数据个数。

(2) 中位数:又称中央值,指将原始数据按照由小及大(升序)或相反的顺序(降序)排列后,位于中间的那个数值,通常用 $\tilde{x}$ 表示。

(3) 众数:又称最频值,指一个数据集中出现频率最高的那个值,通常用 M 来表示。在特定的数据集中,众数可能是复数,也可能不存在。

(4) 中列数(最大数、最小数):指数据集中最大数与最小数相加被 2 除的值。

在不同的数据集中,平均数、中位数和众数可能相等,也可能不相等,即存在相互间大于、等于或小于的关系。当平均数、中位数与众数相等时,该数据集的数据分布被称为正态分布,否则数据分布是偏斜的。

现实中某些数据集中的数据分布相对集中,而某些数据集中的数据分布就相对分散。统计学中用"全距"即最大值与最小值之差,以及"标准差"来反映数据集中的数据分布状况。与标准差相关的概念有以下几种。

(1) 离差:个体数据与数据集平均数之间的差,通常用 $x-\tilde{x}$ 表示。离差的绝对值越大,说明该数据偏离数据集平均值的程度越大。

(2) 平均绝对离差:离差的绝对值平均,表示为 $\dfrac{\sum |x-\tilde{x}|}{n}$。之所以采用离差的绝对值,是因为数据集中各个数据离差的和为零,体现不出离差所代表的含义。

(3) 平方离差:又称方差、分散,指离差平方的平均值。通过平方消除离差中负数的影响。

(4) 标准差:平方离差的平方根,通过开方将标准差还原为与原始数据相同的单位。标准差的表达式为:$s=\sqrt{\dfrac{\sum (x-\tilde{x})^2}{n-1}}$。

2. 概率与概率分布

现实中某些事件必定会发生,但又无法预先知道其发生的确切时间、地点等,例如河流中的洪水,城市道路上的交通事故等。但是我们可以从总体上描述其可能发生的程度,用以描述这种可能程度的就是概率,即事件发生的频率(频数)。

概率用来描述某种事件发生可能性的高低,对于特定类型的事件,其发生的概率具有一定的规律性,这种规律称为概率分布。例如,对 100 个新生儿的性别进行统计时,女孩为 50 人的概率最高,出现女孩数为 49 人或 51 人、48 人或 52 人的概率依次降低。

常见的概率分布有正态分布和泊松分布。

(1) 正态分布:当一个连续随机变量的分布图形是对称的,并且是钟形时,我们可以称之为正态分布(图 5-5)。例如,人的身高、体重,城市人均住宅面积等。

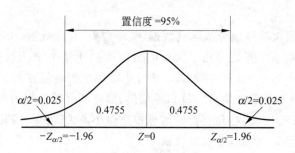

图 5-5　数值的正态分布图

资料来源：根据参考文献[4]，作者编绘

（2）泊松分布：用以描述离散概率分布，应用于一个区间内某一事件的发生。这个区间可以是时间、距离、面积、体积或其他类似的单位。例如单位时间内进入停车场的汽车数量、商场中到来的购物者、一个信号周期内等候车辆的数量等。

3. 推论

在进行城市规划基础资料收集与量化分析工作的过程中，常常采用抽样的方法，通过对样本的统计分析对整个城市的情况进行推导，作为规划决策的依据。这是因为城市规划所关注的对象是整个城市，采用全样本调查（普查）的方法需要耗费大量的时间、人力和物力。因此，通常采用抽样调查的方法，首先对所采集样本进行分析统计，找出其特征，然后再根据推断统计学原理中推论、检验等方法，以样本的特征来把握或解释城市整体的特征。例如，如果我们试图了解城市居民出行时所选用的交通工具的种类，只需要对按照随机原则抽选出的被调查样本的情况进行统计分析，然后以此说明整个城市居民的选择取向即可。

在统计学中，通过样本的特征来推论母集的特征时，分为大样本（样本数量较多，例如大于 30 个）和小样本两种情况。城市规划调查一般属于大样本调查的情况。按照统计学研究的结论，对于正态分布，在推论母集平均值时通常采用样本的平均值作出点推论或区间推论。其中涉及以下几个主要概念。

（1）点推论值：用来近似说明数据整体参数的一个数值。例如人均住房面积抽样调查中的平均值（12.63m^2/人）。

（2）置信区间：相对于点推论值，置信区间使用一个数据范围（或一个区间）来推论母集参数的真实数值。例如上述人均住房面积为 12～13m^2/人。

（3）置信度：在假设推论过程可以多次重复的前提下，表示置信区间实际包含母集参数的时间的相对频率，又称置信水平或置信系数，表达为 $1-\alpha$ 的百分数。例如按照随机抽样的原则，从一个城市中分 20 次抽取人均住房面积的样本，并给出每次的置信区间，如果其中有一次的抽样中，城市真正人均住房面积值位于置信区间之外，那么我们可以说通过这种抽样调查所获置信区间的置信度为 95%。

（4）临界值：在一个正态分布中，用以区分可能发生的样本统计量和不太可能发生的样本统计量的边界值,用 $Z_{\alpha/2}$ 表示,其中 α 为置信度的补。

除通过样本平均值推论母集平均值外,还可以对母集的比例、母集的方差作出推论。

4. 假设检验

假设检验是推断统计学中通过样本对母集进行推测的另一种重要的方法,主要用来对母集特征的判断或假设的可信程度进行验证。例如对通过样本平均值推断母集平均值的验证。在"母集平均值(如某市 15 岁少年身高)与某一特定值(如全国 15 岁少年平均身高)相等"假设的前提下,进行抽样调查,如果调查获得的平均值偏离该特定值,出现偏差时,就要考虑出现这种可能的概率。如果可以证明这一概率小于某一数值,就说明母集的平均值的确与特定值不同,假定不成立,相反则假定成立。即出现样本的平均值与特定值之间存在偏差的情况时,存在两种可能性,一种是假定不成立,一种是抽样本身有问题。对于上述"概率小于某一数值"中的"某一数值"通常统计学上采用 5%,即 20 次抽样中,出现一次置信区间外的情况作为有意义的偏差概率水平。

假设检验除针对母集的平均值外,还可以针对母集平均值之间的比较、母集比例的假设、母集标准差或方差等进行。

5. 相关

现实生活中有很多因素与其他因素有着一定的关系。例如,人的身高与体重之间、受教育水平与收入之间、住房面积与家庭收入之间等。统计学中将这种关系称为"相关",并定义为:当两个变量中的一个以某种方式和另一个有关时,就称这两个变量之间是相关的。如果将一组 x、y 相互对应的数据绘制在一个直角坐标系中,就会发现数据点的分布呈不同的状态,并可以借此分辨出 x 与 y 之间存在正相关、负相关或者没有相关性(图 5-6)。变量 x、y 在呈线性相关时的系数称为"线性相关系数",它表示一个样本中成对的 x 值和 y 值之间线性关系的程度,用以下公式表达:

$$r = \frac{n\sum xy - \left(\sum x\right)\left(\sum y\right)}{\sqrt{n\left(\sum x^2\right) - \left(\sum x\right)^2}\sqrt{n\left(\sum y^2\right) - \left(\sum y\right)^2}}$$

其中,n 为数据对的个数。

r 的值介于 -1 和 1 之间。当 r 接近于 1 时,可认为 x 与 y 之间存在着显著的正相关关系;当 r 接近于 -1 时,可认为 x 与 y 之间存在着显著的负相关关系;当 r 接近于 0 时,可认为 x 与 y 之间不存在显著的相关关系。

6. 回归分析

相关揭示了因素之间相互关联的规律,而回归分析是采用公式或按照公式所绘制的图形来表示一对变量之间的相关特征[1],这个公式称为回归方程,按照回归方程所绘

---

[1]　"回归"一词来源于 S. F. Galton (1822—1911)对遗传现象进行的研究,他发现,高个子夫妻或矮个子夫妻的后代的身高更趋于回归到更典型的同性别的人的平均身高。

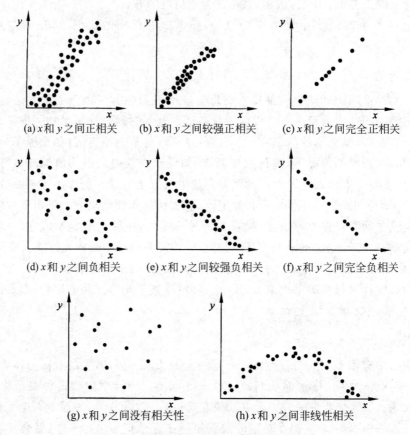

图 5-6　相关概念示意图

资料来源：参考文献[4]

出的直线称为回归直线，又称最佳拟合直线或最小二乘直线。回归方程表达为

$$y = \beta_0 + \beta_1 x$$

其中，β_0 为回归方程的截距，β_1 为回归方程的斜率。

截距和斜率可以通过样本统计量计算得出。

现实中，回归分析常常被应用于预测类的量化分析工作中，即按照以往的统计数据找出某些因素之间的相关关系，建立回归方程，并根据回归方程推算出某因素的未来发展趋势。例如根据以往城市人口发展速度来预测未来城市人口发展规模时就经常采用回归分析的方法。在这个实例中，人口规模被看作时间的从变量，截距和斜率就分别是现状城市人口规模和城市人口增长率。

事实上，现实中的因素（变量）并不一定仅以一一对应的形式出现，而存在某一因素受其他多种因素影响的情况。例如城市住宅的单套面积与使用该套住宅的家庭的总体收入有关，但也与家庭成员构成、住宅的区位、住宅形式等其他因素有关。那么用以表达某一因素与其他复数因素之间相关关系的公式就被称为"多元回归方程"。多元回归

方程被定义为：表达一个非独立变量和两个或更多独立变量之间线性关系的方程。用公式表达为

$$y = \beta_0 + \beta_1 x_1 + \beta_2 x_2 + \cdots + \beta_k x_k$$

其中，k 为独立变量的个数；β_1 为截距；$\beta_1, \beta_2, \cdots, \beta_k$ 为独立变量 $x_1, x_2, \cdots, x_k$ 的系数。

5.2.3　数学模型在城市规划中的应用

与上述回归分析中的方法相似，用单一的或成组的数学公式"拟合"或近似地描述现实世界的方法称做数学模型。数学模型在预测、优化、决策、模拟等方面有着广泛的应用，诞生出众多的理论和方法。以下仅简述其中常见的几种。

1. 运筹学

运筹学(operation research，OR)的英文原意是操作研究，因借用《史记》中"运筹于帷幄之中，决胜于千里之外"，故中文译为"运筹学"。运筹学是第二次世界大战期间首先在英美两国发展起来的一门现代科学，主要通过建立数学模型，对系统管理、规划控制中的最优化、最大化等问题进行计算求解，科学决策。运筹学在第二次世界大战期间的军事领域中的成功运用使其应用领域在战后迅速扩展到工商企业、民政事业等部门中。运筹学中又包括：规划论(又称数理规划，mathematical programming，含线性规划、非线性规划、整数规划和动态规划)、图论、决策论、对策论、排队论、存储论、可靠性理论等。

从运筹学的性质上来看，它对解决城市规划所遇到的问题，尤其是最优化问题——例如最理想的城市规模、交通网络优化等问题应该大有作为，但运筹学需要较高的数学基础和素养，这又与城市规划往往侧重直观判断的特点存在一定的矛盾。因此，目前除在交通规划领域中有成功应用的案例外，尚未见到大量成功应用的实例。

2. 线性规划

线性规划(linear programing，LP)是运筹学规划论中的一个重要分支。线性规划的基本思路是求出多种影响制约因素下的最有利解。因为求解方程式和约束条件方程式均为一次方程式，所以被称为"线性"。线性规划具有适应性强、应用面广、计算技术相对简便的特点。特别是随着计算机技术的发展，计算拥有成千上万个约束条件和变量的大规模线性规划问题已不存在技术上的困难，从而广泛应用于工业、农业、商业、交通运输业以及决策分析部门。

线性规划经常用来解决现实中的优化问题，例如资源分配的最优化问题。假定某城市生产 n 种产品，使用 m 种包括水在内的原材料，生产单位产品 j 可以获得 c_j 元的产值，产值与产量、原材料消耗成正比，但是作为原材料之一的水资源受到一定的限制，只能使用 b_i 单位。所要解决的问题是，在水资源一定的情况下，各种产品生产多少时利益最大。这一问题可用线性规划的方程式表达如下：

最大化：
$$z = c_1 x_1 + c_2 x_2 + \cdots + c_n x_n$$

制约条件：

$$a_{11}x_1+a_{12}x_2+\cdots+a_{1n}x_n\leqslant b_1$$
$$a_{21}x_1+a_{22}x_2+\cdots+a_{2n}x_n\leqslant b_2$$
$$\vdots$$
$$a_{m1}x_1+a_{m2}x_2+\cdots+a_{mn}x_n\leqslant b_m$$
$$x_j\geqslant 0,j=1,2,\cdots,n$$

3. 模拟

模拟是指利用各种数学模型和已知的参数，虚拟地重现整个事件过程的手段。随着计算机技术的不断进步，一些非常复杂的现象或过程都可以用数学模型来模拟，例如台风的形成、发展、转移及衰减的全过程，原子弹爆炸的过程等。常见的模拟数学模型有计量经济模型、蒙特卡洛模型、动态系统模型、重力模型等。

对于城市规划而言，各个领域中的分系统的模型与模拟普遍存在。例如预测城市经济发展、人口增长与就业之间相互关系的模型，土地利用模型，交通网络模型，城市设施分布模型等。城市规划中采用数学模型进行模拟的最大优点是可以根据需要很容易地改变规划政策和规划条件（反映为数学模型中参数与变量的变更），并观察改变后对整个系统以及各个分系统的影响，从而寻求合理的规划政策与规划方案。对城市发展或城市规划，根据模拟过程中人工干预的程度可分为从人工模拟到完全机械模拟的几种不同程度的模拟。事实上某些城市经营的电脑游戏软件（例如 Maxis 公司出品的 SimCity 系列游戏）就提供了一个城市规划、发展建设、管理的数学模型，并采用部分机械模拟的方式进行模拟（图 5-7）。虽然游戏中所采用的参数的数量和准确程度还不足以在实用水平上模拟现实的城市，但它提供了一个形象直观的模拟实例。

图 5-7　模拟城市规划、发展建设与管理的电脑游戏软件（SimCity）

5.2.4 计算机技术在城市规划中的应用

计算机技术的飞速发展,尤其是个人电脑的迅速普及和性能的不断提高使计算机的应用渗入到科学研究、工程设计领域,甚至是日常生活的各个领域,城市规划领域也不例外。早期计算机技术在城市规划中的应用多局限于对土地利用统计,人口规模、经济发展速度预测等数值计算和以计算机辅助制图(CAD)为代表的图形处理方面。近年来,随着GIS(地理信息系统)技术的成熟以及大型统计通用软件向 Windows 等个人电脑操作系统平台的移植和不断升级换代,计算机技术在城市规划领域中应用的潜力和不可替代性体现得越来越明显。计算机技术在城市规划中的直接应用主要集中在以下两个领域。

1. 统计与数理分析

在城市规划领域,计算机技术是最早应用于上面所提到的城市规划量化分析过程中的。从最为简单的调查数据的算术统计到采用数学模型对规划内容进行模拟,计算机技术以其快速准确的计算能力和高度自动化的处理功能为该类工作的开展提供了强有力的支持。虽然统计学、数理统计理论的发展以及数学模型的建立并不直接取决于计算机技术的发达程度,但是如果没有计算机技术强有力的支持,许多理论和方法也只能停留在理论探索的层面上,而无法应用于实际。

由于早期缺乏定型的商业化软件,特别是限于对大型计算机设备的依赖,城市规划的定量分析局限性较大。为了解决对调查数的汇总、加工整理和统计分析问题,规划人员常常要借助计算机专业人员或亲自编写专门的软件。但目前随着个人电脑性能的不断提高,以及许多以往只运行于大型计算机中的通用统计分析软件向个人电脑平台上的移植,情况有了很大的改观。一些著名的统计分析软件例如 SPSS(社会科学统计软件包)[①]、SAS(统计分析系统)[②]相继推出了运行于个人电脑的版本,并不断更新。另一方面,运行于个人电脑平台的通用办公软件中也具备了进行简单统计处理的功能,如在著名的微软办公套件 Office 的 Excel 中就预设了大量可选用的统计函数。

2. GIS(地理信息系统)与遥感

GIS(geography information system,地理信息系统)的开发与成熟是计算机技术在

---

① SPSS(Statistical Package for the Social Sciences)原意为"社会科学统计软件包",2002 年被重新解释为"统计产品与服务解决方案"(Statistical Product and Service Solutions),是世界上最早的统计分析软件之一,由美国斯坦福大学的三位研究生于 20 世纪 60 年代末研制,1984 年其个人电脑版本 SPSS/PC+同世,该软件系列被广泛用于通信、医疗、银行、证券、保险、制造、商业、市场研究、科研教育等多个领域和行业,是世界上应用最广泛的专业统计软件之一。2010 年 SPSS 公司被 IBM 公司并购,个人电脑版本已升级至第 19 版,并形成产品线(IBM SPSS Statistics Family)。

② SAS(Statistics Analysis System)统计分析系统,最早由北卡罗来纳大学的两位生物统计学研究生编制,于 1976 年形成正式商业软件。SAS 是用于决策支持的大型集成信息系统,但主要侧重于统计分析,并形成了数据处理和统计分析领域中事实上的标准软件系统,应用于全世界 120 多个国家和地区的近 3 万家机构中。但是由于运行于个人电脑平台的 SAS 系统从大型计算机上移植而来,同时系统主要针对专业用户进行设计,因此其操作至今仍以编程为主,人机对话界面不太友好,并且需要用户对所使用的统计方法有较清楚的了解,非统计专业人员掌握起来有一定困难。目前最新的版本为 9.3 版。

空间数据处理方面的一次突破。相对于依靠计算机统计分析软件对城市规划相关的数据进行统计、计算和预测,对计算机而言,城市土地利用状况、城市设施分布、城市基础设施管线走向等与空间分布相关的图形数据处理则更具难度。计算机技术早期在图形处理领域的应用主要集中在CAD(计算机辅助制图)方面,但GIS技术的兴起使得计算机技术在这一领域中的应用有了突破性进展,甚至因此改变了人们对图形数据认识上的观念。例如,传统上的地籍管理方式通常采用分别建立单一地块档案和绘制地块分布总图,并采用编号等方法建立两者之间关联的办法,这种方法不但使得两者之间的相互检索费时费力,而且也不可能进行与其他图形要素(如土地利用现状、地质条件等)进行图形间的空间运算。但GIS的出现使得这一切均变得现实可行。我们知道,现实世界中许多空间要素及其属性是紧密相关的一个整体,例如城市中的任何一个地块除具有空间上的位置、四至边界、大小、形状等空间要素外,与之相关联的还有利用状况、权利归属、土壤性质、地质条件、有无建筑等属性要素。传统上通常分别采用图形处理软件来绘制和管理空间要素,采用数据库软件来管理和分析属性要素。GIS正是将空间数据与属性数据统一在一起,并按照一定的逻辑关系建立起图形与图形之间(拓扑关系)、图形与属性之间(一一对应关系)的关联,使得图形数据与属性数据可以方便地相互检索和运算(图5-8)。

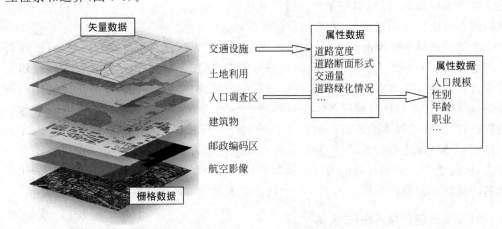

图 5-8　GIS 概念示意图

资料来源:根据 ESRI 公司 *What is ArcGIS* 中插图,作者编绘

目前,商业化的通用 GIS 软件已较为成熟,且从最初的基于 UNIX 工作站等平台转向 Windows 等个人电脑平台。较为著名的通用 GIS 软件有美国 ESRI 公司开发的 ArcGIS 系列软件[1]、美国 Mapinfo 公司开发的 Mapinfo professional 系列软件[2],以及我

---

① ArcGIS 是成立于 1969 年的美国环境系统研究所公司(Environmental Systems Research Institute, Inc.,简称 ESRI 公司,总部设在美国加州 RedLands 市)所开发的系列软件,包含 ArcView、ArcInfo 和 ArcEditor模块,其数据格式已形成业界事实上的标准。最新版本为 10.2。

② Mapinfo professional 是另一个主流 GIS 通用软件,由同名公司在 20 世纪 80 年代中期开始开发研制,目前已发展到 12.5 的最新版本。

国自主开发的 MapGIS 系列软件等。

此外,城市规划领域中对于卫星遥感影像的处理也开始从依赖专业公司转向利用通用软件自行处理。由美国 ERDAS 公司开发的 ERDAS Imagine 软件可以运行在 UNIX 平台或 Windows 平台上,可以对卫星遥感影像或航空遥感影像进行各种校正、坐标转换和融合等处理工作,并与 GIS 功能相互配合进行空间分析[①]。

5.3　城市发展分析与预测

如上所述,城市规划量化分析主要应用于对城市未来发展的预测以及对规划方案的优劣评价与选择方面。相对于后者需要选择大量参数并获取相应的准确数据,同时必须依靠专业化分析的数学模型与运算软件的支撑,前者则可以通过相对简便的数学(甚至是算术)演算达到目的。因此,在我国目前的城市规划实践中,后者主要依靠定性分析确定,而前者则可以在一定程度上以定量分析的结果作为判断与决策的依据。

有关城市的性质、规模及空间发展方向历来是我国城市规划编制、审批及实施过程中反复讨论和必须回答的问题。其中包含了量化分析的内容,现简述如下。

5.3.1　城市发展战略与城市性质

1. 城市发展战略与目标

在第 4 章中曾提到,侧重于城市物质空间规划的城市规划内容是城市综合规划的有机组成部分,并通常以社会经济发展计划为前提。因此,在开展城市规划之前首先要回答有关城市发展战略与目标的问题。其中,采用定性与定量相结合的预测和分析方法是确定城市发展战略与目标的基本方法。

"战略"一词源自军事术语,是指相对于"战术""战役"的带有全局性的策划和既定方针。转引至城市发展就成为"对城市经济、社会、环境的发展所作的全局性、长远性和纲领性的谋划"。例如将某城市建成某地区的重工业基地、能源基地或度假胜地,抑或建成"最适宜居住的城市"等就是从城市经济发展或社会发展目标角度对城市发展战略作出的表述;而诸如"东拓""西进""北联""南抑"等对城市不同方位上的城市用地发展政策的概括性描绘,则可视为城市空间发展战略的具体体现。

实际上,城市发展战略是由一系列具体的城市发展目标以及实现这些目标的措施所组成的。其中包括对城市经济发展优势与劣势的分析,对区域条件、自然资源、历史文化积淀等诸多方面的分析,对目前状况与未来发展可能性的分析,以及根据上述分析所制定的具体发展目标和实现目标的具体措施。例如,某城市靠近世界自然遗产,是我

[①]　目前 ERDAS 公司已被 Leica Geosystems 公司收购,成为其 GIS & Mapping Division。ERDAS IMAGINE 的最新版本为 ERDAS IMAGINE 2015。

国著名风景名胜区,交通相对便捷,少数民族聚集,具有较强的地域特点,但工业基础较薄弱,自然资源并不丰富。在通过定性分析并以具体数字佐证的前提下,建议将发展旅游业作为该城市的发展战略。与此相应,城市在未来发展中以建设城市对外交通设施、基础设施,发展以接待服务设施为主的第三产业,保护地域文化特色资源,改善城市环境,提高人员素质等作为城市发展的具体目标。

城市发展战略及其具体目标通常可分为以下三个方面的内容。

(1) 经济发展目标:包括国内生产总值(GDP)等经济总量指标,人均国民收入等经济效益指标,以及第一、二、三产业之间的比例等经济结构指标。

(2) 社会发展目标:包括总人口规模等人口总量指标、年龄结构等人口构成指标、人均寿命等反映居民生活水平的指标以及居民受教育程度等人口素质指标等。

(3) 建设水平目标:包括建设规模、土地利用结构、人居环境质量、基础设施水平等方面的指标。

(4) 生态环境目标:包括绿地系统构建、水资源保护、大气质量维护等维护生态平衡的各项指标,节能减排、低碳绿色、再生循环的城市建设运营指标,以及各种不可再生资源和遗产保护的方针政策。

这些指标的分析、预测与选定通常采用定性分析与定量预测相结合的方法,即在把握现状水平的基础上,按照一定的规律进行预测,并通过定性分析、类比等方法的校验,最终确定具体的取值。

在此必须指出的是,制定城市发展战略与目标是整个城市政府的任务与职能,而并非城市规划管理部门单独的职能。在城市综合规划尚未纳入我国法定规划体系时,在城市规划编制过程中,城市政府主导下的包括计划部门在内的各职能部门的协作就显得尤为重要。

2. 城市性质的含义与特征

关于城市性质,《城市规划基本术语标准》将其定义为:"城市在一定地区、国家以至更大范围内的政治、经济与社会发展中所处的地位和所负担的主要职能。"《城市规划原理》(第3版)中也表达了同样的含义,并进一步描述为:"是各城市在城市网络以至更大范围内分工的主要职能。"[①]

虽然在我国城市规划编制与审批的各个阶段,有关城市性质的描述往往被逐字逐句地推敲,有时甚至到了咬文嚼字的程度,但是,上述定义仅仅将城市性质局限于阐述城市主要功能的范畴内。事实上,在一些西方工业化国家的城市总体规划中,并没有专门阐述有关城市职能的部分,而是把对城市现状职能的论述以及对未来职能的阐述分别置于有关城市现状及城市发展目标的论述之中。因此,城市性质可以广义地理解为城市发展战略,或城市未来发展方向与目标的组成部分。即有关城市地位与职能的阐述实质上既是对城市发展趋势的客观预测,也是对发展城市主观努力的阐述。因此,对

---

① 参考文献[8]:173。

城市性质的分析、确定具有以下特征。

（1）动态特征：城市地位与职能不是一成不变的。城市性质所描述的主要是城市未来的职能与地位,和城市现状职能与地位之间可能存在一定的区别,甚至是较大的差别。

（2）多元化特征：作为城市发展目标的一部分,城市性质中所描述的城市职能通常是多元的,同时常常与多个具体的城市发展目标相对应。例如,港口城市的城市性质与该城市力图建成某一级别的港口与贸易基地的发展战略目标密切相关,也与发展水路联运等城市对外交通枢纽的目标相呼应。

（3）纲领性特征：作为描述城市发展战略目标的一种方式,城市性质是对城市定位与职能的高度概括,具有指导城市建设的战略性意义。城市性质是确定城市规模、用地结构以及市政设施水平的基础。城市规划内容的确定、指标的选用等应紧紧围绕城市性质展开。

（4）主客观结合的特征：对现实状况的准确把握和实事求是的科学预测是恰当地确定城市性质的基础。所以,城市性质从根本上来说必须反映城市发展的客观规律,任何好大喜功和缺乏科学态度的主观臆断均有碍于对城市性质的正确判断,进而影响整个城市规划的科学性和客观性。但是,在确定城市性质时,并不排除在科学、合理范围内的对城市发展的主观引导。例如,某城市旅游资源丰富,但限于现状交通条件,旅游业并不发达,但规划中通过对交通条件改善可能性的分析,建议将旅游写入城市性质,引导城市逐步发展并完善旅游相关设施,最终实现将旅游业作为城市支柱产业的目标。

3. 确定城市性质的依据

在我国现行城市规划中,对城市性质的分析与论述主要集中在以下三个方面。

（1）城市在区域中的地位

城市无一例外是一定区域范围内的中心,多表现为政治、经济、文化、交通、信息等领域的中心,通常为复合中心,有时或有侧重。这一范围可以是某个行政辖区,例如,各级政府所在地城市通常是所管辖行政区域的政治中心;也可以是与实际经济社会活动相关的区域,例如,上海是我国长江三角洲地区乃至长江流域的区域经济中心,甚至将来有可能发展为东亚甚至是全球范围的金融、贸易、航运中心。具体范围可以通过对现状统计数据的分析以及对未来发展的预测加以确定。

（2）城市在国民经济中的职能和分工

以产业为核心的城市经济活动是大多数城市赖以存在的基础。因此,在确定城市性质时通常花费较大的精力来论证城市未来产业结构的发展趋势,大致确定城市主导产业的范围。城市的主导产业是指满足本市范围以外地区需要的行业或城市职能,是城市形成与发展的基本因素,同时也决定了城市在国民经济中的地位和所起到的作用。例如,甲市的食品加工业以本市市民为主要销售对象,那么食品加工业只能是该市的非基本职能;但乙市同为食品加工业的产品却主要销往该市以外的地区,那么就可以视食品加工业为该市的基本职能之一,亦即有可能成为城市发展的基本因素。在实际规划工作中,主要产业在全国或地区中的排名、所占市场份额、在该市产业结构中的比例、占地面积、雇用员工人数、经济效益、发展前途等均可以成为分析预测的依据。

（3）城市的其他主要特点

除此之外,某些城市还具有上述中心职能和基本职能以外的其他特点或职能。例如,代表城市历史文化特点的国家级历史文化名城、因交通而发展的交通枢纽城市等,以及"山水城市""生态城市""最适合居住"等从城市环境角度的描述。

值得注意的是,各个城市之间存在对城市性质分析与描述的共性与个性问题。作为一定区域的中心（政治、经济、文化、信息等）恐怕是城市性质中最突出的共性,在分析与描述时不应仅满足对共性泛泛的表述,而应尽可能地确定不同中心职能的具体影响范围。同时,在对城市个性进行充分分析与论述时应注意主次分明,切忌对城市基本职能主次不分,一一罗列。

4. 按城市性质划分的城市类型

依照城市性质划分城市的类型并没有一个严格和公认的标准。按照国内较权威的材料中针对分类的描述,可以将按照城市性质划分的城市类型大致归纳为表 5-2 所列出的几种类型。

表 5-2　按城市性质划分的城市类型一览表

城市类型	说　明	举　例
综合性中心城市	包括全国性的中心城市,如首都,和地区性的中心城市、省会城市。作为我国行政管辖基础单位县政府所在地的县城通常也是所辖行政范围内的综合性中心城市（镇）	北京、上海、重庆等直辖市 济南、广州、长沙、南宁等省会城市或自治区首府城市
产业城市	在以往城市分类中,工业城市常常被单独列为一类,但实际上随着城市经济中第三产业的迅速发展,商贸城市、旅游城市等以第三产业为主导的城市开始大量出现。其中,一部分城市中的产业结构以单一产业（尤其是工业）为主,而另一部分城市中的产业结构则呈多元化的态势,拥有数个主导产业	以单一工业为主的城市：大庆、东营（石油化工）,淮南、鸡西（矿业城市） 多种工业的城市：常州、淄博、株洲等 工贸一体化城市：温州、台州等 以商贸为主的城市：义乌 以旅游业为主的城市：张家界、黄山等
交通枢纽城市	包括铁路枢纽城市、港口城市、空港城市等	铁路枢纽城市：徐州、郑州等 港口城市：大连、连云港（海港城市）,张家港、九江（内河港埠） 空港城市：新加坡、盐湖城（美国）等
特殊职能的城市	除以上所列类型的城市外,还有一些城市具有较独特的职能不便划分,所以单列为具有特殊职能的城市。例如：纪念性城市、教育科研城市、边防城市等	纪念性城市：延安、遵义、井冈山等 科教城市：筑波（日本）、剑桥（美国）等 边防、边贸城市：二连浩特、景洪等

注：分类及举例主要参照参考文献[14]、[8]。

特别应当注意的是,按照城市性质对城市类型所进行的划分只是为了论述上的方便而进行的。现实中的城市可能兼有多种类型的城市性质,即存在城市职能的重叠现象。

5.3.2　城市人口规模

城市规模通常指城市人口规模和城市用地规模。由于不同城市中人口密度,即人均用地规模不同,或者说由于土地利用效率不同,因此,城市人口规模与城市用地规模并不总是成正比。同时,影响城市人口规模与城市用地规模的因素也存在着显著的差异。下面就城市人口规模与城市用地规模的计算与预测方法分别进行简述。

1. 城市人口的概念

虽然在计算与预测城市人口时必须对城市人口的概念进行明确的界定,但给城市人口下一个严格准确的定义(即什么样的人才能算城市人口)并非易事。在第 2 章有关城市化的论述中已经讨论过国内外有关城市人口的定义问题,在此不再赘述。按照城市人口的原本语义,城市人口是指从事非农生产的与城市活动有密切关系的人口。在1990 年代前,我国采用户籍管理制度中的"非农业人口"作为城市人口的数值。但在市场经济体系已基本完成的今天,这一数值显然已不能反映"与城市活动有密切关系的人口"的实际数值。因此,在城市规划实践中,经常采用近似的计算方法来确定城市人口的现状规模,作为预测城市未来人口发展的基数。例如:编制城市总体规划时,通常将城市建设用地范围内的实际居住人口视作城市人口,即在建设用地范围中居住的户籍人口(包括非农业人口和农业人口)及暂住期在半年以上的暂住人口的总合(常住人口)。这一概念与我国统计工作的口径基本吻合[①]。

2. 城市的等级规模

按照城市人口规模对城市等级进行的划分,各个国家之间不尽相同,甚至存在着较大的差别。通常,联合国机构的出版物中多以 2 万人作为区分城市与镇的界限,视人口10 万人以上的城市为大城市,100 万人以上的为特大城市[②]。

2014 年 11 月,国务院发布《关于调整城市规模划分标准的通知》对我国的城市规模等级进行了重新划分,分为 5 类 7 档:

(1) 小城市:人口 50 万以下的城市。其中 20 万以上 50 万以下的城市为 I 型小城市,20 万以下的城市为 II 型小城市。

(2) 中等城市:人口 50 万以上 100 万以下的城市。

(3) 大城市:人口 100 万以上 500 万以下的城市,其中 300 万以上 500 万以下的城

---

① 参见 2.1.2 节城市化的衡量标准中的相关内容。
② 有关城市规模等级划分以及城市体系的规模分布参见:周一星. 城市地理学[M]. 北京:商务印书馆,1997.

市为Ⅰ型大城市,100万以上300万以下的城市为Ⅱ型大城市。

(4)特大城市:人口500万以上1000万以下的城市。

(5)超大城市:人口1000万以上的城市。

以上人口规模均指城区常住人口,"以上"包括本数,"以下"不包括本数。

3. 预测确定城市人口的意义与难度

对城市未来人口规模作出较为科学和合理的预测和确定是一切城市规划编制的基础。城市人口规模决定了该城市按城市人口划分时的等级,并且在城市经济社会发展水平一定的前提下,决定了城市基础设施、城市公共服务设施等城市设施的规模、等级,同时也在很大程度上影响到城市的用地规模,进而影响到城市公共交通模式的选择等一系列相关标准。城市规模预测的合理与否直接影响到城市发展是否能够沿着一条合理、健康、有序的轨迹发展。如果城市人口预测规模过大,就容易导致城市基础设施建设过度超前,城市设施容量过大,城市骨架过大,建设用地分散,从而造成不必要的浪费,并使城市财政背上过重的包袱;而城市人口规模预测过小的后果则相反,会造成城市建设受制于各项城市设施的捉襟见肘的情况,从而造成被动。

与确定城市性质相同,对城市人口规模的预测不仅是城市规划领域的工作,而且取决于整个城市的社会经济发展战略,乃至地区和国家的城市发展战略以及城市化的客观规律。

在城市规划实践中,较为准确地预测及确定城市人口的规模具有相当的难度。例如,计算现状城市人口规模时,城市人口的统计范围(通常按照区、街道办事处、居委会、乡、村等行政管辖边界)有时与城市建设用地范围并不重合;一部分暂住人口以及流动人口的数量很难确切把握;城市人口迁入迁出受很多不确定性因素的影响等。因此,对于现状城市人口的数量通常需要根据所收集到的统计资料进行进一步的分析和整理。例如,针对城市现状人口规模,根据城市劳动力总数推算城市总人口,根据城市车站、码头的旅客流量推算流动人口的数量,并乘以一定的系数折算为城市人口数等;而对于城市人口规模的预测多采用多种预测方法相互校核。

4. 城市人口的变化

预测城市未来人口规模的基本思路是以现状城市人口为基数,按照一定的增长速度计算出逐年的城市人口规模。由于城市现状人口规模较为容易获得,因此,对人口增长速度的预测与选取就显得尤为重要。城市人口增长通常由自然增长和机械增长所组成。

城市人口自然增长是指一年内城市人口因出生和死亡因素所造成的人口增减数量,即一年中出生人口数量减去死亡人口的净增加值。这一数值与年平均总人口数值之比称为城市人口自然增长率。通常以千分率来表示,即

$$城市人口自然增长率 = \frac{本年出生人口数 - 本年死亡人口数}{年平均人口数} \times 1000(‰)$$

　　影响城市人口自然增长率的出生率和死亡率在现代和平时期较为稳定且具有一定的规律性,尤其是在我国长期执行计划生育政策的情况下,大部分城市的人口自然增长率通常在 6‰～8‰。受生育观念等因素的影响,在西方国家的一些城市和我国的某些特大城市中(如上海等),人口增长率甚至呈负数。因此可以通过对城市历年人口统计资料的汇总分析、相似城市间的类比以及对生育观念及生育政策的分析,对城市人口自然增长率作出较为确切的预测。

　　城市人口机械增长是指一年内城市人口因迁入和迁出所导致的人口增减数量,即一年中迁入人口数量减去迁出人口数量的净增加值。这一数值与年平均总人口数值之比称为城市人口机械增长率。通常以千分率来表示,即

$$城市人口机械增长率 = \frac{本年迁入人口数 - 本年迁出人口数}{年平均人口数} \times 1000(‰)$$

　　迁入人口的来源大致有两个,一个是由其他城市迁入,另一个是由农村人口转化而来。后者实质上是城市化在某个特定城市中的具体表现。在城市化高速发展时期,在大量中小城市中,由农村人口转化而来的城市人口是城市人口机械增长的主要组成部分。由于城市人口的机械增长主要受国家城市化与城市发展政策、城市社会经济增长、大型经济建设项目等人为因素的影响,因此表现出相当程度的不确定性,是城市人口预测工作中的重点。

　　城市人口自然增长与机械增长就构成了城市人口增长。城市人口增长与城市全年平均总人口数之比称为城市人口增长率,也称为城市人口平均增长速度。

5. 城市人口的构成

　　相对于城市人口增长率所代表的城市整体人口增长速度,从不同角度对城市人口构成所进行的分析研究则揭示了城市人口在组成上的特征。城市规划一般从以下几个角度分析研究城市人口的组成。

　　(1) 年龄构成:城市规划研究年龄构成的主要目的是针对特定城市中不同年龄构成的特点制定相应的规划内容。例如,对于幼儿、青少年所占比重较大的城市,应优先考虑各类托幼、学校设施等;而对于老龄人口所占比重较大,老龄化问题较为突出的城市,敬老院、社区医疗设施等就是优先考虑的对象。根据生命周期的规律性,从城市人口构成的现状中,可以较为准确地推断出未来一定时期内城市人口构成的发展趋势,从而使城市规划有计划、按步骤地做出相应的安排。例如,在某些城市老龄化趋势明显的旧城等地区,可以在规划中将现状托幼、小学等设施规划为老年活动中心等为老年人服务的设施。此外,通过对城市人口年龄构成的分析还可以获取城市未来有关劳动力储备、育龄妇女数量等方面的信息。在对城市人口年龄构成进行分析时,通常采用按年龄或年龄组(托儿组:0～3 岁;幼儿组:4～6 岁;小学组:7～12 岁;中学组:13～18 岁;成年组:19～60 岁;老年组:61 岁以上)绘制人口百岁图(或称人口金字塔图)的方法(图 5-9)。

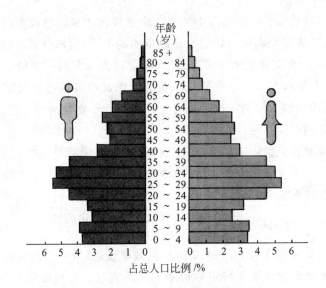

图 5-9   人口年龄百岁图及年龄结构

资料来源：北京市测绘院.北京地图集[M].北京：测绘出版社,1994.

（2）性别构成：指城市人口中，男女人口的比例。传统的城市规划中，追求城市就业岗位中性别比例的平衡，但目前除极个别单一种类的工业城市外，其实际意义已不明显。

（3）家庭构成：主要指家庭成员中的人口数量、辈分、亲属组合等情况。例如，现代城市社会中家庭成员的平均数量存在逐渐减少的倾向，对住宅户型、面积、餐饮等服务设施的要求发生变化，进而影响到城市用地规模的预测与生活服务设施的配置等与城市规划密切相关的内容。

（4）劳动构成：指城市人口中从事工作的劳动人口的比例。城市人口按照是否从事生产劳动以及所从事劳动的种类，被分为基本人口（城市主导产业中的从业人员等）、服务人口（为本市服务的设施与机构中的从业人员）和被抚养人口（非劳动人口）。在计划经济体制下，根据上述几种人口之间比例的规律可大致推算城市人口规模，称为劳动平衡法。但在市场经济条件下上述各类人口之间的比例较难掌握，不足以作为估算城市人口规模的依据。

（5）职业构成：指城市劳动者按从事劳动的行业性质划分的比例。除按照产业门类进行较详细的划分外，还可以归纳为按第一、二、三次产业的分类。城市人口的职业构成直接反映了城市产业状况，其现状数据以及对未来发展的预测均影响到城市性质的确定、城市用地规模、各类城市设施容量的计算等。

6. 城市人口规模预测方法

城市人口预测是按照一定的规律对城市未来一段时间内人口发展动态所作出的判断。其基本思路是：在正常的城市化过程中，城市社会经济的发展，尤其是产业的发展对劳动力产生需求（或者认为是可以提供就业岗位），从而导致城市人口的增长。因此，整个社会的城市化进程、城市社会经济的发展以及由此而产生的城市就业岗位是造成城市人口增减的根本原因。但由于在不同经济体制下,经济发展的模式不同,因而导致对人口预测的思路与方法大相径庭。在传统的计划经济体制下,经济增长与产业门类的设置和比例事先人为确定,因此,城市人口的预测是在一个封闭的系统中,按照明确的前提假定进行的。在计划经济体制下较常采用的人口预测方法有以下两种。

(1) 劳动平衡法:这种方法依据"按一定比例分配社会劳动"的基本原理,将城市人口分为基本人口、服务人口和被抚养人口,根据按计划所需的基本人口和各类人口间的比例关系推算城市总人口。该方法的最大问题是:即使在计划经济体制下,基本人口的规模也难以较准确地确定;但对于一些产业单一、经济运行相对封闭的城市(如单纯的旅游城市等),仍具有一定的实际意义。

(2) 职工带眷系数法:该方法的思路仍然是以较为确定的劳动人口(就业职工数)为依据,按照公式:

$$规划城市总人口 = 带眷职工数 \times (1 + 带眷系数) + 单身职工数$$

计算城市总人口。该方法所存在的问题与劳动平衡法类似,较适用于独立的新建工矿区。同时,该方法还可以应用于根据劳动统计数据间接推算在城市中就业和生活的农业人口数量。

与此相对应,在市场经济条件下,作为城市人口预测依据的城市经济本身以及城市内各产业门类之间的比例在市场调节的作用下动态变化,因而造成了人口增长中的不确定性。市场经济条件下的人口预测均试图将产业发展规律与对劳动人口的需求建立关联,以此作为预测城市人口的突破点。常见的几种思路有[1]:

(1) 按照城市人口就业率推算的方法;

(2) 按照第一、二、三产业发展趋势及劳动生产率推算的方法;

(3) 按照主要产业单位产品产值所需劳动力推算的方法;

(4) 按照商业服务业单位营业额或单位营业面所需劳动力推算的方法。

由此可见,在市场经济条件下,城市人口预测的关键是对经济发展趋势的预测以及对经济规律本身的掌握。

事实上,城市人口的增长是一个连续的动态过程。除经济发展大幅波动、人为的政策性干预外,城市人口增长具有较强的惯性。因此,根据对以往人口统计资料的分析,可以在一定程度上对未来人口增长的趋势进行推测,并广泛应用于城市规划的实际工作中。这种类型的预测方法可大致分为两种。

(1) 人口增长趋势法:该方法的基本思路建立在城市人口从过去到未来按一定趋势增长的前提假设下,以现状人口为基数,逐年或分段推测未来一定时期中的人口增长。其中最常见的形式表达为指数增长,即

规划期末城市人口 = 城市现状总人口 $\times (1 + 城市人口综合增长率)^{规划目标年限}$

在该计算公式中,对城市人口综合增长率的确定是预测的关键,通常,通过对历年城市人口综合增长率及其相关影响因素进行分析后确定。在计算公式方面,还可以按

---

① 参考文献[15]、[16]。

照线性增长模型、修正指数模型、双重指数模型以及对数模型等方法进行。此外,采用线性回归分析等方法进行的人口预测实质上也属于这一类的预测方法,但除一元线性回归分析外,会加入一些其他的影响因素(如经济发展速度、就业率等)。

(2)综合平衡法:上面已经提到,城市人口的增长由自然增长和机械增长两部分组成。综合平衡法的基本思路就是对城市人口的自然增长和机械增长分别作出预测,最终获取城市总人口增长的预测值。这种分析又被称为人口组群生存模型(cohort-survival model),对某一地区中人口对比上一年的出生、死亡、移动作出预测。这种模型也可以扩展至多个地区(城市)之间,而派生出有关人口地区间移动的数学模型,如根据工资差别、就业机会而构建的人口移动模型、人口移动引力模型等。

7. 城市人口规模预测中的其他问题

由于事物未来发展具有不可预知的特性,城市规划中对城市未来人口规模的预测是一种建立在经验数据之上的估计,其准确程度受多方因素的影响,并且随着预测年限的增加而降低。因此,实践中多采用以一种预测方法为主,同时辅以多种方法校核的方法来最终确定人口规模。某些人口规模预测方法不宜单独作为预测城市人口规模的方法,但可以作为校核方法使用,例如以下几种方法。

(1)环境容量法:某些城市的所在地区由于受自然条件的影响,如水资源、可建设用地规模的限制等,当人口规模达到一定程度时,若人口进一步增长,其增加的经济效益低于改善环境所需投入时的人口被认为是该城市的极限人口规模(又称终极人口规模)。

(2)比例分配法:当特定地区的城市化按照一定的速度发展,该地区城市人口总规模基本确定的前提下,按照某一城市的城市人口占该地区城市人口总规模的比例确定城市人口规模的方法。在我国现行规划体系中,各级行政范围内城镇体系规划所确定的各个城市的城市人口规模可以看作是按照这一方法预测的。

(3)类比法:通过与发展条件、阶段、现状规模和城市性质相似的城市进行对比分析,根据类比对象城市的人口发展速度、特征和规模来推测城市人口规模。

以上对城市人口规模的讨论仅包括了在城市中有固定居住地点的人群。事实上,城市中还有大量的临时性人口,如各种目的的出差、探亲访友、求医治病等人群。他们虽然不是长期居住在城市中,但在城市中的活动也需要占用一定的城市设施资源,特别是对于一些特大中心城市、旅游城市来说,这个问题就更加明显。对于流动人口规模的计算以及其对城市设施容量的影响,虽有研究该类问题的专著,但具体应该如何计算尚无定论,实践中倾向于将其规模乘以一个小于1的系数折算成城市人口。

此外,实践中应对人口规模预测的局限性给予充分的认识。一方面可将根据不同方法预测、校核得来的人口规模数值作为一个大致范围(数值区间)来看待,而不必片面追求数值的精确程度;另一方面,在考虑城市建设用地规模以及城市各类设施的建设时,宜有意识地降低时间因子的作用,按照人口增长的实际情况机动地设定城市设施建设目标。

5.3.3　城市用地规模

1. 城市用地规模的概念与预测方法

以城市用地为代表的城市空间承载着城市中所有的功能和各类活动,是城市存在的物质基础。与城市人口相同,对城市用地规模的准确预测是开展城市规划工作的另一个重要前提和依据。如果所预测的城市用地规模过大,将会造成宝贵的土地资源的浪费、城市建设的分散零乱以及城市基础设施的效率低下;相反,如果预测的城市用地规模过小,则往往造成实际建设突破规划范围,进而导致城市建设与规划管理工作的被动和混乱。

如果说城市人口的预测主要反映城市规模的总量,那么城市用地规模除了同样反映城市用地的总量规模外,还根据其与城市人口规模的比例关系,反映出城市活动的密度概念,即人均城市土地(空间)占有量。

预测并确定城市用地规模所采用的方法主要有两类:一类是按照已确定的城市人口规模,选用一定的人均用地规模标准,计算出整个城市的用地规模,并对城市中各主要用地种类的面积规模按照一定的比例进行分配。因此,这种方法通常被称为宏观总量控制法,或称分配法。与此相对应的是按照城市社会经济发展的实际需要,首先计算出组成城市用地的各主要类别的用地规模,然后累计得到城市用地规模总量的方法,通常被称为叠加法或累计法。下面简单介绍这两种城市用地规模的计算方法。

2. 城市用地规模的总量控制

按照城市用地总量控制方法计算城市用地规模时,主要依据已测算出的城市人口以及与城市性质、规模等级、所处地区自然环境条件相适应的人均城市用地面积标准。就我国目前城市建设现状而言,大城市的建设密度较小城市高一些,人均用地规模相对较小;经济发达地区人均用地规模较经济欠发达地区要大一些[①];山区及丘陵地区的城市因地形等自然条件制约,其用地规模较平原地区要小一些。

我国目前采用的是国家标准《城市用地分类与规划建设用地标准》(GB 50137—2011)。其中,人均城市用地规模依据所在地的建筑气候区划以及现状人均城市建设用地规模,在 $65\sim115\text{m}^2/$ 人之间选取,同时将现状人均城市建设用地与规划人均城市建设用地之间的变化幅度限制在 $-25\sim+20\text{m}^2/$ 人之间。另外,该标准还对一些特殊类型城市的人均城市建设用地规模作出了具体的规定,即:新建城市为 $85.1\sim105\text{m}^2/$ 人,首都为 $105\sim115\text{m}^2/$ 人,边远地区、少数民族地区以及部分山地城市、人口较少的工矿业城市、风景旅游城市等具有特殊情况的城市,在专门论证的基础上,在不大于 $150\text{m}^2/$ 人的范围内酌情确定人均城市建设用地的规模(表 5-3)。

---

① 参考文献[14]:66-67。

表 5-3　规划人均城市建设用地规模

气候区	现状人均城市建设用地规模	规划人均城市建设用地规模取值区间	允许调整幅度		
			规划人口规模≤20.0万人	规划人口规模20.1万~50.0万人	规划人口规模>50.0万人
I、II、VI、VII	≤65.0	65.0~85.0	>0.0	>0.0	>0.0
	65.1~75.0	65.0~95.0	+0.1~+20.0	+0.1~+20.0	+0.1~+20.0
	75.1~85.0	75.0~105.0	+0.1~+20.0	+0.1~+20.0	+0.1~+15.0
	85.1~95.0	80.0~110.0	+0.1~+20.0	-5.0~+20.0	-5.0~+15.0
	95.1~105.0	90.0~110.0	-5.0~+15.0	-10.0~+15.0	-10.0~+10.0
	105.1~115.0	95.0~115.0	-10.0~-0.1	-15.0~-0.1	-20.0~-0.1
	>115.0	≤115.0	<0.0	<0.0	<0.0
III、IV、V	≤65.0	65.0~85.0	>0.0	>0.0	>0.0
	65.1~75.0	65.0~95.0	+0.1~+20.0	+0.1~20.0	+0.1~+20.0
	75.1~85.0	75.0~100.0	-5.0~+20.0	-5.0~+20.0	-5.0~+15.0
	85.1~95.0	80.0~105.0	-10.0~+15.0	-10.0~+15.0	-10.0~+10.0
	95.1~105.0	85.0~105.0	-15.0~+10.0	-15.0~+10.0	-15.0~+5.0
	105.1~115.0	90.0~110.0	-20.0~-0.1	-20.0~-0.1	-25.0~-5.0
	>115.0	≤110.0	<0.0	<0.0	<0.0

资料来源:中华人民共和国国家标准《城市用地分类与规划建设用地标准》(GB 50137—2011)。

　　此外,该标准还对规划人均单项城市建设用地标准以及规划城市建设用地结构作出了相应的规定(表 5-4)。

表 5-4　规划人均单项城市建设用地标准及用地结构

类别名称	用地指标/(m²/人)		占建设用地的比例/%
居住用地	I、II、IV、VII气候区 28.0~38.0	III、IV、V气候区 23.0~36.0	25.0~40.0
公共管理与公共服务用地	≥5.5		5.0~8.0
工业用地			15.0~30.0
交通设施用地	≥12.0		10.0~30.0
绿地 其中:公园绿地	≥10.0 ≥8.0		10.0~15.0

资料来源:根据中华人民共和国国家标准《城市用地分类与规划建设用地标准》(GB 50137—2011),笔者编绘。

　　按照城市用地规模总量控制的方法计算城市用地规模具有直观、简便、城市间可比性强等特点,同时便于与土地管理部门制定的土地利用总体规划相衔接,带有较强的政策性色彩,对保护耕地等土地资源具有一定的效果。但是,由于我国幅员辽阔、经济发展不平衡,各个城市的实际情况差别较大。因此,简单地套用人均城市用地指标难以反映各个城市的实际需求,甚至造成现实中城市规划所确定的用地规模与实际建设用地规模严重脱节的现象。

3. 城市用地规模与城市功能

相对于宏观总量控制法,按照城市功能对城市用地的实际需求进行计算,并累计成城市用地规模的累积法在一般情况下更能确切地反映城市用地发展的实际状况。按照这一方法,城市用地被分成工业、商业(含商务、服务)、居住三大功能性用地,并按照各自的实际需求分别计算出所需城市用地面积。例如,对于工业用地,可以按照城市主要工业门类的劳动生产率(从业者人均产值)或单位产出所需用地面积数值,结合城市经济发展预测中的相应产值,计算出城市未来各类工业发展所需要的城市用地面积。同理,也可算出商业(商务、服务业)的用地规模。而对于居住用地来说,可能涉及该城市未来住宅的主流形式(高层、多层、低层)或各种形式之间的比例、户均人口数、户均建筑面积等居住水准的估计以及所处纬度、日照标准等条件。在计算出上述主要功能性用地规模后,按照一定的比例将道路、绿化、市政基础设施等用地加入后即可获得最后的城市用地规模。

该方法的最大特点就是可以较准确地反映城市社会经济发展对用地需求的实际情况,但必须以较准确的各种统计数据以及较详细的城市社会经济发展计划为依据。

5.3.4 城市发展方向

在城市人口规模以及城市用地规模确定之后,城市规划必须对城市用地的整体发展方向或称城市空间的发展方向作出分析和判断,应对城市用地的扩展或改造,适应城市人口的变化。由于当前我国正处于城市高速发展的阶段,城市化的特征主要体现在人口向城市地区的积聚,即城市人口的快速增长和城市用地规模的外延型扩张。因此,在城市的发展中,非城市建设用地向城市用地的转变仍是城市空间变化与拓展的主要形式。而当未来城市化速度放慢时,则有可能出现以城市更新、改造为主的城市空间变化与拓展模式。

虽然城市用地的发展体现为城市空间的拓展,但与城市及其所在区域中的政治、经济、社会、文化、环境因素密切相关。因此,城市用地的发展方向也是城市发展战略中重点研究的问题之一,城市规划中除进行专门的分析、研究和论证外,还应参照城市发展战略中的分析结果。由于城市用地发展事实上的不可逆性,对城市发展方向做出重大调整时,一定要经过充分的论证,慎之又慎(图 5-10)。

对城市发展方向的分析研究往往伴随着对城市结构的研究,但各自又有所侧重。如果说对城市结构的研究着眼于城市空间整体的合理性,那么对城市发展方向的分析研究则更注重于城市空间发展的可能性及合理性。

涉及城市发展方向的因素较多,可大致归纳为如下几种。

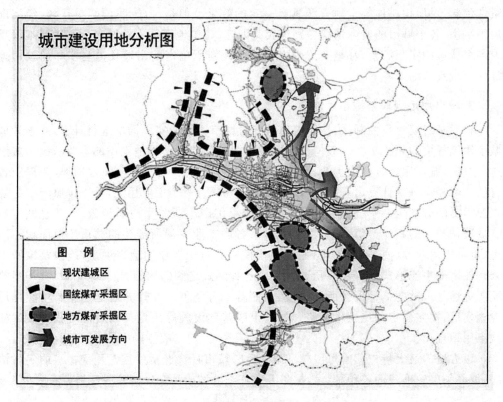

图 5-10   城市建设用地发展方向分析

资料来源：作者自绘

(1) 自然条件：地形地貌、河流水系、地质条件等土地的自然因素通常是制约城市用地发展的重要因素之一；同时，出于维护生态平衡、保护自然环境目的的各种对开发建设活动的限制也是城市用地发展的制约条件之一。有关城市的生态环境与用地选择详见第 6 章。

(2) 人工环境：高速公路、铁路、高压输电线等区域基础设施的建设状况以及区域产业布局和区域中各城市间的相对位置关系等因素均有可能成为制约或诱导城市向某一特定方向发展的重要因素。对此，第 7 章"城市总体布局"中亦有论述。

(3) 城市建设现状与城市形态结构：除个别完全新建的城市外，大部分城市均依托已有的城市发展。因此，城市现状的建设水平不可避免地影响到与新区的关系，进而影响到城市整体的形态结构。城市新区是依托旧城区在各个方向上均等发展，还是摆脱旧城区，在某一特定方向上另行建立完整新区，事实上已经决定了城市用地的发展方向。有关城市的形态结构的内容详见第 7 章。

(4) 规划及政策性因素：城市用地的发展方向也不可避免地受到政策性因素以及其他各种规划或计划的影响。例如，土地部门主导的土地利用总体规划中，必定体现农田保护政策，从而制约城市用地的扩展过多地占用耕地；而文物部门所制定的有关文物保护的规划或政策，则限制城市用地向地下文化遗址或地上文物古迹集中地区的扩展。

（5）其他因素：除以上因素外，土地产权问题、农民土地征用补偿问题、城市建设中的城中村问题等社会问题也是需要关注和考虑的因素。

参考文献

［1］［日］日本建築学会. 建築・都市計画のための調査・分析方法（改訂版）［M］. 東京：井上書院，2012.

［2］［日］日本建築学会. 建築・都市計画のためのモデル分析の手法［M］. 東京：井上書院，1992.

［3］［英］MCLOUGHLIN J B. 系统方法在城市规划和区域规划中的应用［M］. 王凤武，译. 北京：中国建筑工业出版社，1988.

［4］［美］马里奥・F. 特里奥拉. 初级统计学［M］. 8 版. 刘立新，译. 北京：清华大学出版社，2004.

［5］［美］罗伯特・约翰逊，帕特里夏・库贝. 基础统计学［M］. 8 版. 屠俊如，洪再吉，译. 北京：科学出版社，2003.

［6］［日］菅民郎. 入門パソコン統計処理［M］. 東京：技術評論社，1990.

［7］宋小冬，叶嘉安. 地理信息系统及其在城市规划与管理中的应用［M］. 北京：科学出版社，1995.

［8］李德华. 城市规划原理［M］. 北京：中国建筑工业出版社，2001.

［9］陈友华，赵民. 城市规划概论［M］. 上海：上海科学技术文献出版社，2000.

［10］吴增基，吴鹏森，苏振芳. 社会调查方法［M］. 上海：上海人民出版社，1998.

［11］［日］都市計画教育研究会. 都市計画教科書［M］. 3 版. 東京：彰国社，2001.

［12］［日］町田聪. 地理情報システム入門＆マスター［M］. 東京：山海堂，1994.

［13］［日］天野光三. 計量都市計画——都市計画システムの手法と応用［M］. 東京：丸善株式会社，1982.

［14］中国城市规划设计研究院、建设部城乡规划司. 城市规划资料集/第二分册　城镇体系规划与城市总体规划［M］. 北京：中国建筑工业出版社，2004.

［15］董光器. 城市总体规划［M］. 南京：东南大学出版社，2003.

［16］［日］土井幸平，川上秀光，森村道美，松本敏行. 新建築学大系 16 都市計画［M］. 東京：彰国社，1981.

第 6 章　城市生态环境与用地选择

6.1　城市生态环境的基本概念和内容

6.1.1　人·自然·城市环境

在人类出现之前没有哪种生物可以依靠大规模改造周围环境的方式来扩大自己的生存空间,提高自身的生存质量,而更多地依靠改变自身,被动地适应环境,从而获得更多的生存机会。人类的出现改变了这种自然界长期形成的平衡状态,并伴随着人类文明的发展逐步扩大了其对自然界的影响程度。而城市恰恰是集中体现人类改变原始自然状态的场所。城市中所形成的人工环境具有明显的有别于自然环境的特征。

1. 人与环境

"环境"一词的含义是指相对于某个中心事物(或称主体)而言的相对面。在生物学中,生物存在的周围空间被称为环境,因此,环境也是作为动物的人类赖以生存和发展的空间。但是不同于其他生物,人类在进化过程中,逐步具备了从制作简单的工具到开挖运河等大规模改造环境的能力,并实际作用于现实环境。但是,人类过分地改造环境,肆意破坏已有的生态系统,反过来也给自身的环境带来了意想不到的后果。另一方面,迄今为止人类所掌握的知识和技术也绝非可以随心所欲地左右所有的自然环境。因此,事实上人与环境的关系仍是一个相互影响、相互依赖的互动关系。即人类既不应依靠改变自身消极地顺应环境,也不应不计后果地一味地改造环境。

由此可以看出,人类是自然生态系统中的一部分。中国古代的"师法自然"的思想就是对人与环境相互关系的绝好诠释。

2. 城市环境

18 世纪英国诗人 W.库巴在其诗句中提到:"上帝创造了自然,人类创造了城市。"这恰如其分地描述了以人工环境为主的城市与以自然环境为主的乡村的特征,以及人在城市环境形成过程中所起到的作用。城市既是人类文明的结晶,也是人类欲望的产物。按照自己的欲望和爱好改造自然环境是人类的本性,也是人类赖以生存、繁衍并成为生物界主宰的根本。城市是人类按照自己的欲望与爱好改造自然环境的最集中的体现。在人类通过所掌握的能力,按照自己的欲望改造自然环境、改善自己的生存条件时,或多或少地也就改变了原始生态系统的平衡。因此,作为人类改造自然环境的产物,城市环境具有明显的两面性。一方面由于城市环境的形成,人类的生存环境与生活质量有了大幅度的改善。高楼大厦可以给人类遮风避雨,做到冬暖夏凉;各种交通工具可以使交流方便快捷、四通八达;城市基础设施则使得生活方便、卫生。这是城市环境积极的一面。但是另一方面,由于城市的人工环境以及其中高密度的人类活动使得各种城市问题产生、暴露与恶化,反而降低了人类生存的适宜程度。这又是城市环境消极的一面。

由此可以看出,即使忽略城市环境对原有自然生态系统所起到的破坏作用,以人工环境为主的城市环境中也同时隐含着适宜于人类生存的积极因素与不适于人类居住的消极因素。城市规划的作用就是充分发挥城市环境的积极因素,同时最大限度地抑制城市环境中的消极因素。

6.1.2　城市生态学

1. 生态、环境与生态学

如上所述,环境是作为某种事物(主体)的相对面而出现的客观存在。环境强调站在某个主体(例如人类)的角度上,看待其周围客观存在时的感受。按照人类生态学的观点,城市既是自然环境,又是社会(包括经济)环境,以人群聚集和活动作为环境的主要特征和标志。作为人工环境的城市,是人类有目的、按计划利用和改造自然环境而创造出的新的生存环境。

与"环境"概念中所强调的主体与周围的存在不同,"生态"的概念则更侧重于生物与其生存环境之间的相互关系和相互作用。1859 年德国学者西赖尔(G. S. Hilaire)首次使用"生态学"这一概念。1869 年同样来自德国的生物学家赫克尔(Ernst Heinrich Haeckel)将生态学明确定义为"研究有机体及其环境之间相互关系的科学"。"生态"(eco)一词源自希腊文字"oikos",原意为"居住地""遮蔽所""家庭",与意为科学研究的 logos 组合,成为生态学(ecology)。

生态学来源于生物学。生物学中有关生物系统研究的部分内容与环境科学交叉派生出生态学这一新兴的科学,随之迅速与地学、社会学、经济学以及其他多种学科相互渗透,又进一步派生出一系列交叉学科,如景观生态学、社会生态学、生态经济学等。而在生态学科内部,又按照研究对象的不同划分为若干个不同分支。通常,在基础生态学中,按照不同的等级单元可分为个体生态学、种群生态学、群落生态学与系统生态学等。

虽然冠以生态学的学科纷呈,但其研究的内容多集中在有关生态系统的平衡、环境的形成与变化对包括人类在内的生物生存的影响以及各种资源的保护与开发利用方面。

2. 城市生态学

作为生态学的一个分支,城市生态学以人类重要的生存环境——城市为对象,运用生态学的基本原理和系统论的方法,围绕城市人群的活动与环境的关系展开研究。

城市生态学的概念最初由芝加哥学派[①]的创始人美国人帕克于 20 世纪 20 年代提出。早期的城市生态学主要关注人类的空间关系和时间关系如何受其环境影响的问题,侧重于社会生态学的领域。现在通常将城市生态学理解为:"研究城市人类活动与周围环境之间关系的一门科学。"[②]城市生态学将城市视为一个以人为中心的人工生态系统,在理论上着重研究其发生和发展的动因,组合和分布的规律,结构和功能的关系,调节和控制的机理;在应用上运用生态学原理,规划、建设和管理城市,提高资源利用效率,改善系统关系,增加城市活力。按照研究对象的区别,城市生态学又可以分为城市自然生态学、城市经济生态学以及城市社会生态学。

近年来也有学者将城市生态学的概念进一步拓展,形成以生态学、环境科学、地理学等多学科交叉而派生出的作为边缘学科的城市生态环境学[③]。其研究内容包括从生态学的角度出发,研究城市居民与其生存环境的相互关系;从环境科学的角度出发,研究城市的空气、土地、水体、生物、自然环境的污染和控制以及资源的合理开发与利用;从地理学的角度出发,研究特定城市区域的地理环境系统与社会经济系统的相互关系。

无论是城市生态学还是城市生态环境学,究其本质均着眼于城市——这个人口、物质、能量高度集中并从中开展高强度活动的特殊地区,以及其对环境所产生的强烈影响。

3. 研究城市生态环境的现实意义

从宏观角度看,人类所面临的生态环境威胁主要来自于三个方面:①由自然灾害引起的原生环境问题,如地震、海啸、台风、旱涝灾害等;②由人类活动对环境污染和生态破坏所引起的危及人类及其他生物正常生存和发展的次生环境问题;③人口增长、经济发展、城市膨胀所带来的社会结构、生活质量等方面的社会环境问题。通常,这三者的总和被看作是广义的环境问题,而次生环境问题往往被作为狭义的环境问题。这三方面的环境问题均不同程度地体现在城市生态环境系统中,尤其是次生环境问题与社会环境问题显得尤为突出。

由于城市中人口、物质、能量的高度集中和生产、生活活动的高度密集,使得环境问题在城市中集中地暴露出来。一方面,由于城市的聚集和活动的高密度,使得普遍存在的问题对人类生存的影响程度大大提高、更加显现化。例如,同等程度的地震灾害对人口密集城市的破坏作用远远大于其他地区;再如,犯罪等普遍存在的社会问题,在城市中也显得尤为突出。另一方面,各种环境问题在城市中的交织与积累又会产生出新的

① 芝加哥学派(Chicago school of human ecology)指以美国芝加哥大学社会学系为代表的人类生态学及城市生态学学术思想的统称,活跃于 20 世纪 20 至 30 年代,开创了城市生态学研究的先河。代表人物有帕克(R. E. Park)、伯吉斯(E. W. Burgess)、麦肯齐(R. D. Mckenzie)等。芝加哥学派主要运用生态学原理研究并解释城市的聚集、分散、入侵、分割等现象,以及演替过程、城市的竞争、共生现象、空间分布格局、社会结构和调控机理等。
② 参考文献[2]:46。
③ 参考文献[1]。

环境问题。例如高密度的居住、工业废气、交通拥堵、汽车尾气的排放等因素在一定的气候条件下就会发生光化学反应,所生成的氮氧化物滞留在城市大气中,危及众多城市居民的健康。同时,城市的复杂性也使得解决城市问题的难度大大提高。

现代社会中,城市生态环境问题主要体现在以下几个方面:

(1) 城市人口快速膨胀,城市用地无秩序蔓延,原有的生态系统平衡被打破,带来交通拥挤、居住生活环境恶化等问题;

(2) 城市的产业、交通以及市民生活向大气、水体等排放大量有毒有害气体、污水、固态废弃物,产生噪声,对城市生态环境造成严重的污染;

(3) 城市中的大量用水、燃烧化石燃料,消耗各种自然资源造成水资源、能源的短缺和浪费,反过来形成限制城市进一步发展的制约条件。

应该指出的是,城市生态环境并不是一个孤立的存在,它必须与外部生态系统进行高强度的物质、能量和信息的交换。因此,城市环境问题也不是孤立存在的,它受到整个地球生态系统的影响。

研究城市生态环境的目的就是掌握城市生态形成、变换、发展的规律,以可持续发展观有计划、按步骤、量力而行地进行城市规划和建设[①]。例如,在城市规划阶段,充分调查研究城市所处的客观环境和现状中所存在的各种生态环境问题,研究确定科学、合理的城市环境容量,对可能出现的生态环境问题给予足够的重视并制定相应的对策;在城市建设过程中,以全局利益为重,严格执行城市规划所确定的各项控制要求,确保城市安全、健康、有序、可持续地发展。

6.1.3　城市生态环境与城市规划

城市生态环境可以简单地理解为我们所置身的城市空间存在,由城市自然生态环境与城市人工生态环境组成。而前者又可以进一步分为由城市的地质、地貌、大气、水文、土地等所构成的城市物理环境和由动物、植物、微生物所构成的城市生物环境;城市的人工生态环境则主要指建筑物、道路、工程管线等各类城市设施、社会服务以及生产对象等(图 6-1)。按照生态学的概念,与营养级结构为金字塔形的自然生态环境系统不同,城市生态环境系统的营养级结构是倒金字塔形的,系统不能自给自足,处于相对脆弱的状态。

相对于自然生态环境系统,城市生态系统呈现出下列基本特征:

(1) 以人类的生存活动为主导;

(2) 人工物质系统极度发达;

(3) 系统不完全、非独立、对外开放,需要与外部保持物质、能量的交换;

(4) 偏离自然平衡点建立起的非稳态平衡系统,主要依赖人工调节,具有脆弱性;

---

① 可持续发展(sustainable development),这一概念首次出现在 1980 年国际自然保护同盟发表的《世界自然资源保护大纲》中。可持续发展的含义为既满足当代人的需要,又不对后代人满足其需要的能力构成危害的发展。

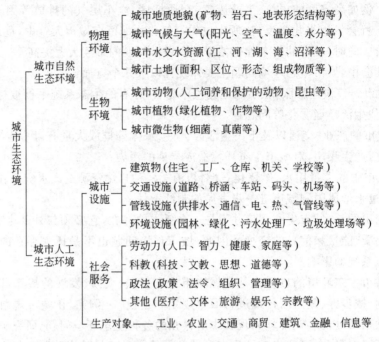

图 6-1 城市生态环境的构成
资料来源：参考文献[1]

（5）系统稳定依赖一次性能源的消耗。

从城市生态环境的构成与特征中可以看出：人类在城市生态环境的形成过程中占据了绝对的主导地位。但这并不意味着人类可以为所欲为，随意地改变甚至破坏城市生态环境系统的平衡。一方面因为人类具有生物的属性，受到自然环境的制约；另一方面，每个人都是城市社会环境中的一员，必须受到社会规则的制约。任何违反客观规律的行为最终都会受到来自自然与社会的报复和惩罚。

城市规划的任务之一正是在认识和把握自然规律和社会准则的基础上，合理地保护与利用自然资源，维护城市生态环境的平衡。具体来说，就是从保护自然生态环境与建立城市生态环境两方面着眼，合理选择适于开展城市建设的自然生态环境（包括地质、地貌、水文、气候等物理环境与植被、动物等生物环境）；同时，着力营造城市内部的人工生态环境，通过绿化、环境污染防治、建筑物合理布局、减灾措施等手段提高城市生态环境质量。通过合理的城市规划，城市在发展的过程中就有可能做到对外尽量降低对自然生态环境的影响；对内实现自然环境与人工环境的有机融合，最终形成城乡一体化的城市乡村关系和城镇体系。这种城乡一体化的田园城市也是近代城市发展过程中不断追求的一个梦想。

随着城市生态环境日益受到重视，以营造高质量城市生态环境为目标的理念与思想相继出现，并作为城市规划所追求的目标之一。例如，生态城市（ecocity）、绿色城市（green city）、健康城市（healthy city）、普世城（ecumenopolis）、园林城市、山水城市等。

其中，生态城市的概念已被城市规划界普遍接受，并形成了一整套较为完整的理论体系和规划设计方法[①]。

6.2　城市的自然环境

　　城市的生态环境由自然环境与建筑在其基础上的人工环境所组成。在进行城市规划时首先要为城市的发展选择合适的自然环境，避开环境中潜在的危险。同时了解由于城市建设所造成的城市局部生态环境的变化、特征及其后果，并在规划中做出相应的对策。城市规划中通常要考虑的城市自然环境有：地质地貌、气候与大气、水文与水资源以及动植物环境等。下面将分项简述这些城市环境要素的特征、可能的隐患以及城市规划中应注意的问题。需要说明的是，城市规划对城市生态环境的考虑不仅仅限于选择城市发展空间的阶段，而应贯穿于整个城市规划与管理的过程之中。

6.2.1　地质地貌

　　城市生态环境是建立在大地之上的，地表面的地形地貌与地表面之下的地质条件构成了其存在的最基本的必要条件。无论是古代主要依靠经验所进行的城址选择，还是利用现代科学技术开展测量、钻探活动为城市建设用地提供依据，其目的都是选择适于城市存在与发展的地质地貌。

1. 地质条件

　　城市长期存在并持续发展，稳定、安全、适宜的地质条件是一个关键因素。因为适宜的地质条件是城市生态环境存在和稳定的基本因素，是城市建设的基础。通常影响城市建设用地选择的地质条件主要有以下几个。

　　（1）工程地质条件

　　工程地质指某一地区各种岩层或土层的物理性质、软土层的埋藏深度、地下水位的深度等。不同的工程地质其承载力有着较大的差别，直接影响到建筑物的基础方式、安全、耐久程度乃至抵御地质灾害的能力。

　　表 6-1 列出了主要地质条件下的承载力。此外，某些地质土层在外界条件变化时，其物理特性及承载能力发生明显的变化，例如湿陷性黄土、膨胀土等。

　　（2）水文地质条件

　　水文地质主要包括地下水的存在形式、含水层厚度、埋深、矿化度、硬度、温度等因素。水文地质对城市的影响主要体现在影响城市用水、卫生条件以及建筑物的安全与寿命等方面。地下水的过量开采还会引起地面沉降等问题。

----

　　① 参考文献[4]。

表 6-1　各类自然地基的承载力　　　　　　　　　t/m²

类　别	承载力	类　别	承载力
碎石(中密)	40～70	细砂(稍湿)(中密)	12～16
角砾(中密)	30～50	大孔土	15～25
粘土(固态)	25～50	沿海地区淤泥	4～10
粗砂、中砂(中密)	24～34	泥炭	1～5
细砂(很湿)(中密)	16～22		

资料来源：参考文献[5]

（3）地质构造

地球地壳的运动造成岩层的褶皱、断裂、凹陷及隆起，形成地质上的断裂带。断裂带上的岩层出现大量节理、裂隙，岩石破碎，容易成为滑坡、崩塌的隐患。活动断裂带上还往往伴有频繁的地震活动。此外，地下溶洞、矿山地区的地下采空区等也是自然或人工形成的特殊地质构造，在一定诱发条件下会出现地面塌陷等现象，或在地震时加剧地表建筑物受破坏的程度。因此，城市规划中要使城市建设用地尽可能地避开地质断裂带。

2. 地形地貌

在自然及人工条件的作用下，不同地区的地球表面存在明显的差异，体现为形态的起伏、物质组成的变化以及整体动态演变的过程，这就是地形地貌。它作为地球表层系统的下垫面，构成了城市存在与发展的基础。由于人类对自然地形地貌的改变，城市地貌通常是自然地貌与人工地貌的复合体。按照人类活动对地貌影响程度的不同，城市地貌又被分为自然成因地貌、人工成因地貌以及混合成因地貌。低山、丘陵、台地、阶地、盆地、冲积平原、冲积扇、河漫滩、沙洲、礁石、坳沟等都属于未受人类活动影响的自然成因地貌。自然成因地貌覆盖于整个地球表面，是构成城市地貌的基础。与此相对应，房屋、道路、桥梁、人工堆积、人工平整场地、人工负地貌、地下工程等均属于人工成因地貌，是人类活动改变原始自然地貌的结果。城市中未受人类活动影响的原始自然地形地貌几乎不存在，但在某些局部人类的作用又尚未从根本上改变自然地貌，而只是在自然成因地貌中叠加了人工的痕迹，这类地貌被称为混合成因地貌。从严格意义上来说，城市地貌就是混合成因地貌，它是人工成因地貌叠加在自然成因地貌上的结果（图 6-2）。

影响城市用地选择与内部活动组织的地貌因素有以下几种。

（1）地表形态（地形）。包括地面起伏度、地面坡度、地面切割度等①。其中，地面坡

---

① 地面起伏度：顾名思义，指地表高低变化的程度，以海拔或相对高差(m)为度量单位；地面坡度：通常表示为倾斜角(°)或斜率(%)；地面切割度：江河沟谷下切腐蚀所形成的江河沟谷网密度，以单位面积中的江河沟谷长度(km/km²)为单位度量。

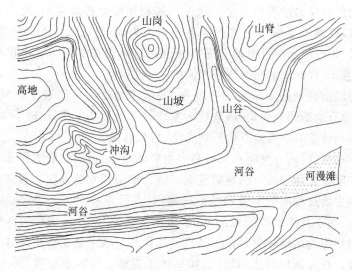

图 6-2　地貌类型示意图

资料来源：根据同济大学主编.城市规划原理[M].新一版.北京：中国建筑工业出版社,1991,作者编绘

度对城市建设的影响最为普遍和直接。坡度过大不利于城市建筑物的建设和各种生产生活活动的组织,而坡度过小则不利于地表水的排放和排水管线的建设。通常,适于城市建设的地面坡度在 $10°$（约 18%）～ $0.2°$（约 0.3%）之间。不同性质的城市用地对地面坡度的要求相差较大（表 6-2）。

表 6-2　城市建设用地适宜坡度

项　　目	坡　　度	项　　目	坡　　度
工业	0.5%～2%	铁路站场	0～0.25%
居住建筑	0.3%～10%	对外主要公路	0.4%～3%
城市主要道路	0.3%～6%	机场用地	0.5%～1%
次要道路	0.3%～8%	绿地	可大可小

注：工业如以垂直运输组织生产,或车间可台阶式布置时,坡度可大。

资料来源：参考文献[5]

　　（2）地貌营力过程和效应。人工或自然改变城市地貌的过程及其所带来的后果,包括：风化、重力、流水、熔岩、风沙等自然营力过程,以及修造、改造、填埋、挖掘、夷平、切坡、开凿等人工营力过程。

3. 地质地貌与城市规划建设

　　城市规划中分析研究地质地貌的最主要的目的就是要在选择和确定城市建设用地的过程中做到避害趋利,因地制宜。对存在发生灾害潜在威胁的地质条件和地形特征要事先掌握其可能造成灾害的程度,尽可能地使城市建设用地避开这些地区。如果由于客观原因确实难以避开时,应采取必要的工程措施加以弥补。同时在城市结构的确定以及内部各功能布局的过程中有意识地保留和利用部分自然地貌,使之与城市的人工地貌融为一体,既减少了城市对自然生态环境的影响,也改善了城市内部的生态环境。事实上,我国传统风水学说中的合理成分也正是体现在如何为城市在自然环境中选择一个安全、稳定、可持续的场所这一方面的。

地质条件对城市规划的影响主要体现在,城市用地要尽可能避开地质断裂带、溶洞、人工采空区等有缺陷的地质构造;选择地基承载力适于城市建设,地下水储量丰富、水质良好且不影响建筑基础等地下构筑物安全、耐久的地区。

地形对城市布局、结构和空间布局的影响主要体现在,地面的起伏程度(如山体、丘陵)、河流走向等限制并诱导城市用地的范围、规模、形态和发展方向。通常平原地区的城市用地由于在发展过程中较少受到地形的限制,多呈连绵发展的态势;而位于山区、丘陵地带的城市,由于自然地形的制约,城市用地多呈分片、分区的组团式结构,同时,易于建设的相对平坦的用地较为紧张。寻找与选择适于城市建设的用地成为城市规划中最主要的任务。在有地形起伏的地区,如果城市规划可以因地制宜、深入分析,还有可能充分利用当地地形地貌上的特征,构筑无论是整体结构还是艺术风貌,均具有特色的城市形态。

此外,在不同地形地貌的地区,城市规划中的道路、排水、防洪、防涝等工程设施的规划以及竖向规划均体现出不同的特点,需要给予足够的注意。

6.2.2　气候与大气

1. 城市的气候条件

城市气候是在城市所在区域气候的背景下,受人类活动所形成的一种独特的局部气候。如果说城市的地质地貌条件形成了城市存在的下部基层,那么城市气候就是城市上部生态环境的重要组成因素。城市气候包括太阳辐射、大气气温、风向与湍流、降水与湿度等诸多因素,对城市的形态、布局、建筑物的设计均有直接或间接的影响。例如,某个地区的太阳辐射水平和方位角直接影响到建筑物的间距、朝向以及日照标准的确定等;又如,城市的主导风向直接影响到城市内部各类用地之间的布局关系以及城市的整体形态等。

由于城市气候是某个地区的特定气候与人类活动对气候所施加影响的叠加结果,因此呈现出不同于该地区自然气候的某些特征。可归纳如下:

(1) 城市下垫面性质发生了变化。由岩石、土壤、绿色植被等原始的自然生态环境改变为混凝土、沥青、砖石等人工生态环境。其热容量、透水性能及地表粗糙程度发生了明显的变化,从而影响到城市的气温、水循环以及风环境。

(2) 大气成分改变。城市中大量矿物燃料的燃烧产生大量烟灰、粉尘等颗粒悬浮物以及一氧化碳、二氧化碳、二氧化硫、氮氧化物等有毒有害的气体,这是造成城市大气污染,形成城市温室效应、城市逆温层的主要原因。

(3) 人为热释放。城市生产、生活、交通等高密度的人类活动过程中产生出大量的

"余热"。同时建筑采暖、空调热排放甚至人体新陈代谢的热量都使得城市地区的热量吸入大幅度提高,从而形成"城市热岛"。

研究与分析城市气候的目的就在于掌握城市气候的特征和规律,在规划中减少不利气候的成因因素,尽量减少城市气候所带来的负面影响。城市的气候条件可大致分为城市风环境、城市热环境以及降水与湿度三个方面,下面将分别阐述。

2. 城市风环境

大气的水平流动形成了风。城市地区的风环境对城市的结构、功能布局等都有着直接的影响。同时,城市中的建筑物等从地表面凸起的物体又人为地改变了城市地区风环境的特征,进而影响到城市环境质量、生存舒适程度等。通常,在自然界风速达到一定程度时,城市中的建筑物等有减缓风速的作用。此外,城市中由于建筑物的高耸、密集等因素致使城市中的不同地区形成独特的局部气候,如街道风、峡谷风、涡流等。

在对风进行描述时,通常采用风向与风速这两个概念。风向一般采用 8 个或 16 个方位来表达,而风速以米每秒(m/s)为单位度量。某一观测点上,一定时期内某个方位上累积出现风向的次数占总体的百分比称为风向频率,用百分数来表达。出现最多的方位,即风向频率最高的方位被称做主导风向或盛行风向。就某个具体的城市而言,可能存在一个或两个明显的主导风向,也可能不存在明显的主导风向。我国东部大部分地区受季风环流的影响,通常呈现出冬季西北、夏季东南的主导风向。

城市规划中多采用按照气象统计资料,编绘累年风向频率和平均风速统计表以及累年风向频率和平均风速图的做法,直观地表达特定城市的风环境特征。由于累年风向频率和平均风速图的形态与盛开的玫瑰类似,因此又被形象地称为"风玫瑰图"(图 6-3)。由于城市风环境与城市排放大气污染物的扩散机理直接相关,因此,风向频率与平均风

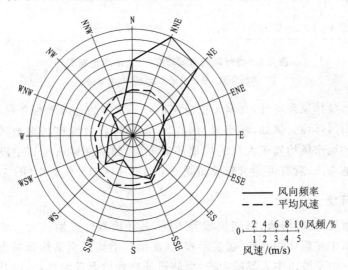

图 6-3　累年风向频率与平均风速(风玫瑰)图

资料来源:根据参考文献[5],作者编绘

速又被用来描述风对扩散大气污染物的作用,即风向频率与平均风速之比被定义为"污染系数"。该数值越大表示城市在这一方位上可能受到的污染程度越重,反之亦然。

在城市规划中,为防止工厂等可能向大气中集中排出污染物的污染源对居住区等生活用地造成污染,通常根据当地的风向频率和平均风速的具体状况对各类城市用地做出合理的布局。一般根据主导风向的有无、数量、方位等,尽可能将有污染的产业类用地布置在生活居住用地的下风向,或将二者平行于主导风向。另外,在一些平均风速较低,常年处于微风或静风状态的城市,除留意微风或静风条件下大气污染物扩散的特点外,还可以在规划中将主导风向上的迎风地区保留为绿地等开敞空间,形成城市中的"风道",依靠自然风力加速城市大气污染物的扩散和漂移(图6-4)。

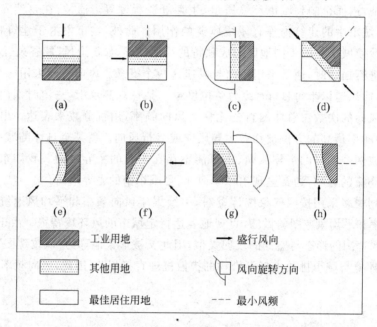

图 6-4　盛行风向与城市生产、生活用地布局

资料来源:根据参考文献[5],作者编绘

除上述城市整体风环境外,在城市中或城市外部特定的地形地貌条件下,还会形成局部的独特城市风环境。例如,城市风、山谷风、海陆风以及城市局部地区的大气环流等。这些局部的城市风均属于大气的局地环流现象,如果在城市规划中没有给予充分的重视和足够的考虑,就有可能引起或加剧城市局部地区的大气污染(图6-5)。

3. 城市热环境

由于城市所处纬度、海拔、海陆位置等不同,其环境温度差别较大。城市的热环境直接影响到城市中建筑物的布局、建筑形式、保温隔热措施乃至供热等城市基础设施的有无及标准等。由于城市中人类的生产、生活活动释放出大量的热量,以及城市下垫面性质的改变,通常使得城市中的温度要高出周边的非城市化地区,等温曲线基本上以同心圆状由市中心依次向外递减,这种现象被称为城市的"热岛效应"。"热岛效应"的产

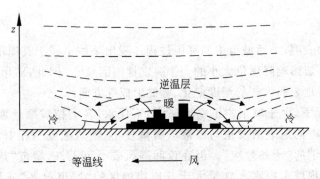

图 6-5 城市大气环流示意图

资料来源：根据参考文献[1]，作者编绘

生对城市生态环境可造成正面的及负面的影响。首先，由于"热岛效应"而产生的城市大气环流现象有可能加重城市大气污染的程度。其次，对低纬度城市而言，"热岛效应"加剧了夏季城市中高温酷暑的程度，容易造成由高温所引起的身体不适及诱发相关疾病，并加大建筑物空调制冷能源的消耗。但是"热岛效应"也具有可以降低中高纬度地区城市冬季采暖的能耗，使城市中的积雪易于融化，易于植物生长等有利的一面。由此可以看出：城市规划要善于利用"热岛效应"中的有利因素，抑制其带来的不利影响，通过减少人为热排放、增大城市表面反射率、增加水面与绿化覆盖率等手段部分消除"热岛效应"所带来的负面影响。

通常，城市中的温度随高度的上升呈逐步递减的状态。但在冬季昼夜温差较大的地区，在夜晚晴朗无云的天气下，地面散热冷却较上部空气快，形成上暖下冷的逆温现象。尤其是在山谷盆地或山前平原交接带等地区，山坡冷却速度较平地快，冷空气沿山坡下沉至谷底或平地，较暖的空气被冷空气排挤而上升，在城市上空形成上暖下冷的"逆温层"。"逆温层"形成后的大气相对稳定，城市中排放出的大气污染物滞留在城市上空，得不到快速有效的扩散，极易加重对城市的污染程度（图 6-6）。

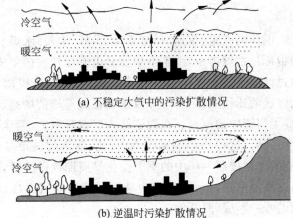

(a) 不稳定大气中的污染扩散情况

(b) 逆温时污染扩散情况

图 6-6 城市上空逆温层示意图

资料来源：根据参考文献[9]，作者编绘

4. 降水与湿度

现有研究成果表明,虽然城市中的降雨过程体现出某些不同于其周围地区的特征,但城市本身并不构成影响降雨量大小的一个决定性的因素[①]。因此,城市中降水与湿度更多地体现在接近地表面大气的湿度变化、雾的形成等方面。

在大多数情况下,由于城市中下垫面坚实、不保水,各类植被覆盖面积较小,温度较高等原因,城市中的地表蒸发量与植被蒸腾量较小,绝对湿度与相对湿度均小于其周边地区,形成所谓的"干岛效应"。但在夜间静风或小风天气,城市"热岛效应"较强的情况下,也会出现城市中水汽含量大于其周边地区的"城市湿岛"或称"凝露湿岛"现象。

城市中大量矿物燃烧所形成的颗粒悬浮物极易成为水汽凝结的凝结核。同时城市"热岛效应"所造成的较大温差容易在城市上空形成云层或在近地空气中形成雾。城市中的大雾不但会阻碍视线、妨碍交通、造成事故,而且往往会与空气中的粉尘、二氧化硫等污染物混合危及人体的呼吸系统。

此外,由于城市中大量燃烧矿物燃料,大气中含有大量二氧化硫、氮氧化物等,这些物质在一定条件下发生化学反应,生成硫酸、亚硫酸和硝酸,并随降水回到地面。当降雨的 pH 值小于 5.6 时,被称为"酸雨"。酸雨使环境酸化,破坏了生态平衡,腐蚀各种建筑物、构筑物、金属设备等,严重时还会造成动植物的大量死亡,危及人类健康。

6.2.3　水文与水资源

水是一切生命体存在的基础,也是任何一个城市正常开展生产与生活活动的基础。不仅如此,现代城市中的河流、水面除作为水源这一基本功能外,还是城市排水、改善城市气候、净化城市环境、创造城市景观的重要因素。

1. 水文与水文地质

通常,城市中河流、湖面的流量、流速、径流系数、洪峰、水质、水温、水位等被作为度量该水体水文条件的指标。在城市中,由于下垫面多由密度较大的坚实材料形成,降雨过程中的雨水很快通过地面及排水系统排向城市下游的水体,使得雨水的地面径流比例大大增加;而蒸发、渗透的比例明显下降,导致地面径流量峰值增高、峰值出现滞后期缩短的现象,从而增加了河流中的流量。在河道被人工截弯取直,河床宽度被压缩的情况下,河水流速也相应提高。这些均影响到排水、排涝、防洪等城市基础设施的建设与设防标准。通常,河流的水位按照一年中的季节变化呈周期性的涨落,在某些年份还会因上游地区的强降雨过程等形成洪峰。城市中地面径流量峰值增高、峰值出现滞后期缩短的情况也会加剧洪峰的形成(图 6-7)。

---

① 参考文献[1]：87-88。

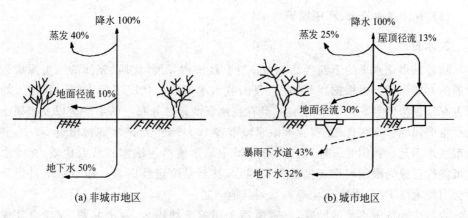

图 6-7 城市与非城市地区的水循环比较
资料来源：根据参考文献[1]，作者编绘

有关地下水的存在形式、含水层厚度、埋深、硬度、水温等要素被称为水文地质条件。地下水通常按其成因与埋藏条件分为上层滞水、潜水和承压水，可以作为城市水源的一般为后两者。由于城市中的生产生活活动需要大量用水，尤其在地表水资源较为匮乏的地区，地下水常常被用作城市的主要水源。但地下水的过量抽取容易造成地下水位的大幅度下降，形成"漏斗"形的地下水位分布状态。地下水位的下降又会进一步造成地面沉降、江河海水倒灌以及由地下水径流方向紊乱所引起的地下水质劣化、地下水源被污染等负面效果。

2. 城市规划与水文环境

江河湖泊等水体，不但可以为城市提供水源、接收城市排水，同时还是改善城市气候、净化城市污水、美化城市环境、为市民提供亲近自然和生物多样性生存环境的场所，在一些水文条件良好的江河还可以开展水路运输。但是河流对河岸的冲刷侵蚀、河床泥沙淤积以及洪水也是威胁城市安全的隐患。在城市规划中要充分考虑到城市中水体的水文及水文地质条件，充分利用大自然的恩赐，避免或减少水体的威胁。"高毋近旱，而水用足。下毋近水，而沟防省"就是我国古代对处理城市与水体关系的精辟总结①。

城市规划中可以从以下几个方面处理好城市与水文环境的关系：

（1）保持江河湖泊的自然地貌特征，维护其原始水文特征；

（2）确定适当的防洪标准，采用较宽的复式河床等方式，尽量降低防洪堤的高度，并采用贴近自然的平面线形和断面形式；

（3）通过采用渗透性铺装，增加绿化、水面面积等方式，提高城市下垫面的透水性和土壤的蓄水能力，减少地面径流的比例；

（4）合理利用自然水体，结合绿化使之成为城市景观的重要组成部分和市民亲近自然、开展休闲活动的场所；

①《管子·立政篇》。"省"，灾祸之意。

（5）有计划地开采、利用地下水源。

3. 水资源

随着城市化水平的不断提高和城市社会经济的发展，优质、充沛的水资源成为城市发展的必要保障。但根据现状情况，我国城市水资源的状况不容乐观。我国人均水资源占有量仅为世界平均水平的 1/4，且存在水资源地域分布上的不平衡以及水质污染现象严重等问题。据统计，目前我国缺水城市有 400 个，严重缺水的城市近 50 个，60％的城市供水不足。我国北方地区的大部分城市缺水或严重缺水。获取优质、充沛水资源的可能性已成为限制城市规模的重要因素，甚至是决定性因素。地下水的过量开采同时会引发地面下沉、水质恶化等一系列其他问题。

为解决水资源不足的问题，除通常所采用的节约用水、南水北调、流域合理规划利用等手段外，规划建设城市中水系统，对城市污水进行处理再利用以及收集雨水等措施也是缓解城市用水紧张的重要途径。

6.2.4　动植物环境

在城市自然生态环境中，除了上述地质地貌、水文气候等物理环境外，还存在着由城市动物、植物以及微生物所构成的城市生物环境。从广义上来看人也属于组成城市生物环境的要素之一。

由于城市中人类高密度的聚居和高强度的活动以及物理环境的根本性改变，使得生活在自然生态环境中的绝大多数的生物在城市中无法生存。其中，以兽类和鸟类表现得最为明显。可以生存在城市生态环境中的生物多半要有较强的适应环境的能力。例如：以人工构筑物为基础筑巢的麻雀，寄生在人类周围的老鼠、蟑螂、蚊蝇等害虫等。此外城市中还生存着一些人类饲养的宠物。鉴于同样的原因，城市的植物也存在生长受限制、遭受污染、群落结构简单等问题。

城市规划中对城市动植物环境的考虑主要集中在植物方面。城市规划与建设中对自然植被的保护和有意识的恢复、培育是协调城市生态环境中人与自然的关系，创造适于人类生活居住环境的重要手段。关于城市自然保护规划以及城市绿化系统的规划将在第 10 章专门论述，在此，仅将城市绿化在改善城市生态环境方面的效应简述如下：

（1）光能效应。树冠吸收和反射太阳辐射，使树冠下的光照强度大大降低，有利于提高生物在夏季的生存环境质量。

（2）降温增湿效应。树木的遮阳蔽荫、降低风速和蒸腾等作用可以起到保持地面湿润、降低温度的作用。成规模的城市绿化可明显改善城市的局部小气候，在一定程度上缓解城市热岛效应。

（3）碳氧平衡效应。绿色植物在进行光合作用时，吸收空气中的二氧化碳和土壤中的水分，合成有机物质并释放氧气。虽然植物呼吸也要吸收氧气，排出二氧化碳，但从总体上看，绿色植物仍是在消耗二氧化碳，释放氧气。这无疑可以在一定程度上恢复城市中由于燃烧矿物能源而被打破的碳氧平衡。

（4）环境净化效应。城市中的植物对二氧化硫、氯、氟等有毒气体具有一定的净化作用。同时对大气中漂浮的粉尘也可以起到滞留、吸附、过滤等效果。

此外,城市森林等成规模的绿化还是水土保持、水源涵养、保持生物多样性的必要场所。

由此可以看出,城市规划中对原生或次生植物的保留以及有计划地栽植、培育绿化植物是改善城市生态环境质量,提高市民生活健康舒适程度的有效手段。

6.3　城市环境保护

伴随着全球人口的不断增长,一次性能源的大量使用以及人类活动空间领域的不断拓展,地球原生的生态系统平衡被打破,环境受到污染。最终,人类自身的生存环境受到威胁,生活环境质量下降。虽然目前环境污染问题正在从大气污染、水体污染等传统的区域性环境污染问题向气候变暖、臭氧层破坏等全球性环境问题发展,但城市作为人类生产、生活、交通等各项活动集中发生的地区,其受污染的方式更为直接,受污染的程度也最为严重。因此,掌握城市中各类污染的形成机制和过程,有效地减缓或降低污染物对环境的影响程度是城市规划中应给予足够重视的问题(表 6-3)。

6.3.1　城市污染物及其危害

1. 城市大气污染及其危害

城市中对大气环境造成危害的污染物主要有两类,即固态颗粒污染物和气态污染物。

（1）固态颗粒污染物

固态颗粒污染物即通常所说的粉尘。根据其粒径的不同又分为降尘和飘尘。通常,粒径在 $10\mu m$ 以上的称为降尘,由于重力作用,可很快地降至地面,其成分多为燃烧不充分的碳颗粒。常见的烟筒、汽车尾气中冒出的黑烟中就含有大量的降尘。粒径在 $10\mu m$ 以下的称为飘尘,可长时间在空气中飘浮,主要来源于燃料燃烧和工业生产过程中的废弃物。由于长时间漂浮,容易通过呼吸道进入人体,引起疾病。

（2）气态污染物

气态污染物以气体分子的形式存在。城市大气中的气态污染物种类较多,常见的主要气态污染物及其危害见表 6-4。

2. 水体污染物

城市中的生产生活活动向江河湖泊中排放出大量的工业废水及生活污水。尤其是未经处理的污水,其中含有大量的各类污染物,会污染自然水体,造成危害。城市水体中常见的污染物主要有以下几类。

表6-3　20世纪著名8大公害事件

公害事件名称	主要污染物	发生时间	发生地点	中毒情况	中毒症状	致害原因	公害成因
富山事件（骨痛病）	镉	1913—1975年（集中在20世纪50—60年代）	日本富山县神通川流域，蔓延至群马县等地7条河的流域	至1968年5月确诊患者258例。其中死亡128例，1977年12月又死亡79例	开始关节痛，而神经痛和全身骨痛，最后骨骼软化萎缩，自然骨折，饮食不进，衰弱疼痛至死	食用含镉的米和水	炼锌厂未经处理的含镉废水排入河中
米糠油事件	多氯联苯	1968年	日本九州爱知县等23个府县	患病者5000多人，死亡16人，实际受害者超过1万人	眼皮浮肿，多汗，全身有红正疹，重者恶心呕吐，肝功能下降，肌肉疼痛，咳嗽不止，甚至死亡	食用含多氯联苯的米糠油	米糠油生产中用多氯联苯作载热体，因管理不善，多氯联苯进入米糠油中
四日事件（哮喘病）	SO_2、煤尘、重金属粉尘	1955年以来	日本四日市，并蔓延到几个城市	患者500多人，其中有36人因哮喘病死亡	支气管炎，支气管哮喘，肺气肿	重金属粉尘和SO_2随烟尘进入肺部	工厂大量排出SO_2和煤粉，并含铅、钛等重金属微粒
水俣事件	甲基汞	1953—1961年	日本九州南部熊本县水俣镇	截至1972年有180多人患病，50多人死亡，22个婴儿生来神经受损	口齿不清，步态不稳，面部痴呆，耳聋眼瞎，全身麻木，最后精神失常	海鱼中富含甲基汞，当地居民食用含毒的鱼而中毒	氮肥厂含汞催化剂随废水排入海湾，转化成甲基汞被鱼和贝类摄入
伦敦烟雾事件	烟尘及SO_2	1952年12月	英国伦敦市	5天内死亡4000人，历年共发生12起，死亡近万人	胸闷、咳嗽、喉痛，呕吐	SO_2在金属颗粒物催化下生成SO_3，硫酸和硫酸盐，附在烟尘上，吸入肺部	居民取暖燃煤中含硫量高，排出大量SO_2，和烟尘又遇逆温天气
多诺拉烟雾事件	烟尘及SO_2	1948年10月	美国多诺拉镇（马蹄形河湾，两岸山高120m）	4天内43%的居民（6000人）患病，20人死亡	咳嗽、喉痛、胸闷、呕吐、腹泻	SO_2、SO_3和烟生成硫酸盐气溶胶，吸入肺部	工厂密集于河谷盆地中，又遇逆温和多雾天气
洛杉矶光化学烟雾事件	光化学烟雾	1943年5—10月	美国洛杉矶市（三面环山）	大多数居民患病，65岁以上老人死亡400人	刺激眼、喉、鼻，引起眼病和咽喉炎	石油工业和汽车废气在紫外线作用下生成光化学烟雾	该城400万辆汽车每天耗油2.4×10^7 L，排放烃类1000多吨，逆温地形不利于空气流通
马斯河谷烟雾事件	烟尘及SO_2	1930年12月（1911年发生过，但无人死亡）	比利时马斯河谷（长24km，两侧山高90m）	几千人中毒，60人死亡	咳嗽、呼吸短促、流泪、喉痛、恶心、呕吐、胸闷闷窒息	SO_2、SO_3和金属氧化物颗粒进入肺部深处	谷地中工厂集中，烟尘量大，逆温天气日有雾

资料来源：参考文献[11]

表 6-4　城市中常见气态污染物及其危害

污染物类型	成因及可能造成的危害
二氧化硫	与雨水结合生成硫酸或亚硫酸。对人体黏膜产生强烈刺激,可引起哮喘等疾病。对建筑物、金属等有较强的腐蚀作用
氮氧化物	氮氧化物含多种氧化物,构成污染的主要是一氧化氮与二氧化氮,二氧化氮可导致呼吸系统与神经系统的疾病,致癌,并抑制植物的生长。通过光化学作用,氮氧化物还会造成二次污染
一氧化碳	主要来源于汽车尾气和化石燃料的燃烧。因不溶于水,长时期停留在大气中(2～3 年),可使人体组织出现缺氧状况,诱发贫血、心脏病、呼吸道感染等疾病
氟及其化合物	可导致呼吸道疾病、骨质疏松等
氯气	易溶于水产生盐酸和次氯酸,可引发呼吸道疾病,腐蚀金属表面,影响植物生长等
光化学烟雾	来自工业生产及汽车尾气中的氮氧化物和碳化氢,经太阳光中紫外线照射,可引起毒性很大的浅蓝色烟雾(光化学烟雾)。其主要成分为臭氧、醛类、过氧乙酰硝酸酯、烷基硝酸盐、酮等,对人体黏膜、呼吸道有强烈刺激作用

资料来源:作者根据文献[1]归纳

(1) 有机物质污染。污水中含有的碳氢化合物、蛋白质、脂肪、纤维素等有机物质是水生微生物的营养源。水中微生物分解有机物质所需溶解氧的量被称为生化耗氧量(BOD);在化学氧化过程中所消耗的溶解氧被称为化学耗氧量(COD)。水体中溶解氧被大量消耗造成有机物的厌气发酵,散发出臭气,并造成水生动物因缺氧死亡。

(2) 无机物质污染。主要来源于工业废水中的酸、碱、无机盐类,可造成水体 pH 值的改变,杀死或抑制细菌和微生物的生长,从而妨碍水体自净功能,同时加大水的硬度或腐蚀排水管道、船舶等。

(3) 有毒物质及重金属离子污染。氢化物、砷、酚类等有毒物质以及汞、镉、铜等重金属离子轻则杀死水体中的微生物及动植物,重则通过生物链在生物体内蓄积并最终危及人类生命健康。

(4) "富营养化"污染。造纸、制革、肉类加工、炼油以及生活污水中含有的氮、磷、钾、碳等元素使水中藻类大量繁殖,消耗溶解氧,危及鱼类生存。

(5) 病原微生物污水污染。生活污水,未经处理的医院排水,生物制品、屠宰场等工业废水等会将病原微生物带入水体,在一定条件下造成疾病的流行。

(6) 其他类型的污染。如油污染、热污染、含色和臭味废水的污染等。

3. 固体废物污染

城市固体废物包括:

(1) 来自冶金、燃料、化工等工业的工业固体废物(废渣);

(2) 采矿废石、选矿尾矿等矿业固体废物；

(3) 含有有机物和无机物的生活垃圾；

(4) 含有大量浓缩有害物质的废水处理渣(污泥)。

4. 城市噪声污染

在城市中,伴随工业生产、建筑施工、交通运输、商业活动等往往产生各种令人厌恶的噪声,影响居民的休息、工作甚至健康。高分贝的持续噪声可使人出现烦躁、耳鸣、眩晕、恶心、呕吐等症状,长期处在噪声环境中可造成听力减退、噪声性耳聋等疾病。此外,伴随噪声所出现的震动除影响市民的正常生活外,也会影响到高精度生产等。

5. 城市中的其他污染

水域、矿床、宇宙射线等天然放射性物质的辐射源,以及医用射线源、原子能工业的各种放射性废弃物、核武器试验甚至核电站的事故等人工辐射源均有可能对城市生态环境造成不同程度的危害。由于人类用肉体感官无法察觉辐射的存在,且辐射对生物影响的过程漫长,其危害往往容易被忽视。

此外,城市中还存在电磁污染、光污染等。

6.3.2　城市污染物的来源

在城市中,产生上述各种污染物的来源较广,往往同一类污染物质来源于不同的发生源。要做到对污染源的控制,首先要掌握各种污染源的状况及特点,以便在环境保护规划中做到有的放矢。按照社会经济运行的种类,污染源可大致分为以下几大类。

1. 工业污染源

工业生产过程中所排放出的废气、废水、废渣被称为"三废",是工业污染的主要形式。在工业城市,尤其是在重工业、化工、造纸、印染、皮革等工业为主的城市中,工业污染是城市污染的主要来源。不同种类的工业其排放污染物的种类不同,对城市大气、水体、土壤等所造成的污染程度也就有所不同。城市规划中需要针对城市主导工业及其污染物的情况进行调查,配合工艺改造、添置除污设备等措施,有效控制工业排放污染对城市的影响。表6-5中列出了部分工业废气中含有污染物的情况。

2. 交通污染源

城市中的交通污染主要来源于内燃机排放的尾气以及交通噪声。城市中行驶的汽车、摩托车、内燃机车等车辆向城市大气中排放大量一氧化碳、二氧化碳以及氮氧化物等有害气体。在发达国家以及国内经济发达的大城市中,各种机动车辆尾气对城市大气环境所造成的污染甚至超过了工业。而在一部分中小城市中,无铅汽油的使用尚未普及,也是造成环境污染的主要原因。

表 6-5　城市工业部门向大气排放的主要污染物

工业部门	企业名称	向大气排放的污染物
电力	火力发电厂	烟尘、二氧化硫、氮氧化物、一氧化碳
冶金	钢铁厂	烟尘、二氧化硫、一氧化碳、氧化铁、粉尘、锰尘
	炼焦厂	烟尘、二氧化硫、一氧化碳、硫化氢、酚、苯、萘、烃类
	有色金属	烟尘(含有各种金属如铅、锌、铜等)、二氧化硫、汞蒸气
化工	石油化工厂	二氧化碳、硫化氢、氰化物、氮氧化物、氯化物、烃类
	氮肥厂	烟尘、氮氧化物、一氧化碳、氨、硫酸气溶胶
	磷酸厂	烟尘、氟化氢、硫酸气溶胶
	硫酸厂	二氧化硫、氮氧化物、一氧化碳、氨、硫酸气溶胶
	氯碱厂	氯气、氯化氢
	化学纤维厂	烟尘、硫化氢、二氧化碳、甲醇、丙酮
	农药厂	甲烷、砷、醇、氯、农药
	冰晶石厂	氟化氢
	合成橡胶厂	丁二烯、苯乙烯、乙烯、异丁烯、戊二烯、丙烯、二氯乙烷、二氯乙醚、乙硫烷、氯化钾
机械	机械加工	烟尘
	仪表厂	汞、氰化物、铬酸
轻工	造纸厂	烟尘、硫酸、硫化氢
	玻璃厂	烟尘
建材	水泥厂	烟尘、水泥尘

资料来源:参考文献[1]

另外,各类机动车、列车在行驶过程中,或与地面、铁轨摩擦,或鸣笛响号发出各种声响,形成城市噪声。尤其是大型喷气式飞机的起飞降落以及飞行前的试车也在机场附近、飞机起落航道等一定范围内造成高强度的噪声区,影响城市正常的生产或生活。

3. 生活污染源

城市中居民的日常生活也会产生大量的排烟、污水、垃圾和噪声等。城市中密集的生活居住环境加剧了这些污染物的排放强度和相互之间的影响。城市中的生活污染主要集中在以下几个方面。

(1) 生活用煤污染。在使用煤炭作为生活燃料的城市中,由于分散的小规模燃烧方式,低矮的烟筒,致使燃烧过程中排放出大量一氧化碳、二氧化硫等有害气体,有时其对城市环境的影响甚至超过工业。

(2) 生活废水污染。生活污水中含有大量的有机物、含磷合成洗涤剂以及细菌和病毒。如果生活污水未经处理直接排放至自然水体,轻则引起水质下降,重则使水体发臭变质,甚至引起疾病的大规模流行。

(3) 生活垃圾污染。随着居民生活质量的提高,商品化社会对包装的过度追求,城市垃圾正日益成为威胁城市环境,乃至整个生态环境的因素。

(4) 生活噪声污染。城市公共场所中产生的噪声,例如,市场、学校运动场、KTV、酒吧等娱乐场所以及家庭中所产生的噪声也构成了城市噪声的一部分。

4. 其他污染

除上述城市中的各类污染外,现代农业中农药化肥的大量、不当使用也造成对整个生态环境的污染,并通过食物链进而影响到城市。农作物秸秆、树木落叶的焚烧有时也会造成大气污染。此外,随着高尔夫运动在国内的逐渐普及和推广,位于城市周边的高尔夫球场往往因为杀虫剂、除草剂的大量使用而对附近水体造成污染,并间接地影响到城市环境。

6.3.3　城市环境污染对策与环境保护规划

城市环境污染对策是城市政府为应对城市环境污染所采取的方针政策和具体措施,通常具体体现为城市环境保护规划的主要内容。环境保护规划是城市政府部门(环保局等)所编制的单项规划,其主要内容通常纳入城市总体规划的专项规划中。

1. 城市污染综合治理

城市中的工业生产、市民生活、交通等排放出大量的有害环境的废气、污水和垃圾,造成了城市生态环境的恶化,不但影响到市民的正常生活,而且危及人类的健康和生存环境。可以说城市是环境污染的始作俑者,也是最直接的、最大的受害者。在西方工业化国家中,工业革命后的城市污染状况不断恶化,尤其是在第二次世界大战结束后的20世纪40—60年代,环境问题突现。这一状况促使人类开始对城市生态环境问题进行认真的思考,同时陆续采取了从制定法律到采用新技术的一系列对策。20世纪70年代后,西方工业化国家中的环境污染状况逐步得到了改善。

与西方工业化国家的情况基本相同,我国的环境污染问题也首先发生在城市中。从20世纪70年代中期开始,我国陆续开展了城市污染源治理、工业污染综合防治等工作,在收到一定成效的同时,也暴露出单纯工业污染治理的局限性。对此,我国在20世纪80年代开始调整城市环境保护战略,提出"城市环境综合整治"的新思路和新政策。其核心思想是把城市环境看作一个受多种因素影响和控制的系统,认为:改善城市环境必须通过城市功能区的合理规划和城市基础设施的重大改进,以及对城市污染进行集中整治等多种方式来实现。也就是说:城市环境污染的防治及城市生态环境质量的提高,不但需要通过技术手段来控制、减少污染物的排放,更需要从城市整体布局上按照城市环境保护的要求,确定合理的城市结构,处理好城市中各功能区之间的关系,同时,建设具有汇集、处理污染物能力的城市基础设施。由此可以看出,科学、合理的城市规划对达到治理城市环境污染的目的、创造良好的城市生态环境至关重要。

2. 城市大气污染综合治理

城市大气污染的成因较为复杂,必须依靠综合的手段从各个方面减少污染物的排放量,降低污染物对城市的影响。通常,城市大气污染综合整治措施主要有以下几个方面。

(1) 合理利用大气容量

对城市中排出的废气,在一定范围内大气自身具有一定的自净功能,如稀释扩散、降雨洗涤、氧化还原等。如在城市规划建设中,注意城市的主导风向和特定的风环境,并据此安排和调整工业布局,就有可能使污染物向大气中扩散、自净的过程避开城市人口密集地区,减少对城市的影响。

(2) 集中控制重要污染源

除汽车尾气排放、居民生活用燃料的燃烧外,城市大气污染中的相当一部分是由工业生产和能源供给所产生的。因此,可以通过调整工业结构、改变能源结构、集中供热、发展新型能源等手段,重点解决污染物集中排放点的问题;同时,对居民生活用燃料所造成的污染也可以通过采用低硫煤、煤气化、天然气化措施加以改善。

(3) 依靠技术手段降低污染物排放量

对污染物集中排放设施,通常采用吸收、吸附、过滤、中和及除却等多种技术手段,减少排放废气中的有害物质及粉尘,有效控制污染源的污染物排放总量。

(4) 发展植物净化

结合城市绿地系统规划,使主要污染源与城市其他功能区之间保持一定的空间距离。同时选用对空气污染具有较强净化能力的树种,利用一部分绿化植物可吸收有害气体、净化空气的特点,达到净化空气的目的。

由此可以看出,城市规划在城市大气污染治理方面是可以大有作为的。

3. 城市水污染综合治理

与城市大气污染物排放后难以控制和汇集不同,可通过城市排水系统、污水处理厂等城市基础设施对城市污水进行流向控制、汇集和有效的处理。城市水污染综合整治措施主要有以下几个方面。

(1) 合理利用水环境容量

应科学利用水体的自净功能和水环境容量,结合工业布局调整和下水管网建设调整污染负荷分布,结合城市基础设施建设,注意城市用水的取用和城市污水排放的上下游关系。

(2) 节约用水、加强废水利用

在工业生产中尽可能采用用水的闭路循环系统,使废水循环利用,减少废水排出量。在有条件或水资源严重短缺的城市,可考虑建设城市中水系统。

（3）强化污水治理

对城市生活污水和工业废水要分别对待。工业污水要尽可能与其他城市污水分流，事先进行单独处理后再排入城市污水系统。随着城市经济的不断发展和城市水体污染状况的日益严重，城市污水处理厂已经成为必不可少的基础设施之一。在一般情况下，单一污水处理厂的规模越大，其单位处理能力的建设投资和运行费用就越少，所处理的水质越稳定。

（4）排水系统的规划

城市排水系统是城市污水治理中的重要环节，也是城市基础设施的重要组成部分。合理的污水、雨水排水系统的规划设计和建设可提高污水治理的效果，降低治理成本（有关城市排水系统规划的详细内容，参见第11章"城市基础设施（工程）规划"）。

（5）流域污染的防治与水源保护

城市不是孤立存在的。在河流流域中，往往一个城市的下游恰恰是另一个城市的上游。因此，对于河流流域污染的治理，不能单独依靠某个城市或一部分城市的努力。在流域污染的防治中，除需要对流域中每个城市的排污总量、浓度等进行控制外，必要时还可以考虑建设区域性大规模联合污水处理厂等设施。此外，在以地表水为主要水源的流域中，划定水源保护区，保护好城市用水尤其是饮用水水质也是流域污染防治工作的重要任务。

4. 城市固体废弃物污染综合治理

城市固体废弃物的处理占用大量的土地空间，如果处理不当，还有可能引起堆放填埋地区的二次污染。城市中的固体废弃物可大致分为工业固体废弃物、有毒有害固体废弃物和城市垃圾。在进行治理时可根据其不同的特点采用不同的方法。

（1）一般工业固体废弃物

一般工业固体废弃物的成分较为复杂，既有金属也有非金属，既有无机物也有有机物。对于一般工业固体废弃物处理的上选之策就是实现其再生资源化。一种工业的废渣很可能是另一种工业的原材料。因此一些工业固体废弃物被戏称为"放错地点的原料"，例如采煤过程中产生的煤矸石，就可以作为生产硅酸盐的原料。

（2）有毒有害固体废弃物

对于有毒、易燃、有腐蚀性或传染疾病的有毒有害固体废弃物，通常采用焚化、化学处理（如中和、氧化还原等）及生物处理的方法使其无害化，或者选择地质、水文条件稳定，远离人口稠密地区的地点进行安全存放。

（3）城市垃圾

城市垃圾主要由被废弃的动植物、食品、衣物、家具、废纸等有机物以及各种玻璃、金属器皿等无机物所组成的生活垃圾和建筑垃圾所组成。无害化、减量化及资源化是城市垃圾综合整治的主要目标。通常采用卫生填埋、焚烧、回收利用等手段对城市垃圾进行处理。其中以垃圾分拣、回收为核心的综合利用是处理城市垃圾的首选手段。

城市垃圾的清扫、收集、运输和处理通常作为城市环境卫生规划纳入城市总体规划中。除对城市垃圾收集点、转运站、焚烧厂等处理设施做出安排外,通常城市规划还在规划区范围内(包括专门为此划定的"飞地")选择适当场所作为固体废弃物或垃圾焚化残灰的填埋场所。

5. 城市噪声污染综合治理

产生城市噪声的来源众多,结构复杂,给噪声防治工作带来一定的难度。根据造成噪声污染的主要环节是噪声源(机器设备运转、交通运输工具、生活噪声)、传声途径和接收者受保护状态的原理,在防治中分别采取相应的对策。

(1)控制噪声源

通过降低声源噪声发射功率,采用吸声、隔声、减震、隔震等措施减少噪声发声源对外界的噪声辐射程度,或采用某些政策措施控制不必要的噪声产生,如禁止汽车在市区内鸣笛等。

(2)控制噪声传播途径

通过增加声源距离、控制噪声传播方向、利用天然隔声屏障或建立人工隔声屏障,采用有利于限制噪声传播的规划布局等措施,有效地削减噪声到达接收者的传播途径。城市规划可在这方面起到积极和关键的作用。例如,可以通过在工业区与居住区之间、交通性干道两侧设置绿化带来有效削减噪声的传播(图 6-8);再如,对于沿城市交通性干道建设的居住区,可在外围布置周边式的带单面走廊的建筑,减少噪声对整个居住区的影响。

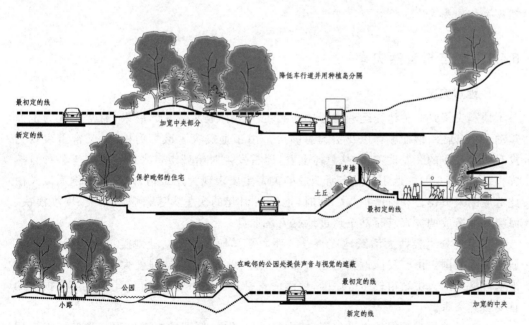

图 6-8　利用地形、绿化、隔声物降低噪声示意图

资料来源:根据参考文献[8],作者编绘

（3）对接收者的保护

通过增强建筑物的隔声效果等手段，有效降低噪声对接收者的影响也是城市噪声污染综合治理的重要环节。

6.4　城市减灾

作为人类的高密度聚居点，城市最基本也是最原始的功能就是抵御来自自然界和人为的侵害，有效地保护自身的生命和财产。但是，随着近代工业革命后城市化进程的发展，城市规模不断扩大，城市用地蔓延，一些原本不适于人类居住的用地（例如，有可能遭受洪水侵害的河滩地，有可能发生滑坡的陡峭坡地）都被用作生产或居住的场所。另一方面，城市人口、建筑物密度的提高以及城市规模的扩大使得无论是灾害发生时的波及效应以及发生次生灾害的可能性，还是灾害发生时的疏散、救援都变得更为不利。而更为严重的是，灾害的发生往往突如其来，平日看似安详的城市在一瞬间就有可能变成人间炼狱。因此，城市规划不但要注意城市环境在常态下的营造，同时也必须考虑到各种灾害发生的可能，以及灾害发生时的状况和应对措施，并体现在规划内容中。通常，城市减灾规划作为城市的专项规划存在，并将其中的主要内容反映在城市总体规划中。

地震、水患、风灾及火灾被称为城市的四大灾害，按照造成灾害的原因又可分为自然灾害与人为灾害。

6.4.1　城市与自然灾害

1. 地震灾害

地震灾害是一种地壳运动过程中应力的突然释放所带来的后果，通常表现为地面震动、地表断裂、地面破坏以及引起海啸等。由于地震灾害破坏力极大，又常常表现为没有明显征兆的突发性灾害，从总体上看，地震发生时给城市带来的危害位于各种自然灾害之首（图 6-9）。地震对城市所造成的灾害主要表现为建筑物、构筑物的倒塌以及由此造成的人员伤亡和财产损失。同时，地震所引起的次生灾害，例如，火灾、堤坝溃决、海啸等所造成的灾害有时甚至超过地震灾害本身。

我国地处世界两大活跃地震带——环太平洋地震带和欧亚地震带所经过的地区，属地震多发国。由于我国地震活动分布区域广、地震震源浅、强度大、位于地震带上或地震区域中的大中城市较多等原因，地震一直是威胁城市安全、有可能造成重大损失的首要自然灾害。

由于目前地震预报的准确程度，特别是地震的中、短期预报准确程度尚未取得实质性的突破，因此，城市应对地震灾害仍必须依靠以预防为主、以减少地震发生时受灾害影响程度为辅的方针。城市地震减灾对策主要包括以下几个方面。

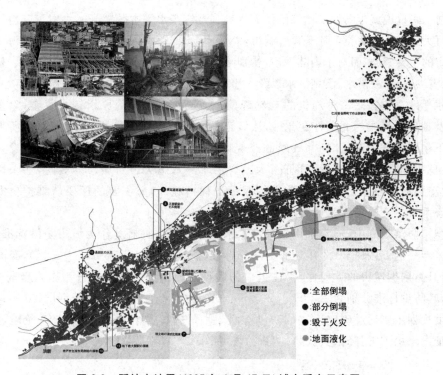

●全部倒塌
●部分倒塌
●毁于火灾
●地面液化

图 6-9　阪神大地震(1995 年 1 月 17 日)城市受灾示意图
资料来源：根据ギャラリー・间编.建筑 MAP 大阪[M].東京：TOTO 出版,1999.作者编绘

　　(1) 充分掌握城市所在地区的地质构造情况,使城市建设用地尽可能避开地质断裂带等地质构造复杂或不稳定的地区。实践证明,这是一条有效减缓地震灾害对城市影响的途径。

　　(2) 按照《中国地震动参数区划图》(GB 8306—2001)中所划定的范围和相应的参数,合理确定各类建筑物的抗震设防等级。目前,国外一些建筑物抗震技术较为发达的国家,如日本,对某些重要建筑物已采用新型的免振技术取代传统的抗震技术[①]。

　　(3) 结合城市道路系统、绿化系统、基础设施的规划建设,建立城市生命线工程设施,确保灾害发生时的疏散和应急救援。

　　(4) 利用城市道路、绿地公园等,作为阻断火势蔓延和灾害发生时的避难场所,减少次生灾害的发生和所造成的危害。

　　由此可以看出,无论是在城市建设用地的选择,还是在城市生命线工程,抑或减少次生灾害等方面,城市规划都可以、也应该为城市抵御地震灾害作出贡献。

2. 水患灾害

　　城市生活离不开江河湖泊等水源,但河流中季节性或突发性的洪水又会构成对城

---

　　① 免振技术主要通过建筑物与地基之间的软连接吸收地震发生时地基传向建筑物的部分能量,以取代以建筑物的强度抵御地震发生时传递至建筑物能量的传统思路。

市的威胁。可以说城市的发展始终围绕着水利、防洪、亲水等主题展开。水患灾害对城市的威胁可大致分为两大类:对于滨海城市,海平面上升、海水入侵、风暴潮、海啸等海洋灾害是城市的主要威胁;而对于内陆城市,特别是濒临大江大河干流的城市来说,山洪、暴雨洪水、溶雪洪水、冰凌洪水、溃坝洪水以及内涝、泥石流等构成了最主要的水患灾害。

洪水等水患灾害是一种随机的自然现象。造成水患灾害的原因较为复杂,除全球气候以及地区性气候的周期性变化外,流域范围内森林等绿色植被的破坏、城市所带来的城市下垫面性质的变化、局部气候的改变以及河道的人为改造等都是使洪水发生频率提高、危害加剧的重要原因。因此,为减少洪水等水患灾害对城市的威胁,除采用修筑水坝、疏通泄洪通道、提高城市防洪等级等工程措施外,更主要的还要从维护更大范围内生态系统平衡的角度来应对这一问题。

在城市防洪规划中,通常采用最高洪水水位重现期这一概念作为城市防洪标准,表达为××年一遇。按照 2014 年颁布的国家标准《防洪标准》(GB 50201—2014),我国的城市防护区,依据城市的重要性、常住人口的数量和当量经济规模被分为由强至弱的 4 个等级,其防洪标准分别为大于等于 200 年、200~100 年、100~50 年及 50~20 年。城市的防洪规划主要通过确定适宜的防洪等级、设置防洪堤坝、建设排涝设施、抢险通道等实现抵御水患灾害、降低其威胁的目的(图 6-10)。

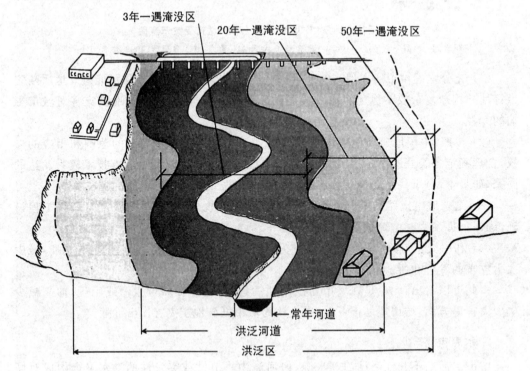

图 6-10　洪水水位与淹没区关系示意图

资料来源:根据 WiIliam M. Marsh. Landscape Planning Environmental Applications[M]. Third edition. New York:John Wiley & Sons, Inc., 1998.作者编绘

必须指出的是,单纯从防洪角度出发所进行的工程规划和建设往往依靠河道取直、加高人工堤坝等方法达到防御洪水的目的。这些方法虽然暂时解决了部分问题,但同时也对原有的生态环境、行洪、蓄洪机制带来负面影响,在一定程度上抵消了工程措施的效果,同时也影响城市景观,并给市民的亲水休闲活动带来不便。这些都需要在城市规划中给予全面、统一的考虑。

3. 风灾

热带暴风雨(又称台风、飓风、旋风等)、龙卷风等自然界的风灾对城市亦可造成较为严重的破坏。风灾对城市的威胁主要体现在对高层建筑的影响方面,由于风速通常随着高度的升高而加大,城市中的高层建筑、超高层建筑的结构安全性能、稳定性能、外装饰材料的稳固性能等必须经受住瞬时最大风速的考验。

我国龙卷风发生的频率较低,对城市所造成的危害较轻。但东南沿海一带的城市在夏季经常会遭遇台风的袭击,影响城市的正常运转,并造成人员伤亡和财产损失。

6.4.2　城市中的人为灾害

1. 火灾

虽然自然界的雷电等可以引发火灾,但城市火灾的发生大多是由人为因素造成的。由于城市建筑物密集、可燃物多,有时甚至还有易燃易爆物品的存在,因此,一旦火灾发生,则很容易蔓延。历史上整个城市由于火灾毁于一旦的例子不胜枚举[①]。城市火灾的蔓延虽然与气候条件(湿度、风向、风速)等外部因素有关,但城市中存在的大量火灾隐患是城市火灾形成并蔓延的主要因素,例如大量密集的木结构房屋,堆放易燃物品的仓库,加油站、煤气站、液化气站、石油化工工厂等生产或存放易燃易爆物品的场所等。此外,城市中高层建筑的增多也给扑灭火灾的工作带来不少困难。

科学合理的城市消防规划与坚持不懈的消防监督管理是消除城市火灾隐患的根本。其指导思想和相关内容通常要纳入城市总体规划中。城市规划除在消防站点设置、消防用水系统的保障等方面做出直接的安排外,在危险品储藏、生产用地的布局、防火带的设置、防火建筑的建设等方面亦可以起到降低或消除火灾威胁的作用。

2. 其他常见城市人为灾害

除火灾外,发生在城市中的爆炸、有害有毒物质的外泄、各种环境污染、交通事故、犯罪、电磁辐射等都可以看作是城市中的人为灾害。除环境污染问题已在 6.3 节论述外,其他问题限于篇幅书中不再详述。

6.4.3　城市灾害的复合作用

由于城市中生产与生活活动高度集中,建筑物密集,且在不同程度上存在着这样那

---

① 　如 1666 年伦敦大火,1871 年芝加哥大火,1757 年、1772 年、1829 年三次江户(东京)大火等。

样的安全隐患,因此,在许多情况下某种灾害的发生会诱发其他灾害的发生,导致城市灾害发生的连锁反应,从而造成更大的破坏。例如地震灾害往往引起城市火灾,也可能导致山体滑坡甚至海啸的发生;暴雨可造成洪水,亦可诱发山体滑坡、泥石流等。如果在地震及其他因地震诱发的灾害发生后的受灾地区得不到及时有效的救助,则很有可能发生大规模瘟疫等进一步的灾害。在这种灾害链中最早发生的起主导作用的灾害称为"原生灾害"(如上述例子中的地震),受原生灾害诱导发生的灾害称为"次生灾害"(地震诱发的火灾、海啸等),而由于灾害的发生破坏了城市正常运行系统所产生的后续灾害称为"衍生灾害"(瘟疫、饥饿、寒冷等)。有很多实例证明,有时次生灾害及衍生灾害的危害程度甚至超过原生灾害。

在某些情况下,城市灾害链中的因果关系甚至交织在一起,形成更为复杂的态势。例如:在城市上游修建水库是缓解洪水对城市威胁的措施之一,但有实例证明水库可以诱发地震。地震的发生不但直接对城市造成破坏,而且会引发一系列次生灾害,同时也将对水库坝体本身造成严重威胁,坝体一旦崩溃,大量下泻的洪水又会对城市造成严重的破坏。由此可以看出,城市规划中不但在城市用地的选择、功能布局等方面要考虑到城市减灾的因素,而且在各种工程设施的选址、建设中也要充分估计到有可能给城市带来的潜在威胁。任何缺乏科学依据的主观臆断,乃至好大喜功的决策都有可能在城市中形成长期的隐患,并有可能造成无可挽回的损失。

6.4.4　城市减灾规划

1. 城市规划与城市减灾

面对各种城市灾害,以城市减灾规划为核心的城市综合减灾对策是减缓各种灾害对城市的威胁,最大限度地降低灾害发生时所造成生命及财产损失的关键。虽然城市的减灾规划作为独立的规划存在,但由于城市减灾与城市规划之间存在着密切的关联,所以,城市减灾规划应与城市规划密切配合,其主要内容也应体现在城市规划中。我国现行《城乡规划法》中有多处条款涉及城市防灾减灾的内容①。因此可以说,城市减灾的思想和主要规划内容,尤其是与城市布局、设施建设相关的内容是城市规划的有机组成部分。

---

① 《城乡规划法》中与城市防灾减灾相关的条款有:第四条"制定和实施城乡规划,应当遵循城乡统筹、合理布局、节约土地、集约发展和先规划后建设的原则,改善生态环境,促进资源、能源节约和综合利用,保护耕地等自然资源和历史文化遗产,保持地方特色、民族特色和传统风貌,防止污染和其他公害,并符合区域人口发展、国防建设、防灾减灾和公共卫生、公共安全的需要";第十七条第二款"规划区范围、规划区内建设用地规模、基础设施和公共服务设施用地、水源地和水系、基本农田和绿化用地、环境保护、自然与历史文化遗产保护以及防灾减灾等内容,应当作为城市总体规划、镇总体规划的强制性内容";第十八条第二款"乡规划、村庄规划的内容应当包括:规划区范围,住宅、道路、供水、排水、供电、垃圾收集、畜禽养殖场所等农村生产、生活服务设施、公益事业等各项建设的用地布局、建设要求,以及对耕地等自然资源和历史文化遗产保护、防灾减灾等的具体安排。……";第三十三条"城市地下空间的开发和利用,应当与经济和技术发展水平相适应,遵循统筹安排、综合开发、合理利用的原则,充分考虑防灾减灾、人民防空和通信等需要,……"。

城市减灾规划主要从以下几个方面入手实施综合减灾对策：

（1）建立城市综合防灾体系，包括城市用地布局、工程设施建设等硬件的建设以及应急预案、信息系统、防灾意识普及等软件建设。

（2）规划建设可抵御城市灾害的城市，包括科学确定建筑物的结构形式，合理安排用地布局和密度，消除现状中易燃、易爆地区或设施中的安全隐患，设置绿化、广场、宽阔道路等开敞空间等。

（3）灾害发生时的应急措施，除建设城市防灾、避难应急据点，储备应急能源、饮用水、食物、御寒衣物、药品外，还要确保城市生命线系统在灾害发生时的畅通。

城市减灾规划还经常以灾害发生的时间为界限，将规划内容划分为灾害预防、灾害发生时的应急预案以及灾后重建阶段。

除将城市减灾规划的主要内容纳入城市规划中，并使之与城市规划中的其他部分相协调外，还应在城市用地的选择、城市结构的确定、城市用地布局、绿地等开敞空间布局以及城市工程设施规划中充分体现城市减灾的思想，使城市不但在平时正常状态下有利生产、方便生活，而且在灾害发生等非常时刻和时期也能够成为人类抵御灾害的依托和屏障（图 6-11）。

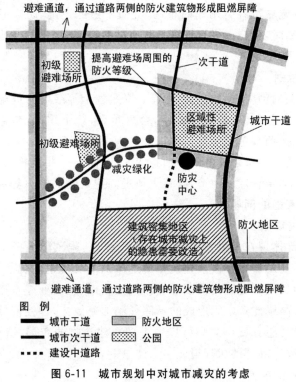

图 6-11　城市规划中对城市减灾的考虑

资料来源：根据参考文献[17]，作者编绘

2. 城市减灾子系统规划的主要内容

城市减灾规划涉及面较广、内容较多,通常按照可能发生灾害的种类,分成如下所示的数个子系统,并通过对相互间的协调整合为城市综合减灾对策。

(1)城市防洪排涝规划

城市防洪排涝规划包括根据城市的重要程度和经济发展水平选择并确定适当的城市防洪标准,建设包括水库、堤防、护岸、水闸、排水泵站等工程设施在内的防洪排涝设施,以及安排河道整治、上游水土保持,设置蓄洪、分洪地区等防洪措施。规划内容除纳入城市总体规划的专项规划中外,还应与城市绿化系统规划、城市景观风貌规划、排水工程规划等规划内容相协调。

(2)城市防震规划

城市防震抗震规划包括:按照《中国地震动参数区划图》,对不同种类的建筑确定相应的抗震标准;根据地质勘探的结果,划定不适于进行城市建设的地区;确定疏散场地及路线;确保水源、能源、通信等备用设施和重点设防工程可以抵御可预计的地震强度。城市规划要使城市建设用地避开地质条件复杂的地区,对于一旦发生地震容易造成较大危害的地区,如确实无法避开时,应采取相应的工程措施,减少地震发生时可能造成的危害。同时,在确定城市各类用地的布局、交通干道的宽度、防灾避难据点的设置和城市生命线系统规划时,也应考虑到地震发生时的情况,尽可能减少由于地震所引发的次生灾害和衍生灾害。

(3)城市消防规划

与城市规划相关的消防规划内容主要有:按照各个等级消防设施(如1~3级消防站,消防总队、中队、支队等)应覆盖的范围,合理布点,留出用地;结合城市给水工程规划设置户外消火栓;按照规范在易燃易爆设施周围留出足够的隔离用地,以及在城市详细规划阶段为消防活动留出足够的消防通道等。此外,在一些建筑密度大,且以木结构建筑为主的旧城区中,结合旧城改造,有意识地提高建筑物的防火等级也是城市规划中基于城市消防所应考虑的问题。

(4)城市防风灾规划

城市防风规划除体现在临海城市需要构筑防波堤、避风港等抵御台风、高潮、大浪的工程设施外,还需要对城市中高层建筑密集地区的风环境进行分析,并尽可能减少高层建筑物、构筑物对其周围地区的负面影响。例如在商务、商业建筑密集的城市中央商务区(CBD)中,由于高层建筑之间形成的局部气流加速效应,往往使外部环境中的风速较大,造成行人的不适感。城市规划可以通过调整建筑物的布局、造型,并采用植树以及设置矮墙等手段改善局部的风环境。

(5)城市人民防空规划

虽然第二次世界大战后长时期总体上的世界和平状态,以及常规武器性能的不断发展,使得被动性较强的传统防空设施在军事上的作用有所降低,但战时仍不失为一种自我保护的有效手段。因此,防空规划仍是城市规划中需要考虑的因素之一。由于防空设施占用大量的地下空间,其建造需要耗费庞大的资金,所以,防空设施的平战结合就显得尤为重要。事实上绝大多数的防空设施在和平时期可以用作地下商场、停车场等民用设施,而地铁等民用设施在战时也可转变为防空设施的一部分。

3. 城市生命线系统规划

除各个城市减灾子系统规划外,城市生命线系统规划也是城市减灾规划中的重要组成部分。所谓城市生命线系统是指维持市民生活必不可少的交通、供给和信息系统,包含四大子系统(或称四大网络系统):

(1)交通运输系统。包括铁路、公路等陆路交通、水运交通和航空交通。灾害发生时受灾人员的疏散、救灾人员、物资的输送都必须依靠这一系统。

(2)给排水系统。包括城市生活用水,尤其是饮用水的供给系统以及污水排放系统。

(3)能源供给系统。包括电力、燃料等在内的连续供给系统。

(4)信息情报系统。包括各类有线/无线电话、互联网、邮政、广播电视、报纸等媒体以及各类专用信息交换系统等。

虽然上述系统在平时城市正常运转中均发挥着重要的作用,但这些系统在灾害发生后的生存能力和畅通程度在很大程度上决定了城市居民灾后的生存环境和自救能力。环路系统、冗余备用等经过合理规划的城市生命线系统不仅可以保障灾后市民的生存环境,缓解灾害所造成的危害,降低次生灾害和衍生灾害的危害程度,也可以为早期展开自救活动、迅速地获得外部营救甚至早日开展灾后重建工作奠定宝贵的基础。

6.5　城市环境的选择与营造

城市的规划与建设,无论是兴建新城还是扩建旧城都是在原有自然环境的基础上进行的。选择什么样的地段进行城市建设既有利于城市的安全、便捷、舒适,又有利于保护自然生态环境和自然资源,是城市规划首先需要考虑的问题。另一方面,对于已建成的或将要进行建设的城市地区,完全保留或恢复生态环境的原始状态是不现实的。城市规划所考虑的是如何营造一个适于人类居住生活和从事生产活动的人工环境,并使这一人工环境与自然生态系统保持有机的联系。因此,从人类与自然的关系着眼,将城市作为主体时,城市规划的根本任务就是:对外选择适于人类生存的自然环境,并尽可能减少由于人类活动对整个生态系统平衡的影响;对内营造舒适、便捷的人工环境,使得人类的生产与生活活动得以安全、便捷、高效地运行。下面就城市用地的选择与城市环境的营造两个方面进行阐述。

6.5.1　城市用地的评定及选择

1. 城市用地评定

在确定城市发展方向,选择城市建设用地之前,首先要对可能成为未来城市建设用地的地区(例如现状城市用地的周边地区,或者拟选定的新城建设地区)进行评价,明确哪些用地适合城市建设,哪些不适合,从而为城市用地的选择判断提供依据。通常这种评定主要围绕用地的自然环境展开,其基本思路是:从地质、地貌、水文、气象、生物等诸方面条件入手,寻找适于城市建设的用地,排除不适于城市建设的用地或从生态环境保护方面出发需要保留的用地。在以往的城市规划实践中,寻找适于城市建设用地的侧面往往受到重视,而有意识地规避生态敏感地区的侧面则往往被忽视。事实上,在对城市用地进行评价和选择的过程中,来自城市建设与生态保护两个角度的需求同样重要。

城市用地评价时所考虑的因素和采用的具体指标可能会因评价对象所在的地区和评价方法而略有不同,但仍存在着较强的相似性。例如:麦克哈格在区分用地是否适于城市化时,采用了地表水、洪泛平原、沼泽地、地下水回灌区、含水层、陡坡、森林和林地以及没有森林的土地这8项因素;在美国华盛顿西北部地区的适于城市用地的调查研究中,则选择了地貌、地质、水文、坡度、宜农土壤、林地及噪声强度这 6 项因素[1](图 6-12)。再如在苏联斯莫利亚尔编著的《新城市总体规划》中,工程地质条件、用地中的小气候、自然及建筑景观被列为用地评价的主要因素[2]。此外,在我国的城市规划实践中,地基承载力、地下水位、洪水水位、地形坡度、地质构造隐患等通常被作为用地评价的主要因素[3]。表 6-6 列出了进行用地评价时需要考虑的主要相关因素。

表 6-6　城市自然条件分析一览表

自然环境条件	分　析　因　素	对规划建设的影响
地质	土质、风化层、冲沟、滑坡、熔岩、地基承载力、地震、崩塌、矿藏	规划布局、建筑层数、工程地质、抗震设计标准、工程造价、用地指标、工程性质
水文	江河流量、流速、含沙量、水位、水质、洪水位、水温;地下水位、水质、水温、水压、流向;地面水、泉水	城市规模、工业项目、城市布局、用地选择、给排水工程、污水处理、堤坝、桥涵、港口、农田水利
气象	风向、日辐射、雨量、湿度、气温、冻土深度、地温	工业用地布局、居住环境、绿地、郊区、农业、工程设计与施工
地形	形态、坡度、坡向、标高、地貌、景观	规划布局与结构、用地选择、生态环境保护、道路网、排水工程、用地高程、水土保持、城市景观
生物	野生动植物种类、分布、生物资源、植被、生物生境	用地选择、环境保护、生态保护、绿化、郊区农副业、风景区规划

资料来源:阮仪三.城市建设与规划基础理论[M].2 版.天津:天津科学技术出版社,1999.

---

[1]　参考文献[5]:153-157。
[2]　参考文献[16]:20-26。
[3]　参考文献[15]。

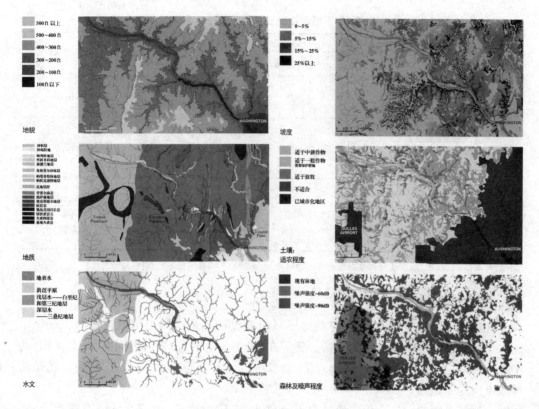

图 6-12　城市用地评价因素实例

资料来源：根据参考文献[6]，作者编绘

在分析了各个城市用地评价因素之后，将各个因素的分等级结果进行叠加，逐一排除不适合城市建设的用地后，所获得的就是适于进行城市建设的地区。仍以麦克哈格在美国华盛顿西北部地区的调查研究为例，其按照 4 个步骤确定适于进行城市建设的地区：

（1）排除洪泛平原和用作控制冲蚀的林地、陡坡、中耕作物地（row-cropland）以及耕地；

（2）进一步排除地下水露头区、噪声地带、现状森林覆盖地区；

（3）进一步排除景观和具有历史意义的地带，并根据土壤承载力和适于修建化粪池的程度划分适于进行城市建设的程度；

（4）确定成规模的适于城市建设的地区。

另一方面，在我国城市规划实践中更倾向于从建设工程角度出发，综合各项影响因素的分析结果，按照适于城市建设的程度，将用地划分为以下 3 种（表 6-7）：

（1）适于城市建设的用地；

（2）需要采取一定工程措施的用地；

（3）不宜作为城市建设的用地。

现代计算机技术的发展和地理信息系统（GIS）技术的成熟为城市用地评价提供了强有力的分析工具，使这一工作可以更加科学、准确。

表 6-7   城市建设适用地分类一览表

	地基承载力 /(t/m²)	地形坡度	地下水位 (埋深)/m	洪水淹没程度	工程地质	其 他
一类用地 (适宜建设)	>15	<10%	>2	在百年洪水位以上	没有不利情况	非农田用地
二类用地 (需要一定的工程措施)	10~15	15%~20%	1~1.5	20~50年洪水位以上	有局部不利情况	限制条件不严重
三类用地 (不适宜建设)	<10	>20%	<1	10年洪水位以下	有较大冲沟、滑坡、岩溶等不利地质	有其他限制条件,如有矿产、文物、水源地等

资料来源:阮仪三.城市建设与规划基础理论[M].2版.天津:天津科学技术出版社,1999.

2. 城市用地选择

恰当处理人与自然的关系,寻找适于城市建设的用地是城市用地选择的关键。中国古代对此就有着极为精辟的概括。管子在《管子·立政篇》中所提到的"凡立国都,非于大山之下,必于广川之上。高毋近旱,而水用足。下毋近水,而沟防省"实质上就是选择城市用地的原则。

上述城市用地评价分析主要从自然条件出发,除此之外,还应考虑城市的社会、经济、历史、文化、发展现状等其他因素,综合分析判断,最终作出对城市用地的选择。城市用地选择的原则概括起来有以下几点。

(1)符合国家土地利用的方针政策与规划。例如,城市建设用地的范围要符合土地利用总体规划中划定的方向与范围,要贯彻节约土地、保护耕地的政策。

(2)选择有利的自然条件。如地势平坦,地基承载力好,不受洪水威胁,工程建设投资少等。

(3)保护自然及人文历史资源。避开水源地、湿地、森林等生态敏感地区,尽量少占农田、菜地,避开地下文物古迹埋藏区与有开采价值的矿藏的分布区。

(4)有利于城市合理布局的形成和发展。便于依托已有城区的基础设施和服务设施,并为将来进一步的发展留出余地。所形成的城市用地既保持一定的合理规模,又可以与自然生态系统保持有机结合。

(5)有利于社会的安定团结。便于处理城市用地发展与原居民之间的矛盾,避免"城中村"等现象的出现。

需要指出的是,在城市用地选择的实际过程中,往往是各种因素相互矛盾、相互制约。城市规划必须综合考虑各方面的因素,分清主次矛盾,有时还要通过多方案的分析比较才能最终选定城市建设用地。

6.5.2　城市环境的营造

城市用地的选择主要针对在城市化过程中,新建城市以及城市用地扩张等外延型发展中对自然环境的选择,而对于既有城市用地内部或规划中已确定的城市用地内部,其环境质量的改善与良好环境的营造则是城市规划的另外一项主要任务。城市环境的营造通常可以从提高城市环境质量和降低对自然生态环境的负面影响两方面入手。

1. 提高城市环境质量

高质量的城市环境是城市规划所追求的重要目标之一,并可进一步分解为安全、健康、便捷、舒适、宜人等分项目标。实现这个目标的主要措施可归纳为以下几个方面。

（1）防止、减轻环境污染等公害的影响

工业生产和市民生活活动中的排放物所造成的城市污染,又被称为公害,是影响城市环境质量的主要因素。城市环境保护规划主要通过对城市环境中污染物浓度指标的控制和对排放污染物总量(各类污染物、污染源)的控制达到对城市生态环境进行管理的目的。

（2）防止、减轻各种自然、人为城市灾害的危害

依据城市减灾规划,采用各种规划布局手段或工程措施避免各类自然灾害、人为灾害发生的可能,或减缓灾害发生时对城市造成的影响,是保障城市生产、生活活动正常开展、城市稳步发展的最基本条件。

（3）提高城市生活的便捷舒适程度

在城市规划中,通过选择适应当地自然条件的城市结构,合理地确定城市建设密度,选择恰当的交通运输系统,尤其是公共交通系统,构建与外部自然环境有机结合的以绿化、水系为主的开敞空间系统,建设现代化的城市基础设施系统是提高城市生活便捷、舒适、宜人程度的关键。通常,城市规划利用各种绿化用地、水面,营造人工模拟的自然环境,以满足人类回归大自然的生理和心理上的需求,提高城市的宜人程度(amenity)和宜居性(livable city)(图 6-13)。

2. 降低城市对自然生态环境的影响

城市环境营造除提高城市本身的环境质量外,还应最大限度地降低城市对自然生态环境的影响,从而达到降低整个生态系统负荷的目的,最终实现城市可持续发展的目标。例如在城市规划中将城市建设用地有意识地避开生态敏感地带;结合自然的地形、水系分布特征,在城市中适当保留一部分山体、绿地以及自然状态下的水面;或在某些地形条件相对复杂的地区采用组团式的城市布局形态,利用山体、河流等作为划分各个组团的天然界线,使城市建设用地置于自然环境的大背景中。

城市环境质量的提高和对自然环境影响的减低是相辅相成的,是一个问题的两个方面。关键在于要在满足城市生产、生活正常需要的前提下,有节制地、科学地、合理地利用自然资源、能源和排放,使城市这个被人为改变了的要素真正成为整个生态系统可

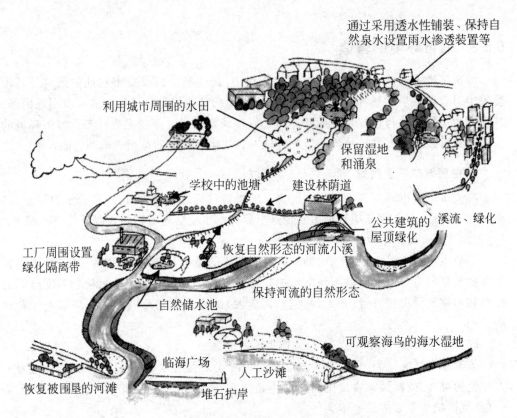

通过采用透水性铺装、保持自
然泉水设置雨水渗透装置等

利用城市周围的水田

保留湿地
和涌泉

学校中的池塘　　建设林荫道

公共建筑的
屋顶绿化　溪流、绿化

工厂周围设置
绿化隔离带

恢复自然形态的河流小溪

保持河流的自然形态

自然储水池

可观察海鸟的海水湿地

临海广场

人工沙滩

恢复被围垦的河滩

堆石护岸

图 6-13　提高城市环境宜人程度的措施举例
资料来源：参考文献[18]

以接受的一部分,实现生态系统平衡下的城市可持续发展。

3. 城市生态环境规划

　　随着城市环境问题的日益凸显和受重视程度的提高,以及绿色城市、生态城市、低碳城市、可持续发展城市等概念的提出,城市环境营造不再限于传统的城市环境保护规划等狭义的范围内,广义的城市生态环境规划开始出现,并逐渐成为城市总体规划中的重要组成部分。城市生态环境规划被定义为:"按照生态学原理对某一地区的社会、经济、技术和资源环境进行全面综合规划,以便充分有效和科学地利用各种资源条件,促进生态系统的良性循环,使社会经济得以持续稳定地发展。"[①]相对于传统环境保护规划主要侧重对污染物排放的控制,城市生态环境规划试图从更加宏观和综合的角度调控生态系统的平衡。城市生态环境规划试图寻求发展与环境保护之间的平衡,达到社会效益、经济效益和环境效益三者的相互协调和总体效益的最大化。因此,城市生态环境规划所追求的是城市整体效益的最优化,而不是某个城市发展的具体指标(例如 GDP)或某个系统、部门利益的最大化。

---

① 参考文献[1]:239。

　　城市生态环境规划可分为单项规划和综合规划。其中单项规划侧重对某一问题的研究分析,例如人口环境容量规划、城市土地利用适宜度规划、城市生物保护规划、城市环境污染控制与防治规划等,而综合规划更侧重于资源、人口、环境等各个系统之间的协调和整体优化。

　　城市生态环境规划从对生态环境现状、特征、问题和制约因素的把握入手,按照科学合理的生态环境目标,根据对城市未来人口、资源、环境状况的预测,制定具体的控制污染、改善环境的方案和拟采取的措施。由于构成城市生态环境系统的要素众多,相互之间的关系错综复杂,因此,城市生态环境规划多借用线性规划、系统动力学等数学方法进行。城市生态环境规划是一个新兴的城市规划相关领域,其方法、手段等尚在探索阶段,还有待进一步的完善。

参考文献

[1] 杨士弘,等. 城市生态环境学[M]. 2版. 北京:科学出版社,2003.

[2] 沈清基. 城市生态与城市环境[M]. 上海:同济大学出版社,1998.

[3] 黄光宇. 城市生态与环境规划[M]//邹德慈. 城市规划导论. 北京:中国建筑工业出版社,2002.

[4] 黄光宇,陈勇. 生态城市理论与规划设计方法[M]. 北京:科学出版社,2002.

[5] 李德华. 城市规划原理[M]. 北京:中国建筑工业出版社,2001.

[6] MCHARG I L. Design with Nature[M]. 25th anniversary edition. New York:John Wiley & Sons, Inc., 1992.

　　芮经纬,译. 倪文彦,校. 设计结合自然[M]. 北京:中国建筑工业出版社,1992.

[7] Hough M. Cities and Natural Process[M]. London and New York:Routledge, 1995.

[8] Simonds J O. Earthscape, A Manual of Environmental Planning and design[M]. New York:Van Nostrand Reinhold Company, 1978.

　　程里尧,译. 大地景观——环境规划指南[M]. 北京:中国建筑工业出版社,1990.

[9] 王紫雯. 城市环境与设备导论[M]. 杭州:浙江大学出版社,1998.

[10] 蒋维,金磊. 中国城市综合减灾对策[M]. 北京:中国建筑工业出版社,1992.

[11] 王淑莹,高春娣. 环境导论[M]. 北京:中国建筑工业出版社,2004.

[12] 徐炎华,杨文忠,张宇峰. 环境保护概论[M]. 北京:中国水利水电出版社,知识产权出版社,2004.

[13] 柳孝图. 城市物理环境与可持续发展[M]. 南京:东南大学出版社,1999.

[14] 杨志峰,何孟尝,等. 城市生态——可持续发展规划[M]. 北京:科学出版社,2004.

[15] 城市规划知识小丛书之四. 城市用地分析及工程措施[M]. 修订版. 北京:中国建筑工业出版社,1976.

[16] [苏]И. М. 斯莫利亚尔. 新城市总体规划[M]. 中山大学地理系,译. 沈阳市规划设计院,校. 北京:中国建筑工业出版社,1982.

[17] [日]加藤晃,竹内传史. 新·都市计画概论[M]. 東京:共立出版株式会社,2004.

[18] [日]平本一雄. 環境共生の都市づくり[M]. 東京:ぎょうせい,2000.

第 7 章 城市总体布局

7.1 城市的构成要素与城市布局

7.1.1 研究城市总体布局的意义

城市是人类繁衍生息、创造财富、变革求新的重要场所。安全、稳定、便于交换的外部条件和便捷、有序、高效的内部环境是实现人类自身发展的重要前提条件。一个城市从诞生到发展通常要经历数百年甚至上千年的漫长过程。城市发展的趋势和整体结构一旦形成往往难以改变,甚至局部的改造也要付出巨大的代价,耗费冗长的时间。在工业革命之前,由于城市发展缓慢,城市规模较小,城市布局形态的形成多半通过社会主导意志的统一整体设计确定或依靠城市在其缓慢发展过程中逐渐自然形成。但工业革命后,近现代城市以前所未有的速度不断扩张,其过程中充满种种不确定因素,导致传统的依靠某种权威的一次性设计或放任城市自然发展的做法无法满足城市发展的需求,而必须寻求一个可以从长远发展角度审视、分析、预测城市发展方向与结构,并通过一定的途径引导城市按照既定方向和结构发展的手段。这种手段就是城市规划,其具体体现就是对城市总体布局的分析、研究和方案制定。

研究城市总体布局的根本意义就在于城市的主要结构与布局一旦形成难以改变,如果改变则需要付出极大的代价。如果说城市中的某座建筑或者某个局部在发展过程中出现问题,产生严重矛盾时还可以推倒重来,那么城市的总体布局结构则很难从根本上改变。所以,城市规划通常被看作是百年大计,千年大计。另一方面,由于工业革命后出现的近现代城市的历史与整个人类历史相比较还非常短暂,城市发展的规律并没有被完全发现和掌握。对于城市发展的未来预测,尤其是长期预测(50 年甚至更长的时期)在一定程度上存在着局限性,甚至是不可知性。因此,城市总体布局的确定,尤其是在城市以规模的外延为主要发展特征的时期,对城市规划工作至关重要。

可以毫不夸张地说:对城市总体布局的分析、研究与确定需要真正的远见卓识和全局观。所谓远见是指不但要照顾到当前的城市发展、建设需要,还要对城市未来发展的趋势和可能出现的问题有所预见,更要能够提出两者兼顾的具体措施;而所谓全局观或称大局观是指不应拘泥一时一事的得失权衡,而是把城市的发展放在整个社会发展的大背景下进行审视,决定取舍。有许多实例可以证明,这种远见和全局观绝不是凭空产生的,更不能通过主观臆断,而应基于对历史、现实、已有理论与实例的充分掌握以及对科学方法论的熟练运用。

在城市总体布局的规划与实施实例中,既有成功的案例也有失败的教训,值得深思。在我国的城市规划实践中,可以充分说明这一问题的恐怕非 20 世纪 50 年代北京市总体规划中有关中央人民政府行政中心选址的争论莫属。在那场最终上升至意识形态的争论中,主张将中央人民政府行政中心迁至旧城以外,缓解旧城压力,形成"多中心"的"梁陈方案"被否定①。从此奠定了在此之后半个世纪中,北京的城市总体布局以旧城为中心向周围呈同心圆状发展的基础②。当年梁陈二位对以北京旧城为中心发展城市所带来弊病的论述不幸成为谶语。虽然近年来的北京市总体规划试图改变这种单一中心的结构,但目前效果尚不明显。

近年来,出现了我国各大城市纷纷编制城市空间发展战略规划的趋势,这也从实践角度证明了研究城市总体布局的重要性正逐渐被认识。

7.1.2　城市的构成要素与系统

城市如同一个有机生命体,由不同的部分所组成,各自承担着复杂的城市功能,并维持相互之间的联系和整体的不间断运转。在探讨城市总体布局和结构时,首先要明确构成城市的主要组成部分以及影响城市总体布局的主要因素。通常,城市的构成要素与系统可大致分为以下几个方面。

1. 城市功能与土地利用

人类的各种活动聚集在城市中,占用相应的空间,并形成各种类型的用地。这是人类建设城市的主要目的,也是城市的本质。因此,著名的《雅典宪章》倡导城市中的功能分区,并将其概括为:"居住、工作、游憩和交通。"因此,城市中的各类功能用地,特别是以建筑物的建设为主要特征的用地成为城市活动的主要载体和主要的城市构成要素。城市中的土地利用状况,无论是以建筑为主的土地利用形态(例如各种居住区、商业区、工业区),还是以非建筑为主的土地利用形态(例如各类公园、绿地、广场等),决定了该土地的使用性质。一定规模的相同或相近类型的用地集合在一起所构成的地区形成了城市中的功能分区,成为城市构成要素的重要组成部分;另一方面,与性质相同或相近的土地利用构成城市的功能分区相同,具有相同或相似土地利用密度的地区(例如独立式住宅区、高层建筑密集地区等)也可以看作是城市构成的基本要素。

在城市活动中,建筑产生并汇集交通流、信息流;维持建筑物的正常运转需要资源、能源供给,并排出废物;同时,建筑也在很大程度上形成城市空间和城市的印象。因此,

---

① "梁陈方案"指 1949 年 9 月起北京都市计划委员会邀请国内外专家所作的总体规划方案中,由梁思成、陈占祥二人所提出的方案。

② 有关这次争论,可参见下列文献:梁思成,陈占祥.关于中央人民政府行政中心位置的建议.载于:梁思成文集(第 4 卷).北京:中国建筑工业出版社,1986;北京建设史书编辑委员会.建国以来的北京城市建设.内部资料,1986;高亦兰,王蒙徽.梁思成的古城保护及城市规划思想研究[J].世界建筑,1991 年第 1~5 期。

从城市功能方面考虑城市总体布局与结构时,更多的注意力被集中在以建筑为主的土地利用形态上,而将对以非建筑为主的土地利用形态作为相关的城市开敞空间系统来考虑。通常,以建筑为主的城市土地利用除维持城市正常运转所必需的各类设施用地外,可大致分为居住用地、工业产业用地及商业商务用地。这也是在确定城市总体布局时应考虑的主要城市功能区。

此外,还应看到,不同类型的城市功能区在城市总体布局与结构中所起到的作用是不同的。通常,商业商务功能区以较强的对其他功能区中人员的吸引力以及较小的规模和较高的密度,形成影响甚至左右城市总体布局和结构的核心功能区——城市中心区。

2. 城市道路交通系统

城市中的各功能区并不是独立存在的,它们之间需要有便捷的通道来保障大量的人与物的交流。城市中的干道系统以及大城市中的有轨交通系统在担负起这种通道功能的同时也构成了城市的骨架(frame)。不仅如此,城市中的干道系统除形成城市骨架外,还提供了各种地上、地下交通方式行进的空间以及各种城市基础设施的埋设空间;同时也为建筑物的采光、通风、到达提供了必不可少的条件。通常,一个城市的整体形态在很大程度上取决于道路网的结构形式。常见的城市道路网形态的类型有(图7-1):

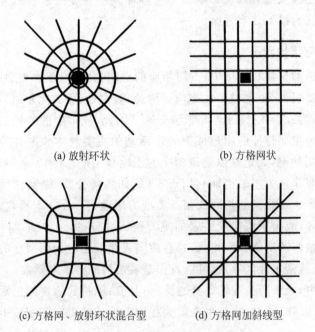

(a) 放射环状　　　　　　　　(b) 方格网状

(c) 方格网、放射环状混合型　　　(d) 方格网加斜线型

图 7-1　城市干路网的基本类型
资料来源:参考文献[12]

(1) 放射环状(见于东京、巴黎、伦敦、柏林等以旧城为中心发展起来的大城市);

(2) 方格网状(见于古希腊城市、我国古代城市、美国纽约曼哈顿岛、英国新城密尔

顿凯恩斯等);

(3) 方格网、放射环状混合型(见于北京、芝加哥、大阪等城市。通常在位于城市中心的旧城部分为方格网型道路系统,并随着城市的发展在其外围的新区形成放射环状的道路系统);

(4) 方格网加斜线型(可见于 18—19 世纪的欧洲城市以及美国首都华盛顿等城市)。

在一些主要依靠有轨交通发展起来的大城市中,城市有轨交通系统起到与城市干道系统相同的作用,成为构成城市骨架、影响城市形态的另一个重要因素。

此外,维持城市正常运转的城市工程系统(城市基础设施)将城市所需要的资源和能源输入城市,又将城市的各种废弃物输出城市,这也是重要的城市构成要素与系统之一,但由于其干线主要沿城市干道铺设,因此,通常并不对城市形态产生额外的影响。

3. 城市开敞空间系统

城市中的大小公园、各种绿地、水面、广场、林荫道构成了城市的开敞空间系统(open space)。城市开敞空间系统不仅是在城市中保留自然环境、调节城市小气候、缓解城市过度密集所带弊病的必不可少的空间,同时也是为市民提供游憩空间,美化城市景观,阻隔、缓解各类城市污染的功能性用地。

在城市布局中如果将以建筑为主的土地利用形态与城市开敞空间系统看作是一对"图""底"对应关系的话,那么前者就是其中的"图",而后者则是前者的"底"。即城市开敞空间系统与城市周围的自然构成了城市功能区的大背景。通常,在城市总体布局与结构中,城市开敞空间穿插于城市功能区之间,两者的布局恰好形成互补的关系。相对于城市道路交通系统对快速、高效、便捷的追求,城市开放空间系统中"点"(街心绿地、小广场等)、"线"(河流、林荫道等)、"面"(大型公园、绿地等)等形态要素的多样性和多呈不规则自然形状的特点则体现出该系统收放、张弛、蜿蜒、迂回的特征。

4. 城市构成要素间的关系

将城市构成要素分项论述仅仅是为了对其特点认识和把握上的方便。现实中,各个城市构成要素相互联系共同组成一个维持城市运转的整体。例如:城市各类建筑和用地与道路交通、城市基础设施形成互为依赖的关系,即各类建筑、用地(实质上是各种城市活动)依赖城市道路、基础设施为其提供必要的支持;而道路与基础设施则通过这一过程实现其自身的功能和价值。又如:城市的各类以建筑为主的用地与开敞空间形成"图""底"互补的关系。而城市道路与埋设在其地下的城市基础设施则是一对共存共生的关系。

如果从生物形态学(morphology)的角度将城市看作生命有机体,城市的各个功能区就好像生命体中的各种器官,担负着维持生命体存在与进化的不同职能;城市干道等好像生命体的骨骼,支撑起整个生命体的形态;而各项城市基础设施则如同生命体的血液循环、神经网络等能量与信息的传递系统。因此,在城市总体布局与结构的分析研究和确定过程中,不但要注意到各个构成要素与系统的合理性,更重要的是要实现各个构成要素与系统之间的协调与统一,实现整体最优的目标。

7.1.3　城市结构

1. 城市布局与城市结构

城市中的各类活动按照一定规律展开。居住、生产等一般性活动占据较大的城市空间,形成相对单一化的片区;而商业、商务等活动相对集中,虽占用较少的城市空间,但往往集中于交通方便的城市中心地区,或沿主要交通通道以及交通通道上的节点形成轴向发展的态势。这种由于城市功能而产生的各种地区(面状要素)、核心(点状要素)、主要交通通道(线状要素)以及相互之间的关系构成了通常被称为城市结构的城市形态的构架。也就是说,城市结构所反映的是城市功能活动的分布及其内在联系,是城市、经济、社会、环境及空间各组成部分的高度概括,是它们之间的相互关系与相互作用的抽象写照,是城市布局要素的概念化表示和抽象表达。因此,对城市结构的探讨常常作为研究城市总体布局时首先要探讨的内容。

此外,城市结构还将城市发展的战略性内容,特别是空间发展战略的内容通过形象的方式表达出来,起到由抽象的城市发展战略向具象的城市空间布局规划过渡的桥梁作用。因此,科学合理的城市结构可以起到从战略上把握全局、从技术上形象表达规划意图的作用(图 7-2)。

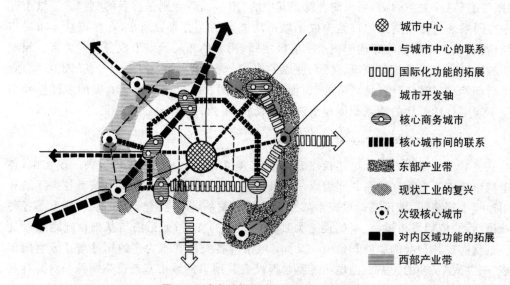

图 7-2　城市结构示意图实例(日本东京)

资料来源:根据川上秀光. 巨大都市东京の计画论[M]. 东京:彰国社,1990.作者编绘

2. 城市结构理论

由于城市结构对城市的形成与发展至关重要,所以,有关城市形态结构的研究历来受到城市与城市规划理论研究的重视,并得出从不同角度出发看待城市结构的研究成

果。伯杰斯的同心圆理论(concentric-zone concept，1925，by Ernest W. Burgess)、惠特的扇形理论(sector concept，1938，by Homer Hoyt)以及由麦肯基(R. D. Mckenzie)首先提出，后由哈里斯与乌尔曼完善的多核心理论(multiple-nuclei concept，1945，by Chauncy D. Harris & Edward L. Ullman)就是从城市土地利用形态研究入手归纳出的城市结构理论(图 7-3)。这三个有关城市土地利用形态的理论分别从市场环境下城市的生长过程、特定种类的土地利用(居住用地)沿交通轴定向发展、大城市中多中心与副中心的形成等方面揭示了城市土地利用形态结构的形成与发展规律[1]。

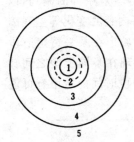

1.中央商务区
2.过渡地区
3.工人住宅区
4.中产阶层住宅区
5.郊外住宅区

(a) Ernest W. Burgess
的同心圆理论

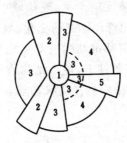

1.中心商务区
2.批发业、轻工业区
3.低级居住区
4.中产阶层居住区
5.高级居住区

(b) Homer Hoyt的扇形理论

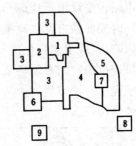

1.中心商务区　2.批发业、轻工业区
3.低级居住区　4.中产阶层居住区
5.高级居住区　6.重工业区
7.周边商务区　8.郊外居住区
9.郊外工业区

(c) R. D. Mckenzie的多核心理论

图 7-3　土地利用形态理论
资料来源：根据参考文献[6]，作者编绘

　　汤姆逊在《城市布局与交通规划》(*Great Cities and Their Traffic*)中基于他对世界各地 30 个城市的调查研究，提出了采用不同交通方式时，所形成的城市布局结构：①充分发展小汽车；②限制市中心的战略；③保持市中心强大的战略；④少花钱的战略；⑤限制交通的战略[2]。

　　考斯托夫(Spiro Kostof)则在《城市形态——历史中的城市模式与含义》(*The City Shaped, Urban Patterns and Meanings Through History*)中，通过对历史城市结构的分析，将城市的形态分为：①有机自然模式；②格网城市；③图案化的城市；④庄重风格的城市。[3]

　　而林奇(Kevin Lynch)在《城市形态》(*Good City Form*)中更试图从城市空间分布模式的角度，将城市形态归纳为 10 种类型：①星形；②卫星形；③线形城市；④方格网形城市；⑤其他格网形；⑥巴洛克轴线系统；⑦花边城市；⑧"内敛式"城市；⑨巢状城市；⑩想象中的城市。[4]

---

①　有关土地利用形态结构理论的详细论述，参见：参考文献[6]、[5]。
②　参考文献[9]。
③　参考文献[7]。
④　参考文献[8]。

　　胡俊在对我国 176 个人口规模在 20 万人以上的城市空间结构进行分析后,将我国的城市空间结构归纳为 7 种城市空间结构类型:①集中块状;②连片放射状;③连片带状;④双城;⑤分散型城镇;⑥一城多镇;⑦带卫星城的大城市。[1]

3. 城市结构类型

　　从以上不同的城市结构形态理论及类型化分析中可以看出:从不同研究角度出发所归纳出的城市结构类型不尽相同,并不存在一个普遍适用的分类标准。同时,现实中的城市结构受城市所处地形条件、经济发展水平、现状城市形态等客观条件的制约,以及不同时期的城市发展政策、土地利用管理体制的变化、城市规划内容的变化等主观因素的影响,呈现出多样化的趋势。所谓城市结构的类型也只是指城市在某一特定阶段中所呈现出的空间布局特征。在一定条件下,城市结构有可能出现在不同类型之间转换的情况中。城市规划所关注的城市结构是在现状基础上未来一段时间内城市有可能形成的结构形态。

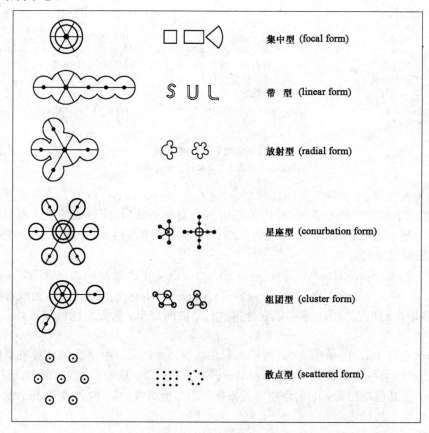

图 7-4　城市形态图解式分类示意

资料来源:参考文献[3]

---

① 参考文献[11]。

赵炳时教授在分析国内外城市结构分类方法后,提出了采用总平面图解式的形态分类方法,并将城市的结构形态归纳为:①集中型;②带型;③放射型;④星座型;⑤组团型;⑥散点型(图 7-4)。[①]

事实上,在上述城市形态结构中,除集中型外,在②~⑥的各个类型中均存在不同程度的分散因素。当城市位于平原等城市发展限制条件较少的地区,且城市规模不大时,城市的结构趋于集中型,城市用地呈同心圆状,由城市中心向外围各个方向均等、连续地扩展;而当城市所处地区地形等自然条件复杂,或者城市迁就分布在较大范围内的产业资源中,抑或城市规模达到一定程度,可成为数个相对独立的部分时,就会形成或采用相对分散的城市结构形态。分散型城市结构中的不同类型往往取决于导致分散的原因和因素的不同。

此外,在城市发展的不同阶段,不同规模的城市,甚至在研究大都市圈的城市结构时所选择的空间范围不同,均有可能归纳出不同的形态结构。

4. 城市发展阶段、规模与城市结构

城市是一个动态发展的过程。尤其是在城市化高速发展时期,城市的人口与用地规模迅速扩展,城市的结构形态也在发生不断的变化。例如:最初呈集中型的小城市在城市用地快速发展的初期往往沿放射型城市交通干线两侧向外发展,逐渐形成放射型的城市结构,而伴随着城市进一步的发展,放射型城市交通干线之间被环状交通干线连接,城市又在更大的范围内形成集中型的城市结构。城市主城区周围的城市卫星城等相对独立地区(甚至是独立的小城市)的建设以及连接二者的高速轨道交通系统又在整个城市圈的范围内构成了星座型的城市结构。甚至,如果大城市圈地区发生进一步无节制膨胀的情况时,卫星城被主城区吸收,就会出现道亚迪斯所描述的动态城市群(dynapolis)。城市结构又在某种程度上回归至集中型的形态。

从英国首都伦敦的城市化过程(1840—1929)可以清楚地看到城市结构形态随不同城市发展阶段变化的状况(图 7-5)。

7.1.4　城市总体布局

对城市形态结构的研究及其理论的形成主要是对过去城市发展过程中所出现的不同形态结构的归纳和总结。其目的是为了从中找出规律性的内容,揭示城市形态结构产生与演变的原因、过程与规律,并通过类型化的方法为城市规划中研究和确定城市总体布局提供参考。而城市总体布局则是对特定城市未来形态结构的研究、预测直至最终确定。因此,城市形态结构研究与城市总体布局之间是总结过去与预测未来的关系,是类型化归纳与个体应用的关系。

城市总体布局的任务是结合实地情况,参照有关城市结构的理论与规律,将城市构成要素具体落实在特定的地理空间中。由于城市总体布局的具体对象城市不同,虽然

---

① 参考文献[3]。

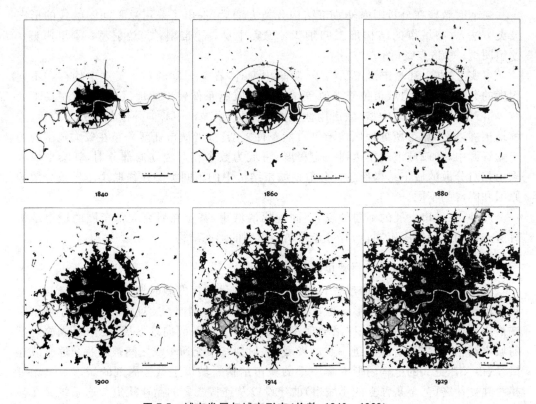

图 7-5 城市发展与城市形态(伦敦,1840—1929)

资料来源:Koos Bosma and Helma Hellinga. *Mastering the City*,*North-European City Planning 1900—2000*. NAI Publishers,1997.

不同城市最终所确定的总体布局可能千差万别,不会出现完全相同的布局形态,但其中也包含有某些普遍规律。

1. 影响城市总体布局的因素

正像本书反复强调的那样,城市是各种城市活动在空间上的投影。城市布局反映了城市活动的内在需求与可获得的外部条件。影响城市总体布局的因素涉及城市自然环境、经济与社会发展、工程技术、空间艺术构思以及政策等诸多因素,但最终要通过物质空间形态(physical form)反映出来。因此,在考虑城市总体布局时,既需要认真研究对待非物质空间的影响要素,又要将这些要素体现为城市空间布局。影响城市总体布局的因素众多,一般可以分成以下几个方面:

(1)自然环境条件;

(2)区域条件;

(3)城市功能布局;

(4)交通体系与路网结构;

(5)城市布局整体构思。

以上几个方面的内容将在 7.2 节详述。

2. 城市布局的原则

虽然具体到某个城市时,其形态结构各异、总体布局千差万别,但城市规划中,在考虑城市总体布局时需要遵循的基本原则是相通的。可大致分为以下几个方面。

(1) 着眼全局和长远利益

由于城市总体布局一旦确定并实施,难以再改变和修正,因此,在考虑城市总体布局时的全局观非常重要。所谓全局观就是在充分掌握城市现状情况的基础上,对内处理好各城市功能之间的关系,对城市的各项功能用地、交通、开敞空间以及基础设施作出统一的部署;对外从区域角度审视与处理好城市与周围地区的关系,尽可能地避免因解决某一类型的问题而产生出新的问题,而取得城市整体发展上的平衡和最优。例如,处理发展工业与生态环境保护的关系、与市民生活居住的关系等。我国在 20 世纪 90 年代前后大量出现的各种开发区中,有一部分就存在着自成体系、局部合理,但与城市整体发展产生矛盾的现象。

全局观的另一种体现就是要用长远的眼光,对未来城市发展趋势作出科学、合理和较为准确的预测。本章开头所举的北京市总体规划"梁陈方案"即是一个很好的实例。如果北京市的总体布局从 20 世纪 50 年代起,就按照"梁陈方案"所提出的那样,将中央人民政府行政中心设在旧城之外,形成多中心的城市结构,或许今天围绕北京旧城开发与保护的矛盾就不会如此尖锐。与此相对应的是,上海市的城市总体布局自"上海都市计划三稿"以来,虽经过短暂的曲折,但沿黄浦江两岸发展的格局基本上被 20 世纪 50 年代末和 80 年代初的城市总体规划所继承,并通过 20 世纪 90 年代初浦东新区的开发而得以实现和进一步的发展[①]。

城市总体布局的全局观还体现在对城市主要问题和矛盾的把握上。例如:对于我国处于山区和丘陵地区的城市而言,寻求足够的城市建设用地往往是城市总体布局中的主要矛盾;而对于大多数位于北方平原地区的城市而言,如何利用绿地等开敞空间的分隔,使城市形成相对独立的片区或组团,防止"摊大饼"现象的出现则是城市总体布局的首要任务。

总之,从城市发展的全局和长远眼光研究确定城市总体布局,不拘泥于一时一事的取舍,是城市健康、合理、稳定和可持续发展的关键。

(2) 保护自然资源与生态环境

城市的发展必然会对原有的生态环境产生影响,打破原有的生态平衡状态。城市规划的任务就是要在保证城市发展的同时,尽可能地减少对生态环境的影响。在进行城市总体布局时这一问题显得尤为突出,通常应注意以下几个方面的问题。

首先,是对土地资源的合理利用。城市建设对用地条件的要求往往与农业用地相

---

① 详细内容参见第 3 章,以及:上海城市规划志编纂委员会. 上海城市规划志[M]. 上海:上海社会科学院出版社,1999.

重叠，在城市建设与农田保护方面产生矛盾。通常，解决这一问题的思路是：一方面从总量上控制城市建设用地的规模，提高土地的使用效率；另一方面有意识地避开一些农田，特别是高产农田和菜地等。

其次，城市总体布局中还应注意到对林地、湿地、草地等自然生态系统重要组成要素的保护，并有意识地将其与城市绿化及开敞空间系统相结合，甚至直接作为其中的一部分。城市总体布局不仅要研究确定城市建设用地的布局，同时也要确定非城市建设用地（控制城市建设活动的地区）的结构和布局，达到减少城市对生态环境影响、提高城市内部环境质量的目的。

此外，减少城市污染，营造良好人居环境也是城市总体布局的重要原则。根据城市主导风向、河流流向等合理安排工业用地与居住用地的方位关系；通过在城市中设置"风廊"或布置楔形绿地等手法，充分利用自然因素减缓城市大气污染；合理分配城市滨水地区的功能，创造市民亲水环境等，这些都是从城市总体布局入手减少污染、营造良好人居环境的具体手段。

（3）采用合理的功能布局与清晰的结构

处理好城市主要功能在城市中的分布及相互之间的关系是城市总体布局的主要任务之一。《雅典宪章》将城市功能定位在"工作、居住、游憩和交通"四大领域中，并提出通过功能分区的方式来解决城市问题，体现了现代城市规划早期对城市功能以及相互之间关系的理解。之后的《马丘比丘宪章》对上述观点作出了修正，提出避免机械的功能分区和在城市中创造多功能综合环境的观点。事实上，由于经济发展水平和产业结构的不同以及城市性质、规模和特点的不同，对现代城市而言已很难采用一个普遍的标准来处理城市功能之间的"分"与"合"的问题。但通常的一种看法是，对于城市整体而言，将不同的城市功能相对集中布置有利于提高城市运转效率，防止产业污染对生活居住的影响；而从城市局部来看，对一些无污染或污染较少的产业，以及大量生活性的商业服务设施可以容许与生活居住功能存在一定程度上的"混在"，并通过控制用地兼容性的手段调控"混在"的程度。对于一些特殊的功能，例如有可能对其他功能产生不良影响的工业，或西方国家城市中的性产业，以及某些需要受到保护的功能，如美国的低密度纯居住地区，多采用集中布局，并避免与其他功能混合布置；而对于一些既不对其他功能产生严重的不良影响，也具有一定抗干扰能力的功能则采用适当混合的方式进行布局。

在城市总体布局中，除功能布局合理外，还需要建立一个明晰的城市结构，使城市各个功能区、中心区、交通干道、开敞空间系统等各个系统较为完整明确，系统之间的关系有机、合理，并体现出规划在城市整体空间与景观风貌上的明确构思。例如：20 世纪 80 年代合肥市的城市总体布局就较好地体现了这一点。围绕合肥旧城中心，城市北部与东部主要安排了工业用地，城市西南部主要是居住及教育科研和体育卫生用地，而城市的东南、东北、西北方向保留了大量农田和绿地，形成了以旧城为中心的风车型平面布局结构(图 7-6)。当然在实践中也要注意到防止过分注重平面形式和构图,脱离实际的倾向。

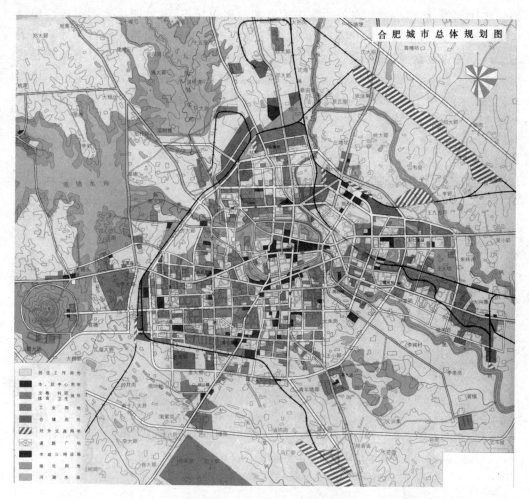

图 7-6　合肥市城市总体规划图

资料来源:中国城市地图集编辑委员会. 中国城市地图集[M]. 北京:中国地图出版社,1994.

(4) 兼顾城市发展理想与现实

在进行城市总体布局时,还应充分考虑到城市的建设与发展是一个动态的过程。城市总体布局不仅要使城市在达到或接近规划目标时形成较为完整的布局结构,而且在城市的发展过程中也可以达到阶段性的平衡,实现有序发展。具体而言,首先城市总体布局要为城市长远发展留出充分的余地。由于城市发展规律的复杂性和不确定因素较多,在某一时点进行的城市规划难以对城市未来发展做出准确的预测,因此,城市规划实践中多在对城市所在地区环境容量(或称城市发展极限规模)做出科学分析的基础上,按照城市远期的发展规模进行布局,同时照顾到城市在近期发展的连续性和受当前经济发展水平的制约,并对城市在规划期末之后的远景发展做出方向性的分析,留出必要的空间。如果城市布局对远期或远景考虑不足,就会导致城市总体布局整体性和连续性下降,并内含隐性问题,进而影响城市长远的运行效率,造成城市长远发展中的结构性问题;而城市总体布局一味追求远期的理想状态,又可能导致城市近期建设无所适从,或城市构架过于庞大,造成城市建设投资的浪费。如何兼顾城市远期发展理想与近期建设现实,并在两者之间取得平衡是问题的关键。此外,除少数城市在建设初期基本没有任何基础外,大部分城市都是在现有城市基础上发展起来的。城市总体布局也要解决城市发展中如何依托旧城区中的商业服务等城市中心功能与发展新城区的问题。

　　城市总体布局通常采用具体落实近期建设内容、控制远期建设用地和城市骨架的方法,在理想与现实之间、长远利益与当前效益之间取得相对的平衡(图 7-7)。

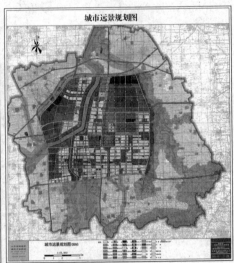

图 7-7　华北某中等城市规划中的近期、远期与远景布局示意图

资料来源:作者主持编制的某城市总体规划

7.2　城市总体布局的外部条件与内部功能

　　现实中,城市总体布局一方面受到来自城市外部因素的影响和制约,另一方面必须满足城市内部各城市功能的要求。这种来自于城市内外的诸因素相互影响、制约与平衡的结果,以及城市规划对城市未来布局的构思、选择和引导最终形成城市总体布局的格局。

7.2.1　自然条件对城市布局的影响

　　城市所处地区的自然条件,包括地形地貌、地质条件、矿产分布、局部气候等对城市总体布局有着较强的影响。通常,地处山区、丘陵地区的城市以及濒临江河湖海的城市,由于地形地貌的制约,城市总体布局往往呈相对分散的形态,城市用地常常被自然山体、河流等所分割,形成多个大小不等、相对独立的组团或片区。克罗基乌斯(B. P. Крогиус)在《城市与地形》中对位于不同地形条件下的城市结构形态归纳为组团结构、带状结构及集中型结构(图 7-8)。

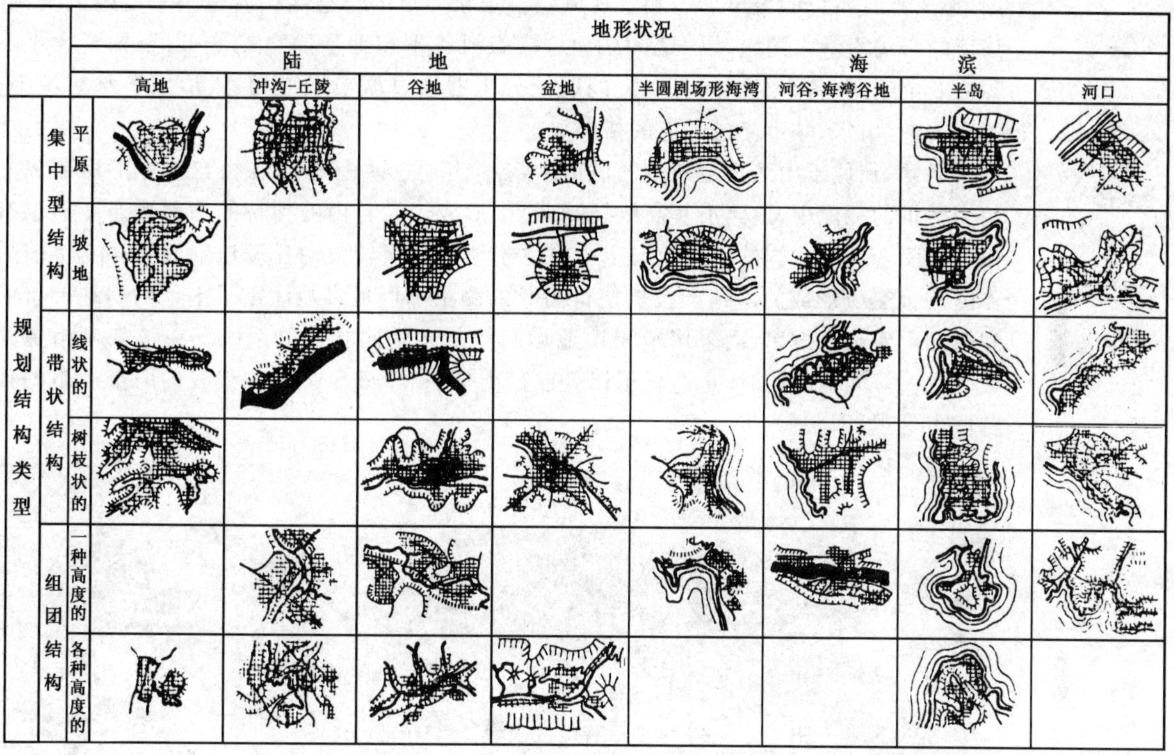

图 7-8 地形与城市形态结构的关系
资料来源:参考文献[10]

在我国的现状城市中,也大量存在这种主要因地形而形成较为分散布局的实例。例如,兰州市从"一五"计划时期起,被作为国家重点石油加工工业基地,开始大规模的城市建设。由于受到周围山体的限制,城市沿黄河两岸的狭长地带发展,并在以原旧城为中心的城关区的基础上向西发展,依次形成以铁路编组站为主的七里河区,以精密仪器制造为主的安宁区以及作为石油化工综合基地的西固区。各个区内均布置有工业用地以及配套的生活居住用地,形成了相对独立的城市片区,在一定程度上缓解了东西长达 50km 的带型城市中容易出现的联系不便的问题。兰州市的城市形态结构是带型城市中较为典型的实例之一。

这种由于自然因素形成相对独立片区的城市形态结构不仅限于带型城市。被誉为"山城"的重庆市位于嘉陵江与长江的汇合处,因此市区也被两江分割为三大片区。重庆市的总体布局充分结合了当地的自然地形特点,采用了"多中心、组团式"的布局结构,将整个市区分为三大片区和 12 个组团。各个片区均布置有工业用地和生活居住用地,虽不能完全做到片区内的居住与工作的平衡,但至少部分缓解了片区间的通勤交通压力。

此外,对于大量位于山区或丘陵地区的中小城市而言,在城市发展过程中往往很难获得完整的较为平坦的用地,城市用地多被河流或山地分割。虽然这种状况给城市建设带来一定的难度,但如果有意识地加以利用,扬长避短,则有可能起到意想不到的作用,形成独具特色的城市形态和景观风貌。张家界市的形态结构就是一个很好的实例。该市的布局沿澧水两岸,以旧城为中心,按照河谷平坦地形的自然分布,布置了大小不等的 6 个组团,各个组团间有一定的职能分工并通过城市干道相连,形成了水在城中,城在山中,山水、城市交融呼应的格局。

通常,在位于山区丘陵地带的城市中,各个组团或片区分布在由自然地形所形成的较为平坦的地段中,道路沿等高线蜿蜒曲折,形成较为自由的独特的平面形态。但也有像美国旧金山市这样的例外。旧金山市位于地形起伏较大的丘陵地带,但 1849 年前后伴随淘金热所形成的房地产投机使得当时的测量师们更多地注重了土地的房地产价值和短期内实施的效率,而采用了无视地形起伏的方格网状道路系统。在带来城市道路坡度过大等问题的同时,也造就了以隆巴德街(Lombard Street)为代表的旧金山市的独特城市景观(图 7-9)。

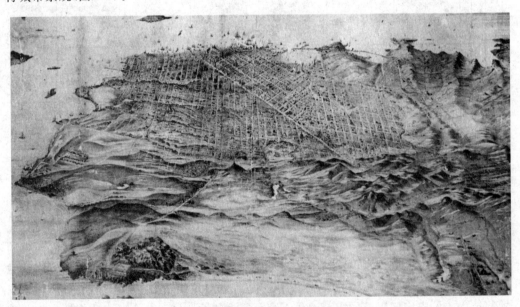

图 7-9　旧金山的地形与道路系统

资料来源: John W. Reps. The Making of Urban America, a History of City Planning in the United States[M].
Princeton: Princeton University Press, 1965.

自然地形地貌在影响城市布局形态的同时,还往往构成城市扩展过程中的"门槛"。采用工程措施跨越河流、山体等所形成的"门槛"通常带来城市建设费用的剧增。因此,在城市总体布局中,除考虑城市用地与自然地形的结合外,还应注意到跨域"门槛"所带来的经济负担。

除地形地貌外,城市所在地区的地质条件(例如地质断裂带)、矿产埋藏、采掘的分布(例如地下采空区)等均为制约城市形态结构的因素。

此外,地形等自然条件对城市内部的功能组织也有一定的影响。例如,在大气流动性较差的盆地中就不宜安排有大气污染的工业,居住用地适合布置在临近水面或南向缓坡地段等。

7.2.2　区域因素对城市布局的影响

区域因素是影响城市总体布局的外部条件之一。这种影响主要体现在以下两个方面。

1. 区域城镇体系与城市布局

城市存在于区域之中,与其周围地区或其他城市存在着某种必然的联系。传统经济地理学中的区位理论、中心地理论、增长极理论[1]以及点轴理论均试图解释城市在区域经济活动中相应地位的形成、城市相互之间的关系及其演变过程。城市地理学将城市空间发展演变的过程看成一个"集中"与"扩散"的过程,主要将注意力集中在对城市发展现象的总结与解释以及寻求城市空间演变的客观规律中。而城市规划则更侧重运用已知规律,为城市未来的发展留出合理的空间扩展余地(或限制特定地区的发展)。

早期的区位理论将城市周围地区看作是封闭系统中城市原材料的供给地和市场,位于交通中心或几何中心的城市通常具有优势地位。但随着现代交通的日益发达,物质、资金、人员的跨区域流动,乃至当今经济全球一体化的前提下,决定城市地位的因素更为复杂。城市与周围地区的关系也不再仅仅是直接的原材料供给地和市场这种单纯的关系。城市在区域中的地位更多地体现为其在区域产业结构中的地位,或者说其在区域城镇群中的地位。这种地位影响到城市的规模、功能等,从而形成城市形态布局的外部条件。在城市间关系更为紧密的大城市圈地区(metropolis),或大都市连绵带(megapolis)中,这种外部条件的作用就显得尤为突出。

城市规划的任务是,如何在空间上应对城镇体系分工、等级划分、整体布局所提出的要求,并为特定城市的性质、规模和布局给出较为科学准确的答案,即通常所说的从区域的角度审视城市,规划城市,解决城市问题。1944 年的大伦敦规划、1965 年的巴黎大都市区 2000 规划以及最近我国有关京津冀城乡空间发展规划研究均是从区域角度出发考虑城市布局问题的实例[2]。

---

[1]　在经济地理学领域中,我国学者对城镇布局空间形态结构的研究成果颇丰,例如:陆大道. 区域发展及其空间结构[M]. 北京:科学出版社,1995;张宇星. 城镇生态空间理论——城市与城镇群空间发展规律研究[M]. 北京:中国建筑工业出版社,1998;顾朝林,甄峰,张京祥. 聚集与扩散——城市空间结构新论[M]. 南京:东南大学出版社,2000;张京祥. 城镇群体空间组合[M]. 南京:东南大学出版社,2000;黄亚平. 城市空间理论与空间分析[M]. 南京:东南大学出版社,2002。

[2]　参考文献[4]。

应特别指出的是，区域城镇体系涉及较城市本身更大的范围和更广泛的领域，除传统上的以物质空间为主要对象的城市规划外，还需要融会经济学、社会学、地理学等多学科的知识和方法。

2. 区域交通设施与城市布局

对城市布局产生较大影响的另外一个区域因素是铁路、高速公路等区域交通设施以及运河等区域基础设施。区域交通设施对城市布局的影响主要体现在两个方面。一是其对城市用地扩展的限制，形成城市用地发展中的"门槛"；另一个是其对城市用地发展的吸引作用。现实中这两种作用往往交织在一起，在城市发展的不同阶段体现为不同的侧重方面。在区域交通设施建成的初期，其更多地表现为对城市用地发展的吸引作用，但当城市用地发展到一定规模，出现跨越区域交通设施发展的趋势时，其对城市发展的制约作用才开始被意识到。我国北方平原地区的许多城市，如石家庄、保定、廊坊等均为沿铁路发展起来的城市。最初城市用地集中在铁路的一侧，或以铁路的一侧为主。但随着城市规模的扩大，城市用地边缘区距城市中心的距离增加，开始出现城市用地跨越铁路发展的潜在需求。此时，铁路则成为限制城市用地发展的"门槛"。通常，城市规划需要在突破"门槛"与继续在铁路一侧发展之间作出权衡。当城市规模达到一定程度时，采取工程措施（例如修建穿越铁路的隧道或高架桥）突破区域交通设施所带来的"门槛"不仅是在所难免的，而且对城市整体而言也并非在所有情况下都是不经济的。其中关键的问题是对城市用地沿铁路单侧发展合理规模临界点的分析和对跨越"门槛"时机的把握。同时，在城市用地按照规划跨越"门槛"发展之前，对预定地区实施必要的规划控制，防止该地区中出现自发的无序建设。

另外一方面，当区域交通设施经过现有城市时，为了避免对城市发展造成不必要的负面影响，多采用避开现状城市用地的做法。例如：我国高速公路的建设起步较晚，其选线多采用与现状城市用地保持一定距离，通过引入线与城市道路系统相连接的办法。但是设在现状城市附近的出入口和引入线通常会对城市用地的发展产生吸引作用。仍以保定市和廊坊市为例，在高速公路建成前，城市用地均沿京广与京沪铁路两侧发展，但在与铁路平行的高速公路建成后，这两个城市的城市建设用地均向高速公路出入口方向延伸，形成了新的市区（开发区）。

7.2.3　产业发展对城市布局的影响

与城市外部影响因素相对应的另一个影响城市总体布局的因素是来自城市内部功能的需求。城市规划按照不同城市功能的需求（经济、社会、环境）以及与其他城市功能的关系，为其寻求最为适合的空间，做出城市功能在空间分布上的取舍选择，进而形成城市的总体布局。在这一过程中，对城市功能分布客观规律的掌握和顺应与建立在科学合理基础上的主观规划意志的体现同样重要。

在诸项城市功能中，城市的生产功能是现代城市存在与发展的根本原因和基础，占据着重要的地位。虽然随着时代的发展，城市生产功能的内涵、形式与特征发生了很大的变化,不再仅仅局限于传统的第二产业,而向以商务办公为代表的第三产业拓展,但是其对城市形态的影响程度并没有因此而减弱。例如,随着商务办公、研发职能的发展,城市中的就业中心不再局限于工业区,而转向位于城市中心的中央商务区。但同时我们也应该清醒地看到,随着全球经济一体化与我国加入世界贸易组织(WTO),以制造业为代表的传统第二产业仍是今后相当长的一段时期内我国大多数城市的主要生产功能。

在以第二产业为主的城市中,工业用地在城市总体布局中占据了主要的位置,并在以下几个方面影响城市的总体布局:

(1) 由于对自然资源、交通运输条件的需求,产业间协作,易成为污染源等原因,工业用地适于在城市中相对集中布局,从而形成大规模的工业区;

(2) 相对于商务、商业用地,工业用地单位用地面积的产出相对较低,对地价(地租)承受力较弱,因此通常选择距城市中心区较远,但对外交通便捷的区位;

(3) 第二产业,尤其是劳动密集型产业集中的工业区提供了大量的就业岗位,通常会形成城市的就业中心,因此需要有便捷的交通保持与居住区之间的联系;

(4) 由于一部分工业企业在生产过程中产生的废气、废水、噪声、气味,对水源、航运条件的要求需要占用沿江河湖海城市中的大部分滨水地区,甚至工业生产设备林立的景观对城市其他功能的布局产生较大的影响。

当某种特定产业成为城市主导产业时,其对城市的布局形态也会造成较大影响,形成具有特色的城市布局形态。例如,在张家界、杭州、桂林、屯溪等旅游业发达的城市中,机场、车站等城市对外交通设施,住宿接待、娱乐购物等旅游相关设施以及联系城市与景区间的快速通道等在城市布局中占有重要的地位,是城市布局中应优先考虑的内容。再如,一些矿业城市中的城市用地组团沿矿区的分布散布在一个较大的范围中,形成较为松散的组群式城市布局形态,如淮南、大庆等。

此外,产业发展对城市总体布局的影响还是一个动态的过程。在一些经济发展迅速的城市,尤其是大城市中,随着城市用地的不断扩大,城市主要功能由以制造业为代表的第二产业向金融、贸易等第三产业转变以及产业本身的升级换代等原因,原本位于城市周边地区的工业用地被非工业类的用地所包围,并逐渐被置换为商务、商业或居住类的用地,工业用地迁移至更远的城郊或卫星城镇中,即通常所说的"退二进三"现象。在这种情况下,城市中的原工业用地就有可能转变为新的城市中心或副中心。我国的北京、上海,日本的东京等城市在发展过程中均有这种现象出现。

7.2.4　城市中心对城市总体布局的影响

1. 城市中心的构成

城市中心是市民开展公共活动与交往的空间,是城市中交通便捷,人流、物流、信息流最为集中的场所,其中包括了商业、商务、服务、娱乐等城市中最具活力和吸引力的功能。在规模较大的城市中,一个市民不一定到过城市中的每一个地区,但他(她)一定到过城市中心,所以城市中心往往位于城市的几何中心或交通中心(可达性最佳的地点)。当城市中心的规模与构成内容达到一定程度时,其空间形态也由"点"状或"线"状扩展为"面",从而形成城市中心区。而在特大城市中,城市中心还会依据其担负的职能形成不同的专业化中心,或在空间分布上呈现出散布于一定区域中的多中心的形态。因此,城市中心的功能构成、布局形态对城市总体布局具有相当程度的影响力,在传统经济模式下,甚至可以认为城市各项功能的运转在很大程度上是围绕城市中心功能所展开的。

事实上城市中心的内容和职能也在不断发生变化,不同历史时期或不同经济模式下的城市中心呈现出不同的职能特征。在工业革命之前的传统城市中,包括政治、文化活动在内的公共活动、宗教活动,源自交易行为的商业、服务活动以及专制统治活动(政治活动的一种),构成了城市中心的主要职能;而在近现代城市中,源自工业产品的跨地区、跨国销售的商务办公活动以及为其服务的高端商业服务则部分取代传统城市中心的职能,成为城市中心职能的核心,并逐步发展为中央商务区(central business district,CBD)。因此,现代大城市的中心除包含了传统的零售业与服务业外,通常商务办公职能也占据了重要的位置。在这种情况下,城市中心不但是城市的公共活动与交往中心,同时也是就业中心。

2. 城市中心与城市总体布局

城市中心的形态和布局与城市的规模和性质相关。大量中小城市中的城市中心职能相对简单,规模较小,多呈集中布局的形态;而大城市,尤其是特大城市中的城市中心往往功能齐全、复杂,具有一定的规模,形成"面"状的城市中心区(图 7-10)。同时,伴随

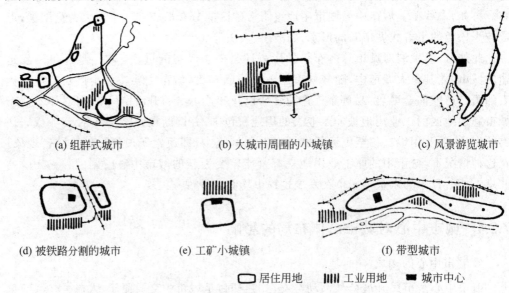

(a) 组群式城市　　　　　　(b) 大城市周围的小城镇　　　　　　(c) 风景游览城市

(d) 被铁路分割的城市　　　(e) 工矿小城镇　　　　　　(f) 带型城市

□ 居住用地　　Ⅲ 工业用地　　■ 城市中心

图 7-10　不同类型城市中心位置示意图

资料来源:同济大学. 城市规划原理[M].新一版. 北京:中国建筑工业出版社,1991.

着城市用地的发展与城市中心功能的进化,除中心职能趋于复合化,形成综合性城市中心区外,中心职能分布于城市的更大范围中,产生多个城市副中心或商务、商业服务、行政管理、文化体育、展览会议等专业化中心,从而形成多中心的城市布局形态。例如,日本东京在城市发展过程中,除原有的丸之内(商务办公)-银座(商业服务)地区外,又形成了沿铁路环线的新宿、涩谷、池袋、上野以及临海地区等城市副中心。近年来伴随着信息经济的发展,位于六本木、品川、汐留等地区的商务、商业、居住综合区形成了城市的复合型新中心(图 7-11)。此外,由于服务对象的分化,大城市中的中心又分为不同的层级,如市级、区级、社区级等,构成了城市中心服务职能的等级网络。

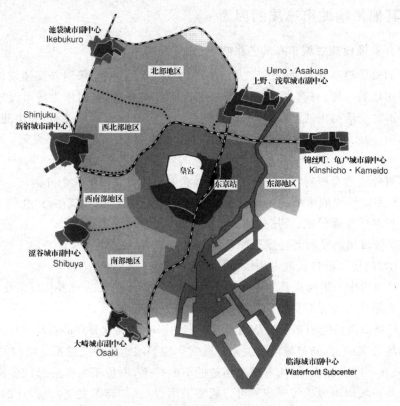

图 7-11　日本东京的城市中心分布示意图

资料来源:根据東京都.東京の都市づくり[R].1998.作者编绘

　　另一方面,在美国等西方国家中,第二次世界大战后郊区化的进展使得传统城市中心受到前所未有的挑战。随着郊外大型商业服务中心的兴起,城市中心区出现不同程度的衰落迹象,城市形态结构也随之发生变化。在大城市地区的外围出现了"边缘城市"(edge city)。同时,信息时代社会中网络经济的出现与发达使城市中心的区位因素下降,城市结构开始由传统的圈层式结构向网络化结构转化。

　　通常,城市中心的布局与城市总体布局呈现出互动的关系。一方面城市中心的布局会影响城市的总体布局,带动城市的发展。例如,伴随着 20 世纪 90 年代上海浦东新区的开发,尤其是陆家嘴金融贸易区的规划建设,上海市的城市中心由原来黄浦江西侧的南京路、淮海路以及外滩地区延伸至黄浦江对岸,因而带动了整个浦东新区的发展。城市总体布局也由原来主要沿黄浦江西侧南北向发展变为沿黄浦江两侧发展。另一方面,在城市因地形等自然条件限制呈带状或组团式发展的城市中,城市中心则趋于城市中心-副中心等分散式布局。例如:深圳市因地形等原因,城市总体布局呈东西向带状发展,除位于罗湖和福田的主要城市中心外,在宝安、南山、龙岗、龙华、沙头角-盐田、沙井、坪山还设有城市次中心(副中心),形成了"一主七副"的城市中心网络。

7.2.5 其他影响城市布局的因素

1. 对外交通设施对城市布局的影响

城市的发展离不开与外部的交流。铁路、公路、水运、航空等对外交通设施,一方面作为城市用地的一种,有其本身功能上的要求[①];另一方面,它们作为城市设施,担负着与城市外部的交流与沟通,与城市中的其他功能之间有着密切的关系,并由此影响城市的总体布局。甚至某些交通枢纽城市、港口城市本身因交通而得到发展,如郑州、武汉等。

城市对外交通设施对城市总体布局的影响主要体现在以下几个方面。

(1) 对不同性质的土地利用具有吸引或排斥作用。例如,物流中心、仓储、工业等用地趋于接近对外交通设施,而居住用地等则需要与其保持一定的距离。

(2) 对城市用地发展及功能分配造成一定的影响。例如:铁路、公路干线往往形成城市发展的"门槛",港口设施占用城市滨水等。

(3) 对城市中心的形成具有一定的影响。客运交通终点站或者与城市交通之间的换乘点通常形成人流比较集中的地区,进而发展为城市中心。

(4) 对城市道路交通系统的结构具有一定的影响。高速公路的过境与接入方式、各类客货站场的布局、机场与城市的关系等通常影响到城市道路交通系统结构的形成。

此外,在一些大城市中,随着城市用地的不断扩展,原位于城市边缘的公路、铁路甚至是机场等被城市用地所包围或逼近。通常采用改造(如高架立交)或搬迁的方式解决城市对外交通设施与城市发展之间的矛盾。

2. 城市交通体系

不同的城市的交通体系与出行方式,尤其是公共交通的类型在很大程度上影响到城市总体布局。例如,在以路面公共汽车、自行车为主要出行手段的城市中,城市形态多为紧凑的集中布局;而在以快速轨道公共交通发达的城市中,城市用地通常沿交通线呈带状(指状)发展,或以交通节点(车站)为核心,形成类似于"葡萄串"状的形态布局。在以私人汽车为主要交通手段的城市中,城市中心多在沿高速公路或城市干道的地区

---

① 有关城市对外交通设施的规划详见第9章"城市道路交通规划"。

形成;而在以轨道公共交通为主要出行方式的城市中,城市中心多位于轨道交通终点站或两条以上交通线路换乘点处。因此,城市的交通系统,包括道路网形态结构,轨道交通系统的形态结构,主要终点站(terminal)、换乘站的布点等均对城市的总体布局产生影响。

3. 城市总体设计(城市总体艺术布局)

城市总体布局一方面基于对地形地貌、水系、植被、历史遗存等客观条件的分析,并在规划中给予有意识的组织和利用;但另一方面,即使面对同样的客观条件,按照不同的规划设计主观意图所形成的城市总体布局也可以千差万别。因此,从某种意义上来说,城市总体布局也是城市整体设计意图的集中体现。通常,城市整体设计或称城市总体艺术布局关注城市中的如下要素:

(1) 重要建筑群(如大型公共建筑、纪念性建筑等)的形态布局、体量、色彩;

(2) 公园、绿地、广场以及水面等组成的开敞空间系统;

(3) 城市中心区、各功能区的空间布局;

(4) 城市干道等所形成的城市骨架;

(5) 城市天际线等城市空间的起伏与景观。

结合每个城市的具体情况,对上述要素作出的统一安排就形成了城市的总体艺术布局,并成为城市总体布局的重要组成部分。事实上,实践中两者之间仅有各自的侧重,而很难截然区分。城市总体艺术布局通过结合城市的地形地貌、植被、水面等自然条件,以及各类历史遗产创造出具有特色的城市风貌。

虽然城市总体设计带有较强的主观色彩,但必须与当地的现实条件和经济、社会发展水平、文化习俗相适应。应杜绝任何好大喜功、脱离实际、文化虚无等形式主义的倾向。

7.3　城市总体布局方案的比较与选择

7.3.1　城市总体布局多方案比较的意义和特点

城市总体布局的多方案比较是城市规划编制过程中的一个必不可少的环节,其主要目的是要通过对不同规划方案的比较、分析与评价,找出现实与理想之间、各类问题和矛盾之间、长期发展与近期建设之间相对平衡的解决方案。

1. 城市总体布局多方案比较的重要性

虽然我们通过对城市发展规律的总结归纳和科学系统的分析,可以找出影响城市总体布局的主要因素和形成城市总体布局的一般规律,但就某一个具体的城市而言,其规划中总体布局的可能性并非是唯一的,这是因为以下几个原因。首先,城市是一个开放的巨系统,不但其构成要素之间的关系错综复杂,牵一发而动全身,而且对构成要素在城市总体布局中的重要程度,主次顺序,不同的社会阶层、集团或个人有着不同的价值取向和判断。也就是说,面对同样的问题,由于价值取向的不同而形成不同的解决方法,反映在城市总体布局上就会形成不同的方案。例如,以公共交通和集合式住宅解决居住问题的城市总体布局与以私人小汽车和低密度独立式住宅解决居住问题的城市,其总体布局截然不同。其次,城市规划方案以满足城市的社会经济发展为前提,其中充满了不确定性因素。而这种对未来预测的不同结果、判断以及相应的政策也会影响到城市总体布局所采用的形式。例如,基于对城市郊区化进展的判断所采取的强化城市传统中心的总体布局,与解决城市中心职能过于向传统城市中心集中、疏解城市中心职能所采取的总体布局之间存在着明显的差别。再次,即使在相同的前提与价值取向的情况下,城市行政首长等决策者甚至是规划师个人的偏好也会在相当程度上影响或左右城市的总体布局形态。总之,人们对问题的认识、价值取向、个人好恶等均会影响到城市总体布局的结果。因此,城市总体布局是一个多解的,有时甚至难以判断其总体优劣的内容。正因为如此,在城市规划编制过程中,城市总体布局的多方案比较就显得尤为重要。其主要意义和目的可以归纳为:

(1) 从多角度探求城市发展的可能性与合理性,做到集思广益;

(2) 通过方案之间的比较、分析和取舍,消除总体布局中的"盲点",降低发生严重错误的概率;

(3) 通过对方案分析比较的过程,可以将复杂问题分解梳理,有助于客观地把握和规划城市;

(4) 为不同社会阶层与集团利益的主张提供相互交流与协调的平台。

2. 城市总体布局多方案比较的基本思路与特点

多方案的比较、分析与选择是城市规划中经常采用的方法之一。城市总体布局构思与确定阶段的多方案比较主要从城市整体出发,对城市的形态结构以及主要构成要素作出多方位、多视角的分析和探讨。关键在于要抓住特定城市总体布局中的主要矛盾,明确需要通过城市总体布局解决的主要问题,不拘泥细节。例如,在 2003 年开展的北京空间战略发展研究中,改变现状单一城市中心、城市用地呈圈层式连绵发展的城市结构是北京在发展中急需解决的主要矛盾。针对这一主要矛盾,三个研究参与单位分别提出了不同的解决思路,并最终归纳出"两轴、两带、多中心"的城市格局。对于新建城市而言,城市总体布局的多方案比较可能意味着截然不同的城市结构之间的比较;而对现有城市而言,则可能是不同发展方向与发展模式之间的比较。

在城市总体布局多方案比较的实践中,存在着两种不尽相同的类型。一种是包括对城市总体布局前提条件进行分析研究的多方案比较,包含了对城市发展多种可能性的探讨,又被称为"情景规划"(scenario planning)。在这类多方案比较中,研究的对象不仅限于城市的形态与结构,同时往往包括对城市性质、开发模式、人口分布、发展速度、发展路径等城市发展政策与策略的探讨。1954 年的东京圈土地利用规划、1961 年的华盛顿首都圈规划 2000 以及 21 世纪澳门城市规划纲要研究都是这一类型的实例。城市总体布局多方案比较的另外一种类型则是在规划前提已定的条件下侧重对城市形态结构的研究,常见于规划设计竞赛。著名的巴西首都巴西利亚规划设计竞赛、我国上海浦东陆家嘴 CBD 地区的规划设计竞赛等属于这一类(详见 7.3.2 节)。

此外,在城市规划实践中,除对城市总体布局进行多方案比较外,有时还会针对布局中某一特定问题进行多方案的比较,例如城市中心位置的选择、过境交通干线的走向等。

7.3.2 城市总体布局多方案比较与方案的选择

1. 多方案比较的内容

城市总体布局涉及的因素较多,为便于进行各方案间的比较,通常将需要比较的因素分成几个不同的类别,详见表 7-1。

表 7-1 城市总体布局多方案比较内容一览表

序号	比较类别	详 细 内 容 说 明
1	地理位置与自然条件	城市选址(或发展用地)中的工程地质、水文地质、地形地貌等是否适于城市建设
2	资源与生态保护	对农田等资源的占用以及对生态系统的影响是否最小
3	城市功能组织	商务、商业服务等城市中心功能,工业区等产业功能以及居住功能等主要功能区之间的关系是否合理
4	交通运输条件	铁路、公路、机场、码头等城市对外交通设施是否高效服务城市又同时对城市发展不形成障碍;城市道路系统是否完整、顺畅、高效、合理
5	城市基础设施	给水、排水、电力、电信、供热、煤气等城市基础设施的系统结构、关键设备布局是否合理;高压走廊的走向对城市是否有影响
6	城市安全与环境质量	是否有利于城市抵御洪水、地震、台风等自然灾害及火灾、空袭等人为灾害;是否有利于城市环境质量的提高
7	技术经济指标	城市开发建设的投入产出比例等经济效率是否高效、合理
8	分期建设与可持续发展	是否有利于城市的分期建设;是否留有足够的进一步发展的空间

资料来源:作者根据参考文献[1]、[2]、[3]归纳整理。

应该指出的是,现实中每个城市的具体情况不同,对上述要素需要区别对待,有所侧重,甚至不必针对所有因素进行比较。同时,方案比较本身的目的也直接影响到方案比较的主要内容和侧重点的不同。此外,有关各类因素在比较中加权、侧重的量化问题较为复杂,将在以下"方案选择与综合"部分论述。

2. 多方案比较的实例

(1)东京城市圈开发形态方案

20 世纪 50 年代中期,在日本,伴随着经济起飞和全国性中心职能向首都地区集中,东京城市圈开始出现大规模土地开发的压力。日本城市规划学会大城市问题委员会下设专门调查委员会对此进行了调查研究并提出研究报告。其中针对东京城市圈半径

40km 范围内的开发形态,从肯定或否定大城市两个角度出发提出了 8 种不同类型的城市开发模式。方案比较侧重对人口分布、交通设施、开敞空间、居住环境、新开发与既有中心城市的关系等方面的分析。在 8 个方案中,开发特定城市的方案后来被首都圈建设委员会采纳,并以此为基础形成了第一次首都圈建设基本规划(1958 年)(图 7-12)。

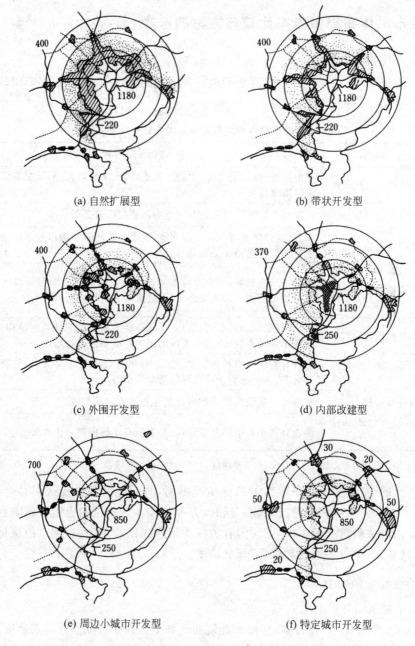

(a) 自然扩展型　　　　　(b) 带状开发型

(c) 外围开发型　　　　　(d) 内部改建型

(e) 周边小城市开发型　　　　　(f) 特定城市开发型

图 7-12　东京城市圈开发形态方案比较

资料来源:日笠端. 市街化の計画的制御[M]. 東京:共立出版株式会社,1998.

（2）21 世纪澳门城市规划纲要研究

为迎接 1999 年澳门回归祖国,清华大学、澳门大学等单位联合开展了 21 世纪澳门城市规划纲要研究工作。其中,针对澳门城市现状中人口、建筑密度较高,城市用地匮乏,缺少发展空间等问题,并考虑到回归后产业发展方向、规模、速度以及澳穗合作中的不确定性等因素,就城市发展规模及形态提出了"稳定型""调整型"以及"转换型"三个不同的方案。这一系列方案提出的目的并非希望通过方案之间的比较,来选择一个最为合理现实的方案,而是着重探讨在不同产业发展模式以及不同澳穗合作模式下的多种可能性,为回归后的特区政府制定城市发展政策提供参考（图 7-13）。

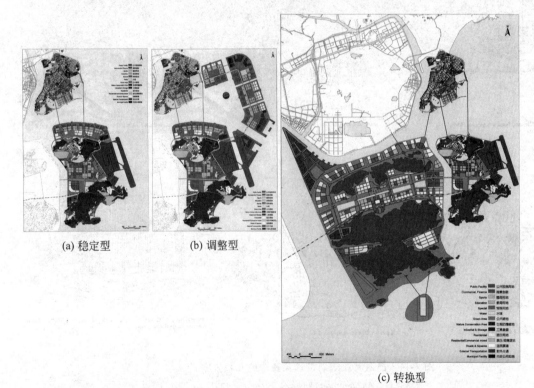

(a) 稳定型　　(b) 调整型

(c) 转换型

图 7-13 澳门三种不同的发展模式与城市形态

资料来源：根据崔世平,赵炳时,等. 21 世纪澳门城市规划纲要研究［M］. 澳门：澳门发展与合作基金会,
　　　　1999. 作者编绘

（3）巴西利亚的城市总体设计

1956 年巴西政府决定将首都从里约热内卢迁至中部高原巴西利亚,以带动内陆地区的发展。随后举行了规划设计竞赛,共有七个方案获得一至五等奖。各获奖方案在人口规模等条件已定的情况下（50 万人）,侧重对城市功能组织的形态与城市结构的表达（图 7-14）。经过评选,巴西建筑师路西奥·科斯塔（Lucio Costa）的方案最终获得第一名并被作为实施方案。该方案以总统府、议会大厦和最高法院所构成的三权广场为中心,并与联邦政府办公楼群、大教堂、文化中心、旅馆区、商业区、电视塔、公园等组成

东西向的轴线。在轴线两侧结合地形布置了居住区、外国使馆区和大学区，并由快速干道与轴线和外部相连接，整个城市宛如一只展翅飞翔的大鸟或飞机，形成了独特的城市形态。虽然在 1960 年巴西首都迁至此地后，对该方案的批评就没有中止过，但目前巴西利亚已基本按规划建成，并作为完全按照规划所建成的现代城市，于 1987 年被联合国教科文组织列为世界文化遗产。

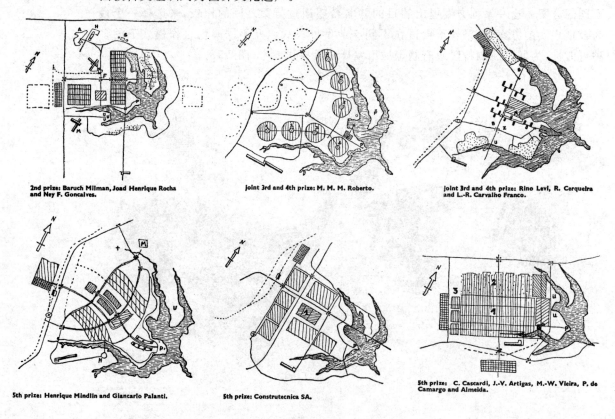

图 7-14　巴西利亚规划设计竞赛中的几种方案

资料来源：*Architectural Review*，December 1957

3. 方案选择与综合

　　城市总体布局多方案比较的目的之一就是要在不同的方案中找出最优方案，以便付诸实施。方案比较时所考虑的主要内容也在上述"多方案比较的内容"中列出。然而通过分析比较找出最优方案有时并不是一件容易的事情。通常，比较分为定性分析与定量评判两大类。定性分析多采用将各方案需要比较的因素用简要的文字或指标列表比较的方法。首先通过对方案之间各比较因素的对比找出各个方案的优缺点，并最终通过对各个因素的综合考虑，做出对方案的取舍选择。这种方法在实际操作中较为简便易行，但比较结果较多地反映了比较人员的主观因素。同时参与比较人员的专业知识积累和实践经验至关重要。事实上如果对每个比较因素的含义进行比较严格的定义,并根据具体方案的优劣程度设置相应的评价值,则可以计算出每个方案的得分值。但比较因素的选择、加权值、参评人的构成等均影响到各方案的总得分值。这种方法虽在一定程度上试图将比较过程量化,但仍建立在主观判断的基础之上。与此相对应的是对方案客观指标进行量化选优的方法,即将各个方案转化成可度量的比较因子,例如,占用耕地面积、居民通勤距离、人均绿地面积等。但在这种方法中存在某些诸如城市结构、景观等规划内容难以量化的问题。因此,实践中多采取多种方法相结合的方式进行方案比较。

另一方面,城市总体布局的多方案比较仅仅是对城市发展多种可能性的分析与选择,并不能取代决策。城市总体布局方案的最终确定往往还会不同程度地受到某些非技术因素的影响。此外,在某一方案确定后还要吸收其他方案的优点,进行进一步的完善。

4. 方案在实施过程中的深化与调整

通过多方案的比较、选择与综合,即可基本确定城市总体布局。但在城市规划实施的过程中还会遇到各种无法事先预计的情况。这些情况有时也会在不同程度上影响到城市的总布局,需要进行及时的调整和完善。例如:筑波研究学园城市是位于日本首都东京东北 60 km 处的一座新城。其总体规划于 1965 年首次颁布,随着新城建设中迁入该地区的各个研究机构、高等教育机构不断提出新的要求以及土地征购进展情况的变化,新城建设总体规划分别在 1966 年、1967 年、1969 年进行了三次调整,保留了原有的城市结构。目前筑波的城市建设基本按照 1969 年所确定的方案实施,并有局部调整(图 7-15)。

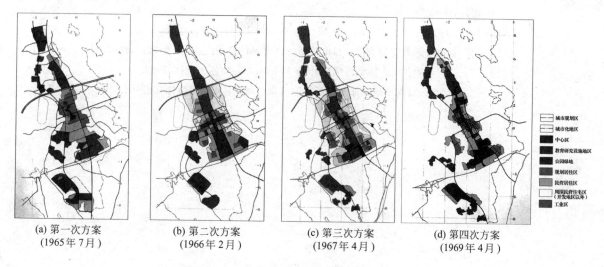

(a) 第一次方案
(1965 年 7 月) (b) 第二次方案
(1966 年 2 月) (c) 第三次方案
(1967 年 4 月) (d) 第四次方案
(1969 年 4 月)

图例:
城市规划区
城市化地区
中心区
教育研究设施地区
公园绿地
规划居住区
民营居住区
周围民营住宅区(开发地区以外)
工业区

图 7-15 筑波研究学园城市总体布局的变迁

资料来源:根据都市基盘整备公团.筑波研究学园都市[R],2003.作者编绘

　　应该指出的是,城市总体布局关系到城市长期发展的连续性与稳定性,一旦确定就不宜作过多的影响全局的改动。对于涉及城市总体布局的结构性修改一定要慎之又慎,避免出现因城市总体布局的改变而引起的新问题。

参考文献

[1] 李德华. 城市规划原理[M]. 3 版. 北京:中国建筑工业出版社,2001.

[2] 赵和生. 城市规划与城市发展[M]. 南京:东南大学出版社,1999.

[3] 赵炳时. 城市空间形态与布局结构[M]//邹德慈. 城市规划导论. 北京:中国建筑工业出版社,2002.

[4] 吴良镛,等. 京津冀地区城乡空间发展规划研究[M]. 北京:清华大学出版社,2002.

[5] 秋山正敬. 图说都市构造[M]. 东京:鹿岛出版会,1990.

[6] CHAPIN F S, Jr, KAISER E J. Urban Land Use Planning[M]. Third Edition. Chicago:University of Illinois Press,1979.

[7] KOSTOF S. The City Shaped, Urban Patterns and Meanings Through History[M]. Boston:Little, Brown and Company, 1991.

[8] LYNCH K. Good City Form[M]. Boston:The IMT Press, 1981.
　　林庆怡,陈朝晖,邓华,译. 城市形态[M]. 北京:华夏出版社,2001.

[9] [英]M. 汤姆逊. 城市布局与交通规划[M]. 倪文彦,陶吴馨,译. 北京:中国建筑工业出版社,1982.

[10] [苏]B. P. 克罗基乌斯. 城市与地形[M]. 钱治国,王进益,常连贵,等,译. 北京:中国建筑工业出版社,1982.

[11] 胡俊. 中国城市:模式与演进[M]. 北京:中国建筑工业出版社,1995.

[12] [日]都市計画教育研究会. 都市計画教科書[M]. 3 版. 東京:彰国社,2001.

[13] [日]三村浩史. 地域共生の都市計画[M]. 京都:学艺出版社,1997.

[14] [日]日笠端,日端康雄. 都市計画[M]. 3 版. 東京:共立出版株式会社,1993.

第8章 城市土地利用规划

8.1 城市土地利用规划基本原理

8.1.1 城市土地利用规划的地位、职能与内容

1. 土地与城市土地利用规划

对于人类而言,土地就像阳光和水一样,是其生存的必要条件。同样,城市中的各种生产与生活活动无一不是在特定的土地上开展的,或者说某一特定范围内的土地只能供给有限的人群和有限的用途使用。正是由于土地的这种必要性、在使用上的排他性以及作为资源的有限性,在市场经济环境下,不同目的、不同种类的土地之间存在着相互竞争的关系,并最终由市场选择。所以,土地(或土地的使用权)可以看作是具有经济价值的商品,但又是不同于一般消费品的特殊商品。市场根据土地的使用价值所做出的选择可以看作是其经济属性的具体体现,而城市规划从公益角度出发对土地利用做出的选择和对土地使用的限制则体现出土地具有社会属性的一面。因此,在包括土地所有制在内的不同的社会制度以及不同的经济体制下,土地利用的形态以及规划手段具有较大的差别。例如,在美国等倡导自由竞争的市场经济国家,以获取高额利润为目标的城市中心高强度复合型土地利用与以个人财产价值保全为目的的郊区低密度居住形成了鲜明的对比;相反,在计划经济时期,我国城市中的土地属无偿划拨,其土地利用的密度和用途多由计划或城市规划等政府部门确定。

城市土地利用规划与道路交通规划、公园绿化及开敞空间规划、基础设施规划一起构成了城市规划的主要组成部分。由于具有因社会制度与经济体制而异的特征,城市土地利用规划成为城市规划中最核心的部分和最主要的内容。甚至在一定条件下,城市土地利用规划与城市规划之间可以画上等号。

通常,在探讨城市规划问题时,土地利用可以有两种理解。一种是广义的土地利用,即包括道路用地、城市设施与基础设施用地等所有城市用地在内的土地利用;另一种是狭义的土地利用,即除上述设施外的土地,按城市活动类型大致分为工业(产业)、商业(商务、服务)及居住三大类。本章主要以狭义土地利用中的居住、商业(商务、服务)、工业及仓储用地为主展开论述,与道路交通用地、城市对外交通设施用地、公园绿化及开敞空间用地、城市基础设施用地相关的内容将在后续章节中单独论述。

2. 城市土地利用规划的职能

在市场经济环境下,城市土地利用的形成主要源自供需两方面的因素。一方面是某种特定类型的城市功能(例如居住)对适于承载该项功能的土地(居住用地)提出的需求,例如,对居住用地而言,要求地租不能过高、距离工作地点不能过远、环境良好等;另一方面是城市中的特定地区(例如靠近区域交通干线的地区)适于开展某项活动(例如物流中心、仓储等)。城市土地利用规划就是以上述两方面的情况为基础,并考虑到城市整体的公共利益后所做出的综合性选择。即为特定的城市功能安排合适的用地,为特定的城市用地寻找适合的功能。通常,居住、商业、工业等功能性用地的布局多依据市场规律,侧重经济效益;而对于道路、公园、学校、医院等公共和公益设施的用地则更多地从城市整体的社会效益出发。例如,当公园建设与房地产开发项目在用地上产生矛盾时,城市规划做出建设公园的选择主要是基于对社会效益的考虑,而不是按照市场规律选择的结果。这种情况不仅限于城市内部各种土地利用之间的竞争和选择,同样也出现在城市建设用地范围的选择与划定中。此外,环境因素也是除社会因素外土地利用规划必须考虑的另外一个重要因素。城市土地利用规划归根结底是对规划范围内土地资源进行分配与再分配的方案。

具体而言,在城市外部,土地利用规划通过对城市规划区、城市建设用地的划定,确定城市的空间发展方向,促进、保障城市建设的有序发展,协调城市建设用地与非城市建设用地的关系;在城市内部,土地利用规划为各种城市活动安排必要的空间。

3. 城市土地利用规划的内容

城市土地利用规划的职能决定了其内容是对土地利用状况的具体描述。即首先将规划范围内的所有土地划分为可建设用地与非建设用地(或称控制建设用地);其次,确定可建设用地范围内所有土地的性质(用途)与强度(建筑密度、容积率)以及建设形态(后退红线、建筑高度等);再次,根据需要对可建设用地范围内的部分用地提出特殊要求(例如使用防火建筑材料、外观与城市景观的协调、传统风貌保护等)。此外,对于城市重点地区集中开发所做出的土地利用的统一安排也是另一种类型的土地利用规划。

在市场经济环境下,除道路、公园、公共公益设施用地外,大部分城市用地的开发建设主要依靠民间资本完成。因此,土地利用规划的内容通常需要经过公开听证、议会审议等法定程序后成为政府依法行政、管理城市的重要依据。有时城市土地利用规划的内容本身甚至被法律文本化,在经过法定程序审查通过后,直接成为地方性法规。普遍适用于美国各个城市中的区划条例(zoning ordinance)就是其中的代表。换句话说,城市土地利用规划的内容中不但包含了对未来土地利用目标的描述,同时也包括了实现这一目标的手段和措施。

此外,城市土地利用规划的内容多通过二元化的城市规划结构得以体现。即通过城市总体规划等宏观层次的规划体现规划战略与方针,通过详细规划等微观层次的规划体现具体的规划与控制内容。

4. 城市土地利用规划的工作阶段

不同城市规划体系下,不同空间层次的土地利用规划,其编制过程以及工作阶段不尽相同,但通常可以大致划分为以下三个环节(图 8-1)。

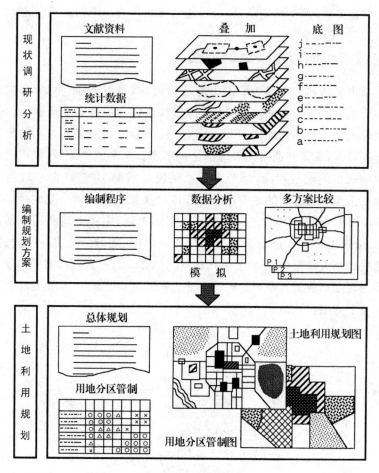

图 8-1　城市土地利用规划的工作阶段
资料来源:根据参考文献[7],作者编绘

(1) 现状资料收集、整理与分析阶段

主要通过对土地利用现状的整理与分析,确定城市在未来发展中不可占用或不宜使用的用地、需要保留的用地、适于开发建设的用地以及需要进行改造的用地等在空间上的分布,明确各类用地的具体范围和特征。

(2) 规划方案编制、比较与选择阶段

结合城市发展性质、规模与方向等城市发展的既定目标,对各项城市功能用地、开敞空间、公共公益设施用地的分布分别做出安排,并按照一定的优先顺序协调各类用地需求之间发生重叠时的矛盾,形成统一的土地利用方案。鉴于根据不同的价值判断与规划思路可以形成多个规划方案,实践中还必须对各个方案进行比较择优等工作。

(3) 规划内容、实施措施确定阶段

在经过各种形式的公众参与及法定程序后形成最终的土地利用规划。在市场经济与法制环境下，土地利用规划的内容还会进一步转化为可实际用来指导城市建设、控制开发活动的法律性文件（例如区划条例、法定图则等），作为规划的实施措施。

8.1.2　影响城市土地利用规划的因素

正如上述城市土地利用规划的职能中阐述的那样，城市土地利用规划的本质是对规划范围内的土地资源进行分配与再分配的方案，并且这一方案一旦确定就可以在不同程度上约束现实土地利用的形成过程。因此，城市土地利用规划方案的形成与确定对上至房地产开发商，下至普通市民来说都至关重要。从形式上来看，城市土地利用规划由规划师根据城市的现实状况，综合各方意见统一编制，并最终由市政当局决策确定。但实质上在土地利用方案的逐步形成过程以及决策过程中均会受到诸多因素的影响。凯泽（Edward J. Kaiser）等人在《城市土地利用规划》中将土地利用规划比作一场严肃的竞赛（serious game）。市场因素、政府、社会团体、规划师按照一定的游戏规则，在土地利用规划这个大舞台（arena）上展开利益的博弈。这一过程代表了市场经济环境下城市土地利用规划形成的实质（图 8-2）。通常我们可以把影响城市土地利用规划的因素分为以下几个方面。

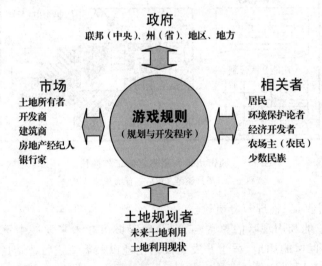

图 8-2　影响城市土地利用规划形成的因素

资料来源：根据参考文献[4]，作者编绘

1. 经济因素

经济因素是市场经济环境下影响土地利用规划的最重要的因素。不同种类的土地在市场中的竞争力是不同的。位于城市中心，交通便捷的土地总是被商务办公、零售业、服务业等可承受较高地租（或者说可创造较高价值）的功能所占据，而制造业、批发等用途承受地租的能力就较商务、商业功能差一些，但又高于居住用地。所以制造业等用地通常分布在城市中心区的外围,而居住用地则一般选择更靠近城市外围的土地[①]。同时,土地利用的强度也基本上与到达城市中心的距离成反比。这种土地市场中的供给与需求关系决定土地利用分布的现象说明了经济因素对城市土地利用规划的影响。换句话说,城市土地利用规划必须重视并顺应这种经济规律。在研究各类用地在城市中的分布规律与为具体开发项目选址进行分析的过程中诞生了一项专门的学科——土地经济学。按照土地经济学的术语,城市中不同用途、不同强度的土地利用的位置均可以用招标地租函数来表示。在单一城市中心的前提下,招标地租为到达城市中心距离的函数(图 8-3)。

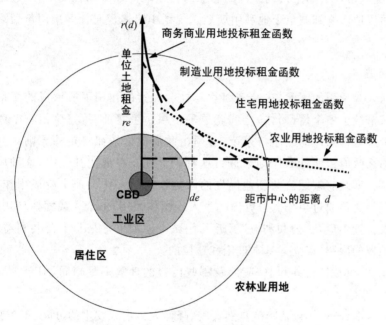

图 8-3　不同用途土地的招标地租曲线

资料来源:根据参考文献[6],作者编绘

2. 社会因素

虽然经济因素是影响城市土地利用规划的最主要的因素,但并不是唯一的因素。城市土地利用形成过程中的许多迹象表明,社会因素也是影响土地利用规划的因素之一。但由于社会因素往往与经济因素掺杂在一起,并且不像经济因素那样直接和具有较强的规律,常常容易被忽视。事实上,社会因素对土地利用形成过程的影响是城市社会学的一个主要研究方向。其中,以城市生态学以及社会组织论为主要代表。以帕克为代表的芝加哥学派首先提出城市生态学的概念,将集中与分散、向心与离心、入侵与迁移等生态学原理运用于对城市社会现象的解释,在 20 世纪 20 年代至 40 年

---

① 现实中各类城市用地承受地租的能力以及实际分布情况非常复杂,此处提到的分布顺序为西方国家以制造业等传统产业为主的城市中的情况,仅作说明问题之用。

代陆续提出了著名的城市形态同心圆理论、扇形理论、多中心理论等①。但是这些理论是根据对多种族社会美国的状况进行分析后提出的,并不完全适用于所有国家或地区。

社会组织论着重研究构成城市社会的个人以及团体的价值观、行动及其相互的影响。具体到城市土地利用方面则体现为市民或团体的价值取向所产生的影响。例如在旧城改造过程中,拟改造地区中居民的态度除取决于改造过程中获得利益的多寡外,同时也与对传统生活方式以及邻里关系的眷恋有关。

总之,构成城市社会的个人或团体的意愿与价值取向在不同程度上,通过不同的方式或直接或间接地影响到城市土地利用规划。规划中应体现对社会集团价值观的关注与尊重。

3. 公共利益

如果排除人为干预的因素,在经济因素与社会因素的作用下所形成的城市土地利用事实上是城市社会中个体(团体)之间竞争的结果。事实证明,完全依赖个体之间的竞争并不能带来城市整体的秩序与繁荣,必须由政府出面按照一定的原则对自由竞争实施干预。那么政府依照什么原则来进行这种干预呢? 在现代社会中,这种原则被称为"公共利益"。即政府按照公共利益优先的原则权衡每一块土地是应该用作公共、公益设施使用还是交给通过市场竞争胜出的个人或团体使用;由个人或团体使用时,限制其使用性质及强度不危及"公共利益"。近现代城市规划也正是基于公共利益,通过对城市开发中私权的限制,确立起基本理论和地位的。

虽然不同社会中对"公共利益"应涉及哪些内容的理解不尽相同,但至少应包含以下几个方面:

(1) 安全(safety)——包括防范自然灾害、降低人为事故发生的可能、预防犯罪等;

(2) 健康(health)——保障最低限度的采光、日照、通风、卫生设施,减少城市公害的影响等;

(3) 便利(convenience)——足够而又适宜的活动空间、通畅的交通、服务与设施选择的多样性等均被认为与生活的便利相关;

(4) 舒适(amenity)——可以简单地理解为所处的城市环境体感舒适、心情愉快,通常与视觉景观、文化氛围等因素相关,被认为是影响市民心理健康的主要指标;

(5) 经济(economy)——或称为效率,指维持城市整体运转的合理性。

事实上可以被列为公共利益的内容还有很多,例如,维系社会道德、促进城市繁荣、保持社会稳定等。

必须指出的是,城市规划在按照公共利益优先的原则对城市土地资源进行分配(或再分配)的过程中,无可回避地涉及公平原则的问题。比较著名的案例是垃圾处

---

① 参见 6.1.2 节"城市生态学",7.1.3 节"城市结构"。

理厂、殡仪馆、传染病医院等符合整体公共利益的设施往往会受到周围社区居民的强烈反对。因此这些设施也被称为"邻避"(not in my back yard,NIMBY)设施或奈避(not in anybody's back yard,NIABY)设施。此外,保护历史街区风貌的规划在被看作是体现广义的公共利益的同时,也会遇到如何应对街区居民提高居住环境质量要求的问题。

4. 环境因素

如果说传统的公共利益更多地体现了城市内部的整体利益的话,那么对环境因素的关注则体现出更加广泛和更长远的公共利益意识。随着"大气温室效应"等全球化环境问题的出现以及可持续发展理论与思想逐步被社会主流所接受,人们开始从维护生态环境、保护资源、节约能源、降低碳排放乃至保护自然及文化遗产的角度出发重新审视城市土地利用。换句话说,注重经济发展与环境保护之间的平衡;选择恰当的土地利用密度与交通方式;加强生态敏感地区、自然和历史文化遗产地区的保护力度;提高公园绿地等用作开敞空间用地的优先布局顺序等正成为城市土地利用规划的新的价值取向。环境因素中虽然包含了城市发展长远利益、整体利益等经济要素,但更多地侧重于城市整体、城乡之间甚至是区域范围的平衡和协调,属于公共利益的范畴。

另一方面,在城市土地利用领域,对作为经济因素的效率的追求与作为环境因素的可持续发展理念的实践也会孕育出新的理论和思想。例如:20 世纪 80 年代末北美地区率先提出的公共交通导向的开发模式(transit-oriented development,TOD)就是基于对以小汽车交通为主的城市蔓延式开发模式的反思,在提高开发效率的同时最大限度地保护自然资源和生态环境的一种土地利用模式(图 8-4)。

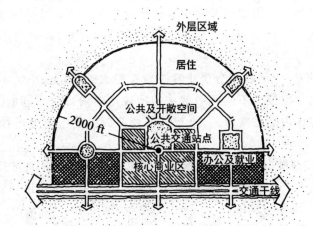

图 8-4　公共交通导向的城市开发模式(TOD)示意图

资料来源:Peter Calthorpe. The Next American Metropolis - Ecology,Community,and the American Dream[M].
New York:Princeton Architectural Press,1993.

8.1.3　城市土地利用的分类

对于城市土地利用,无论是通过调查汇总的方法获得其现实分布状态,还是对其未来的使用制定目标,抑或确定对其使用进行管理的手段,首先需要对其进行分类。通常,土地利用从使用性质(用途)与使用强度(或称密度,如建筑密度、容积率等)两个方面来描述和衡量。

1. 城市用地的用途分类

城市土地利用按其使用性质可分为不同的种类。各个国家或城市中的分类标准和划分方式虽略有不同,但基本上大同小异。例如,美国的小城市中的城市土地利用可分为居住、商业服务、工业、交通、通信、基础设施、公共、文教用地等;在日本,城市土地利用则被划分为居住、公共设施、工业、商务、商业、公园绿地及游憩、交通设施用地等。

根据中华人民共和国国家标准《城市用地分类与规划建设标准》(GBJ 50137—2011),我国城乡用地被分为建设用地以及非建设用地。其中建设用地又被分为居住用地、公共管理与公共服务用地、商业服务设施用地、工业用地、物流仓储用地、交通设施用地、公用设施用地及绿地 8 大类,并进一步划分为 35 个中类和 44 个小类。

现实中,城市土地利用分类不仅要满足对现状使用状况的统计,而且要体现在不同目的和种类的规划中。有时,两者之间划分的种类以及详细程度并不完全吻合。一般来说,反映土地利用现状的分类较细,而土地利用规划中的分类较粗。同时,在区划(zoning)等伴随对土地利用具有强制性约束力的规划中,每一种用地具有一定的包容程度,通常采用用地兼容性的方式来表达。例如,日本现行城市规划中将城市建设用地从第一种居住专用地到工业专用地分为 12 类;而美国纽约市的区划则将城市建设用地划分成 120 余种,其中,居住类用地 37 种,商务、商业类用地 71 种,工业类用地 12 种。

值得注意的是,土地利用分类中存在着按照大类、中类、小类不同等级划分的现象。使用同一名称但位于不同等级的用地所表达的内容是不同的。例如,全市性的道路用地与居住区内的道路用地,全市性的商业服务设施用地与社区中的商业服务用地。

综上所述,按照城市中不同地块所承载的城市活动,城市用地的用途分类可以分为居住、商务商业、工业以及城市设施用地四大类。本书主要按照这一分类原则对城市土地利用进行论述(表 8-1)。

此外,现实中大量存在数种用途集中在一个地块上的情况,通常被列为混合用途。例如城市中常见的底商上住用地、复合型开发建设用地等(图 8-5)。

表 8-1 城市功能与城市用地分类

用地种类	城市活动类型	相应地区	用 地 举 例
居住类	居住	居住区	包括各种低、中、高密度的居住专用用地、混合用地； 为社区服务的小公园、零售商店、中小学用地等
商务、商业类	工作游憩	商业区、城市中心	包括政府行政办公用地在内的集中商务用地； 以零售业为主的集中的商业、服务业以及营利性文化娱乐用地等
工业类	工作	工业区、仓储区	包括各种规模的轻、重工业在内的制造业用地； 批发业用地，转运、仓储用地
城市设施类	交通游憩等		大规模交通运输设施用地，例如：机场、铁路、公路以及相关设施的用地，城市干道、交通性广场用地，社会停车场等其他交通设施用地； 大规模公园、绿地、广场及其他游乐休闲设施用地； 城市基础设施、各种非营利性公共服务设施用地等
其他		郊区	河流、水面、填埋及其他未利用土地； 农林牧业用地

资料来源：根据参考文献[9]，作者归纳整理

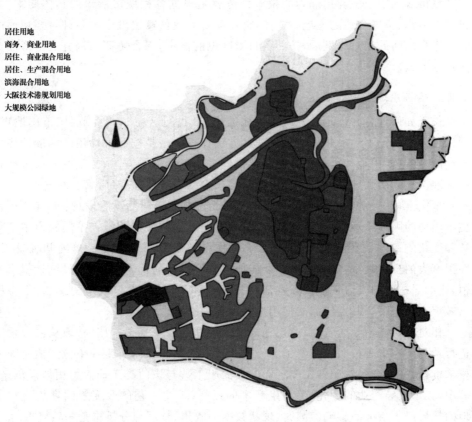

居住用地
商务、商业用地
居住、商业混合用地
居住、生产混合用地
滨海混合用地
大阪技术港规划用地
大规模公园绿地

图 8-5 城市用地组成示意图

资料来源：大阪市計画調整局.大阪市の都市計画[R].2000.

2. 城市用地的密度分类

如上所述,各种类型的城市用地在经济、社会、环境、规划等因素的影响下按照一定的规律分布在城市中,形成各种功能相对单一的地区,或混合地区。与此同时,城市中各个地区的土地利用强度(密度)也呈现出不同的状况,并形成一定的规律。这种规律一方面与土地利用的性质相关,例如,从总体上来看商务、商业用地的建筑密度通常高于居住及工业用地;但另一方面,即使在同一类性质的土地利用中也会出现建筑密度截然不同的情况,例如,独立式住宅与高层公寓在用地性质上均属居住用地,但在土地利用强度上则相差甚远。在对城市土地利用进行现状调查、规划和管理时,通常将某些同属一类性质的用地按照不同的利用强度进行细分。这种做法不仅有助于准确把握或描述土地利用的特征,而且也是预测城市用地规模、交通设施及城市基础设施容量时必不可少的前提条件。

8.1.4   城市土地利用的规模与布局

城市规划中土地利用规划的根本任务就是根据各种城市活动的具体要求,为其提供规模适当、位置合理的土地。为此,首先需要大致估算出城市中各种主要用地的规模以及各自之间的相对比例后,按照各自对区位的需求,综合协调布局并最终形成土地利用规划方案。

1. 各种用地规模的确定

关于如何计算并确定各种城市用地的规模,我们已在 5.3.3 节"城市用地规模"中探讨过。其结论不外乎是可以采用两种方法计算。一是按照人均用地标准计算总用地规模后,在主要用地种类之间按照一定比例进一步划分的方法;二是按照通过调查获得的标准土地利用强度乘以各种城市活动的预测量分项计算,然后累加的方法。

事实上,如果对不同用途的城市用地的情况加以分析后就会发现:影响不同种类的城市用地的因素是不同的,换句话说就是,不同用途的城市用地在不同城市中变化的规律和变化的幅度是不同的。例如,影响居住用地规模的因素相对单纯并且易于把握。在国家大的土地政策、经济水平以及居住模式一定的前提下,采用通过统计得出的经验值,比如居住区的人口密度或人均居住用地面积等,结合人口规模的预测,很容易计算出城市在未来某一时点所需居住用地的总体规模。

相对于居住用地而言,工业用地规模的计算可能要复杂一些,一般从两个角度出发进行预测。一个是按照各主要工业门类的产值预测和该门类工业单位产值所需用地规模来推算;另一个是按照各主要工业门类的职工数与该门类工业人均用地面积来计算。其中,城市主导产业的变化、劳动生产率的提高、工业工艺的改变等因素均会对工业用地的规模产生较大的影响。同时,现状数据的收集、整理与分析也是一项繁重的工作。

商务商业用地规模的准确预测最为困难。这不仅是因为该类用地对市场的需求最为敏感,变化周期较短,而且其总规模与城市性质、服务对象的范围、当地的消费习惯等因素有关,难以以城市人口规模作为预测的依据。同时,商业服务功能还大量存在于商业-居住、商业-工业等复合型土地利用形态中。商业服务活动的"量"有时并不直接反映在商务商业用地的面积上。通常可以采用将商务、批发商业、零售业、娱乐服务业用地等分别计算的方法。其中为本地居民服务的商业、服务业的用地面积相对容易掌握。

城市中的道路、公园、基础设施等公共设施的用地可以按照城市总用地规模的一定比例计算出来。例如,在我国目前的城市中,交通设施用地占城市总用地的 10%～30%,绿地面积占城市总用地的 10%～15%[①]。

此外,城市中还有一些目的较为特殊但占地规模较大的用地,其规模只能按照实际需要逐项估算。例如,对外交通用地,尤其是机场、港口用地,教育科研用地,用于军事、外事等目的的特殊用地等。

最后应该指出的是,城市用地规模是一个随时间变化的动态指标。通过预测所获得的用地规模只是对未来某个时点所作出的大致估计。在城市实际发展过程中,不但各种用地之间的比例随时变化,而且到达预测规模的时点也会提前或延迟。

2. 各种用地的位置及相互关系的确定

在各种主要城市用地的规模大致确定后,需要将其落实到具体的空间中去。城市规划需要按照各类城市用地的分布规律,并结合规划所执行的政策与方针,明确提出城市土地利用的规划方案,同时进一步寻求相应的实施措施。通常影响各种城市用地的位置及其相互之间关系的主要因素可以归纳为以下几种。

(1) 各种用地所承载的功能对用地的要求。例如,居住用地要求具有良好的环境,商业用地要求交通设施完备等。

(2) 各种用地的经济承受能力。在市场环境下,各种用地所处位置及其相互之间的关系主要受经济因素影响。对地租(地价)承受能力强的用地种类,例如商业用地在区位竞争中通常处于有利地位。当商业用地规模需要扩大时,往往会侵入其邻近的其他种类的用地,并取而代之。

(3) 各种用地相互之间的关系。由于各类城市用地所承载的功能之间存在相互吸引、排斥、关联等不同的关系,城市用地之间也会相应地反映出这种关系。例如:大片集中的居住用地会吸引为居民日常生活服务的商业用地,而排斥有污染的工业用地或其他对环境有影响的用地。

(4) 规划因素。虽然城市规划需要研究和掌握在市场作用下各类城市用地的分布规律,但这并不意味着对不同性质用地之间自由竞争的放任。城市规划所体现的基本精神恰恰是政府对市场经济的有限干预,以保证城市整体的公平、健康和有序。因此,城市规划的既定政策也是左右各种城市用地位置及相互关系的重要因素。对旧城以传统建筑形态为主的居住用地的保护就是最为典型的实例。

按照上述分析,我们可以将主要城市用地种类在空间分布上的特征进行归纳(表 8-2),并在以下章节中分项详细讨论。

---

① 中华人民共和国国家标准《城市用地分类与规划建设标准》(GB 50137—2011)。

表 8-2　主要城市用地类型的空间分布特征

用地种类	功能要求	地租承受能力	与其他用地关系	在城市中的区位
居住用地	较便捷的交通条件、较完备的生活服务设施、良好的居住环境	中等—较低(不同类型居住用地对地租的承受能力相差较大)	与工业用地、商务用地等就业中心保持密切联系,但不受其干扰	从城市中心至郊区,分布范围较广
商务、商业用地(零售业)	便捷的交通、良好的城市基础设施	较高	需要一定规模的居住用地作为其服务范围	城市中心、副中心或社区中心
工业用地(制造业)	良好、廉价的交通运输条件,大面积平坦的土地	中等—较低	需要与居住用地之间保持便捷的交通,对城市其他种类的用地有一定的负面影响	下风向、下游的城市外围或郊外

资料来源:作者归纳整理

8.2　主要城市用地的规划布局

8.2.1　居住用地

在论述城市的本质时,我们曾经提到"城市是人类聚居的形式之一"。虽然居住的形式、内涵、质量、组织方式等随着时代的发展在不断发生着变化,但居住始终是城市中最主要的基本职能。事实上,在工业革命之前的城市中,居住功能与手工业、商业等功能混杂在一起,成为除宗教设施、皇宫以及行政机构之外的普遍存在于城市之中的最常见的形态。工业革命后,近现代城市中所出现的一系列问题迫使人们不得不采用将不同城市功能相对集中地安排在城市中不同地区的方法,在一定程度上缓解了不同功能之间的相互干扰。这一思想在 1933 年召开的国际现代建筑协会雅典会议上被归纳为"功能分区",同时居住被列为城市首要功能。所以,解决城市的居住问题,妥善处理其布局以及与其他种类用地的关系是城市土地利用规划的首要任务。

具体而言,对居住用地的规划布局就是要为居住功能选择适宜、恰当的用地,并处理好与其他类别用地的关系,同时确定居住功能的组织结构,配置相应的公共设施系统,创造良好的居住环境。

1. 居住用地的组织

由于居住是人类最基本的活动之一,而城市中的高密度集中居住形态又使市民之间的社会交往变得更加容易。在城市的日程生活中,无论自觉与否,每个人都建立起以各自的居所为中心的基本活动与交往范围。例如,外出购买基本生活物品,健身,散步,接送儿童去托幼、学校,以及从事宗教活动的范围等。很容易熟悉在大致相同范围内从事同类活动的人群,并与之发生不同程度的交往;或者与居住在一定范围内的居民有着相近的整体利益或同属一个行政管辖区域。这样一种有着相互关系和交往的人群在生态学中被称为"社区"(community)①。由此可以看出,社区是构成城市居住的基本形态,虽然社区的空间与社会界限有时并不非常明确。

　　现代汽车交通的出现使城市中的传统社区面临被分割的危险。为此,美国建筑师佩利(Clarence Arthur Perry)在 1929 年提出了"邻里单位"(neighborhood unit)的概念,并倡导将其作为组成城市社区与居住用地的基本单元,以适应汽车交通时代城市居住地的要求②。"邻里单位"的思想对西方城市规划中居住用地的组织方式产生了极大的影响。第二次世界大战后,许多西方新城的规划中均采用"邻里单位"作为城市结构与居住用地组织的基本形式,例如英国的哈罗新城、日本的泉北新城等(图 8-6)。

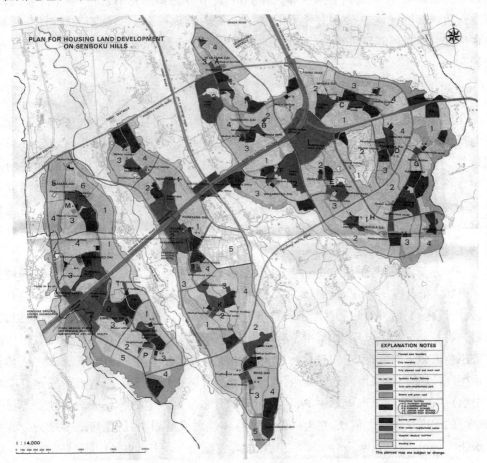

图 8-6　日本大阪泉北新城

资料来源:大阪府. 泉北ニュータウン[R]. 1984

---

　　① 社区:指一群植物和动物,在有比较相似的环境条件的特定区域生活和相互影响。进而指居民——住在相同地区和隶属相同政府下的一群人。

　　② 有关"邻里单位"参见 3.1.3 节"邻里单位理论与居住区规划"。

中国在 1949 年后的城市规划与建设中,同样采用了类似于"邻里单位"作为城市居住用地基本单元的手法,只是更多的间接地来源于苏联和东欧国家。英国哈罗新城中所采用的邻里单位、居住区、居住地域的三级构成也相应地变为"居住组团""小区"和"居住区"的称谓。但无论名称如何,这种层级式的居住用地组织形式曾经长期影响着,并至今依然影响着我国城市规划与居住区规划建设的实践。

但是应该看到,这种围绕公共服务设施形成的相对封闭的社区也存在着某些先天的弊病,例如,居民对公共服务设施的可选择性较差就是其中的代表。因此,非等级型的居住用地组织方式也是西方现代城市规划中探索的对象。例如,英国的第三代新城密尔顿·凯恩斯、印度的昌迪加尔等。在中国,随着住宅商品化的进行,由于开发规模、开发商负担等原因,在一部分住宅开发项目所形成的居住用地中,已不存在组团、小区、居住区这种明显的等级组织,取而代之的是以开发项目为单位、以物业管理为特征的新型社区。

2. 居住用地的组成与类型

在居住用地中,除了直接建设各类住宅的用地外,还有为住宅服务的各种配套设施用地。例如:居住区内的道路,为社区服务的公园、幼儿园以及商业服务设施用地等。因此,城市规划中的居住用地是包括这些为住宅服务的设施用地在内的总称。按照中国现行的城市用地分类标准,居住用地被进一步分为住宅用地、服务设施用地以及保障性住宅用地(表 8-3)。但应当注意的是,此处的服务设施用地以及包含在住宅用地内的道路用地与绿地等不同于城市用地中相同名称的用地所表达的用地种类和范围。

另一方面,根据其中住宅的种类或存在状态,居住用地又可以被划分为不同的类型。例如:在我国现行的城市用地分类标准中,居住用地按照其中住宅的高度、建筑质量、公用设施、交通设施和公共服务设施齐全程度、布局是否完整以及环境质量等因素,被划分为一至三类。但现实中,由于存在因上述因素排列组合而出现的多种情况,实际种类还会更多。同时,由于按照这种分类方法所划分的居住用地类型形成事实上的优劣顺序,所以难以被城市规划直接采用(例如:通常城市规划不会在城市中安排三类居住用地)。在国外的城市规划中,居住用地的划分多根据住宅的类型或与其他功能混合(兼容)的程度来进行。例如,在美国的城市总体规划或区划中,居住用地多被划分为独立式住宅(single family detached)、半独立式住宅(semi-detached)、联排式住宅(row house, stacked townhouse)、多层住宅(apartment)、高层住宅等,或以相对应的低密度、中密度和高密度居住用地的形式出现。与此同时,城市规划也通过限制用地兼容性的方法,排除由于与其他功能的混杂所带来的潜在影响。例如,在日本的城市规划中,居住用地被分为第一、二种低层住宅专用地,第一、二种中高层住宅专用地,居住用地及准居住用地 7 类。其中,对非居住功能的限制依次减缓。

表 8-3　城市居住用地的分类

类别代码			类别名称	范围
大类	中类	小类		
R			居住用地	住宅和相应服务设施的用地
	R1		一类居住用地	公用设施、交通设施和公共服务设施齐全、布局完整、环境良好的低层住区用地
		R11	住宅用地	住宅建筑用地、住区内城市支路以下的道路、停车场及其社区附属绿地
		R12	服务设施用地	住区主要公共设施和服务设施用地,包括幼托、文化体育设施、商业金融、社区卫生服务站、公用设施等用地,不包括中小学用地
	R2		二类居住用地	公用设施、交通设施和公共服务设施较齐全、布局较完整、环境良好的多、中、高层住区用地
		R20	保障性住宅用地	住宅建筑用地、住区内城市支路以下的道路、停车场及其社区附属绿地
		R21	住宅用地	
		R22	服务设施用地	住区主要公共设施和服务设施用地,包括幼托、文化体育设施、商业金融、社区卫生服务站、公用设施等用地,不包括中小学用地
	R3		三类居住用地	公用设施、交通设施不齐全,公共服务设施较欠缺,环境较差,需要加以改造的简陋住区用地,包括危房、棚户区、临时住宅等用地
		R31	住宅用地	住宅建筑用地、住区内城市支路以下的道路、停车场及其社区附属绿地
		R32	服务设施用地	住区主要公共设施和服务设施用地,包括幼托、文化体育设施、商业金融、社区卫生服务站、公用设施等用地,不包括中小学用地

资料来源：中华人民共和国国家标准.《城市用地分类与规划建设用地标准》(GB 50137—2011).

3. 居住用地规模

由于居住是城市最基本的功能,所以居住用地在城市用地中占有较大的比例。影响城市居住用地规模的因素较多,例如,城市地理位置、城市性质、地形条件、经济发展水平、建筑形式以及生活习惯等。但是这些间接影响居住用地规模的因素都可以换算成像居住人口密度或住宅建筑密度这样的直接指标。根据城市人口预测中的人口规模,结合城市平均或分地区的居住人口密度或住宅建筑密度,就可以很容易地计算出城市居住用地的总规模。当然,城市规划中的实际计算要稍复杂一些。这是因为现实的城市居住用地中除容纳新增城市人口外,还必须考虑到现有城市人口对居住条件改善的要求、一部分现状居住用地转为其他类型的用地等问题。而且当城市中存在多种类型的居住建筑形态时,还要考虑到各种类型之间的比例。

在新版国家标准《城市用地分类与规划建设用地标准》中,人均居住用地的规模按照所处建筑气象分区在 $28\sim36m^2/$人之间选取,同时考虑到中小学用地已不再计入居住用的情况,人均居住用地规模较之前有了较大幅度的提高,反映了我国城市居民居住水平不断提高的实际状况。

4. 居住用地的选址

选择居住地点是每个生活在城市中的居民必须作出的选择,不外乎出于安全、舒适、便捷、经济、社会交往等方面的考虑。同时这些考虑还要照顾到家庭中的每一个成员。例如:靠近具有良好教育质量的学校,有可供通勤、购物、进行娱乐等活动的便捷交通条件,社区物质环境良好,便于老年人与儿童活动,较少犯罪发生,周围的邻居具有相近的价值观和文化背景,房租或住宅价格在自己可承受的范围内,等等。如果将城市全体市民对居住地点选择意愿进行汇总的话,那么所得出的实际上就是在市场作用下城市居住用地分布的实际状态。提出城市土地利用扇形理论的惠特(Homer Hoyt)在研究了多个美国城市中的高级住宅区分布后发现,这些高级住宅区位于城市主要交通干线的延长方向上;随着城市用地的扩大,呈扇面按一定角度向外扩展;位于环境良好并靠近高速公路的地段[1]。这同样说明了市场环境下,居民对城市居住用地区位的选择。

对于影响居住用地区位选择的因素,范炜在《城市居住用地区位研究》中进行了较为系统的整理,将其归纳为:①功能性因素;②成本因素;③非经济因素。并绘制了"城市居住用地区位价值树"[2](图8-7)。当然,城市规划中的居住用地的实际分布与范围,还要以此为基础,再叠加政府出自城市整体考虑的规划因素。

5. 居住用地的规划布局

在分析和掌握居住用地在城市中分布的特征后,城市规划最终要明确居住用地以何种方式分布在城市中什么样的区位中。换言之,城市规划需要遵循居住用地的分布规律,并按照既定的规划方针将城市发展所需要增加(或转变)的居住用地落实到具体的空间中去。虽然由于每个城市的具体情况不同,居住用地的布局呈现出多种多样的形态,但基本上应遵循以下原则。

首先,根据居住用地一方面需要形成一定规模的社区,另一方面需要接近就业中心等特点,居住用地的分布既不能过于零散,也不宜在城市中某一地区过于集中地连续布置。通常城市规模不大,且用地足够、无地形限制等障碍时,居住用地可与商业服务设施用地结合,相对集中地布置在靠近城市中心的地区。但随着城市规模的扩大以及城市功能的复杂化,或者受城市用地条件的限制,居住用地更趋于与其他功能用地结合,形成相对分散的组团式布局。

---

① Homer Hoyt. *Structure and Growth of the Residential Neighborhoods in American Cities*, 1933. 转引自:秋山政敬.図説都市構造[M].東京:鹿島出版会,1990。

② 参考文献[13]。

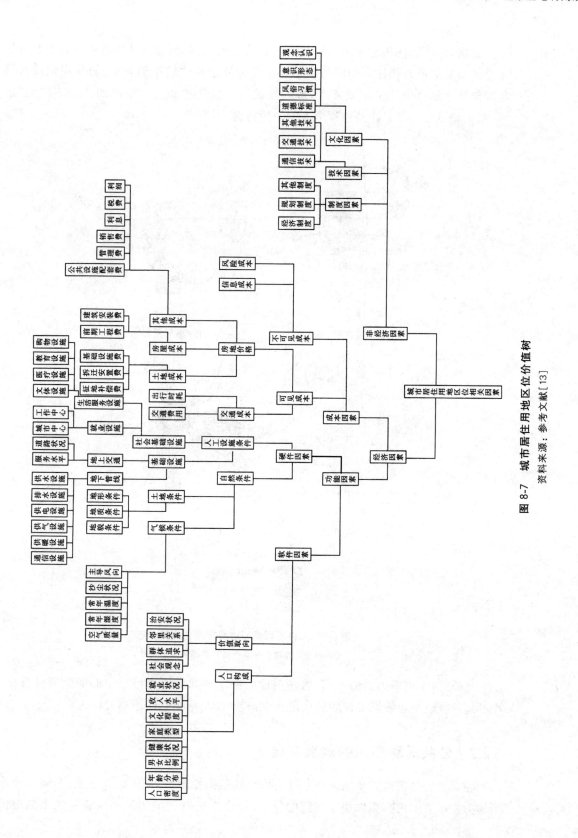

图 8-7 城市居住用地区位值树

资料来源：参考文献[13]

　　其次,由于居住用地在城市用地中占有较大的比例,所以居住用地的分布形态与城市总体布局的形态往往是相同的。尤其在各种分散型的城市形态中,居住用地或与其他功能用地结合形成组团或片区,或独立成为以居住功能为主的组团。某些作为"卧城"的卫星城也可以看作是这种形态的一种特例(图 8-8)。

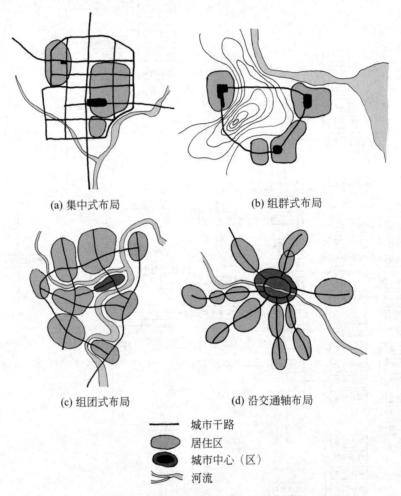

(a) 集中式布局　　　　　　　　　　(b) 组群式布局

(c) 组团式布局　　　　　　　　　　(d) 沿交通轴布局

　　　　　　　城市干路
　　　　　　　居住区
　　　　　　　城市中心（区）
　　　　　　　河流

图 8-8　几种不同类型的城市居住用地分布

资料来源：作者根据各个城市的相关资料编绘

　　此外,由于市场因素的影响,居住用地的密度通常与距离城市中心的距离成反比。在沿高速有轨交通线路形成的居住用地中,其密度与距车站的距离成反比。

8.2.2　公共活动用地的规划布局

　　相对于居住用地需要满足以家庭为单位的私密性生活需要,以及工业、仓储等产业用地为特定活动内容提供相应空间的特征,城市中还有一类用地用以满足大多数市民的多种活动需求。例如：满足市民购物活动需求的商业用地、满足开展商务交往的商务办公用地、为广大民众的工作与生活提供支持与服务的行政管理机构用地等。虽然这些用地所承载的活动内容不同、目的不同，甚至利用形态千变万化，但它们之间的共同特征就是面向广泛的非特定的利用对象，因此，往往位于交通方便、人流集中的城市中心地区。由于在该类用地中活动的人员是非特定的，其活动内容带有不同程度的公共性，并且容纳这些公共活动的建筑物通常体量较大、特点明显，因此一般也是形成城市景观风貌及城市印象的重要地区。在该类用地中，商务办公、商业服务等一部分用地承载着高强度的城市经济活动，通常伴随着较高的土地利用强度，比较直观地反映为明显高于周围地区的容积率与建筑物高度。所以，该类用地也可以承受较高的地租（地价），并在规模需要扩大时，侵入和取代邻近的其他种类用地。

1. 公共活动用地的分类

公共活动用地的分类主要从两种角度进行。一种是按照用地的使用性质所进行的分类，另一种是按照用地上各种设施的服务范围与对象进行的分类。

首先，在按照用地使用性质进行分类时，由于经济体制、行政管理传统等因素的影响，不同国家对待这一问题的着眼点与基本思路有着较大的差异。在西方国家中，公共活动用地主要由商务办公用地、商业（零售业）服务用地及城市（社区）设施用地组成。其中，商务办公用地以及商业服务用地主要为基于市场原则的商业活动提供必要的空间；而城市（社区）设施用地则主要包括宗教设施，医疗教育设施，文化体育设施，政府办公、警察、消防等市政管理设施以及公园绿地等非营利性设施的用地。在市场经济条件下，商业性设施的规模与选址在很大程度上依靠市场机制的作用，城市规划所要做的主要是发现和掌握其中的规律，并依据按一定方法作出的预测结果将该类用地反映到具体的空间上去。同时通过确定用地兼容性等手法，使规划中的用地规模与分布具有一定的弹性，以应对市场的变化。而对于非营利的公益性设施则必须通过规划来确保其用地不被占作他用，虽然其规模预测与布局思路与商业性设施的情况大致相仿，并且公益性设施用地也需要按照同等水平的交易价格从土地市场中获取。

在新版国家标准《城市用地分类与规划建设用地标准》（GB 50137—2011）中，与公共活动相关的用地主要有公共管理与公共服务用地（A）、商业服务设施用地（B）以及绿地（G）。其中，公共管理与公共服务用地被进一步分成 A1～A9，9 个中类及 13 个小类（表 8-4）；商业服务设施用地也被分为 B1～B9，5 个中类和 11 个小类（表 8-5）。这种划分方式将面向市场、依靠土地竞标获取的经营性用地（B 类用地）与出于保障公共利益目的、需确保其用地不受侵占的公益性用地（A 类用地）进行了较为明确的区分，不但便于体现城市规划的目的，也与国有土地不同的出让方式形成了较好的呼应。

其次，按照各种设施的服务范围与对象进行分类时，可以将公共活动用地分为：

（1）与市民生活直接相关的公共活动设施，如零售业、服务业、医院、学校、市属行政管理机构等，并且按照其服务范围可以进一步划分为市级、区级、居住区级、小区级等；

表 8-4　城市公共管理与公共服务用地的分类

类别代码			类别名称	范　围
大类	中类	小类		
A			公共管理与公共服务用地	行政、文化、教育、体育、卫生等机构和设施的用地,不包括居住用地中的服务设施用地
	A1		行政办公用地	党政机关、社会团体、事业单位等机构及其相关设施用地
	A2		文化设施用地	图书、展览等公共文化活动设施用地
		A21	图书、展览设施用地	公共图书馆、博物馆、科技馆、纪念馆、美术馆和展览馆、会展中心等设施用地
		A22	文化活动设施用地	综合文化活动中心、文化馆、青少年宫、儿童活动中心、老年活动中心等设施用地
	A3		教育科研用地	高等院校、中等专业学校、中学、小学、科研事业单位等用地,包括为学校配建的独立地段的学生生活用地
		A31	高等院校用地	大学、学院、专科学校、研究生院、电视大学、党校、干部学校及其附属用地,包括军事院校用地
		A32	中等专业学校用地	中等专业学校、技工学校、职业学校等用地,不包括附属于普通中学内的职业高中用地
		A33	中小学用地	中学、小学用地
		A34	特殊教育用地	聋、哑、盲人学校及工读学校等用地
		A35	科研用地	科研事业单位用地
	A4		体育用地	体育场馆和体育训练基地等用地,不包括学校等机构专用的体育设施用地
		A41	体育场馆用地	室内外体育运动用地,包括体育场馆、游泳场馆、各类球场及其附属的业余体校等用地
		A42	体育训练用地	为各类体育运动专设的训练基地用地
	A5		医疗卫生用地	医疗、保健、卫生、防疫、康复和急救设施等用地
		A51	医院用地	综合医院、专科医院、社区卫生服务中心等用地
		A52	卫生防疫用地	卫生防疫站、专科防治所、检验中心和动物检疫站等用地
		A53	特殊医疗用地	对环境有特殊要求的传染病、精神病等专科医院用地
		A59	其他医疗卫生用地	急救中心、血库等用地
	A6		社会福利设施用地	为社会提供福利和慈善服务的设施及其附属设施用地,包括福利院、养老院、孤儿院等用地

续表

类别代码			类别名称	范　围
大类	中类	小类		
A	A7		文物古迹用地	具有历史、艺术、科学价值且没有其他使用功能的建筑物、构筑物、遗址、墓葬等用地
	A8		外事用地	外国驻华使馆、领事馆、国际机构及其生活设施等用地
	A9		宗教设施用地	宗教活动场所用地

资料来源：中华人民共和国国家标准《城市用地分类与规划建设用地标准》(GB 50137—2011).

表 8-5　城市商业服务设施用地的分类

类别代码			类别名称	范　围
大类	中类	小类		
B			商业服务业设施用地	各类商业、商务、娱乐康体等设施用地,不包括居住用地中的服务设施用地以及公共管理与公共服务用地内的事业单位用地
	B1		商业设施用地	各类商业经营活动及餐饮、旅馆等服务业用地
		B11	零售商业用地	商铺、商场、超市、服装及小商品市场等用地
		B12	农贸市场用地	以农产品批发、零售为主的市场用地
		B13	餐饮业用地	饭店、餐厅、酒吧等用地
		B14	旅馆用地	宾馆、旅馆、招待所、服务型公寓、度假村等用地
	B2		商务设施用地	金融、保险、证券、新闻出版、文艺团体等综合性办公用地
		B21	金融保险业用地	银行及分理处、信用社、信托投资公司、证券期货交易所、保险公司,以及各类公司总部及综合性商务办公楼宇等用地
		B22	艺术传媒产业用地	音乐、美术、影视、广告、网络媒体等的制作及管理设施用地
		B29	其他商务设施用地	邮政、电信、工程咨询、技术服务、会计和法律服务以及其他中介服务等的办公用地
	B3		娱乐康体用地	各类娱乐、康体等设施用地
		B31	娱乐用地	单独设置的剧院、音乐厅、电影院、歌舞厅、网吧以及绿地率小于 65％的大型游乐等设施用地
		B32	康体用地	单独设置的高尔夫练习场、赛马场、溜冰场、跳伞场、摩托车场、射击场,以及水上运动的陆域部分等用地
	B4		公用设施营业网点用地	零售加油、加气、电信、邮政等公用设施营业网点用地
		B41	加油加气站用地	零售加油、加气以及液化石油气换瓶站用地
		B49	其他公用设施营业网点用地	电信、邮政、供水、燃气、供电、供热等其他公用设施营业网点用地
	B9		其他服务设施用地	业余学校、民营培训机构、私人诊所、宠物医院等其他服务设施用地

资料来源：中华人民共和国国家标准《城市用地分类与规划建设用地标准》(GB 50137—2011).

（2）与市民生活非直接相关的公共活动设施,如商务办公、旅游服务设施、非市属政府行政管理部门等。

当然这种分类并非是绝对的,有些用地可能兼有两者的职能,例如国家图书馆等国家级文化设施面向全国人民服务,但同时又更多地服务于所在地城市中的市民。

2. 公共活动用地规模的影响因素

影响城市公共活动用地规模的因素较为复杂,很难确切地预测,而且城市之间存在着较大的差异,无法一概而论。在城市总体规划阶段,公共活动用地的规模通常不包括与市民日常生活关系密切的设施的用地规模,而将其计入居住用地的规模,例如中小学用地、居住区内的小型超市、洗衣店、美容院等商业服务设施用地。

影响城市公共活动用地规模的因素主要有以下几个方面。

（1）城市性质

城市性质对公共活动用地规模具有较大的影响,有时这种影响是决定性的。例如:在一些国家或地区经济中心城市中,大量的金融、保险、贸易、咨询、设计、总部管理等经济活动需要大量的商务办公空间,并形成中央商务区（CBD）。在这种城市中,商务办公用地的规模就会大幅度增加。而在不具备这种活动的城市中,商务办公用地的规模就会小很多。再如:交通枢纽城市、旅游城市中需要为大量外来人口提供商业服务以及开展文化娱乐活动的设施,相应用地的规模也会远远高于其他性质的城市。

（2）城市规模

按照一般规律,城市规模越大,其公共活动设施的门类越齐全,专业化水平越高,规模也就越大。这是因为在满足一般性消费与公共活动方面,大城市与中小城市并没有太大的区别。但是专业化商业服务设施以及一部分城市设施的设置需要一个最低限度的人群作为支撑,例如可能每个城市都有电影院,但音乐厅则只能存在于大城市甚至是特大城市中。

（3）城市经济发展水平

就城市整体而言,经济较发达的城市中第三产业占有较高的比重,对公共活动用地具有大量的需求,同时城市政府提供各种文化体育活动设施的能力较强;而在经济相对欠发达的城市中,公共活动更多地限于商业服务领域,对公共活动用地的需求相对较少。对于个人或家庭消费而言,可支配的收入越多就意味着购买力越强,也就要求更多的商业服务、文化娱乐设施和用地。

（4）居民生活习惯等

虽然居民的生活与消费习惯与经济发展水平有一定的联系,但不完全成正比。例如,在我国南方地区,由于气候等原因,居民更倾向于在外就餐,因而带动餐饮业以及零售业的蓬勃发展,产生出相应的用地需求。应该看到居民的生活习惯也是在不断发生变化的,这种变化随着经济水平的提高、城市人口的年龄结构的变化而改变。

（5）城市布局等

在布局较为紧凑的城市中,商业服务中心的数量相对较少,但中心的用地规模较大且其中的门类较齐全,等级较高。而在因地形等原因呈较为分散布局的城市中,为了照顾到城市中各个片区的需求,商业服务中心的数量增加,规模减少,同时整体用地规模会相应增加。

3. 公共活动用地规模的确定

公共活动用地的规模可以依照其形成原因,按照商务办公用地、商业服务用地、城市设施用地分别进行预测与估算。其中,商务用地的规模可以根据就业人数、城市投资能力、已开发项目的租售状况等因素进行预测[①],而商业服务用地以及城市设施用地的规模在一定的条件下可以看作是一个随城市人口规模增加而增长的函数。

目前,我国城市规划实践中经常采用的计算商业服务及城市设施用地规模的方法主要有以下四种[②]:

(1) 采用国家标准的方法

按照《城市用地分类与规划建设用地标准》(GB 50137—2011)中的标准,规划人均公共管理与公共服务用地面积应在 $5.5 \mathrm{m^2}$/人以上,占城市建设总用地的比例为 5%～8%。但该标准对商业服务设施用地的规模和比例没有做出明确规定。

(2) 根据人口规模推算的方法

通过对城市现状商业服务设施以及城市(社区)设施用地规模与城市人口规模的统计比较,可以得出该类用地与人口规模之间关系的函数或者人均用地规模指标。规划中可以参照指标推算用地规模。例如,我国在确定居住区中各类公共服务设施及其用地规模时,普遍采用"千人指标"作为依据(表 8-6)。这种方法的优点是简便易行,但无法反映出城市之间的差异。

(3) 采用各专业系统需求的方法

一些自成系统的商业或公共服务部门,例如,银行、邮电、公安、消防等,都在长期的实践中积累起一套行之有效的确定设施规模与布点的经验,可供规划参照。事实上,商业服务设施的规模与布点对于经营者特别是连锁店形式的经营者来说至关重要,有专门的方法来解决这些问题。

(4) 根据实际需要确定的方法

一部分城市设施并非每个城市都需要设置,或者城市间对这些设施的需求差异较大,例如,大专院校、科研院所、非地方性行政管理机构、区域性交通设施、博览交易设施、文化体育设施等。对于这些设施的用地规划只能根据实际需要与建设的可能性,按照项目要求,参照其他城市的经验具体对待。

由于公共活动需求的影响因素复杂,并带有相当的不确定性,因此对于公共活动用地规模的预测只是一个大致的估算。规划中除公益性设施用地外,可不对商务办公、商业服务用地作过细的划分,为实际建设留出一定的弹性。此外,因为一部分公共活动之

---

① 有关商务办公用地规模的预测,参考文献[14]: 200-206。
② 根据参考文献[2]等作者汇编。

表 8-6　公共服务设施控制指标　　　　　　　　　　m²/10³ 人

居住规模　类别	居住区		小区		组团	
	建筑面积	用地面积	建筑面积	用地面积	建筑面积	用地面积
总指标	1668～3293 (2228～4213)	2172～5559 (2762～6329)	968～2397 (1338～2977)	1091～3835 (1491～4585)	362～856 (703～1356)	488～1058 (868～1578)
教育	600～1200	1000～2400	330～1200	700～2400	160～400	300～500
医疗卫生 (含医院)	78～198 (178～398)	138～378 298～548	38～98	78～228	6～20	12～40
文体	125～245	225～645	45～75	65～105	18～24	40～60
商业服务	700～910	600～940	450～570	100～600	150～370	100～400
社区服务	59～464	76～668	59～292	76～328	19～32	16～28
金融邮电 (含银行、邮电局)	20～30 (60～80)	25～50	16～22	22～34		
市政公用 (含居民存车处)	40～150 (460～820)	70～360 (500～960)	30～140 (400～720)	50～140 (450～760)	9～10 (350～510)	20～30 (400～550)
行政管理及其他	46～96	37～72				

注：① 居住区级指标含小区和组团级指标，小区级含组团级指标；
　　② 公共服务设施总用地的控制指标应符合表 3.0.2(指原规范——作者注)规定；
　　③ 总指标未含其他类，使用时应根据规划设计要求确定本类面积指标；
　　④ 小区医疗卫生类未含门诊所；
　　⑤ 市政公用类未含锅炉房，在采暖地区应自选确定。
　　资料来源：中华人民共和国国家标准《城市居住区规划设计规范》(GB 50180—1993)(2002 年修订版)

间对用地的要求较为接近，公共活动用地具有较大的兼容性。公共活动构成的变化有时并不影响整体用地的规模变化。

4. 公共活动用地的分布特征

现实中不同类型的城市公共活动中心呈不同的分布特征，主要有以下几种。

(1) 商务办公用地

通常高度集中在城市中交通便利、人流集中、各种配套服务设施齐全的地区，并在一些大城市中形成中央商务区(CBD)。这些用地往往位于城市的几何中心或交通枢纽附近。商务办公用地周围通常不同程度地伴有商业服务及娱乐用地，并且主要的地方政府行政办公建筑也处于或邻近这一地区。美国纽约的下曼哈顿及曼哈顿中部，日本东京的新宿，我国香港的中环、上海的陆家嘴都是中央商务区的典型实例。

(2) 商业(零售业)服务用地

商业服务设施的聚集区按照专业化程度和居民利用的频率被分为不同的等级，其用地成为分别构成相应级别城市中心的主体。与商务办公用地相似,商业服务用地同样分布于城市中交通便利、人流集中的地段。因此,不同交通模式城市中的商业服务用地分布形态具有较大的差异。在以汽车交通为主的城市中,大型商业服务设施靠近城市干道或郊外的主要交通干线、高速公路等;而在以轨道公共交通为主的城市中,全市性的商业服务设施大多位于靠近城市中心的交通枢纽附近,地区性的商业服务设施则更多围绕轨道交通线上的站点布局。此外,城市中人口的分布与密度也是左右商业服务设施布局的重要因素(图 8-9)。

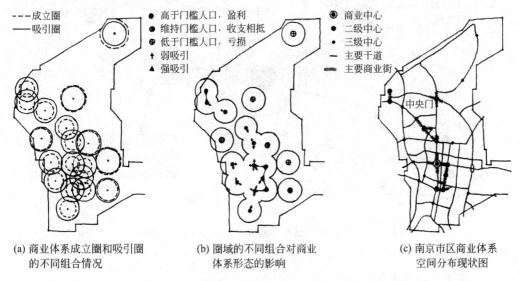

(a) 商业体系成立圈和吸引圈
　　的不同组合情况

(b) 圈域的不同组合对商业
　　体系形态的影响

(c) 南京市区商业体系
　　空间分布现状图

图 8-9　居民人口密度对商业设施空间分布的影响

资料来源:参考文献[14]

(3) 城市(社区)设施用地

城市设施所包含的内容较广,其中相当一部分属于公益性设施,其分布通常倾向于所服务对象人口的重心(即服务对象人口到该设施的距离最短化)。这种分布倾向对于与市民日常生活密切相关的设施来说至关重要,例如,医院、社区活动中心、派出所、消防站以及西方国家中的宗教设施等。同样,全市性的设施,例如,市政府、图书馆、博物馆、科技馆等,通常位于市民便于到达的地点(例如城市中心地区)。而占地规模较大的城市设施,例如,体育场馆、博览会展设施等,则倾向于城市周边交通便捷的地段。至于各类大专院校,由于其占地规模巨大,多位于城市周边交通较为便捷的地区。

5. 公共活动用地在城市中的布局

在了解和掌握了城市公共活动用地的分布特征与规律后,按照这些规律并结合规划意图安排各种公共活动用地就是一件水到渠成的事情了。公共活动用地的布局可分为城市总体规划与详细规划两个阶段。城市总体规划阶段主要考虑全市性公共活动用地的布局;而包括居住区规划在内的详细规划则主要安排与市民日常生活相关设施用地的布局。在具体落实各种公共活动用地时,一般遵循以下几条原则。

（1）建立符合客观规律的完整体系

公共活动用地,尤其是商务办公、商业服务等主要因市场因素变化的用地,其规划布局必须充分遵循其分布的客观规律。同时,结合其他用地种类,特别是居住用地的布局,安排好各个级别设施的用地,以利于商业服务设施网络的形成(图 8-10)。

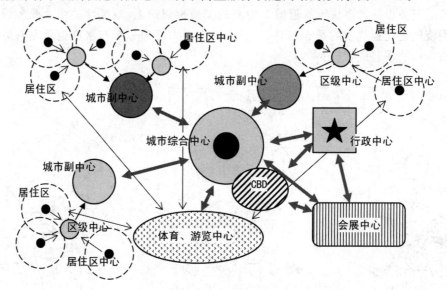

图 8-10　城市中各类公共活动中心的构成

资料来源:作者自绘

（2）采用合理的服务半径

对于诊所、学校、银行、邮局、派出所等与市民生活密切相关的社区设施,主要根据市民的利用频度、服务对象、人口密度、交通条件以及地形条件等因素,从方便市民生活的角度出发,确定合理的服务半径。例如,小学的服务半径通常以不超过 500m 为宜。针对一部分此类设施的规模较小,难以或不必划为单独地块的情况,规划中多采用标示设施位置和列出用地兼容性的方法。

（3）与城市交通系统相适应

大部分全市性的公共活动用地均需要位于交通条件良好、人流集中的地区。城市公共活动用地的布局需要结合城市交通系统规划进行,并注意到不同交通体系所带来的影响。在轨道公共交通较为发达的大城市中,位于城市中心的交通枢纽、换乘站、地铁车站周围通常是安排公共活动用地的理想区位。而在以汽车交通为主的城市中,城市干道两侧、交叉口附近、高速公路出入口附近等区位更适合布置公共活动用地。此外,社区设施用地的布局也要根据城市干道系统的规划,结合区内步行系统的组织进行。

（4）考虑对形成城市景观的影响

中央商务区中林立的高层建筑、造型独特的大型公共建筑常常是形成城市景观的主要因素。因此,公共活动用地的布局要与有关城市景观风貌的规划设计构思相结合,以形成城市独特的景观和三维形象。

（5）与城市发展保持动态同步

公共设施用地布局还要考虑到对现有同类用地的利用和衔接以及伴随城市发展分期实施的问题，使该类用地的布局不仅在城市发展的远期趋于合理，同时也与城市发展保持动态同步的状态。

8.2.3　工业用地的规划布局

工业是近现代城市产生与发展的根本原因。对于正处在工业化时期的我国大部分城市而言，工业不但是城市经济发展的支柱与动力，同时也是提供大量就业岗位、接纳劳动力的主体。工业生产活动通常占用城市中大面积的土地，伴随包括原材料与产品运输在内的货运交通以及以职工通勤为主的人流交通，同时还在不同程度上产生影响城市环境的废气、废水、废渣和噪声。因此，工业用地承载着城市的主要活动，构成了城市土地利用的主要组成部分。

1. 工业用地的特点

由于工业生产自身的特点，通常用作工业生产的用地必须具备一定的条件，可以分为以下几个方面。

（1）地形地貌、工程、水文地质、形状与规模方面的条件。工业用地通常需要较为平坦的用地（坡度＝$0.5\%\sim2\%$），具有一定的承载力（1.5kg/cm^2），并且没有被洪水淹没的危险，地块的形状与尺寸也应满足生产工艺流程的要求。

（2）水源及能源供应条件。可获得足够的符合工业生产需要的水源及能源供应，特别对于需要消耗大量水或电力、热力等能源的工业门类尤为重要。

（3）交通运输条件。靠近公路、铁路、航运码头甚至是机场，便于大宗货物的廉价运输。当货物运输量达到一定程度时（运输量$\geqslant10$ 万 t/年或单件在 5t 以上），可考虑铺设铁路专用线。

（4）其他条件。与城市居住区之间应有通畅的道路以及便捷的公共交通手段，此外，工业用地还应避开生态敏感地区以及各种战略性设施。

2. 工业用地的类型与规模

工业用地的规模通常被认为是在工业区就业人口的函数，或者是工业产值的函数。但是不同种类的工业，其人均用地规模以及单位产值的用地规模是不同的，有时甚至相差很大。例如，电子、服装等劳动密集型的工业不但人均所需厂房面积较小，而且厂房本身也可以是多层的；而在冶金、化工等重工业中，人均占地面积就要大得多（表 8-7）。同时随着工业自动化程度的不断提高，劳动者人均用地规模呈不断增长的趋势。因此，在考虑工业用地规模时，通常按照工业性质进行分类，例如，冶金、电力、燃料、机械、化工、建材、电子、纺织等；而在考虑工业用地布局时则更倾向于按照工业污染程度进行分类，例如，一般工业、有一定干扰和污染的工业、有严重干扰和污染的工业以及隔离工业等。事实上,这两种分类之间存在着一定的关联。在我国现行用地分类标准中,按照其对环境干扰、产生污染和安全隐患的程度,工业用地被分为由轻至重的一、二、三类。同时,要求工业用地在城市建设总用地中的比例在 15%～30% 之间;但对工业用规模的绝对值没有提出明确要求。

表 8-7　北美地区工业用地的规划标准

规模	
幅度	100～500 英亩(40～200hm²)
平均	300 英亩(120hm²)
最小规模	35 英亩(14hm²)
街区规模	(400～1000)ft×(1000～2000)ft[(120～300)m×(300～600)m]
容积率(FAR)	0.1～0.3
停车位	0.8～1.0/工人
工人密度(总)	10～30 人/净英亩(25～75 人/hm²)
密集型工业	30 人/净英亩(75 人/hm²)
半密集型工业	14 人/净英亩(35 人/hm²)
发散型工业	8 人/净英亩(20 人/hm²)

资料来源:林奇和哈克(Lynch and Hack,1984,306-311 及 468);城市土地研究所(Urban Land Institute,1975,167-168)。转引自参考文献[1]

3. 工业用地对城市环境的影响

工业生产过程中产生的废气、废水、废渣排放以及噪声对周围其他种类的用地,尤其是居住用地造成不同程度的不良影响。有关工业污染的种类、危害及其防治的手段已在前面的章节中叙述,在此不再赘述[①]。城市土地利用规划可以通过对工业用地的合理布局来尽量减少其对其他种类用地的影响。通常采用的措施有以下几种。

(1) 将易造成大气污染的工业用地布置在城市下风向

根据城市的主导风向并在考虑风速、季节、地形、局部环流等因素的基础上,尽可能将大量排出废气的工业用地安排在城市下风向且大气流动通畅的地带。排放大量废气的工业不宜集中布置,以利于废气的扩散,避免有害气体的相互作用。

(2) 将易造成水体污染的工业用地布置在城市下游

为便于工业污水的集中处理,规划中可将大量排放污水的企业相对集中布置,便于联合无害化处理和回收利用。处理后的污水也应通过城市排水系统统一排放至城市下游。

(3) 在工业用地周围设置绿化隔离带

事实证明,达到一定宽度的绿化隔离带不但可以降低工业废气对周围的影响,也可以起到阻隔噪声传播的作用。易燃、易爆工业周围的绿化隔离带还是保障安全的必要

---

① 参见 6.3 节"城市环境保护"。

措施。绿化隔离带占地规模较大,可结合河流、高压走廊设置,其中可建设少量供少数人使用的非经常性设施,如仓库、停车场等,但严禁建设各种临时或永久性生产、生活建筑。

居住用地对工业污染的敏感程度最高,所以从避免污染和干扰的角度来看,居住用地应远离工业用地。但是另一方面,工业用地与居住用地之间又存在着因大量职工通勤而需要相对接近的关系。因此,为减缓污染所需要一定距离的隔离与就近通勤就构成了城市土地利用中安排工业用地与居住用地时的一对矛盾。这种矛盾在以步行和自行车交通为主要通勤方式的中小城市中尤为突出。

此外,伴随工业用地产生的大量货运交通对城市交通、城市对外交通设施均产生一定的影响。

4. 工业用地的选址

影响工业用地选址的因素主要有两个方面:一个是工业生产自身的要求,包括用地条件、交通运输条件、能源条件、水源条件以及获得劳动力的条件等;另一个是是否与周围的用地兼容,并有进一步发展的空间。按照工业用地在城市中的相对位置,可以将其分为以下几种类型。

(1) 城市中的工业用地

通常无污染、运量小、劳动力密集、附加价值高的工业趋于以较为分散的形式分布于城市之中,与其他种类的用地相间,形成混合用途的地区。

(2) 位于城市边缘的工业用地

对城市有一定污染和干扰,占地与运输量较大的工业更多地选择城市边缘地区,形成相对集中的工业区。这样一方面可以避免与其他种类的城市用地之间产生矛盾,另一方面,城市边缘区也更容易获得相对廉价的土地和扩展的可能。这种工业区在城市中可能有一个,也可能有数个。

(3) 独立存在的工业用地

因资源分布、土地资源的制约甚至是政策因素,一部分工业用地选择与城市有一定距离的地段,形成独立的工业用地、工业组团或工业区。例如,矿业城市中的各采矿组团、作为开发区的工业园区等。此外,生产易燃、易爆、有毒产品的工业因必须与城市主体保持一定的距离,通常也形成独立的工业用地(区)。当独立存在的工业用地形成一定规模时,通常伴有配套的居住生活用地以及通往主城区的交通干线。

5. 工业用地在城市中的布局

本着满足生产需求、考虑相关企业间协作关系、利于生产、方便生活、为自身发展留出余地、为城市发展减少障碍的原则,城市土地利用规划应从各个城市的实际出发,按照恰当的规模、选择适宜的形式来进行工业用地的布局。除与其他种类的城市用地交错布局形成的混合用途区域中的工业用地外,常见的相对集中的工业用地布局形式有以下几种(图 8-11)。

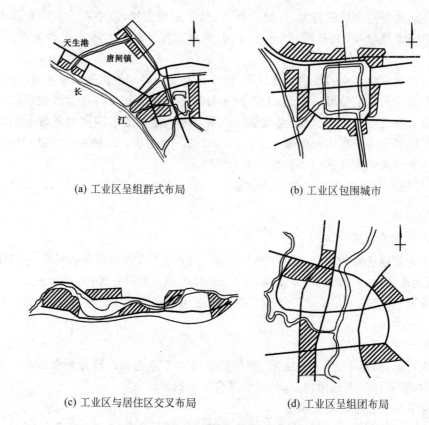

(a) 工业区呈组群式布局　　　　(b) 工业区包围城市

(c) 工业区与居住区交叉布局　　　　(d) 工业区呈组团布局

图 8-11　工业用地在城市中的布局
资料来源：根据参考文献[2]，作者编绘

（1）工业用地位于城市特定地区

工业用地相对集中地位于城市中某一方位上，形成工业区，或者分布于城市周边。通常中小城市中的工业用地多呈此种形态布局，其特点是总体规模较小，与生活居住用地之间具有较密切的联系；但容易造成污染，并且当城市进一步发展时，有可能形成工业用地与生活居住用地相间的情况。

（2）工业用地与其他用地形成组团

无论是由于地形条件所致，还是随城市不同发展时期逐渐形成，工业用地与生活居住等其他种类的用地一起形成相对明确的组团。这种情况常见于大城市或山区及丘陵地区的城市，其优点是在一定程度上平衡组团内的就业和居住，但由于不同程度地存在工业用地与其他用地交叉布局的情况，不利于局部污染的防范。城市整体的污染防范可以通过调整各组团中的工业门类来实现。

（3）工业园或独立的工业卫星城

与组团式的工业用地布局相似，在工业园或独立的工业卫星城中，通常也带有相关的配套生活居住用地。工业园尤其是独立的工业卫星城中各项配套设施更加完备，有时可做到基本上不依赖主城区，但与主城区有快速便捷的交通相连。北京的亦庄经济技术开发区,上海的宝山、金山、松江等卫星城镇就是该类型的实例。

（4）工业地带

当某一区域内的工业城市数量、密度与规模发展到一定程度时就形成了工业地带。这些工业城市之间分工合作,联系密切,但各自独立并相对对等。德国著名的鲁尔地区在 20 世纪 80 年代之前就是一种典型的工业地带。事实上,对工业地带中工业及相关用地的规划布局已不属于城市规划的范畴,而更倾向于区域规划所应解决的问题。

8.2.4　物流仓储用地的规划布局

物流仓储用地与工业用地有着很强的相似性,例如,均需要有大面积的场地、便捷的交通运输条件,部分仓库有危险等。但两者之间的最大不同是,物流仓储用地中的工作人员相对较少。

1. 物流仓储用地的分类

这里所指的物流仓储用地并未包括企业内部用以储藏生产原材料或产品的库房以及对外交通设施中附设的物流仓储设施用地,仅限于城市中专门用来储存物资的用地。按照我国现行的城市用地标准,物流仓储用地被分为定义为"物资储备、中转、配送、批发、交易等的用地,包括大型批发市场以及货运公司车队的站场(不包括加工)等用地",并按照对环境干扰、形成污染和安全隐患的不同程度,由轻至重分为三类。

2. 物流仓储用地的规模

在我国现行的城市建设用地标准中,对于物流仓储用地规模并没有给出确切的数据。一般认为城市中的物流仓储用地规模与以下因素有关:

（1）城市性质与规模

不同性质的城市对物流仓储用地的要求不同。工业城市、交通枢纽城市、商品集散中心城市对物流仓储设施的要求就会高一些;大城市中设置独立的物流仓储区的必要性较中小城市要高一些。

（2）城市经济发展水平以及经济活动的特点

一般来说,经济发展水平高的城市对物流仓储设施的要求就会多一些;以制造业为主的城市中,物流仓储用地的规模就应较以第三产业为主的城市大一些。

本专业的相关文献中给出了计算物流仓储用地面积的两个概念性计算公式[1],如下:

物流仓库用地面积＝(仓容吨位×进仓系数)/(单位面积荷重×仓库面积利用率　×层数×建筑密度)

堆场用地面积＝[仓容吨数×(1－进仓系数)]　/(单位面积荷重×仓库面积利用率)

---

① 参考文献[2]。

物流仓储用地面积为上述仓库用地面积与堆场用地面积之和。

3. 物流仓储用地在城市中的布局

物流仓储用地的布局通常从物流仓储功能对用地条件的要求以及与城市活动的关系这两个方面来考虑。首先,用作物流仓储的用地必须满足一定的条件,例如,地势较高且平坦,但有利于排水的坡度、地下水位低、地标承载力强、具有便利的交通运输条件等。其次,不同类型的物流仓储用地应安排在不同的区位中。其原则是与城市关系密切,为本市服务的物流仓储设施,例如综合性供应仓库、本市商业设施用仓库、为本市提供服务的物流中心等应布置在靠近服务对象、与市内交通系统联系紧密的地段;对于与本市经常性生产生活活动关系不大的物流仓储设施,例如战略性储备仓库、中转仓库、区域性物流中心等可结合对外交通设施,布置在城市郊区。因仓库用地对周围环境有一定的影响,规划中应使其与居住用地之间保持一定的卫生防护距离(表 8-8)。此外,危险品仓库应单独设置,并与城市其他用地之间保持足够的安全防护距离[①]。

表 8-8　物流仓储用地与居住用地之间的卫生防护距离

仓 库 种 类	宽度/m
全市性水泥供应仓库、可用废品仓库	300
非金属建筑材料供应仓库、煤炭仓库、未加工的二级原料临时储藏仓库、500m³ 以上的藏冰库	100
蔬菜、水果储藏库,600t 以上批发冷藏库,建筑与设备供应仓库(无起灰料的),木材贸易和箱桶装仓库	50

资料来源:广东省城乡规划设计研究院,中国城市规划设计研究院. 城市规划资料集(第二分册)城镇体系规划与城市总体规划[M]. 北京:中国建筑工业出版社,2004.

参考文献

[1] [加]梁鹤年.简明土地利用规划[M].谢俊奇,郑振源,等,译. 北京:地质出版社,2003.

[2] 李德华. 城市规划原理[M].3 版. 北京:中国建筑工业出版社,2001.

[3] CHAPIN F S, Jr, KAISER E J. Urban Land Use Planning[M]. Third Edition. Chicago:University of Illinois Press,1979.

[4] KAISER E J, GODSCHALK D R, CHAPIN F S, Jr. Urban Land Use Planning[M]. Fourth Edition. Chicago:University of Illinois Press,1995.

[5] LEVY J M. Contemporary Urban Planning[M]. Fifth Edition. New Jersey:Prentice-Hall, Inc., 2000.

孙景秋,等,译. 现代城市规划[M].5 版.北京:中国人民大学出版社,2003.

---

① 详细数据参见:建筑设计防火规范[S](GBJ 6—87.2001)修订版。

［6］O'SULLIVAN A. Urban Economics[M]. Fourth Edition. New York：McGraw-Hill Companies,
　　　Inc. , 2000.
　　　苏晓燕,常荆沙,朱雅丽,等,译. 城市经济学[M].4 版. 北京：中信出版社,2003.
［7］［日］三村浩史. 地域共生の都市計画[M]. 京都：学艺出版社,1997.
［8］［日］加藤晃,竹内伝史. 新・都市計画概論[M]. 東京：共立出版株式会社,2004.
［9］［日］日笠端,日端康雄. 都市計画[M].3 版. 東京：共立出版株式会社,1993.
［10］［日］都市計画教育研究会. 都市計画教科書[M].3 版. 東京：彰国社,2001.
［11］［日］佐藤圭二,杉野尚夫. 新都市計画総論[M]. 東京：鹿島出版会,2003.
［12］［日］日笠端. 市町村の都市計画 2——市街化の計画的制御[M]. 東京：共立出版株式会
　　　社,1988.
［13］范炜. 城市居住用地区位研究[M]. 南京：东南大学出版社,2004.
［14］吴明伟,孔令龙,陈联. 城市中心区规划[M]. 南京：东南大学出版社,1999.

第9章 城市道路交通规划

9.1 城市交通与交通规划

城市交通伴随着各种城市活动而产生。当你在拥挤的公共汽车里担心是否会因上班迟到而被扣发奖金时,当你为了给自己的套装寻找一双合适的鞋子而乐此不疲地奔波于各大商场时,甚至当你作为一个 SOHO① 一族在家等待通过因特网订购的一批新书到来时,你就已经参与到城市交通活动之中,成为其中的一个组成部分。商务拜访、通勤、上学、购物、访友等活动形成了人流交通;原材料、产品的运输、商品批发、配售送货等构成了货流交通。而城市交通规划就是针对这些城市交通活动,通过调查分析掌握其规律,预测其未来发展的可能,并采取包括交通设施建设与管理在内的相应对策来满足伴随城市生产、生活而产生的交通需求。

9.1.1 城市交通的分类及特点

1. 城市交通的定义

城市交通可以被概括地描述为:"城市中某一地点与另一地点之间人与物的移动。"其中包括:商务拜访、通勤、上学、购物、访友等人流交通,货物运输、邮政递送、商品配送等货流交通,以及散步、远足、驱车兜风等特殊目的的交通。更为具体地说:城市交通就是一定的主体(人或货物),按照一定的目的(通勤、购物、配送等),采用某种手段(步行、驾车、乘坐公共交通、货运车辆等)在城市中不同地点之间的移动。城市交通规划的根本目的就是为这种移动提供便捷、经济、舒适的环境,即交通环境。

2. 城市交通的特点

除散步、驱车兜风等特殊目的的交通外,城市交通的最大特点就是其作为派生活动的性质,也就是说:交通活动本身不是目的,而是为了达到其他目的所采取的手段。因此,城市交通具有了两个最基本的特点,一是为达到目的,如通勤、上学、商务拜访等,可根据实际需要、城市交通状况以及经济承受能力等随时改变交通方式(交通手段)。例

---

① SOHO,small office and home office 的略称,指在网络时代在家办公或居住办公一体化的工作-生活方式。这种方式被认为有助于减少城市交通量。

如,对于通勤交通,可能临时性地在乘坐公共汽车和出租车之间做出选择,也可能长期性地在选择自驾车或乘坐公共交通之间做出选择。另外一个是,为达到目的而尽量选择耗用时间少的交通方式,也就是更注重出行的时间距离而不是空间距离。此外,城市交通还体现出以下几个特征。

(1) 因城市土地利用的分布状况以及城市活动的性质,城市交通在城市中的不同地点、时间呈不均衡的分布,形成交通流高强度集中的地区。例如,通常城市中心区的交通流要高于其他地区。

(2) 交通流具有周期性。一天中的不同时段、一星期中不同的日期,甚至一年中的不同季节都存在交通流量的规律性变化,并伴随方向性。例如,上下班的高峰时段拥堵,周末交通流相对较少等。

(3) 以短距离交通为主。城市中通勤、上学、购物等交通的发生频率较高,但距离通常较短。即使在大城市中,一般可接受的单程通勤时间为一小时左右。

3. 城市交通的分类

城市交通按照交通主体的不同可以分为客运交通(人员的移动)与货运交通(货物运输)两大类。由于客运交通与市民工作生活直接相关,城市交通规划通常更侧重于客运交通方面,同时兼顾货运交通。按照交通手段的不同,客运交通可进一步分为公共交通和个体交通。公共交通又可以依据运输工具的运载量分为大量运送手段、中量运送手段和小量运送手段。例如,地铁、公共汽车、出租汽车等均属公共交通手段。其中地铁、城市铁路属于大运量公共交通,新交通系统、轻轨、公共汽车等属于中运量公共交通,而出租车则属于小运量公共交通。相对于公共交通,私人汽车、自行车、步行等属于个体交通。不同类型的交通方式,在城市综合交通系统中所起的作用以及对城市交通的影响有很大的不同,其各自的特点将在后续章节中论述,但从总体上来看公共交通在提高交通设施使用效率、节能环保、安全准时等方面具有不可替代的优越性,尤其适合像我国这样人口众多、经济发展水平较低、城市人口密度较高的情况。

4. 交通方式及其特点

不同的交通方式体现出不同的特点,并适用于不同的交通需求。例如,地铁、城市铁路等有轨交通方式适合于高密度大量人流的中长距离出行,而汽车交通虽然也适合城市中中长距离的出行,但只能满足相对少量人流的需求。步行交通虽然可以满足大量人流交通的需求,但出行距离受到比较大的限制。公共汽车则在出行距离与运量上介于轨道交通与步行之间。表 9-1 列出了不同交通方式在满足各种交通需求时的程度。

图 9-1 表示各种交通方式所适宜的出行距离及运输量。城市交通规划中需要依据这些交通方式的不同特点,合理地搭配选用,构成城市综合交通系统,以满足城市中各式各样的交通需求。

表 9-1　各种交通方式的特点

项目		对交通手段的要求	轨道交通	汽车	自行车	徒步
轨道交通		运输量(特别是高峰时段)	○	×	△	○
		占用的城市空间	○	×	△	○
		在市区行走时的速度	○	△	△	×
		事故发生率	○	△	○	○
		废气排出	○	×	○	○
		交通堵塞	○	×	△	○
		准时	○	△	○	○
		费用负担	○	×	○	○
		发生灾害时的危险程度	○	△	○	○
汽车		随心所欲(随时出发)	×	○	○	○
		机动性(变更目的地)	△换乘	○	○	○
		户对户运送	×	○	○	○
		私密性	×	○	×	×
		货物运输(短距离、少量)	△	○	△	△
		休闲娱乐	×	○	○	○
		社会地位象征	×	○	×	×
		运动性	×	△	○	○
其他		平均速度	○	○	△	×
		货物运输(长距离、大量)	○	○	×	×
		噪声、震动	△	△	○	○

其中:○表示可较好地满足要求,×表示不能满足要求,△表示可满足要求但程度较低。
资料来源:根据参考文献[12],作者对其中的评价值进行了调整。

9.1.2　城市交通规划

1. 城市交通规划的目的与职能

如上所述,城市活动是产生城市交通的根本原因。城市的发展对城市交通不断提出新的要求,同时,满足城市交通要求的交通方式是多种多样的。例如,随着城市规模的扩大,进出城市中心区的交通量成倍增长,造成已有道路的堵塞。为了解决这一问题,可以采取拓宽已有道路或新辟道路的方法,但这又会诱使进入该地区的汽车交通进一步增加,同时带来大气与噪声污染、城市景观被破坏、停车困难等新的问题。而选择建设地铁等有轨公共交通系统看上去是另一种不错的选择,但同样会带来诸如造价高

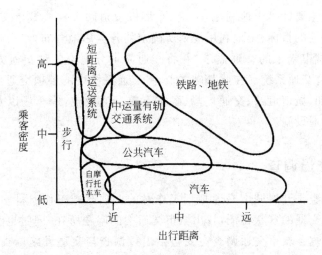

图 9-1　各种交通方式的适用范围
资料来源：根据参考文献[11]，作者编绘

昂、建设周期长、振动和噪声等问题。因此，交通规划的基本目的就是要在交通需求与设施建设之间、各种交通方式之间、交通与城市发展所要考虑的其他因素之间寻求一种平衡，最大限度地维系城市的高效率运转。传统的交通规划主要侧重于交通设施的规划，而广义的交通规划还包含交通管理等交通设施的运营方面。

作为城市规划的组成部分，交通规划不仅限于交通发展的预测、交通手段的选择以及综合交通体系的构建，同时与土地利用的分布以及城市形态结构有着密切的关联并相互影响。以作为城市交通主要设施的城市道路为介质，城市交通规划与城市基础设施规划、城市风貌景观规划以及城市防灾规划都有着相应的关联。因此，城市交通规划的职能可以被归纳为：

（1）最大限度地保障市民的机动性（mobility）；

（2）为各阶层、各年龄段、采用各种交通方式的居民提供一个安全、便捷、舒适、易懂的交通环境；

（3）减少由交通所带来的环境影响；

（4）有利于城市特色景观的形成；

（5）保障灾害发生时的生命线畅通。

2. 城市交通规划的内容

从广义上讲，城市交通规划包括确定城市交通发展战略与编制交通规划两个不同的阶段。城市交通发展战略研究包括：①确定城市交通发展的目标和水平（包括市民出行质量、货物流通效率、道路运行状况和整体交通环境等）；②决定城市交通方式结构（各种交通方式在城市交通中所占比重）；③确定城市交通综合体系布局与规模（包括城市对外交通、市内客货运输、内外交通衔接、静态交通等）；④制定相应的城市交通政策。它是城市交通综合体系整体目标与发展战略的集中体现。

交通规划则主要针对土地利用、人流、车辆以及道路等构成城市交通的基本要素,按照城市总体规划的目标、土地利用规划所确定的各类用地分布,结合通过交通调查所获的数据,预测城市未来的交通需求,并将交通需求分配给各种交通方式以及各个线路,构成城市综合交通系统。在此基础之上,将交通系统中的各项交通落实到具体的交通设施上去,例如,城市道路、交通广场、各类有轨交通设施,停车场以及车站、码头、机场等城市对外交通设施。

9.1.3　城市交通调查

城市交通调查是开展城市交通规划工作时的一项基础工作。科学、准确的调查不仅可以把握城市交通的现状特征,找出城市交通中的问题所在,同时也为建立交通预测模型提供基础数据。城市交通调查主要包括出行调查与交通设施调查两个方面,同时也要收集与交通调查结果进行对照的其他资料,例如,城市土地利用、社会经济发展状况、自然情况以及相关政策等。常见的交通调查有以下几种。

1. 道路交通量调查

道路交通量调查属交通设施调查的范畴,主要通过对城市道路网中通过关键路段和主要交叉口的交通流量进行统计,以把握城市道路网在不同时段的实际交通状况。调查内容通常包括不同交通方式(机动车、非机动车、行人)的流量、流向及速度等。调查结果可绘制成城市道路网或交叉口在某一时间段的交通流量、流向分布图(图 9-2、图 9-3)。这种调查方法的优点是简便易行、结果直观;缺点是无法掌握交通的起始点,或进行各种交通方式之间转换选择的分析。

2. 交通起讫点调查(OD 调查)

交通起讫点调查,又称 OD 调查(origin-destination survey),属出行调查,也是交通调查中常用的一种方法,主要用以掌握交通发生与到达的地点及其交通分布。根据调查对象的不同可分为居民出行调查、机动车出行调查以及货物运输调查等。在对 OD 调查结果进行分析时,通常将调查区域分成若干个交通分区,每个交通分区又可分为数个交通小区,作为统计分析交通发生、流动的基本单位。

机动车 OD 调查的内容主要包括:机动车的出发、到达地点和时间,土地利用,车辆的种类,乘坐人员,交通目的以及运载货物种类等。采用的调查方式有访问车辆所有者、路边调查以及邮寄调查表格等。

3. 居民出行调查

居民出行调查(person trip survey)实际上是 OD 调查的一种,主要以人员流动所产生的交通为对象,同属出行调查的范畴。被调查对象个体(某个市民)为达到某种目的而实施的交通全过程被称为一次出行(one trip),在这一过程中所采用的不同交通方式被看作是这次出行的属性。例如,某一市民居住在城市郊区的 A 小区,每天早上要到城

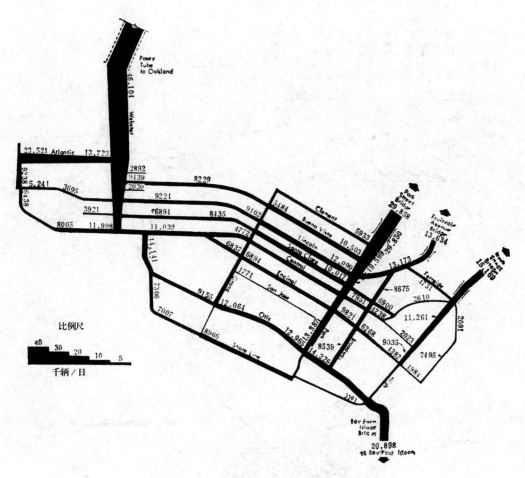

图 9-2　交通流量图(平均日交通量)
资料来源：参考文献[2]

市中心区的 B 大厦上班。首先,他要步行至最近的一个公共汽车站,然后乘公共汽车至
地铁站换乘地铁驶往城市中心区,出地铁站后再搭乘出租车至 B 大厦,完成这次出行。
在这次出行过程中,他先后采用了步行、公共汽车、地铁、出租车 4 种不同的交通方式。
居民出行调查通常采用随机抽样的方法,在城市中选取一定数量的居民(2%~10%)作
为调查对象,并采用发放调查问卷来掌握该调查对象某一天的所有交通行为[①]。调查问
卷中通常包括每次出行的出发时间、出发地点、外出的目的、交通手段(包括换乘)、到达
时间、到达地点、所需交通费用,以及调查对象的住址、家庭构成、职业、收入、是否拥有
交通工具等个人情况。

　　这种调查方法的优点是可以较为详细地掌握交通生成的空间分布、居民出行时所
选用的交通方式以及居民对改善交通环境的愿望等(图 9-4)。通过对调查结果的分析,

---

　　① 对于抽样的数量,各种文献所列数据不一。例如,美国交通工程学会编写的《交通工程调研手册》推荐的抽
样率为 4%~20%,参考文献[11]给出的数据为 2%~10%,参考文献[6]列举天津的实例为 3‰。

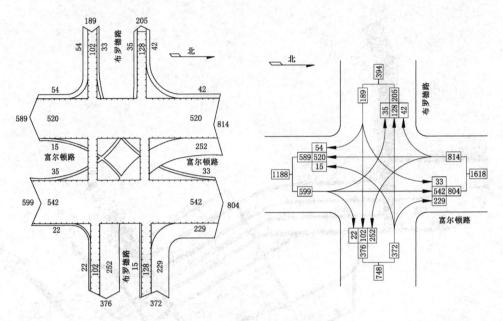

图 9-3　道路交叉口交通流量图
资料来源：参考文献[2]

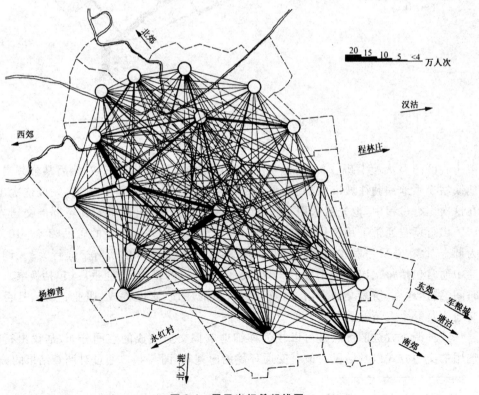

图 9-4　居民出行希望线图
资料来源：参考文献[6]

可以掌握交通活动与土地利用的关联、与汽车保有数量的关联、与人口的关联等,为城市未来交通需求预测提供依据。但这种调查规模庞大,需要相当人力、物力和财力的投入。

4. 货物流动调查

货物流动调查(freight flow survey)又称货运调查,也是出行调查的一种,其目的是通过对城市中货物流动状况的调查,掌握货运交通的分布情况以及与土地利用之间的关系,为城市货运交通的准确预测和规划提供基础数据。货物流动调查的对象主要是各工业企业、仓库、商业批发单位、货运交通枢纽以及专业运输单位等。调查的内容主要有:货物种类,运输方式,运输能力,货运车辆情况、出行时间、地点、路线、目的地,空驶率等。对调查结果进行分析可获得城市货运交通的分布状况以及与土地利用、社会经济活动之间的关联。

9.1.4　城市交通分析预测

1. 城市交通分析预测的概念

通过 OD 调查等获取城市交通的现状情况后,需要进一步根据现状情况,按照城市规划所制定的社会经济发展目标、土地利用方案以及交通政策等,对城市未来的交通状况进行科学的预测。其基本思路是,首先依据城市未来的社会经济活动总量和土地利用、城市布局结构形态等预测交通生成的数量与分布。其次,对发生在城市中不同地区(交通区)之间的交通量——交通分布进行预测。然后,根据实际情况对这些交通量在各种交通方式之间划分的比例做出估计。最后将各种交通方式所承担的交通量实际分配至具体的交通设施中,检验其是否可以承担,并据此做出进一步的调整(图 9-5)。

按照交通性质,城市交通预测可分为客运交通预测和货运交通预测。

2. 交通生成

交通生成(traffic generation),又称出行生成(trip generation),是指某一地区(交通分区)中居民出行的总量及其单位数值(出行/hm^2、出行/(人·日)),主要与城市中不同地区的土地利用性质、强度以及社会经济活动的状况密切相关。交通预测主要根据通过 OD 调查所获得的现状数据,经分析修正后,试图在城市未来土地利用规划与出行生成数量之间建立相应的关系,并以此推断城市未来各个地区中的出行生成数量。由于交通具有方向性,同一次出行对于该出行出发或到达的不同交通分区而言,又可称为交通生成和交通吸引(traffic attraction)。按照交通的类型又可分为客运交通生成(包括居民出行生成、流动人口出行生成、对外客运交通生成等)与货运交通生成(市内、对外及过境交通生成)。

3. 交通分布

交通分布(traffic distribution),又称出行分布(trip distribution),是指通过对交通生成的分析,预测城市中不同区域(交通分区)之间的交通量,例如,城市中心区与居住

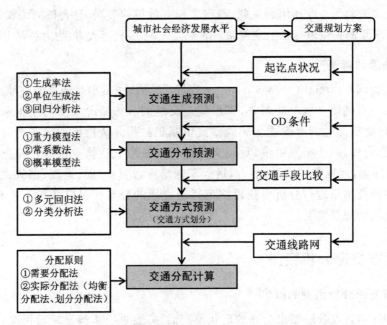

图 9-5　城市交通预测概念示意图
资料来源：根据参考文献[11]、[6]、[1]作者归纳整理

区之间、工业区与居住区之间的交通量等。在一般情况下，按照引力假设，不同分区之间的交通量与交通起讫点所在分区的面积规模成正比，而与其之间的距离或阻力成反比。交通分布预测以交通生成预测为基础，通常采用数学模型来完成。常见的预测方法有：增长系数法（包括常系数法、平均系数法、弗拉塔法、弗内斯法）和综合分布模型法（包括重力模型、介入机会模型、竞争机会模型）[①]。

4. 交通方式划分

交通方式划分（modal split）也称出行方式划分，主要依据交通分布的预测结果，对交通总量由哪种出行方式承担，其所占比例是多少等问题做出预测。例如，某城市中 A 区至 B 区的客运交通总量为 100 个出行，在城市布局结构、主要出行方式、居民出行习惯等条件一定的前提下，预测未来各种出行方式所承担的出行比例（例如，自行车 34%、公共汽车 25%、摩托车 21%、自驾车 9%、出租车 7%、步行 4%）。影响居民出行方式的因素较多，例如，居民出行的目的、距离，经济收入水平，城市的布局结构、地形、道路状况，公共交通服务水平，甚至气候、居民消费习惯以及政策性因素等。在其他情况不变的前提下，居民出行通常遵循最快到达（即时间最省）的原则。

5. 交通分配

在各种交通方式所承担的交通量确定后，需要进一步落实到具体的交通设施上去。

---

① 具体预测方法请参照：参考文献[6]、[1]。

例如,对于机动车所承担的客运及货运交通量要落实到城市道路网中;对于各种公共交通所承担的交通量要落实到各公共交通网络中。这种将经过预测得到的各交通方式承担的交通量,按照出行时间最短、费用最少的原则,落实到交通设施上去的过程被称为交通分配(traffic assignment)。将预测交通量落实至规划道路网等交通设施后可以得到相应路段和交叉口的交通量。将这一交通量与道路等交通设施的设计通行能力进行对比后就可以验证城市规划所确定的土地利用及道路网规划是否可以满足城市交通的要求。如不能满足则需要对规划本身进行调整。交通分配通常采用的思路有两种:一种是不考虑交通设施的容量,按交通需求分配的方法;另一种是考虑交通设施容量,并充分利用交通设施容量进行分配的方法。具体的方法有:①最短路分配法(又称零一分配法);②转移曲线分配法;③多路线按比例分配法等。①

9.1.5　城市交通设施规划

1. 交通设施的内容

城市中的交通活动最终要由具体的城市交通设施来承担,所以,交通规划的内容最终也要落实到城市交通设施的规划中去。如果说交通规划中的调查、分析与预测主要着眼于城市未来交通活动的量以及活动方式,那么交通设施规划则侧重于容纳这些交通活动的硬件设施的布局和安排。图 9-6 列出了城市中常见的交通设施,其规划内容将在后续章节中具体论述。

2. 城市交通设施的综合规划

城市交通设施的综合规划不但需要按照各种交通方式的特点做好各自系统的规划,而且还要考虑城市道路系统、公共交通系统、对外交通系统等系统之间的相互配合和协作,最大限度地发挥各种交通设施的潜能。例如,在道路系统规划时要考虑到公共汽车专用线的设置以及未来轻轨或其他新型城市公共交通设施建设的可能;再如,公共交通系统的规划要与城市对外交通中客运交通设施的布局紧密结合,以方便市民的出城和外来人员在城市中的活动。另一方面,城市交通设施规划要充分考虑到各种城市活动的分布及其特点,与城市的土地利用规划以及大型公共设施的规划相结合,满足城市各项活动对客货运输的需求。城市交通设施的综合规划通常涉及以下几个方面的问题。

(1) 城市交通设施与土地利用的关系

城市的交通生成与土地利用密切相关。城市交通设施的规划布局也应与之相协调。例如,居住用地与就业区、城市中心区之间主要考虑客运交通设施的安排,而工业用地之间、工业用地与对仓储用地、对外交通设施之间主要考虑布置货运交通设施。

---

① 具体方法请参照:参考文献[6]、[1]、[13]。

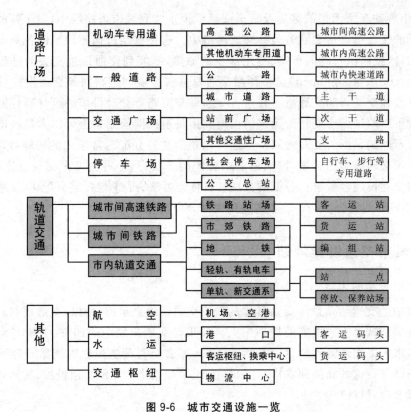

图 9-6　城市交通设施一览

资料来源：根据参考文献[12]，作者补充、修改后重绘

（2）大型公共设施的布局

大型体育场馆、购物中心、会展中心等人流集中的大型公共设施的布局要与交通设施的布局综合考虑。通常尽量避免集中布置，以免造成人流的过度集中，不利于疏散。在大城市中，该类设施通常分布在城市外围的不同方向上，并由有轨公共交通等城市主要交通设施负责人流在不同方向上的疏散以及设施间的相互联系。

（3）城市中的客运交通枢纽

大城市中，通常以对外客运交通设施或者不同交通设施之间的换乘点为核心布置数个交通枢纽，以解决城市对外交通与城市交通之间、城市郊区与城市中心区之间、不同交通方式之间的转换问题。通常这些交通枢纽位于城市中心区或城市中心区的边缘。有时客运交通枢纽还会伴随有商业服务、商务办公等设施。例如，北京的西客站地区、动物园—西直门地区，日本东京的东京站、新宿站等。

（4）对外交通设施之间的联系

铁路、公路、航空、港口等不同对外交通设施之间也存在着货物转运和旅客换乘的问题。对于货物的转运和联运，通常采用在城市外围布局，并采用货运干道直接联系的方式，尽可能减少对城市的干扰；而对于客运交通则尽可能使旅客利用城市公共交通系统，在不同对外交通设施之间换乘。在中小城市中也可以采用将不同类型的对外客运交通设施(例如,铁路客站与公路长途客运站)布置在一起的方法。

(5) 对外交通与城市交通的衔接

除采用客运交通枢纽的方式解决对外客运交通与城市交通的联系外,也要处理好公路、铁路货运站场、港口等对外交通设施与城市交通系统的衔接。其基本原则是:屏蔽与城市无关的过境交通,使与城市相关的货运交通限定在城市外围的特定地区中,通过调配、转运等措施将城市所需的物资用小型货运车辆送达市内。

(6) 货物流通中心

货物流通中心又称物流中心,是集货物运输、存储、批发、转运等为一体的新型设施,需要具有便捷的途径与城市对外交通设施相连,需要有较大的储存、交易、停车场所,同时可以快捷地进入城市交通系统。在以公路货运为主的情况下,连接城市的高速公路出入口附近是布置该类设施较为理想的地点。

9.2　城市道路系统规划

9.2.1　城市道路系统的功能与分类

1. 城市道路的功能

毋庸置疑,城市道路最基本的功能是为行人及车辆的移动提供必要的安全、方便、快速、有序的空间和通达、便捷的系统。但城市道路的功能不仅限于此,还具有以下主要的功能:

(1) 城市道路既是城市不同规模、范围的用地集合(如街坊、小区、组团、片区等)之间的联系通道,有时又是划分这些用地的界限,因而构成城市的骨架,影响城市总体布局的形态;

(2) 城市道路空间为给水、排水、电力、电信、燃气、供热等城市基础设施管道的埋设,以及地铁、埋入式高速公路等交通设施提供相应的地下空间;

(3) 在城市中心等建筑物高度集中的地区,城市道路还是沿街建筑物采光、通风必不可少的开敞空间,以及到达建筑物和灾害发生时逃生的通道;

(4) 与整个城市道路系统相连的道路还是城市化过程中,城市开发(土地由非城市用地向城市用地转化)的最低限度的必要条件[①];

(5) 绿化良好的城市道路还是城市绿化与开敞空间系统的有机组成部分,主要构成其中的"线状"要素,同时也是构成城市景观风貌的重要因素;

(6) 居住区中的部分道路,尤其是步行专用道等还是重要的居民户外活动场所。

2. 城市道路的分类

城市中各类道路的宽窄不同,所承担的功能各异。在道路系统的规划中一般可按

---

① 我国城市开发建设中所说的"七通一平"就是指通道路、通水、通电、通气等以及土地平整。

照道路的等级、所承载交通流的性质等对其进行分类,以实现不同性质的客货流、不同速度的交通以及不同性能交通工具的分道而行。城市道路的等级划分主要依据道路通行能力和行驶速度等因素进行。按照我国现行有关道路交通的规划设计规范,城市道路被分为以下 4 个等级:①快速路;②主干路;③次干路;④支路(表 9-2)[①]。

表 9-2　城市道路等级划分一览表

道路等级	交通特征	机动车设计速度/(km/h)	道路网密度/(km/km²)	机动车车道数/条	道路宽度/m	设计要点
快速路	大中城市的骨干或过境道路,承担城市中的大量、长距离、快速交通	60~80	0.3~0.5	4~8	35~45	立体交叉,对向车行道间设中间分车带,封闭或半封闭。两侧不应设置吸引大量车流、人流的公共建筑物的出入口
主干路	全市性干路,连接城市各主要分区,以交通功能为主	40~60	0.8~1.2	4~8	35~55	自行车交通量大时,宜采用机动车与非机动车分隔形式,如三幅路或四幅路。两侧不应设置吸引大量车流、人流的公共建筑物的进出口
次干路	地区性干路,起集散交通的作用,兼有服务功能	40	1.2~1.4	2~6	30~50	
支路	次干路与街坊路的连接线,解决局部地区交通,以服务功能为主	30	3.0~4.0	2~4	15~30	

资料来源:根据中华人民共和国行业标准《城市道路设计规范》(CJJ 37—1990)(1991)、中华人民共和国国家标准《城市道路交通规划设计规范》(GB 50220—1995)(1995)整理,其中的数据不包括小城的情况,更为详细的数据请参照上述两个行业标准和国家标准。

按道路的使用性质,城市道路又可分为交通性道路与生活性道路。交通性道路主要承载城市各地区间以及与对外交通系统间的交通流量。其特点是机动车道数较多(通常在单向两条以上)、机动车车道较宽、行车速度快、行驶车辆多。其中行驶的车辆以货运为主,道路两侧的行人较少。规划中应注意避免交通性道路穿越交通生成量不大的地区(如居住用地),并采用隔离措施减少其对两侧用地的影响。另一方面,也应避免在交通性道路两侧布置吸引大量人流的公共建筑、交叉口间距过密(小于 1km)等情况,以免对其交通产生干扰。而生活性道路以满足城市各地区内部的生产、生活需要为

---

① 中华人民共和国行业标准《城市道路设计规范》(CJJ 37—1990)(1991),中华人民共和国国家标准《城市道路交通规划设计规范》(GB 50220—1995)(1995)。

主。其特点是车辆行驶速度较低,行驶车辆以客运为主,行人较多。所以在生活性道路中,机动车道较少且车道宽度较窄,非机动车道、人行道较宽。因此,大型公共建筑、停车场等有大量交通集散设施的出入口通常设置在生活性道路两侧。由于生活性道路更接近人的活动,所以还是进行城市绿化、形成城市景观的重要场所(图 9-7)。

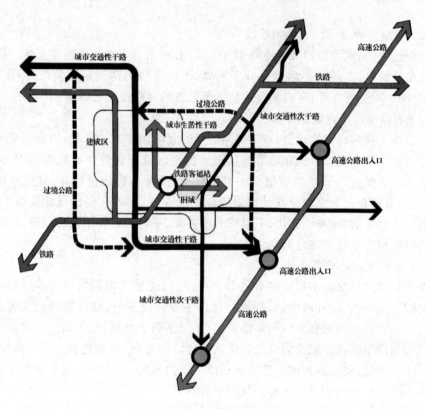

图 9-7　道路交通结构示意图

资料来源:作者自绘

9.2.2　城市道路系统规划的原则

城市道路系统不仅承担着城市中大量客货运交通功能,将城市的各个组成部分有机地组织在一起,而且是影响城市总体布局的重要因素。因此,城市道路系统规划的合理与否直接影响着城市日常运转的效率、长远发展的合理性,甚至灾害发生时的生存能力。在不同的自然环境,城市性质、规模、发展阶段,不同的经济发展水平和交通方式下,根据不同的规划设计构思,城市道路系统呈现出多样化的特征。在此,仅将其规划设计中应遵循的一般性原则归纳如下:

(1)道路系统规划与土地利用规划相结合

由于城市交通与土地利用密切相关,城市道路系统的规划与土地利用规划形成了需要相互协调的互动关系。即道路系统要结合土地利用规划中的功能布局,土地利用规划要照顾到各种城市活动对道路系统所产生的影响。例如,交通性城市干路应主要通过工业、仓储、对外交通等交通生成量大的用地,或从不同性质的用地之间穿过,而不应该从居住用地等生活性用地中穿过,人为地分割居民活动。再如,对于交通性道路两侧,城市规划应结合规划管理手段,严格控制各种吸引人流的商业服务性设施的建设。

（2）形成完善合理的道路网系统

不同性质、不同等级的城市道路相互连接,形成了一个有机的网络系统。在一个较好的道路系统中,不同功能的道路分工明确,不同等级的道路层次清晰,间距均匀、合理,没有明显的交通瓶颈,可以满足或基本满足道路客货运交通的需求。

（3）道路线形结合地形

从交通工程的合理性出发,城市道路的线形宜采用平直的形状,以满足交通尤其是机动车快速交通的需求。但在地形起伏较大的山区或丘陵地区的城市,过分追求道路线形的平直不但会因开挖填埋增加土方工程量,而使工程造价提高、自然环境受到破坏,而且过分僵直的道路也会使城市景观单调乏味。所以,在山区或丘陵城市,可结合自然地形使道路适当折转、起伏,不单纯追求宽阔、平直。这样不但可以降低工程造价,而且可以使城市景观更加富有变化。

（4）考虑城市环境

城市道路网的规划不但要结合地形条件,而且还要考虑到对城市环境的影响。例如,道路是一种狭长的开敞空间,如果与城市主导风向平行,就很容易形成街道风。街道风有利于城市的通风和大气污染物的扩散,但不利于对风沙、风雪及大风的防范。道路网的规划应根据各个城市的情况具体选择道路的走向,做到趋利避害。再如,道路交通所产生的废气、噪声等对城市环境会造成一定的影响,规划中应从建筑布局、绿化、工程措施(遮音栅)等方面采用多种措施缓解其影响。

（5）留意城市景观风貌

人们对一个城市印象的形成在很大程度上是从城市道路景观开始的。道路规划在满足其交通功能要求的基础上,应有意识地考虑城市道路景观风貌的形成。宏观上将视野所及范围内的自然景色(大型山体、水面、绿地等)、标志性物体(历史遗迹、大型公共建筑、高层建筑、高耸构筑物等)贯穿一体,形成城市的景观序列;微观上注意道路宽度与两侧建筑物高度的比例、道路对景等。可按照不同性质的城市道路或不同路段,形成以绿化为主的道路景观和以建筑物为主的街道景观。

（6）满足工程管线的敷设要求

各项城市基础设施通常沿城市道路埋设,其管径、埋深、压力各异,且设置大量检修井与地面相连。道路规划的线形、纵坡坡度、断面形式等要满足各种城市基础设施的敷设要求,同时还要考虑到地铁建设的可能[①]。

---

① 有关城市基础设施规划的具体内容,参见第 11 章"城市基础设施(工程)规划"。

9.2.3　城市道路系统的规划设计

1. 道路网的形式

　　城市道路网的平面几何形状受到自然地形、城市发展历史等因素的影响,呈多样化的倾向,但我们可以大致将其归纳为以下几种类型(图 9-8)。

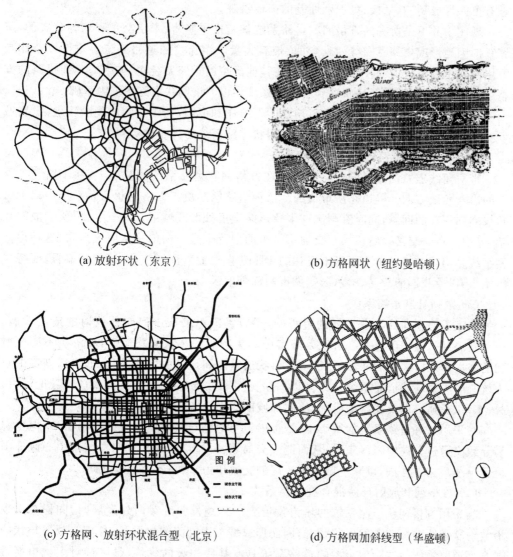

(a) 放射环状（东京）　　　　　　　(b) 方格网状（纽约曼哈顿）

(c) 方格网、放射环状混合型（北京）　　(d) 方格网加斜线型（华盛顿）

图 9-8　几种典型道路网系统的实例

资料来源:作者根据参考文献[13]等资料编绘

（1）方格网状道路系统

　　方格网状道路系统又被称为棋盘式道路系统。在有明显规划痕迹的城市中,方格网状道路系统的历史最长，应用范围最广。从古希腊希波丹姆所作的规划、我国战国时期《周礼·考工记》对王城规划的记述，到19世纪初美国纽约曼哈顿岛的规划，直至20世纪70年代的英国新城密尔顿·凯恩斯以及我国目前所进行的大量城市规划实践均采用了方格网状的道路系统。在地形起伏较小、地貌完整连续的平原地区，当城市规模不大时，方格网是一种最容易被采用的道路系统。方格网状道路系统的优点是易于形成规整的建设用地，便于开发建设，交通路径的可选择性较强，不会产生交通瓶颈；缺点是有可能形成划一、呆板、可识别性差的街道景观。

现实中并不是所有的方格网状道路系统都是横平竖直、十字交叉和均匀分布的，道路线形因地形或规划意图等因素弯曲、带有大量丁字路口的道路系统等均可以看作是方格网状道路系统的一种变型。同时，在其他类型的道路系统中，如带对角线道路的方格网系统、方格网和放射环状混合型道路系统均以方格网状道路系统为基础。

我国古代的唐长安、明清北京，现代的石家庄和洛阳，美国纽约的曼哈顿地区、费城以及英国新城密尔顿·凯恩斯都是方格网状道路系统的代表性实例。

（2）带对角线道路的方格网道路系统

带对角线道路的方格网道路系统是在方格网状道路系统的基础上，在干路交叉点之间沿对角线方向开辟道路所形成的。这种道路网解决了方格网状道路系统中缺少对角线方向捷径的问题，同时有利于在多条道路交汇处形成城市景观节点，但所形成的复杂、异型的道路交叉口给机动车交通所带来的混乱也是致命的。从历史上看，这种道路网系统多出现在机动车交通尚未发达的18、19世纪的欧洲城市，美国的华盛顿、底特律等城市，以及我国的长春、哈尔滨等城市的部分地区。

（3）放射环状道路系统

城市用地在向外自然扩展的过程中，很容易沿由城市中心向外放射的道路发展。而当发展到一定程度时又会出现以城市中心为圆心的环状道路建设，以解决不同放射状道路周围地区之间的联系，并带动放射状道路之间地区的发展，因而形成以城市中心为核心的放射环状道路系统。许多以旧城为中心发展起来的大城市，如巴黎、伦敦、柏林、东京、莫斯科以及我国的成都、沈阳等城市均采用了这种道路系统。

在采用这种道路系统的城市中，城市中各个地区与城市中心区的联系密切，但也容易导致交通过分向中心区集中，从而造成交通堵塞。所以，通常采用在城市中心区外围设置干线环路的方法，以减少城市中心区的交通压力，增强各个地区之间的联系。

（4）方格网和放射环状混合型道路系统

当采用方格网状道路系统的城市发展到一定规模并继续向外发展时，同样会出现沿放射状道路两侧首先发展的状况，因而形成城市内部为方格网状、外部为放射环状的混合型道路系统。这种混合型的道路系统具有某些先天的优势，是一种对大城市而言较为合理的道路系统。因为城市内部的方格网状道路系统可以有效地避免交通向城市中心集中，城市外围的放射环状道路系统又可以保证各个地区与中心城区以及各个地区之间便捷的联系，同时放射道路之间还可以有意识地预留一部分用地用作绿化，形成可深入城市内部的"楔形"绿地。美国的芝加哥，日本的大阪、名古屋，以及我国的北京等城市均属于这种道路系统。

2. 道路网间隔与密度

适宜的城市道路网间隔与密度以及完善的相关配套设施不但方便城市客货运交通的出行,同时在某种程度上也代表着一个城市道路网系统的发达程度。通常,反映城市道路交通设施水平的指标有以下三个。

(1) 道路网密度

道路网密度又称道路线密度,指的是城市道路的总长度与城市用地面积之比,以 km/km^2 为单位。这个比值可以是针对城市干路的(城市干路网密度),也可以是针对所有城市道路的(城市道路网密度)。我国现行《道路交通规划设计规范》中分别给出了大中小城市中,快速路、主干路、次干路和支路的道路网密度(表 9-2)。如果将其换算成城市道路网密度,大城市、中等城市和小城市分别为 $5.3\sim7.1km/km^2$、$5.2\sim6.6km/km^2$ 和 $6\sim14km/km^2$。

道路网密度可以更直观地反映为城市道路的间隔。道路间距过大会影响道路集散交通的能力,导致机动车交通产生额外的绕行;而道路间距过密又会导致交叉口过多,同样会影响道路交通的效率。城市主干路的间隔一般控制在 $700\sim1200m$,但在城市中心等交通生成的密集地区也可适当加密。

(2) 道路面积密度

道路网密度无法反映道路的宽度以及包括停车场、交通性广场等其他交通设施在内的道路交通设施整体水平,所以道路交通设施的水平还可以用道路面积密度来衡量。道路面积密度是指道路交通设施用地的总面积与城市建设用地之比,以百分数为单位。按照我国现行《道路交通规划设计规范》,城市道路用地面积应占城市建设用地面积的 $8\%\sim15\%$,对规划人口在 200 万以上的大城市,宜为 $15\%\sim20\%$。目前我国大城市中现状道路面积密度在 10% 左右,距离发达国家大城市大多在 20% 的状况尚有一定的距离。

(3) 人均道路用地面积

另外一个以面积密度指标衡量道路交通设施水平的指标是人均道路用地面积,以 $m^2/$人为单位。按照我国现行规范,人均占有道路用地面积宜为 $7\sim15m^2$。其中,道路用地面积宜为 $6.0\sim13.5m^2/$人,广场面积宜为 $0.2\sim0.5m^2/$人,公共停车场面积宜为 $0.8\sim1.0m^2/$人。但也有文献指出采用这种方法衡量城市道路交通设施水平的不合理之处[①]。

3. 道路断面形式

城市道路除为各类机动车、非机动车、行人提供通行空间外,还要进行绿化、埋设市政工程设施管线,为沿街建筑物提供日照通风条件等,因此道路的宽度与横断面形式要综合考虑这些因素后决定。通常,道路的路面宽度指机动车、非机动车、行人通行部分

---

① 参见:《城市道路交通规划设计规范》(GB 50220—1995),参考文献[6]:100-101。

宽度的总和。其宽窄主要根据其中的交通量决定。例如，一条机动车道（宽 3.5～4m）的小汽车理论最大通行能力为 1500 辆/小时，一条自行车道（宽 1m）的理论通行能力为 2000 辆/小时[1]。相对于路面宽度，道路红线宽度指的是道路用地的范围，包括进行道路绿化，埋设路灯、信号标志的空间，所以道路红线宽度较道路路面宽度要宽。对于我国发展迅速的中小城市而言，规划中可采用适当增加道路红线宽度，但采用相对较窄的路面宽度的方法，控制近期建设的资金投入，应对未来发展的需求。

我国目前所采用的道路断面主要有以下几种（图 9-9）。

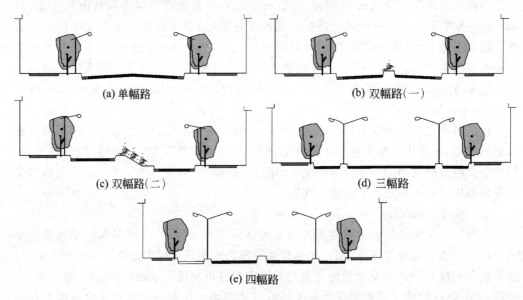

(a) 单幅路 (b) 双幅路（一）

(c) 双幅路（二） (d) 三幅路

(e) 四幅路

图 9-9 典型道路断面类型
资料来源：作者自绘

（1）单幅路

此种道路又称"一块板"，适用于机动车较少，或受现状制约红线宽度较窄的情况。通常车道数在 4 条以下，道路中机动车与非机动车混行，是一种最常见的城市道路断面形式。单幅路的优点是占地少、投资省、交叉口通行效率高、路幅占用可随实际情况调节等。但道路中的机动车与非机动车相互干扰，不但机动车的通行效率受到影响，也存在着一定的安全隐患。

（2）双幅路

此种道路又称"两块板"，是在单幅路的基础上在道路中央增设分隔带而成，适用于通行速度较快（按照规范，计算行车速度大于或等于 50km/h 的主干路宜设中间分车带），困难时可采用分隔物[2]、双向交通均衡分布的情况，多用于城市中的交通性干路以

---

① 城市道路中单车道机动车最大通行能力与车道数、车道宽度、交叉口影响以及自行车影响等因素有关。实际通行能力需要按照相关公式进行具体的计算。相关内容可参见参考文献[7]、[2]。

② 中华人民共和国行业标准《城市道路设计规范》（CJJ 37—1990）(1991)。

及因地形起伏等原因道路断面高差较大的路段。此外,因城市绿化、景观等方面的原因在道路中央设置较宽绿地或公园的情况也可以看作是这一道路断面形式的特例。

（3）三幅路

此种道路又称"三块板",采用隔离绿化带将机动车道与非机动车道从空间上进行彻底的分离,是适应自行车等非机动车交通大量存在的情况而产生的,具有明显的中国特色,而较少见于国外的城市中。这种道路断面形式实现了机动车与非机动车的分离,可以提高机动车的通行能力,保障非机动车的安全,适用于机动车、非机动车流量均大的城市主干路。同时,机动车、非机动车之间的隔离带可用作绿化,对美化城市景观、提高城市环境质量、减少交通噪声均有一定的效果。但这种道路断面形式也存在一些问题,如占地较多（通常红线宽度大于 40m）、在交叉口以及机动车转入道路两侧用地时,并没有解决机动车与非机动车之间相互干扰的问题等。此外,在机动车道与非机动车道之间设置隔离墩的方法也可以看作是三幅路的一种变形,常见于对已有单幅道路的改造。

（4）四幅路

此种道路又称"四块板"或"主辅路断面",是在三幅路的基础上增设了中央分隔带以解决对向机动车交通的安全问题,常用于城市快速路。虽然理论上这种道路断面兼顾了机动车高速行驶与非机动车的安全问题,但也使得交叉口处的问题集中和复杂化,并以阻隔道路两侧的活动联系为代价。同时这种道路断面形式也需要占用较多的土地和较高的建设投资。

4. 道路交叉口

交叉口是城市道路网系统中的节点,是道路交通的"瓶颈",也是交通组织与管理中的"阀门"。按照交叉口的平面形式可分为十字形、"T"形（丁字形）、"Y"形以及四条以上道路相交的不规则形交叉口。按照交通管理的方式又可分为以下形式：①无交通管制；②渠化交通（环岛）；③交通指挥（信号灯控制）；④立体交叉等。

对于十字形等常见的平面交叉口来说,在道路规划设计中需要确定的有：

（1）缘石半径——即转弯半径,应保障右转车辆的顺畅行驶,一般在 10～38m 之间；

（2）视距——两车之间可以互视,避免车辆碰撞的最小安全距离,在所形成的视距三角形中不应布置任何阻碍驾驶员视线的物体；

（3）路口拓宽——为提高道路交叉口的通行能力,在交叉口附近增设左转弯或右转弯专用的车道（图 9-10）；

（4）渠化——在某些平面交叉路口,特别是不规则的路口,通过设置交通导流岛的方式引导车流方向,将交叉交织点集中。

环形平面交叉口,又称环岛、转盘,也是一种常见的平面交叉方式,常见于机动车交通、非机动车交通与行人交通量均不大的情况。其特点是利用渠化手段使车辆连续通过,减少了信号等待时间,对于异型交叉口比较容易组织等。但同时需要占用较大的面积。机动车与非机动车、行人之间干扰较严重,且增加了后者通过交叉口的距离。在环形平面交叉口的设计中特别应该注意的是,为保证进入交叉口的车辆之间有足够的交

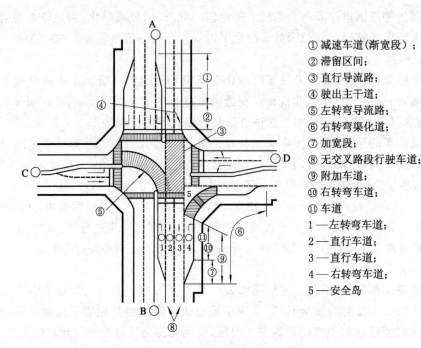

① 减速车道(渐宽段)；
② 滞留区间；
③ 直行导流路；
④ 驶出主干道；
⑤ 左转弯导流路；
⑥ 右转弯渠化道；
⑦ 加宽段；
⑧ 无交叉路段行驶车道；
⑨ 附加车道；
⑩ 右转弯车道；
⑪ 车道；
1—左转弯车道；
2—直行车道；
3—直行车道；
4—右转弯车道；
5—安全岛

图 9-10　十字形平面交叉口的设计

资料来源：作者根据参考文献[5]编绘

织距离，中心岛的半径不能过小，按照不同的设计车速一般在 20～50m 之间。中心岛的平面也可根据需要设计成长圆、椭圆等形状。

　　立体交叉也是大城市中常见的交叉口形式，一般用于城市快速路之间以及快速路与城市主干路之间的交叉。按照两条相交道路之间是否可以相互联系可以分为互通式立交与分离式立交。对于前者而言，又可进一步细分为完全立交、交织形立交以及不完全立交。

9.2.4　城市专用交通系统

1. 自行车系统

　　自行车交通具有节能、无污染、可兼做健身活动等优点，但同时易受地形条件、气候因素等自然条件限制，行驶速度较慢(10～20km/h)，且出行距离较短(5～10km)。同时也是对机动车行驶造成干扰，并引发事故的重要因素。尤其是近年来带有电机驱动等助力装置的两轮车辆因其速度快、自重大和无声等特点成为交通事故多发的重要原因。自行车交通的特点决定了其只能是城市中短距离个人交通方式的一种补充。在我国的城市尤其是大量中小城市中，自行车(含各类动力辅助两轮车)交通目前仍是一种重要的个人交通方式，在短时期内尚无法完全被其他交通方式所取代。由于行驶车辆数量的差异，国外的自行车道无论有无专用的车道和路面分区大都与人行道设置在同一个平面上,而我国的自行车道(非机动车道)传统上与机动车同处在一个平面中。虽然我国传统上是自行车交通的大国,但至今还没有哪个城市建立起较为完整的自行车专用系统,而更多地采用与机动车道平行设置的方法(没有或设有隔离带的非机动车道)。近年来,随着我国城市交通机动化的发展,也开始出现了将自行车道(非机动车道)与人行道设置在同一个平面上的"人非共板"的道路断面形式。

城市中的自行车道通常有两种类型。

(1) 自行车专用道

这是单独为自行车的行驶建造的道路,有时也包括与人行道合一或利用路面铺装材料、色彩的变化与人行部分区分的道路。这种类型的道路通常采用与机动车立交或利用交通信号或标志进行管制的方法,以确保安全。除以自行车运动为目的的情况外,该类道路通常用以联系自行车交通量较大的地区(如居住区与商业区),具有较好的绿化环境(图 9-11)。

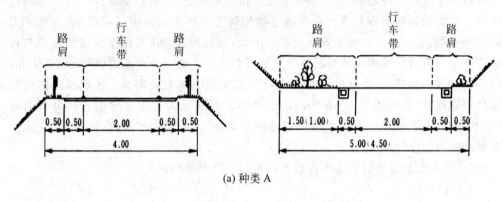

(a) 种类 A

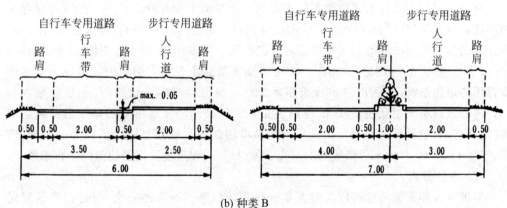

(b) 种类 B

图 9-11　各种自行车专用道路断面图

资料来源:土木学会. 地区交通计画[M]. 东京:国民科学社,1992.

(2) 分离式自行车道

这种类型即我国城市中常见的三块板道路中的非机动车道,或采用简易隔离护栏等设施后的非机动车道。

除此以外，设置在道路断面形式为一块板道路中的非机动车道（有明确的交通标志）也可以看作是自行车专用道的一种，但由于它与机动车道在空间上连为一体，在行驶时的安全无法得到充分保障，且在交通高峰时期屡屡被机动车所侵占。

自行车的宽度一般为 0.6m，加上为维持平衡所需的空间后，一条自行车道的宽度为 1m。自行车道的宽度一般为 3～6m，其道路纵坡一般控制在 2% 以内，超过 2% 时，坡长相应减少（如 3% 时，坡长应不大于 200m）。

应该指出的是，自行车交通由于其低碳、环保、健康的特点，正在受到发达国家越来越多的关注和政策上的鼓励。尤其对我国这样城市人口密度大，经济发展不均衡的情况，更应该将自行车交通专用系统的规划建设摆在一个重要的位置。

2. 步行系统

在机动车大量出现之前，行人和马车是城市交通的主角，城市道路是一种人车混行的系统。但机动车的出现与普及在大幅度地拓展了市民出行范围的同时，也占据了大量的道路空间，并对行人构成了安全威胁。因此，如何妥善解决机动车交通的效率与行人的安全成为近现代城市规划所面对的重要问题之一。佩利和施泰因（Clarence Stein）是较早关注这一问题，并将解决问题的理论付诸实践的西方规划师。他们所提出的邻里单位理论以及"尽端路"（cul-de-sac）的道路形式都被认为是用来解决人车分行问题的[1]。因此可以说，在机动车成为道路交通的主角后，人们首先想到的是如何避开这些来势汹汹的钢铁怪物。

通常，人车分离或步行优先的步行系统有以下几种类型。

（1）平面分离

机动车道路与人行道路两套系统主要在一个平面上相互分离、互不交叉（有时存在局部的立体交叉）。1928 年兴建的美国新泽西州距离纽约 24km 的雷德博恩（Radburn）居住区是这种类型的典范。雷德博恩居住区由施泰因设计，采用了大街坊（面积为 10～20hm²）、机动车道"尽端路"式布局。在由机动车道路围合的大街坊内部另设一套专供步行用的道路系统，并利用该步行道路系统将中央绿地、住宅、幼儿园、小学联系在一起。两套道路系统相互独立，居民特别是儿童的日常活动几乎不与机动车道路发生联系（图 9-12）。这种形式对第二次世界大战后英国新城的规划也产生了较大的影响，例如，于 1960 年规划，但未付诸实施的霍克新城（Hook）规划就采用了相似的步行系统。

（2）立体分离

邻里单位和雷德博恩居住区的人车分行系统保障了行人的安全，但也损害了居民对社区服务设施的选择性。对此，"十人小组"（team ten）所提出的"簇群城市"（cluster city）和"空中街道"则将城市居民的活动建立在立体交通系统的基础上。在 1961 年法国图卢兹（Toulouse）市的新城规划中，"十人小组"的这种设想被付诸实施。独立的步

---

[1] 有关"邻里单位"，参见 3.1.3 节"邻里单位理论与居住区规划"。

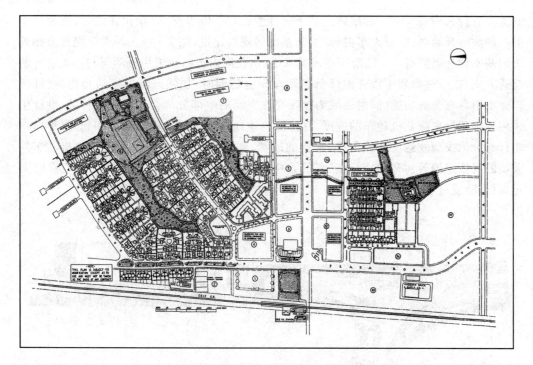

图 9-12　Radburn 的人车分行系统

资料来源：Alexander Garvin. *The American City*，*What Works*，*What Doesn't*[M]. New York：McGraw-Hill，1996.

行系统全部架空，与"Y"形的干道系统完全立交。步行系统沿线布置各种生活服务设施、绿地以及居住建筑，邻里单元不再是居住区的组织形式。行政办公建筑位于新城中心，商业、文化设施及学校群分别布置在 6 个居住区的中心。1976 年开始规划的英国第三代新城——米尔顿·凯恩斯以及日本的筑波新城等也都采用了立体交叉或局部立体交叉的方式来解决人车分行的问题。

（3）限制机动车

在规划师为解决人车分行问题而绞尽脑汁的时候，北欧等一部分国家从另一个角度重新审视机动车与行人的关系，把着眼点放在限制机动车进入城市中心区的一部分街道，开辟步行街和步行广场等方面。例如，丹麦首都哥本哈根自 1962 年开设第一条步行街开始，城市中心区的步行面积（含步行优先）在 38 年中由 158hm^2 增加到近 1000hm^2。城市中心区的步行街和步行广场成为城市公共活动的重要场所。我国从 20 世纪末开始也逐步开展了步行街的建设活动，北京的王府井、上海的南京路都先后被改造为商业步行街。

3. 新人车混行系统

无论是平面分离还是立体分离，传统城市规划始终是把机动车和行人作为对立面来考虑的。但机动车是不是在所有情况下都是行人的对立面呢？或者说机动车在什么情况下对行人构成安全上的威胁呢？答案很简单，就是当机动车的速度达到一定程度时就会对行人构成安全上的威胁。基于这种考虑,从 20 世纪 70 年代开始,欧洲及日本的一些城市开始尝试"新人车混行"道路系统的规划建设(图 9-13)。新人车混行道路系统的基本设计思路是:在机动车交通的末端(居住区内道路),采用机动车与行人混行的交通方式,在通过物理手段强制降低机动车车速的同时,加强道路的生活功能,使社区道路不但具有交通功能,同时也成为社区交往空间的一部分。为达到这一目的,设计中采用各种手段来降低机动车的速度,并排除与本地区无关的过境交通。例如,将道路中车行部分的线型故意设计成曲折、起伏的形状,利用绿化、人工障碍物等造成机动车驾驶员的视线遮挡等。又如,对于已有的方格网状道路系统可以改造成相互不连贯的 U 形系统,防止过境交通的通行。

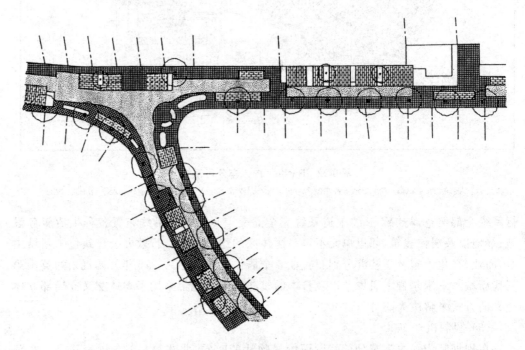

图 9-13　新人车混行道路的设计实例(荷兰)

资料来源:天野光三,等. 步車共存道路の計画手法[M]. 東京:都市文化社,1986.

新人车混行系统的出现体现了机动车普及后,传统的人车混行系统转向人车分离,又回归到行人优先的人车混行系统的全过程,是人车关系趋向理智与和谐的象征。

9.2.5　停车场的规划设计

1. 停车场的分类

相对于被称为动态交通的车辆、行人的移动,车辆的停放被称为静态交通。包括机动车停车场与自行车停车场在内的停车设施是城市道路交通系统中的主要组成部分,必须在道路系统规划中一并考虑。虽然我国现行的道路交通规划设计规范将城市中的停车场定义为外来机动车公共停车场、市内机动车公共停车场和自行车公共停车场三类，但由于机动车停车场的占地面积大（占停车设施总面积的 80%～90%），对道路系统的影响也大，所以城市规划主要考虑前两者，即机动车停车场的规模和布局[①]。按照服务对象，停车场又可以分为公共停车场（社会停车场）与附属于各企事业单位、居住区以及公共设施的专用停车场（又称配建停车场或内部停车场），城市规划对二者均需要予以考虑，但以前者为主。此外，公用停车场按照地点与形式，又可进一步分为路外停车场和路边停车场。前者是公共停车场的主体，后者是前者的补充。因此，我们可以看出城市规划所关注的主要是路外停车的机动车公共停车场。

2. 停车场的规模

对于停车场的规模，我国现行道路交通规划设计规范中给出了人均为 0.8～1.0m² （其中：机动车停车场的用地宜为 80%～90%，自行车停车场的用地宜为 10%～20%）的面积指标，但与人均道路面积指标相同，因没有考虑机动车普及程度的影响而缺少说服力[②]。一般认为：从城市整体来说，机动车停车场的规模与城市性质、规模、经济发展水平、汽车保有水平、居民主要出行方式、停车收费政策等有关；对于具体停车场的规模则与高峰日平均停车总次数、车位有效周转次数、平均停车时间、车辆停放不均匀性等条件有关。对停车场面积的需求无论是全市所需总量，还是具体某种类型的城市活动（例如，商务办公）均可采用一定的经验公式或数据计算得出。例如，基于类型分析法的产生率模型（对不同类型土地利用产生停车需求量的分析）、基于相关分析法的多元回归模型（停车需求与城市经济活动、土地利用的多因素相关分析）等[③]。此外，对于不同类型的停车场，如风景区公园停车场、大型百货商场前停车场、影剧院前停车场等也可采用相应的经验数据[④]。

3. 停车场的布局

城市公共停车场一般布置在沿城市外环路的城市入口附近、城市中心区、交通枢纽、大型城市设施附近等，主要解决与城市对外交通相关的停车需求以及与城市活动相关的集中停车需求。城市公共停车场的具体布局及规模有如下一些规律。

（1）外来机动车公共停车场

通常设置在城市的外环路沿线以及城市出入口道路附近，主要用来停放货运车辆。其主要作用是尽量避免与城市无关或对城市交通有较大影响的货运交通进入市区。按照我国现行规范要求，该类停车场中的停车车位数应为全部停车位数的 5%～10%。

（2）城市中心区中的公共停车场

通常布置在商业、商务活动集中的城市中心区外围，或城市中心区内广场或绿化用

---

①　中华人民共和国国家标准《城市道路交通规划设计规范》(GB 50220—1995)(1995)。

②　中华人民共和国国家标准《城市道路交通规划设计规范》(GB 50220—1995)(1995)。

③　参考文献[7]：277-278。

④　参考文献[8]：198-199。

地的地下，以解决城市中心区的停车问题。在此必须指出的是，城市中心区公共停车场的规划并不意味着可以取代各大型公共建筑的配建停车场，而是为了解决配建停车场不足，以及伴随对机动车的行驶限制（例如禁止机动车进入的步行街、步行广场、步行地区等）所产生的停车需求。按照我国现行规范要求，城市中心和分区中心地区停车场中的停车车位数应为全部停车位数的50%～70%。

（3）结合交通枢纽布置的停车场

通常设在车站、码头或公共交通换乘枢纽附近，以解决城市对外交通与城市交通之间的转换，或者不同交通方式之间，尤其是小汽车与其他交通方式之间的转换问题。国外有些城市在轨道公共交通的城市外围一端的终点站附近建设大型免费换乘停车场，以鼓励小汽车的驾驶者在城市外围换乘公共交通进入市区。

（4）大型公共建筑的附设停车场

在规划体育场馆、会展中心、影剧院、公园等吸引大量人流的大型公共设施时，一定要留出足够的停车空间。通常城市规划对于大型公共建筑的附设停车场仅提出规划要求，并明确其附设义务。但也可以考虑在这些大型城市设施集中的地区适当布置一定数量的公共停车场作为调节和补充。

此外，城市公共停车场应靠近主要服务对象，其服务半径在市中心地区应小于200m，一般地区应小于300m。其场址选择应符合城市环境要求和车辆出入顺畅又不妨碍道路畅通的要求。

9.3　城市对外交通规划

城市对外交通是城市与外部保持密切联系，维持城市正常运转的重要手段和通道。城市对外交通通常由铁路、公路、航运以及航空运输组成。由于各种交通方式自身特点的差异，在城市对外交通中分别扮演着不同的角色。例如，铁路运输具有运量大、安全、准时、速度适中、运输费用相对廉价等特点，适合于中长距离的旅客运输以及大宗货物的运输；航空运输虽然速度快，但运费昂贵，只适合于部分长距离旅客运输以及重量轻、体积小、附加价值高的产品运输。城市对外交通设施的用地虽然在城市总用地中所占比例不大，但由于其自身运营上的特点，对城市整体具有较大的影响。城市规划中应给予足够的关注，并在交通与用地等方面妥善处理其与城市的关系。

城市对外交通设施规划应遵循以下几个一般原则。

（1）满足自身技术要求

各项城市对外交通设施对用地规模、布局、周围环境以及对外交通设施之间的联合运输等具有其各自的需求和具体的技术要求。城市规划应充分掌握这些要求，并在规划中予以体现。

（2）为城市提供良好的服务

城市对外交通设施，尤其是与客运交通相关的设施要注意到作为服务对象的市民的使用方便。例如铁路客运站、公路客运站的位置要靠近城市中人口集中的地区。

（3）减少对城市的负面影响

对城市对外交通设施产生的噪声、振动,对城市用地的分割等负面影响,城市规划应从整体布局和局部处理两个方面入手,采用相应的规划手段降低这种负面影响的程度。

（4）与城市交通系统密切配合

城市对外交通设施只有通过与城市交通系统的密切配合才能发挥其最大效应。因此,城市对外交通设施的布局必须与城市干路系统、主要公共交通系统等相结合,统筹考虑。

9.3.1　铁路在城市中的布局

除车辆行走的线路外,与铁路相关的设施还有客运站、货运站、编组站、客车整备所、机务段等。各种设施的占地规模需根据铁路部门的要求具体确定,对于一般站场,通常按照有效站坪长度和站线数量以及站房、场地所需面积计算得出。由于与城市用地处于同一平面的铁路(非高架或地下)分割城市活动及用地,城市规划中应特别注意其走向,处理好城市发展与铁路建设的关系。另一项与城市规划相关的工作就是确定铁路客货站场在城市中的位置,做到既方便城市使用又避免对城市的过度干扰。此外,我国的铁路建设、运营与管理通常由独立于地方政府之外的铁路部门负责,因此城市规划中还要妥善处理好与铁路部门的协调工作。

1. 铁路在城市中的走向

在确定铁路在城市段的走向时,通常要考虑两方面的因素:一是要满足铁路线路的运营技术要求,如尽量缩短距离、兼顾铁路专用线的布局等;二是要尽可能避免铁路对城市的干扰。避免铁路对城市干扰一般可采取的措施有以下几种。

（1）尽可能将铁路路线布置在城市外围,且不影响城市进一步发展的地区。当铁路必须穿过城市时,使其从不同的城市组团之间穿过,并从用地功能布局上减少城市客货流穿越铁路的需求。

（2）铁路走向结合城市道路网规划,减少城市干路与铁路之间的交叉。同时合理布置与铁路立体交叉(跨越或穿越)的城市干路的位置。

（3）当过境车辆较多时修建专用迂回线路,使过境车流不进入市区。

（4）伴随城市用地的扩展,适时改造原有的线路。比较简便易行的方法是将原线路废除,代之以城市外部新建线路。将市区段的线路高架或引入地下也是国外常见的改造方式之一。

（5）在穿越城市的铁路两侧留出足够的空间,用以绿化(车辆边缘距绿化边缘的距离应不小于 10m),减少车辆运行时的噪声、振动影响。

2. 铁路站场用地位置的选择

铁路站场作为城市对外交通的铁路运输与城市交通运输的转换点,是人流、货流集中的地点。铁路站场主要有客运站、货运站、编组站、工业站、港湾站以及铁路枢纽等种类。其中客运站和部分货运站与城市的关系最为密切。城市规划中一般将与城市活动直接相关的站场靠近城市或城市中心布置,例如客运站、零担货运站等;而将与城市活动关系不密切或者基本无关以及有危险的站场,如编组站、中转货物装卸站、危险品装卸站场等布置在城市边缘地区甚至是城市以外的独立地段中。各类站场的规划布局具有其各自的规律。

(1) 客运站

客运站要求靠近城市人口密集的地区,或通过城市交通与人口集中地区紧密联系。客运站要求靠近服务对象与减少铁路对城市干扰之间的矛盾尤为明显。通常,中小城市的铁路客运站位于城市边缘,大城市的铁路客运站位于城市中心区的边缘,据城市中心的距离在2~3km,并与城市交通系统保持密切的联系和顺畅的转换。在一些国外的大城市中,铁路客运站主要通过高架或地下的方式深入城市中心,与地铁、城市铁路、公共汽车等城市公共交通设施一起,组成综合交通枢纽。铁路客运站前一般布置有交通性广场,综合解决人流疏散、换乘、机动车停车以及与城市道路系统的转换连接等方面的交通问题。铁路客运站站房在解决交通功能问题的同时还是城市中重要的公共建筑,对城市景观风貌的形成具有重要的影响。此外,在大城市、特大城市以及受地形等条件限制形成多组团的城市还可以布置两个以上的客运站。

(2) 货运站

货运站可分为综合性货站与专业性货站两种,前者更为常见。货运站是货物通过装卸转运,在城市对外交通与城市交通体系之间转换的节点。对于小城市来说,货运站可结合客运站共同布置形成综合性车站,而在大城市中通常采用单独布置的方式,并与仓储用地、工业用地的布局相结合。货运站的布局与铁路设施布局的总原则相同,与城市关系密切的靠近城市中的货物集散地布置,并与城市干路系统密切结合;而对于与城市无关的站场则尽可能避开市区布置。此外,在条件允许时,货运站应尽可能靠近铁路编组站布置(图9-14)。

(3) 编组站

编组站是铁路枢纽的重要组成部分,负责将不同的车辆编成一列车辆。其特点是与城市活动无直接关系,且占地面积较大,编组作业对城市有影响。所以通常规划中将编组站设在便于各种列车车辆汇集的城市郊区,并避开城市未来的主要发展方向。

(4) 各种专业站

在大型工业城市以及港口城市中,通常设有为工业生产、专业仓储以及水路联运而铺设的铁路专用线,以及位于这些专用线上的专业车站,如工业站、港湾站等。对此,铁路运输以及工业生产有专门的要求,在此不再赘述[①]。

---

① 参考文献[15]:30-32。

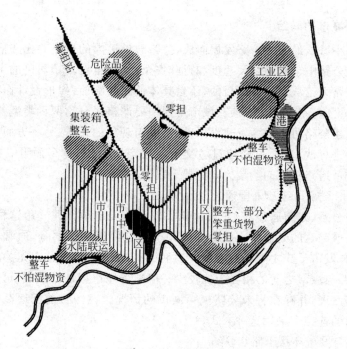

图 9-14 各种铁路货运站场在城市中的位置

资料来源：参考文献[14]

3. 铁路枢纽

铁路枢纽实际上并不是某一铁路设施的名称，而是位于几条铁路干线的交汇点，由各种专业车站和相关线路组成的完整系统的统称。铁路枢纽所在的城市通常也被称为铁路枢纽城市。由于在铁路枢纽城市中汇集了两条以上的铁路干线，因此，城市中铁路系统的复杂程度较一般非铁路枢纽城市要深，铁路设施与城市的矛盾也更加突出，为合理地处理这一矛盾增添了难度。但处理问题的基本原则并不会因此发生改变。《城市对外交通》一书中给出了铁路枢纽中各种设施的布局与城市布局关系的几种情况，可供参考[1]。

9.3.2 公路在城市中的布局

公路及其相关的客运、货运站场是城市中最常见的对外交通方式。公路运输虽不及铁路的运量大，但具有灵活、适应性强、投资相对较低的特点。公路按照其重要程度可以划分为国道、省道和县道；按照其设计等级标准可分为高速公路、一级公路、二级公路、三级公路和四级公路。公路运输与城市的关系主要体现在公路（包括高速公路）在城市段的走向以及客货运站场的位置等方面。

---

① 参考文献[15]：32-35。

1. 公路与城市的联结

虽然许多小城镇最初沿公路发展而成,公路与城镇内的道路并无严格区分,但这种状况不但影响公路中车辆的行驶速度和行驶安全,同时也对城镇居民的生活造成干扰。公路与城市道路无论从其建设的目的,还是具体的道路断面、线形设计而言都是两种不同类型的交通设施,不可混为一谈。城市规划中要严格区分这两种类型的道路,一方面要严格控制新建公路两侧的开发建设活动,避免出现新的矛盾;另一方面对已有穿越市区的公路路段进行改造,通过修建过境交通专用道路,将过境车辆阻隔在城市市区以外。公路与城市道路系统的连接方式主要有以下三种。

(1) 公路沿城市边缘或外围通过

高等级的公路(如高速公路)在通过规模较小的城市时往往采用这种形式。因为,从该城市出发或到达的交通仅占整个公路中交通量的很少一部分,通常采用引入线的方式,在公路与城市干路之间构建联系。这种方式的优点是与城市无关的过境交通不进入市区,公路与城市之间的相互干扰较少。但随着城市用地的扩展,可能一部分城市用地跨越公路发展,并存在将来公路横穿城市的情况。我国目前已逐渐普及的高速公路与通过城市的连接多采用这种方式。

(2) 公路与城市环状干路相联结

当城市规模达到一定程度,并且在许多方位上设有对外公路时,通常采用沿城市用地外围布置环状公路或城市快速路,连接各个方位上的公路。在某些特大城市中这种环路还会随城市用地的扩展形成两个以上的圈层。通常最外围的环路担负联系各对外公路之间交通的功能,内侧的环路则主要用以联系城市中的各个部分。这种布置形式的最大优点是可以避免大量过境交通进入城市中心区,但同时也带来了过境交通绕行距离过长等问题。

(3) 公路在城市组团之间穿过

当城市因地形或历史原因无法形成环路等过境交通专用通道时,也可以采用使公路穿越城市主要组团之间的方法。在这种情况下,公路系统与城市道路系统相互独立,两套系统之间均采用分离式立交,仅在必要的少量地点设置与城市道路系统的连接点。此外,在国外的一些特大城市中,除城市间高速公路外,还设有高架等形式的城市内高速公路系统。过境公路或高速公路从城市中穿越市区,对城市环境会造成一定的影响,应采用绿化或遮音栅等技术措施降低这种影响。

2. 公路站场的布局

公路车站或长途汽车站一般分为客运站、货运站、技术站以及混合站等类型。在中小城市中,客运站往往结合铁路客运站或客运码头布置,以方便旅客的换乘;而在大城市中为了避免人流的过度集中,公路客运站通常单独布置在靠近对外公路的地点,并通过城市干路以及公共交通系统与城市交通系统相联结。当城市对外公路分布在几个不同方位时,公路客运站也可布置在城市中几个不同的地点,但须注意相互之间的交通联系。货运站可结合城市中的仓储、工业用地以及铁路、港口等其他对外交通设施的布局分别设置,并与城市交通性干路相连。随着城市中集货物运输、仓储、批发等功能于一身的货物流通中心的建设,货运站有被该类综合性储运中心取代的趋势。

9.3.3　港口在城市中的布局

水运具有运量大、费用低等特点,特别适合于货物的长距离、大运量的运输以及带有特殊目的的旅客运输。对城市影响较大的主要是与货运相关的港口设施,通常由船舶的水面航行、货物装卸、仓储以及后方疏运等相关部分组成。港口按照所在位置又可分为内河港口与海港。后者因可停靠大型远洋货轮,并可直接通往世界各地,通常拥有更大规模和更专业化的港区。

1. 港口位置的选择

对于港口位置的选择实际上存在着从区域范围进行选择和在城市范围内确定具体地段两方面的工作。城市规划主要与后者相关。港口的位置首先要符合航运自身的技术要求。例如,需要满足包括水深、冲淤、风浪、潮汐、地质条件等在内的对自然条件的要求,满足各种不同类型的码头,如客运码头、件杂货码头、集装箱码头、油轮码头的具体技术要求以及建造港口在技术上的可能性和经济合理性等。其次,港口位置的选择要考虑与城市其他功能的配合。例如,海港与内河、铁路、公路等陆路运输的联运,港口与工业生产的结合,依托城市居住及生活服务设施等。同时,港口位置的选择还要考虑到对城市的影响以及为发展留出余地等问题。例如,煤炭等散装码头不应布置在城市的上风向;油类码头应与其他货区保持一定的防火安全距离,并设置独立的储藏区等。此外,不同类型的港口,如,海岸港口,位于河口处的港口,平原河流港口,山区河流港口,河网、湖泊、水库港口的位置选择均有其需要特别注意的事项,具体内容可参照相关文献[①]。

2. 港口与城市的关系

港口与城市的关系体现在两个方面,一方面港口需要城市的依托,与城市保持密切的关系,例如,客运码头需要靠近城市,以城市为目的地的原材料及产品运输与工业、仓储用地需要保持密切联系等;另一方面,港口大规模占用滨水地区的用地,其作业内容往往又对城市的其他功能造成一定的干扰和影响,需要在城市规划中统筹安排(图 9-15)。

港口与城市的关系通常表现在以下几个方面。

(1) 客运码头的布局

客运码头,尤其是国际游轮等以旅游休闲为目的的船舶停靠码头要尽可能接近城市中心,与城市交通系统相联系,并与其他货运码头分置,形成良好的城市环境与景观。

(2) 疏港交通的布置

大量以所在城市以外地区为最终目的地的货物需要通过专用的铁路或陆路交通设

---

① 参考文献[15];58-111。

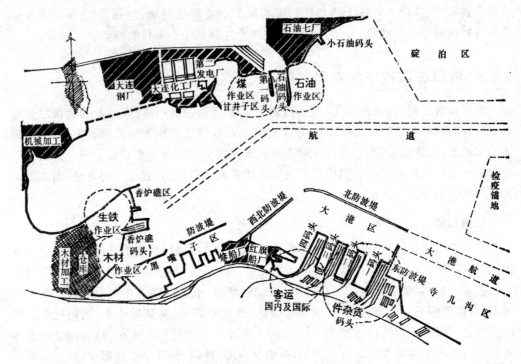

图 9-15 港口布局（大连港）

资料来源：参考文献[15]

施迅速运离（或运抵）该城市。疏港交通具有运量大、车辆大型化的特点，应采用专用道路、铁路系统直接与城市对外交通系统相连，避免对城市交通系统造成干扰。

（3）港口运输与工业生产

航运具有运量大、费用低等特点，特别适合大量工业原材料及产品的运输。美国、日本等一些发达国家以及我国上海、大连、唐山（曹妃甸）、钦州等地在靠近港口的地区设置石油化工、钢铁等大型工业生产联合体，使原材料、产品的运输、生产、仓储一体化，大大节省了生产成本。随着我国外向型经济的持续发展，这种集港口与工业生产为一体的综合性地区势必成为我国港口城市布局的发展趋势。

（4）岸线分配

与城市中的土地相同，港口城市中的岸线也是一种宝贵的自然资源。传统上岸线分配更侧重于岸线的生产价值，提倡"深水深用，浅水浅用，避免干扰，各得其所"。但除此之外，滨水空间又是市民活动、休闲娱乐、城市景观形成的重要地区，城市规划中需要合理、妥善地解决市民生活与港口生产对岸线的需求。此外，国外一些城市中，随着制造业向其他地区或国家转移，对靠近城市中心的旧港口地区进行改造，创造出城市中新的商务办公、商业服务以及文化娱乐地区。例如，美国的波士顿、巴尔的摩等城市滨水地区的改造就是其中的代表性实例。

9.3.4　机场在城市中的布局

航空运输以其快速、舒适的特点在中长途旅客运输以及高附加价值货物运输中扮演着越来越重要的角色。由于航空运输自身的特点,机场必须设在远离城市的郊外,并通过城市快速交通系统与城市相联。机场与城市之间的地面交通是否便捷、顺畅,飞机起降在保障自身安全的前提下是否对城市不造成负面影响是城市规划中机场选址的关键。

机场系统包括空域和地域两大部分。其中地域部分由飞行区、航站区及进出机场的地面交通三大部分所组成。机场的占地规模也是由这三部分的规模所决定的。飞行区的规模主要取决于跑道的数量和等级。例如 3C 级的跑道要求场地长度为 1200～1800m、宽度(翼展)为 24～36m[①]。航站区的规模与年旅客量、高峰小时旅客量以及服务水平相关。总体上国内一般机场的用地规模在 100～500hm²,国际机场通常在 700～900hm²,但有些洲际枢纽型机场的规模往往更大,例如,法国戴高乐机场的占地规模高达 2995hm²。

1. 机场位置的选择

机场位置的选择主要考虑其自身的技术要求以及尽量减少对城市的影响两个方面。首先,出于对飞行安全等因素的考虑,机场应选择在具有以下条件的地区。

(1) 地质地貌条件良好

机场通常选择用地平坦(纵坡小于 10‰)、易于排水、工程及水文地质良好的地区。

(2) 符合净空要求

为保障飞机起飞降落时的安全,机场周围一定范围内不能有建筑物、构筑物等高起的障碍物(图 9-16)。某些滨海城市因难以获得足够面积的符合净空要求的陆地,而转而采用在近海建设人工岛的方式修建机场。日本关西国际空港、我国的澳门机场等就是采用的这种方式。

(3) 气象条件稳定

除飞机起降必须迎风,且避免侧风外,气温、雨雾、雷电甚至工业区排放出的烟雾等均可能对飞机的正常起降造成不同程度的影响。规划中需要避开那些气象条件不稳定或易受工业烟雾影响的地区。

(4) 留有发展余地

随着航空业与城市用地的不断发展,城市规划一方面要为机场的发展留出余地;另一方面也需要尽可能避免城市用地迫近机场,对机场与城市双方造成不便。当城市用地将机场包围时,不得已只能采取将机场整体搬迁的方法。我国香港的启德机场、广州的白云机场就是其中的实例。

---

① 场地长度为飞机在正常情况下飞离地面 10.7m 时所需要的跑道长度。实际跑道长度还要考虑各种不利的情况,以及备用的空间,因此较场地长度要长。详细内容参见:参考文献[16]。

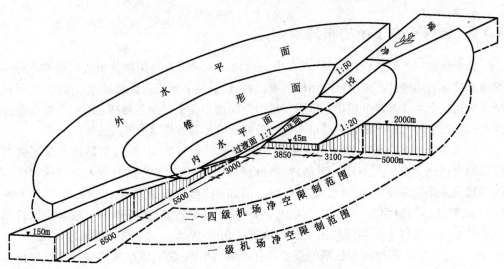

注：图中标明数字均系一级机场

图 9-16   机场对净空的要求

资料来源：同济大学. 城市规划原理[M]. 新一版. 北京：中国建筑工业出版社，1991.

（5）其他

机场的选址还应注意到避免飞鸟撞击飞机以及城市无线电通信干扰等对飞机起降安全的影响。

噪声是机场对周围地区的最大干扰，机场位置的选择最好避免飞机的飞行主航道穿过市区，而使其沿切线方向通过城市（图 9-17）。如因其他条件限制无法做到时，应在跑道靠近城市的一端与城市用地之间保持一定的距离，如距居住用地应在 30km 以上。

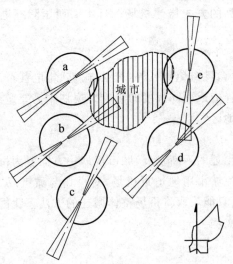

图 9-17   机场跑道方位与城市的关系

资料来源：参考文献[14]

此外,从区域角度来看,机场位置的选择还应考虑到与其他城市共建共用的问题。一般来说,机场规模越大,其使用效率就越高,服务水平也越高。所以,对于城市密集地区的民用航空机场而言,应考虑打破行政界限,实现城市间机场的共建共用。相反,对于一些特大城市或航空交通枢纽城市而言,就需要安排多个具有不同分工的机场,如国内机场与国际机场,并利用城市交通系统解决好相互之间的联络问题。

2. 机场与城市的交通联系

如果机场离城市过远,航空运输的快速优势就会在一定程度上被抵消。尤其在城市间超高速铁路客运交通较为发达的情况下,机场与城市间的距离,尤其是时间距离足以构成影响竞争的重要因素。所以,机场距城市的距离通常控制在 30km(时间距离约等于 30min)以内。但另一方面,机场距城市的距离过近又不利于降低飞机起降对城市的影响。通常机场距城市用地边缘的距离应保持在 10km 以上。因此可以看出:机场距城市的理想距离应保持在 10~30km 的范围内。

当机场客流量不大时,一般机场与城市间通过专用的高速公路或快速路相联结,主要依靠各种汽车,包括机场巴士、出租车及私人小汽车等作为机场与城市间的交通工具,但当客流量达到一定程度,或机场距离城市较远时,则应采用高速有轨公共交通系统作为主要联系手段。对于位于人工岛或滨海的机场,还可以采用高速船舶、直升机等作为连接机场与城市的辅助交通手段。此外,机场或航空公司设在城市内部的可办理登记手续的乘客中心可以实现乘客、行李的分运,也是一种增强机场与城市间联系的方式。

9.4　城市公共交通规划

9.4.1　发展城市公共交通的意义

1. 城市公共交通的特点

公共交通是现代城市尤其是大城市中不可缺少的交通方式。以非特定人群为服务对象、按照一定路线和时刻表行驶,并定点停靠是公共交通的基本特征。公共交通虽没有小汽车、自行车等个人交通所具备的灵活性和随意性,但其所具有的优点也是个人交通方式所无法替代的。首先,公共交通确保了城市居民,尤其是低收入阶层的出行。虽然拥有自行车的经济门槛同样较低,但其出行距离受到限制,况且老人、儿童、伤残者不具备使用的能力。因此,在市场经济环境下,公共交通不仅是一种交通方式,更重要的是一种市民最低生活需求的保障(civil minimum)。

其次,在大城市中机动车交通堵塞日益严重的今天,公共交通是解决城市交通拥堵、环境污染等问题,提高交通效率的有效途径。这种效果在人口高度密集的城市中心区采用有轨公共交通系统时尤为明显。

再次,发达、便捷的公共交通还将宝贵的城市中心空间更多地留给商务商业活动、各种市民活动和行人,是保持或恢复城市中心活力、形成良好城市环境与景观的必要条件。

此外,美国等在第二次世界大战后经历过城市郊区化的国家和地区,从 20 世纪 80 年代末开始,在对依赖小汽车交通发展城市所带来的能源、环境、社会、空间以及舒适性等方面的问题进行反省的基础上,重新认识到发展公共交通的重要性,提出了公共交通导向的城市开发模式(transit-oriented development,TOD)并部分付诸实施。

2. 城市公共交通的分类

城市公共交通系统可以从不同的角度进行分类。例如,按照交通设施的运送规模可以分为(图 9-18):

(1) 大运量运输系统——通常每小时单向单线运送乘客数在 3 万~6 万人次,高峰时段可超过 10 万人次,地铁、地面或高架的城市铁路属于这一类系统;

(2) 中运量运输系统——每小时单向单线运送乘客数在 0.3 万~2 万人次之间,例如公共汽车、有轨电车、轻轨以及单轨等新交通系统;

(3) 个人运输系统——每次 1~5 人,以出租汽车为主。

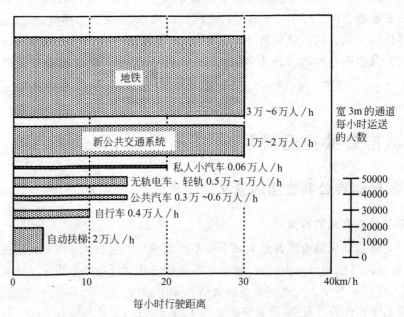

图 9-18　各种交通工具的运送能力与平均速度
资料来源:根据参考文献[10],由作者编绘

按照城市公共交通系统的特点又可以分为:

(1) 路面行驶系统——公共交通车辆与汽车混行,其结果是速度较低,定时性较差,但线路设置灵活,建设费用较低。公共汽车、有轨电车、轻轨、出租车等属于这一类型。

(2) 专用轨道系统——车辆行驶在专用的轨道中,与城市道路系统完全立交或优先行驶,具有运量大、速度快、准时的优点,但建设费用较高。地铁、城市铁路、新交通系统、带导向轨的公共汽车高架专用线等属于这一类型。

此外,在允许民间资本进入城市公共交通运营的城市,还可以按照经营主体分为公营交通和民营交通(含公私合营)。

3. 城市公共交通规划的要点

应该看到,大城市中道路交通的拥堵现状是促使公共交通发展的根本原因,但这并不意味着公共交通可以完全取代私人小汽车的拥有和出行。私人汽车依然可以作为公共交通的补充。从节约能源和城市环境保护的角度来看,也应该鼓励城市发展公共交通。因此,城市公共交通系统的规划应综合考虑交通、能源、环境、经济与社会等多方面的因素,并具体体现在城市交通发展政策中。

如上所述,公共交通的种类繁多,其运量往往与造价成正比。不同的城市应该根据其性质与规模、城市结构、土地利用的布局,合理选择适当的公共交通方式。如果选用的公共交通方式运量过小,会导致公共交通设施不能满足或不能完全满足市民出行的需求,达不到发展公共交通的目的;而运量过大则有可能造成公共交通设施运量的长时期闲置,给公共交通设施的建造和运营带来不必要的经济负担。

此外,根据城市交通的特点,我们知道公共交通与个人交通之间是可以相互替代的。为达到发展城市公共交通的目的,就必须改善市民乘坐公共交通时的便捷、舒适程度,例如,将不同类型的公共交通设施有机地组织在一起,形成公共交通的网络,使之覆盖城市中大多数地区。公共交通系统的改善可以提高其吸引力,促进私人小汽车的利用者转为利用公共交通,最终形成良性循环。

4. 发展我国城市公共交通的意义

我国是发展中国家,经济发展水平较低、人均占有资源(包括土地资源、能源)少、城市形态密集是我国大部分城市的现实状况。这种情况尤其适合发展公共交通,但事实上,建国后很长一段时期内虽然奉行了限制私人小汽车发展的政策,但遗憾的是以轨道交通为主体的公共交通并没有得到足够的重视和发展,以至于自行车成为城市交通的主要方式,并落入自行车增长—公共汽车速度降低—自行车进一步增长的怪圈。这种情况不但实际上缩短了居民出行的空间距离,同时还导致城市用地密集、连续扩张这种"摊大饼"的城市形态。这种状况自 20 世纪 90 年代后期开始得到缓和,大城市中有轨公共交通设施、公共汽车专用线、交通枢纽等开始逐步规划建设。但另一方面,随着我国大城市中居民人均可支配收入的增加,中国加入 WTO 而引发的汽车价格与世界水平的接近,使得经济因素越来越难以成为限制私人小汽车发展的因素。泰国曼谷等发展中国家城市交通拥堵的先例以及我国大城市近年来交通拥堵状况不断恶化的事实均说明:城市居民的出行方式除受到所需时间、费用等因素影响外,还存在城市土地利用形态、出行习惯和社会身份认同等问题。一旦驾驶私人小汽车出行成为一种惯性选择,发展公共交通将会遇到更多的障碍和困难。因此,加速发展便捷、安全、经济、舒适、高效的城市公共交通系统是我国城市规划与建设的重要任务。

总之,无论从我国国情出发还是从城市的可持续发展来看,大力发展城市尤其是大城市中的公共交通势在必行。

9.4.2 城市公共交通的种类及其特点

城市公共交通设施的种类繁多,其性能特点各不相同。城市规划应根据城市综合交通规划择情选用,并留出必要的空间。

1. 铁路

城市内及城市近郊的客运铁路一般有两大类,一类是连接中心城市与郊区卫星城镇或大型居住区的近郊城市铁路,因其主要为上班族提供交通服务,又被称为通勤者铁路(commuter rail)。根据其运量以及建设资金的情况,通常郊外部分与道路系统之间采用有管理的平交道口,而进入城市后深入地下或采用高架的形式;另一类是修建在城市中的铁路,一般以地铁或高架铁路为主,并形成可以一票制相互换乘的交通网络。相对于其他类型的公共交通设施,铁路具有以下特点。

(1) 运量大

铁路单线单向每小时可运送乘客 3 万~6 万人次,高峰小时可达 10 多万人次,其运量是公共汽车的 10 倍,私人小汽车的 100 倍。

(2) 高速、准时、安全

地铁的平均行驶速度(包括车辆进出站、乘客上下车的时间)可达到每小时 30km 以上。而郊区城市铁路在利用不同类型的车次时(如普通、快车、特快等),最高平均时速可高达 60km。此外,安全、舒适、准时也是铁路的优势。在正常运行期间,一般铁路到站的误差在±30s 之内。

(3) 对土地利用性质、形态有重要影响

由于铁路必须定点停靠,且车站之间的距离较长,车站一旦建成则难以改变,所以,铁路沿线尤其是车站周围的土地利用性质通常会因车站的存在而发生变化,形成或大或小的地区性商业区(又被称为车站影响圈)。在地铁等有轨公共交通发达的城市,市民的活动中心从城市干路沿线转向车站周围,进而影响到整个城市的形态。

(4) 建设费用高

铁路作为公共交通方式的最大问题就是投资大、建设周期长。根据媒体的相关报道,北京市地铁的建设费用已超过每千米 10 亿元人民币(2014 年数据),并会随着经济的发展进一步增长。但如果采用沟堑或高架时,其建设费用可相对降低。

此外,根据国外地铁及城市铁路发展的经验,必须形成较为密集的网络,其运输效率以及对乘客的吸引力才能达到较高的水平。

2. 公共汽车

相对于地铁等有轨公共交通设施,公共汽车具有投资小,线路设置、调整灵活,线路密度高,站点服务半径小等特点。即使在有轨公共交通系统发达的大城市,公共汽车依

然是公共交通系统中的末端运输手段。而对于大量没有有轨公共交通系统的中小城市
而言,公共汽车更是城市公共交通的主力。但是公共汽车由于利用一般城市道路行驶,
其最大问题就是运行畅通与否完全取决于道路交通的状况,其速度、准时性受到道路交
通状况的影响和制约。当城市道路系统中机动车辆较少,行驶顺畅时,公共汽车可充分
发挥其特点。但当城市道路系统发生拥堵时,不但公共汽车的行驶速度下降,准时性受
到影响,而且在不新增车辆的情况下,对在公共汽车站点等候的乘客而言,车辆到达的
时间间隔变长,导致服务水平下降。乘客也因此选择或考虑选择其他的交通手段,并形
成乘客减少与公共汽车公司收益下降的恶性循环。此外,公共汽车本身的乘坐环境,如
安全、舒适、方便以及票价等因素也是市民在选择公共汽车时所考虑的因素。因此,降
低城市道路交通状况对公共汽车的影响,改善乘车环境是提高公共汽车服务水平的两
大侧面。从国内外的实践来看,可以采取的改善措施有以下几种。

(1) 建立公共汽车专用或优先系统

对城市道路断面进行改造,设置公共汽车专用或优先的车道以及专用信号系统,即
快速公交系统(bus rapid transit,BRT),提高公共汽车在交通高峰时段的行驶速度及
准时性。国外有的城市还在城市中心地区修建公共汽车专用的高架道路,并对公共汽
车加装侧向导向系统,使公共汽车既可以在普通城市道路中行驶,也可以在城市中心的
专用高架道路上行驶,利用较少的投资重点解决了公共汽车行驶受影响的问题。例如,
日本名古屋市(图 9-19)、德国埃森市等。近年来,中国许多大、中城市中也开始建设这
种快速公交系统。

图 9-19　公共汽车专用导向系统(dual mode system)
资料来源:名古屋市土木局. 名古屋の道路[R]. 1989.

（2）改善乘坐环境

乘坐环境的改善包括车辆的改善，例如采用低底盘（便于乘客上下车）、宽车体、宽车门、设置空调的车辆等；站点环境的改善，例如建设可遮风避雨的候车亭以及信息系统的改善，提供车辆运行信息（车辆到站预告系统），缓解候车人的心理焦虑等。

（3）改善与有轨公共交通系统的衔接

在有轨公共交通较为发达的城市，公共汽车主要起到集散乘客，并对有轨交通尚未覆盖地区起到补充作用，因此，公共汽车线路的行驶总长度不宜过长。可以有计划地设置以轨道交通换乘站为起讫点的环状路线（zone bus）。

3. 有轨电车、轻轨

传统的有轨电车从轨道马车演变而来，在西方国家的近代城市发展过程中扮演过城市公共交通的主角。但随着第二次世界大战后私人小汽车的普及，其自身运量小、速度慢，与机动车之间相互干扰的问题便暴露出来，使其逐渐衰落。许多城市的有轨电车系统被彻底拆除，取而代之的是地铁、城市铁路等大运量高速轨道交通设施的建设。但在 20 世纪 70 年代后，欧美国家的一些城市对有轨电车重新进行了技术改造，并对其在城市公共交通系统中应扮演的角色进行了重新评估。经过技术改造后的有轨电车被称为"轻轨"（light rail transit，LRT），以区别传统的有轨电车。由于车辆的载客量、速度，乘坐的方便、舒适程度均有了较大幅度的改善，同时某些线路还开辟了为保障其顺畅行驶的专用空间及信号系统，因此，轻轨已成为欧美国家中部分城市公共交通系统的重要组成部分，例如，德国的柏林、不来梅、汉诺威，美国的波特兰（图 9-20）、达拉斯等城市。

图 9-20   美国波特兰市的轻轨车辆及站点

资料来源：作者拍摄

轻轨运输系统属于中运量运输系统,每小时可运送乘客 3000~11000 人次,介于公共汽车与铁路之间。我国的大连、鞍山等城市还保留着有轨电车系统。

4. 新公共交通系统

新公共交通系统是指在车辆、轨道等方面采用新的技术而发展起来的公共交通设施的总称。因难以将其归入某种传统公共交通方式,而称之为新公共交通系统。新公共交通系统除采用了大量新技术外,从其运量上看属于中运量的轨道交通系统,其乘客运送能力及造价恰好处于铁路与公共汽车之间。新公共交通系统的乘客运送能力一般在每小时 1 万~2 万人次之间,其造价通常相当于地铁的 40%~70%,适于人口规模在 30 万~50 万人的中等城市以及大城市中的支线。新公共交通系统的种类繁多,所采用的技术也各不相同,可大致分为以下几种类型。

（1）中运量有轨系统

虽然中运量有轨系统属于有轨交通方式,但更多采用橡胶轮胎在混凝土轨道上行走,以减少噪声。车辆的转向主要依靠设在车辆侧面的导向轮配合导向轨来完成。车辆的驱动可以采用传统电动机,也可以采用线性电动机。车辆的运行可依靠计算机自动控制,而无须人工操作。每节车辆的乘客数在 30~80 人。日本神户的人工岛、大阪临海地区均采用了这种系统(图 9-21)。此外,还有少量的实验性系统采用常温磁悬浮技术,即车辆没有车轮,依靠磁场力在轨道上浮起行驶。其原理与磁悬浮列车相同,但因城市中行驶不需要达到太高的速度,只需浮起很小的距离(10~20mm)即可。

图 9-21　中运量有轨系统(日本大阪南港线)

资料来源:大阪市交通局. 地下鉄・ニュートラム・市バス[R].1991.

（2）单轨系统

单轨系统(monorail)又分骑跨式与悬挂式,其运量、建设费用及其他特征与中运量有轨系统类似。因其独特的行走方式,较中运量有轨系统而言,轨道断面尺寸较小而车辆尺寸略大。

(3) 复合系统

在上述公共汽车部分提到的带导向轮的公共汽车专用系统也可以看作是新公共交通系统的一种。这种系统在行驶于专用系统时,可具有高速、定时的特性;同时也可以行驶于普通的城市道路,是一种可兼顾公共车灵活性与有轨交通系统快速、准时特点,并可减少乘客换乘次数的复合公共交通系统,适用于中等城市以及大城市中尚未建设地铁的路线(图 9-19)。

参考文献

[1] 王炜,徐吉谦,杨涛,等. 城市交通规划[M]. 南京:东南大学出版社,1999.

[2] HOMBURGER W S,KELL J H. Fundamentals of Traffic Engineering[M]. 11th Edition. University of California Institute of Transportation Studies,1984.
[美]HOWBURGER W S, KELL J H. 交通工程基础[M]. 任福田,等,译. 修订 11 版.北京:中国建筑工业出版社,1990.

[3] 陆锡明,朱洪. 城市交通发展战略与综合交通规划[M]//邹德慈. 城市规划导论.北京:中国建筑工业出版社,2002.

[4] [英]汤姆逊. 城市布局与交通规划[M]. 陶昊馨,译. 北京:中国建筑工业出版社,1982.

[5] 宋培抗. 城市道路交叉口规划与设计[M]. 天津:天津大学出版社,1995.

[6] 文国玮. 城市交通与道路系统规划[M]. 北京:清华大学出版社,2001.

[7] 王炜,过秀成,等. 交通工程学[M]. 南京:东南大学出版社,2000.

[8] 沈建武,吴瑞麟. 城市交通分析与道路设计[M]. 武汉:武汉大学出版社,1996.

[9] 李泽民. 城镇道路广场规划与设计[M]. 北京:中国建筑工业出版社,1988.

[10] [日]三村浩史. 地域共生の都市計画[M]. 京都:学艺出版社,1997.

[11] [日]加藤晃,竹内伝史. 新·都市計画概論[M]. 東京:共立出版株式会社,2004.

[12] [日]日笠端,日端康雄. 都市計画[M]. 3 版. 東京:共立出版株式会社,1993.

[13] [日]都市計画教育研究会. 都市計画教科書[M]. 3 版. 東京:彰国社,2001.

[14] 李德华. 城市规划原理[M]. 3 版. 北京:中国建筑工业出版社,2001.

[15] 同济大学,重庆建筑工程学院,武汉建筑材料工业学院. 城市对外交通[M]. 北京:中国建筑工业出版社,1982.

[16] 姚祖康. 机场规划与设计[M]. 上海:同济大学出版社,1994.

[17] [日]西村幸格,服部重敬. 都市と路面公共交通——欧米に見る交通政策と施設[M]. 京都:学芸出版社,2000.

[18] 张志荣. 都市捷运:发展与应用[M]. 天津:天津大学出版社,2002.

第 10 章　城市绿化及开敞空间系统规划

　　人类是一种善于利用智慧和工具改造自然的动物,也是充满欲望与野心的动物。在人类进化的过程中,随着聚居点规模的不断扩大,科学技术与生产力的不断提高,城市中人工化的个体环境变得更加便捷、舒适,但同时也付出了城市整体生态环境质量与生存环境不断恶化的代价。另一方面,人类对自然的热爱可以说是与生俱来的。在人工环境下被过度张弛的身心在自然的环境中可以得到充分的放松和恢复。人类欲望本能的这种两面性——追求城市人工环境的便捷和舒适与不愿意放弃触摸作为其原生环境的大自然的机会之间产生了矛盾,但也形成了城市绿化与开敞空间规划建设的最原始的动机。在工业革命后城市人口急剧膨胀、城市环境迅速恶化的背景下,近代城市中的绿化及开敞空间系统(open space system)应运而生,并逐渐成为城市规划的重要组成内容。在北美地区,城市公园系统的规划甚至比综合性城市规划的历史还要长,被视作近现代城市规划的起源之一。

10.1　城市环境与城市开敞空间

10.1.1　城市环境与城市绿化的基本概念

1. 城市与自然

　　在第 6 章"城市生态环境与用地选择"中我们曾经提到过:城市是人类通过对自然环境的大幅度改造而形成的人工环境。从绝对意义上来说,任何对自然环境的人工改造,包括城市建设都是对自然环境的改变,或者说是对自然环境的破坏(图 10-1)。城市的建设无法从根本上避免这种改变的发生,但可以尽量减少这种改变对整个生态系统平衡的影响程度。例如,如果城市建设中在非建筑遮蔽用地上大量采用混凝土等硬质铺装,就会从根本上改变城市下垫面的特性,进而影响到城市的气候、水文、动植物生存环境等生态系统的基本要素;而如果尽量采用乔木、灌木、草组合的绿化,透水性铺装材料,甚至对建筑物进行屋顶绿化和垂直立体绿化,那么所形成的人工环境就会更接近自然的状态。

　　维护生态系统的平衡仅仅是进行城市绿化和规划建设城市开敞空间系统的目的之一,甚至不是最主要的目的。另一个更为重要的目的仍来自于人类向往自然环境的

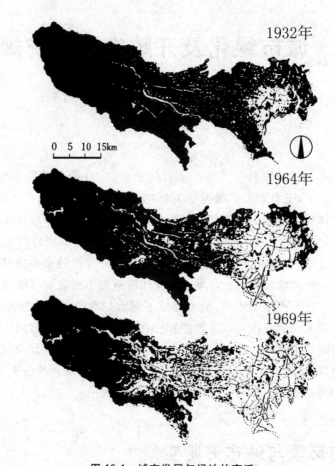

图 10-1　城市发展与绿地的变迁

资料来源：田畑貞寿．"自然環境保全に関する研究"都市計画．No.69，1974（转引自：都市
計画教育研究会．都市計画教科書［M］．3版．東京：彰国社，2001.）

本能。虽然人类利用自己的智慧建立起以追求效率为主要目的的钢筋混凝土、沥青、钢
与玻璃所组成的城市，但是对于自然与绿色的源自生理、心理、视觉等方面的渴望与需
求却一刻也不曾停止过。城市与自然这对原本矛盾的主体现实中却不得不组织到一
起，以满足人类享受城市生活与自然环境的双重欲望。城市规划正是以实现这一目的
为主要任务的。

　　具体而言，城市规划一方面要在保障城市各项功能正常运转的前提下，减少城市建
设及其相关活动对自然环境的破坏，有意识地保护和恢复自然环境，作为市民享受自然
的基础；另一方面，又要利用包括规划在内的各种人工手段努力创造出更为接近自然的
城市环境，以缓解过度人工化的环境所产生的各种问题。城市规划的这种理念需要通
过绿化及开敞空间系统规划具体落实。

2. 城市环境的两个侧面

　　通常一言概之的城市环境实际上是指城市环境条件和城市环境状况两个侧面的总

和。城市环境条件一般指城市中的空气、水、土壤的质量以及噪声、震动、地面下沉以及气味等环境质量指标。影响这些指标的因素随着城市的开发建设而产生，一般可以利用化学和物理的指标进行定量的检测。例如，城市空气中二氧化硫的浓度、降雨、水体的 pH 值等。这些指标从客观上反映了城市环境是否适于人类及其他动植物的生存，并可以通过各种措施加以改善。有关这方面的内容我们已经在前面的章节中讨论过。

影响城市环境的另外一个侧面是城市环境状况，指城市中以及城市所在区域的山岳、河流、湖泊、农林牧地、地形、植被等自然景观以及建筑物、文化遗产等人工景观的存在状态。例如，同样的山体，有可能是植被茂盛，也可能是荒山秃岭，甚至由于人工采石而岩石裸露、斑驳。城市环境状况通过视觉、触觉、嗅觉等人体感官因素形成城市环境的综合印象，并影响到身处其中的市民的舒适程度（amenity）。与城市环境条件不同，对城市环境状况很难用不同的量化指标来评判其优劣。某一特定的可量化指标（例如城市的绿地率）与市民的感受之间往往不一定能准确地被度量（例如，市民的感受在很大程度上受到绿地分布状况以及可利用情况的影响）。

城市绿化及开敞空间系统规划所关注的主要对象恰恰是这些难以量化的城市环境状况，并试图以综合的方法提高市民的舒适程度。

3. 城市开敞空间

从土地利用的角度来看，城市中的土地分为两大类。一类是被建筑物占据了的用地，被称为建筑遮蔽地；另一类就是没有被建筑物占据的用地。城市中的绿地、公园、道路、广场、水面以及专属于企事业单位或居民小区的绿化用地及庭院都可以被看作是广义上的"开敞空间"（open space）。建筑遮蔽地与开敞空间构成了城市土地利用中的"图""底"关系。但事实上能够进行植物栽植、进行绿化的仅仅是开敞空间中的一部分，而真正可以成为城市开敞空间系统组成部分的则主要由各种公园绿地、防护绿地、林荫道以及规模较大的专属绿地等构成。本章所讨论的开敞空间系统指的是后者，即狭义的开敞空间。

我国传统城市规划中，多将有关城市绿化的专项规划冠以园林绿地规划或风景园林规划的名称。但是园林绿地与开敞空间系统既有一定的关联又有一定的区别。尤其是具有悠久历史传统的中国古典园林，由于其私密性和非系统性，与表现为公共性和系统性的现代城市开敞空间系统有着本质的区别。

10.1.2　绿地与绿化在城市环境中的作用

公园、绿地、林荫道等城市绿化是构成城市开敞空间系统的主体，具有为市民提供休息与游览的活动空间、改善城市环境与面貌、抵御城市灾害甚至提供农林产品等多方面的功能。在这些功能中，有些属于绿地的存在功能，例如，维护生态平衡、限制城市无序扩张等；有一些则更侧重于绿地的使用功能，例如，提供户外活动场所等。这些功能可大致归纳如下：

(1) 提供户外活动场所

城市中的各种绿地,大到综合性公园与生态绿地,小至街心广场、儿童公园或居住区中的绿地,其基本功能是为市民提供开展各类户外活动的空间。这些活动涵盖了市民的旅游、体育运动、休闲娱乐以及日常的生活。例如,城市大型综合性公园中多设有运动场馆等体育设施供市民使用;郊野公园可以开展登山、野炊、野营、探险等以健身和放松身心为目的的户外活动;与历史文物古迹相结合的公园以及各类游乐园是旅游者喜爱的参访目的地;位于居住用地中的街心广场、街头绿地或居住区中的小公园是附近居民清晨锻炼身体、傍晚散步的好去处;而儿童公园则是幼童们的乐园。

(2) 改善城市景观

绿化是城市景观风貌中的重要色彩要素(以绿色为主),并以其活泼、不规则、动态的景观(四季变化)成为形成丰富城市景观表情的重要因素。远景中的山体绿化、滨水绿化等可以构成城市的背景和天际线轮廓;树木茂盛的林荫道形成了城市街道中的绿色景观;广场上的绿化、花坛,建筑物附近的植物配置均可以成为城市景观的焦点或衬托景观焦点的环境。不难想象,缺少绿化的城市景观会变得荒芜、冰冷而缺乏生气。

同时,城市绿化还可以作为衬托和协调文物古迹、遗址环境的重要因素。例如,文物古迹附近的古树可以与文物相得益彰,烘托出幽邃的气氛。密植的绿化植物可以在文物古迹与现代建筑之间形成有效的视觉缓冲与隔离,而名木古树本身也是一种具有历史价值的遗产,需要得到妥善保护。

(3) 提供心理安定剂

城市绿化的作用还不仅仅表现在市民活动场所的提供、对城市景观的贡献以及对城市物理环境的改善方面,还表现在它可以起到一种心理安定剂的作用,这一点往往容易被忽视。快速的城市生活节奏、激烈残酷的生活竞争使市民中的相当一部分存在着情绪易于冲动、心情焦虑、紧张等精神不适症状,需要一个便捷的心理调节场所。实验证明,悠闲、幽静、弛缓的绿化环境和令人心旷神怡的城市景观对缓解过度的心理压力有很大的帮助(图 10-2)。有实验数据表明:在噪声强度相同的环境中,如果人的视线可及范围内有大量绿化存在时,实际的听觉感受要比没有绿化时低 3~5dB。

(4) 维护自然生态系统平衡

城市内部以及城市周边地区的绿化可以起到维持生态平衡的作用,为人类以及各类动物、植物的生存生长提供必要的环境,保持生态多样性(bio-diversity)。绿化维护自然生态平衡的功能主要表现在保持城市地区的氧气与二氧化碳的平衡、降雨与蒸发的平衡等方面。虽然城市中绿化所生成的氧气并不足以完全平衡由于动植物呼吸以及工业生产和交通工具所产生的二氧化碳,但与城市周围面积充足、布局合理的绿化空间相结合,就可以在相当程度上满足地区的碳氧平衡[①]。

---

① 根据参考文献[2]所提供的数据,满足城市地区碳氧平衡所需要的绿化面积为:人均 $200m^2$ 的林地或 10 倍于人均城市用地面积的农业用地。该文献还提出了将城市郊区的绿化相对集中地布置在主导风向的上风向,以解决向城市输送新鲜空气的问题。

图 10-2　城市中心的大规模绿地（纽约中央公园）

资料来源：Robert Cameron. Above New York[M]. San Francisco：Cameron and Company, 1998.

此外，城市中的绿化系统还是昆虫、爬虫、鸟类、鱼类以及小型哺乳动物赖以生存的必要环境。这些动物的生存是城市生态环境中生物多样性的具体体现。近年来国外的城市规划中引入了生物群落生境（biotope）保护的概念，标志着城市绿化系统的功能由为市民服务为主向维护生态系统平衡方面的转变[①]。

（5）改善城市局部气候

城市中由于下垫面性质的改变，其局部气候会发生相应的变化，例如，由于局部气温升高而产生的"热岛现象"以及由于蒸发量较小而形成的"干岛现象"。城市绿化，尤其是乔木、灌木、草皮搭配合理的立体绿化可以有效地改善城市内部的小气候。例如，在一定程度上可减少到达地面的直射日照和日照反射，对降温起到积极作用；植物的保水、蒸发作用也可以提高城市空气中的湿度等。不仅如此，大量绿色植物的生长以及大面积的透水性地表还可以有效地吸收并保持降雨过程中的大量水分，在提高自然降雨资源利用程度的同时，有效地降低地表径流系数和地表径流量的峰值，延缓径流峰值出现的时间，从而有利于流域及城市防洪。

（6）防止或减缓自然灾害及公害

大面积的绿地还具有抵御各种自然及人为灾害的作用。例如，城市外围的防护林带具有防风、防泥石流等防护作用。城市水源地区的大面积绿化在涵养水源的同时也起到保护水源免受各种污染的作用。同时，城市中的绿色植物对于大气中的降尘、有害

---

① 参考文献[12]。

气体等均有不同程度的吸附作用,从而达到净化空气的目的。而对于城市噪声,绿色植物除具有直接的阻挡、反射与吸收作用外,在视觉上还可以造成心理降噪效果。可以看出,城市绿化对于大气污染、水污染以及造成污染的城市公害均有不同程度的缓解作用。当然,利用绿化缓解城市污染的效果与植物的种类、种植位置、绿地的规模、布局等有关,必须合理恰当才能有良好的效果,否则会大打折扣,甚至适得其反[①]。

此外,绿化林带在发生城市火灾、爆炸时还可以起到隔离、延缓的作用。城市公园绿地等大规模的开敞空间通常还作为地震时的避难场所以及抢险救灾物资的储备地点。

(7) 限制城市的无序扩张

在城市规划的统一部署下,位于城市外围或深入城市组团之间的大片绿地、绿化带,可以起到阻止城市建设用地的无序发展、维持城市生态系统平衡的重要作用。以城市规划控制手段为依托的城市绿地及开敞空间系统规划可以实现城市外围或组团间绿带、绿环等大规模生态绿地、防护绿地与城市公园绿地系统的有机结合。现代城市规划一改传统规划将主要注意力集中在可开发地区的规划设计上的弱点,将立足于对现状环境充分调查分析后得出的"不可建设"地区作为城市规划的起点,使城市绿地及开敞空间系统的规划成为城市规划中最重要的内容之一(图3-11)。

(8) 提供农林产品

大规模的绿色空间还是农林牧业生产的场所。城市郊区的菜地、果林、森林可以直接为城市提供副食品和木材资源,但同时也应注意到城市污染对产品的影响,通常靠近城市尤其是处于城市下风向的绿地应以林地等对大气污染敏感程度较低的类型为主。

10.2　城市绿化与开敞空间系统的规划布局

10.2.1　城市绿地的类型

1. 分类方法与原则

从不同的角度着眼,城市绿地可以有多种分类的方法,例如,按照城市绿地的服务对象可分为公共绿地与专用绿地;按其服务范围则可以分为全市性的、地区性的和为局部服务的绿地;按照城市绿地在城市中的位置可分为城市内部的绿地与郊区绿地;按城市绿地规模可分为大型绿地(50hm² 以上)、中型绿地(5~50hm²)和小型绿地(5hm² 以下);而按照城市绿地的功能则可分为供市民休闲、文化娱乐用的绿地,景观绿地,防护生产绿地等。

从城市规划的角度对城市绿地进行分类时,应主要考虑两个方面,即城市绿地在空间上的占用,以及城市绿地所担负的功能。前者构成城市土地利用分类中的一种或数种用地,代表着所占用的空间形成了以绿化为核心的土地利用形态。通常根据这种

---

① 有关绿化植物的选择、种植方式、地点、规模、布局形态等,参考文献[2]在第 1 章中作了较为详细的探讨。

分类原则所划分出的绿地具有相对集中的布局和一定的面积规模。例如:在中国现行《城市用地分类与规划建设用地标准》(GB 50137—2011)中,绿地(G)被列为城市建设用地 8 大类中的一种,其中又包括公园绿地(G1)、防护绿地(G2)和广场用地(G3)3 个中类。

另一方面,城市绿地又担负着诸多的功能并以多种形式存在,不仅包括诸如城市综合性公园、儿童公园、风沙防护林、苗圃、果园等成规模集中布置的绿地,也包括道路广场中的绿化用地、校园中的绿地等附属于某一类型用地中的绿化用地,以及居住区中的宅旁、宅间绿化等零星绿化用地。因此,另一种常见的分类方式就是按照绿化功能与目的所进行的分类。2002 年颁布的中华人民共和国行业标准《城市绿地分类标准》(CJJ/T 85—2002)中所采用的就是这种分类方法。

2. 城市绿地的分类

上述《城市绿地分类标准》结合我国的实际情况,对城市绿地系统进行了较为系统的分类整理,将城市绿地分为 5 大类、13 个中类以及 11 个小类(表 10-1)。该标准与其他现行国家或行业标准进行了协调,例如,部分套用并扩充了《城市用地分类与规划建设用地标准》中有关绿地及相关用地的分类方法。但必须指出的是:该标准更多地出于对城市绿化系统规划的考虑,而非针对城市规划中土地利用上的分类。例如,根据土地利用的排他性原则,对于城市总体规划中的土地利用规划来说,该标准中与公园绿地同属大类的附属绿地(G4)没有任何实质性意义;而对于详细规划来说这些附属绿地也应该作为所属用地类型中的中类或小类,而不可能单独列出,只是在面积统计时可以横向归类计算。因此,可以认为该分类虽然使用了"城市绿地"这一名词,但实际上所要表达的是城市中实际用作绿化的在不同层次上的"空间",而非土地利用规划中的"用地"。

事实上,在国外一些国家的城市规划中,主要对两类绿地做出规划安排。一类是由国家或地方政府拥有并管理的大小公园(向非特定对象免费开放)和作为城市基础设施的大型绿地(用作生态保护、隔离、防灾等目的);另一类是通过立法的形式对一定地区中的绿化状况(包括树木、景观等)进行保护,限制改变其状况的行为的地区。

10.2.2 城市绿化水平指标

1. 常用城市绿化指标

对于一个城市的绿化水平,我们可以通过实地感受获得整体的印象,同时也可以通过相应的指标更为准确地了解和掌握。城市绿化指标是客观描述、反映城市绿化状况的数值,具有相对具体和准确的定义。采用绿化指标来描述某个城市的绿化水平,不仅可以较为科学、准确地反映该城市绿化的实际状况,也使采用相同标准、相同指标进行绿化水平衡量的城市之间具有了可比性,同时也便于对某个地区或整个国家中城市绿化整体水平进行汇总与分析。

表 10-1 城市绿地分类表

类别代码			类别名称	内容与范围	备 注
大类	中类	小类			
G1			公园用地	向公众开放，以游憩为主要功能，兼具生态、美化、防灾等作用的绿地	
	G11		综合公园	内容丰富，有相应设施，适合于公众开展各类户外活动的规模较大的绿地	
		G111	全市性公园	为全市居民服务，活动内容丰富、设施完善的绿地	
		G112	区域性公园	为市区内一定区域的居民服务，具有较丰富的活动内容和设施完善的绿地	
	G12		社区公园	为一定居住用地范围内的居民服务，具有一定活动内容和设施的集中绿地	不包括居住组团绿地
		G121	居住区公园	服务于一个居住区的居民，具有一定活动内容和设施，为居住区配套建设的集中绿地	服务半径：0.5～1.0km
		G122	小区游园	为一个居住小区的居民服务，配套建设的集中绿地	服务半径：0.3～0.5km
	G13		专类公园	具有特定内容或形式，有一定游憩设施的绿地	
		G131	儿童公园	单独设置，为少年儿童提供游戏及开展科普、文体活动，有安全、完善设施的绿地	
		G132	动物园	在人工饲养条件下，异地保护野生动物，供观赏、普及科学知识、进行科学研究和动物繁育，并具有良好设施的绿地	
		G133	植物园	进行植物科学研究和引种驯化，并供观赏、游憩及开展科普活动的绿地	
		G134	历史名园	历史悠久、知名度高、体现传统造园艺术并被审定为文物保护单位的园林	
		G135	风景名胜公园	位于城市建设用地范围内，以文物古迹、风景名胜点（区）为主形成的具有城市公园功能的绿地	
		G136	游乐公园	具有大型游乐设施，单独设置，生态环境较好的绿地	绿化占地比例应大于等于65%
		G137	其他专类公园	除以上各种专类公园外具有特定主题内容的绿地。包括雕塑园、盆景园、体育公园、纪念性公园等	绿化占地比例应大于等于65%
	G14		带状公园	沿城市道路、城墙、水滨等，有一定游憩设施的狭长形绿地	
	G15		街旁绿地	位于城市道路用地之外，相对独立成片的绿地。包括街道广场绿地、小型沿街绿化用地等	绿化占地比例应大于等于65%
G2			生产绿地	为城市绿化提供苗木、花草、种子的苗圃、花圃、草圃等圃地	

续表

类别代码			类别名称	内容与范围	备　注
大类	中类	小类			
G3			防护绿地	城市中具有卫生、隔离和安全防护功能的绿地。包括卫生隔离带、道路防护绿地、城市高压走廊绿地、防风林、城市组团隔离带等	
G4			附属绿地	城市建设用地中绿化之外各类用地中的附属绿化用地。包括住宅用地、公共设施用地、工业用地、仓储用地、对外交通用地、道路广场用地、市政设施用地和特殊用地中的绿地	
	G41		居住绿地	城市居住用地内社区公园以外的绿地。包括组团绿地、宅旁绿地、配套公建绿地、小区道路绿地等	
	G42		公共设施绿地	公共设施用地内的绿地	
	G43		工业绿地	工业用地内的绿地	
	G44		仓储绿地	仓储用地内的绿地	
	G45		对外交通绿地	对外交通用地内的绿地	
	G46		道路绿地	道路广场用地内的绿地。包括行道树绿带、分车绿带、交通岛绿地、交通广场和停车场绿地	
	G47		市政设施绿地	市政公用设施用地内的绿地	
	G48		特殊绿地	特殊用地内的绿地	
G5			其他绿地	对城市生态环境质量、居民休闲生活、城市景观和生物多样性保护有直接影响的绿地。包括风景名胜区、水源保护区、郊野公园、森林公园、自然保护区、风景林地、城市绿化隔离带、野生动植物园、湿地、垃圾填埋场恢复绿地等	

资料来源：中华人民共和国行业标准.《城市绿地分类标准》(CJJ/T 85—2002)。

应该特别注意的是，不同的绿化指标所表达的含义各不相同，在使用时需要充分理解其含义；在编制城市规划时需要严格遵守其各自的定义。在我国现行的法规、规范以及城市规划实践中通常采用以下两个城市绿化指标。

（1）绿化覆盖率

绿化覆盖率是指：各种植物在地面上的正投影面积所占总地面面积的比例（图 10-3），即

$$绿化覆盖率=\frac{区域内的绿化覆盖面积}{该区域用地总面积}\times100\%$$

绿化覆盖率通常可以通过对航天或航空遥感影像数据的分析，并辅以地面补充调

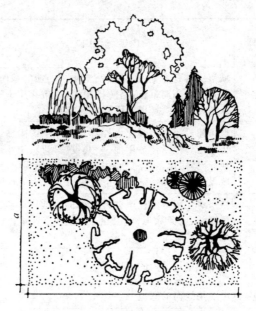

图 10-3　绿化覆盖率计算示意图
资料来源：参考文献[1]

查获得,具有数据获取与统计快捷、方便、误差较小、结果直观等优点。同时由于绿化覆盖率不涉及绿化所在地的权属、使用性质、用地划分以及绿地地块划定等易受人为因素干扰的问题,因此具有较强的可信度和横向、纵向的可比性,可用于描述不同范围中的城市绿化程度。例如,某个居住区内的绿化覆盖率,或整个城市的绿化覆盖率。从保持城市环境、改善小气候等角度考虑,通常整个城市的绿化覆盖率应不低于30%。

(2) 绿地率

相对于绿化覆盖率而言,绿地率的概念要复杂一些。按照《园林基本术语标准》的解释,绿地率是指："一定城市用地范围内,各类绿化用地总面积占该城市用地面积的百分比。"即

$$绿地率 = \frac{区域内的绿地面积}{该区域用地总面积} \times 100\%$$

同时,在相关条文说明中提到："绿地率指用于绿化种植的土地面积(垂直投影面积)占城市用地的百分比,是描述城市用地构成的一项重要指标。一般绿化覆盖率高于绿地率并保持一定的差值。"[1]那么,这里就出现一个有关"绿地"概念上的问题,即是不是所有种植了植物的土地均为"绿地"。事实上,属于国家标准的《城市居住区规划设计规范》中,非常明确地规定了居住区中可以计算为各类"绿地"的要求,即并不是所有种植了植物的土地都可以作为"绿地"[2]。同理,虽然对于其他类型的"绿地"目前还没有明

---

① 中华人民共和国行业标准.《园林基本术语标准》(CJJ/T 91—2002)。
② 中华人民共和国国家标准.《城市居住区规划设计规范》(GB 50180—1993)(2002 年版)。

确的计算标准,但很显然,种植了植物的土地并不一定百分之百的就是"绿地"。

从城市规划的角度来看,各类城市绿地具有其土地利用上的等级特征。例如:《城市用地分类与规划建设用地标准》中将住区、单位内部配建的绿地以及公园绿地、防护绿地及广场用地作为城市一级的绿地,参与整个城市的用地平衡,并要求:绿地率为 $10\%\sim15\%$,人均绿地面积不小于 $10m^2$,人均公园绿地面积不小于 $8m^2$。同时,将社区附属绿地计入居住用地。按照这一思路,"绿地"实际上是指各级绿化专属用地,具有等级特征,参与所在级别的用地平衡,而不进行跨级别的提取与汇总。绿地率也就相应地变成了按照这种思路所定义的"绿地"在相应等级的总用地中所占的比例。例如,整个城市的绿地率是指《城市用地分类与规划建设用地标准》中所定义的绿地(G)占整个城市建设用地的比例;某居住区的绿地率则指的是居住区的用地范围内,符合规范要求的绿地占整个居住区总面积的比例。

由于我国现行规范标准中,对绿地的定义存在两种截然不同的认识和思路,在规划实践中应注意严格区分两者的不同。按照笔者的思考,建议城市规划中采用后者,即《城市用地分类与规划建设用地标准》中的定义,而将前者,即《园林基本术语标准》所定义的内容改称"绿化率"。绿化率指在一定范围内,所有进行过植物种植等绿化的用地面积占总用地的比例,它既可以作为反映整个城市绿化水平的指标,也可以作为控制性详细规划等规划中的控制指标,反映地块内的绿化状况。

2. 影响城市绿化指标的因素

如上所述,城市绿化指标反映了一个城市的绿化水平。城市规划必须结合实际情况确定较为科学合理的绿化指标。决定城市绿化指标的因素通常来自于两个方面,一个是城市绿地为发挥其基本功能所应达到的最低水平,例如,实际观测表明,当城市绿化覆盖率达到 30% 以上时可明显改善城市中的小气候[①];再如,按照公园绿地可容纳游人的合理容量($60m^2$/人),以及高峰日城市居民出游率为 10% 的假设计算,城市中公园绿地的面积应为人均 $6m^2$。此外,有关城市中的二氧化碳与氧气之间的碳氧平衡也是在确定城市绿化指标时需要探讨的一个问题。实验表明:为每个城市居民提供呼吸所需氧气需要 $10m^2$ 左右的森林面积(或 $25m^2$ 左右的草地),如考虑城市中大量化石燃料燃烧时的耗氧,为维持二氧化碳与氧气的平衡则需要人均 $30\sim200m^2$ 的森林面积。当然,要求这种碳氧平衡全部依靠城市内部的绿化来完成并不现实。

由于这类指标是城市发展与建设中应达到的最低标准,因此基本上不会因城市的不同而发生变化。

另一方面,城市绿化水平还受到其他方面的影响,不同城市之间存在较大的差异,通常,影响城市绿化水平的因素有以下几个。

(1)城市的社会经济发展水平

随着城市社会经济水平的提高,闲暇时间的增加以及消费观念、健康观念的转变,

---

① 参考文献[1]、[2]。

市民对户外活动空间和生活环境质量的要求会相应提高。同时城市经济的发展及城市政府财政收入的增加也为开辟这些户外活动场所提供了经济上的保障。因此,社会经济相对发达的城市对城市绿化的要求和实施能力相对较高。

（2）城市性质

不同性质的城市对城市绿化的种类和规模水平均有不同的要求。例如,旅游城市中公园绿地的面积应相应提高,以利于旅游活动的开展,而交通枢纽城市、工业城市中,防护绿地就会占据较高的比例。

（3）城市的自然条件

城市所在地的地形地貌、气候、土壤、水源、适于生长的植物种类等均会影响城市绿化的水平与质量。我国幅员辽阔,各地气候相差较大,从总体上说南方地区的气候条件有利于植物的生长,城市绿化的指标可适当提高。此外,在一些山区或丘陵地区的城市,城市周围或城市组团之间通常会有一些不宜进行城市建设也不宜开展农业生产的山丘或坡地,可用作城市绿化。这些城市的绿化指标就可以相应提高。

（4）城市建设状况

城市的绿化水平在很大程度上受城市现状、绿化状况与建设条件的制约。按照城市建设的一般规律,在短时期内大幅度提高城市绿地指标尤其是旧城区内的绿地指标是不现实的,依靠城市规划提高城市绿化水平主要通过按照较高标准规划,分期实施的方式来完成。其中包括利用旧城改造,在旧城区中增加绿化面积以及保护建成区周边尚未开展城市建设的绿化用地或将来用作绿化的用地。

3. 城市绿化指标的制定

根据以上对影响城市绿化水平因素的分析,并结合我国城市绿化的实际情况,基本上就可以得出我国目前城市绿化所应达到的整体水平。

虽然目前我国城市绿化水平提高较快,但由于起点较低,整体上还处于一个相对较低的水平。尤其在与欧美发达国家比较时,无论人均绿地的面积,还是城市公园绿地占整个城市建设用地的比例均有一定的差距。根据住房与建设部公布的 2014 年城乡建设统计公报,截至 2014 年底,653 个设市城市中的平均城市绿化覆盖率为 40.10%,建成区的绿地率为 36.24%,人均拥有公园绿地面积 12.95m^2。

按照《城市用地分类与规划建设用地标准》的规定,人均城市绿地的面积应不小于 10m^2,其中公园绿地的面积应不小于 8m^2,同时城市绿地在城市总用地中所占比例应在 10%~15% 之间。

2010 年颁布执行的国家标准《城市园林绿化评价标准》将城市建成区中的绿地建设水平由高至低分成了 4 个等级。其中也列出了不同等级中对应的绿化覆盖率、绿地率、人均公园绿地面以及道路绿化普及率等指标(表 10-2)。

此外,我国自 1992 年开始开展了创建园林城市的活动,在国家园林城市的评选标准中亦有相应的城市绿化指标。现行的绿化指标标准是住建部于 2010 年颁布的《国家园林城市标准》。

表 10-2　城市绿化等级标准

指　标		Ⅰ 级	Ⅱ 级	Ⅲ 级	Ⅳ 级
建成区绿化覆盖率		≥40%	≥36%	≥34%	≥34%
建成区绿地率		≥35%	≥31%	≥29%	≥29%
城市人均公园绿地面积	人均建设用地小于 80m²	≥9.50m²/人	≥7.50m²/人	≥6.50m²/人	≥6.50m²/人
	人均建设用地 80~100m²	≥10.00m²/人	≥8.00m²/人	≥7.00m²/人	≥7.00m²/人
	人均建设用地大于 100m²	≥11.00m²/人	≥9.00m²/人	≥7.50m²/人	≥7.50m²/人
道路绿化普及率		≥95%	≥95%	≥85%	≥85%

资料来源：中华人民共和国国家标准《城市园林绿化评价标准》(GB/T 50563—2010)。

综上所述,在未来一段时间内,城市规划中有关城市绿地的指标可选用人均公园绿地 8~11m²,城市公园绿地占城市建设总用地的比例大于 8%,绿化覆盖率大于 35% 的指标体系。

应该指出的是：城市规划对绿化指标的落实主要通过两方面的规划内容来完成。一方面,城市规划对相应级别的绿地尤其是公园绿地的位置及范围做出具体的表示,例如城市总体规划中一般对城市一级的公园绿地、各种生产防护绿地以及生态景观绿地的位置和范围进行表示;另一方面,城市规划还可以对不属于绿地的各类用地中的绿化指标提出具体要求,例如,控制性详细规划通常对各个地块中的绿地率提出明确要求。

10.2.3　城市绿化与开敞空间系统规划的内容

1. 城市开敞空间的起源

城市开敞空间的起源可以追溯到两个方面,一个是伴随住宅出现的庭院;另一个是城市中的某些供交易和集会等公共活动的外部空间。在欧洲,古希腊与古罗马的城市中均可发现这两种空间存在的痕迹,例如,古希腊与古罗马的住宅平面多呈"口"字形,围合出一个开敞的中庭。尤其是古希腊与古罗马城市中的集会广场通常被认为是城市公共活动空间的起源。这些周围建有宗教设施、交易场所,具有商业、集会、观看演出等功能的城市广场(agora)形成了公共活动场所的主体,为市民提供了户外活动的空间,在一定程度上弥补了密集的城市住宅在日照、采光、通风等卫生方面的缺陷,成为城市中不可缺少的组成部分。这种状况直至中世纪一直被欧洲的城市保留下来。

从文艺复兴时期开始,欧洲各国的王公贵族就不断建造各种规模的私人园林,并形成了以意大利、法国等欧洲大陆国家为代表的几何构图型园林以及以英国为代表的模仿自然景观的园林。直至 18 世纪,英国更是出现了兴建私人庭院的热潮。虽然这些庭院并不向公众开放,但却在城市内部或城市边缘形成了众多的绿色开敞空间,在一定程度上为以后城市公园绿地系统的形成打下了基础。

18 世纪工业革命后,在西方国家的城市中,工业发展带来了人口的聚集,并造成城市的拥挤、污染和环境恶化。同时,伴随新兴资产阶级的出现以及市民阶层的形成,网球、高尔夫球、足球等城市运动广泛普及,广大市民对户外活动空间的要求与日俱增。在民主思想逐渐普及的背景下,一部分皇家园林(狩猎场地)以及专供上流社会使用的林苑逐渐向市民阶层开放①。同时,改善城市环境,建设为市民阶层服务的城市公园绿地等设施也成为市政当局的重要任务。伴随着立法活动,近代公园的建设及开敞空间的保护出现了一个高潮②。19世纪上半叶,在大西洋对岸的美国,城市中也开始出现城市化所带来的问题,全美第一个"公园"(public park)——面积约为 340hm² 的纽约中央公园于 1858 年开始建造,1873 年建成,并逐步发展为后来的公园系统(park system)。

从历史上看,包括皇家园林与私家园林在内,我国的园林较为发达,早在商代就已出现园林的雏形,自秦汉以后皇家园林不断发展,在明清时期达到巅峰,并对朝鲜、日本等周边国家以及 18 世纪时期的英国产生了较大的影响。同时以苏州园林为代表的民间私家园林也形成了独特的格局,并达到了造园艺术中的较高水平。但另一方面,传统城市中缺少公共绿地及公共活动空间,只是在进入 20 世纪后皇家园林才开始逐渐向公众开放,并在少数大城市中出现一批为殖民者或市民服务的近代公园③。

2. 城市公园绿地系统理论

虽然无论近代城市公园,还是利用林荫道将城市内外的开敞空间连接在一起的规划手法均诞生于欧洲,但将其逐步发展为城市公园绿地系统的却是在美国。我们应该看到:城市公园与城市公园绿地系统之间既存在着密切的联系,也具有明显的差异。后者更加注重公园绿地的系统概念和该系统在城市中所发挥的作用,除园林景观外更融入了城市规划的观念和思想。事实上,在美国由于景观建筑学(landscape architecture)的历史较城市规划要长,同时两者之间又具有密切的联系,前者通常被看作是城市规划起源的一个分支④。美国的公园系统规划起源于继纽约中央公园之后修建的布鲁克林市布洛斯派克公园(Prospect Park,1866)和东林荫道(Eastern Parkway,1870)⑤。之后,美国的许多城市,例如,布法罗(Buffalo,1868)、芝加哥(Chicago,1869)、波士顿(Boston,1875)、明尼阿波利斯(Minneapolis,1883)、堪萨斯(Kansas,1889)等城市先后着手或开始准备公园系统的规划建设。其中,波士顿的公园系统被誉为"翡翠项链"(emerald necklace),并在 1893 年将公园绿地系统规划的范围扩展到整个大波士顿地

---

① 英国在19世纪之前已向公众开放的公园有:海德公园(Hyde Park)、肯新敦公园(Kansington Park)、绿色公园(Green Park)、圣詹姆斯公园(St. James Park)等(参考文献[3]、[4])。

② 这一时期,将皇家园林用地有意识地改造成城市公园的有英国的摄政公园(Regent Park,1838 年开放),法国奥斯曼巴黎大改造中的布洛尼森林公园、文赛娜森林公园等(参考文献[3]、[4])。

③ 例如,北京的先农坛、社稷坛、西苑三海及颐和园先后在 1912—1925 年期间向市民开放;同时期的近代公园有:上海租界中的虹口公园(1902)、天津租界中的法国公园(1917)、齐齐哈尔的仓西公园(1897)、无锡的城中公园(1906)、成都的少城公园(1911)等(参考文献[5])。

④ 1857 年奥姆斯特德(Frederick Law Olmsted)与沃克斯(Calvert Vaux)对纽约中央公园的设计被视为景观建筑学的开端,而奥姆斯特德与伯纳姆对芝加哥世界博览会会场所作的规划设计则被认为是美国城市规划的开端(参见 3.1.6 节"城市美化运动")。

⑤ 布鲁克林(Brooklyn)位于曼哈顿岛东南方向的东河对面,1898 年并为纽约市的一个区。布洛斯派克公园和东林荫道的规划设计均由奥姆斯特德与沃克斯完成。

区,成为城市公园绿化系统规划的重要范例(图 10-4)。城市公园绿地系统的核心思想是通过林荫大道(boulevard,或称 park way)将分散在城市各处的各种类型的公园、绿地、水面连成系统,形成一个层次丰富、贯穿城市(或区域)整体的开敞空间系统(park system,或称 open space system)。这种设计手法与我国城市绿化系统规划中常用的点、线、面相结合的设计手法具有异曲同工之处。

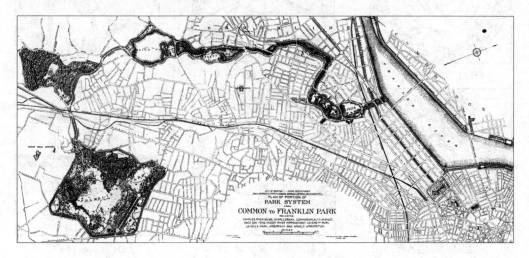

图 10-4 波士顿的绿化系统

资料来源:Alexander Garvin. *The American City*,*What Works*,*What Doesn't*[M]. New York:McGraw-Hill, 1996.

此外,以霍华德的田园城市为代表的城乡结合规划思想最终演变为大伦敦规划中以"绿带"(green belt)控制城市用地无节制蔓延的城市规划实践,成为区域背景下城市绿地系统的又一种表现形式。

3. 城市公园绿地系统的类型

由于每个城市中绿地及开敞空间的历史遗存状况及开始进行公园绿地系统规划的时期不同,其公园绿地系统的状况各异。一般在城市大规模扩展之前就已开展公园绿地系统规划的城市,其公园绿地系统较为明晰而完善。从国内外公园绿地系统的规划与建设实践来看,大致可以归纳为以下几种类型(图 10-5)。

(1) 网状(带状)绿地系统

这种系统多利用沿河湖水系、城墙的绿化、林荫道以及其他带状公园等带型绿化空间,将城市中的其他公园绿地联系成一个整体。同时,纵横交错的带状绿地较为均匀地贯穿于城市用地之间,无论在改善环境还是提高城市景观质量方面均可取得较为理想的效果。波士顿、堪萨斯、明尼阿波利斯等按照公园绿地系统思想规划建设的城市是该类型的代表。我国的南京、哈尔滨、西安等城市主要利用城市干路中的绿化与城市中或城市外围的公园绿地相连,组成较为完整的网状公园绿地系统。放射状绿地与环状绿地所组成的网状公园绿地系统也可以看作是该类型中更具特色的一种实例。

(2) 放射状绿地系统

这种系统多利用城市郊区的林地、农田、河流等自然绿化由宽渐窄地嵌入到城市中

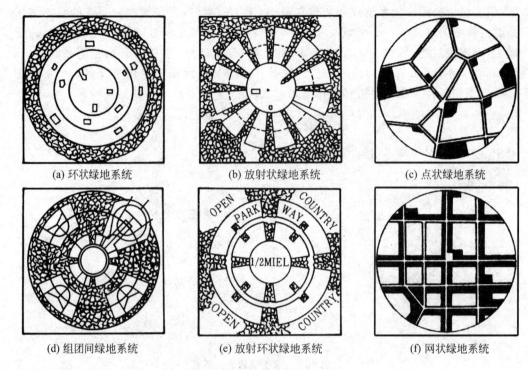

(a) 环状绿地系统　　　　(b) 放射状绿地系统　　　　(c) 点状绿地系统

(d) 组团间绿地系统　　　　(e) 放射环状绿地系统　　　　(f) 网状绿地系统

图 10-5　城市绿地系统的类型

资料来源：根据参考文献[1]、[11]，作者编绘

心区,因此又被形象地称为楔形绿地系统。这种系统的优点是充分利用城市郊区的自然资源,使城市用地最大限度地接近自然,有利于改善城市气候,形成独特的城市风貌。但除受河流、地形起伏等条件制约的情况外,放射状绿地,尤其是靠近城市中心的部分将受到城市开发的巨大压力,必须依靠严格的强有力的规划控制手段才能确保其能够按照规划意图实施。我国的安徽省合肥市在早期规划中采用了这种类型的绿地系统,但在建设过程中部分绿地已被占用。

（3）环状绿地系统

在城市发展过程中为了限制城市用地的无序扩展,或者避免城市用地连续扩展形成“摊大饼”的状况,往往会在城市外围布置环状绿地系统来达到这一目的。1945 年发表的大伦敦规划中所采用的“绿带”可以看作是这种类型的绿地系统的代表。但必须说明的是,单纯依靠这种环状的绿地对改善城市内部的环境起不到实质性作用,必须与城市中的其他公园绿地相配合。事实上,如果环状绿地与放射形或楔形绿地配合就可以形成网状的绿地系统。

（4）块状（点状）绿地

由于城市发展的历史等原因,许多未经系统规划的公园绿地通常相对均匀地分布在城市中,多呈孤立存在的状况。这种分布形式虽然有利于市民的就近利用,并对改善城市环境具有一定的作用,但相互之间没有联系或联系较弱,改善城市环境的效果较弱,且不利于维系整个生态系统和其中的生物多样性。我国的上海、天津、武汉、大连以及大量其他城市均属于这种类型。对于这种类型的公园绿化格局,城市规划应结合城市改造等手段将其逐步改造成网状绿地系统。

(5) 复合绿地系统

在一些城市,尤其是大城市中,往往同时存在两种以上的绿地系统形式,我们可以将其归纳为复合型的绿地系统。例如,北京在"三环"以内的地区,公园绿地基本上呈点块状的形态,而在"四环"与"五环"之间则规划了环状的组团间绿地,此外沿放射形的河流、城市干路、高速公路又布置了带状绿地。由此形成了一个内部为点块状,外部呈放射环状的公园绿地系统。又如,莫斯科也形成了城市外围为环状绿地,城市内部为组团间带状或楔形绿地的复合绿地系统。

4. 城市公园绿地系统的规划原则

城市公园绿地系统是生态系统的一部分,它不仅涉及城市建设用地内部的各种公园绿地,同时也与城市外部的生态环境密切相关。城市规划中对绿地系统的考虑通常主要集中在城市规划区之内,与更大范围中的区域生态系统相关的规划内容则体现在城市行政管辖范围(市域、县域)内的城镇体系规划、区域规划或专项规划中。城市规划在进行公园绿地系统规划时所遵循的原则有以下几条。

(1) 内外结合,形成系统

无论从改善城市环境、景观风貌角度出发,还是从维护生物群落生境方面考虑,形成具有一定面积规模的、连续的绿色开敞空间是城市公园绿地系统规划的关键。即以自然的河流、山脉、带状绿地为纽带,对内联系各类城市绿化用地,对外与大面积森林、农田以及生态保护区密切结合,形成内外结合、相互分工的绿色有机整体。同时,作为城市规划四大系统之一的绿化及开敞空间规划还要兼顾与其他规划内容的协调。例如,要解决好绿地与其他城市用地之间在土地利用上的矛盾,要配合城市干路的建设形成作为联结纽带的林荫道,等等。

(2) 均衡分布,服务市民

不同性质的公园绿地担负着各自的功能,例如,全市性的综合公园担负着为全体市民,甚至为外地游客提供内容丰富活动的功能;社区公园则主要面向居住在该地区的居民;而儿童公园等专类公园则以特定人群为服务对象。因此,在城市公园绿地系统的规划中必须注意设置各种规模、性质的公园绿地,形成功能较为完整、服务半径合理的公园绿地体系(图 10-6)。各类公园的规模、布局与设施内容是否可以满足大多数市民的户外活动需求,是衡量城市公园绿地系统规划建设成功与否的根本。城市中的街旁绿地、社区公园虽然占地不多,设施相对简单,但由于贴近市民生活,利用率高,应在规划中给予足够的重视。反之,以追求城市视觉形象为目的的、华而不实的所谓大公园、大广场以及禁止游人进入且无树木遮阴的大草坪,都不应该是公园绿地系统规划所追求的目标。通常,城市公园绿地规划中的"四个结合"(点线面相结合、大中小相结合、集中与分散相结合、重点与一般相结合)就很好地概括了这一原则。

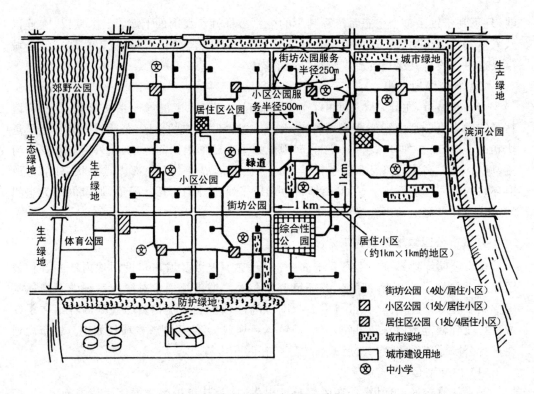

图 10-6　城市公园绿地布局示意图
资料来源：根据参考文献[12]，作者编绘

（3）因地制宜，结合自然环境

每个城市所处的自然环境各不相同，城市公园绿地系统的规划应建立在对现状条件的充分调查研究与分析的基础之上。对于城市附近的森林、湿地等生态敏感地区，要结合城市土地利用规划进行保护，并作为城市绿地系统的组成部分。同时，城市公园绿地系统规划应充分利用城市所在地区的自然地形、地貌、植被等自然环境，将城市周围的山体，河流等有机地引导、组织到该系统中。这样，一方面可以使原生环境得到一定程度的保留，为城市景观增添自然要素；另一方面，还可以使绿地系统主要占用地形起伏较大的山体或低洼的河谷地带，在一定程度上缓解城市公园绿地与耕地或其他城市用地之间的矛盾。但应注意的是，利用城市周围山体作为公园绿地时，应注意其服务半径内的土地利用形态和居民数量，避免因片面追求绿地指标而在远离居住区的城市外围建设大量公园。此外，名胜古迹较多的城市还可以结合文物保护和旅游活动的开展进行公园绿地建设，但应控制收费（或高收费）公园在整个公园绿地系统中所占的比例。

（4）远景目标与近期建设相结合

从历史上的众多实例来看，如果城市中没有按照规划有计划地保留足够的绿化用地及开敞空间，或者城市绿化用地被建设用地所侵蚀，重新恢复绿化用地的难度和所付出的代价将是难以估量的。所以，城市公园绿地系统必须先于城市发展或至少与城市发展同步进行。因此,城市公园绿地系统规划要从全局利益及长远观点出发,按照"先绿后好"的原则,考虑到植物的生长期、城市绿化水平的逐步提高等因素,适当提高规划指标,同时做到按照规划,分期、分批、有步骤、按计划地实施。城市规划应充分发挥其控制作用和强制作用,保障城市绿化用地不被其他建设活动,尤其是商业开发活动所侵占,促进绿化及开敞空间系统的形成。

5. 城市公园绿地系统的规划布局

城市公园绿地系统规划的主要任务就是要从功能上满足城市的各项需求和要求,从系统上与自然生态系统相联结并处理好与城市其他系统的关系,从土地利用上明确公园绿地系统的专属用地界限。因此,城市公园绿地系统的规划布局通常按照以下步骤进行。

(1) 确定城市绿化指标及构成

城市公园绿地系统担负着诸多功能。对此,在 10.1 节中已做了具体的论述。城市公园绿地系统规划应以满足这些功能需求为导向,根据城市性质、自然条件、绿化现状以及实际需求合理确定城市绿化指标(例如,绿化覆盖率,人均公园绿地面积,维持城市中碳氧平衡所需要的林地、农田面积等),作为各类公园绿地空间布局的依据。在确定城市整体绿化水平的前提下,进一步研究确定各类绿地之间的比例。

(2) 确定城市公园绿地系统的结构

一般城市公园绿地系统由三大部分组成:城市内部的各种公园绿地、城市外围的生态环境绿色空间,以及将二者联系在一起组成完整系统的河流、林荫道及带状绿地等。因此,城市公园绿地系统规划首先要对城市外围的绿化大环境进行分析,利用城市外部的山体绿化、河流、生产用地、各种防护林带等,形成绿化大环境对城市用地的围合与渗透。其次,根据城市内部绿化的现状以及未来改造的可能,将各绿化要素组织成点、线、面相结合的绿化体系(图 10-7)。

(3) 确定主要公园绿地的规模和布局

按照集中与分散相结合、方便市民使用的布局原则,初步确定各类城市公园的面积规模与空间布局。同时也初步确定须纳入城市用地统计范围的各类生产防护绿地的规模与布局,并通过与土地利用规划内容的协调与整合,最终确定其具体范围。

(4) 确保各类绿化用地的实施

城市公园绿地系统规划的内容最终需要依靠城市规划的实施得以实现。城市规划可以从三个方面对公园绿地系统的实施起到保障作用。首先,通过对城市化地区与城市化控制区的划定,限制城市建设活动对城市建设用地周围绿色空间的侵蚀;其次,除附属绿地以外的公园绿地可以土地利用的形式反映在各个层次的城市规划中;最后,城市规划尤其是控制性详细规划还可以控制指标的形式使各类用地中的附属绿地达到一定的水平。

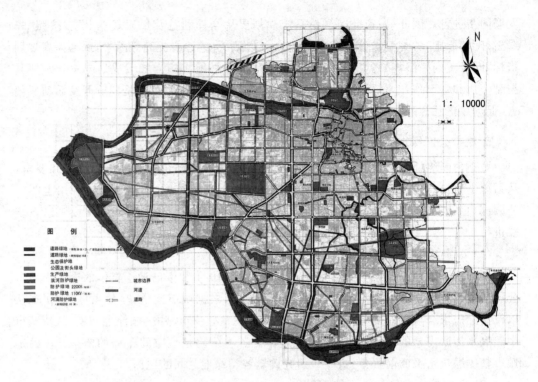

图 10-7　佛山市绿地系统规划总图（1997—2010）

资料来源：参考文献[2]

10.3　城市公园绿地的规划设计

从学科分工来看，有关城市公园绿地内部的设施内容、植物配置等规划设计属于景观建筑学的范畴，但由各种公园、绿地、林荫道所组成的城市绿化及开敞空间系统又是城市规划的重要组成部分。本节将按照《城市绿地分类标准》①中的分类和定义，对构成城市绿化及开敞空间系统的主要公园绿地类型进行概要论述，着眼其在城市绿化及开敞空间系统中以及城市中所担负的功能和所起到的作用。各种公园绿地的具体设计请参照相关论著，在此不再赘述。

10.3.1　公园绿地

按照《城市绿地分类标准》的定义，"公园绿地"是城市中向公众开放的、以游憩为主要功能，有一定的游憩设施和服务设施，同时兼有健全生态、美化景观、防灾减灾等综合

---

①　中华人民共和国行业标准. 城市绿地分类标准（CJJ/T 85—2002）。以下均指该标准，其中相关术语的定义，如无特别说明也均源自该标准以及该标准的条文说明。

作用的绿化用地。它是城市建设用地、城市绿地系统和城市市政公用设施的重要组成部分，是表示城市整体环境水平和居民生活质量的一项重要指标。按照所属的级别、功能、内容和在城市中的位置等因素，公园绿地又被进一步分为综合性公园（G11）、社区公园（G12）、专类公园（G13）、带状公园（G14）以及街旁绿地（G15）。

必须指出的是："社区公园"将为居住小区居民服务的"小区游园"也纳入其中。在居住区物权明确，且普遍实行物业管理的现实情况下，该分类法值得商榷。"带状公园"以公园绿的形状作为分类标准，与"综合性公园"等其他 4 个类型并列，同样值得推敲。此外，"街旁绿地"中的"街道广场绿地"定义也不甚清晰①。

1. 综合性公园

综合性公园是城市绿地系统的重要组成部分，多以较为丰富的绿化种植和游憩活动设施见长。按照服务范围，综合性公园又可以分为全市性的公园和区域性的（或称区级）公园。通常，全市性的综合性公园的服务半径在 2～3km 之间，区域性的综合性公园的服务半径在 1～1.5km 之间，面积一般不小于 10hm²。在节假日，可容纳服务范围内15%～20%的居民开展活动（对于大城市可按 10%考虑）。综合性公园在城市中的布局要方便市民的使用，其规划布局应结合自然地形、水面和文物古迹。公园内需考虑游览观赏、休憩、儿童活动、文艺游艺活动、服务管理设施等内容，可根据功能、景观等进行园内分区。综合性公园中应以绿化种植及露天活动场为主，建筑物仅起点缀作用，一般公园内设施占地不应超过公园总面积的 5%，特殊情况下不得超过 10%。通常不考虑设置专业性体育设施、驯养大型动物和猛兽类动物的动物园，但可以适当安排足球、棒球等以草坪为主的体育练习场地，以及鸟类、金鱼类或兔、猴等小型动物为主的动物展区。

小城市至少要设置一个综合性公园；大中城市通常需要设置一个以上的综合性公园。各个综合性公园除满足市民的休憩、体育锻炼等基本需求外，还可以各自安排一些具有特点的设施、活动内容以及特色植物种植等，使综合性公园各具特色（图 10-8）。

2. 社区公园

虽然《城市绿地分类标准》中对社区公园并没有给出严格的定义，但从相关标准、规范对其中所包括的居住区公园及小区游园的定义中不难看出：社区公园实际上是供居住在附近的市民日常生活活动使用的公共或半公共的绿化空间。事实上，按照《城市用地分类与规划建设用地标准》中城市用地的分类，绿地中并不包括住区配建的绿地，而将"社区附属绿地"划为居住用地的组成部分。现实中，在物权明确并且实行封闭式管

---

① 《城市绿地分类标准》条文说明中，与"街道广场绿地"相关的解释是："街道广场绿地"是我国绿地建设中一种新的类型，是美化城市景观，降低城市建筑密度，提供市民活动、交流和避难场所的开放型空间。"街道广场绿地"在空间位置和尺度上，在设计方法和景观效果上不同于小型的沿街绿化用地，也不同于一般的城市游憩集会广场、交通广场和社会停车场库用地。……"街道广场绿地"与"道路绿地"中的"广场绿地"不同，"街道广场绿地"位于道路红线之外，而"广场绿地"在城市规划的道路广场用地（即道路红线范围）以内。

图 10-8　城市综合性公园实例(上海浦东世纪公园)

资料来源:上海市城市建设档案馆. 上海鸟瞰 20 景[M]. 上海:上海人民美术出版社,2003.

理的居住小区中,小区游园排斥非本小区以外的居民使用,只能属于半公共的专属绿
地。而对于居住区公园,虽然从管理上通常不排斥本居住区以外的市民使用,但对本地
区以外的市民通常不具备更强的吸引力。因此,社区公园更多地为其服务范围内的当
地居民所利用。居住区公园、小区游园的面积规模与城市绿化标准、居住密度、服务半
径等因素相关,各现行相关标准中所给出的数据也各不相同,甚至相差较大。表 10-3 给
出了居住区公园与小区游园中通常所包括的设施内容及相关数据。

表 10-3　社区公园的内容及相关数据

名称	居住区公园	居住小区游园
使用对象	以相应居住区居民为主	以相应居住小区居民为主
设施内容	儿童游戏设施、老年/成年人活动休息场地、运动场地、座椅坐凳、树木、草坪、花坛、凉亭、水池、雕塑等	儿童游戏设施、老年/成年人活动休息场地、运动场地、座椅坐凳、树木、草坪、花坛、凉亭、水池、雕塑等
用地面积	≥1hm²[1],宜为 5～10hm²[2]	≥0.4hm²[1],不宜小于 0.5hm²[2]
服务半径	<800m[3],0.5～1.0km[4]	<400m[3],0.3～0.5km[4]
步行时间	8～15min[3]	5～8min[3]
其他要求	1.5～1.0m²/人,≥0.5m²/人[1]	1.0～0.5m²/人,≥0.5m²/人[1]

资料来源:[1]中华人民共和国国家标准.《城市居住区规划设计规范》(GB 50180—1993)(2002 年版);[2]中华
人民共和国行业标准《公园设计规范》(CJJ 48—1992);[3]李德华. 城市规划原理[M]. 3 版. 北
京:中国建筑工业出版社,2001;[4]中华人民共和国行业标准《城市绿地分类标准》(CJJ/T 85—
2002)。表中带圆圈数字表示与上述资料编号对应,表示出自该资料。

3. 专类公园

除综合性公园外,城市中还设有大量具有特定目的或具有特色的公园。按照《城市绿地分类标准》这些公园被划归"专类公园"(G13),其中包括:儿童公园(G131)、动物园(G132)、植物园(G133)、历史名园(G134)、风景名胜公园(G135)、游乐园(G136)以及其他专类公园(G137)。

在专类公园中,儿童公园最为常见。通常儿童公园占地不多,主要为儿童的户外活动及游玩提供安全、舒适的场所,可在居住区或居住小区中单独设置,也可以在社区公园中开设专供儿童活动的区域。除普通的儿童公园外,有些城市中还设有特色儿童公园。例如,哈尔滨市的儿童公园中设置了 2km 长的小火车,体验作为交通工具的火车成为该儿童公园的特色。

动植物园除休憩、散步等其他公园绿地所具有的一般功能外,更主要的是为游人提供动物及植物花卉观赏的条件,具有教育、科普以及游乐等功能。由于动物园中动物所散发出的气味、吠声以及排泄物等对动物园的周围环境具有一定的影响,所以动物园应尽量设置在非城市发展方向上的城市郊区,并避开城市的上风上水方向。滨海城市中以海洋动植物展示为主题的海洋公园多靠近海岸布置。植物园一般占地面积较大,宜设在郊区甚至是远郊区。

游乐园通常具有商业经营性质,以人工设施为主,并收取较高金额的门票。虽然《城市绿地分类标准》要求其中的绿化占地面积应大于 65%,但从其性质来看与其他专类公园存在着一定的区别,而更接近于一种娱乐、服务设施。

4. 街旁绿地

街旁绿地(又称街头绿地)是遍布城市各处的中小型开放式绿地,是城市空间序列节奏中的停顿和重音。虽然一般街旁绿地的规模不大,但由于其可以利用城市中的零散用地设置,便于市民就近进行散步、休憩活动,并具备美化城市环境、景观的功能,有些街旁绿地还可以结合布置小型公共停车场,因而在城市绿化及开敞空间系统中具有举足轻重的地位。街头绿地占地小、投资少,易于实现。较之"气派"的大型广场、公园而言,更具实用价值,在城市规划中不可忽视,更不可偏废(图 10-9)。

街头绿地的规划布局应以方便市民使用为主要目的。位于城市中不同地区的街旁绿地应考虑到主要使用者的需求,各具特色。例如,位于居住用地中的街旁绿地主要考虑城市居民,特别是儿童、老年人等群体健身、游戏的要求;而位于城市中央商务区中的街头绿地则应考虑写字楼群中职员工间休息、来访者等待等需求。由于街头绿地本身的规模较小,如果与绿化带、林荫道、步行专用道等结合布置,则其实用效果可以得到加强。我国现行《公园设计规范》以及《城市绿地分类标准》均要求街旁绿地中的绿化占地比例应大于等于 65%。

图 10-9　城市街头绿地实例(美国纽约 Paley Park)
资料来源：作者拍摄

10.3.2　生产防护绿地

在城市绿化与开敞空间系统中，除主要为市民提供各种户外活动场所的公园绿地外，还存在有大量以隔离与卫生防护为主要功能的防护绿地以及为城市绿化提供苗木的生产绿地。这些绿地通常面积较大，虽然一般不考虑市民在其中的活动，但构成城市绿化及开敞空间系统的重要组成部分。按照我国现行《城市用地分类与规划建设用地标准》的划分方式，公园绿地(G1)、防护绿地(G2)及广场用地(G3)共同组成城市中的绿地(G)，而在《城市绿地分类标准》中，生产绿地(G2)与防护绿地(G3)是与公园绿地(G1)并列的两个中类。

1. 生产绿地

生产绿地又被称为园林生产绿地，指城市规划中处于城市建设用地范围内的为城市绿化提供苗木、花草、种子的苗圃、花圃、草圃等圃地。按照《城市绿地分类标准》中的条文解释："不管是否为园林部门所属，只要是为城市绿化服务，能为城市提供苗木、草坪、花卉和种子的各类圃地，均应作为生产绿地，而不应计入其他类用地。其他季节性或临时性的苗圃，如从事苗木生产的农田，不应计入生产绿地。单位内附属的苗圃，应计入单位用地，如学校自用的苗圃，与学校一并作为教育科研设计用地，在计算绿地时则作为附属绿地。……圃地具有生产的特点，许多城市中临时性存放或展示苗木、花卉的用地，如花卉展销中心等不能作为生产绿地。"由此可以看出，此处的生产绿地实际上是仅限于城市建设用地范围内的专供园林生产的绿地，在城市用地中所占比例较小，虽然也是城市绿化与开敞空间系统的组成部分,但与城市规划范围内大量存在的农田、林地等其他生产性绿地具有本质上的不同。

2. 防护绿地

防护绿地是为了满足城市对卫生、隔离、安全的要求而在特定设施用地中,其周围以及不同城市用地之间设置的绿化用地,其功能是减缓某些城市设施或用地对周围环境的影响,或者对某些自然灾害起到一定的防护或减弱作用。其中主要包括位于不同种类用地之间的防护绿带,位于高压输电线路下面的高压走廊,位于铁路、高速公路、国道等交通干线两侧的防护绿地以及位于城市外围的防风林带,或位于城市不同组团间的隔离绿带等。不同种类防护绿地的宽度和植物种植方式要求各异,规划中应参照相关规范、标准执行。通常,防护绿地不考虑人员进入其中开展户外活动。常见的防护绿地有以下几种。

(1) 隔离绿化带

工业用地与其他城市用地之间的隔离绿化带对不同的大气污染源以及噪声污染具有一定的减缓作用。但必须指出的是:单纯依靠这种减缓作用不能从根本上解决城市工业生产所造成的大气污染影响,而必须配合其他措施进行综合治理。通常,隔离绿化带的宽度在 50～1000m 之间。根据不同的宽度设置相应的林带数量和林带宽度(表 10-4)。也有国内学者提出城市组团间分隔绿带的理想宽度为 500m[①]。

表 10-4　隔离绿化带的宽度及林带设置

工业企业等级	卫生防护林地带总宽度/m	卫生防护林地带内林带数量/个	防护林带	
			宽度/m	距离/m
Ⅰ	1000	3～4	20～50	200～400
Ⅱ	500	2～3	10～30	150～300
Ⅲ	300	1～2	10～30	150～100
Ⅳ	100	1～2	10～20	50
Ⅴ	50	1	10～20	

资料来源:参考文献[1]

(2) 干线交通设施沿线绿地

干线交通设施沿线绿化包括:铁路、公路两侧以及高速公路两侧与中央分隔带绿化(图 10-10)。铁路两侧绿化具有防风、防沙、防雪、保护路基等功能。但在设置时应注意远眺景观较好处宜敞开,不种或少种高大乔木。在转弯处、信号机附近留出视距三角。城区段铁路两侧应留出不小于 30m 的宽度,作为安全防护绿地。公路两侧的绿化通常位于城市郊区的公路两侧,可起到防风、防沙、防雪以及美化道路景观的作用;高速公路的两侧及中央分隔带的绿化可降低汽车的尾气和噪声污染。城区段高速公路两侧可设置 20～30m 宽的绿化隔离带。其断面形式可采用由内侧向外侧逐渐升起,以增强改善

---

① 参考文献[2]:12-14。

景观和防污染的效果。在高速公路中央隔离带内（一般宽度为 5~20m）种植有一定高度的灌木,夜晚还可以起到防对面车辆眩光的作用。

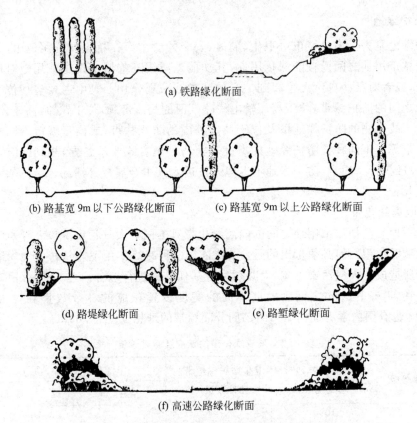

(a) 铁路绿化断面

(b) 路基宽 9m 以下公路绿化断面　　　(c) 路基宽 9m 以上公路绿化断面

(d) 路堤绿化断面　　　(e) 路堑绿化断面

(f) 高速公路绿化断面

图 10-10　铁路、公路及高速公路两侧的绿化示意图
资料来源:作者根据参考文献[1]编绘

（3）防风林带

对于受风灾影响严重的城市,可在城市郊区及城市建设用地的外围设置与主导风向垂直的防风林带。按照林带中植物种植的组合形式以及密集程度,防风林带可分为透风林、半透风林(只在林带两侧种植灌木)以及不透风林(可降低风速70%、但容易产生涡流,且风速恢复快)等类型。防风林带组合一般有三、四、五带制,每条林带宽度一般不小于 10m。根据实际测定,防风林带的有效防风降速距离大约为林带高度的 20倍。因此,通常林带间隔为 300~600m。在布局上采用迎风依次布置透风林、半透风林和不透风林。

10.3.3　附属绿地

附属绿地又称"专用绿地"或"单位附属绿地",指存在于居住、工业、道路广场等用地之内的绿化用地。按照《城市绿地分类标准》中的划分,附属绿地(G4)可进一步分为居住绿地(G41)、公共设施绿地(G42)、工业绿地(G43)、仓储绿地(G44)、对外交通绿地(G45)、道路绿地(G46)、市政设施绿地(G47)以及特殊绿地(G48)。附属绿地虽然在提供户外活动场所、改善环境、美化城市景观等方面起到相应的作用,同样也是城市绿化及开敞空间的重要组成部分,但在城市建设用地分类上隶属于所在的用地种类,不单独参与城市建设用地平衡;在用地权属上属于相应单位、个人或城市所有;在使用上既有面向公众开放的(如道路绿地),也有为特定人群所使用的(如工业绿地),还有私密性较强的绿地(如居住绿地中,个人住宅院落中的绿地)。

在附属绿地中,向公众开放程度最高,与城市绿化及开敞空间系统的形成最为密切的是道路绿地,其中包括行道树绿带、分车绿带、交通岛绿带、交通广场和停车场绿地等。事实上,除作为附属绿地的道路绿地外,公园绿地中,属于街旁绿地的街道广场绿地在形态与布局上往往与此相似。两者的主要区别在于是否在道路红线以内,是作为道路用地还是作为公园绿地纳入城市建设用地的平衡。

1. 广场绿化

抛开用地统计上的不同定义,城市广场是城市绿化及开敞空间系统的重要组成部分。一般认为:较之于城市公园,城市广场特别是集会广场等有大量人群活动的广场具有更多的硬质铺装面积和较为集中、整齐划一的公共活动空间。但也有一些城市广场主要为市民提供游憩、休闲的场所,与城市公园并无本质上的区别。另外,从城市开敞空间的起源上来看,城市广场作为被称为"城市的起居室"的公共活动空间,与城市绿地之间本来就没有明确的界限。总之,城市广场与公园绿地一样,同为城市绿化及开敞空间系统的构成要素。从 20 世纪 90 年代开始,我国城市建设中出现了所谓的"广场热"。这一方面反映了广大市民对户外活动空间的客观要求;另一方面也表明城市政府对公共活动空间的重视程度有所提高。但在城市广场建设实践中也存在诸如规模过大、硬质铺装比例过大、草坪多树木少、无法遮阳庇荫、缺乏围合感等方面的问题(图 10-11)。究其根本原因是对城市广场在改善城市景观面貌方面的作用重视有余,而对其改善城市环境,为广大市民提供户外活动场所方面的功能认识不足。因此,城市规划应多布置一些规模适当、绿化效果好,以满足市民游憩、休闲活动为主要目的的城市广场。

2. 道路及停车场绿化

通常,在道路两侧的人行道上,只要宽度允许,一般都栽有树木,有些还配有相应的带状灌木和草坪。而在一些红线宽度较宽,道路断面形式较复杂的道路上,在机动车与非机动车隔离带、中央分车带中也种植有绿化植物。在经过一定年限的生长期后,这些行道树形成城市中的一条条绿色长廊,除起到吸附有害气体、滤尘降噪、夏季遮阳庇荫、美化市容等作用外,更成为联系城市中各类公园绿地的绿色空间纽带。尤其在没有专门设置林荫道或带状绿地的城市中,行道树所组成的绿带是城市绿化中的主要线状绿化要素,在城市绿化及开敞空间系统中扮演着重要的角色。

图 10-11 某城市广场中缺少遮阴乔木的现象
资料来源：作者拍摄

通常，道路绿化包括行道树、分隔绿化带、交通岛绿化等。我国现行相关规范中，对不同种类以及不同红线宽度道路中的绿地率做出了具体的规定①。道路绿化的形态布局主要根据道路断面形式进行，一般有：在单幅路两侧人行道上植树的"一板两带式"、在双幅路两侧及中央分车带中进行绿化的"两板三带式"以及分别对应三幅路与四幅路的"三板四带式"和"四板五带式"。行道树的具体布置方式有：利用树池或种植带种植；单排种植、双排及多排种植等。行道树在种植时应注意以保障交通顺畅安全为主，例如，在道路交叉口的视距三角内不得种植高出机动车驾驶员视线高度的乔灌木，不得遮挡信号等。

此外，停车场也可以进行绿化种植，例如利用停车泊位之间的空间种植乔灌木，利用混凝土栅格种植草皮等。停车场的绿化不仅可以防止车辆的暴晒，保护机动车，同时还可以避免大面积硬质铺装材料直接暴露在直射日光之下，为改善城市的局部气候环境作出贡献。

3. 林荫道

除一般城市道路可利用两侧的行道树以及各种分隔带进行绿化外，还有一种专门设计的林荫大道，用来连接城市中的公园、绿地、水面以及城市建设用地外围的生态绿地等，形成城市的绿化及开敞空间系统。美国早期公园系统形成过程中的"林荫大道"（park way），例如，布鲁克林的东林荫道（Eastern Parkway）、芝加哥连接杰克逊公园与华盛顿公园的中途林荫道（Midway）就是其中的代表。在这种兼有绿化与交通功能的

---

① 中华人民共和国行业标准《城市道路绿化规划与设计规范》（CJJ 75—1997）中规定：园林景观路绿地率不得小于 40%；红线宽度大于 50m、在 40～50m 之间以及小于 40m 的道路绿地率应分别不得小于 30%、25% 和 20%。

林荫道中,绿化用地占据主导地位,通常在机动车道之间设有多排行道树以及较宽的草坪,人行道多设置在多排行道树之间。由于林荫道兼有绿化及交通双重功能,严格来说并不应划入附属绿地的范围。

还有一种设在城市中心区的林荫道,将绿化用地集中布置在道路用地的中央,在绿化用地两侧靠近建筑物的地方分别设置两条单向通行的机动车道。这种布局实际上在两条单行道之间形成了带状公园,一方面提高了绿化布局的灵活性和使用效率;另一方面又使得道路的一侧靠近建筑物,便于进出其中。这种带状公园在与城市主干路交叉时多采用立交的方式。日本名古屋的久屋大通公园就是这类公园的一个实例(图 10-12)。

图 10-12　日本名古屋市的带状公园
资料来源:名古屋市土木局.名古屋の道路[R].1989.

此外,一些滨河、滨海的林荫路,供散步、开展自行车运动的专用林荫道以及绿化较好的商业路步行街都可以看作是林荫道的一种。

10.3.4　生态景观绿地

从生态系统的角度来看,城市内部与城市周围地区是一个连续的系统,城市内部以人工环境为主,城市外围则以自然环境为主;从绿化系统来看,城市公园绿地系统也不是孤立存在的,它与城市外围的大规模森林公园、山体绿化等保持着系统上的延续;从开敞空间的角度来看,城市建设用地中,建筑遮蔽等实体占据主导地位,开敞空间处于辅助地位,而在城市建设用地以外的地区,开敞空间则成为主导;从城市景观上看,城市外部的绿色空间,为以人工景观为主的城市景观提供了一个大背景。因此,由风景名胜区、水源保护区、郊野公园、森林公园、自然保护区、绿化隔离带、野生动植物园以及湿地所构成的大面积生态绿地是整个城市所在地区生态系统的基底,是城市公园绿地系统的延续,对城市生态环境质量、市民休闲活动质量、城市景观以及生物多样性保护有着直接的影响。在我国现行的《城市绿地分类标准》中虽然将该类用地命名为"其他绿地",但从对其内容的描述来看,将其称为"生态景观绿地"则更为贴切。

城市规划按照是否进行开发建设,将其规划范围内的用地划分两大类,即可进行开发建设的城市建设用地与控制开发建设活动的非城市建设用地。"生态景观绿地"指位于城市规划区范围之内,除城市建设用地以外的生态、景观、旅游和娱乐条件较好或亟须改善的区域。这些地区通常是植被覆盖、山水地貌较好或应改造好的地区。"生态景观绿地"是城市公园绿地系统的延续和补充,而不是其替代物。因此生态绿地并不参与城市建设用地的平衡,其面积规模不受城市建设用地指标的限制。

在城市公园绿化及开敞空间系统中,生态绿地所应担负的主要功能有以下几种。

(1) 维持生态系统的平衡

生态景观绿地与大面积的农田、水面一起构成了城市所在地区生态系统的基底。虽然城市建设会不断打破这一系统的平衡,但如果保证生态景观绿地的相对稳定,城市建设对生态系统的影响就会得到缓解。有意识的生态景观绿地的培育建设还可以起到改善生态系统状况的作用。

(2) 保护珍贵自然资源

生态景观绿地的设置可以结合自然和文化遗产地的保护、水源保护区防护以及湿地等自然保护区或生态敏感地区的保护进行。另一方面,城市周围的山体绿化等自然景观也是城市的重要资源,同样应该结合生态景观绿地的设置纳入保护范围。此外,在我国基本农田也是一种受国家政策保护的资源,可以结合生态景观绿地的布局统一考虑。

(3) 拓展市民户外活动空间与内容

随着城市经济的不断发展,市民收入的增加以及生活方式与观念的变化,在现代城市中,居民的休闲时间增加,出行能力增强。城市中的公园绿地已不能充分满足市民对户外活动日益多样化的需求。而生态景观绿地中的一部分,如风景名胜区、郊野公园、森林公园、风景林地、野生动植物园等不仅可以大幅度地拓展市民户外活动的空间,丰富活动内容,满足市民对户外活动多样化的需求,而且还可以成为城市对外提供旅游服务的场所。

(4) 遏制城市无序发展

由于生态景观绿地在维护生态系统平衡、保护自然资源、为市民提供服务等方面具有重要的作用,因此,城市规划一般通过法律及行政管理等手段,保证其免受城市开发建设的侵蚀。这也相应地抑制了城市建设的无序发展,特别是抑制了大城市中,城市建设用地连绵扩展的"摊大饼"现象。

生态景观绿地与城市建设用地互为"图""底"关系,其结构的建立与范围的划定直接影响到城市的整体形态与总体布局。城市规划应充分认识到生态景观绿地的重要性,改变以往主要从城市建设用地布局入手的"建设优先"的规划观念和方法,着眼于生态系统维护与城市建设两个方面,综合考虑开发建设与生态环境保护之间的平衡。以"生态优先"的规划理念实现城市自身的可持续发展。

参考文献

[1] 同济大学,等. 城市园林绿地规划[M]. 北京:中国建筑工业出版社,1982.

[2] 李敏. 现代城市绿地系统规划[M]. 北京:中国建筑工业出版社,2002.

[3] 许浩. 国外城市绿地系统规划[M]. 北京:中国建筑工业出版社,2003.

[4] [日]石川幹子. 都市と緑地——新しい都市環境の創造に向けて[M]. 東京:岩波書店,2001.

[5] 贾建忠. 城市绿地规划设计[M]. 北京:中国林业出版社,2001.

[6] 李敏. 城市绿地系统与人居环境规划[M]. 北京:中国建筑工业出版社,1999.

[7] MCHARG I L. Design With Nature[M]. New York:John Eiley & Sons INC.,1967.

[8] HOUGH M. Cities and Natural Process[M]. London:Routledge,1995.

[9] SIMONDS J O. Earthscape, A Manual of Environmental Planning and Design[M]. New York:Van Nostrand Reinhold Company,1978.

程里尧,译. 大地景观——环境规划指南[M]. 北京:中国建筑工业出版社,1990.

[10] SIMONDS J O. Landscape Architecture, A Manual of Site Planning and Design[M]. Third Edition. New York:McGraw-Hill,1998.

[11] [日]日笠端,日端康雄. 都市計画[M]. 3 版. 東京:共立出版株式会社,1999.

[12] [日]加藤晃,竹内伝史. 新・都市計画概論[M]. 東京:共立出版株式会社,2004.

[13] [日]三村浩史. 地域共生の都市計画[M]. 京都:学艺出版社,1997.

[14] 中国城市规划学会. 城市环境绿化与广场规划[M]. 北京:中国建筑工业出版社,2003.

第 11 章　城市基础设施(工程)规划

11.1　城市规划中的基础设施规划

城市是一个人口、生产与生活活动以及物质财富高度集中的人工环境,这种环境必须依靠与外界的物质与能量的交换才能保证其系统的平衡和正常运转。城市基础设施正是维系城市人工环境系统正常运转的支撑系统。尤其是对于现代大城市而言,无法想象缺少电力供应、污水滞留、垃圾不能及时清理会是怎样一种情景。因此,城市基础设施对于城市的存在与发展至关重要。城市基础设施规划是城市规划的重要组成部分。

11.1.1　城市基础设施

1. 城市基础设施规划的定义与内涵

基础设施(infrastructure)的原意是"下部构造"(infra＋structure),借用来表示对上部构造起支撑作用的基础。城市基础设施(urban infrastructure)最初是由西方经济学家在 20世纪 40 年代提出的概念,泛指由国家或各种公益部门建设经营,为社会生活和生产提供基本服务和一般条件的非赢利性行业和设施。因为,虽然城市基础设施是社会发展不可或缺的生产和经济活动,但不直接创造最终产品,所以又被称为"社会一般资本"或"间接收益资本"①。

我国的《城市规划基本术语标准》将城市基础设施定义为:"城市生存和发展所必须具备的工程性基础设施和社会性基础设施的总称。"

实际上,虽然城市基础设施这一概念提出的时间较短,但是其所指的内容却具有几乎与城市同样长的历史。从中国古代乡村小镇的青石板路,到明清北京紫禁城中的排水暗沟系统;从古罗马的输水道,到现代化城市中的"综合管沟",这些都是城市基础设施的典型实例。

由此我们可以看出,城市基础设施实际上是维持城市正常运转的最为基础的硬件设施以及相应的最基本的服务。这些设施的建设与运营带有很强的公共性,通常由城市政府或公益性团体直接承担,或进行强有力的监管。

---

① 参考文献[3]：160。

2. 城市基础设施的分类与范畴

有关城市基础设施的分类及其所包括的范畴各个国家不尽相同。例如,德国将城市基础设施分为:①物质性基础设施;②制度体制方面的基础设施;③个人方面的基础设施。美国则分为:①公共服务性设施(包括教育、卫生保健、交通运输、司法、休憩等设施);②生产性设施(包括能源供给、消防、固体废弃物处理、电信、给水及污水处理系统等)。日本的分类方式大致与我国相同,但将城市公园也作为城市工程性基础设施的一种[①]。

按照我国《城市规划基本术语标准》对城市基础设施的定义,广义的城市基础设施主要包括工程性基础设施(或称技术性基础设施)与社会性基础设施两大类。工程性基础设施主要包括城市的道路交通系统、给排水系统、能源供给系统、通信系统、环境保护与环境卫生系统以及城市防灾系统等,又被称为狭义的城市基础设施。社会性基础设施则包括行政管理、基础性商业服务、文化体育、医疗卫生、教育科研、宗教、社会福利以及住房保障等。由此可见,城市基础设施渗透于城市社会生活的各个方面,对城市的存在与发展起着重要的作用。城市规划与这两大类基础设施的规划与建设均有着密切的关系。对于社会性基础设施,城市规划的主要任务是确定合理的布局,确保其用地的落实和不被其他功能所侵占;而对于工程性基础设施,城市规划则需要针对各个系统做出详细具体的规划安排并落实实施措施。由于工程性基础设施的规划设计与建设具有较强的工程性和技术性特点,因此又被称为城市工程系统规划。

本章主要针对城市工程性基础设施中的给排水系统、能源供给系统、通信系统的规划以及各系统之间的综合协调进行简要的论述。有关道路交通、公园绿化、城市防灾、环境保护等方面的规划请参阅前面的相关章节,在此不再赘述。

3. 城市基础设施的基本特征

作为维持城市正常运转的支撑系统,工程性城市基础设施有着明显的基本特征。首先,城市基础设施的普及程度与质量是衡量一个社会的发展水平和文明程度的重要指标。例如城市居民的人均用电量、自来水的普及程度与水质、污水管道排放与处理的比例、电话及有线电视普及率等。其次,由于大部分管线设施埋藏于地下,场地设施通常处于城市边缘,其存在往往容易被普通市民所忽视,也难以形成反映城市面貌的视觉效果。此外,工程性基础设施建设投资巨大,同时,作为政府的公共投资或公益性投资,设施服务价格通常偏低,再加上管理部门本身的垄断、低效率经营等问题,往往难以单纯依靠系统本身的运营收回投资。目前我国在城市基础设施建设领域也出现了 BOT(建设、经营、转让)等加速基础设施建设、提高投资效率的方式。

---

① 参考文献[3]、[5]、[6]、[8]。

11.1.2　城市工程系统规划

1. 城市工程系统规划的构成与功能

城市工程系统规划是指针对城市工程性基础设施所进行的规划,是城市规划中专业规划的组成部分,或者是单系统(如城市给水系统)的工程规划。城市工程系统规划包括:

(1) 城市交通工程系统规划(包括对外交通与城市道路交通);

(2) 城市给排水工程系统规划(包括给水工程与排水工程);

(3) 城市能源供给工程系统规划(包括供电工程、燃气工程及供热工程);

(4) 城市电信工程系统规划;

(5) 城市环保环卫工程系统规划(包括环境保护工程与环境卫生工程);

(6) 城市减灾工程系统规划;

(7) 城市工程管线综合规划。

2. 城市工程系统规划的任务

城市工程系统规划的任务可分为总体上的任务以及各个专项系统本身的任务。从总体上说,城市工程系统的任务就是根据城市社会经济发展目标,同时结合各个城市的具体情况,合理地确定规划期内各项工程系统的设施规模、容量,对各项设施进行科学合理的布局,并制定相应的建设策略和措施。而各专项系统规划的任务则是根据该系统所要达到的目标,选择确定恰当的标准和设施。例如,对于供电工程而言,该工程系统规划需要预测城市的用电量、用电负荷作为规划的目标,在电源选择,输配电设施规模、容量、电压等要素的确定以及输配电网络与变配电设施的布局等方面做出相应的安排。城市工程系统规划所包含的专业众多,涉及面广,专业性强,同时各专业之间需要协调与配合。此外,城市工程系统规划更多地侧重于各项工程性城市基础设施的建设与实施,有着相对确定的建设目标和建设主体。因此,从本质上来看城市工程系统规划基本上是一种修建性的规划,与土地利用规划等城市规划的其他组成部分有所不同。

3. 城市工程系统规划的层次

城市工程系统规划一方面可以作为城市规划的组成部分,形成不同空间层次与详细程度的规划,例如城市总体规划中的工程系统规划、详细规划中的工程系统规划;另一方面,也可以针对组成工程系统整体的各个专项系统,单独编制该系统的工程规划,如城市供电系统的规划。各专项规划中又包含有不同层面和不同深度的规划内容。此外,对这些专项规划进行综合与协调又形成了综合性的城市工程系统规划。这些不同层次、不同深度、不同类型、不同专业的城市工程系统规划构成了一个纵横交错的网络。通常,各专项规划由相应的政府部门组织编制,作为行业发展的依据。城市规划更多在吸取各专项规划内容的基础上,对各个系统进行协调,并将各种设施用地落实到城市空间中去。

4. 城市工程系统规划的一般规律

构成城市工程系统的各个专项系统繁多,内容复杂,各专项系统又具有各自在性能、技术要求等方面的特点。因此,各专项规划无论是其内容还是要解决的主要矛盾各不相同。但是,作为城市规划组成部分的各专项系统规划之间又存在着某些共性和具有普遍性的规律。

首先,各专项系统规划的层次划分与编制的顺序基本相同,并与相应的城市规划层次相对应。即在拟定工程系统规划建设目标的基础上,按照空间范围的大小和规划内容的详细程度,依次分为:①城市工程系统总体规划;②城市工程系统详细规划。其次,各专项规划的工作程序基本相同,依次为:①对该系统所应满足的需求进行预测分析;②确定规划目标,并进行系统选型;③确定设施及管网的具体布局。

11.2 城市给水排水工程系统规划

城市给水排水工程系统包含了城市给水工程系统与城市排水工程系统。本节简述其规划概要。

11.2.1 城市给水工程系统规划

城市给水工程系统规划的主要环节与步骤有:①预测城市用水量;②确定城市给水规划目标;③城市给水水源规划;④城市给水网络与输配设施规划;⑤估算工程造价等。

1. 城市用水量预测

城市用水主要包括:生活用水、生产用水、市政用水(例如道路保洁、绿化养护等)、消防用水以及包括输供水管网滴漏等在内的未预见用水等。城市用水量就是这些不同种类用水的总和。对城市用水量的预测可以转化为对其中各个分项的预测。由于城市所在地理位置、经济发展水平、生活习惯以及可供利用的水资源条件各不相同,应根据各个城市的特点,在对现状用水情况进行调研的基础上,根据城市规划确定的规划人口、产值、产业结构等因素,选用相应规范标准,最终叠加计算出城市总用水量。在我国现行规划设计规范标准中,与城市用水量标准相关的主要有以下几种。

(1) 城市综合用水标准

中华人民共和国国家标准《城市给水工程规划规范》(GB 50282—1998)。其中包括:城市单位人口综合用水量指标(万 m^3/(万人·d))(表 11-1)、城市单位建设用地综合用水量指标(万 m^3/(km^2·d))(表 11-2)、人均综合生活用水量指标(L/(人·d))(表 11-3)、单位居住用地用水量指标(万 m^3/(km^2·d))、单位公共设施用地用水量指标(万 m^3/

$(km^2 \cdot d))$、单位工业用地用水量指标(万 $m^3/(km^2 \cdot d))$ 以及单位其他用地用水量指标(万 $m^3/(km^2 \cdot d))$。

表 11-1　城市单位人口综合用水量指标　　　万 $m^3/($万人 $\cdot d)$

区域	城 市 规 模			
	特大城市	大城市	中等城市	小城市
一区	0.8～1.2	0.7～1.1	0.6～1.0	0.4～0.8
二区	0.6～1.0	0.5～0.8	0.35～0.7	0.3～0.6
三区	0.5～0.8	0.4～0.7	0.3～0.6	0.25～0.5

注：① 特大城市指市区和近郊区非农业人口 100 万及以上的城市；大城市指市区和近郊区非农业人口 50 万及以上不满 100 万的城市；中等城市指市区和近郊区非农业人口 20 万及以上不满 50 万的城市；小城市指市区和近郊区非农业人口不满 20 万的城市。
　　　② 一区包括：贵州、四川、湖北、湖南、江西、浙江、福建、广东、广西、海南、上海、云南、江苏、安徽、重庆；二区包括：黑龙江、吉林、辽宁、北京、天津、河北、山西、河南、山东、宁夏、陕西、内蒙古河套以东和甘肃黄河以东的地区；三区包括：新疆、青海、西藏、内蒙古河套以西和甘肃黄河以西的地区。
　　　③ 经济特区及其他有特殊情况的城市，应根据用水实际情况，用水指标可酌情增减(下同)。
　　　④ 用水人口为城市总体规划确定的规划人口数(下同)。
　　　⑤ 本表指标为规划期最高日用水量指标(下同)。
　　　⑥ 本表指标已包括管网漏失水量。
资料来源：中华人民共和国国家标准《城市给水工程规划规范》(GB 50282—1998)

表 11-2　城市单位建设用地综合用水量指标　　　万 $m^3/(km^2 \cdot d)$

区域	城 市 规 模			
	特大城市	大城市	中等城市	小城市
一区	1.0～1.6	0.8～1.4	0.6～1.0	0.4～0.8
二区	0.8～1.2	0.6～1.0	0.4～0.7	0.3～0.6
三区	0.6～1.0	0.5～0.8	0.3～0.6	0.25～0.5

注：本表指标已包括管网漏失水量。
资料来源：中华人民共和国国家标准《城市给水工程规划规范》(GB 50282—1998)

表 11-3　人均综合生活用水量指标　　　L$/($人 $\cdot d)$

区域	城 市 规 模			
	特大城市	大城市	中等城市	小城市
一区	300～540	290～530	280～520	240～450
二区	230～400	210～380	190～360	190～350
三区	190～330	180～320	170～310	170～300

注：综合生活用水为城市居民日常生活用水和公共建筑用水之和，不包括浇洒道路、绿地、市政用水和管网漏失量。
资料来源：中华人民共和国国家标准. 城市给水工程规划规范(GB 50282—1998)

（2）居民生活用水量标准

中华人民共和国国家标准《室外给水设计规范》(GB 50013—2006)、中华人民共和国国家标准《建筑给水排水设计规范》(GB 50015—2003)(2009 版)。主要给出了不同类型住宅的居民生活用水量。

（3）公共建筑用水量标准

中华人民共和国国家标准《建筑给水排水设计规范》(GB 50015—2003)(2009 版)。列出了各类公共建筑的单位利用者用水量。

（4）工业企业用水量标准

中华人民共和国国家标准《建筑给水排水设计规范》(GB 50015—2003)(2009 版)、中华人民共和国国家标准《工业企业设计卫生标准》(GBZ 1—2010)。主要列举了工业企业中职工生活用水标准。生产用水量一般参照建设部、国家经委于 1984 年编制的《工业用水量定额》以及各地政府编制的《工业用水定额》计算,其单位一般为万元产值用水量。

（5）消防用水量标准

中华人民共和国国家标准《消防给水及消火栓系统技术规范》(GB 50974—2014),以一次灭火的用水量为单位计算。

此外,有关市政用水标准,通常按照绿化浇水 $1.5\sim4.0L/(m^2\cdot次)$,道路洒水 $1\sim2L/(m^2\cdot次)$ 计算。有关未预见用水量,按照总用水量的 15%～20% 计算。

对于城市用水量的预测,除根据规范,按照人均综合指标、单位用地指标或不同种类用水叠加计算外,还有一些根据城市用水量增长趋势进行计算的方法,如线性回归法、年递增律法、生长曲线法、生产函数法、城市发展增量法等[①]。此外,城市用水量的预测只是一个平均数值,在对城市供水管网及设施进行实际规划设计时还要考虑不同季节、每天不同时段中实际用水量的变化情况。

2. 城市水源规划

城市水源规划的主要任务就是为城市寻找、选择满足一定水质要求的稳定水源。可用作城市水源的有：以潜水为主的地下水,包括江河、湖泊、水库在内的地表水,作为淡化水源料的海水以及咸水、再生水等其他一些水源。其中,地下水与地表水是城市供水的主要水源。对于城市水源的选择,规划主要从以下几个方面考虑。

（1）具有充沛、稳定的水量,可以满足城市目前及长远发展的需要。

（2）具有满足生产及生活需要的水质。相关标准可参见：中华人民共和国国家标准《地面水环境质量标准》(GB 3838—2002)、中华人民共和国城镇建设行业标准《生活饮用水源水质标准》(CJ 3020—1993)、中华人民共和国国家标准《生活饮用水卫生标准》(GB 5749—1985)以及中华人民共和国国家标准《工业企业设计卫生标准》(GBZ 1—2002)。

（3）取水地点合理,可免受水体污染以及农业灌溉、水力发电、航运及旅游等其他活动的影响。

① 参考文献[1]：173-177。

（4）水源靠近城市,尽量降低给水系统的建设与运营资金。

（5）为保障供水的安全性,大、中城市通常考虑多水源分区供水;小城市也应设置备用水源。

城市水源规划不但要满足城市供水需求,更要从战略角度做好水资源的保护与开发利用。我国是一个整体上缺水的国家,人均径流量仅为世界人均占有量的1/4,且在国土中的分布呈极不平衡的状况。尤其在北方地区,水资源的匮乏已经成为严重影响城市发展的制约因素。因此,除开展节约用水、水资源回收再利用以及域外引水等措施外,应对于现有水资源进行严格的保护,避免其受到进一步的污染。城市规划中应按照相关标准规范的要求,划定相应的水域或陆域作为地表水与地下水的水源保护区,严禁在其中开展有悖水质保护的各种活动。

3. 城市给水工程设施规划

城市给水工程系统包括以下环节:①取水工程;②水处理(净水)工程;③输配水工程等。其主要任务是将自然水体获取水经过净化处理,达到使用要求后,通过输配水管网输送到城市中的用户中(图11-1)。其中,各个环节的规划概要如下:

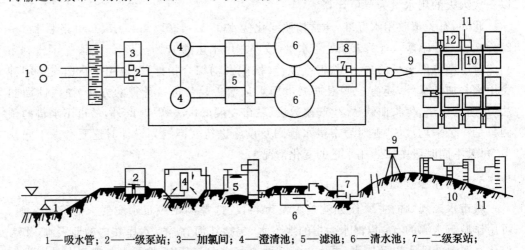

1—吸水管; 2—一级泵站; 3—加氯间; 4—澄清池; 5—滤池; 6—清水池; 7—二级泵站;
8—水塔; 9—输水管; 10—配水管网; 11—进户管; 12—室外消火栓

图 11-1　采用地面水源的给水工程系统示意图

资料来源:参考文献[2]

（1）取水工程设施规划

包括地下水取水构筑物与地表水取水构筑物的规划,其目的是从水源中通过取水口取到所需水量的水。地表取水口一般设置在城市上游,水文条件稳定,远离排污口或其他易受污染的河段。

（2）净水工程设施规划

净水工程设施(水厂)的目的是:根据原水的水质特点,通过澄清,过滤,消毒,除臭除味,除铁、锰、氟,软化以及淡化除盐等手段,使原水达到可供饮用或生产需要的水质标准。水厂通常选在工程地质条件好、有利于防洪排涝、具有环境卫生及安全防护条件、交通方便并靠近电源的地方。水厂的用地规模一般为 $0.1 \sim 0.8 \text{m}^2/(\text{m}^3 \cdot \text{d})$。

（3）输配水工程设施规划

其任务是保障经净化处理的水输送到城市中的每个用户中去，通常包括输水管渠、配水管网、泵站、水塔及水池等设施。

城市给水工程系统的布置形式可分为以下几种。

（1）统一给水系统

采用一个水质标准及供水系统供给生活、生产、消防等对水质、供水量要求不同的用水。其特点是系统简单，适用于小城镇及开发区等。

（2）分质给水系统

根据工业生产与居民生活对水质要求不同的特点，采用多系统、多水质标准供水的方式。其特点是可以降低净水的费用，做到水资源的优质优用，但同时会增加系统的复杂程度，适合于水资源紧缺、工业用水量大的城市。

（3）分区给水系统

将城市供水工程系统按照地域划分成几个相对独立的区。这种系统常见于地形起伏较大的城市，可以有效地降低供水管网所承受的压力。按照各个分区与总泵站的关系又可分为"并联分区"和"串联分区"。

（4）循环给水系统

生产废水经处理后的循环使用以及城市中水系统均可看作是循环给水系统，对水资源的节约和再利用具有较强的现实意义。

（5）区域性给水系统

对于流域污染严重或水资源严重匮乏地区的城市，可根据实际情况由多个城镇联合建设给水系统。

4. 城市给水管网规划

城市给水管网由输水管渠、配水管网以泵站、水塔、水池等附属设施组成。其中，输水管渠的功能主要是将经过处理的水由水厂输送到给水区，其间，并不负责向具体的用户分配水量。而给水管网的任务则是将通过输水管渠输送来的水（或直接由水厂提供的水）配送至每个具体的用户。根据管线在整个供水管网中所起的作用和管径的大小，给水管可分为干管、分配管（配水管）、接户管（进户管）三个等级。给水管网的布置形式主要分为树状管网和环状管网（图 11-2）。

（1）树状管网

供水管网从水厂至用户的形态呈树枝状布置。这种布置形式的特点是结构简单、管线总长度短，可节约管线材料，降低造价，但供水的安全可靠性相应降低，适于小城市建设初期采用（图 11-2(a)）。日后可逐渐改造成为环状结构。

（2）环状管网

环状供水管网系统中的管线相互联结串通，形成网状结构，其中某条管线出现问题时,可由网络中的其他环线迂回替代,因而大大增强了供水的安全可靠性(图 11-2(b))。

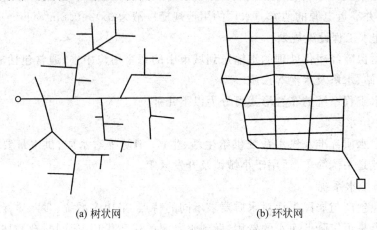

(a) 树状网　　　　　　　　　　(b) 环状网

图 11-2　城市给水管网的布置形式
资料来源:参考文献[1]

在经济条件允许的城市中应尽量采用这种方式。

以上两种给水管网的布置形式并不是绝对的,同一城市中的不同地区可能采用不同的形式。城市在发展过程中也会随着实力的提高,逐步将树状系统改造成环状系统。

此外,给水管网系统中还包括了泵站、水塔、水池、阀门等附属设施,在规划中也需要对其位置、容量等予以考虑。

11.2.2　城市排水工程系统规划

城市排水工程系统主要由两大部分组成。一是城市污水排放与处理系统,另一个是城市雨水排放系统,分别包括排水量估算、排水体制的选择、排水管网的布置、污水处理方式选择与设施布局以及工程造价及经营费用估算等环节。

1. 城市排水体制

通常城市排水系统需要排放的有:①各类民用建筑的厕所、浴室、厨房、洗衣房中排出的生活污水;②工业生产过程中排放出的受轻度污染的工业废水和受重度污染的生产污水;③降雨过程中产生的雨水或道路清洗、消防用后水等。其中,生活污水与生产污水须经过处理后才能排入自然水体中;雨水一般无须处理而直接排入自然水体;工业废水可经简单处理后直接重复利用,一般不宜排出。

城市排水体制是指城市排水系统针对污水及雨水所采取的排出方式,主要有采用一套系统兼用作污水、雨水排放的合流制系统,以及采用不同系统排放污水和雨水的分流制系统(图 11-3)。在合流制排水系统中,又根据系统中有无污水处理设施而进一步分为直排式合流制与截流式合流制。前者,污水在排放前不经任何处理;后者,污水在大部分时间中经过污水处理设施的处理,只是在降雨时大量雨水汇入同一排水管网系统,超出污水处理设施处理能力的部分直接排放。在分流制排水系统中,又根据有无雨水排放管道,进一步分为完全分流制与不完全分流制。前者具有两套完整的管网系统,而后者只有污水管道系统,雨水经过地面漫流,依靠不完整的明沟及小河排放至自然水体。

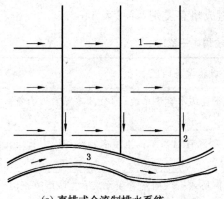

(a) 直排式合流制排水系统

1—合流支管;2—合流干管;3—河流

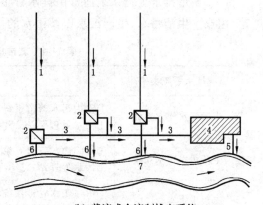

(b) 截流式合流制排水系统

1—合流干管;2—溢流井;3—截流主干管;4—污水厂;
5—出水口;6—溢流干管;7—河流

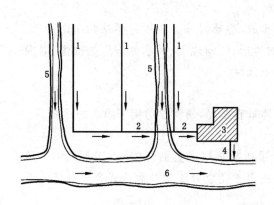

(c) 不完全分流制排水系统

1—污水干管;2—污水主干管;3—污水厂;
4—出水口;5—明渠或小河;6—河流

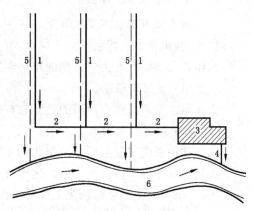

(d) 完全分流制排水系统

1—污水干管;2—污水主干管;3—污水厂;
4—出水口;5—雨水干管;6—河流

图 11-3　城市排水体制

资料来源:参考文献[1]

　　城市排水工程系统规划究竟选择哪种排水体制,主要取决于城市及其所在流域对环境保护的要求、城市建设投资的实力以及城市现状条件等多方面的因素。很显然,完全分流制排水系统的环境保护效果最好,但建设投资也最大;而直排式合流制的建设费用最小,对环境造成的污染却最严重。一般来说,一个城市中也会存在着混合的排水体制,既有分流制,也有合流制。随着城市的不断发展,对环境保护要求的日益提高,完全分流制是城市排水工程系统规划与建设的努力方向,在实践中也可以采用按照较高标准规划、分期改造实施的方法。

2. 城市排水工程系统构成

城市排水工程系统通常由排水管道(管网)、污水处理系统(污水处理厂)和出水口组成。生活污水、生产污水以及雨水的排水系统组成略有差别,详见表11-4。

表 11-4　城市排水工程系统构成一览表

排水系统类别	主要设施设备构成
生活污水排水系统	①室内污水管道系统和设备;②室外污水管道系统;③污水泵站及压力管;④污水处理厂;⑤出水口
生产污水排水系统	①车间内部管道系统和设备;②厂区管道系统;③污水泵站和压力管道;④污水处理站;⑤出水口
雨水排水系统	①房屋雨水管道系统和设备;②街坊或厂区雨水管渠系统;③城市道路雨水管渠系统;④雨水泵站及压力管;⑤出水口

资料来源:根据参考文献[1]、[2],作者归纳整理

3. 城市排水工程系统布局

由于城市排水主要依靠重力使污水自流排放,必要时才采用提升泵站和压力管道,因此,城市排水工程系统的布局形式与城市的地形、竖向规划、污水处理厂的位置、周围水体状况等因素有关。常见的布局形式有以下几种。

(1)正交式布置

排水管道沿适当倾斜的地势与被排放水体垂直布局,通常仅适用于雨水的排放。

(2)截流式布置

这种系统实际上是在正交式的基础上沿被排放水体设置截流管,将污水汇集至污水处理厂处理后再排入水体。这种布置形式适用于完全分流制及截流式合流制排水系统,对减少水体污染起到至关重要的作用。

(3)平行式布置

在地表坡降较大的城市,为避免因污水流速过快而对排水管壁的冲刷,采用与等高线平行的污水干管将一定高程范围内的污水汇集后,再集中排向总干管的方式。也可以将其看作一种几个截流式排水系统通过主干管串联在一起的形式。

(4)分区式布置

这是在地形起伏较大,污水处理厂又无法设在地形较低处时所采用的一种方式。将城市排水划分为几个相互独立的分区,高于污水处理厂分区的污水依靠重力排向污水处理厂;而低于污水处理厂分区的污水则依靠泵站提升后排入污水处理厂,从而减轻了提升泵站的压力和运行费用。

(5)分散式布置

当城市因地形等原因难以将污水汇集送往一个污水处理厂时,可根据实际情况分设污水处理厂,并形成数个相互独立的排水系统。

(6) 环绕式布置

当上述情况下难以建立多个污水处理厂时,可采用一条环状的污水总干管将所有污水汇集至单一的污水处理厂。

(7) 区域性布置

因流域治理或单一城镇规模过小等问题,设置为两个以上为城镇服务的污水排放及处理系统。

4. 城市污水工程系统规划

城市污水工程系统规划主要包括污水量估算、污水管网布局、污水管网水力计算、污水处理设施选址以及排污口位置确定等内容。

(1) 城市污水量预测和计算

虽然城市污水的排放量与城市性质、规模、污水的种类有关,但更直接地取决于城市的用水量。通常,城市污水量是城市用水量的 70%~90%。如果按不同污水种类细分时,生活污水的排放量是生活用水量的 85%~95%;工业污水(废水)的排放量是工业用水量的 75%~95%。当然按照这种方法估算出的只是城市污水的排放总量,城市污水工程系统规划还要考虑到污水排放的周期性变化。

(2) 城市污水管网布置

在估算出城市污水排放量之后,城市污水工程系统规划需要根据城市的地形条件等进一步确定排水区界,划分排水流域、选定排水体制,拟定污水干管及主干管的路线,确定需要必须依靠机械提升排水的排水区域和泵站的位置(图 11-4)。

城市污水管主要依靠重力将污水排出,因此,管网的规划设计须尽可能利用自然地形和管道埋深的调节达到重力排放的要求。污水管道管径较大且不易弯曲,通常沿城市道路敷设,埋设在慢车道、人行道或绿化带的下方,埋设深度一般为覆土深度 1~2m,埋设深度不超过 8m。

(3) 选择污水处理厂和出水口的位置

城市污水最终排往污水处理厂,经处理后再排向自然水体。其位置、用地规模均有相应的要求。对此,将在本节最后统一论述。

5. 城市雨水工程系统规划

在降雨过程中降落到地表的水除一部分被植物滞留,一部分通过渗透被土壤吸收外,还有一部分沿地面向地势低处流动,形成所谓的地面径流。城市雨水工程系统的功能就是将这部分地面径流雨水顺畅地排放至自然水体,避免城市中出现积水或内涝现象。虽然雨水径流的总量并不大,但通常集中在一年中的较短时期,甚至是一天中的某个时间段中,容易形成短时期的径流高峰。加之城市中非透水性硬质铺装的面积增大,可以蓄水的洼地水塘较少,更加剧了这种径流的峰值。因此,与城市污水工程系统不同,城市雨水系统虽然平时处于闲置状态,但一旦遇到较强的降雨过程,又需要具有较强的排水能力。

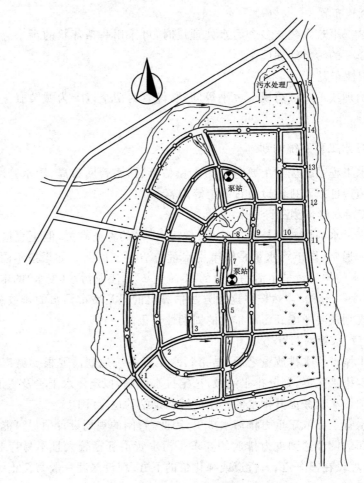

图 11-4　城市污水工程系统规划实例

资料来源：参考文献[1]

　　城市雨水工程系统由雨水口、雨水管渠、检查井、出水口以及雨水泵站等所组成。城市雨水工程系统规划主要包括以下几个方面。

　　(1) 选用符合当地气象特点的暴雨强度公式以及重现期(即该暴雨强度出现的频率)，确定径流高峰单位时间内的雨水排放量(通常以分钟为单位)。

　　(2) 确定排水分区与排水方式。排水方式主要有排水明渠和排水暗管两种，城市中尽量选择后者。

　　(3) 进行雨水管渠的定线。雨水管依靠重力排水，管径较大，通常结合地形埋设在城市道路的车行道下面。

　　(4) 确定雨水泵房、雨水调节池、雨水排放口的位置。城市雨水工程系统规划要尽量利用城市中的水面，调节降雨时的洪峰，减少雨水管网的负担，尽量减少人工提升排水分区的面积，但对必须依靠人工进行排水的地区需设置足够的雨水泵站。

　　(5) 进行雨水管渠水利计算，确定管渠尺寸、坡度、标高、埋深以及必要的跌水井、溢流井等。

6. 城市雨污合流工程系统规划

在合流制排水系统中,有直排式合流制与截流式合流制两种类型。由于前者对污水、雨水均未经任何处理,给环境造成较严重的污染,城市规划中一般不再采用。而截流式合流制排水系统在特定情况下有一定的优势,仍可作为可选择的城市排水系统之一。截流式合流制系统的基本原理是:在没有雨水排放的情况下,城市污水通过截流管输入污水处理厂,经处理后排放。而当降雨时,初期的混浊雨水仍然通过雨污合流排水管网及截流管排至污水处理厂处理。只是当降雨强度达到一定程度,进入雨污合流排水管网的雨水与污水的流量超过截流管的排放能力时,一部分雨水及污水通过溢流井溢出,直接排放至自然水体,其中的污水对环境会造成一定的影响。但此时由于大量雨水的流入与混合,溢流出的污水浓度已大大降低。因此可以看出,截流式合流制系统的最大特点就是可以利用一套管网同时解决污水及雨水的排放问题,可以节省排水管网建设的投资,适用于降雨量较少、排水区域内有充沛水量的自然水体的城市,以及旧城等进行完全分流制改造困难的地区。

对于大量采用直排式合流制的旧城地区,将合流制逐步改为分流制是一个必然的趋势,但往往受到道路空间狭窄等现状条件的制约,只能采用合流制的排水形式。在这种情况下,保留合流制,新设截流干管,将直排式合流制改为截流式合流就是一种必然的选择。

此外,在工业生产中也会排放出大量的工业废水及生产污水。对于不含或少量含有有害物质,且尚未重复利用的工业废水,可以直接排入雨水排放系统;而对于含有有害物质的生产污水则应排入城市污水系统进行处理。对于有害物质超出排放标准的生产污水应在工厂内部进行处理,达标后再排入城市污水系统,或者建设专用的生产污水独立处理、排放系统。

7. 城市污水的处理利用

通过城市污水管网排至污水处理厂的污水中含有大量的各种有害物质。这些有害有毒的物质通常包括有机类污染物、无机类污染物、重金属离子、有毒化合物以及各种散发出气味,呈现颜色的物质[①]。不同种类的污水,其中所含有的有毒有害物质是不一样的。通常,生活污水中多含有有机污染物、致病病菌等;而生产污水中则根据不同门类的产业含有有机、无机污染物、有毒化合物及重金属离子等。对于污水的排放标准,我国制定了一系列的标准与规范,例如:中华人民共和国国家标准《污水综合排放标准》(GB 8978—1996)、中华人民共和国城镇建设行业标准《污水排入城市下水道水质标准》(CJ 3082—1999)、中华人民共和国城镇建设行业标准《城市污水处理厂污水污泥排放标准》(CJ 3025—1993)等。

通常污水处理的方法有:

(1) 物理法——包括沉淀、筛滤、气浮、离心与旋流分离、反渗透等方法;

---

① 　有关污水中的污染物参见 6.3.1 节"城市污染物及其危害"。

（2）化学法——混凝法、中和法、氧化还原法、吸附法、离子交换法、电渗析法等；

（3）生物法——活性泥法、生物膜、自然处理法、厌氧生物处理法等。

污水处理根据处理程度的不同,通常划分为三级,级别越高表示处理的程度越深,处理后的水中污染成分越少。由于污水处理需要耗用能源和资金投入,所以选择哪个级别的处理深度主要考虑排入水体的环境容量、城市的经济承受能力以及处理后的水是否重复使用等多方面的因素。各个级别污水处理的概要见表11-5。

表 11-5 污水处理能力分级

处理级别	处理目的及效果	污染物	处理方法
一级处理	去除污水中呈悬浮状态的固体污染物,一般作为二级处理的预处理	悬浮或胶态固体、悬浮油类、酸、碱	格栅、沉淀、混凝、浮选、中和
二级处理	大幅度去除污水中呈胶体和溶解状态的有机污染物,通常可达到排放标准	溶解性可降解有机物	生物处理
三级处理	进一步除去二级处理未能除去的污染物质,如悬浮物、未被生物降解的有机物、磷、氮等,可满足污水再利用的要求	不可降解有机物	活性炭吸附
		溶解性无机物	离子交换、电渗析、超滤、反渗透、化学法、臭氧氧化

资料来源：根据参考文献[1],笔者归纳整理。

城市规划中需要具体确定污水处理厂的位置与规模。污水处理厂应选在地质条件较好,地势较低但没有被洪水淹没危险的靠近自然水体的地段。为避免对城市取水等方面的影响,污水处理厂应布置在城市下游和夏季主导风向的下风向,并与工厂及居民生活区保持300m以上的距离,其间设置绿化隔离带。为保障正常运转,污水处理厂还应具有较好的交通运输条件和充足的电力供给。污水处理厂的用地规模主要与处理能力及处理深度相关,处理能力越大,处理深度越浅,处理单位污水量的占地面积越小,反之亦然。具体指标在 $0.3 \sim 2.0 \, \mathrm{m^2/(m^3 \cdot d)}$ 之间。[①]

此外,在水资源匮乏地区,还可以考虑城市中水系统的建设。即将部分生活污水或城市污水经深度处理后用作生活杂用水及城市绿化灌溉用水,可以有效地做到水资源的充分利用,但需要敷设专用的管道系统。

11.3 城市能源供给工程系统规划

11.3.1 城市供电工程系统规划

城市供电工程系统主要由电源工程与输配电网络工程所组成,其相应的规划主要包括城市电力负荷预测、供电电源规划、供电网络规划以及电力线路规划等。

---

① 参考文献[1]：256。

1. 城市电力负荷预测

城市用电可大致分为两类,即生产用电和生活用电。对于生产用电还可以根据产业门类进行进一步的划分。预测城市电力负荷可采用的方法较多,例如产量单耗法、产值单耗法、人均耗电量法(用电水平法)、年增长率法、经济指标相关分析法、国际比较法等。但预测的基本思路无外乎两种,一种是将预测的用电量,按照用电分布转化为城市中各个用电分区的电力负荷;另一种是以现状电力负荷密度为基础进行预测。在实际预测过程中,可根据不同层次的规划要求采用不同的方法。在城市总体规划阶段,城市供电工程系统规划需要对城市整体的用电水平以及各种主要城市用地中的用电负荷做出预测。通常采用人均城市居民生活用电量作为预测城市生活用电水平的指标;采用各类用地的分类综合用电指标作为预测各类城市用地中的单位建设用地面积用电负荷指标,进而可以累计出整个城市的用电负荷(表 11-6)。而在详细规划阶段,一般采用城市建筑单位建筑面积负荷密度指标作为预测用电负荷的依据。

表 11-6　规划单项建设用地供电负荷密度指标

类 别 名 称	单项建设用地负荷密度/(kW/hm²)
居住用地用电	100～400
公共设施用地用电	300～1200
工业用地用电	200～800

资料来源:参考文献[1]

2. 城市供电电源规划

城市供电电源均来自各种类型的发电厂,例如:①火力发电厂;②水力发电厂;③风力发电厂;④地热发电厂;⑤原子能发电厂等。对于城市而言,供电电源或由靠近城市的电厂直接提供,或通过长距离输电线路,经位于城市附近的变电所向城市提供。由于水力发电厂受到地理条件的制约,原子能发电厂在安全方面存在争议,因此,火力发电厂就成为靠近城市的发电厂中最常见的一种。火力发电厂通常选择靠近用电负荷中心,便于煤炭运输,有充足水源,对城市大气污染影响较小的地段。其用地规模主要与装机总容量有关,规模越大,单位装机容量的占地面积就越小,一般在 0.28～0.85hm²/万 kW 之间。[①]变电站的选址也要尽量靠近用电负荷中心,并具有可靠、安全的地质及水文条件。其用地规模较发电厂要小,一般在数百平方米至十公顷之间。[②] 由于发电厂及变电站需要通过高压输电线与供电网络连接,所以发电厂及变电站附近均需要留出足够的架空线、走廊所需要的空间。

3. 城市供电网络规划

在城市供电规划中,按照供电网络的功能及其中的电压分为:为城市提供电源的一

---

① 参考文献[1]:55。
② 参考文献[1]:59。

次送电网、作为城市输电主干网的二次送电网以及高压、低压配电网。按照我国现行标准,供电电网的电压等级分为8类。其中,城市一次送电为500kV、330kV和220kV;二次送电为110kV、66kV、35kV;高压配电为10kV;低压配电为380/220V。

城市供电网络的接线方式主要有放射式、多回线式、环式及网格式等,其可靠性依次提高。其中,由于放射式可靠性较低,仅适用于较小的终端负荷。

城市供电网络通过网络中的变电所与配电所将高压电降为终端用户所使用的低压电(380/220V)。变电所的合理供电半径主要与变电所二次侧电压有关,二次侧电压越高,其合理供电半径就越大。例如:城市中最常见的二次侧电压为10kV,变电站的合理供电半径为5~7km。而将10kV高压电变为低压电的配电所、开闭所的合理供电半径为250~500m。

4. 城市电力线路规划

电力线路按照其功能可分为高压输电线与城市送配电线路;按照敷设方式又可以分为架空线路与电力电缆线路,前者通常采用铁塔、水泥或木质杆架设,后者可采用直埋电缆、电缆沟或电缆排管等埋设形式。电力电缆通常适用于城市中心区或建筑物密集地区的10kV以下电力线路的敷设。对于架空线路,尤其是穿越城市的10kV以上高压电力线路,必须设置必要的安全防护距离。在这一防护距离内不得存在任何建筑物、植物以及其他架空线路等。城市规划需在高压线穿越市区的地方设置高压走廊(或称电力走廊),以确保高压电力线路与其他物体之间保持一定的距离。高压走廊中禁止其他用地及建筑物的占用,进行绿化时应考虑到植物与导线之间的最小净空距离(不小于4~7m)。高压走廊的宽度与线路电压、杆距、导线材料、风力等气象条件以及由于这些条件所形成的导线弧垂、水平偏移等有关,准确数值需要经专门的计算,但一般可根据经验值,从表11-7中选用。此外,高压输电线与各种地表物(地面、山坡峭壁岩石、建筑物、树木)的最小安全距离,与铁路、道路、河流、管道、索道交叉或接近时的距离以及低压配电线路与铁路、道路、河流、管道、索道交叉或接近时的距离均有相应的要求[1]。

表 11-7　城市高压架空线路走廊宽度

线路电压等级/kV	高压走廊宽度/m
500	60~75
330	35~45
220	30~40
110/66	15~30
35	12~20

资料来源:参考文献[1]

---

① 具体数据参阅参考文献[6]。

11.3.2　城市燃气工程系统规划

城市燃气工程系统规划主要包括城市燃气负荷预测、城市燃气系统规划目标确定、城市燃气气源规划、城市燃气网络与储配设施规划等内容。

1. 城市燃气负荷预测

由于不同种类的燃气热值不同,在进行城市燃气负荷预测时首先要确定城市所采用的燃气种类。目前我国城市中所采用的燃气种类主要有以下几种。

(1) 人工煤气

主要是由固体或液体燃料经加工生成的可燃气体,主要成分为甲烷、氢、一氧化碳。其特点是热值较低并有毒。

(2) 液化石油气

它是石油开采及冶炼过程中产生的一种副产品,主要成分为丙烷、丙烯、丁烷、丁烯等石油系轻烃类,在常温下为气态,加压或冷却后易于液化,液化后的体积为气体的1/250。其热值在城市燃气中最高。

(3) 天然气

由专门气井或伴随石油开采所采出的气田气,其主要成分为烃类气体和蒸气的混合体,常与石油伴生。热值较人工煤气高,较液化石油气低。

天然气具有无毒无害,可充分燃烧、热值较高等优点,是城市燃气的理想气源。但由于气态运输需要专用管道,而液态运输需要专用设备、运输工具及相应技术,因此需要较高的投资和较强的专业技术。从大多数发达国家城市燃气的发展历程来看,大都经历了从人工煤气到石油气,再到天然气的变化过程。我国煤炭资源丰富,为人工煤气提供了丰富且相对廉价的原料。液化石油气以其高热值、低投入、使用灵活等特点而适于城市燃气管网形成之前的广大中小城市。天然气具有储量丰富、洁净等优势,是未来城市燃气发展的方向。由于我国经济发展的地域性不平衡,这三大气种并存于不同城市中的局面将长期存在(表 11-8)。

表 11-8　常用燃气的化白指数(wobbe index)一览表

分　类	燃气类型	化白指数/(MJ/m³)
1	人工煤气、合成气	22.5~30
2(低)	天然气	39~45
2(高)		45.5~55
3	液化石油气	73.5~87.5

其中:MJ/m³,每立方米百万焦耳。

资料来源:维基百科

在进行城市燃气负荷预测时,通常按照民用燃气负荷(炊事、家庭热水、采暖等)与工业燃气负荷两大类来进行。民用燃气负荷预测一般根据居民生活用气指标(MJ/(人·

年))以及民用公共建筑用气指标(MJ/(人·年)、MJ/(座·年)、MJ/(床位·年)等)计算。工业燃气负荷预测则需要根据工业发展情况另行预测。

2. 城市燃气气源规划

城市燃气气源规划的主要任务是选择恰当的气源种类,如人工煤气、液化石油气及天然气,并布置相应的设施,例如:人工煤气设施、液化石油气气源设施以及天然气气源设施。其中,人工煤气气源设施主要有制气设施(包括炼焦制气厂、直立炉煤气厂、油制气厂、油制气掺混各种低热值煤气厂等);液化石油气气源设施主要包括液化石油气储存站、储配站、灌瓶站、气化站和混气站等;天然气气源设施主要包括采用管道输送方式中的天然气储配设施、城市门站,或者采用液化天然气方式中的气化站及其储配设施等。城市燃气气源设施的选址虽然根据不同气源种类各不相同,但有些原则是共通的。例如:气源设施应尽量靠近用气负荷的中心;需要考虑气源设施对周围环境的影响及其易燃易爆的危险性,因而留出必要的防护隔离带;用地的地质、水文条件较好且交通方便等。

3. 城市燃气输配系统规划

城市燃气输配系统主要由城市燃气储配设施及输配管网所组成。城市燃气储配设施主要包括燃气储配站和调压站。燃气储配站的主要功能为:储存并调节燃气使用的峰谷,将多种燃气混合以达到合适的燃气质量,以及为燃气输送加压。城市燃气管道一般分为:高压燃气管道($0.4\sim1.6$MPa)、中压燃气管道($0.005\sim0.2$MPa)以及低压燃气管道(0.005MPa以下)。调压站的功能是调节燃气压力,实现不同等级压力管道之间的转换,在燃气输配管网中起到稳压与调压的作用。

城市燃气输配管网按照其形制可以分为环状管网与枝状管网。前者多用于需要较高可靠性的输气干管;后者用于通往终端用户的配气管。城市燃气输配管网按照压力等级还可以划分为以下几级。

(1) 一级管网系统

一级管网系统包括低压一级管网和中压一级管网。低压一级管网的优点是系统简单、安全可靠、运行费用低,但缺点是需要的管径较大、终端压差较大,比较适用于用气量小、供气半径在$2\sim3$km的城镇或地区。而中压一级管网具有管径较小、终端压力稳定的优点,但也存在着易发生事故的弱点。

(2) 二级管网系统

二级管网系统是在一个管网系统中同时存在两种压力的城市燃气输配系统。通常二级管网系统为中压-低压型。燃气先通过中压管道输送至调压站,经调压后再通过低压管道送至终端用户。其优点是供气安全、终端气压稳定,但系统建设所需投资较高,调压站需要占用一定的城市空间。

(3) 三级管网系统

三级管网系统是在一个管网系统中同时含有高、中、低三种压力管道的城市燃气输配系统。燃气依次经过高压管网、高中压调压站、中压管网、中低压调压站、低压管网到达终端用户。该类型系统的优点是供气安全可靠,可覆盖较大的区域范围,但系统复杂、投资大、维护管理不便,通常只用于对供气可靠性要求较高的特大城市中(图 11-5(a))。

此外还有一些城市由于现状条件的限制等,采用一、二、三级管网系统同时存在的混合管网系统(图 11-5(b))。

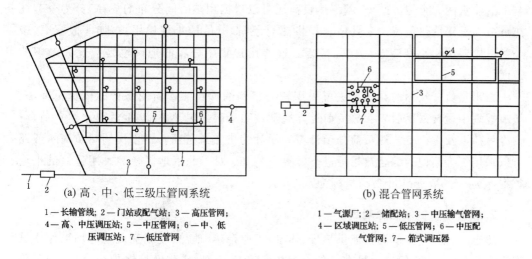

(a) 高、中、低三级压管网系统

1—长输管线;2—门站或配气站;3—高压管网;
4—高、中压调压站;5—中压管网;6—中、低
压调压站;7—低压管网

(b) 混合管网系统

1—气源厂;2—储配站;3—中压输气管网;
4—区域调压站;5—低压管网;6—中压配
气管网;7—箱式调压器

图 11-5　城市燃气三级管网系统及混合管网系统示意图

资料来源:参考文献[1]

城市燃气输配管网一般沿城市道路敷设,通常应注意以下问题:

(1) 为提高燃气输送的可靠性,主要燃气管道应尽量设计成环状布局。

(2) 出于安全和便于维修方面的考虑,燃气管道最好避开交通繁忙的路段,同时不得穿越建筑物。

(3) 同样出于安全原因,燃气管道不应与给排水管道、热力管道、电力电缆及通信电缆铺设在同一条地沟内,如必须同沟铺设时应采取必要的防护措施。应避免燃气管道与高压电缆平行铺设。

(4) 燃气管道在跨越河流、穿越隧道时应避免与其他基础设施同桥或同隧道铺设,尤其不允许与铁路同设。穿越铁路或重要道路时应增设套管。

(5) 燃气管道可设在道路一侧,但当道路宽度超过 20m 且有较多通向两侧地块的引入线时,也可以双侧铺设。燃气管道应埋设在土壤冰冻线以下。

11.3.3　城市供热工程系统规划

城市供热工程(又称集中供热或区域供热)是指城市中的某个区域或整个城市利用集中热源向工业生产及市民生活提供热能的一种方式,具有节能、环保、安全可靠、劳动生产率高等特点,是提高城市基础设施水平所采取的重要方式。城市供热工程系统规划包括热负荷预测、热源规划以及供热管网与输配设施规划等内容。

1. 城市集中供热负荷的预测

在进行城市供热工程系统的规划时,首先要进行的是热负荷的预测。城市热负荷通常可以根据其性质分为民用热负荷与工业热负荷。前者又可以进一步分为室温调节与生活热水两大类型。此外,城市热负荷还可以根据用热时间分布的规律,分为季节性热负荷与全年性热负荷。在具体选择供热对象时,分散的小规模用户,如一般家庭、中小型民用建筑和小型企业应优先考虑。这些用户集中分布的地区也是应优先考虑的地区。

城市热负荷预测的具体方法可采用较为精确的计算法或简便易行的概算指标法。城市规划中通常采用后者。热负荷计算通常按照采暖通风热负荷、生活热水热负荷、空调冷负荷以及生产工艺热负荷分项计算后累计为供热总负荷。对于民用热负荷一般还可以采用更为简便的综合热指标进行概算。例如:对于北京地区各类民用建筑的平均热指标为 75.5W/m^2,冷负荷指标为 $0.5\sim1.6\text{qc}$[①]。

2. 城市集中供热热源规划

热电厂、锅炉房、低温核能供热堆、热泵、工业余热、地热、垃圾焚化厂等均可作为城市集中供热的热源,但其中最常见的是热电厂和锅炉房(或称区域锅炉房,以区别于普通的锅炉房)。热电厂是利用蒸汽发电过程中的全部或部分蒸汽直接作为城市的热源,因此又被称为热电联供。热电厂的选址条件与普通火力发电厂类似,但由于蒸汽输送管道的距离不宜过长(通常为 $3\sim4\text{km}$),因此,其选址受到较大的制约,城市边缘地区是其较为理想的位置。由于热电厂的生产过程需要大量的用水,因此,能否获得充足的水源也是一种至关重要的条件。热电厂的用地规模主要与机组装机容量相关,例如两台 6000kW 的热电厂占地规模在 $3.5\sim4.5\text{hm}^2$ 之间。相对于热电厂而言,锅炉房的布局更为灵活,适用范围也更广。根据采用热介质的不同,锅炉房可分为热水锅炉房和蒸汽锅炉房。锅炉房的布局主要从靠近热负荷中心、便于燃料运输、减少环境污染等几个方面综合考虑确定。锅炉房的占地规模与其容量直接相关,例如:容量为 $30\sim50\text{Mkcal/h}$ 锅炉房的占地面积为 $1.1\sim1.5\text{hm}^2$。

此外,制冷站还可以利用城市集中供热的热源或直接使用电力、燃油等能源为一定范围内的建筑物提供低温水作为冷源。通常,冷源所覆盖的范围较城市供热管网要小,一般从位于同一个街区内的数栋建筑物到数个街区不等。

3. 城市供热管网规划

城市供热管网又被称为热网或热力网,是指由热源向热用户输送和分配热介质的管线系统,主要由管道、热力站和阀门等管道附件所组成。

城市供热管网按照热源与管网的关系可分为区域网络式与统一网络式两种形式。

---

① qc:冷负荷指标,一般为 $70\sim90\text{W/m}^2$。

前者为单一热源与供热网络相连;后者为多个热源与网络相连,较前者具有更高的可靠性,但系统复杂。按照城市供热管网中的输送介质又可分为蒸汽管网、热水管网以及包括前两者在内的混合管网。在管径相同的情况下蒸汽管网输送的热量更多,但容易损坏。从平面布局上来看,城市供热管网又可以分为枝状管网与环状管网(图 11-6)。显然后者的可靠性较强,但管网建设投资较高。此外,根据用户对介质的使用情况还可以分为开式管网与闭式管网,前者用户可以直接使用热介质,通常只设有一根输送热介质的管道;后者不允许用户使用热介质,因此必须同时设回流管。

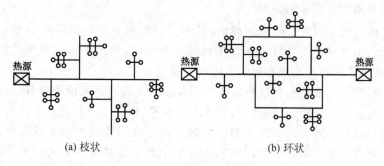

(a) 枝状　　　　　　　　　　(b) 环状

图 11-6　城市采暖管网布置图

资料来源:参考文献[1]

在设有热力站的城市供热管网系统中,热源至热力站之间的管网被称为一级管网;热力站至热用户之间的管网被称为二级管网。城市供热管网的布局要求尽可能直短,供热半径通常以不超过 5km 为宜。管网的敷设方式通常有架空敷设与地下敷设两种。当采用地下敷设时,管道要尽量避开交通干道,埋设在道路一侧或人行道下。由于管道中介质的影响,城市供热管道通常必须考虑热胀冷缩带来的变形和应力,在管道中加设伸缩器,并采用弯头连接的方式连接干管和支管。

4. 热转换设施

在一些规模较大的城市供热系统中,存在对热媒参数要求不同的用户。为满足不同用户的需求,同时保证系统中不同地点供热的稳定性和供热质量的均一,通常在热源与用户之间布置一些热转换设施,通过调节介质的温度、压力、流量等将热源提供的热量转换成用户所需要的热媒参数,甚至进行热介质与冷媒之间的转换,并进行检测计量工作等。热转换设施包括热力站和制冷站。热力站,又称热交换站,根据功能不同分为换热站与热力分配站;根据管网中热介质的不同又可分为:水-水换热与汽-水换热。热力站的所需面积不大,可单独设立,也可以附设于其他建筑物中。例如一座供热面积为 10 万 m^2 的换热站所需建筑面积为 $300\sim350m^2$。

此外,利用城市供热系统中的热源,通过制冷设备将热能转化为低温水等冷媒供应用户的制冷站也属于热转换设施的一种。

11.4　城市通信工程系统规划

城市通信工程系统主要包括邮政、电信、广播及电视 4 个分系统,其规划内容主要有：城市通信需求量预测、城市通信设施规划、城市有线通信网络线路规划以及城市无线通信网络规划等。

1. 城市通信需求量的预测

与其他城市工程系统的规划类似,城市通信工程系统规划的第一步要对城市通信的需求量做出预测。按照城市通信工程的几个分项,预测工作可分为：邮政需求量预测、电话需求量预测以及移动通信系统容量预测等。

城市邮政需求量预测可按照邮政年业务总收入或通信总量来进行。城市的邮政业务量通常与城市的性质、人口规模、经济发展水平、第三产业发展水平等因素相关,在预测中多采用以此为因子的单因子相关系数预测法或综合因子相关系数预测法,也可以采用基于现状的发展态势延伸预测法。近年来由于新型通信方式的出现及普及,传统邮政的业务量呈下降趋势,但特色邮政如 EMS 快递业务等则有较大的增长。

城市电话需求量预测包括电话用户预测及话务预测。我国采用电话普及率来描述城市电话发展的状况,同时也作为规划中的指标。具体的预测方法有：在 GDP 增长与电话用户增长之间建立函数关系的简易相关预测法；对潜在用户进行调查的社会需求调查法；城市规划中常用的根据规划地区的建筑性质或人口规模,以电话"饱和状态"为电话设备终期容量的单耗指标套算法等。

城市移动通信系统容量的预测通常采用移动电话普及率法以及移动电话占市话百分比法等方法。

2. 城市通信设施规划

城市通信设施规划包括邮政局所规划、电话局所规划以及广播电视台规划。

城市邮政局所通常按照等级划分为市邮政局、邮政通信枢纽、邮政支局和邮政所。邮政局所的规划主要考虑其本身的营业效率及合理的服务半径,根据城市人口密度的不同,其服务半径一般为 0.5～3km,对于我国常见的人口密度为 1 万人/km^2 的市区,其服务半径通常按 0.8～1km 考虑。邮政通信枢纽的选址通常靠近城市的火车站或其他对外交通设施；一般邮政局所的选址则应靠近人口集中的地段。邮政局所的建筑面积根据局所等级而变化,一般邮政支局为 1500～2500m^2；邮政所在 150～300m^2 之间。邮政局所建筑物可单独建设,也可设置在其他建筑物之中。

城市电话局所主要起到电信网络与终端用户之间的交换作用,是城市电话线路网设计中的一个重要组成部分。电话局的选址需要考虑用户密度的分布,使其尽量处于用户密度中心或线路网中心。同时也要考虑运行环境、用电条件等方面的因素。

广播、电视台(站)担负着节目制作、传送、播出等项功能,其选址应以满足这些功能为主要条件。广播、电视台(站)的占地面积与其等级、播出频道数、自制节目数量等因素有关,一般在一至数公顷的范围内。

3. 城市有线通信网络线路规划

城市有线通信网络是城市通信的基础和主体,其种类繁多。如果按照功能分类,有长途电话、市内电话、郊区(农村)电话、有线电视、有线广播、国际互联网以及社区治安监控系统等;如果按照线路所使用的材料分类,有光纤、电缆、金属明线等;按照敷设方式分类,有管道、直埋、架空、水底敷设等。电话线路是城市通信网络中最为常见也是最基本的线路,一般采用电话管道或电话电缆直埋的方式,沿城市道路铺设于人行道或非机动车道的下面,并与建筑物及其他管道保持一定的间距。由于电话管道线路自身的特点,平面布局应尽量短直,避免急转弯。电话管道的埋深通常在 0.8～1.2m 之间;直埋电缆的埋深一般在 0.7～0.9m 之间。架空电话线路应尽量避免与电力线或其他种类的通信线路同杆架设,如必须同杆时,需要留出必要的距离。

城市有线电视、广播线路的敷设要点与城市电话线路基本相同。当有线电视、广播线路经过的路由上已有电话管道时,可利用电话管道敷设,但不宜同孔。此外,随着信息传输技术的不断发展,利用同一条线路同时传输电话、有线电视以及国际互联网信号的“三线合一”技术已日趋成熟,可望在将来得到推广普及。

4. 城市无线通信网络规划

城市中的移动电话网根据其单个基站的覆盖范围分为大区制、中区制以及小区制。大区制系统的基站覆盖半径为 30～60km,通常适用于用户容量较少(数十至数千)的情况。小区制系统是将业务区分成若干个蜂窝状小区(基站区),在每个区的中心设置基站。基站区的半径一般为 1.5～15km。每间隔 2～3 个基站区无限频率可重复使用。小区制系统适合于大容量移动通信系统,其用户可达 100 万。我国目前所采用的900MHz 移动电话系统就是采用的小区制。中区制系统的工作原理与小区制相同,但基站半径略大,一般为 15～30km。中区制系统的容量要远低于小区制系统,一般在数千至一万用户左右。

20 世纪 80—90 年代,我国的无线寻呼业曾一度发达,但随着移动电话的普及,已不再是城市通信的主要方式。

此外,广播电视信号经常通过微波传输。城市规划应保障微波站之间的微波通道以及微波站附近的微波天线近场净空区(天线口面锥体张角约为 20°)不受建筑物、构筑物等物体的遮挡。

11.5　城市工程管线综合

11.5.1　城市工程管线综合的原则与技术规定

城市工程管线种类众多,一般均沿城市道路空间埋设或架设。各工程管线的规划设计、施工以及维修管理一般由各个专业部门或专业公司负责。为避免工程管线之间以及工程管线与邻近建筑物、构筑物相互产生干扰,解决工程管线在设计阶段的平面走向、立体交叉时的矛盾,以及施工阶段建设顺序上的矛盾,在城市基础设施规划中必须进行工程管线综合工作。因此,城市工程管线综合对城市规划、城市建设与管理具有重要的意义。

因为城市工程管线综合工作的主要任务是处理好各种工程管线的相互关系和矛盾,所以整个工作要求采用统一的平面坐标、竖向高程系统以及统一的技术术语定义,以确保工作的顺利进行(图 11-7)。

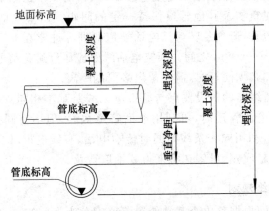

图 11-7　管线敷设术语概念

资料来源:参考文献[2]

1. 城市工程管线的种类与特点

为做好城市工程管线综合工作,首先需要了解并掌握各种工程管线的使用性质、目的以及技术特点。在城市基础设施规划中,通常需要进行综合的常见城市工程管线有 6 种:给水管道、排水管沟、电力线路、电信线路、热力管道以及燃气管道。在城市规划与建设中,一般将待开发地块的"七通一平"作为进行城市开发建设的必要条件。其中的"七通"即指上述 6 种管线与城市道路的接通。

城市工程管线按照其性能和用途可以分为以下种类:

(1) 给水管道——包括工业给水、生活给水、消防给水管道;

(2) 排水管沟——包括工业污水(废水)、生活污水、雨水管道及沟渠;

(3) 电力线路——包括高压输电、低压配电、生产用电、电车用电等线路;

(4) 电信线路——包括市内电话、长途电话、电报、有线广播、有线电视、国际互联网等线路;

(5) 热力管道——包括蒸汽、热水等管道;

(6) 燃气管道——包括煤气、乙炔等可热气体管道以及氧气等助燃气体管道。

其他种类的管道还有:输送新鲜空气、压缩空气的空气管道,排泥、排灰、排渣、排尾矿等灰渣管道,城市垃圾输送管道,输送石油、酒精等液体燃料的管道以及各种工业生产专用管道。

工程管线按照输送方式可分为压力管线(例如:给水、煤气管道)与重力自流管线(例如:污水、雨水管渠)两大类别。

按照敷设方式,工程管线又可分为架空线与地下埋设管线。后者又可以进一步分为地铺管线(指在地面敷设明沟或盖板明沟的工程管线,如雨水沟渠)以及地埋管线。地埋管线的埋深通常在土壤冰冻深度以下,埋深大于 1.5m 的属于深埋,小于 1.5m 的属于浅埋。

由于各种工程管线所采用的材料不同,机械性能各异,一般根据管线可弯曲的程度分为可弯曲管线(如电信、电力电缆,给水管等)与不易弯曲的管线(如电力、电信管道,污水管道等)。

2. 城市工程管线综合原则

城市工程管线综合涉及的管线种类众多,在处理相互之间矛盾以及与城市规划中的其他内容相协调时,一般遵循以下原则。

(1) 采用统一城市坐标及标高系统,如坐标或标高系统不统一时,应首先进行换算工作,以确保把握各种管网的正确位置。

(2) 管线综合布置应与总平面布置、竖向设计、绿化布置统一进行,使管线之间,管线与建筑物、构物之间在平面及竖向上保持协调。

(3) 根据管线的性质、通过地段的地形,综合考虑道路交通、工程造价及维修等因素后,选择合适的敷设方式。

(4) 尽量降低有毒、可燃、易爆介质管线穿越无关场地及建筑物。

(5) 管线带应设在道路的一侧,并与道路或建筑红线平行布置。

(6) 在满足安全要求、方便检修、技术合理的前提下,尽量采用共架、共沟敷设管线的方法。

(7) 尽量减少工程管线与铁路、道路、干管的交叉,交叉时尽量采用正交。

(8) 工程管线沿道路综合布置时,干管应布置在用户较多的一侧或将管线分类,分别布置在道路两侧。

(9) 当地下埋设管线的位置发生冲突时,应按照以下避让原则处理:

① 压力管让自流管;

② 小管径让大管径;

③ 易弯曲的让不易弯曲的;

④ 临时的让永久的;

⑤ 工程量小的让工程量大的;

⑥ 新建的让现有的;

⑦ 检修次数少的、方便的,让检修次数多的、不方便的。

(10) 工程管线与建筑物、构物之间,以及工程管线之间的水平距离应符合相应的规范(详见下述),当因道路宽度限制无法满足水平间距的要求时,可考虑调整道路断面宽度或采用管线共沟敷设的方法解决。

(11) 在交通繁忙,路面不宜进行开挖并且有两种以上工程管线通过的路段,可采用综合管沟进行工程管线集中敷设的方法(图 11-8)。但应注意的是,并非所有工程管线在所有的情况下都可以进行共沟敷设。管线共沟敷设的原则是：

① 热力管不应与电力、电信电缆和压力管道共沟；

② 排水管道应位于沟底，但当沟内同时敷设有腐蚀性介质管道时，排水管道应在其上，腐蚀性介质管道应位于沟中最下方的位置；

③ 可燃、有毒气体的管道一般不应同沟敷设，并严禁与消防水管共沟敷设；

④ 其他有可能造成相互影响的管线均不应共沟敷设。

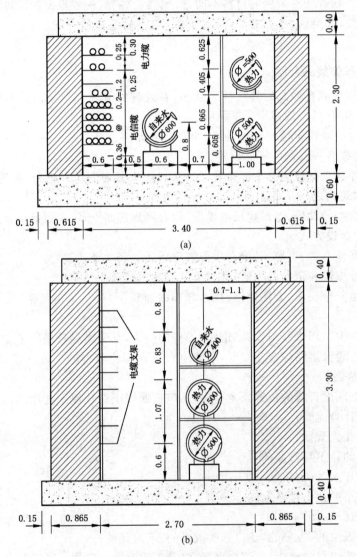

图 11-8　综合管沟实例

资料来源：参考文献[2]

（12）敷设主管道干线的综合管沟应在车行道下。其埋深与道路行车荷载、管沟结构强度、冻土深度等有关。敷设支管的综合管沟应在人行道下，通常埋深较浅。

(13) 对于架空线路,同一性质的线路尽可能同杆架设,例如,高压供电线路与低压供电线路宜同杆架设;电信线路与供电线路通常不同杆架设;必须同杆架设时需要采取相应措施。

3. 城市工程管线综合技术规定

在进行城市工程管线综合工作时,需要对管线之间以及管线与建筑物、构筑物之间的间距是否恰当做出判断。对此,中华人民共和国国家标准《城市工程管线综合规划规范》(GB 50289—1998)对下列内容做出了具体规定,可作为城市工程管线综合时的依据:

(1) 工程管线之间及其与建(构)筑物之间的最小水平净距(表 11-9);

(2) 工程管线交叉时的最小垂直净距;

(3) 工程管线的最小覆土深度;

(4) 架空管线之间及其与建(构)筑物之间的最小水平净距;

(5) 架空管线之间及其与建(构)筑物之间交叉时的最小垂直净距。

11.5.2 城市工程管线综合规划

城市工程管线综合通常根据其任务和主要内容划分为不同的阶段:①规划综合;②初步设计综合;③施工图详细检查阶段。并与相应的城市规划阶段相对应。规划综合对应城市总体规划阶段,主要协调各工程系统中的干线在平面布局上的问题,例如,各工程系统的干管走向有无冲突,是否过分集中在某条城市道路上等。初步设计综合对应城市规划的详细规划阶段,对各单项工程管线的初步设计进行综合,确定各种工程管线的平面位置、竖向标高,检验相互之间的水平间距及垂直间距是否符合规范要求,管道交叉处是否存在矛盾。综合的结果及修改建议反馈至各单项工程管线的初步设计,有时甚至提出对道路断面设计的修改要求。

1. 城市工程管线综合总体协调与布置

城市工程管线综合中的规划综合阶段与城市总体规划相对应,通常按照以下工作步骤与城市总体规划的编制同步进行。其成果一般作为城市总体规划成果的组成部分。

(1) 基础资料收集阶段

包括城市自然地形、地貌、水文、气象等方面的资料,城市土地利用现状及规划资料,城市人口分布现状与规划资料,城市道路系统现状及规划资料,各专项工程管线系统的现状及规划资料以及国家与地方的相关技术规范。这些资料有些可以结合城市总体规划基础资料的收集工作进行,有些则来源于城市总体规划的编制成果。

(2) 汇总综合及协调定案阶段

将上一个阶段所收集到的基础资料进行汇总整理,并绘制到统一的规划底图上(通常为地形图),制成管线综合平面图。检查各工程管线规划本身是否存在问题,各个工程管线规划之间是否存在矛盾。如存在问题和矛盾,需提出总体协调方案,组织相关专业共同讨论,并最终形成符合各工程管线规划要求的总体规划方案。

表 11-9　工程管线之间及其与建（构）筑物之间的最小水平净距

单位：m

序号	管线名称		1 建筑物	2 给水管 d≤200mm	2 给水管 d>200mm	3 污水、雨水排水管	4 燃气管 低压	4 中压B	4 中压A	4 高压B	4 高压A	5 热力管 直埋	5 地沟	6 电力电缆 直埋	6 缆沟	7 电信电缆 直埋	7 管沟	8 乔木	9 灌木	10 地上杆柱 通信照明及<10kV	10 ≤35kV	10 >35kV	11 道路侧石边缘	12 铁路钢轨（或坡脚）
1	建筑物																							
2	给水管	d≤200mm	1.0																					
		d>200mm	3.0																					
3	污水、雨水排水管		2.5	1.0	1.5																			
4	燃气管	低压 P≤0.05MPa	0.7	0.5		1.0																		
	中压	0.005MPa<P≤0.2MPa	1.5	0.5		1.2																		
		0.2MPa<P≤0.4MPa	2.0	0.5		1.2																		
	高压	0.4MPa<P≤0.8MPa	4.0	1.0		1.5																		
		0.8MPa<P≤1.6MPa	6.0	1.5		2.0																		
5	热力管	直埋	2.5	1.5		1.5	1.0	1.5		1.5	2.0													
		地沟	0.5	1.5		1.5	1.0		1.5	2.0	4.0													
6	电力电缆	直埋	0.5	0.5		0.5	0.5		1.0	1.5	2.0	2.0												
		缆沟	0.5	0.5		0.5	0.5					2.0													
7	电信电缆	直埋	1.0	1.0		1.0	0.5		1.0	1.5	1.0		0.5											
		管道	1.5	1.0		1.0	0.5		1.0	1.5	1.5		1.0											
8	乔木（中心）		3.0	1.5		1.5			1.2		1.5		1.0		1.0 1.5		1.0							
9	灌木		1.5						1.2		1.5				1.0		1.0							
10	地上杆柱	通信照明及<10kV	*	0.5		0.5	1.0		1.0		1.0		0.5		0.5		1.0	1.5						
	高压铁塔基础边	≤35kV		3.0		1.5			3.0		2.0	0.6		0.6		0.6								
		>35kV							5.0		3.0													
11	道路侧石边缘			1.5		1.5	1.5		1.5	2.5	1.5	2.0	1.5		1.5		1.5	0.5	0.5	1.5		0.5		
12	铁路钢轨（或坡脚）		6.0	5.0		1.5	5.0				1.0	1.0		3.0		2.0		0.5						

* 详见本规范相关内容

资料来源：中华人民共和国国家标准.《城市工程管线综合规划规范》（GB 50289—1998）

（3）编制规划成果阶段

城市总体规划阶段的工程管线综合成果包括：比例尺为 1：5000～1：10000 的平面图，比例尺为 1：200 的工程管线道路标准横断面图以及相应的规划说明书(图 11-9)。

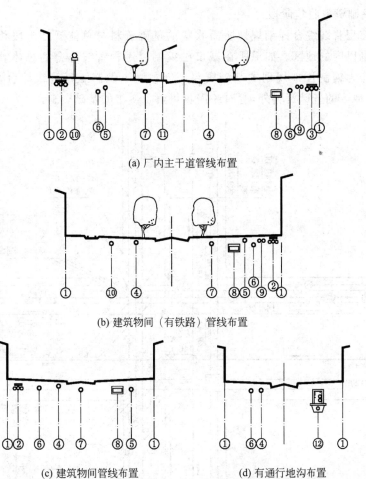

(a) 厂内主干道管线布置

(b) 建筑物间（有铁路）管线布置

(c) 建筑物间管线布置　　　　(d) 有通行地沟布置

1—基础外缘；2—电力电缆；3—通信电缆；4—生活及消防上水道；5—生产上水道；6—污水管道；7—雨水管道；8—热力地沟及压缩空气管道；9—乙炔管道和氧气管道；10—煤气管道；11—照明电杆；12—可通行地沟(内有生产上水、热水、热力、压缩空气、雨水道和电缆等)

图 11-9　管线综合道路断面图

资料来源：参考文献[2]

2. 城市工程管线综合详细规划

城市工程管线综合的详细规划又称初步设计综合,其任务是协调城市详细规划阶段中各专项工程管线详细规划的管线布置,确定各工程管线的平面位置和控制标高。城市工程管线综合详细规划在城市规划中的详细规划以及各专项工程管线详细规划的基础上进行,并将调整建议反馈给各专项工程管线规划。城市工程管线综合详细规划的编制工作与城市详细规划同步进行,其成果通常作为详细规划的一部分。城市工程管线综合详细规划有以下几个主要工作阶段。

(1)基础资料收集阶段

城市工程管线综合详细规划所需收集的基础资料与总体规划阶段相似,但更侧重于规划范围以内的地区。如果所在城市已编制过工程管线综合的总体规划,其规划成果可直接作为编制详细规划的基础资料。但在尚未编制工程管线综合总体规划的城市,除所在地区的基础资料外,有时还需收集整个城市的基础资料。

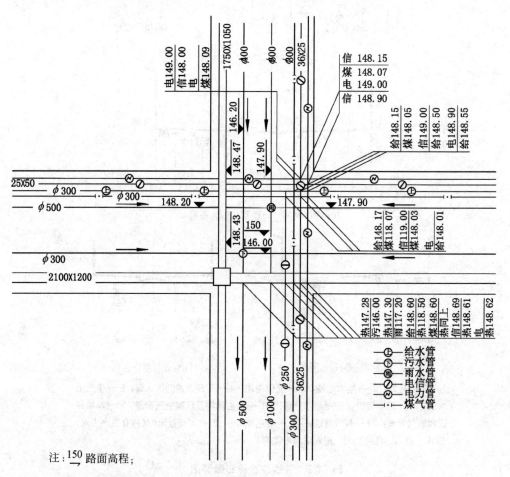

注:$\frac{150}{\longrightarrow}$ 路面高程;

信 42.5 电信在上面,外底高程为 42.5m
煤 42.4 煤气在上面,上顶高程为 42.4m

热力管道简称热;给水管道简称给;污水管道简称污;雨水管道简称雨;
电力管道简称电;电信管道简称信;煤气管道简称煤

图 11-10 交叉点管线标高图
资料来源:参考文献[2]

（2）汇总综合及协调定案阶段

与城市工程管线综合总体规划阶段相似,将各专项工程管线规划的成果统一汇总到管线综合平面图上,找出管线之间的问题和矛盾,组织相关专业进行讨论调整方案,并最终确定工程管线综合详细规划。

（3）编制规划成果阶段

城市工程管线综合详细规划的成果包括:管线综合详细规划平面图(通常比例尺为1∶1000)、管线交叉点标高图(比例尺 1∶500～1∶1000)、详细规划说明书以及修订的道路标准横断面图(图 11-10)。

参考文献

[1] 戴慎志. 城市工程系统规划[M]. 2 版.北京:中国建筑工业出版社,2008.

[2] 王炳坤. 城市规划中的工程规划[M]. 修订版. 天津:天津大学出版社,2001.

[3] 清华大学建筑与城市研究所. 城市规划——理论·方法·实践[M]. 北京:地震出版社,1992.

[4] 李德华. 城市规划原理[M]. 3 版. 北京:中国建筑工业出版社,2001.

[5] 戴慎志. 城市基础设施工程规划[M]//邹德慈. 城市规划导论. 北京:中国建筑工业出版社,2002.

[6] 戴慎志. 城市基础设施工程规划手册[M]. 北京:中国建筑工业出版社,2000.

[7] 郭功伕,华奎元. 中国城市基础设施的建设与发展[M]. 北京:中国建筑工业出版社,1990.

[8] ［日］日本建築学会. 建築設計資料集成. 地域·都市Ⅱ-設計データ編[M]. 東京:丸善株式会社,2004.

[9] ［日］都市計画教育研究会. 都市計画教科書[M]. 3 版. 東京:彰国社,2001.

第 12 章　城市设计

　　无论是否存在主观意识,事实上城市设计活动是伴随着人类定居及城市营建活动而开始出现的。可以说城市的历史有多长,城市设计活动的历史也就有多长。但现代城市设计作为一个学科出现充其量不过半个多世纪的历史①。虽然现代城市设计的历史并不长,但由于其关系到城市空间形成的各个方面,因此,对其作用对象的范围和所涉及的范畴却难以给出准确无误的界定,且由于设计领域本身具有主观意识较强的特点,各种观点、学说、研究成果甚多,众说纷纭,很难以一概全。

　　另一方面,相对于建筑学和城市规划而言,城市设计又是一个相对独立的学科范畴和知识领域,涉及从基本原理到大量实例分析的众多侧面。限于本书的篇幅和主题,在此不准备就城市设计进行全面、完整、系统的论述,仅从现代城市设计涉及的范畴、要素以及职能三个侧面作一个粗略的概观。同时为了便于读者就城市设计进行进一步的了解和学习,在本章最后的参考文献中列举了大量有关城市设计的代表性著作供参考。

12.1　城市设计的范畴

12.1.1　城市设计概述

　　城市设计的定义很难用一两句话准确地给出。这是因为:首先,城市设计是一门古老而又崭新的学科,不同时代城市设计的侧重点和内涵并不完全相同,勉强给出一个高度概括的定义未免存在以偏概全的风险;其次,城市设计涉及现实中的物质空间形态,其中含有属于美学范畴的主观判断和好恶取舍,代表着不同阶层、职业、年龄、性别以及不同身份的社会群体的主观意识,在一定程度上存在着对城市设计的不同理解。但这并不是说城市设计是虚无的,其涉及范围无法界定,只是强调某一种具体的定义描述或许难以宣称自己就是最为准确的定义。事实上,各种有关城市设计的定义也都试图从

---

①　城市设计作为一个学科的出现通常以大学中开设专门课程为标志。在西方国家中,高校城市设计课程的开设是在 20 世纪 50 年代。城市设计的实践则是从 20 世纪初开始,后逐渐被忽视,在 60 年代中期重新获得重视的(参见: Charles J. Hoch, Linda C. Dalton, Frank S. So. The Practice of Local Government Planning[M]. Washington D. C. : International City/County Management Association,2000; John M. Levy. Contemporary Urban Planning[M]. Fifth Edition. New Jersey: Prentice Hall, 2000)。

不同的角度来描述城市设计的实质,在论述内容上也相互有所重叠。

1. 城市设计定义众家说

鉴于对城市设计有众多不同的定义,我们先将这些具有一定代表性的定义罗列如下。

英国《不列颠百科全书》(1977 年版)在有关城市设计的条目中提到:"设计是在形体方面所作的构思,用以达到人类某些目标——社会的、经济的、审美的或技术的。人们可以设计庭院、书籍版面、焰火晚会、排水渠道,等等。城市设计涉及城市环境可能采取的形体。城市设计师有三种不同的工作对象:①工程项目设计,是在某一特定地段上的形体创造。这一地段有确定的委托单位,具体的设计任务,预定的竣工日期,以及这一形体的某些重要方面完全可以做到有效地控制,例如公建住房、商业服务中心和公园等。②系统设计,是考虑一系列在功能上有联系的项目的形体。这些项目分布范围很广,都是由一个统一的机构负责建设或管理的,但它们并不构成一个完整环境,例如公路网、照明系统、标准化的路标系统,等等。③城市或区域设计,有很多委托单位,设计任务要求并不明确,对各方面的控制不是很有效而且经常有所变动。例如区域土地使用政策,新城组建,旧市区修复加以新的使用等等,就是这一类的设计。"[1]

约翰·M.利维编著的《当代城市规划(第 5 版)》有关城市设计的章节中对城市设计的定义是:"城市设计在专业上介于城市规划与建筑设计之间。它涉及城市大尺度的组织和设计,着眼于建筑物的体量及建筑物之间空间的组织,但并不涉及建筑单体的设计。"[2]

美国城市设计的代表人物之一培根(Edmund N. Bacon)在其著作《城市设计》中论述到:"城市建设是人类最大的成就之一。城市的形态历来是,也将是一个衡量文明状态的无情的指标。城市居民所作的众多决定造就了城市的形态。在某种特定情况下,这些决定相互影响,形成了造就美好城市的力量。"[3]他将城市形态的形成过程(城市设计)看作是一系列主观意志的体现。

日本高校中普遍使用的《城市规划教科书(第 3 版)》将城市设计定义为:"城市设计的目的是将建筑物、建筑与街道、街道与公园等城市构成要素作为相互关联的整体来看待、处理,以创造美观、舒适的城市空间。"[4]

我国的城市规划界在对城市设计的含义及专业范畴进行研究后,也提出了相应的见解。例如,《中国大百科全书》中有关城市设计的条目论述到:"城市设计是对城市形体环境所进行的设计。一般在城市总体规划指导下,为近期开发地段的建设项目而进行的详细规划和具体设计。城市设计的任务是为人们各种活动创造出具有一定空间形

---

① 陈占祥译于 1981 年,转引自参考文献[38]:165。

② John M. Levy. Contemporary Urban Planning[M]. Fifth Edition. New Jersey: Prentice Hall, 2000:140, "城市设计"章节的作者是 Charles W. Steger。

③ 参考文献[1]:13。

④ 都市计画教育研究会. 都市计画教科书[M]. 3 版. 東京:彰国社,2001:170。

式的物质环境,内容包括各种建筑、市政设施、园林绿化等方面,必须综合体现社会、经济、城市功能、审美等各方面的要求,因此也称为综合环境设计。"①在 1998 年颁布的国家标准《城市规划基本术语标准》中,对城市设计的定义是:"对城市体形和空间环境所作的整体构思和安排,贯穿于城市规划的全过程。"其附件中的条文说明更进一步阐述为:"城市设计所涉及的城市体形和空间环境,是城市设计要考虑的基本要素,即由建筑物、道路、绿地、自然地形等构成的基本物质要素,以及由基本物质要素所组成的相互联系的、有序的城市空间和城市整体形象,如从小尺度的亲切的庭院空间、宏伟的城市广场,直到整个城市存在于自然空间的形象。城市设计的目的,在于提高城市的环境质量、城市景观和城市整体形象的艺术水平,创造和谐宜人的生活环境。城市设计应该贯穿于城市规划的全过程。"②

此外,国内城市设计领域中的学者也都有各自的认识和见解。例如,王建国提出"城市设计意指人们为特定的城市建设目标所进行的对城市外部空间和形体环境的设计和组织",并主张从理论形态和应用形态两个方面来理解城市设计③。又如,金广君将对城市设计的不同理解归纳为:形体环境论、建筑论、规划论、管理论和全过程论④。

从以上对城市设计的诸定义或对城市设计的理解中可以看出,城市设计包含以下因素:

(1) 城市设计是设计的一种,反映人的主观意识,包括意志的形成和意志的实现;

(2) 城市设计以物质空间为对象,侧重于外部空间形态以及构成外部空间形态要素之间的协调;

(3) 城市设计思想或意图存在于不同的空间层次中,其专业领域介于城市规划与建筑设计之间,在空间范围上贯穿于从整体到局部的不同范围和尺度。

2. 设计的语意

上面提到城市设计是设计的一种,其基本原理与工业设计、建筑设计,甚至时装设计有着许多共同之处。设计的本质是为满足某种需求,对设计对象物体理想状态的一种追求和落实。我们日常生活中经常接触到的大大小小的工业产品大多经过不同程度的设计。以工业产品中较为复杂的汽车为例,其设计首先涉及外观造型,这也是通常最直观、最容易被理解的"设计",即为了顺应消费者对审美流行趋势的要求,对汽车外观做出的造型安排。但是不仅如此,在对汽车外观造型做出安排的过程中,还必须考虑诸多功能上的要求,例如:流线型的车体能有效地降低风阻,节省燃油;合理的内部空间可以提供舒适的人员乘坐空间和宽敞的货物放置空间;配置合理的发动机与传输系统的布局可以提供高效的动力;坚固的车体构架可以确保乘客在任何情况下的相对安全;等等。这一切都是对一种理想、完美状态不懈追求的结果,是汽车设计者主观意志的具体

① 中国大百科全书(建筑、园林、城市规划卷)[M]. 北京:中国大百科全书出版社,1988:72。
② 中华人民共和国国家标准《城市规划基本术语标准》(GB/T 50280—1998)。
③ 参考文献[40]:1-4。
④ 参考文献[37]:10。

体现。在这一设计过程中还表现出由内及外(由功能及外观造型),以及由外及内(由外观造型及内部空间)的互动过程。

作为设计的城市设计实质上是对包括城市空间在内的城市建成理想状况的探索、安排和展示。不同的是由于城市的大尺度和建设参与者众多的特征,设计过程与设计意志的体现方式更为复杂,设计方案变为现实城市需要的时间更长,但是对于理想状态的追求——这一设计的真谛和精髓是不变的。或许对于城市设计而言需要更加丰富的想象力与更加强有力的意志来统一和落实。说得极端一些,谁能说许多科幻电影所描绘的未来城市的场景不是一种城市设计呢(图 12-1)?

图 12-1 电影《星球大战》中的一个场景——一种城市设计

3. 城市设计的主体

从上述设计的语义中可以看出,城市设计有两个主要的实体:一个是设计的主体,即由谁来设计;另一个是设计的客体,或称为设计的对象,即设计什么。

城市设计作为一种设计,究其本质是人类对其居住生活、工作生产场所的理想状态的追求,是人类意志的体现。在某些情况下体现这种意志的权力被集中在少数人,甚至是一个人手里;在现代民主社会中,这种意志则是通过一定的组织形式将城市中不同个体分散的意志集中后体现的。此外,在古代的城市中还存在另一种设计意志分散的情况,即城市是依据某种其成员共同遵守的规则逐渐形成的。设计意志集中的情况通常被概括为"自上而下"的设计;而设计意志分散的情况则被概括为"自下而上"的设计。此外,在现实城市中,时间也是一个重要的因素。某些城市的形态是在较短的时间内统一形成的,而另外一些城市则是通过漫长的过程逐步形成的。但是,无论是自下而上的长时期自然形成的"有机城市",还是君权等强权所主导的自上而下的"人造城市",实质上都是某个人、某个集团或城市中的大部分人意志的具体体现和积累的结果。

所谓自下而上的"有机城市"的形成是有关城市设计的众多意志的集合、妥协和在时间上的积累,通常不存在统一的形象化的设计文件,而主要依赖来源于自然界及生活中的某些暗示、规则和默契,例如,图 12-2 就是一个"有机城市"的实例,农田灌溉沟渠的肌理直接演变为城市形态;而自上而下的"人造城市"则是某种意志(集权或统一的意志)在较短时间内的一次性、集中的体现,通常伴随统一的形象化的设计文件(或类似于设计文件的替代物,例如模型),如意大利东部的防御城市威尼托(1593—1623)、中国的明清北京城都可以看作是这类城市的代表性实例。

图 12-2 "有机城市"的实例(伊朗靠近亚祖德附近的 Nowdusban)

资料来源：参考文献[7],65

4. 城市设计的对象

城市设计以物质空间形态为对象,包括城市空间的设计与城市环境的安排。前者更侧重于建筑物实体以外的空间形态以及建筑物之间的对应关系,例如广场围合空间的形成、轴线布局中的空间序列等;后者侧重于提高外部空间环境的质量和给人的感受,例如绿化环境、地面铺装、小品设置等。也就是说,城市设计可以抽象为对建筑实体体量与空间虚体尺度的处理和安排,也可以具象为某一空间中的一草一木、一砖一石的选材与布局。因而不同层面的城市设计所关注的对象和试图解决的主要问题是不同的。从总体上来看,较大范围或城市整体的城市设计更侧重于空间形体的推敲和设计,而局部小尺度的城市设计除空间形体外,还涉及诸如建筑外立面及地面铺装的材质、色彩、植物种植、雕塑、小品等更为详细且具体的内容。由于通常人们所感受到的是身边现实环境中的具体印象,小范围、小尺度、具象、详细的城市设计更容易被接受。

另一方面,由于意志体现更为明显和确定,通常城市设计意图更易于较为完整地体现在小尺度的空间范围内。但这往往给人以错觉,同时造成认识上的误区,以为城市设计仅存在于城市中较小的局部范围内或小尺度的空间中。正确的观点应该是:城市设计的对象可以是不同范围的空间领域,也可以是不同的内容,即"城市设计贯穿城市规划全过程"的思想。

很显然,城市设计的成果更多地表达了对建筑实体和空间的考虑,侧重于物质空间形态的内容,但实际上一个好的城市设计内含了对活动的组织、使用功能的安排以及对其背后的历史文化、社会经济、风俗习惯等其他相关因素的考虑。所以说城市设计的直接对象是物质空间,而间接对象则包含更广的范围。

5. 城市设计的手段

体现城市设计意图(或称意志)的方式和手段多种多样,通常根据城市设计的具体对象、目的选择采用。一般来说,城市设计本身的对象范围与尺度等空间因素以及所处的社会经济体制和城市规划体系均影响到城市设计手段的选择。如果城市设计所涉及的空间范围较大,那么实现其设计意图的方式和手段可能会更宏观一些,例如表现为相关的政策、方针、原则等;而如果城市设计的对象是一个具体的开发项目,具有明确的目的和空间范围,那么对空间形态做出具体安排的设计方案可能是一个最常见的选择。在市场经济体制下,城市设计需要应对城市建设中的诸多不确定因素,因而更倾向于选择带有引导和控制效果的手段,例如城市设计导则;而在相对集权的社会中,具体的空间形态设计方案通常会用来表达统一的设计意图。

在北美地区,城市设计所采用的主要手段有[①]:

(1) 城市设计政策(policy);

(2) 城市空间形态设计(plan);

(3) 城市设计导则(guideline);

(4) 城市设计管理维护计划(program)。

我国传统上多依靠城市规划中的详细规划,尤其是修建性详细规划体现城市设计的意图。但近年来受西方城市设计的影响,也开始单独编制以描绘城市空间形态与环境为主的城市设计方案、覆盖城市整体或城市主要地区的概念性城市设计以及城市设计导则等。但从总体上来看,城市设计在城市规划中的定位尚不明晰,对城市设计体系本身也缺乏统一的认识。

6. 城市设计的过程

虽然我们通常所见到的城市设计成果侧重于对城市物质空间形态的具体表现,但事实上,城市设计与城市规划相同的是都具有一个完整的过程,包括设计成果形成之前的准备工作、分析、研究、比较以及设计成果的落实等。雪瓦尼(Hamid Shirvani)在其《城市设计过程》一书中,将城市设计的一般过程概括为:资料收集、资料分析、目标的制定、多方案编制、方案细化、多方案评价、选定方案的成果化(转化为政策、设计、导则、管

---

① 参考文献[2]。

理维护计划)等 7 个步骤(图 12-3)。①

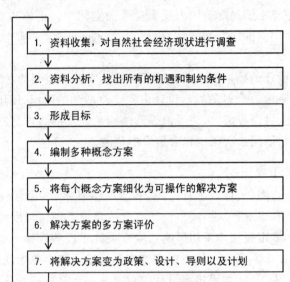

图 12-3　城市设计过程概要

资料来源：作者根据参考文献[2]编绘

12.1.2　城市设计的起源

前面我们提到城市设计的历史与城市历史同样久远,这是因为我们把城市形态的形成本身看作是一个城市设计的过程,无论是有意识地主观表达设计意图,还是通过对某种规则的默守而达成;无论是较短时期内的集中建设,还是经过长时间的逐步建设积累而成。因此,城市的出现与形成也就成为城市设计的起源。许多有关城市设计的论著就是从对历史城市的形态分析入手,揭示其中城市设计的规律的。

1. 城市的形成与城市形态

从原始聚落的形成到最初的城市出现,其间受到诸多因素的影响,对此已在第 1 章中进行了分析和论述。但仅就城市形态形成的原因来看,考斯托夫在《城市形态》②中的论述高度概括了早期城市形态的类型及其形成原因。

(1) 村落聚集形成的城镇

城市形成的原因主要源于聚落规模的扩大,但这种扩大是逐渐的和缓慢的。城市的形态主要受到原有河流、地形地貌、山体肌理以及乡间小路的影响,人为布局的痕迹较为稀薄。我国许多沿道路、河流等交通线形成的城镇,如屯溪(现黄山市老城区)、景德镇等均属于这一类型(图 12-4(a))。

---

① 参考文献[2]。
② 参考文献[7]。

（2）受宫殿、庙宇、城堡中财富的吸引所形成的以服务为目的的聚集区（城镇）

与以上聚落规模的扩大不同，由于某种更具吸引力的设施建设而吸引了大量为之服务的设施以及来往人流，并逐渐形成的城镇。这种情况在中外城市中均可以找到相应的实例。例如：法国的 Vézelay（公元 13 世纪末）在通往本笃会修道院的街道两侧形成的城镇；明北京城在外城形成之前就在通往城内的前门大街一带形成了居民聚集区；日本古代的"城下町""门前町"也都是指在通往城堡和寺院的道路两侧所形成的聚落或城镇。这种类型的城市形态同样少有人为干预的痕迹（图 12-4（b））。

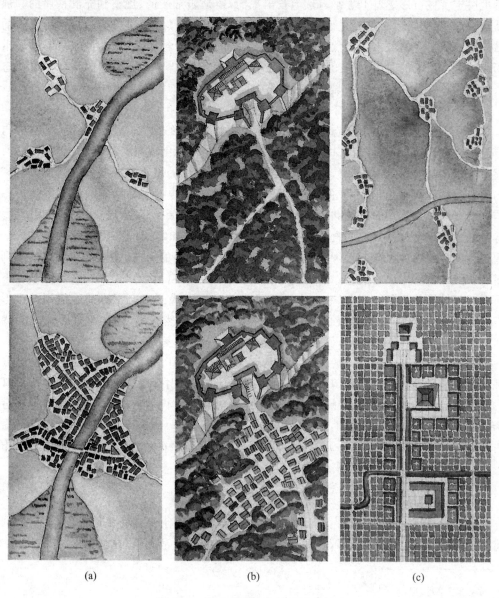

(a)　　　　　(b)　　　　　(c)

图 12-4　城市发展起来的早期形态

资料来源：参考文献[7]

（3）由某种权力而形成的规则有序的城市形态

图 12-4(c)表示的是墨西哥城市特奥蒂瓦坎(Teotihuacán)的建设过程,政府建设宗教设施的力量足以使方格网状的城市形态取代原有的村落形态,而表现出很强的人为干预的特征。实际上这种情况在中国古代都城建设中始终占据着主导地位。

2. 城市设计与城市形态

如果将城市形态看作是某种人为影响——城市设计的结果,那么这种人为影响的程度决定了城市形态看上去是自然生长出来的,还是非常严谨、规整和充满秩序的。通俗地说,就是城市是否是经过设计的。在这里,城市按照其形态可分为经过人为设计的城市与自然形成的城市。当然在自然形成的城市中也包含有人为的因素,只不过城市形态是经过更长的时间,并且是由众多意志共同作用的结果。培根将这两种城市形态分别称为单一设计师设计的城市(city of one designer)和多个设计师设计的城市(city of many designers)①。

实际上在现实的城市形态中,普遍存在着影响城市形态的人为因素(设计因素)与自然形成因素(局部设计意志的长时间叠加)的共生和转化现象。所谓共生现象是指:城市中不同时期所形成的城市形态以及建造于不同年代的城市构成要素之间形成"旧"与"新"的共生状态,例如佛罗伦萨、罗马等意大利城市中,中世纪形成的城市整体形态与文艺复兴时期改建的广场和街道(轴线)的关系。即使在同一个城市形态体系中,高等级的设计因素与低等级的自然因素同样同时存在,例如北京旧城中的皇城和主要干道带有明显的设计因素,但某些胡同以及部分四合院格局的形态,尤其是在外城地区则带有明显的自然形成的痕迹。转化现象是指人为因素与自然形成因素在一定的条件下可以相互转换的现象,例如巴黎在中世纪形成的自然形成因素所主导的不规则城市形态在 19 世纪中叶通过豪斯曼的"巴黎大改造"而变得井然有序,体现出更多的人为因素。这种秩序一直延续至今,俨然成为巴黎城市形态中的基调。

影响城市形态自然形成的因素可能是河流、地形地貌等自然条件,也可能是交通或地界等人类活动。对于设计因素起主要作用的城市形态则可以通过类型化的方法将其归纳总结。例如考斯托夫在《城市形态》中,通过对欧洲古代城市的分析,将城市形态分为格网城市(the grid)、图案化的城市(圆、多边形,the city as diagram)和庄重风格的城市(巴洛克,the grand manner)。②凯文·林奇(Kevin Lynch)在《城市形态》中也对城市形态作了系统的分析和归纳③。

3. 城市设计与城市感知

现实的城市空间总是给人以具体的感受和印象。为什么有的城市空间丰富多彩、富有韵律,不断给人带来惊喜,令人激动;而有的空间却杂乱无章、枯燥乏味、冰冷呆板?

---

① 参考文献[1]：80-81。
② 参考文献[7]。
③ 参见：7.1.3 节"城市结构",及参考文献[13]。

如果能够找出这些主观感受与城市空间的客观存在之间的对应关系,那么城市设计就可以自如地运用这些规律,以创造理想的城市空间。因此,有关人类对城市感知的客观规律的探求与把握是城市设计的出发点。城市设计的目的就是将这些规律自觉地运用其中,将历史上积累下来的有意识的和无意识的设计手法运用于设计实践,创造出易识别的、宜人的、优美的城市空间环境。

对于城市空间的认知规律,许多学者进行了大量的研究,归纳总结出一系列理论和方法。例如:林奇在其代表作《城市意象》(*The Image of the City*)中将构成城市认知的要素归纳为通道(paths)、边缘(edges)、区域(districts)、节点(nodes)和地标(landmarks),并以波士顿、泽西市和洛杉矶市为例,说明这些要素在城市认知过程中的重要性(图 12-5)。[①]

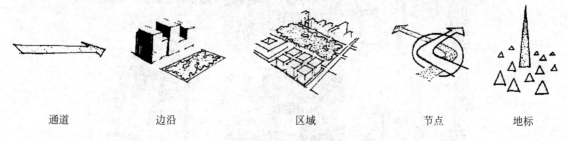

通道　　　　边沿　　　　　区域　　　　　节点　　　　地标

图 12-5　城市构成五要素
资料来源:参考文献[12]

库伦(Cordon Cullen)在《简明城镇景观》(*The Concise Townscape*)中提出"场景序列"的认知规律,通过对城市空间中不断移动的观察者的视觉感受分析,强调城市空间感知是由一系列连续变化的视觉画面所形成的,在静态的城市空间中引入了作为动态要素的观察视点(图 12-6)。这一原理与我国传统园林设计中"步移景异"的手法有着异曲同工之处,被广泛运用于城市设计中。[②]

此外,考斯托夫援引西方地理学的研究成果,将城市感知的一般要素分为:街道结构、土地利用模式和建筑物肌理。[③] 亚历山大(Christopher Alexander)在其代表性著作《模式语言》(*A Pattern Language*)中将城市形态要素及其设计中的一般规律归纳为 253 种模式(pattern)。[④]

回到我们开始时提出的问题,对城市空间与景观的感知规律进行总结就可以形成相应的城市设计准则。这是研究城市空间与景观感知的重要意义之一。赫德曼(Richard Hedman)与嘉斯则瓦斯基(Andrew Jaszewski)在《城市设计基础》(*Fundamentals of Urban Design*)中所举的 Row of Queen Anne 住宅的实例很好地说明了和谐建

---

① 参考文献[12]。
② 参考文献[3]。
③ 参考文献[7]:26。
④ 参考文献[25]。

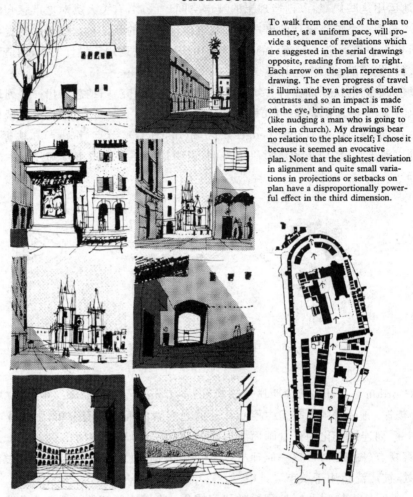

图 12-6　场景序列的个案记录

资料来源：参考文献［3］

筑物外立面中所隐含的规律以及按照这些规律所形成的城市设计准则。形成和谐建筑物立面景观的 11 个要素是：①建筑物的外轮廓；②建筑物之间的空间；③从道路红线的后退；④窗户、凸窗、入口及其他构件的比例；⑤建筑形态的体量；⑥入口的位置与处理方式；⑦表面材料、面层及材质；⑧建筑形体及装饰物所形成的阴影形态；⑨建筑的尺度；⑩建筑风格；⑪园艺（如果有的话）①。在这个实例中，人对建筑物外观的感知规律非常直观地成为形成和谐建筑物立面景观的设计准则（图 12-7）。

---

①　参考文献［9］：14-19。

(a) 窗户、入口、凸窗、山花的比例　　　　(b) 镶嵌板、托架、拱心石等细部装饰

(c) 几何形状与体重组合　　　　　　　　(d) 建筑立面上的阴影

(e) 建筑物的入口与门廊　　　　　　　　(f) 建筑物的高度

图 12-7　和谐建筑物外观中的隐含规律
资料来源：参考文献[9]

伦敦大学城市和建筑形态教授比尔·希利尔(Bill Hillier)自 20 世纪 70 年代开始逐步发展出一种称为"空间句法"(space syntax)的建筑与城市空间描述及分析方法、工具和理论,试图采用数学建模的手段对建筑及城市空间特征进行量化分析,用以解释建筑及城市空间特征与人类活动乃至社会网络之间的关系。空间句法通过再现(对空间的基本抽象方式)、分析与结构(算法)、建模及理论四个步骤,试图理解建筑、城市等人居环境中通过"部分有序系统"所形成的整体空间模式,同时解释形成这种模式的原则和过程,并最终在建筑和城市空间与人类社会行为之间建立可验证的关联。空间句法理论是空间认知量化研究研究的一种,已被普遍用于城市设计、交通分布、土地利用模式以及犯罪率分析等方面①。

---

① 有关"空间句法"参见：比尔·希利尔. 空间句法的发展现状与未来[J]. 盛强,译. 建筑学报,2014(8)：60-65. 张愚,王建国. 再论"空间句法"[J]. 建筑师,2004(6)：33-44 以及参考文献[36]。空间句法中用来描述和量度建筑与城市空间的指标主要有：连接性(connectivity)、控制(control)、深度(depth)、集成度(integration)、可理解度(intelligibility)等。

12.1.3　作为社会载体的城市设计

1. 城市设计与城市活动

城市设计的对象是城市空间环境，而城市的空间环境又是为城市居民的各项活动服务的，因此，城市设计可以看作是策划、设计以及实现城市中各种活动空间和场所的手段或工具。从抽象意义上来说，城市设计也就成为城市社会的一个载体，其根本目的就是为城市的社会与经济活动服务。

不同时代、不同类型的城市设计，其服务对象是不同的。例如，巴洛克式的城市设计常常被用来体现神权或君权的威严，文艺复兴时期罗马的城市改造、奥斯曼在巴黎大改造中所使用的城市设计手法就是其中的代表。而以市民阶层的日常活动或节日庆祝活动为服务对象的城市设计，如古希腊城市中的广场（Agora）、欧洲中世纪的城市广场（圣马可、坎波等）以及现代城市中的市民广场则体现了对城市公共空间及市民生活环境的关注。

在民主化社会的当代，城市设计的服务对象是广大市民阶层，设计的重点是城市的公共空间和环境。公共空间与环境的设计归根结底是为市民活动与城市功能服务的，因此必须适应人的活动需求，体现出场所的人性化。"以人为本"的口号掩饰不住巴洛克式城市设计手法所带来的实际效果。城市设计以其对空间环境的处理和安排，处处体现出其社会价值观念的取舍。

有关城市设计如何按照城市活动需要创造空间的技法，许多建筑师和规划师作出了精辟的论述和归纳。例如：芦原義信在《外部空间设计》中将建筑设计领域所关注的室内活动延伸至室外，着重分析了室外空间与活动内容的关系和规律（图 12-8）；[①]我国台湾建筑师张世豪在其著作《环境设计与课题》中，提出了城市空间设计的 3F 原则，即适于空间、适于时代、适于大众（fit for the space, fit for the time, fit for the people）。[②]

2. 城市设计与历史文化

城市设计所面对的是一个不断变化的现实世界中的某个时点。我们居家生活会不断添置新的衣物、家具、家庭用具等，另一方面又会淘汰一些过时的已无使用价值的物品，当然也会将其中的一部分进行剪裁、改造，还有一部分则代代相传视为家庭的至宝。在这一过程添置什么，保留什么，淘汰什么，有时并不完全取决于某一物品在一般意义上的价值或使用价值，而取决于它在你心目中的地位和有无纪念意义。对于构成城市的建筑、道路、树木等要素也大致如此。城市设计在面对这些要素进行取舍判断时必然会依照某种价值判断，而不完全出于经济利益的考虑。与个人或家庭内的判断不同，城市

---

① 参考文献[31]。

② 参考文献[43]，其中适于空间中的"空间"亦可引申为"场所"（place）。

图 12-8　室外活动与空间的形成

资料来源：参考文献[31]

设计所采用的价值判断标准必须是在一定范围内的"社会共识"。在此，城市设计再次成为体现社会意志和价值判断的手段。

　　虽然城市设计中有关历史空间环境的处理手法，如保留、模仿、协调、对比等最容易受到关注（当然也最容易引起争论），但其背后的价值判断与思想才是城市设计的灵魂。历史街区或历史地段中的城市设计有别于新区建设开发中的城市设计，因为它所面对的不是一片空地，而是经过长时期积累并遗留下来的历史遗产（尽管遗产并不都是正面的或值得传承的）。虽然现代的城市设计更为主动和有意识，但它毕竟是城市空间环境形成过程中，长时间、多种意志体现中的一个，它的任务是继承、保护、改善并延续历史文脉，而不是将其一刀斩断，从此开创一个"新时代"。不过城市设计也绝不是对历史空间环境现状的全面冻结与消极维持。时代的变化，生活的变化，城市公共活动的变化，这些都是城市设计创作的源泉。良好的城市设计源自对历史的尊重、对现实的自信以及对未来的洞察力。具体而言，城市空间、城市肌理、城市意象以及建筑物实体的延续与更新是城市设计中处理城市历史文脉的关注对象（图 12-9）。

(a) 小樽运河与仓库群

(b) 川越、传统建筑构成的街景

(c) 须原宿（木增路）中的水槽

(d) 伊势河崎的沿河建筑

(e) 伊贺上野寺町的原始风貌

(f) 近江八幡的八幡濠

图 12-9　历史街区保护中的城市设计(日本)

资料来源：参考文献[30]

3. 城市设计与城市问题

近代城市规划学科在知识结构上主要源自两个方面：一个是来自建筑设计、城市设计等与物质空间形态相关的理论和实践；另一个是来自有关社会、经济、法律、生物等非物质空间领域的理论和知识。一般认为，城市设计属于前者的范畴，它只是创造城市物质空间环境的手段和工具，虽然其中也体现某种价值判断，但并不能以此左右社会经济的发展方向，协调城市发展中的利益矛盾，对城市问题的解决也仅限于对空间环境的改善方面。因此城市设计一直被看作是近代城市规划理想主义与现实主义路线中的前者。但是,城市设计者从来也没有停止过对现实问题的探究和对解决问题的提案。虽然有时这些提案被认为过于理想化和超出了城市设计力所能及的范畴,但它仍不失为一种尝试与努力。

北美地区在 20 世纪 90 年代左右出现的新城市主义运动(new urbanism)就是一个实例。新城市主义运动起源于对郊区化以及郊区化所带来问题的反思,倡导城市的回归与复兴。新城市主义倡导者试图采用城市设计的手段来解决或部分缓解城市发展过程中社会、经济与环境方面的问题。虽然存在争议,但也是设计师勇敢面对现实,从城市设计角度看待、关注并着手解决城市问题的尝试(图 12-10)。①

图 12-10　新城市主义的代表作(美国滨海镇)

资料来源:参考文献[14]及作者拍摄

12.1.4　城市设计学科

城市设计主要涉及城市的物质空间形态与环境。虽然其学科领域与建筑学、城市规划以及景观建筑学有所重叠,但却是一个相对独立的范畴。它既不是城市规划的从

---

① 有关美国的新城市主义内容可参见文献[14~18]。

属,也不是建筑设计的放大。

1. 城市设计与城市规划

从历史上看,城市设计与城市规划同源,并均受到建筑学的影响。事实上,在工业革命之前,城市的发展相对缓慢,市民个体保护自身利益、左右城市形态的能力有限,城市设计与城市规划并没有严格的区分,或者说传统的城市规划实际上就是城市设计。但工业革命之后,随着城市功能的增加与复杂化(主要是近代产业职能的产生和近代交通工具、城市基础设施的出现),人口规模的急剧增加,注重城市物质空间形态设计的传统城市规划无法解决城市所面临的现实问题。从社会改良、产业布局、现代化交通设施建设等角度出发的理论与方法逐渐成为城市规划学科的主流。城市规划成为一个包含建筑学、经济学、社会学、历史学、地理学、政治学、人口学以及交通、市政等诸工程学科在内的多学科巨系统。有关城市物质空间形态的设计不再是城市规划的唯一主宰。城市设计作为描绘城市未来蓝图的手段,逐渐成为城市规划中代表理想主义的一个组成部分。城市规划与城市设计具有各自的侧重点。

城市规划侧重于研究、预测城市的社会、经济发展,并确保其发展所必要的空间,综合处理城市中各个组成部分之间、各个系统之间的关系,保障规划意图得到或部分得到实现;城市设计则更侧重于对城市物质空间形态的理想状态的研究和探求。通常,大范围城市设计的意图和目的要通过城市规划才能得到具体实施。总之,城市设计与城市规划的领域既有重叠又各有侧重。

2. 城市设计与建筑设计

城市设计与建筑设计同属空间设计,在设计手法和理念上有相似之处。从两者的设计对象来看又相互衔接,建筑外壁同时也是城市空间的边界和内壁;建筑物不仅可以形成界定城市空间的实体,而且建筑的内部空间还可以通过不同的方式与外部空间联系,并过渡到城市空间,甚至形成半室内、半室外的"灰空间"。但是,城市设计绝不是建筑设计的放大。建筑设计多源自对内部功能需求的满足,形成由内而外的设计思路(强调功能的现代主义设计尤为如此);而城市设计则主要立足于满足整个城市系统的需求,通常采用的是由整体而局部的设计方法。

在城市中,建筑单体的设计侧重于建筑物实体本身的设计,亦即对"图底关系"中"图"(figure)的设计;而城市设计则侧重对建筑物之间关系以及建筑物实体之间空间的设计,亦即对"图底关系"中"底"(ground)的设计。尤其当建筑物的密集程度与建筑物以外开敞空间的比例适中时,这种"图"与"底"的关系可以相互置换,城市设计真正变成了对"没有屋顶的房间(外部空间)"的设计(图 12-11)。

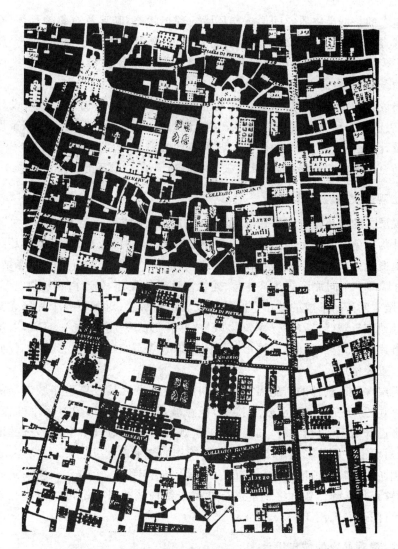

图 12-11　意大利城市地图中"图""底"关系的反转

资料来源：参考文献[31]

12.2　城市设计诸要素

12.2.1　城市设计的空间层次

1. 城市设计的对象空间层次划分

根据城市设计对象空间范围和尺度的不同,可以将其划分为不同的空间层次。不同空间层次城市设计的关注点、设计内容、所采用的手法以及设计成果各异。由于城市设计所追求的是城市物质空间形态与环境的理想状态,其涉及对象越具体、空间范围越确定就越容易把握,其设计理念就越容易得到落实,其效果就越容易被公众所认识。这也解释了为什么现实中,城市局部的、小尺度的城市设计实例较多,甚至被误认为是城市设计的全部的原因。

应当说,"城市设计贯穿于城市规划的全过程"这种提法揭示了城市设计更深层次的本质,表明了一种实事求是的专业态度。但对应于不同的空间层次,城市设计的对象要素和设计手法存在着较大的差异。城市设计的对象空间层次可具体分为:着眼于整个城市乃至区域的宏观层次,以及着眼于城市局部的中、微观层次。

2. 宏观层次的城市设计

宏观层次的城市设计通常以城市中心地区、整座城市乃至区域等较大的空间范围作为设计的对象。其任务是对整体的空间结构形态、发展战略、城市整体意象以及重点地区做出概括性的描绘。宏观层次的城市设计着眼于整个城市空间形态结构的设计,例如:对城市中不同片区的建筑体量、建筑高度进行设计,创造由建筑物、构筑物、山体、绿化、开敞空间等所形成的城市空间结构及城市轮廓线;对城市各个片区尤其是城市重点地段的城市景观(包括色彩、建筑物风格、绿化形式等)进行统一部署,以塑造各具特色的城市片区及地段;同时,在城市范围内考虑景观节点的布局,形成景观轴线、对景视廊等城市景观格局。

宏观层次城市设计的实施需要较长期的过程,虽然其效果不如城市局部的城市设计那样直观、易于实施和被公众所接受,但在城市空间形态形成过程中的作用是中、微观的城市设计所无法代替的。而且,由于宏观城市设计对城市空间形态的形成更具战略意义,对城市整体的影响是决定性的,其工作的技术难度也更大。

美国纽约曼哈顿地区、旧金山市在 20 世纪 60 年代末至 70 年代初所进行的城市设计、美国首都华盛顿在新世纪之交进行的城市结构战略研究都可以看作是宏观城市设计的实例(图 12-12、图 12-13)。①

3. 中、微观层次的城市设计

相对于宏观城市设计关注城市整体的空间结构,中、微观的城市设计以城市中的局部空间环境为对象,更加侧重对具体建筑实体、空间以及环境的设计安排。

中、微观城市设计的对象空间范围覆盖了从数个作为构成城市基础单元的街区(block)到仅包含数栋建筑在内的局部地段的较为宽泛的空间领域和尺度。对于什么是中观层次的城市设计、什么是微观层次的城市设计也很难划出一个准确的界限。通常可以将涉及较大空间范围和带有空间结构性设计内容的城市设计看作是中观层次的,如城市的中心区、重点地区、滨水地区以及新开发社区的城市设计等。中观层次的

---

① 有关美国纽约曼哈顿地区的城市设计参见文献[19];有关旧金山的城市设计参见文献[20];有关华盛顿的城市设计参见:National Capital Planning Commission. *Extending the Legacy*, *planning America's Capital for the 21st Century*[R]。

URBAN DESIGN GUIDELINES FOR HEIGHT OF BUILDINGS

图 12-12　宏观层次的城市设计实例（美国旧金山）

资料来源：参考文献[20]

图 12-13　宏观层次的城市设计实例（美国华盛顿）

资料来源：National Capital Planning Commission. *Extending the Legacy*，*planning America's Capital for the 21st Century* [R].

城市设计关注城市局部地区的空间结构,相对于宏观层次的城市设计而言,对空间构成要素的描绘更加具体,但较微观层次的城市设计相对抽象,属于城市设计中的一个过渡层次。中观层次的城市设计除关注建筑组群及其所形成的空间外,还需要考虑和处理建筑组群之间的关系,以及空间群体中各个空间之间的连接和过渡。中观层次的城市设计有着不同的类型和众多的实例。

(1) 城市中心区及重点地区的城市设计,例如:美国旧金山教会海湾(Mission Bay)(图 12-14)再开发城市设计、法国巴黎德方斯商务区城市设计、北京中央商务区城市设计、上海陆家嘴金融贸易区城市设计、深圳中心区城市设计等。

图 12-14 中观层次城市设计的实例(美国旧金山教会海湾(Mission Bay))
资料来源:理查德·马歇尔,沙永杰. 美国城市设计案例[M]. 北京:中国建筑工业出版社,2004.

(2) 城市滨水地区城市设计,例如:日本横滨 21 世纪未来港口(MM21)地区城市设计、美国巴尔迪摩内港地区城市设计、宁波"三江六岸"地区城市设计等。

(3) 城市街道空间及环境改造城市设计,例如:美国芝加哥州大道(State Street)改造城市设计,中国上海南京路商业步行街城市设计、北京王府井商业街城市设计等。

（4）社区城市设计，例如：美国新城市主义作品中的滨海镇（Seaside）、西北码头镇（Northwest Landing）、西部河流景色镇（Rio Vista West）、日本的千叶幕张海湾镇以及我国目前大量开发的商品住宅区的设计。一些大型公共机构的整体设计，如大学校园的规划设计也可以看作是社区设计的一种，例如美国弗吉尼亚大学、哈佛大学，日本筑波大学、东京都立大学的校园设计等。

（5）特定系统的城市设计，例如：香港中环的高架步行系统、日本横滨的城市标识系统等。

微观城市设计的对象空间范围更为狭小和具体，可能是一至数个街区，也可能是一个广场或一个建筑组群。微观城市设计主要着眼于建筑物之间的关系、建筑物与外部空间的关系及外部空间环境的具体设计，例如建筑物外立面、地面铺装、绿化、小品、标示等。由于微观层次城市设计的空间尺度较小，也更加贴近人的活动，所以除了对空间整体做出安排外，更注重近人空间和环境的形成与设计以及外部空间与建筑物的相互关系。可以说，微观层面的城市设计涉及城市环境的每一个角落，有着大量的实例，从欧洲古代、中世纪的广场到现代城市中的局部空间或建筑群体都可以看作是微观城市设计的具体体现（图 12-15）。

图 12-15　微观层次的城市设计实例（日本横滨开港广场）

资料来源：参考文献[30]：68

12.2.2　城市设计的要素

1. 城市设计的关注对象

根据空间层次和尺度的不同，城市设计关注与设计的对象有所区别和侧重，但从总体上来看,对物质空间形态与环境的安排和设计是其本质。虽然城市设计在不同的场合和时期又称为城市设计(civic design)、空间设计(spatial design)、公共设计(public design)、环境设计(environmental design)或场地设计(site plan)等。其中,除场地设计专指统一用地范围内的规划设计外,其余的称谓虽然有所侧重,但在实质上并无根本区别。因此,我们可以将城市设计的关注对象理解为城市中以公共活动为主的空间及环境。

城市设计所关注的对象又可以进一步划分为具体的设计要素,即城市设计的对象要素。对此,各种有关城市设计论著中的划分方式不尽相同,但大同小异。如采用雪瓦尼(Shirvani)提出的划分方法,则这些城市设计的对象要素可分为以下 8 种[①]:

(1) 土地利用(land use)

(2) 建筑形式与体量(building form and massing)

(3) 交通流与停车(circulation and parking)

(4) 开敞空间(open space)

(5) 人行通道(pedestrian ways)

(6) 活动支持(activity support)

(7) 标识(signage)

(8) 保护(preservation)

在上述 8 种城市设计对象要素中,对活动的支持如 12.1.3 节"作为社会载体的城市设计"中所述,实际上贯穿于整个城市设计之中而不是一个独立的设计对象要素。同时保护也是诸多城市设计具体目标中的一个,也难以将其与其他几个设计对象要素相提并论。所以,在此将城市设计的对象要素分为:土地利用、建筑体量与形式、开敞空间、交通以及标识与小品 5 个方面。

2. 土地利用

土地利用包括土地使用的性质、强度和形态。虽然土地利用并非在所有情况下均直接表现为城市设计的成果,但却是城市设计的基础和决定性因素。因为土地利用是各项城市活动在空间上的投影,是城市功能的直接体现。反映在城市设计方面,不同的土地利用表现为不同的物质空间形态特征。例如:商业、居住等不同性质的土地利用,由于在其中所开展活动的差异,表现为不同的建筑体量、形态和外观形象。同时,不同的土地利用强度,例如不同密度的居住用地之间,所表现出的地区特征也存在明显的差异。城市设计首先需要考虑满足不同土地利用中的功能要求以及为满足功能要求而采用的相关设计手段,如对道路交通、绿化及开敞空间的设计等;其次必须注意到不同类型的土地利用在空间形态特征上的差异以及同类土地利用中可采用的空间形态布局手法的变化,例如多层住宅中的行列式布局与周边围合式布局在空间形态上的差异。

图 12-16 是美国旧金山中心地区(downtown)土地利用与城市空间形态之间关系的

---

① 参考文献[2]:4-46。

一个实例。图中,位于中央的塔式、板式办公建筑,大体量的宾馆,高层公寓,位于前景的多层住宅、网球场、公园以及位于左下角的旧式仓库,充分体现了不同种类的土地利用反映在城市空间形态上的差异。这说明城市设计中建筑物实体的形态以及所形成的空间首先取决于设计对象的功能和这种功能所代表的土地利用。

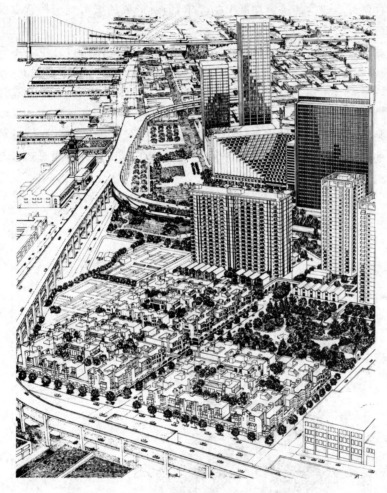

图 12-16　不同类型土地利用的空间形态

资料来源:参考文献[4]

3. 建筑体量与形式

在城市设计对象要素中,建筑组群是构成城市空间的最基本要素。一方面城市功能——诸项活动主要依靠建筑物来具体体现;另一方面,在许多情况下,外部空间也是依靠实体建筑物来界定,并形成建筑物—外部空间的呼应关系。此外,建筑物的外观形态、高度、体量、式样、色彩还是构成城市景观的重要因素。因此,城市设计的主要任务之一就是直接或间接地决定建筑物在空间上的分布、各自的体量、形态以及质感、色彩等外观形象,并确定建筑物之间以及建筑物与外部空间之间的关系。对于相同地区的

　　不同城市设计方案，其最大区别往往体现在对建筑组群的处理方面。对于相同的功能要求，城市设计可以采用不同的空间组合手法来满足，例如对于商务办公建筑来说，可以采用高层塔楼配合周围设置大面积开敞空间的布局手法（勒·柯布西埃式的手法），也可以采用多层建筑沿街坊周边横向展开，围合成内院的手法（欧洲传统城市布局的手法）。虽然这两种形式均能满足功能上的要求，但所形成的城市空间形态以及城市景观却大相径庭。

　　但是，城市设计涉及建筑组群布局却不设计建筑，因此城市设计也绝不等同于建筑设计。巴内特在《城市设计导论》中提出的"设计城市而不设计建筑"（designing cities without designing buildings）的思想就是对城市设计中应如何安排、处理建筑物这一问题最好的诠释[①]。无论是美国纽约下曼哈顿城市设计中有关建筑组群与视廊关系的处理手法，还是美国旧金山市城市设计中对建筑物高度与体量控制以及通过对建筑物色彩、天际线的处理强调城市特征的设计手法，均体现了城市设计对建筑体量与形式的考虑和安排（图 12-17）。

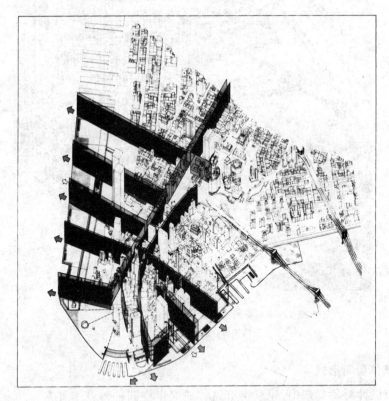

图 12-17　城市设计对空间的设计与对建筑形态的控制（美国纽约下曼哈顿）
资料来源：参考文献[5]

---

　　① 参考文献[4]。

4. 开敞空间

在城市空间的图底关系中,如果将建筑物所占据的空间看作实体,那么与其相对应的作为虚体的非建筑空间就是开敞空间。广义的开敞空间既包括大面积的绿地、公园、广场等公共活动空间,也包括道路、停车场等交通空间,甚至包括建筑物之间不便使用的消极空间以及私家庭院等在平面上封闭或半封闭的专有空间。城市设计所关注的开敞空间以绿化空间、广场、道路等可以开展各种公共活动的公共空间为主,但也不排斥私家庭院等专有空间,甚至某些消极空间在形成整个开敞空间体系中所起的作用。城市设计所从事的工作一是将这些容纳不同活动的(包括公共的、半公共以及私密的)、具有不同功能的、独立存在的空间组织成一个相互联系的开敞空间系统;二是对这些空间(尤其是公共空间)的环境配合绿化及景观建筑设计(landscape design)进行具体的安排和设计。由于城市设计所关注的是建筑物之间以及建筑物与外部空间的关系,因此在某种意义上,对于城市设计来说,开敞空间设计就变成了一种实体设计("图""底"关系的翻转)。

城市设计中常见的开敞空间设计有以下几种。

(1) 街道空间及景观的设计,例如法国巴黎的香榭丽舍大道(Avenue des Champs Élysées)(图 12-18)、美国纽约曼哈顿第五大道(Fifth Avenue)、中国上海南京路等;

图 12-18　城市中的开敞空间(法国巴黎香榭丽舍大道)

资料来源:作者拍摄

（2）各类广场空间及环境的设计,例如美国纽约的洛克菲勒中心(Rockefeller Center)、法国里昂的沃土广场(Place es Terreaux)、德国达姆施塔特的路易森广场(Luisen-platz)等；

（3）公园绿地等以绿化为主的空间与环境设计等,例如纽约的中央公园(Central Park,大型城市公园)、西班牙巴塞罗那莫拉格斯将军广场(Placa del General Mora-gues,街旁公园)、美国西雅图煤气厂公园(Gas Work Park,产业遗址公园)、美国华盛顿越战纪念碑(Vietnam Veterans Memorial)等。

5. 交通

交通流实质上是人的活动与物的流动。城市设计所关注的是与这种活动及流动直接或间接相关的空间,以及空间之间的关系,例如道路空间、等候空间、停车空间、不同交通方式之间的换乘空间等。

步行是各种交通方式中最基本也是最特殊的一种,所以有关步行空间的城市设计实际上属于交通流设计的范畴。但由于步行交通的特殊性,例如步行行为与等候、聚集、观览、休憩等室外活动的即时转换,在公共活动空间中的穿插移动以及在室内空间与外部空间之间的移动等,步行交通往往也被看作是室外活动的组成部分,在对其他设计对象要素的设计中也会有所涉及。而其他类型的交通,如机动车交通、公共交通、自行车交通等则更多关注其功能上的要求和空间特征。

交通活动所需空间的功能性要求较强,在城市空间中也占据相当的比例。有时交通空间,比如道路,兼有多功能和多要素的特征。大部分的城市道路在为机动车、非机动车、行人乃至轻轨提供交通空间的同时,结合行道树等绿化处理又可成为开敞空间的有机组成部分。与此类似,机动车停车空间原本是用来停放车辆的空间,但如果与绿化结合也可成为绿色开敞空间的重要组成部分,或是纳入建筑物内,成为城市设计中的实体要素,抑或深入地下成为地下空间的组成部分。

由于交通功能本身的特点,在城市设计中,对交通流的系统组织,以及对各系统之间衔接转换的处理尤为重要。在城市中心等城市活动密集地区,城市设计往往不仅需要考虑平面的交通,而且要考虑立体的交通(图 12-19)。

6. 标识与小品

如同建筑室内空间中还需要摆放具有使用和装饰功能的家具、饰品一样,城市设计除对城市空间进行设计安排外,还要对其中的各种标识、小品进行统一的考虑,起到点缀、美化环境,标定场所特征,提供信息、指南、说明以及提供等候休息、饮水、夜晚照明、通信、垃圾回收、如厕等功能性设施的作用。因此,对外部空间中标识与小品的设计是城市设计中有关环境设计的重要组成部分,同时这些标识与小品有时也可以起到标定和界定空间的作用(图 12-20)。

标识与小品又被形象地称为街道家具(street furniture)、景观家具(sight furniture)或城市家具(urban furniture),所包括的范围较广,种类繁多。按照西泽健在《街道家

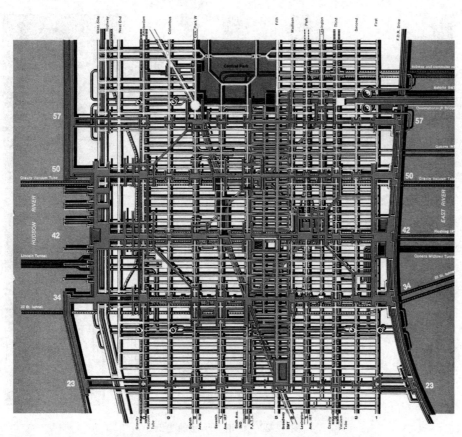

LONG RANGE MASS AND INDIVIDUAL MOVEMENT SYSTEMS

图 12-19　交通系统设计实例（美国纽约曼哈顿的交通系统）
资料来源：参考文献［19］

具——室外环境要素的构思及设计指南》一书中提出的分类方法，可分为以下类型[①]：

（1）休憩类，包括座椅、室外桌椅、凉亭（或类似于凉亭的遮蔽物）等；

（2）环境卫生类，包括垃圾箱、烟灰缸、饮水器、公共厕所等；

（3）商亭类，包括商报亭、自动售货机、小吃亭、临时性摊贩等；

（4）信息类，包括指示牌、广告招牌、信息牌、公用电话亭等；

（5）照明类，包括道路照明、步行商业街照明、一般街巷照明、公园绿地照明、广场照明、建筑物（构筑物）投光照明等；

（6）交通类，公共汽车站、自行车停放设施、人行天桥、步行廊道、限制汽车行驶的设施、地面铺装等；

（7）景观类，包括绿化种植、喷泉、雕塑、门、展示橱窗、广告塔等；

---

① 作者根据参考文献［34］对内容及顺序进行了调整。

图 12-20　标识与小品的实例

资料来源：参考文献[30]

（8）游戏类，主要指供儿童玩耍的各种游戏器具和场地；

（9）管理类，电线杆或灯柱、电力电信控制设施、消防设施、管理亭以及井盖、排水口、通风口等地面上的管理设施；

（10）无障碍类，主要指供残疾人使用的盲道、声音引导系统、电梯等升降系统、各种供轮椅使用的电话亭、厕所等；

（11）室外活动类，主要指供开展各种室外活动、集会等使用的场地、露天舞台、旗杆、电源等必要的设施。

12.3　城市设计的职能

　　上面曾经提到过，城市空间形态是人类一系列意志叠加的结果。这些意志在主观上有些是有意识的，有些是无意识的，现代的城市设计属于有意识的意志表达和体现。那么，通过城市设计我们可以达到什么目的？或者说我们期望通过城市设计实现什么样的意志？这就涉及我们所赋予城市设计的职能。

12.3.1 城市设计的职能分工

与城市设计相近或相关的几个学科,如建筑学、城市规划、景观建筑学均具有较城市设计更长的历史。那么一个很朴素的问题就是,城市设计有必要作为单独的学科或规划设计手段存在吗? 对此,城市设计相关著作中有过一些探讨[①],作为结论,作者对此持肯定的态度。在 12.1.4 节"城市设计学科"中,已经从城市设计所涉及的学科领域和内容方面进行了探讨,在此主要就城市设计在城市空间形态的形成过程中所扮演的角色,即城市设计的职能分工作作简单的探讨。必须指出的是,在城市设计这一名词出现之前,或是在某种规划设计体系中不存在城市设计这一名词时,并不能说明相当于城市设计的内容和方法手段就不存在。

1. 城市设计与城市规划

除了前面所提到的城市规划与城市设计在覆盖的学科领域以及规划设计内容上各有侧重外,通常城市设计本身并不包括为实现设计内容所采取的实施手段。在很多情况下,尤其是在法制化社会中,城市设计的内容通常需要借助城市规划的框架和实施体系得到落实。这是因为,被付诸实施的城市设计已不再代表某个集团或个人的意志,而应该是社会群体意志的体现,因而同城市规划内容一样,需要通过一定法定审议程序获得大多数社会成员的认可和支持。但是,由于城市设计较城市规划包含更多有关空间感觉、认知、美学等主观性极强、不易量化的因素,因此在技术上往往采用将城市设计内容与城市规划实施手段相结合,采用相对间接和模糊的判断手段。欧美各国的城市设计的理念和内容多依靠城市规划法规、规划行政审查等手段得到具体落实。例如,美国的区划(zoning)中所包含的特别地区(special zoning district)、设计审议(design review)制度以及作为审议依据的城市设计导则(design guideline)等就是将城市设计的因素间接地反映到具有法律地位的城市规划(区划)中去,使相对僵硬、划一的区划制度可以在某种程度上体现城市设计的意图和内容。又如在英国的开发规划(development plan)及规划许可(planning permission)制度中,采用非法定的规划概要(planning brief)和设计指南(design guide),通过城市规划行政审批制度来间接体现城市设计的思想。

我国现行法定城市规划中也没有包含城市设计的内容。但控制性详细规划和修建性详细规划在不同层面上是可以反映城市设计意图的(注意,是存在这种可能,但不是一定会或必须)。例如在编制控制性详细规划之前,对相应地段所进行的城市设计研究不但可以增强控制性详细规划中各项指标和内容对当地特征的体现,提高规划的具实性,而且还可以为规划的执行提供三维的和形象的依据,并提高规划的可视性。修建性详细规划在其成果内容和表现方式上与城市设计有着较大的重叠,甚至有观点认为修

---

① 例如:参考文献[38]论述了城市规划与城市设计,参考文献[40]论述了城市设计与城市规划及建筑设计的关系。虽然作者对其中的观点并不完全赞同,但至少说明了城市设计独立存在的必然性。此外参考文献[4]还从职业划分的角度论述了城市设计师(urban designer)与城市规划师(urban planner)和建筑师(architect)的不同。

建性详细规划可以取代城市设计。但是即便抛开修建性详细规划与城市设计的侧重点之不同,反映在修建性详细规划中的依然是城市设计的思想、意图和内容,而不是什么别的。

事实上,即便详细规划的工作阶段及成果中没有明确地体现城市设计的存在,甚至编制人员没有从主观上开展城市设计,但属于城市设计范畴的设计思想和方法也会或多或少地体现在详细规划的相应成果之中。因此,重要的不是名称是否叫城市设计,也不是有无独立的成果,而是城市设计的思想、意图和相应内容能否有意识地体现在城市空间形态形成的过程之中,即城市设计的思想是否能够真正贯穿于城市规划的每一个阶段。

2. 城市设计与建筑设计

顾名思义,城市设计与建筑设计的最大不同就是一个是设计城市,一个是设计建筑。

虽然建筑师通晓建筑设计需要服从城市整体的需要、必须遵守城市规划的道理,但设计的出发点往往是以建筑单体为核心的。即使建筑师希望在建筑设计中体现城市设计的思想,他的客户——建筑业主出于经济利益上的考虑也未必同意这种做法。因此,建筑设计表达的自由与城市空间形态整体的协调统一是对立矛盾中的两个侧面。

城市设计在空间形态上提供了连接城市规划与建筑设计的桥梁,或者说城市设计将城市规划中有关城市空间形态的构思具体地表达出来,并通过对建筑物形态、体量、高度、色彩等要素的预先明示、引导和控制,形成对建筑设计的影响和约束。虽然城市规划同样也可以起到引导城市建设与建筑设计的作用,但城市设计侧重物质空间形态设计的性质决定了它更适合于扮演这种承上启下的角色。具象的城市设计,即将建筑物实体与空间虚体、环境立体地、形象地表现出来的城市设计,不但具实地表明了建筑物与空间、建筑物与建筑物之间的关系,而且为建筑设计提供某种可供参考的范例。虽然建筑设计并不一定需要完全按照城市设计所提供的外观形式进行设计,但至少对建筑师来说是一种引导和启发。如果把这种城市设计的内容转化为某种具有一定约束力的城市设计政策、导则,甚至是法规时,城市设计则成为建筑设计的形态框架或称“鸟笼”(对建筑设计带有某种约束性质)或者是向导(带有引导作用)(图 12-21)。

对于建筑设计而言,城市设计所扮演的更多的是一个组织者与指导者的角色。用一个不甚恰当的比喻,城市设计就像是交响乐队中的指挥,而建筑设计更像是乐队中的每一个乐手。优秀的乐手如果没有指挥的组织,或指挥不当,或不听指挥,就不可能演奏出和谐、悦耳的乐曲。同理,缺乏城市设计组织的优秀建筑设计堆积在一起并不一定能形成优美的城市空间环境。

图 12-21　城市规划法规对建筑设计影响的实例（1916 年美国纽约综合区划条例）

资料来源：参考文献[5]

12.3.2　作为城市发展建设蓝图的城市设计

1. 城市设计与城市建设

城市设计长于对城市空间形态及环境做出具体的安排和描绘,因此常常被用来表达城市建设完成后的实际状况——城市发展建设蓝图。体现这种职能的城市设计通常又出现在两种情况中：一种是城市设计用以表达目标明确、短期内可实现的建设项目；另一种是描绘城市某地区未来城市空间形态和环境的蓝图。在第一种情况中,城市设计往往与详细规划的职能有所重叠,甚至被取代（或者认为城市设计的思想被包含在详细规划之中）。在这种情况下,城市设计的职能就是具体描绘有明确预期可实现目标的城市空间形态与环境状况。城市设计从目标制定、方案确定到具体实施有着明确的因果关系和发展脉络,城市设计的作用最容易被认识,也最容易被误解为这就是城市设计的全部。另外一种描绘城市未来空间形态与环境状况的城市设计通常缺少具体开发项目的支撑,一般仅被作为一种理想蓝图和未来城市建设目标的示意。

在以具体建设项目为导向的城市设计中,根据对象地区在城市中的区位条件以及开发项目的目的可以分成：

（1）开发型城市设计

（2）保护型城市设计

（3）社区型城市设计

但无论哪一种城市设计,就其所担负职能的性质而言都属于伴随具体开发建设项目的城市设计,或称建设项目导向型城市设计（图 12-22）。

2. 建设项目导向型城市设计的特点及局限性

建设项目导向型城市设计的最大特点就是具有明确具体的开发建设项目作为设计

的依据，并有确定的空间范围、目标和方向。这种城市设计的成果倾向于对终极状态的蓝图式描绘，非常直观具体。建设项目导向型城市设计的主体可以是政府的城市规划主管部门，也可以是政府其他建设部门甚至是民营的开发商。

图 12-22　保护型城市设计实例（上海新天地）

资料来源：罗小未. 上海新天地——旧区改造的建筑历史、人文历史与开发模式的研究[M]. 南京：东南大学出版社，2002

建设项目导向型城市设计的局限性表现在对城市开发建设的一事一议。虽然在方案编制过程中，通常设计者会考虑到设计个案与周边环境以及与城市整体的关系，但通常缺乏协调设计个案与城市整体的必要手段。同时，在城市设计的公众参与制度尚未完善的情况下，开发商、规划师或建筑师等少数人的意志常常成为左右设计结果的决定性因素，而不利于城市整体空间形态的形成。当然这种设计一般也是在城市规划等相关制约条件下完成的。

12.3.3　作为公共政策的城市设计

1. 个人意志与公众意志

我们反复提到城市设计是某种主观意志在城市空间形态与环境形成过程中的具体体现。由于城市设计的对象通常是公共活动空间或者涉及与城市公共活动空间的各种联系，因此，设计中的公共利益必须摆在首位。也就是说城市设计所体现的意志应该是公众的意志,而不是某个集团或个人的意志。现代城市设计应该是广大市民阶层意志的集合与体现。城市设计中的公众参与也正是为了使这种意志更直接、更明确地反映出来。

在建设项目导向型的城市设计中,实际上存在着两方面的问题。一是如果城市设计反映的仅仅是开发建设项目相关者(例如开发商)的意志,那么如何保证这种意志对城市整体的空间形态与环境的形成不构成负面影响,即个别项目与整体协调的问题;二是如果认为城市设计方案中已包含公众意志(如经过一定的公众参与程序),那么这种设计方案根据什么来约束其中每个建筑的设计,即城市设计方案约束力的问题。很显然,关注城市空间形态与环境设计的城市设计本身并没有内含能够解决这些问题的机制。因此,作为公众利益代表的政府一般通过政策的、经济的以及行政的手段,对具体的开发建设项目实施引导或控制,使开发商等集团或个人意志与公众意志相一致,或至少不与之相抵触(图 12-23)。

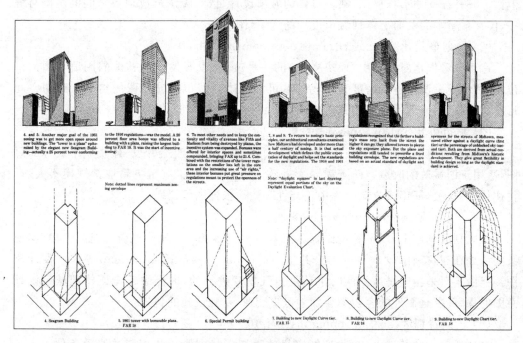

图 12-23　1961 年修订后的纽约综合区划条例对建筑物形态的影响

资料来源:参考文献[4]

从这个意义上来说,城市设计就不再单纯是对理想城市空间形态及环境状况的描述,同时需要考虑设计中集团或个人意志与公众意志的协调以及如何优先体现公众意志的问题。巴内特的《作为公共政策的城市设计》一书中很好地诠释了城市设计的这个侧面,可以借用作本段的主题[①]。

---

① 参考文献[5]。

2. 体现公众意志的途径与手段

对政府主导的城市设计而言,如果不是将其仅仅停留在城市发展建设蓝图上,就需要通过作为行政手段的城市规划管理将城市设计意图直接地或间接地体现在城市的每一个开发建设项目之中,从而体现城市设计的公众意志。由于各个国家或地区城市规划体系以及看待城市设计的观念不同,城市设计内容的体现方式各异,下面仅以北美地区及我国的情况为例,作简要说明。

在北美地区的城市规划体系中,可以用来体现城市设计意图和内容的手段有以下几种。

(1) 区划(zoning)

以地块为单位,通过容积率、建筑后退、道路后退斜线等指标,直接控制建筑物的高度、体量、外型等。这样虽然可以保证开发项目之间的公平性与一定范围内的同一性,但作为一种被动的形态控制,缺乏具体的城市设计目标,无法形成地块之间的协调与统一,仅在最基本的层面上体现城市设计的意图(图 12-23)。

(2) 规划单元开发(planned unite development,PUD)

这可以看作是对区划中"地块主义"的一种改良,以开发项目整体的用地范围为单位,在其中统一调配建筑密度、容积率等,可形成体现城市设计意图的错落有致的空间形态,但仅适用于郊外新区的开发建设。

(3) 城市更新(urban renew)

以政府对土地所有权的征用或收购为前提,通过统一改造开发,体现城市设计的意图,适用于旧城区的改造。由于需要大量政府资金的投入,城市更新通常规模不大,且往往伴随对土地征用或收购过程中正当性和法律依据的争议。

(4) 奖励区划制(incentive zoning)

在区划的基础上,以不超过原有容积率 20% 的容积率奖励为代价(或称诱饵),实现某些诸如在建筑周围设置开放的公共空间(public space)、廊道(arcade)等城市设计意图。但由于对采用奖励区划制的申请是由开发者进行的,因而缺乏全面体现城市设计意图的保障,况且额外的容积率会加重城市交通、基础设施的负担。

(5) 区划特别区(special zoning districts)

在普通区划的基础上,为达到特定目的而制定特别要求和相应的奖励条件。区划特别区一般分为叠加在普通分区之上的叠加区和独立存在的独立区。虽然设立特别区的目的不限于对建筑物形态或城市空间的设计,但由于其可以对建筑物形态,如对建筑物高层部分的收进线、建筑外墙位置等进行统一的要求,因此能够在一定程度上体现城市设计的意图。事实上,区划特别区的出现在一定程度上是基于对奖励区划制局限性的反思和改良,使城市设计的意图可以贯彻于某个地区中的所有地块。[①]

---

① 有关区划特别分区以及相关的区划制度,参见:杨军. 美国若干城市现行区划法规内容的比较研究[D].北京:清华大学建筑学院,2005。

（6）设计审议制度（design review）

针对难以纳入区划制度、涉及美学、空间感知等难以定量的城市设计内容，近年来设计审议制度逐渐成为在区划制度框架内体现城市设计意图的重要手段。区划中仅规定需要进行设计审议的项目种类或地区，但不规定审议内容，在一定程度上解决了城市规划中公平性与行政裁量权之间的平衡问题。设计审议制度以城市设计导则（design guideline）——城市不同地区中的开发建设应遵守的原则为依据，对符合区划中预设条件的开发项目进行个别审议（review），取代对普通区划条件的审查（check），体现了城市设计意图（城市设计导则）在城市空间形态及环境形成过程中的引导作用（图 12-24）。[①]

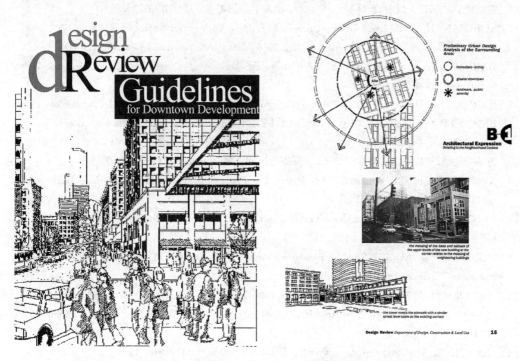

图 12-24 城市设计导则实例（美国西雅图市）

资料来源：Department of Design, Construction & Land Use, City of Seattle. *Design Review Guidelines for Downtown Development*［R］, 1999

在我国现行城市规划制度下，可以体现城市设计意图的途径主要有以下 3 个。

（1）控制性详细规划

主要通过对建筑形态等进行控制的指标或图则体现城市设计意图。

（2）修建性详细规划

在开发建设项目落实的地区，将确定建筑物及城市空间形态等直接作为规划设计的内容，可充分体现、表达城市设计的意图。

---

① 有关设计评议制度，参见：黄雯. 美国城市设计控制政策实例研究——波特兰、西雅图、旧金山［D］. 北京：清华大学建筑学院，2005。

（3）建筑审批

在城市规划行政官员对建筑设计方案成立与否实施判断的过程中，城市设计可以成为影响判断的依据和因素之一。

参考文献

[1] BACON E N. Design of Cities[M]. Revised Edition. New York：Penguin Books，1974.
　　黄富厢，朱琪，译. 城市设计[M]. 修订版. 北京：中国建筑工业出版社，2003.

[2] SHIRVANI H. The Urban Design Process[M]. New York：Van Nostrand Reinhold Co.，1985.

[3] CULLEN G. The Concise Townscape[M]. New York：Van Nostrand Reinhold Co.，1961.

[4] BARNETT J. An Introduction to Urban Design[M]. New York：Harper & Row，Publishers，1982.

[5] BARNETT J. Urban Design as Public Policy[M]. New York：Architectural Record Books，1974.

[6] BARNETT J. The Elusive City，Five Centuries of Design，Ambition and Miscaculation[M]. New York：Harper & Row，1986.
　　兼田敏之訳. SD選书：都市デザイン［野望と誤算］[M]. 東京：鹿島出版会，2000.

[7] KOSTOF S. The City Shaped，Urban Patterns and Meanings Through History[M]. Boston：Little，Brown and Company，1991.

[8] KOSTOF S. The City Assembled，The El，ements of Urban Form Through History[M]. Boston：Little，Brown and Company，1992.

[9] HEDMAN R & JASZEWSKI A. Fundamentals of Urban Design[M]. Chicago：Planers Press，American Planning Association，1984.

[10] GOSLING D，MAITLAND B. Concepts of Urban Design[M]. London：Academy Editions，1984.

[11] LANG J. Urban Design，The American Experience[M]. New York：John Wiley & Sons，Inc.，1994.

[12] LYNCH K. The Image of the City[M]. Cambridge：The MIT Press，1960.
　　项秉仁，译. 城市的印象[M]. 北京：中国建筑工业出版社，1990；芳益萍，何晓军，译. 城市意象[M]. 北京：华夏出版社，2001.

[13] LYNCH K. Good City Form[M]. Cambridge：The MIT Press，1981.
　　林庆怡，陈朝晖，邓华，译. 城市形态[M]. 北京：华夏出版社，2001.

[14] KATZ P. The New Urbanism，Toward an Architecture of Community[M]. New York：McGraw-Hill，Inc.，1994.
　　张振虹，译. 新都市主义，社区建筑[M]. 天津：天津科学技术出版社，2003.

[15] DUTTON J A. New American Urbanism，Re-forming the Suburban Metropolis[M]. Milano：Skira Editore，2000.

[16] CALTHORPE P. The Next American Metropolis，Ecology，Community，and the American Dream[M]. New York：Princeton Architectural Press，1993.

[17] Congress for the New Urbanism. Charter of the New Urbanism，Region，Neighborhood，District and Corridor，Block，Street and Building[M]. New York：McGraw Hill，Inc.，2000.

[18] CALTHORPE P，FULTON W. The Regional City，Planning for the End of Sprawl[M]. Washington：Island Press，2001.

[19] Regional Plan Association. Urban Design Manhattan[M]. New York：The Viking Press，1969.

[20] Department of City Planning，City and County of San Francisco. The Urban Design Plan for the Comprehensive Plan of San Francisco[R]. San Francisco，1971.

[21] MOUGHTIN C. Urban Design：Street and Square[M]. Second Edition. Oxford：Architectural Press，1999.
张永刚,陆卫东,译. 街道与广场[M]. 北京：中国建筑工业出版社,2004.

[22] MOUGHTIN C，CUESTA R，SARRIS C，et al. Urban Design：Method and Techniques[M]. Oxford：Architectural Press，1999.

[23] MOUGHTIN C，OC T，TIESDELL S. Urban Design：Ornament and Decoration[M]. Second Edition. Oxford：Architectural Press，1999.
韩冬青,李东,屠苏南,译. 美化与装饰[M]. 北京：中国建筑工业出版社,2004.

[24] MOUGHTIN C，SHIRLEY P. Urban Design：Green Dimensions[M]. Second Edition. Oxford：Architectural Press，1996.
陈贞,高文艳,译. 绿色尺度[M]. 北京：中国建筑工业出版社,2004.

[25] ALEXANDER C，ISHIKAWA S，SILVERSTEIN M，et al. A Pattern Language，Town，Buildings，Construction[M]. New York：Oxford University Press，1977.
王昕度,周序鸿,译. 建筑模式语言,城镇、建筑、构造[M]. 北京：知识产权出版社,2002.

[26] ALEXANDER C，NEIS H，ANNINOU A，et al. A New Theory of Urban Design[M]. New York：Oxford University Press，1987.
陈治业,童丽萍,译. 城市设计新理论[M]. 北京：知识产权出版社,2002.

[27] SITTE C. Der Städtebau Nach Seinen Künstlerischen Grundsatzen[M]. Wien：Verlag von Carl Gräeser & Co.，1901.
仲德崑,译. 城市建设艺术. 南京：东南大学出版社,1990.
[日]大石敏雄. SD 选书：広場の造形[M]. 東京：鹿島出版会,1983.

[28] ROWE C，KOETTER F. Collage City[M]. Cambridge：The MIT Press，1978.
童明,译. 拼贴城市[M]. 北京：中国建筑工业出版社,2003.

[29] ROSSI A. The Architecture of the City[M]. Cambridge：The MIT Press，1982.

[30] [日]编集委员会. パブリックデザイン事典[M]. 東京：株式会社産業調査会,1991.

[31] [日]芦原義信. 外部空間の設計[M]. 東京：彰国社,1975.

[32] [日]芦原義信. 町並みの美学[M]. 東京：岩波書店,1979.

[33] [日]芦原義信. 続・町並みの美学[M]. 東京：岩波書店,1983.

[34] [日]西沢健. ストリート・ファニチュア,屋外環境エレメントの考え方と設計指針[M]. 東京：鹿島出版会,1985.

[35] [日]相田武文,土屋和男. SD 選書：都市デザインの系譜[M]. 東京：鹿島出版会,1996.

[36] [英]比尔・希利尔. 空间是机器——建筑组构理论[M]. 3 版. 杨滔,张佶,王晓京,译. 北京：中国建筑工业出版社,2008.

[37] 金广君. 图解城市设计[M]. 哈尔滨：黑龙江科学技术出版社,1999.

[38] 邹德慈. 城市设计概论,理念・思考・方法・实践[M]. 北京：中国建筑工业出版社,2003.

[39] 王建国. 现代城市设计理论和方法[M]. 南京：东南大学出版社,2001.

［40］王建国. 城市设计［M］. 2 版. 南京：东南大学出版社,2004.

［41］［丹麦］扬·盖尔,拉尔斯·吉姆松.公共空间·公共生活［M］. 汤羽扬,王兵,戚军,译. 北京：中国建筑工业出版社,2003.

［42］［丹麦］扬·盖尔,拉尔斯·吉姆松. 新城市空间［M］. 何人可,张卫,邱灿红,译. 2 版. 北京：中国建筑工业出版社,2003.

［43］张世豪. 环境设计与课题［M］. 台北：艺术家出版社,1994.

［44］林钦荣. 都市设计在台湾［M］. 台北：创兴出版社,1995.

［45］洪亮平. 城市设计历程［M］. 北京：中国建筑工业出版社,2001.

［46］中国城市规划学会. 中国当代城市设计精品集［M］. 北京：中国建筑工业出版社,2000.

［47］［德］沙尔霍恩,施马沙伊特. 城市设计基本原理,空间·建筑·城市［M］. 陈丽江,译. 上海：上海人民美术出版社,2004.

第 13 章　中国的城市规划体系[①]

　　较之西方工业化国家走过的伴随工业化的城市化道路,中国的工业化在起步的时间、发展速度、民族自主性以及作为社会普遍现象等方面都存在着较大的差距,因而导致了城市化的先天不足。中国近代城市的发展是在一个半封建半殖民地社会背景中开始的。近代城市或传统城市中的近代城市要素本身发育不完善,加之殖民势力对城市的统治与独占,这些都造成了中国近代城市及相应规划基础薄弱、积累甚少的现实状况。另一方面,在 1949 年新中国成立后致力于国家工业化的过程中,虽然城市的重要性被逐渐认识,但对于城市发展的客观规律,特别是对城市职能与地位的理解,长期以来存在着泛意识形态化的倾向,或多或少地阻碍了城市按照其自身规律的发展。直至20 世纪 70 年代末改革开放后,我国的城市发展与城市规划才走上了一条相对稳定和健康的道路。但经济体制的改型与社会民主化、法制化的进展又对城市规划提出了新的要求。城市规划正面临着前所未有的挑战。

　　中国现行的城市规划体系脱胎于计划经济体制,具有明显的作为应用技术和工程技术的特征。但当今社会所需要的已远远不再是单纯的建设技术,而是建设与管理、工程技术与社会行为准则并举的现代城市规划。我国的城市规划正处在一个变革时期,其体系框架远未定型,其理论依据尚需推敲,其内容和技术手段需要进一步调整和完善。但无论如何,我国现行的城市规划体系已基本具备了作为现代城市规划的某些特征,对我国的城市发展与建设起到不可替代的作用,同时也为我们对城市规划体系进行进一步的探讨提供了一个现实的平台。

13.1　中国城市规划体系的概要

13.1.1　中国城市规划编制工作的发展过程

1. 国民经济恢复时期(1949—1952 年)

　　1949 年新中国成立后,党的工作重点由以农村为根据地的战争转向以城市为重点

[①]　2007 年《城乡规划法》所规定的规划种类涵盖城镇体系规划、城市规划、镇规划、乡规划和村庄规划,但同时作为乡规划和村庄规划依据的《村庄和集镇规划建设管理条例》并未被废止。为保持内容的完整性和论述问题边界的清晰,本章的题目仍为"中国的城市规划体系",论述重点为包括"城市规划"和"镇规划"在内的城市规划,但在法规名称、法条内容等方面尊重《城乡规划法》的表述。

的和平时期建设。当时我国的大部分城市刚刚经历了 8 年的抗日战争和 3 年的解放战争,千疮百孔,百废待兴。城市重建工作首先从疏浚河流、下水道,清理垃圾等改善城市环境的工作开始,后逐渐拓展到修整、新建住宅等居住条件的改善以及修建道路、供水设施等城市基础设施建设领域。另一方面,有关城市规划与建设管理部门的组织建设也开始着手进行。1952 年成立了中央人民政府建筑工程部,作为负责全国建筑业及城市建设管理的职能部门。在 1952 年 9 月召开的第一次全国城市建设座谈会上,讨论了有关建立健全中央及地方政府中的城市建设管理机构,开展城市规划,划定城市建设范围以及按照工业门类对城市进行分类等议题。会议同时讨论了《中华人民共和国编制城市规划设计程序(初稿)》。

到国民经济恢复时期末的 1952 年底,全国设市城市的数量从建国时的 58 个增加到了 160 个。城镇人口达到 7000 多万,约占当时全国总人口的 12.5%。

2. 第一个五年计划时期(1953—1957 年)

在经过三年的国民经济恢复时期后,从第一个国民经济发展五年计划时期起,我国开始进入大规模工业化建设时期。"一五"时期,以苏联援建的 156 个重点项目为核心的 694 项工业建设项目成为国家发展的主要任务,以奠定社会主义工业化的初步基础。城市建设与城市规划也围绕这些工业项目的建设全面展开。这一时期城市建设与城市规划工作主要反映在以下几个方面:

(1) 城市建设与管理机构的建立健全

1953 年 3 月于建筑工程部内新设城市建设局,后改称城市建设总局,并于 1955 年 5 月改为国务院直属的国家城市建设总局,又于 1956 年 5 月改为城市建设部。与此同时,国家计划委员会与建设委员会中也设立城市建设与规划相关部门。中央政府还要求各大区以及工业建设比重较大的城市设立建设委员会等相关机构。

(2) 城市建设方针的确定

1954 年 6 月全国第一次城市建设会议在北京召开,明确了城市建设必须贯彻国家过渡时期的总路线和总任务,为国家社会主义工业化、为生产、为人民服务。城市建设应按照国家统一计划,采取与工业建设相适应的"重点建设、稳步前进"的方针。

(3) 重点建设城市的确定

根据上述会议确定的总方针,全国的城市按照接收工业重点建设项目的多寡被分为 4 大类,其中,太原、包头、兰州、西安、武汉、大同、成都、洛阳等城市因安排了大量的重点工业建设项目,被列为应进行重点建设的城市。

(4) 城市规划规范的颁布实施

在全国第一次城市建设会议上,还讨论了《城市建设管理暂行条例(草案)》《城市规划批准程序(草案)》《城市规划编制程序试行办法(草案)》等法律性文件。其后,1956 年国家建设委员会正式颁布了《城市规划编制暂行办法》。该办法在为当时大量城市规划编制工作提供依据的同时,也成为了新中国成立后第一部带有城市规划立法性质的文件。

（5）城市规划编制工作的全面开展

随着工业项目的建设,工业主管部门针对厂址选择过程中所暴露出的问题,从 1953 年开始,采用由多部门共同参与的"联合选厂"方式,成为城市建设与规划部门参与工业项目建设的先声。随后城市规划编制工作在工业建设比重较大的城市中全面展开,确立了其为工业建设、为经济建设服务的地位。在"一五"期间,全国共有 150 多个城市编制了城市总体规划。兰州、包头、太原、洛阳、西安等城市的规划是其中的代表性实例（图 13-1）。

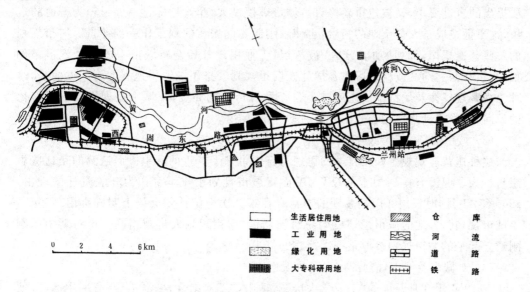

图 13-1 兰州市"一五"时期的城市总体规划

资料来源:参考文献[4]

"一五"时期除伴随重点工业建设的城市建设外,旧城改造、居住环境改善以及公共服务设施和城市基础设施建设也在不同程度上得以实现。至"一五"期末的 1957 年,全国城市数量达到 177 个,城镇人口近 1 亿人,约占全国总人口的 15％。

在这一时期,城市规划被正式纳入到国民经济发展计划中。伴随着大批城市规划实践,城市规划管理体制和相关技术规范日益完善,计划经济体制下的城市规划模式得以初步确立。因此,这一时期又被称为我国城市规划的"第一个春天"。

但也应看到,由于建设经验不足等原因,城市规划与建设中也出现了受苏联影响而产生的规划定额指标过高、追求平面构图的形式主义等脱离实际的问题。

3."大跃进"及随后的调整时期(1958—1965 年)

在 1958 年 5 月中共第八届全国代表大会第二次会议确定了"鼓足干劲、力争上游、多快好省地建设社会主义"的总路线后,全国开始了一场"大跃进"和人民公社化运动。在这一时期中,由于违背客观规律的"左倾"思想的错误引导,城市建设与城市规划中暴露出大量的问题,具体体现在以下几个方面。

(1) 片面强调工业建设,导致城市开发建设的失衡

由于"大跃进"期间片面强调工业发展,致使大量农村人口涌入城市,城市人口规模急剧膨胀。许多城市或城市中的新区来不及进行规划。同时,由于工业建设占用了大量的建设用地和资金,致使住房等城市生活服务设施、城市基础设施、城市绿地等被挤压或占用,导致城市生活环境质量的下降。

(2) 城市规划的普遍规律及科学态度被严重忽视

"一五"时期刚刚完成的大量城市总体规划因城市规模等规划指标不符合"大跃进"所提出的冒进要求,又被迫重新修订。城市规模过大、建设指标过高成为较为普遍的现象,这不但造成了大量土地的浪费,也使刚刚起步的城市规划工作受到冲击。城市规划的一些普遍规律,例如"功能分区"被忽视,工业用地开始遍布城市中的各个地区。例如,北京在西北的文教科研区以及居住区内也规划安排了工业用地。尤为严重的是,这种忽视客观规律及反科学的态度被上升至意识形态的高度,开城市规划泛意识形态化的先河,并影响到之后相当长的一个时期。

(3) 城市规划遭受严重打击

这种违背客观规律和反科学的思想与行为带来了严重的后果。但遗憾的是这些思想与行为非但没有得到根本的反思,反而将城市规划工作本身作为开脱责任的理由。1960 年 11 月,时任国务院副总理的李富春在第九次全国计划会议上明确提出"三年不搞城市规划",各地的城市规划机构纷纷被撤销,城市规划人员被精简。这对新中国刚刚建立起来的城市规划事业是一次严重的打击。

(4) 对城市及城市规划的认识产生误区

在 1964 年 2 月开展的"工业学大庆"运动中,"工农结合、城乡结合、有利生产、方便生活"被作为城市建设方针,提出学习"干打垒"精神。同时,在"三线"建设中提出了"靠山、分散、进洞"的指导思想。这些都从根本上否定了城市在发展国民经济中所应起到的作用。另一方面,在"设计革命"的口号下,对城市规划"只顾远景、不顾现实"以及"规模过大、占地过多、标准过高、求新过急"的所谓"四过"进行了批判,使城市建设的规模及标准走向另一个极端。这也从根本上否定了城市规划在城市建设中应起到的作用。

4. "文革"动乱时期(1966—1976 年)

1966 年 5 月,"文化大革命"开始,各级政府的日常工作受到强烈冲击,部分地区陷入无政府状态。在城市建设与规划领域,中央政府主管城市建设与规划的部门停止了工作,各地方城市中的城市规划部门与建设管理机构被撤销,工作人员被下放,大量城市规划图纸资料被销毁。城市规划又一次遭受了毁灭性的打击。在这种情况下,城市建设也处于基本停顿状态。城市基础设施、住房等出现了严重不足和滞后的状况,影响了居民生活和生产的正常进行。例如:到"文革"结束时,全国人均住房面积从建国初期的 $4.5m^2$ 下降到 $3.6m^2$。

虽然在"文革"后期,中央政府又重新认识到城市规划与建设管理的重要性,并作出了相应的努力,但从总体上来看城市建设与城市规划停滞不前的状况没有得到本质的

改观。在这一时期中,"三线"工业建设的实践也进一步从根本上否定了城市存在的必要性。1976 年唐山大地震震后重建工作中的城市规划、上海金山石化基地的规划等是这一时期为数不多的几个城市规划实践案例。

5. 改革开放初期(1977—1989 年)

1976 年长达十年的"文革"终于结束。1978 年 12 月召开的中共第十一届三中全会对"文革"做出历史性的决议,同时将党的工作重点转向社会主义现代化建设。城市建设与城市规划工作也从此走上拨乱反正、继往开来的正确道路。

在这一期间,先后召开的"第三次全国城市工作会议"及"全国城市规划工作会议",对改革开放后的城市建设与城市规划工作产生了深远的影响,迎来了我国"城市规划工作的第二个春天"。

（1）第三次全国城市工作会议

1978 年 3 月国务院召开了第三次全国城市工作会议。会上就城市建设、城市发展方针、城市规划、城市基础设施与住宅建设、环境保护、城市绿化及文物保护、城市管理等 16 项议题进行了讨论,制定了一系列城市建设及城市规划的相关方针与政策,并以中共中央《关于加强城市建设工作的意见》的文件下发至全国。此次会议确认和强调了城市在国民经济发展中的重要地位以及城市规划工作的重要性。此次会议后,国务院成立城市建设总局,一些主要城市的城市规划管理部门也相继恢复和成立。

（2）全国城市规划工作会议

继第三次全国城市工作会议后,1980 年 10 月国家建委召开全国城市规划工作会议。会上通过总结以往的经验和教训,进一步明确了城市规划的作用与地位,并提出了"控制大城市规模,合理发展中等城市,积极发展小城市"的城市发展方针。会上还讨论了《中华人民共和国城市规划法(草案)》。同时要求全国各城市在 1982 年之前完成城市总体规划。1980 年 12 月国务院以"纪要"的形式将会议内容转发全国。

全国城市规划工作会议之后,国家建委于同年 12 月正式颁布《城市规划编制审批暂行办法》及《城市规划定额指标暂行规定》,为城市规划的全面开展提供了行政管理及技术依据。在此背景之下,20 世纪 80 年代初出现了改革开放后以城市总体规划为主的城市规划编制工作的第一轮高潮,但由于人才不足等原因,直到 1986 年末,全国范围内的城市总体规划编制工作才基本完成。

在改革开放后大量城市规划实践的基础上,国务院于 1984 年正式颁布《城市规划条例》。这是新中国成立后正式颁布的第一个城市规划条例,虽然还不是真正意义上的城市规划立法,但它标志着我国的城市规划开始向法制化的方向迈进。《城市规划条例》颁布后,许多地方政府也相继颁布了相应的条例、实施细则及管理办法,为改革开放背景下的城市有序建设提供了有力的保障。

6. 当代的城市规划(1990 年—　　)

进入 20 世纪 90 年代后,社会逐渐进入了新的转型期。1992 年 10 月召开的中国共产党第十四届代表大会明确地提出了建立"社会主义市场经济"的目标。在这一时期中,城市规划的数量与质量均有大幅度的提高,同时也遇到了过去计划经济年代所不曾遇到的许多新问题。市场经济体制下的城市规划应如何开展、城市规划如何代表与体现政府对市场的政策干预等问题,摆在了城市规划界面前。从 1992 年前后开始,反复出现的"房地产热""开发区热"以及这一过程中城市规划的"失位"现象,也从另外一个侧面对城市规划的任务及职能提出了全新的要求。20 世纪 90 年代之后城市规划工作的发展及所面临的状况,主要体现在以下几个方面。

(1) 城市规划面临新的任务

面对新的社会形势,我国的城市规划领域始终保持着与时俱进的姿态。例如,1991 年建设部召开全国城市规划工作会议,对改革开放十年来的工作进行了总结,并提出 20 世纪 90 年代城市规划工作的总体思路,明确了"城乡协调发展、完善总体规划、增强法制观念"等任务,要求城市规划要在城市建设中扮演"龙头"的角色。再如,针对房地产开发及开发区"过热"的现象及其中的问题,1996 年国务院发布《关于加强城市规划工作的通知》,提出城市规划的基本任务是"统筹安排城市各类用地及空间资源,综合部署各项建设,实现经济和社会的可持续发展"。1999 年 12 月建设部召开全国城乡规划工作会议,再次强调"城乡规划要围绕经济和社会发展规划,科学地确定城乡建设的布局和发展规模,合理配置资源",提出城乡规划要尊重规律、尊重历史、尊重科学、尊重实践、尊重专家。针对城市建设中"形象工程""政绩工程"的泛滥以及"重开发、轻保护,建设管理违反城乡规划管理规定"等现实问题,国务院于 2002 年发出了《国务院关于加强城乡规划监督管理的通知》,再次强调了城乡规划的重要性和严肃性,要求明确责任,加强监督检查,严格控制建设规模,严格执行规划编制及调整程序。

2013 年末召开的中央城镇化工作会议提出的推进农业转移人口市民化、提高城镇建设用地利用效率、建立多元可持续的资金保障机制、优化城镇化布局和形态、提高城镇建设水平以及加强对城镇化的管理等六项推进城镇化的主要任务,给新时期的城市规划提出了更加艰巨和明确的要求。

(2) 城市规划法制化进程加速

在《城市规划条例》颁布实施 5 年后,1989 年底《中华人民共和国城市规划法》(以下简称《城市规划法》)通过全国人民代表大会常务委员会的审议,并于次年开始实施。这是新中国成立后首部城市规划法,标志着我国城市规划进入了法制化的时代。作为《城市规划法》的配套法规,建设部于 1991 年 9 月及 1995 年 6 月分别颁布了《城市规划编制办法》及《城市规划编制办法实施细则》。同时,城市规划的相关法律、法规、地方条例也逐步得到充实和完善。城市规划工作从编制、审批到实施、管理的各个环节初步做到了有法可依。经过长时间的酝酿和反复修改,《中华人民共和国城乡规划法》(以下简称《城乡规划法》)于 2007 年 10 月 28 日第十届全国人民代表大会常务委员会第三十次会议审议通过。这标志着我国城市规划工作进入到了一个新的历史时期。新修订的《城市规划编制办法》也在《城乡规划法》之前于 2005 年 12 月 31 日由建设部颁布。

(3) 城市规划编制方法与技术手段百花齐放

随着城市规划法律法规的建立健全,以及大量相关技术规范与国家标准的颁布实施,包括城镇体系规划、城市总体规划、控制性详细规划、修建性详细规划以及近期建设规划等在内的城市规划体系已初步建立。同时,各地政府为应对城市规划所面临的新问题,近年来,战略规划、概念性规划、法定图则、城市设计等一系列探索性规划也在实践中不断涌现。计算机辅助设计(CAD)技术、地理信息系统(GIS)技术、卫星及航空遥感技术、数理分析及数学模型等一批现代科学技术也更加广泛地运用于城市规划工作中。

但我们也应清醒地看到:在当前快速城市化背景下,应对市场经济体制的城市规划体系还尚未完善,城市规划中的许多理论问题与现实问题还有待进一步的探索和解决。

13.1.2　现行城市规划法律法规体系

城市规划是对城市未来状况的描绘,也是约束城市社会成员行为的社会行为准则。从政府角度来看,它是行政执法与行政管理的手段。在强调法治与民主的现代社会中,这种管理手段与行为准则需要相应的法律文件作为依据。这就是城市规划立法的重要性所在。

1. 城市规划法律法规的建设历程

我国的城市规划立法与城市规划的发展历程紧密相关,走过了一条较为曲折的道路。立法活动主要集中在两个时期。一个是建国初期的 20 世纪 50 年代,一个是改革开放后的 80 年代。按照城市规划立法的形式可大致分为以下几个阶段。

(1) 1984 年之前的诸项规定

严格地说,在 1989 年《城市规划法》正式颁布之前,所有与城市规划相关的办法、规定、条例的颁布只能看作是带有准立法性质的行政行为(以下简称"办法")。这些"办法"由中央政府的相关部门制定并颁布,侧重于城市规划编制的具体内容与方法,主要为当时的城市规划编制工作提供技术依据。例如,由中央财政经济委员会于 1952 年草拟的《中华人民共和国编制城市规划设计程序(初稿)》中,主要对城市规划、第一期建设规划、详细规划及修建设计的内容做出了规定。再如,1956 年由国家建委颁布的《城市规划编制暂行办法》中,主要涉及规划设计基础资料、规划设计的阶段、初步规划、总体规划、详细规划、规划设计图纸的绘制以及测量设计单位等内容。改革开放后,国家建委于 1980 年颁布的《城市规划编制审批暂行办法》中,则进一步增加了有关城市规划审批的内容,强调了政府在编制与实施城市规划中的责任。

(2) 1984 年《城市规划条例》

国务院于 1984 年颁布的《城市规划条例》是我国城市规划史上具有里程碑性质的文件。它第一次明确了将城市建设全面置于城市规划管理之下的指导思想。《城市规划条例》由总则、城市规划的制定、旧城区的改建、城市土地使用的规划管理、城市各项建设的规划管理、处罚以及附则,共 7 章 55 条组成。虽然《城市规划条例》仍由中央政府的最高行政权力机构——国务院颁布,但与以往的"办法"体现出较大的差异,主要表现在以下几个方面。首先,《城市规划条例》的定位已不再单纯是编制城市规划的技术规范或手册,而是一部有关城市开发建设与管理的综合性法规。其次,《城市规划条例》

首次提出城市规划区的概念，为城市规划的编制、实施与管理确定了一个明确的空间范围。再次，《城市规划条例》中包含了有关城市土地使用规划管理的内容，反映了新形势下对城市规划与土地管理关系的认识。此外，《城市规划条例》还初步确立了以"建设用地许可证"（城市建设用地管理）以及"建设许可证"（建筑工程管理）为核心的城市规划许可制度。

(3)1989年《城市规划法》

《城市规划法》于1989年12月26日通过第七届全国人民代表大会常务委员会第十一次会议的审议，正式颁布，并于1990年4月1日开始实施。《城市规划法》是我国第一部有关城市规划的立法，它的颁布从根本上改变了我国城市规划与建设领域长期以来无法可依的局面。我国的城市规划及规划实施管理工作开始走上法制化、规范化及科学化的轨道。《城市规划法》由总则、城市规划的制定、新区开发和旧区改建、城市规划的实施、法律责任以及附则，6章46条组成。与1984年《城市规划条例》相比较，《城市规划法》新增了有关城市发展方针、分区规划、选址意见书以及公布城市规划的义务等内容；明确了与国土规划、区域规划、江河流域规划以及土地利用总体规划等相关规划的关系；同时删除了有关土地管理以及城市开发细节的相关条文。

《城市规划法》的颁布与实施对我国的城市规划法制化具有重要的意义。首先，《城市规划法》中确立了遵守城市规划的义务、城市规划审批制度、城市规划公告义务、违反城市规划的处罚以及行政复议及诉讼制度等城市规划法制的基本内容，初步建立起我国城市规划的法制环境。其次，原则上确立了包括城市总体规划、分区规划以及详细规划在内的物质空间规划体系。其三，确立了城市规划分级审批的城市规划编制管理制度。其四，确立了以"两证一书"为核心的城市规划管理体制。但另一方面，《城市规划法》中也暴露出某些不足，例如：将国家有关城市发展的政策写入法律中的做法说明立法者对法律和政府行政部门各自所应承担任务的认识存在一定的偏差。再如，限于当时对市场经济的认识，城市规划应对建设主体多元化趋势的敏感性不足。此外，有关城市规划具体内容的界定也显得过于概略。当然这些问题的存在并不会抹杀《城市规划法》的重要地位和在城市规划实践中所发挥的巨大作用。

随着《城市规划法》的颁布实施，一系列相应的法律法规及地方与部门规章也相继颁布，我国的城市规划法规体系得以初步建立。

(4) 2007年《城乡规划法》

2007年10月28日第十届全国人民代表大会常务委员会第三十次会议审议通过了《中华人民共和国城乡规划法》（以下简称《城乡规划法》），并于2008年1月1日起施行。《城乡规划法》的颁布标志着我国城市规划工作进入了一个新的历史时期。作为《城乡规划法》的配套法规，《风景名胜区条例》和《历史文化名城名镇名村保护条例》分别于2006年9月和2008年4月先后颁布。《村庄和集镇规划建设管理条例》的修订工作也正在进行。《城市规划编制办法》《省域城镇体系规划编制审批办法》《城市黄线管理办法》《城市紫线管理办法》《城市绿线管理办法》以及《城市规划编制单位资质管理规定》等一批相关部门规章也在《城乡规划法》实施前后相继颁布。

2. 2007 年《城乡规划法》①

《城市规划法》颁布后,尤其是进入 21 世纪后,我国的城市建设进入了飞速发展时期。城市规划的外部条件发生了很大的变化。同时,《城市规划法》在实践过程中也遇到了一些新的问题。这主要表现在:首先,伴随着快速的城市化进程,我国城镇的数量不断增加,人口规模与建设用地规模不断扩大。在一些发达地区,中心城市与周边地区的经济社会活动往来日益密切,突破了传统的行政区划,形成了城镇密集地区和不同规模等级城市所组成的城市群。其次,经济体制的转型和政府职能的相应转变要求城市规划不再是单纯解决工程技术问题的工具,而必须面对社会利益集团的诉求,完成市场监管、社会管理和公共服务的任务。再次,社会经济体制转型期中制度的不健全以及所带来的种种问题和弊病对城市规划管理工作形成了较大的冲击,例如,土地使用权的垄断性经营、建设单位对城市开发利润的追逐、地方政府主导的"形象工程""政绩工程"等。此外,城市总体规划内容过于繁杂、审批周期过长,控制性详细规划缺少法律地位等城市规划体系本身的技术性问题也在实践中逐渐暴露出来。

2007 年颁布的《城乡规划法》针对 21 世纪新形势下的城市规划与建设管理的状况,在内容上对 1989 年《城市规划法》做出了较大的调整。《城乡规划法》共分 7 章 70 条,主要涉及城乡规划的制定、实施、修改、监督检查和法律责任等内容。与 1989 年《城市规划法》相比较,2007 年《城乡规划法》在章节上增加了第四章"城乡规划的修改"和第五章"监督检查",删除了原《城市规划法》中的第三章"城市新区开发和旧区改造";具体内容的变化和新法的特点主要体现在以下几方面。

(1) 强调城乡统筹的规划思想

2007 年《城乡规划法》最为突出的变化就是其名称由"城市"改为"城乡"。这意味着法律适用范围从仅限于城市及周边地区拓展为包括广大农村地区在内的有实际开发建设活动发生的地区。《城乡规划法》第二条规定"制定和实施城乡规划,在规划区内进行建设活动,必须遵守本法。本法所称城乡规划,包括城镇体系规划、城市规划、镇规划、乡规划和村庄规划。……本法所称规划区,是指城市、镇和村庄的建成区以及因城乡建设和发展需要,必须实行规划控制的区域。规划区的具体范围由有关人民政府在组织编制的城市总体规划、镇总体规划、乡规划和村庄规划中,根据城乡经济社会发展水平和统筹城乡发展的需要划定。"

(2) 体现城乡规划的公共政策属性

《城乡规划法》第一条开宗明义地提出:"为了加强城乡规划管理,协调城乡空间布局,改善人居环境,促进城乡经济社会全面、协调、可持续发展,制定本法。"法律条文通篇贯彻了资源节约、环境保护、文化与自然遗产保护,促进基础设施、公共设施建设,强调城乡规划制定、实施过程中的公众参与与公平保障的思想。《城乡规划法》突出体现

---

① 部分内容参考了参考文献[19]以及唐凯. 认真贯彻《城乡规划法》开创城乡规划工作新局面——建设部城乡规划司司长唐凯答本报记者问[N]. 中国建设报,2007.11.20,记者:李兆汝。

了城乡规划作为公共政策对公共利益的维护，与从注重效率转向注重公平的新时期社会经济发展指导思想相吻合。

（3）突出城乡规划的控制作用

《城乡规划法》突出了城乡规划作为市场经济环境下城市开发建设规则的制定者与秩序的维护者对开发建设活动的控制作用。这主要体现在明确了限制开发的区域、强化了对开发建设行为的控制以及通过行政许可手段对开发行为实施管理等几个方面。例如，《城乡规划法》中有大量的条款涉及对城镇开发的规模、范围、空间布局和时序的控制以及对生态环境、自然资源、历史文化遗产和城市公益性设施用地的保护①。同时，《城乡规划法》强化了对开发建设行为的控制，对规划区内的所有建设活动设立了统一的管理权限②，并配合"一书三证"制度实现了政府对城市开发建设活动的统一管理。

此外，《城乡规划法》第十七条还将城市总体规划及镇总体规划的强制性内容特别列出，意在强化部分总体规划关键内容的法律地位。但不得不指出的是，如果换一个角度来看，这一做法使得原本具有强制性的其他法律条文内容的权威性受到影响，或有悖立法宗旨，值得商榷。

（4）明确各级政府的责权

《城乡规划法》所构建的新的城乡规划体系突出体现了规划编制中"一级政府、一级规划、一级事权"的特征，明确了从中央到地方各级政府编制、实施城乡规划的责权。同时，对于"划拨"或"出让"等不同性质的城市用地采用了不同的行政许可方式，体现了行政管理机制对市场经济的顺应。

（5）落实规划制定实施中的监督制约

《城乡规划法》新设第四章"城乡规划的修改"和第五章"监督检查"。第四章"城乡规划的修改"意在严格城乡规划的修改程序，增强城乡规划的严肃性和稳定性。第五章"监督检查"以及第六章"法律责任"中设立了大量与监督和处罚相关的条款，以保证城乡规划的编制、审批、实施和修改的严肃性③。其特点可以归纳为：第一，强调了人民代表大会的监督作用；第二，加强了对行政权力的监督制约；第三对城乡规划编制单位提出了明确的要求。

《城乡规划法》的颁布实施标志着我国城市规划工作翻开了新的一页。但是我们应该清醒地认识到：限于对规划性质的理解和认识以及外部环境的制约，《城乡规划法》还远非尽善尽美，在一些方面仍存在不足。例如：在我国城乡社会经济二元结构依然存在的大环境中，真正的"城乡规划"能否实现？对大量普通的开发建设活动实施控制的基本层面应该是在总体规划还是在详细规划？如何通过"公权"对"私权"的合法限制，体

---

① 参见：《城乡规划法》第十三条、第十七条、第十八条、第三十条、第三十四条、第三十五条以及第四十二条。

② 《城乡规划法》第二条规定："在规划区内进行建设活动，必须遵守本法"；《城乡规划法》中涉及开发建设行为限制的条款还有：第三条、第三十条、第三十一条、第三十二条、第三十三条、第三十四条和第四十四条。

③ 《城乡规划法》中涉及"监督"的条款有第五十一条至第五十七条；涉及"处罚"的条款有第五十八条至第六十一条（针对政府部门违法行为的处罚）、第六十二条和第六十三条（针对规划编制单位违法行为的处罚）以及第六十四条至第六十九条（针对建设单位或个人违法行为的处罚）。

现规划内容的法律地位？这些问题在《城乡规划法》中尚无明确答案。

3. 城市规划相关法律法规

　　《城乡规划法》是我国城市规划法律法规体系中的主干法（又称"母法"或"核心法"），与相关的法律法规一起共同构成城市规划的法规体系。与世界上其他法治国家的情况相似，我国的法律法规体系由宪法、法律、行政法规和规章以及地方性法规与规章四个层面构成[①]。所以，除作为主干法的《城乡规划法》外，还有大量与城市规划相关的行政法规、规章、地方性法规和规章。我国的城市规划法规体系在中央与地方两个层级上，分别沿横向和纵向展开（图 13-2、表 13-1）。在中央层级上，有与《城乡规划法》所涉及内容相关的法律，如《中华人民共和国土地管理法》（1986 年颁布，1988 年、1998 年及 2004 年修订）、《中华人民共和国文物保护法》（1982 年颁布，1991 年、2002 年及 2007 年

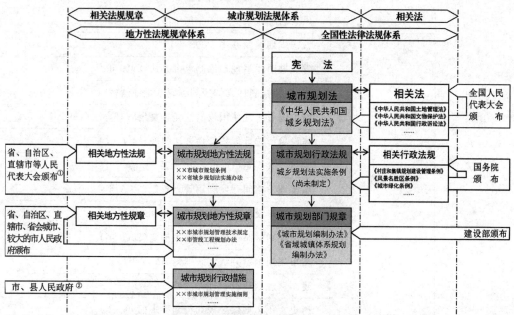

注：①省、自治区、直辖市人民代表大会颁布；省会城市、较大的市拟草案经省、自治区人大通过后颁布。"较大的市"原指唐山、大同、鞍山、抚顺、包头、大连、吉林、齐齐哈尔、青岛、无锡、淮南、洛阳、重庆、宁波及深圳。现在重庆市已升为直辖市，应不包括在内。
　　②行政措施指除上述有立法权限的城市之外的设市城市、县人民政府颁布的细则、规定、办法等。

图 13-2　我国城市规划法律法规体系示意图

资料来源：根据周干峙"适应新的历史发展需要努力提高我国城市规划设计水平"中国城市规划学会. 城市规划.
　　　　　1991 年第 2 期，P.8，作者增改编绘。

---

　　①　宪法是国家的根本大法，具有最高的法律地位，是各项立法与执法活动的依据。法律由作为立法机构的全国人民代表大会及其常务委员会制定颁布。行政法规和行政规章（又称行政部门规章）是中央政府或中央政府的行政主管部门制定的规范性文件。地方性法规与规章分别是地方性立法机构，如省、市人民代表大会，以及地方政府制定的规范性文件。

修订)以及尚未正式成为法律的行政法规,如《历史文化名城名镇名村保护条例》
(2008 年)、《城市绿化条例》(1992 年)、《基本农田保护条例》(1998)等。同时还有涉及
行政法范畴的相关通用法律,如《中华人民共和国行政许可法》(2003 年)、《中华人民共
和国行政复议法》(1999 年)、《中华人民共和国行政诉讼法》(1989 年)等。这些法律法
规都可以看作是《城乡规划法》在横向上的联系和延伸。

表 13-1　我国城市规划法律法规体系一览表

法 律 等 级		法 律 名 称
中央立法	法律	中华人民共和国城乡规划法(1990 年)
	行政法规	村庄和集镇规划建设管理条例(1993 年)
		历史文化名城名镇名村保护条例(2008 年)
		风景名胜区条例(2006 年)
	部门规章	城市规划编制办法(2005 年)
		省域城镇体系规划编制审批办法(2010 年)
		城市、镇控制性详细规划编制审批办法(2010 年)
		城市国有土地使用权出让转让规划管理办法(1992 年)
		建设项目选址规划管理办法(1991 年)
		城建监察规定(1996 年)
		城市地下空间开发利用管理规定(2001 年)
		停车场建设和管理暂行规定(1989 年)
		城市规划编制单位资质管理规定(2000 年)
		城市规划编制办法实施细则(1995 年)
		建制镇规划建设管理办法(1995 年)
		历史文化名城保护规划编制要求(1994 年)
地方立法(以上海为例)	地方性法规	上海市城乡规划条例(2010 年)
	地方性规章	上海市城市规划管理技术规定(土地使用 建筑管理)(2003 年)
		上海市建筑面积计算规划管理暂行规定(2011 年)
		上海市管线工程规划管理办法(2001 年)
		上海市优秀近代建筑保护管理办法(1997 年)
		上海市城乡规划编制资质管理若干规定(试行)(2011 年)
		上海市控制性详细规划技术准则(2011 年)

资料来源:作者根据参考文献[11]以及 http://www.shgtj.gov.cn 改编。

同时《城乡规划法》也在纵向上逐步建立起相应的法规、规章以及技术规范体系。

例如作为行政规章的有：《省域城镇体系规划编制审批办法》(2010 年)、《城市规划编制办法》(1991 年颁布,2005 年修订)、《城市规划编制办法实施细则》(1995 年)等。此外,作为技术性较强的行政管理领域,依据《城乡规划法》进行城市规划编制及管理时还会涉及许多具体的技术性问题。与之相关的一系列国家标准和行业标准作为技术标准和规范为城市规划编制与管理的规范化提供了依据,也可以看作是城市规划法制在纵向上的延伸。例如作为国家标准有《城市用地分类与规划建设用地标准》(GB 50137—2011)、《城市居住区规划设计规范》(GB 50180—1993,2002 版),作为行业标准的有《城市规划制图标准》(CJJ/T 97—2003)、《城市道路设计规范》(CJJ 37—1990)等。

与中央的全国性法律法规体系相似,有地方立法权的地方组织也围绕着地方性立法(条例)建立起相应的法规、规章体系①。例如,上海市就颁布了作为地方性法规的《上海市城乡规划条例》(2010 年 11 月 11 日上海市第十三届人民代表大会常务委员会第二十二次会议通过)以及与之相配套的地方性规章《上海市城市规划技术规定(土地使用建筑管理)》(2003 年 10 月 18 日上海市人民政府令第 12 号)、《上海市建筑面积计算规划管理暂行规定》(2011 年 5 月 25 日第 19 次局长办公会审议通过)等(表 13-1)。

13.1.3　现行城市规划体系

1. 现行城市规划体系的依据

以《城乡规划法》为主干法的城市规划法律法规体系是我国现行城市规划体系的根本依据。依照《城乡规划法》及其相关法律法规所编制实施的城市规划也被认为是我国的法定城市规划。除《城乡规划法》作为主干法外,涉及城市规划的编制、审批、实施、修改以及专项规划的法律法规还有以下几种类型。

(1) 有关城市规划编制审批的法规规章

这类法规规章主要有：《城市规划编制办法》(1991 年颁布,2005 年修订)、《城市规划编制办法实施细则》(1995 年颁布)、《城市、镇控制性详细规划编制审批办法》(2010 年颁布)等。较之《城乡规划法》,《城市规划编制办法》等在对城市规划编制审批内容的规定上更加明确具体。例如有关城市总体规划的内容,《城乡规划法》仅原则性地对其主要内容、规划区划定、强制性内容和年限等做出概略要求;而《城市规划编制办法》则明确规定了规划编制阶段上的"城市总体规划纲要",空间划分上的"市域城镇体系规划"和"中心城规划",规划实施阶段上的"城市近期建设规划"以及规划效力上的"强制性内容"。《城市规划编制办法实施细则》更是对各个阶段规划的成果内容做出了具体的规定。此外,还有大量涉及城市规划编制的国家标准及行业标准,如《城市用地分类与规划建设用地标准》(GB 50137—2011)、《城市规划制图标准》(CJJ/T 97—2003)等。

---

① 根据《中华人民共和国地方各级人民代表大会和地方各级人民政府组织法》(1979 年颁布,1982 年、1986 年、1995 年、2004 年修订)的规定,省、自治区、直辖市以及省、自治区人民政府所在地的市和经国务院批准的较大的市的人民代表大会,在不与宪法、法律、行政法规相抵触的前提下,可以制定和颁布地方性法规。

《城乡规划法》颁布之后，与之相配套的法规规章也相继颁布，但目前后续工作尚未完成。因此，法律法规之间的衔接和系统化工作仍有待继续。

（2）有关专项规划的法律法规

针对历史文化名城保护规划、城镇体系规划等城市规划中的专项规划也有相应的法律法规。例如，有关历史文化名城保护的有《中华人民共和国文物保护法》（1982年颁布，1991年、2002年、2007年修订）、《中华人民共和国文物保护法实施条例》（2003年）、《历史文化名城保护规划编制要求》（1994年）等；有关城镇体系规划的有《城镇体系规划编制审批办法》（1994年）、《县域城镇体系规划编制要点（试行）》（2000年）及《省域城镇体系规划编制审批办法》（2010年）等；有关城市绿化系统规划的有《城市绿化条例》（国务院，1992年）、《城市绿地系统规划编制纲要（试行）》（2002年）、《城市绿化规划建设指标的规定》（1993年）等。涉及专项规划的还有大量各类国家标准和行业标准。

（3）有关城市规划实施的法律法规

《城乡规划法》确立了以"一书三证"为核心的城市规划管理体制[1]。这种管理体制在相关的法律法规中也有所体现，例如《中华人民共和国土地管理法实施条例》（1998年）、《中华人民共和国城镇国有土地使用权出让和转让暂行条例》（1990年）、《城市国有土地使用权出让转让规划管理办法》（1992年）、《开发区规划管理办法》（1995年）、《城建监察规定》（1996年）以及《建设项目选址规划管理办法》（1991年）等。此外，住房和建设部在2002—2005年间先后颁布了《城市绿线管理办法》（2002年）、《城市紫线管理办法》（2003年）、《城市蓝线管理办法》（2005年）及《城市黄线管理办法》（2005年）四项管理办法。

（4）有关城市规划编制资质的法律法规

对于从事城市规划编制工作的单位及个人的资质管理，也有相应的法规。例如《城市规划编制单位资质管理规定》（2001年）、《注册城市规划师执业资格制度暂行规定》（1999年）等。

2. 现行城市规划体系的组成

按照《城乡规划法》及其相关法律法规的规定，我国的城市规划体系主要由城镇体系规划、城市（镇）总体规划与详细规划三个部分所组成（图13-3），具体如下：

（1）城镇体系规划，包括全国城镇体系规划和省域城镇体系规划；

（2）城市总体规划，包括城市规划纲要、同级政府所辖行政区的市（县）域城镇体系规划以及近期建设规划[2]；

（3）详细规划，包括控制性详细规划和修建性详细规划。

有关以上规划的详细内容将在后续章节中逐一论述。

---

[1]　"一书三证"指城市规划实施管理中的"选址意见书""建设用地规划许可证""建设工程规划许可证"以及乡村规划管理中的"乡村建设规划许可证"。

[2]　依据2007年《城乡规划法》，总体规划分为"城市总体规划""县人民政府所在地镇的总体规划"和"其他镇的总体规划"，在书中一并称为"城市总体规划"。除特别说明外，不再详细区分。

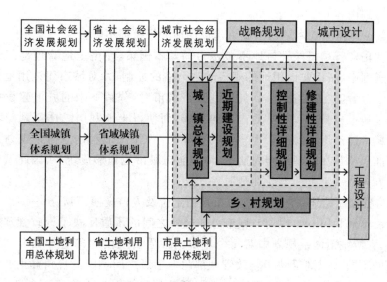

图 13-3　我国城乡规划体系示意图

资料来源：作者根据《城乡规划法》等编绘

此外，近年在我国的城市规划实践中，各地政府针对各自地区的特点和所遇到的问题，纷纷在上述城市规划体系外开展了一系列探索性的规划编制工作。这些规划虽不具备法律依据或仅限于部分城市，但也从另一个侧面反映出我国城市规划事业百花齐放的状况和现行城市规划体系中存在的某些需要进一步改进的问题。这些规划包括：空间发展战略规划、概念性规划（如广州、北京、合肥等城市）、次区域规划、法定图则（如深圳市）以及城市设计等。

3. 现行城市规划体系的外部环境

从图 13-3 中可以看出，我国现行城市规划体系主要与国民经济与社会发展规划、上一级别行政管辖范围中的城镇体系规划以及土地管理部门所主导的土地利用总体规划相关联，并在不同程度上受到这些规划的影响，甚至制约。在城市规划的编制过程中，通常也需要参照这些规划所制定的方针、政策、目标和内容，并将其中的合理部分作为规划编制工作的前提条件。当城市规划的内容与这些规划发生矛盾时，还需要与相关部门进行沟通和协调，并确定是修改城市规划的内容还是建议修改相关规划的内容。在现阶段的城市规划实践中，城市规划与这些作为外部环境的规划之间存在着一定的矛盾，通常表现在以下几方面。

（1）与国民经济和社会发展五年规划的目标年限不吻合

我国现行城市总体规划的年限为 20 年，但涉及城市经济、社会发展水平的国民经济与社会发展规划的期限仅为 5 年。即便是某些冠以"国民经济与社会发展中长期展望"的规划，其目标期限也仅为 15 年，无法为城市总体规划的编制提供可供参考的目标数值。虽然近年来随着为期 5 年的城市近期建设规划的作用被反复强调，其规划年限要求与国民经济与社会发展规划相吻合，但城市规划仍然缺少可用作目标数值的经济社会发展规划内容[①]。

（2）与土地利用总体规划中城市建设用地的规模等不吻合

由于我国实行严格保护耕地不被侵占的基本国策，在由土地管理部门编制的土地利用总体规划中，城市建设用地的规模受到严格的控制，并对城市建设用地指标实施由上而下逐级分解的"总量控制"。具体到某个城市时，分解下来的城市建设用地指标往往满足不了城市自身发展对土地占用的需求，而使得土地利用总体规划与城市总体规划之间就城市建设用地规模产生较大的差异[②]。由于土地利用总体系规划无论是在用地分类标准上还是在规划编制周期上，均未能与城市规划形成统一，因此城市空间的拓展规模和方向在一定程度上受到掣肘。

（3）与省域城镇体系规划中的城市性质定位及人口规模不吻合

如果说土地利用总体规划与城市总体规划之间的矛盾反映了行政管理部门之间的分歧，那么省域城镇体系规划中对每个城市的性质及规模的确定与城市总体规划中对同一问题的不同认识则反映了行政管理部门上下级之间不同的视角和由此而产生的分歧。由于省域城镇体系规划中基本上沿用了计划经济时期自上而下的规划思路，以及省域城镇体系规划与城市规划均更倾向于采用在所管辖行政区划内自我平衡的分析方法，两种规划的分析结果和规划内容有时会存在较大的出入。

13.2　市(县)域城镇体系规划[③]

城镇体系规划，尤其是全国及省域城镇体系规划，从其性质上来说应该属于区域规划的范畴。但为了更好地开展城市规划与城市建设管理工作，依据《城乡规划法》，我国现行城市规划体系中也包含了城镇体系规划的内容。对此，《城乡规划法》将立法的出发点解释为："一是从区域整体出发，统筹考虑城镇与乡村的协调发展，明确城镇的职能分工，引导各类城镇的合理布局和协调发展；二是统筹安排和合理布局区域基础设施，避免重复建设，实现基础设施的区域共享和有效利用；三是限制不符合区域整体利益和长远利益的开发活动，保护资源，保护环境。"[④]

必须说明的是，伴随着 2007 年《城乡规划法》的颁布与实施，在规划管理体制上，城镇居民点与村镇居民点的规划工作被纳入统一的框架下。但是，从现行的城乡规划相

---

① 参见《近期建设规划工作暂行办法》（建设部文，2002 年）。

② 由于《中华人民共和国土地管理法》（2007 年）以及与之相对应的《土地利用现状分类》（GB/T 21010—2007）均未将城市建设用地单独列出，仅可将城市建设用地近似地理解为上述《土地管理法》中所涉及的三大类用地中"建设用地"的一部分，即《土地利用现状分类》中的"商服用地""工矿仓储用地""住宅用地""公共管理与公共服务用地""特殊用地"以及"交通运输用地"和"其他土地"中的部分用地。

③ 鉴于现阶段界定市域城镇体系规划、县域城镇体系规划、县域村镇体系规划及其内容的相关法律法规，在颁布时间顺序、所指范围、编制目的、涉及内容乃至术语含义上尚存在某些不统一和不明确的地方，如不作特殊说明，作者将其统称为"市(县)域城镇体系规划"。

④ 参考文献[1]：21-22。

关法规来看,适用于城镇居民点的法规与适用于村镇居民点的法规同时存在。表现在城镇体系规划领域,就出现了市(县)域城镇体系规划与县域村镇体系规划并存的状况,前者适用于城镇居民点,后者适用于村镇居民点。考虑到《城乡规划法》所确立的城乡统筹的原则、两者覆盖相同区域范围的事实以及《县域村镇体系规划编制暂行办法》与《县域城镇体系规划编制要点》之间的传承关系,可以认为,二者在规划范围上相同,在规划对象上有所区分,在规划内容上各有侧重,在相互关系上具有较强的关联①。

此外,根据住房与城乡建设部村镇司相关领导的解释,县域村镇体系规划适用于不设市的县级行政单位中的县域规划,而市域城镇体系规划只适用于设市的市域规划。但此观点并未见诸于公开颁布的法律法规以及政府文件中。

按照《城乡规划法》及《城镇体系规划编制审批办法》(1994 年建设部令)等相关法规的规定,城镇体系规划一般分为以下 5 个基本层次:

(1) 全国城镇体系规划,由国务院城乡规划主管部门会同国务院有关部门组织编制;

(2) 省(或自治区)域城镇体系规划,由省或自治区人民政府组织编制;

(3) 市(包括直辖市、市和有中心城市依托的地区、自治州、盟)域城镇体系规划,由城市人民政府或地区行署、自治州、盟人民政府组织编制;

(4) 县(包括县、自治县、旗)域城镇体系规划,由县或自治县、旗、自治旗人民政府组织编制;

(5) 乡规划中所辖行政区域内的村庄发展布局(乡域规划)。

其中,全国城镇体系规划和省域城镇体系规划是独立编制的。市域或县域城镇体系规划可以独立编制,但通常被作为相应级别的城市总体规划的组成内容与城市总体规划一起编制。因此,本节中所涉及的内容以市域或县域城镇体系规划的编制为主。

此外,城镇体系规划的规划范围一般按行政区划划定。但根据国家和地方发展的需要,也可以编制跨行政地域的城镇体系规划。

13.2.1 市(县)域城镇体系规划的依据与基本概念

1. 市(县)域城镇体系规划的依据

城镇体系规划被定义为:"一定地域范围内,以区域生产力合理布局和城镇职能分

---

① 2006 年建设部颁布《县域村镇体系规划编制暂行办法》取代了 2000 年颁布的《县域城镇体系规划编制要点》。虽然该办法中并未对"村镇"进行明确的定义,但从内容上可以推断所指并非"村庄"和"集镇",而是指包括县城、中心镇、一般镇以及中心村在内的县域内主要聚居点。同时,该办法也未就"县域城镇体系规划"与"县域村镇体系规划"的关系进行明确的说明,但根据同年实施的新版《城市规划编制办法》,次年颁布的《城乡规划法》的立法宗旨以及《县域村镇体系规划编制暂行办法》与《县域城镇体系规划编制要点》之间的传承关系,可以认为"县域村镇体系规划"基本上取代了"县域城镇体系规划",或者说前者是在后者的基础上将规划对象从"镇"拓展至"中心村"。因此,为避免概念上的混乱,本节中仍采用"县域城镇体系规划"的称谓,但除特别说明外,已包含"县域村镇体系规划"的内容。

工为依据,确定不同人口规模等级和职能分工的城镇的分布和发展规划。"①市域及县域城镇体系规划侧重于妥善处理各城镇之间,城镇尤其是中心城与城镇群体之间以及城镇群体与外部环境之间的关系,以达到区域经济、社会、环境效益的最大化。

涉及市域及县域城镇体系规划的法律法规内容有:

(1) 2007年《城乡规划法》第十四条"城市人民政府组织编制城市总体规划……";第十五条"县人民政府组织编制县人民政府所在地镇的总体规划,……其他镇的总体规划由镇人民政府组织编制,……";第十七条"城市总体规划、镇总体规划的内容应当包括:城市、镇的发展布局……"。

(2) 2005年《城市规划编制办法》第二十条"城市总体规划包括市域城镇体系规划和中心城区规划";第二十九条及第三十条分别详细列出了市域城镇体系规划纲要及市域城镇体系规划应包含的内容。

(3) 1995年《城市规划编制办法实施细则》第五条对编制市(县)域城镇体系规划应收集的基础资料、第六条对总体规划纲要阶段的相关内容、第七条对总体规划中所包含的相关内容均做出了详细的规定。

(4) 1994年《城镇体系规划编制审批办法》对包括市域及县域城镇体系规划在内的城镇体系规划的任务、年限、编制主体、内容等做出了具体的规定。

(5) 2006年《县域村镇体系规划编制暂行办法》专门针对县(自治县、旗)域村镇体系规划的任务、编制组织、重点、内容及成果等做出了规定。其前身是2000年建设部颁发的《县域城镇体系规划编制要点》(试行)。

2. 市(县)域城镇体系规划的目的与任务

《城镇体系规划编制审批办法》中规定:"城镇体系规划的任务是:综合评价城镇发展条件;制订区域城镇发展战略;预测区域人口增长和城市化水平;拟定各相关城镇的发展方向与规模;协调城镇发展与产业配置的时空关系;统筹安排区域基础设施和社会设施;引导和控制区域城镇的合理发展与布局;指导城市总体规划的编制。"同时,《县域村镇体系规划编制暂行办法》中也规定:"县域村镇体系规划的主要任务是:落实省(自治区、直辖市)域城镇体系规划提出的要求;引导和调控县域村镇的合理发展与空间布局;指导村镇总体规划和村镇建设规划的编制。"

由此可以看出,编制市(县)域城镇体系规划的目的主要有三个方面。一是从区域的角度来分析和审视城镇所处的外部环境,找出城镇发展的优势和不足;二是对行政管辖范围内的人口、产业、资源、空间、基础设施等分布状况进行综合的预测和调控;三是落实上级城镇体系规划的要求,并为村镇规划提供依据。市(县)域城镇体系规划应主要体现城镇规划的区域观,避免就城镇论城镇的思路和工作方法。

但是,也应看到现行市(县)域城镇体系规划中也存在一些问题。首先,市(县)域城

---

① 中华人民共和国国家标准《城市规划基本术语标准》(GB/T 50280—1998)。

镇体系规划以行政范围为单位,有时与实际的经济社会活动范围并不相符,存在一定的局限性。其次,当市(县)域城镇体系规划作为城市总体规划的一部分时,实际上将城市总体规划区的空间范围拓展到了整个行政管辖范围。当规划区的实际空间范围小于行政管辖范围时,与《城乡规划法》第二条中的"制定和实施城乡规划,在规划区内进行建设活动,必须遵守本法"的规定产生矛盾。此外,在实践中很多情况下,"市域城镇体系规划"和"县域村镇体系规划"的内容和所起到的作用存在较多的重叠,但各自的法规依据和目标导向却不尽相同。

3. 市(县)域城镇体系规划的编制主体

根据 2005 年《城市规划编制办法》,市域城镇体系规划作为城市总体规划的主要组成部分由城市人民政府负责组织编制,具体工作由城市人民政府建设主管部门(城乡规划主管部门)承担[①]。同时,根据 2006 年《县域村镇体系规划编制暂行办法》,县(包括自治县、旗)域村镇体系规划由县级人民政府负责组织编制,具体工作由县级人民政府建设(城乡规划)主管部门会同有关部门承担。由此可以看出,市(县)域城镇体系规划的编制主体为同级人民政府。

13.2.2 市(县)域城镇体系规划的主要内容

2005 年《城市规划编制办法》第二十九条第一款以及第三十条分别就市域城镇体系规划纲要和市域城镇体系规划的内容做出了具体的规定。同时,1994 年《城镇体系规划编制审批办法》第十三条与 2006 年《县域村镇体系规划编制暂行办法》第二十二条也分别针对市域城镇体系规划以及县域村镇体系规划的内容做出了规定。据此,市(县域)域城镇体系规划的主要内容可归纳为以下 11 个方面。

(1) 划定城乡规划区

城乡规划区是开展城市规划工作,对空间发展实施有效管控的边界,也是《城乡规划法》发挥其法律效用的范围。按照 2005 年《城市规划编制办法》的规定,市(县)域城镇体系规划应该根据城市建设、发展和资源管理的需要,在城市的行政管辖范围内划定城市规划区。

(2) 综合评价区域与城镇的发展和建设条件

可以从历史、自然、经济、社会、区位等方面分析区域与城镇发展的优势条件与制约因素。例如,从区域及城镇发展的历史背景中可以发现城镇的兴衰变迁以及因何而兴,因何而衰,并寻求其中的规律;根据对区域及城镇自然条件的分析可以掌握该地区的自然资源与生态环境状况,进而找出适于地区特点的产业发展方向。同样,区域与城镇的经济和社会发展水平、产业发展现状、存在问题也决定了该地区今后主导产业的发展方向。

---

① 按照此办法以及 1994 年《城镇体系规划编制审批办法》中的规定,此处的"市"应为按国家行政建制设立的市,包括直辖市、市和有中心城市依托的地区、自治州、盟。

(3) 预测区域人口增长,确定城镇化目标

根据该地区城镇化水平的发展趋势,预测该地区规划期末和分时段的人口规模和城镇化水平的发展速度,并提出区域人口空间分布及人口空间转移的方向和目标。具体而言,就是对村镇以上居民点(中心城市、县城、中心建制镇、建制镇、中心村)的人口变化趋势做出科学合理的预测。在区域城镇化水平、城镇人口及总人口的预测过程中,应注意到在市场经济体制下,通常对象区域并不是一个封闭运转的系统,而应考虑到区域间人口流动等情况。

(4) 确定本区域的城乡统筹发展战略,划分城市经济区

区域内的城镇之间存在着产业与经济上的相互协作、补充和竞争的关系。市(县)域城镇体系规划需要根据区域经济发展总体战略,明确各城镇的产业结构、发展方向和重点,提出经济区划分以及产业空间布局的方案。尤其是位于人口、经济、建设高度聚集的城镇密集地区的中心城市,应当根据需要,提出与相邻行政区域在空间发展布局、重大基础设施和公共服务设施建设、生态环境保护、城乡统筹发展等方面进行协调的建议。

(5) 提出城镇体系的职能结构和城镇分工

在确定区域城市发展战略、产业空间布局,划分城市经济区的基础上,进一步明确区域中各城镇尤其是重点城镇的职能和发展定位。由于城镇职能是影响城镇规模、增长趋势和建设标准的决定性因素,因此,必须做到实事求是,避免城镇职能因"小而全"而失去了特色和在更大范围中的竞争力,以及由此所造成的地方保护主义。城镇体系规划中对各个城镇职能的分析定性还为各城镇总体规划中有关城市性质的确定提供了依据。

(6) 确定城镇体系的等级和规模结构

市(县)域城镇体系规划的另一项主要内容就是对区域中各城镇人口规模的发展做出预测,即在城镇现状等级规模的基础上,对各城镇的未来发展趋势(新增、发展、衰退、维持现状)做出预测(图13-4)。在这一过程中应注意各城镇人口数量的总和应与区域城镇化水平相符合。在区域城镇化水平大致相同的前提下,城镇的等级结构可呈现为不同的发展模式。例如:以中心城为主,配合大量建制镇的发展模式;由中心城、县城、中心建制镇到建制镇,数量依次递增,单一城镇中人口规模递减的呈金字塔形结构的发展模式等。

(7) 确定城镇体系的空间布局以及重点城镇的用地规模和建设用地控制范围

城镇体系规划最终是区域经济结构、社会结构、自然环境条件、城镇等级与规模结构以及城镇职能分工在区域空间上的投影。因此,城镇体系规划需要在综合考虑这些因素的基础上,选择适当的城镇体系空间结构模式,如沿发展轴线与发展走廊发展的模式、围绕中心城集中发展的模式、在区域范围内呈城镇群相对分散发展的模式以及按等级序列发展的模式等。同时按照城镇体系的等级和规模结构明确各个重点城镇的用地规模和建设用地控制范围。

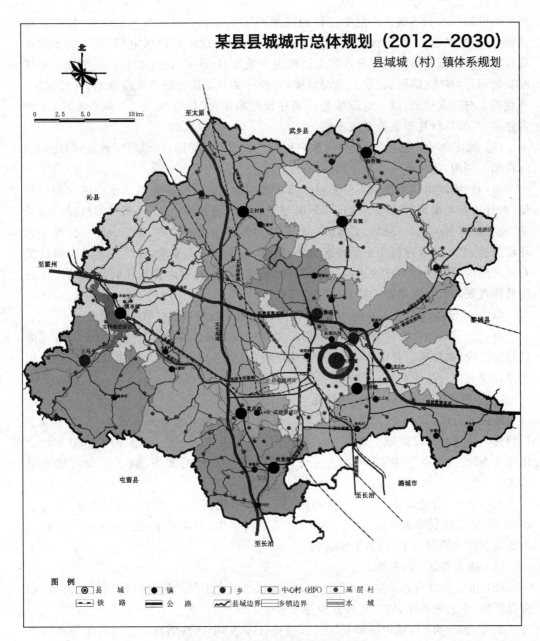

图 13-4 某县城(村)镇体系规划图

资料来源:山西省长治市襄垣县人民政府,北京清华同衡规划设计研究院有限公司.襄垣县县城总体规划
(2012—2030)[R]. 2013.

(8)统筹安排区域重大基础设施和社会服务设施

区域重大基础设施包括区域交通运输网络、水资源、给排水、能源、通信、区域防灾
设施、垃圾处理等。区域社会服务设施包括教育文化、医疗卫生、体育设施及市场体系
等。区域基础设施与社会服务设施应按照统筹安排、分级配置的原则,确定布置在各城

镇中的设施类型和等级。规划中应特别注意可区域共享或局部共享的设施,提出各类设施的共建、共享方案,避免重复建设。在市(县)域城镇体系规划中,有关区域重大基础设施和社会服务设施的规划内容又被称为专项规划,通常包括:市(县)域交通发展策略及规划,给排水、能源、通信工程设施规划,教科文卫等社会服务设施规划,环境保护、环境卫生与防灾规划,以及危险品生产储存设施布局、广播电视、水利、风景旅游、文物古迹保护、园林绿化等其他专项规划。

(9) 确定区域生态环境、自然资源和历史文化遗产保护的目标、原则和要求,协调空间资源的利用,提出空间管制原则和措施

市(县)域城镇体系规划不但要对区域范围内的城镇开发建设做出统一的预测与布局,而且还要考虑到区域范围内自然环境与文化遗产的保护,妥善协调开发与保护的关系,确保区域的可持续发展。具体而言就是针对各类用地的功能、类型、范围,根据生态环境保护、节约和合理利用土地和水资源、能源、防灾减灾等要求,提出土地及空间资源有效利用的限制性和引导性措施。必须指出的是,这一规划内容与相同级别的土地利用总体规划内容存在某种重叠,需相互协调。

(10) 确定各时期重点发展的城镇,提出近期重点发展城镇的规划建议

市(县)域城镇体系规划需明确规划的实施阶段和具体的建设时序。对于5年之内的近期建设,需要确定具体的发展目标、建设项目,并进行投资估算和建设用地预测,作为建设项目可行性研究及立项的重要依据。

(11) 提出实施规划的政策和措施

政策和行政措施是保障市(县)域城镇体系规划得到实施的必要条件,规划中应予以明确。政策和行政措施主要包括与城乡建设密切相关的土地、户籍、行政区划和社会保障等方面。同时,政府还可以通过公共投资促进规划的实施,例如建设区域性道路等。

另一方面,自建设部2002年颁布的《城市规划强制性内容暂行规定》起,之后的2005年《城市规划编制办法》以及2007年《城乡规划法》中均对市(县)域城镇体系规划中的强制性内容做出了规定,主要包括:

(1) 城乡规划区的范围;

(2) 市(县)域内必须控制开发的地域,包括基本农田保护区、风景名胜区、湿地、水源保护区、生态敏感区,地下矿产资源分布地区。

此外,2006年《县域村镇体系规划编制暂行办法》中还特别针对县域村镇体系规划中的强制性内容做出了规定。

13.2.3 市(县)域城镇体系规划的编制与审批

1. 市(县)域城镇体系规划的编制程序

市(县)域城镇体系规划的编制主要分为以下几个阶段:

(1) 包括基础资料收集在内的前期准备工作阶段;

（2）通过对现状情况的分析，对区域未来发展状况进行预测的阶段；

（3）将各项分析预测结果结合规划立意落实至空间中的方案绘制、多方案比较及初步成果制作阶段；

（4）规划方案的论证、评价与比选阶段；

（5）最终规划成果制作阶段。

当市（县）域城镇体系规划作为城市总体规划的组成部分编制时，上述工作通常与城市总体规划同步进行。

2. 市(县)域城镇体系规划的成果

按照本节"市（县）域城镇体系规划的依据"中所列法规的规定，市（县）域城镇体系规划的成果主要由规划文本、图纸及附件（说明、研究报告和基础资料）所组成。其中，规划文本是对规划目标、原则和内容提出规定性和指导性要求的文件；附件是对规划文本的具体解释，包括专题研究报告、规划说明书及基础资料汇编等。主要规划图纸有：

（1）城镇建设现状及发展条件综合评价图；

（2）城镇体系规划图；

（3）用地布局结构及空间分区管制规划图；

（4）产业发展空间布局规划图；

（5）综合交通规划图；

（6）基础设施和社会公共服务设施及专项规划图；

（7）环境保护与防灾规划图；

（8）重点地区城镇发展规划示意图；

（9）近期建设与发展规划图。

图纸比例通常采用 1∶50000～1∶500000。重点地区城镇发展规划示意图采用 1∶10000～1∶50000。

3. 市(县)域城镇体系规划的审批

按照《城乡规划法》及《城镇体系规划编制审批办法》的规定，我国的城镇体系规划实行分级审批制。全国城镇体系规划，由国务院城乡规划行政主管部门报国务院审批。省域城镇体系规划，由省或自治区人民政府报国务院审批。市域或县域城镇体系规划通常纳入城市和县级人民政府驻地镇的总体规划，依据《城乡规划法》实行分级审批[①]。跨行政区域的城镇体系规划，报有关地区的共同上一级人民政府审批。

4. 市(县)域城镇体系规划的修改

按照《城乡规划法》第 47 条的规定，省域城镇体系规划、城市总体规划、镇总体规划的修改必须符合进行修改的前提条件，并按照相关审批程序重新报批。其中，关于省域

---

① 参见 13.3.4 节"城市总体规划的审批"。

城镇体系规划的修改前提条件及修改程序,2007 年住房与建设部专门下文予以明确①;但是有关市(县)域城镇体系规划修改的规定《城乡规划法》并未单独列出,相关法规也没有明确。因此,可以理解为有关市(县)域城镇体系修改的规定包含在城市总体规划、镇总体规划的修改之中。相关内容详见 13.3.5 节"城市总体规划的修改",在此不再赘述。

13.3　城市总体规划②

13.3.1　城市总体规划的任务与编制阶段

按照《城市规划编制办法》以及《城市规划编制办法实施细则》的规定,在编制城市总体规划之前,应编制城市总体规划纲要,研究确定总体规划中的重大问题。因此,可以将城市总体规划纲要的编制看作是城市总体规划编制的一个阶段,其目标与城市总体规划相近,但任务各有侧重。

城市总体规划纲要的主要任务是:研究确定城市总体规划的重大原则,并作为编制城市总体规划的依据。

城市总体规划的主要任务是:综合研究和确定城市性质、规模,统筹安排城市各项建设及非建设用地,制定空间管制原则和措施,合理配置城市各项基础设施,确定城市发展时序及规划实施措施,指导城市合理发展。

城市总体规划的期限一般为 20 年。城市总体规划还应当对城市远景发展做出轮廓性的规划安排。同时,近期建设规划也是总体规划的一个组成部分,应对城市近期的发展布局和主要建设项目做出安排。近期建设规划期限一般为 5 年。村镇总体规划的期限为 10~20 年,近期建设规划为 3~5 年③。

13.3.2　城市总体规划的主要内容

《城乡规划法》对城市总体规划的内容提出了概括性的要求,即应包括"城市、镇的发展布局,功能分区,用地布局,综合交通体系,禁止、限制和适宜建设的地域范围,各类专项规划等"。2005 年颁布的《城市规划编制办法》将城市总体规划的内容分为市域城镇体系规划和中心城区规划两大部分。鉴于前者的内容已在上一节论述,本节主要涉及中心城区的内容。

---

① 参见:《关于加强省域城镇体系规划调整和修编工作管理的通知》(建规[2007]88 号)。
② 按照《城乡规划法》所确立的城乡规划体系,总体规划适用于从直辖市到县级市的所有设市城市以及镇级政府。除特别说明外,在本节中"城市总体规划"一词包括城市总体规划和镇总体规划,不再分别赘述。
③ 中华人民共和国建设部,建村[2000]36 号《村镇规划编制办法(试行)》。

1. 城市总体规划纲要的内容

按照《城市规划编制办法》的规定,城市总体规划纲要应包括以下内容:

(1) 编制市域城镇体系规划纲要;

(2) 提出城市规划区范围;

(3) 分析城市职能,提出城市性质和发展目标;

(4) 提出禁建区、限建区、适建区范围;

(5) 预测城市人口规模;

(6) 研究中心城区空间增长边界,提出建设用地规模和建设用地范围;

(7) 提出交通发展战略及主要对外交通设施布局原则;

(8) 提出重大基础设施和公共服务设施的发展目标;

(9) 提出建立综合防灾体系的原则和建设方针。

2. 城市总体规划的内容

根据《城市规划编制办法》的要求,城市总体规划中有关中心城区的内容应包括以下几个方面:

(1) 分析确定城市性质、职能和发展目标。

(2) 预测城市人口规模。

(3) 划定禁建区、限建区、适建区和已建区,并制定空间管制措施。

(4) 确定村镇发展与控制的原则和措施;确定需要发展、限制发展和不再保留的村庄,提出村镇建设控制标准。

(5) 安排建设用地、农业用地、生态用地和其他用地。

(6) 研究中心城区空间增长边界,确定建设用地规模,划定建设用地范围。

(7) 确定建设用地的空间布局,提出土地使用强度管制区划和相应的控制指标(建筑密度、建筑高度、容积率、人口容量等)(图 13-5、表 13-2)。

(8) 确定市级和区级中心的位置和规模,提出主要的公共服务设施的布局。

(9) 确定交通发展战略和城市公共交通的总体布局,落实公交优先政策,确定主要对外交通设施和主要道路交通设施布局。

(10) 确定绿地系统的发展目标及总体布局,划定各种功能绿地的保护范围(绿线),划定河湖水面的保护范围(蓝线),确定岸线使用原则。

(11) 确定历史文化保护及地方传统特色保护的内容和要求,划定历史文化街区、历史建筑保护范围(紫线),确定各级文物保护单位的范围;研究确定特色风貌保护重点区域及保护措施。

(12) 研究住房需求,确定住房政策、建设标准和居住用地布局;重点确定经济适用房、普通商品住房等满足中低收入人群住房需求的居住用地布局及标准。

(13) 确定电信、供水、排水、供电、燃气、供热、环卫发展目标及重大设施总体布局。

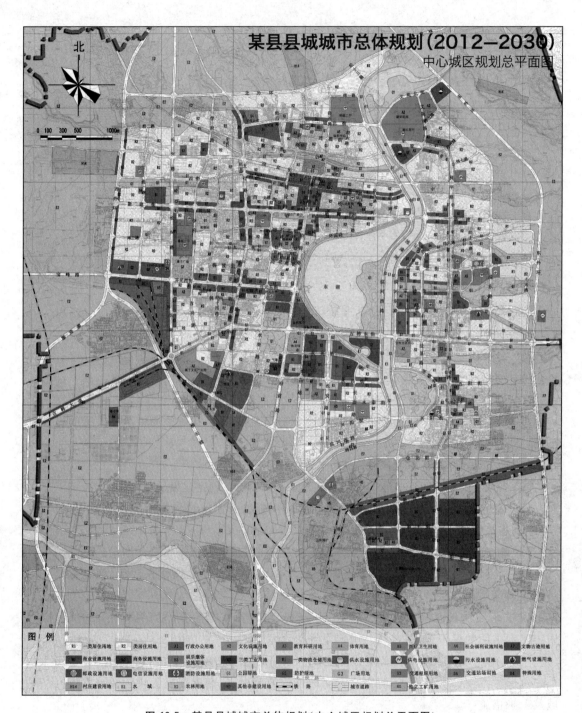

图 13-5　某县县城城市总体规划（中心城区规划总平面图）

资料来源：山西省长治市襄垣县人民政府，北京清华同衡规划设计研究院有限公司.

襄垣县县城总体规划（2012—2030）[R]. 2013.

表 13-2　某县城城市总体规划建设用地平衡表(中心城区)

用地代码	用地名称		面积/hm²		占城市建设用地比例/%		人均/(m²/人)	
			现状	规划	现状	规划	现状	规划
R	居住用地		588.2	867.7	40.6	37.8	64.6	43.4
	其中	一类居住用地	0.0	59.4	0.0	2.6	0.0	3.0
		二类居住用地	166.2	808.3	11.5	35.2	18.3	40.4
		三类居住用地	422.1	0.0	29.1	0.0	46.4	0.0
A	公共管理与公共服务用地		152.9	198.2	10.6	8.6	16.8	9.9
	其中	行政办公用地	22.9	29.7	1.6	1.3	2.5	1.5
		文化设施用地	37.1	29.5	2.6	1.3	4.1	1.5
		教育科研用地	69.2	100.9	4.8	4.4	7.6	5.0
		体育用地	8.4	10.0	0.6	0.4	0.9	0.5
		医疗卫生用地	7.0	16.7	0.5	0.7	0.8	0.8
		社会福利设施	5.4	5.1	0.4	0.2	0.6	0.3
		文物古迹用地	1.9	5.3	0.1	0.2	0.2	0.3
		宗教设施用地	1.0	1.0	0.1	0.0	0.1	0.1
B	商业服务业设施用地		84.5	237.1	5.8	10.3	9.3	11.9
	其中	商业设施用地	69.2	206.4	4.8	9.0	7.6	10.3
		商务设施用地	15.2	24.6	1.0	1.1	1.7	1.2
		娱乐康体用地	0.2	6.1	0.0	0.3	0.0	0.3
M	工业用地		171.5	121.1	11.8	5.3	18.8	6.1
	其中	一类工业用地	28.2	0.0	1.9	0.0	3.1	0.0
		二类工业用地	42.3	0.0	2.9	0.0	4.6	0.0
		三类工业用地	101.0	121.1	7.0	5.3	11.1	6.1
W	物流仓储用地		20.6	59.6	1.4	2.6	2.3	3.0
	一类物流仓储用地		20.6	59.6	1.4	2.6	2.3	3.0
S	交通设施用地		270.4	443.2	18.7	19.3	29.7	22.2
U	公共设施用地		17.1	30.3	1.2	1.3	1.9	1.5
G	绿地		143.5	338.8	9.9	14.8	15.8	16.9
	其中	公园绿地	102.3	277.3	7.1	12.1	11.2	13.9
		防护绿地	22.8	35.1	1.6	1.5	2.5	1.8
		广场	18.4	26.4	1.3	1.1	2.0	1.3
总计	总用地		1448.6	2296.0	100.0	100.0	159.2	114.8

资料来源：山西省长治市襄垣县人民政府,北京清华同衡规划设计研究院有限公司.襄垣县县城总体规划(2012—2030)[R]. 2013.

（14）确定生态环境保护与建设目标，提出污染控制与治理措施。

（15）确定综合防灾与公共安全保障体系，提出防洪、消防、人防、抗震、地质灾害防护等规划原则和建设方针。

（16）划定旧区范围，确定旧区有机更新的原则和方法，提出改善旧区生产、生活环境的标准和要求。

（17）提出地下空间开发利用的原则和建设方针。

（18）确定空间发展时序，提出规划实施步骤、措施和政策建议。

村镇总体规划的内容可以根据其规模和实际需要适当简化。

此外，建设部于 2002 年颁布了《城市规划强制性内容暂行规定》，首次提出了城市规划"强制性内容"的概念。在 2005 年颁布的《城市规划编制办法》以及 2007 年《城乡规划法》中进一步强化了其法律地位。《城乡规划法》第十七条第二款规定："规划区范围、规划区内建设用地规模、基础设施和公共服务设施用地、水源地和水系、基本农田和绿化用地、环境保护、自然与历史文化遗产保护以及防灾减灾等内容，应当作为城市总体规划、镇总体规划的强制性内容。"城市总体规划中的强制性内容主要用做对城市总体规划实施进行监督检查的基本依据。城市规划强制性内容应在图纸上有准确标示，在文本上有明确、规范的表述，并应提出相应的管理措施。

应该指出的是，将城市总体规划强制性内容明确列入《城乡规划法》条款的方式虽起到突出要点、明确底线的效果，但仅表明了"强制"的内容，而对"强制"的主体、对象、手段以及与其他非"强制性内容"的关系没有明确说明，从法理上来看尚存可以商榷的余地[①]。

依照《城乡规划法》的规定，虽然近期建设规划被定位为城市规划的实施手段，但在城市规划实践中，近期建设规划通常作为城市总体规划的一部分进行编制或单独编制。《城乡规划法》第三十四条规定："城市、县、镇人民政府应当根据城市总体规划、镇总体规划、土地利用总体规划和年度计划以及国民经济和社会发展规划，制定近期建设规划，报总体规划审批机关备案。近期建设规划应当以重要基础设施、公共服务设施和中低收入居民住房建设以及生态环境保护为重点内容，明确近期建设的时序、发展方向和空间布局。近期建设规划的规划期限为五年。"《城市规划编制办法》对近期建设规划的内容也做出了具体的要求，包括：

（1）确定近期人口和建设用地规模，确定近期建设用地范围和布局；

（2）确定近期交通发展策略，确定主要对外交通设施和主要道路交通设施布局；

（3）确定各项基础设施、公共服务和公益设施的建设规模和选址；

（4）确定近期居住用地安排和布局；

（5）确定历史文化名城、历史文化街区、风景名胜区等的保护措施，城市河湖水系、绿化、环境等保护、整治和建设措施；

---

① 参见：周显坤、谭纵波、董柯.回归职能，明确事权——对城市总体规划强制性内容的辨析与思考[J].规划师,2015(7):36-41。

（6）确定控制和引导城市近期发展的原则和措施。

实践中有时还采用重大建设项目库的方式，列出未来五年城市建设重大项目的基本数据及其投资估算。

13.3.3　城市总体规划的编制

1. 城市总体规划的编制程序

城市总体规划的编制通常需要经过前期准备、现状调查、方案制订与比较、成果制作以及审批等多个环节。除《城乡规划法》及其相关法规明确规定的城市总体规划审批程序外，整个规划编制过程可大致分为以下几个阶段。

（1）前期准备及基础资料的收集、整理与分析阶段

城市总体规划的前期准备主要指，从规划编制的主观意愿、人员、基础数据、经费等多方面对规划编制的可行性以及可预见到的困难进行综合分析，制定工作计划。在此基础之上，着手搜集编制规划所需要的基础资料，并对其进行整理、加工和初步分析。城市总体规划调研以及需要收集的基础资料，可参照表 13-3 及 5.1 节"城市规划调查研究与基础资料收集"。

（2）预测城市经济发展及人口增长趋势，确定城市的性质、规模及空间管制措施阶段

在编制城市总体规划时，首先需要对城市的性质、规模及空间发展方向做出符合客观实际的较为准确的分析及预测，作为城市空间布局规划以及空间管制的依据。必要时可采用专题研究的形式对城市产业发展、人口发展、用地条件及发展可能等问题进行较为深入的分析与研究。具体方法可参见：5.3 节"城市发展分析与预测"、6.5 节"城市环境的选择与营造"。

（3）分析城市功能要求，进行城市空间总体布局阶段

各项城市功能最终要落实到城市空间上去，并进行包括多方案比较在内的方案研究、绘制、选定等工作。有关城市总体布局的具体内容与方法参见第 7 章"城市总体布局"。需要说明的是，对于各种历史文化遗产、自然资源以及生态环境的保护也应视为城市功能的重要组成部分。

（4）落实各项用地位置规模，进行用地平衡阶段

将满足城市功能要求的各项用地，按照一定比例落实到具体的地块中，描绘出各类用地的空间分布，并对各类用地的面积规模进行汇总，计算出其在总用地中的比例以及人均用地规模等指标。具体内容参见第 8 章"城市土地利用规划"。

（5）各项专业规划内容编制阶段

各项专业规划包括道路交通规划、园林绿地规划、城市基础设施（工程）规划以及环境保护规划、环境卫生规划、消防减灾规划等其他专业规划。具体内容参见第 9 章"城市道路交通规划"、第 10 章"城市绿化及开敞空间系统规划"、第 11 章"城市基础设施（工程）规划"、6.3.3 节"城市环境污染对策与环境保护规划"、6.4.4 节"城市减灾规划"。

表 13-3　城市总体规划基础资料一览表

基础资料类别	分类	内容
市（县）域基础资料	市（县）域的地形图，图纸比例为 1/50000～1/200000	
	自然条件	包括气象、水文、地貌、地质、自然灾害、生态环境等
	资源条件	
	主要产业及工矿企业	（包括乡镇企业）状况
	主要城镇的分布、历史沿革、性质、人口和用地规模、经济发展水平	
	区域基础设施状况	
	主要风景名胜、文物古迹、自然保护区的分布和开发利用条件	
	"三废"污染状况	
	土地开发利用情况	
	国内生产总值、工农业总产值、国民收入和财政状况	
	有关经济社会发展规划、发展战略、区域规划等方面的情况	
城市基础资料	近期绘制的城市地形图，图纸比例为 1/5000～1/25000	
	城市自然条件及历史资料	气象资料
		水文资料
		地质和地震资料，包括地质质量的总体验证和重要地质灾害的评估
		城市历史资料，包括城市的历史沿革、城址变迁、市区扩展、历次城市规划的成果资料等
	城市经济社会发展资料	经济发展资料，包括历年国内生产总值、财政收入、固定资产投资、产业结构及产值构成等
		城市人口资料，包括现状户籍人口、暂住人口、常住人口及流动人口数量，人口的年龄构成、劳动构成、城市人口的自然增长和机械增长情况等

续表

基础资料类别	分　类	内　容
城市基础资料	城市经济社会发展资料	城市土地利用资料,包括城市规划发展用地范围内的土地利用现状,城市用地的综合评价
		工矿企业的现状及发展资料
		对外交通运输现状及发展资料
		各类商场、市场现状和发展资料
		各类仓库、货场现状和发展资料
		高等院校及中等专业学校现状和发展资料
		科研、信息机构现状和发展资料
		行政、社会团体、经济、金融等机构现状和发展资料
		体育、文化、卫生设施现状和发展资料
	城市建筑及公用设施资料	住宅建筑面积、建筑质量、居住水平、居住环境质量
		各项公共服务设施的规模、用地面积、建筑面积、建筑质量和分布状况
		市政、公用工程设施和管网资料,公共交通以及客货运量、流向等资料
		园林、绿地、风景名胜、文物古迹、历史地段等方面的资料
		人防设施、各类防灾设施及其他地下构筑物等的资料
	城市环境及其他资料	环境监测成果资料
		"三废"排放的数量和危害情况,城市垃圾数量、分布及处理情况
		其他影响城市环境的有害因素(易燃、易爆、放射、噪声、恶臭、震动)的分布及危害情况
		地方病以及其他有害居民健康的环境资料
	其他需要收集的城市相邻地区有关资料	

资料来源：根据《城市规划编制办法实施细则》,作者编绘

（6）落实近期建设规划及远景规划内容阶段

在城市总体规划方案大致确定后,还要对城市近期建设的内容逐一落实,并反映到城市空间中去,明确近期内实施城市总体规划的发展重点和建设时序。此外,对规划期外的城市发展远景,城市总体规划也应予以体现。

2. 城市总体规划的成果[①]

(1) 城市总体规划纲要的成果

按照《城市规划编制办法实施细则》的要求,城市总体规划纲要的成果包括文字说明与图纸两大部分。文字说明通常需要包括以下内容:

① 简述城市自然、历史、现状特点;

② 分析论证城市在区域发展中的地位和作用、经济社会发展的目标、发展优势与制约因素,初步划出城市规划区范围;

③ 原则确定规划期内的城市发展目标、城市性质,初步预测人口规模、用地规模;

④ 提出城市用地发展方向和布局的初步方案;

⑤ 对城市能源、水源、交通、基础设施、防灾、环境保护、重点建设等主要问题提出原则规划意见;

⑥ 提出制订和实施城市规划重要措施的意见。

图纸部分包括:

① 区域城镇体系示意图——图纸比例为 1/500000~1/1000000,标明相邻城镇位置、行政区划、重要交通设施、重要工矿区和风景名胜区;

② 城市现状示意图——图纸比例 1/25000~1/50000,标明城市主要建设用地范围、主要干道以及重要的基础设施;

③ 城市规划示意图——图纸比例 1/25000~1/50000,标明城市规划区和城市规划建设用地大致范围,标注各类主要建设用地、规划主要干道、河湖水面、重要的对外交通设施;

④ 其他必要的分析图纸。

(2) 城市总体规划的成果

按照《城市规划编制办法实施细则》的要求以及城市规划编制的惯例,城市总体规划的成果通常由规划文本、图纸以及附件所组成。城市总体规划文本中应包括的主要内容如表 13-4 所示。其中,城市总体规划阶段各项专业规划的内容如表 13-5 所示。

表 13-4　城市总体规划文本主要内容一览表

文本组成部分	描述内容
(1) 前言	规划编制的依据
(2) 城市规划基本对策	规划指导思想
(3) 市(县)域城镇发展	①城镇发展战略及总体目标;②预测城市化水平;③城镇职能分工、发展规模等级、空间布局、重点发展城镇;④区域性交通设施、基础设施、环境保护、风景旅游区的总体布局;⑤有关城镇发展的技术政策

[①]　虽然 2005 年颁布的《城市规划编制办法》第四十六条规定"对城市规划文本、图纸、说明、基础资料等的具体内容、深度要求和规格等,由国务院建设主管部门另行规定",但是至 2015 年中,未见有更详细的技术性规定颁布,故在此继续沿用 1995 年颁布的《城市规划编制办法实施细则》中的相关内容。某些《城乡规划法》以及《城市规划编制办法》中明确列出的内容要求也应一并纳入城市总体规划的成果。

续表

文本组成部分	描 述 内 容
(4) 城市性质、规模与发展方向	①城市性质；②规划期限；③规划范围；④城市发展方针战略；⑤城市人口规模现状及发展规模
(5) 城市土地利用与空间布局	①人均用地等技术经济指标、现状建成区面积、规划建设用地范围及面积、用地平衡表；②各类用地布局、不同区位土地使用原则、地价等级划分、市区及中心及主要公共服务设施布局；③重要地段高度控制、文物古迹、历史地段、风景名胜区保护、城市风貌特色；④旧区改建原则、用地调整及环境整治；⑤郊区乡镇企业、村镇居民点、农副产品基地布局、禁止建设控制区
(6) 环境保护	环境质量建议指标、环保措施
(7) 各项专业规划	(详见表 13-5)
(8) 近期建设规划	3～5 年内近期建设规划(含基础设施、土地开发投放、住宅建设等)
(9) 规划设施措施	

资料来源：根据《城市规划编制办法实施细则》，作者编绘

表 13-5　城市总体规划阶段各项专业规划内容一览表

规划名称	主 要 规 划 方 面
(1) 道路交通规划	①对外交通；②城市客运与货运；③道路系统
(2) 给水工程规划	①用水标准、量；②水源选择等；③管网布局；④水源地保护
(3) 排水工程规划	①排水制度；②排水分区等；③管网布局；④污水处理厂
(4) 供电工程规划	①用电指标、负荷；②电源选择；③输配电系统；④高压走廊
(5) 电信工程规划	①通信设施标准、规模；②邮政设施标准、网点布局；③通信线路布局；④通信设施布局及其通道保护
(6) 供热工程规划	①供热负荷、方式；②供热分区；③热力网系统；④集中供热
(7) 燃气工程规划	①燃气消耗水平、气源；②供气规模；③输配系统
(8) 园林绿化、文物古迹及风景名胜规划	①公共绿地指标；②市、区级公共绿地布局；③防护、生产绿地布局；④主要林荫道布局；⑤文物古迹、历史地段、风景名胜区保护
(9) 环境卫生设施规划	①环卫设施标准、布局；②垃圾收集处理；③公厕布局原则
(10) 环境保护规划	①环境质量目标、污染物排放标准；②污染防护、治理措施
(11) 防洪规划	①设防范围、等级、防洪标准；②泄洪量；③防洪设施；④防洪设施与道路交叉方式；⑤排涝防渍措施
(12) 地下空间开发利用及人防规划	(重点设防城市)

资料来源：作者根据《城市规划编制办法实施细则》编绘

城市总体规划的主要图纸如表 13-6 所示。

城市总体规划附件通常包括城市总体规划说明书、基础资料汇编以及针对某一具

体问题的专项研究报告,如城市人口发展趋势及规模确定研究报告等。

　　此外,由于《城乡规划法》对城市总体规划的修改设定了较为严格的前提条件,因此在规划实践中,编制城市总体规划实施评估报告通常作为城市总体规划的前置内容,先于其他内容单独编制完成,也在实质上形成了城市总体规划的一个组成部分①。

表 13-6　城市总体规划主要图纸一览表

图纸名称	表 现 内 容	图纸比例
(1) 市（县）域城镇分布现状图	①行政区划；②城镇分布；③交通网络；④基础设施；⑤风景旅游资源等	1/50000～1/200000
(2) 城市现状图	①各类用地范围；②主次干道、对外交通、市政公用设施；③市、区级中心；④文物古迹等范围；⑤开发区等范围；⑥绿化系统、水面；⑦主要地名、街道名称；⑧风玫瑰	1/5000～1/25000
(3) 城市用地工程地质评价图	①(新建城市、城市新发展地区)地面坡度；②潜在地质灾害；③活动断裂带、地震烈度；④洪水淹没线；⑤地下矿藏、埋藏文物；⑥用地综合评价	1/5000～1/25000
(4) 市（县）域城镇分布规划图	①行政区划；②城镇体系布局；③交通网络、重要基础设施布局；④主要文物古迹、风景名胜及旅游区布局	1/50000～1/200000
(5) 城市总体规划图	同城市现状图	1/5000～1/25000
(6) 郊区规划图	①城市规划区范围；②村镇居民点、公共服务设施、乡镇企业用地布局；③对外交通及需要与城市隔离的市政公用设施用地布局；④农、菜、林、园地,副食品基地以及禁止建设的绿色空间布局	1/25000～1/50000
(7) 近期建设规划图	①近期建设项目位置；②建设时序	1/5000～1/25000
(8) 各项专业图	①道路交通规划图；②给水工程规划图；③排水工程规划图；④供电工程规划图；⑤电信工程规划图；⑥供热工程规划图；⑦燃气工程规划图；⑧园林绿化、文物古迹及风景名胜规划图；⑨环境卫生设施规划图；⑩环境保护规划图；⑪防洪规划图；⑫地下空间开发利用及人防规划图	1/5000～1/25000

资料来源：根据《城市规划编制办法》及《城市规划编制办法实施细则》,作者编绘

13.3.4　城市总体规划的审批

1. 城市总体规划的审批主体

　　按照《城乡规划法》的规定,我国的城市总体规划实行分级审批,以上级政府审批为基本原则,可分为以下 4 种情况。

---

① 有关城市总体规划的修改,参见 13.3.5 节"城市总体规划的修改"。

（1）直辖市的城市总体规划，由直辖市人民政府报国务院审批；省和自治区人民政府所在地城市以及国务院确定的城市总体规划，由省、自治区人民政府审查同意后，报国务院审批。

（2）上述城市以外城市的总体规划，由城市人民政府报省、自治区人民政府审批。

（3）县人民政府所在地镇的总体规划，报上一级人民政府审批。

（4）上述镇以外的其他镇的总体规划，报上一级人民政府审批。

城市人民政府和县人民政府在向上级人民政府报送审批城市总体规划前，应当先经本级人民代表大会常务委员会审议，常务委员会组成人员的审议意见交由本级人民政府研究处理；镇人民政府在向上一级人民政府报送审批镇总体规划前，应当先经镇人民代表大会审议，代表的审议意见交由本级人民政府研究处理①。

规划的组织编制机关报送审批城市或镇总体规划时，应当将本级人民代表大会常务委员会或人民代表大会组成人员的审议意见和根据审议意见修改规划的情况一并报送。

2. 城市总体规划的审批内容

城市总体规划审批的对象内容原则上就是编制的内容。1999 年国务院办公厅以关于批准建设部《城市总体规划审查工作规则》的通知（国办函〔1999〕31 号）的形式对由国务院审批的城市总体规划的重点审查内容做出进一步的明确规定，详见表 13-7。

3. 城市总体规划的审批程序

《城乡规划法》对城市总体规划的审批及公布做出了明确的要求。结合城市规划实践，在规划设计单位完成城市总体规划方案的编制后，通常需要经过以下程序，最终确定可付诸实施的城市总体规划。

（1）规划方案的公告及专家评审

《城乡规划法》第二十六条规定："城乡规划报送审批前，组织编制机关应当依法将城乡规划草案予以公告，并采取论证会、听证会或者其他方式征求专家和公众的意见。公告的时间不得少于三十日"；第二十七条规定：城市总体规划批准前，"审批机关应当组织专家和有关部门进行审查"。现实中，除体现公众参与的面向广大市民的意见征询外，主要由专家参与的评审会是一个重要环节。专家评审会主要从规划编制技术的合理性与先进性、政策掌握情况、与各地规划管理部门实际要求是否相符等角度出发，对城市总体规划方案进行论证，并提出建议修改意见。专家评审会客观上可起到从技术角度为规划审批把关的作用，但实际执行过程中也存在一些地方保护主义或本位主义的倾向。

（2）政府部门审查

根据《城乡规划法》的上述条款，由政府主要职能部门参与的规划审查会议通常与

---

① 　与《城市规划法》第二十一条第六款"城市人民政府和县级人民政府在向上级人民政府报请审批城市总体规划前，须经同级人民代表大会或者其常务委员会审查同意"的规定相比较，在《城乡规划法》的规定中，人民代表大会的审查监督作用有所下降。

表 13-7　城市总体规划重点审查内容一览表

项　目	内　容
(1) 性质	城市性质是否明确;是否经过充分论证;是否科学、实际;是否符合国家对该城市职能的要求;是否与全国和省域城镇体系规划相一致
(2) 发展目标	城市发展目标是否明确;是否从当地实际出发,实事求是;是否有利于促进经济的繁荣和社会的全面进步;是否有利于可持续发展;是否符合国家国民经济和社会发展规划并与国家产业政策相协调
(3) 规模	人口规模的确定是否充分考虑了当地经济发展水平,以及土地、水等自然资源和环境条件的制约因素;是否经过科学测算并经专题论证。 城市实际居住人口的计算口径包括在规划建成区内居住登记的常住人口(含非农业人口和农业人口)和居住 1 年以上的暂住人口。 用地规模的确定是否坚持了国家节约和合理利用土地及空间资源的原则;是否符合国家严格控制大城市规模、合理发展中等城市和小城市的方针;是否符合国家《城市用地分类与规划建设用地标准》;是否在一定行政区域内做到耕地总量的动态平衡
(4) 空间布局和功能分区	城市空间布局是否科学合理、功能分区是否明确;是否有利于提高环境质量、生活质量和景观艺术水平;是否有利于保护文化遗产、城市传统风貌、地方特色和自然景观
(5) 交通	城市交通规划的发展目标是否明确;体系和布局是否合理;是否符合管理现代化的需要;城市对外交通系统的布局是否与城市交通系统及城市长远发展相协调
(6) 基础设施建设和环境保护	城市基础设施的发展目标是否明确并相互协调;是否合理配置并正确处理好远期与近期建设的关系。 城市环境保护规划目标是否明确;是否符合国家的环境保护政策、法规及标准;是否有利于城市及周围地区环境的综合保护
(7) 协调发展	总体规划编制是否做到统筹兼顾、综合部署;是否与国土规划、区域规划、江河流域规划、土地利用总体规划以及国防建设等相协调
(8) 实施	总体规划实施的政策措施和技术规定是否明确;是否具有可操作性
(9)	是否达到了建设部制定的《城市规划编制办法》规定的基本要求
(10)	国务院要求的其他审查事项

資料来源:根据建设部《城市总体规划审查工作规则》(1999),作者编绘

专家评审会结合或平行举行。会议主要邀请与城市规划、建设相关的政府各职能部门以及相关企业,如发改、土地、交通、水务、消防、教育、园林、电力、燃气、通信等,对规划方案是否存在问题,是否与本部门或本系统的专项规划存在冲突等提出意见;在某些设立有"城乡规划委员会"的城市,通常以委员会的名义组织该类会议的召开①。

---

①　目前我国城市中大量存在由各政府职能部门代表组成的"城乡规划委员会",这种委员会从性质上来看,更倾向于一种政府内部的工作联席会议,而不是体现更广泛民意代表的真正意义上的"委员会"。

（3）人大审议

根据《城乡规划法》第十六条规定,城市总体规划在报请上级政府审批前,须经同级市人大常委会或镇人大审议[①]。

（4）上级政府审批

根据《城乡规划法》第十四条、第十五条规定,城市总体规划由上级政府进行审批[②]。通常,上级政府对总体规划进行审查后,将原则上同意或不同意该规划方案的审批结果以及具体的审批意见批复给城市或镇政府。

（5）公布规划

《城乡规划法》第八条规定:"城乡规划组织编制机关应当及时公布经依法批准的城乡规划。但是,法律、行政法规规定不得公开的内容除外。"

13.3.5 城市总体规划的修改

城市总体规划是指导城市发展的宏观战略性规划,需要保持相对的稳定性。同时,城市总体规划一经批准就变成一份具有法规性质的文件,应当严格执行。但是,由于城市总体规划的规划期限较长,现实社会的快速变化往往会导致城市总体规划的既定内容与城市建设实际情况出现较大差异的情况,需要对城市总体规划的内容进行相应的调整。另一方面,在城市规划实践中,伴随城市政府主要领导人的更迭而频繁修改城市总体规划,形成"一届政府,一版总规"的状况也并非罕见。为应对这种状况,《城乡规划》新增"城乡规划的修改"一章,对包括城市总体规划修改在内的城市规划修改的前提条件、修改程序、法律责任以及因修改规划而造成损失的补偿等进行了较为明确、严格的规定。

1. 城市总体规划修改的前提

按照《城乡规划法》的规定,城市总体规划的组织编制机关应当组织有关部门和专家定期对规划实施情况进行评估,并采取论证会、听证会或者其他方式征求公众意见。修改城市总体规划前,组织编制机关应当对原规划的实施情况进行总结,并向原审批机关提供原总体规划实施评估报告;修改涉及城市总体规划强制性内容的,应当先向原审批机关提出专题报告,经同意后,方可编制修改方案。

同时,《城乡规划法》第四十七条具体列举了可以启动城市总体规划修改程序的五种情况,分别是:

（1）上级人民政府制定的城乡规划发生变更,提出修改规划要求的;

（2）行政区划调整确需修改规划的;

（3）因国务院批准重大建设工程确需修改规划的;

---

①② 参见:13.3.4 节 1."城市总体规划的审批主体"。

（4）经评估确需修改规划的；

（5）城乡规划的审批机关认为应当修改规划的其他情形。

2. 城市总体规划修改的含义及内容

《城乡规划法》对经法定程序对城市总体规划的内容做出变更的行为统一称为"修改"，取消了原《城市规划法》中有关城市总体规划的"局部调整"和"重大变更"等概念，同时不再将这一行为称做修编、修订、调整等。

由于使用词汇的变化，城市规划实践中产生了对于"修改"的不同认识和理解。一种观点认为，既然将变更城市总体规划内容称为"修改"，那么城市总体规划的修改工作只需将修改的内容以及修改前后的差异列出即可，并不需要涉及城市总体规划中的其他内容，且修改工作应该将重点放在将修改内容一一列出上。但从城市总体规划的性质以及《城乡规划法》的立法意图来看，这种观点是片面的。首先，城市总体规划是有关城市发展，特别是空间发展的长期的战略性文件，在实施一段时间后，对其进行全面系统的评估，同时结合对城市社会经济发展新情况的全面分析，重新审视其主要内容，形成新的判断和规划展望是规划全过程的重要组成环节，不但是合理的也是必需的。《城乡规划法》强调对规划实施情况进行定期评估就说明了这一点。其次，从《城乡规划法》的立法意图上看，主要对城市总体规划修改的随意性和过度频繁进行了制约，强调修改的前提条件、修改程序法定的原则以及重大内容的上级监督，而并不限制城市总体规划修改的幅度。同时，城市总体规划的内容是一个相互联系的整体，有时局部的修改会导致相关内容的变化，进而影响到其他的规划内容。

因此，城市总体规划的修改并非就事论事的修改，而应该是基于对城市所处状况进行全面分析、对规划实施情况进行全面评估的修改，即相当于对城市总体规划的全面修订。而修改内容的多寡、修改幅度的大小不再是判断是否属于修改的标准。事实上，对城市总体规划实施情况的定期评估意味着即便对城市总体规划的主要内容不做出变更，也要全面评估规划实施状况、分析城市所处环境的变化，重新审视城市未来的发展，并做出判断。这一过程实质上就是一次修改。

3. 城市总体规划修改的程序

《城乡规划法》第四十七条第三款规定，修改后的城市总体规划应当依照城市总体规划的一般审批程序进行报批。也就是说，从报批程序来看，新编制一部城市总体规划与修改一部既有的城市规划是完全相同的。这也反映了《城乡规划法》通过严格的法定修改程序，既强调城市总体规划的稳定性，又希望及时反映城市社会经济发展及外部条件变化对城市总体规划的影响，将城市总体规划的修改纳入规范化与法制化的立法意图；同时也从另一个侧面说明了城市总体规划的修改通常不应该是就事论事的局部调整，而是基于对规划实施状况进行全面科学评估的全局性审视和决策。

13.4　控制性详细规划与法定图则

13.4.1　控制性详细规划产生的背景及其地位和作用

1. 控制性详细规划产生的背景

控制性详细规划这一名称正式出现在建设部于 1991 年颁布的《城市规划编制办法》之中。虽然在此之前，从 20 世纪 80 年代初开始，我国某些开放程度较高的经济发达地区就开始尝试类似于控制性详细规划的城市规划与管理的实践，但控制性详细规划最终未能进入 1989 年颁布的《城市规划法》的正式内容之中。因此，从严格意义上来说，直到 2007 年《城乡规划法》正式颁布为止，控制性详细规划缺少必要的法律依据。

控制性详细规划的产生与我国改革开放以及经济体制转型的大背景密切相关。快速城市化、土地使用制度的改革、城市建设方式与投资渠道的变化对城市规划管理工作的模式提出了新的要求。而城市规划管理模式的变革又需要城市规划编制思路和技术能够适应这种形势的变化。同时，随着城市规划与管理领域对外交往活动的增加，欧美以及我国台湾和香港地区中以区划为代表的适应市场经济体制的城市规划法制手段被陆续介绍到我国内地。[①] 控制性详细规划就是在面对我国城市建设中的现实问题，吸收国外城市规划中成功经验的基础上诞生的。控制性详细规划产生的背景可归纳为以下几个方面。

（1）市场经济体制的确立与利益多元化

我国改革开放以来的经济体制经历了一系列从计划经济走向市场经济的过程。从改革开放初期的企业生产自主权扩大，到 1984 年党的十二届三中全会提出的"以公有制为基础的按计划的商品经济"，直到 1992 年党的十四大提出建立"社会主义市场经济"。伴随着市场经济的逐步建立，社会利益集团开始显现，并呈多元化的趋势。这种情况是导致城市建设领域中大量新问题出现，要求城市规划与管理手段发生重大变革的根本原因。这一根本原因在改革开放的不同时期可能体现为不同的特征，但总体上导致了城市开发建设中对利益的角逐和不确定因素的增加。

（2）土地使用制度的改革

体现在作为城市规划对象的土地利用领域，土地使用制度从计划经济时期土地的无期、无偿划拨转向"商品经济"或"市场经济"下的有期、有偿使用。深圳分别在 1982 年和 1987 年率先进行的"土地有偿使用"和"土地使用权转让"，就是这种状况的早期实例。土地的有偿、有期使用，使得土地利用配置中的土地级差等经济因素成为城市开发者需要考虑的首要问题。土地的级差效应既带来土地合理配置、城市土地利用结构优

---

① 区划，英文原文为 zoning，指普遍应用于北美、日本等国家和地区的城市规划与管理手段，我国台湾地区又将其译为"用地分区管制"，虽稍嫌绕口，但更能反映出所代表的原意。

化等有利因素，也提出了政府如何使土地的增值收益能够为城市所有，并最终返还社会的问题。城市规划所限定的开发条件（包括保障与制约两个侧面）恰恰是衡量土地收益的重要依据。

（3）建设方式与投资渠道的变化

除土地收益被重视外，建设方式与投资渠道的变化也是对城市规划与管理手段提出新要求的重要因素。所谓建设方式的变化主要是指改革开放初期，城市中存在着以"单位"为单位的建设主体，小规模、零散的见缝插针式的建设，不利于城市整体的协调发展，希望以"统建"的形式进行统一规划和建设。投资渠道的变化则是指随着改革开放的进展，多种经济成分、多渠道的资金涌入城市开发建设领域。计划经济体制下以国家或单位为主的相对单一的投资渠道，被作为商业活动的房地产开发等多种投资渠道所取代。以行政命令和计划为依据的城市规划内容和相应的管理手段不能适应这种形式的变化，必须代之以公开、相对公平、有法律依据的城市规划与管理手段。

（4）对规划管理及规划设计工作提出新的要求

随着城市规划管理工作的手段从依靠行政指令为主转向依靠法治与经济调控为主，以及以建设为导向转向以管理控制为导向的观念改变，作为城市规划管理重要依据的规划形式与内容必然要发生根本性的变化。这种变化主要体现在：首先，必须适应规划管理工作的需求，能够为规划管理与控制提供具有权威性的依据；其次，规划的内容不必是终极蓝图，但要对开发建设提出明确的要求和指导性意见，并在执行过程中具有一定的灵活性（即规划内容具有一定的弹性）；再次，这种要求不但要符合城市总体规划的方针、政策和原则，同时还要体现城市整体设计的思想和构思（图 13-6）。

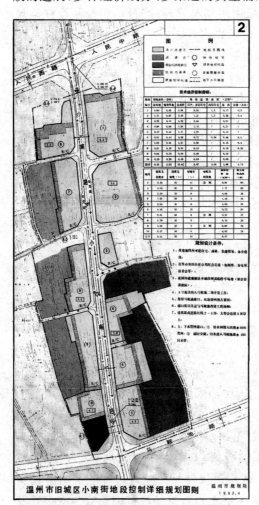

**图 13-6　温州市旧城区小南街地段控制性
详细规划图则**

资料来源：温州市规划局.温州市旧城区小南街
地段控制性详细规划图则.1992.

2. 控制性详细规划的地位与作用

2007 年《城乡规划法》将控制性详细规划列入法定规划。这是在控制性详细规划首次出现在官方文件中近 20 年后首次获得了正式的法律地位。虽然由于审批程序而导致控制性详细规划法律效力受到一定制约,其在整个城乡规划体系中的地位还存在不同理解,甚至规划实践中仍存在着诸多问题,但控制性详细规划在城市规划管理中所发挥的重要作用及其不可取代的地位已成为不争的事实。

控制性详细规划在城市规划与管理实践中的作用主要体现在以下几个方面。

(1) 通过抽象表达方式落实城市总体规划的意图

有关控制性详细规划的作用,我国城市规划界历来强调其承上启下的"桥梁"作用,即将控制性详细规划看作是一个规划层次,起到连接粗线条的作为框架规划的总体规划与作为小范围建设活动总平面的修建性详细规划的作用①。即上承总体规划所表达的方针、政策,将城市总体规划的宏观、平面、定性的规划内容体现为微观、立体、定量的控制指标;下启修建性详细规划,作为其编制的依据。控制性详细规划作为城市总体规划与修建性详细规划之间的有效过渡与衔接,深化前者控制后者。

(2) 提供管理依据,引导开发建设

在市场经济环境下,城市规划不但具有工程技术的属性,同时也对城市开发利益分配与再分配起到至关重要的作用。控制性详细规划是国有土地出让的必备条件之一,通过对开发地块中用地性质、开发强度以及建筑形态等要素的预设条件控制,在实质上确定了地块的使用价值,进而在相当程度上左右了该地块土地的出让价格,因而成为实现城市发展政策、落实总体规划意图、明确具体地块开发条件、协调城市开发利益的重要规划管理工具。按照法定程序审议的、事先确定的、公开的、相对公平合理的控制性详细规划可以成为城市规划管理的主要依据,并通过规范修改程序等手段,提高其严肃性和可操作性,使城市规划管理工作做到有章可循、有规可依。另一方面,控制性详细规划的内容如能做到公开、公正,并保持相对的稳定性,在事实上可以起到开发建设指南的作用,使城市开发建设活动的盈损具有了相当程度的可预测性,从而可以降低具体开发建设活动的风险程度。

(3) 体现城市设计构想

由于我国现行城市规划体系中,城市设计并不是法定城市规划的内容,因此,各个空间层次上的城市设计构思与意图必须通过一定的途径得到体现。控制性详细规划在确保城市空间环境基本质量的同时,还可以部分起到体现城市设计意图的作用,将具象的城市设计内容转换为相对抽象的控制指标(规定性指标)和引导性要求(指导性指标)。同时配合城市设计导则等手段,完整体现城市规划与城市设计的意图。

---

① 例如,对于控制性详细规划的作用,参考文献[16]中提到:"传统的详细规划其细度与深度虽能满足建设要求,方案本身也能获得好评,但其最大不足是缺乏城市整体观念。在实践中往往发现,众多的详细规划付诸实施以后,土地使用性质、土地开发强度、城市景观等诸多方面偏离城市总体规划,与城市整体产生矛盾。……分析其原因,主要是先天不足。即在实施性规划之前,缺少一个既有总体观念,又能为实施性规划提供具体的实施性的规划编制准则与要求,并能直接指导其编制的规划编制层次,以达到城市总体规划的蓝图能通过城市每片、块的实施性规划(即修建性详细规划)付诸实施的目的。"再如,参考文献[11]从规划设计与规划管理两个方面强调控制性详细规划的承上启下作用。

13.4.2　控制性详细规划的主要内容

按照住建部 2010 年颁布的《城市、镇控制性详细规划编制审批办法》第十条的规定，控制性详细规划应包括的基本内容有：

（1）土地使用性质及其兼容性等用地功能控制要求；

（2）容积率、建筑高度、建筑密度、绿地率等用地指标；

（3）基础设施、公共服务设施、公共安全设施的用地规模、范围及具体控制要求，地下管线控制要求；

（4）基础设施用地的控制界线（黄线）、各类绿地范围的控制线（绿线）、历史文化街区和历史建筑的保护范围界线（紫线）、地表水体保护和控制的地域界线（蓝线）等"四线"及控制要求。

同时，该办法还分别针对大城市与特大城市以及镇的控制性详细规划提出了不同的要求。针对大城市与特大城市，"可以根据本地实际情况，结合城市空间布局、规划管理要求，以及社区边界、城乡建设要求等，将建设地区划分为若干规划控制单元，组织编制单元规划"；针对镇的控制性详细规划"可以根据实际情况，适当调整或者减少控制要求和指标。规模较小的建制镇的控制性详细规划，可以与镇总体规划编制相结合，提出规划控制要求和指标"。

由于该办法的颁布并未涉及之前已颁布相关规章的存废，所以规划实践中仍参照之前颁布的《城市规划编制办法》以及《城市规划编制办法实施细则》中的相关内容综合确定控制性详细规划的内容。这些内容可归纳为以下两个类型，3 个方面，即保护导向的土地利用类型以及开发建设导向的土地利用类型。后者又可以进一步划分为对市场经济下开发行为进行管控的方面以及保障涉及公共利益用地的方面。

1. 开发及保护用地范围的划定

控制性详细规划的主要任务是落实上位规划的意图，对规划范围内的开发建设活动实施全面的管控。因此根据《城乡规划法》保护公共利益、体现公共政策的立法意图，《城市、镇控制性详细规划编制审批办法》特别强调了对基础设施用地、各类绿地、历史文化街区和历史建筑的保护范围以及地表水体保护和控制的地域边界的控制，并与已颁布的"四线"管理办法相衔接，将控制性详细规划的中心从为城市开发建设提供指引转向维护城市空间开发与保护的平衡[①]。因此，控制性详细规划的第一步就是要确定规划范围内开发建设导向的范围、历史文化及资源保护导向的范围以及绿地、水面等限制开发的范围，更加强调其对整体土地利用的管控作用。

2. 开发建设用地的性质、强度及形态控制

对规划范围内的土地按照不同地块或街坊实施土地利用管控是控制性详细规划的主要任务。规划实践中通常会涉及以下内容（图 13-7）。

---

① "四线"管理办法分别是住建部于 2002 年 9 月 13 日颁布的《城市绿线管理办法》，2003 年 12 月 17 日颁布的《城市紫线管理办法》，2005 年 12 月 20 日颁布的《城市黄线管理办法》以及《城市蓝线管理办法》。

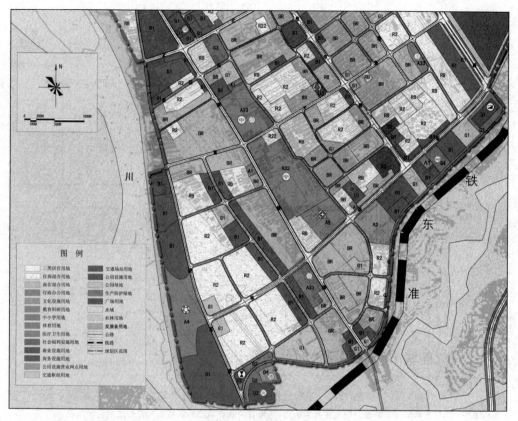

图 13-7　控制性详细规划实例（沙圪堵镇）

资料来源：北京清华同衡规划设计研究院有限公司.准格尔旗沙圪堵镇镇区控制性详细规划[R].2012.

（1）地块划分

控制性详细规划是在划定地块边界，确定规划范围内各类不同使用性质的用地界线与用地面积的基础上，以地块为单位实施规划控制的。对于地块划分的原则、地块的规模等需要结合实际情况做出判断。在规划实践中，通常可以以土地权属、拟建建筑物的布局等作为地块划分的依据。一般位于城市中心区的地块划分较细，单个地块的规模相对较小。其原因主要是城市中心区的开发建设多以非居住类的单栋建筑或紧凑建筑群为单位，同时由于城市中心区获取单位面积土地使用权的代价较高，较难形成由单一开发商大面积开发的状况；而位于城市外围或郊区的居住用地中的地块划分则较粗，单个地块的面积较大。这是因为需要照顾到居住区开发建设时建筑群布局的灵活性（图 13-8）。

（2）控制指标体系

控制性详细规划的控制指标可分为：规定性指标与指导性指标（又称"引导性指标"）（表 13-8）。前者是必须遵照执行的，后者是参照执行的。规定性指标通常包括用地性质、建筑密度（建筑基底总面积/地块面积）、建筑控制高度、后退建筑线、容积率（建筑总面积/地块面积）、绿地率（绿地总面积/地块面积）、交通出入口方位以及停车泊位和其他需要配建的公共服务设施。指导性指标通常包括人口容量（人/公顷）、建筑形

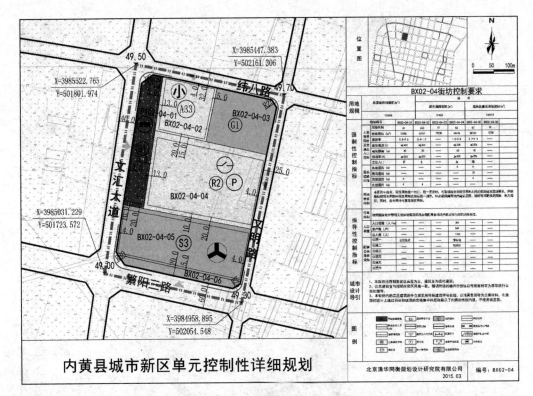

图 13-8   控制性详细规划图则(河南内黄)

资料来源:北京清华同衡规划设计研究院有限公司.河南省内黄县城市新区控制性详细规划及城市设计[R].2015.

式、体量、风格、色彩等方面的要求以及城市景观风貌、环境等方面的要求。所有控制指标的总合构成了控制性详细规划的控制指标体系。

按照控制指标所控制的对象,控制指标可进一步分为土地利用、建筑物、设施配套以及行为活动;按照控制指标的控制方式,控制指标又可分为量化指标(例如建筑密度、容积率等)、条文规定(例如用地性质)、图则标定(例如道路红线、建筑后退线等)以及城市设计指引(例如建筑形体组合、色彩等)。

(3)用地种类划分与用地兼容性控制

按照不同的土地利用性质及强度划分规划用地的种类是控制性详细规划的基本技术手段。在控制性详细规划对土地利用性质的控制中存在着用地种类划分详细程度与用地兼容性(又称"用地相容性")的问题。用地兼容性是指某一类型规划用地中可以容许的活动类型或建筑类型。通常,用地种类划分越粗,每一种类用地的兼容性就越强;用地种类划分越细,每一种类用地的兼容性就越弱。对此,我国尚无控制性详细规划专用的用地分类标准。规划实践中多套用《城市用地分类与规划建设用地标准》中的用地分类,或在此基础之上增加更为细致或具有特定目的的种类划分(例如混合使用的土地利用类型)。对于控制性详细规划中用地分类的详细程度,学术界也存在不同的看法,但从控制性详细规划职能的原意上来看,为适当增加其作为规划的"弹性"和规划执行

表 13-8　控制性详细规划控制指标一览表

类别	指标名称	内 容 说 明
规定性指标	用地性质	规划用地的使用功能,可根据用地分类标准进行标注
	用地面积	规划地块划定的面积
	建筑密度	通常以上限控制
	建筑控制高度	由室外明沟面或散水坡面量至建筑物主体最高点的垂直距离
	建筑红线后退距离	通常以下限控制,包括后退道路红线及后退地块边界的距离
	容积率	根据需要制定上限和下限
	绿地率	通常以下限控制。不包括屋顶、晒台的人工绿地
	交通出入口方位	含机动车出入口方位、禁止机动车开口地段、主要人流出入口方位等
	停车泊位及其他需要配置的公共设施	通常按下限控制。其他设施的配置包括:居住区服务设施(中小学、幼托、居住区级公建),环卫设施(垃圾转运站、公共厕所),电力设施(变电站、配电所),电信设施(电话局、邮政局),燃气设施(煤气调气站)
指导性指标	人口容量	通常以上限控制
	建筑形式、体量、色彩、风格要求	广场控制线、绿地控制线、裙房建筑控制线、主体建筑控制线、建筑架空控制线、建筑高度控制范围、建筑颜色等具体指标
	其他环境要求	

资料来源:作者根据参考文献[7]以及 2005 年《城市规划编制办法》修改编辑

中的灵活程度,用地种类的划分不宜过细,而主要依靠用地兼容性控制来解决不同城市功能之间相互干扰的问题(表 13-9)。

3. 基础设施及公共服务设施用地的划定

随着市场经济体制的不断完善,控制性详细规划的内容从早期侧重规划中的工程技术性内容逐步向强调对土地利用管控的方向转变。对于规划中的道路交通设施、工程管线设施以及安全设施等城市基础设施,主要强调对设施的用地规模、范围以及其他要求的管控,而不再强调其中的纯技术性内容;而对于公共服务设施更多地结合《城市用地分类与规划建设用地标准》的调整,从用地权属以及用地规模与布局等方面确保公共服务用地(A 类用地)不被侵占。

但是,由于规划界对这一问题认识的差异,规划编制工作的惯性以及相关规章相互关系与效力的不明确,在规划实践中,有关道路交通设施以及工程管线的技术性内容仍广泛存在于控制性详细规划之中。

(1)道路交通设施

控制性详细规划从用地管控(例如,道路红线的位置)以及建设工程(例如道路断面形式)两个方面对规划范围内的道路交通设施进行规划。控制性详细规划按照城市总

表 13-9　控制性详细规划用地兼容性示例

序号	建筑项目＼用地类别	居住用地			公共设施用地		工业用地			仓储用地		市政公用设施用地 U	绿地	
		第一类 R_1	第二类 R_2	第三类 R_3	商贸办公 C_1、C_2	教科文卫 $C_3 \sim C_6$	第一类 M_1	第二类 M_2	第三类 M_3	普通 W_1	危险品 W_2		G_1	G_2
1	低层独立式住宅	√	√	○	×	○	×	×	×	×	×	×	×	×
2	其他低层居住建筑	√	√	○	×	○	×	×	×	×	×	×	×	×
3	多层居住建筑	×	√	√	×	○	○	×	×	×	×	×	×	×
4	高层居住建筑	×	○	√	×	○	×	×	×	×	×	×	×	×
5	单身宿舍	×	√	√	×	√	√	○	×	×	×	○	×	×
6	居住小区教育设施（中小学、幼托机构）	√	√	√	×	√	○	×	×	×	×	×	×	×
7	居住小区商业服务设施	○	√	√	√	×	√	×	×	×	×	×	×	×
8	居住小区文化设施（青少年和老年活动室、文化馆等）	○	√	√	√	√	×	×	×	×	×	×	×	×
9	居住小区体育设施	√	√	√	×	√	×	×	×	×	×	×	×	○
10	居住小区医疗卫生设施（卫生站、街道医院、养老院等）	√	√	√	×	√	○	×	×	×	×	×	×	×
11	居住小区市政公用设施（含出租汽车站）	√	√	√	√	√	√	√	○	√	√	√	×	○
12	居住小区行政管理设施（派出所、居委会等）	√	√	√	○	√	○	×	×	×	×	×	×	×
13	居住小区日用品修理、加工场	×	√	○	○	○	√	×	×	×	×	×	×	×
14	小型农贸市场	×	√	○	×	×	√	×	×	×	×	×	×	○
15	小商品市场	×	√	○	○	×	√	×	×	×	×	×	×	○
16	居住区级以上（含居住区级，下同）行政办公建筑	×	√	√	√	√	√	○	×	×	×	×	×	×
17	居住区级以上商业服务设施	×	√	√	√	×	○	○	×	×	×	×	×	×
18	居住区级以上文化设施（图书馆、博物馆、美术馆、音乐厅、纪念性建筑等）	×	○	○	○	√	×	×	×	×	×	×	×	×
19	居住区级以上娱乐设施（影剧院、游乐场、俱乐部、舞厅、夜总会）	×	×	×	√	×	○	×	×	×	×	×	×	×
20	居住区级以上体育设施	×	○	×	×	√	√	×	×	×	×	×	×	○

续表

序号	建筑项目	居住用地			公共设施用地		工业用地			仓储用地		市政公用设施用地 U	绿地	
		第一类 R₁	第二类 R₂	第三类 R₃	商贸办公 C₁、C₂	教科文卫 C₃~C₆	第一类 M₁	第二类 M₂	第三类 M₃	普通 W₁	危险品 W₂		G₁	G₂
21	居住区级以上医疗卫生设施	×	○	○	×	√	○	×	×	×	×	×	×	×
22	特殊病院(精神病院、传染病院)——需单独选址	×	×	×	×	○	×	×	×	×	×	—	×	○
23	办公建筑、商办综合楼	×	○	○	√	○	×	×	×	×	×	×	×	×
24	一般旅馆	×	○	○	√	○	×	×	×	×	×	×	×	×
25	旅游宾馆	×	○	○	√	○	○	×	×	×	×	×	×	×
26	商住综合楼	×	√	√	○	○	×	×	×	×	×	×	×	×
27	高等院校、中等专业学校	×	×	×	×	√	×	×	×	×	×	×	×	×
28	职业学校、技工学校、成人学校和业余学校	×	○	○	○	√	√	○	×	×	×	×	×	×
29	科研设计机构	×	○	○	○	○	○	×	×	×	×	×	×	×
30	对环境基本无干扰、污染的工厂	×	○	×	×	○	√	○	×	√	×	×	×	×
31	对环境有轻度干扰、污染的工厂	×	×	×	×	×	○	√	○	○	×	○	×	×
32	对环境有严重干扰、污染的工厂	×	×	×	×	×	×	×	√	×	×	×	×	×
33	普通储运仓库	×	×	×	×	×	○	○	○	√	×	×	×	×
34	危险品仓库	×	×	×	×	×	×	×	×	×	√	×	×	×
35	农、副、水产品批发市场	×	×	×	×	×	√	○	×	√	×	×	×	×
36	社会停车场、库	×	○	○	√	○	√	√	○	√	×	√	×	○
37	加油站	×	○	○	○	○	√	√	√	√	×	√	×	○
38	汽车修理、专业保养场和机动车训练场	×	×	×	×	○	√	√	√	√	×	√	×	○
39	客、货运公司站场	×	×	×	×	×	√	√	√	√	×	√	×	○
40	施工维修设施及废品场	×	×	×	×	×	√	√	√	√	×	○	×	×
41	污水处理厂、殡仪馆、火葬场	×	×	×	×	×	×	×	√	○	○	√	×	○
42	其他市政公用设施	×	×	×	×	×	√	○	○	√	○	√	×	○

注：√表示允许设置；×表示不允许设置；○表示允许或不允许设置，由城市规划管理部门根据具体条件和规划要求确定。

资料来源：2003 年 10 月 18 日上海市人民政府令第 12 号《上海市城市规划管理技术规定(土地使用　建筑管理)》

体规划所确定的道路等级划分,完善规划范围内的道路网系统,准确确定道路设施的位置和用地边界。例如,确定包括支路在内的各等级道路的红线位置、控制点坐标和标高、道路断面形式、交叉口形式及渠化措施、公共停车场的规模和用地范围以及配建停车场(库)的配建标准和方位、公共交通场站用地范围和站点位置、步行交通及其他交通设施等。此外,各地块中交通出入口方位的控制也是有关道路交通设施规划的重要内容。

（2）工程管线设施

按照 2005 年颁布的《城市规划编制办法》及其相关规章的要求,控制性详细规划中还包含大量有关工程管线规划的内容,例如,给水工程、排水工程、供电工程、通信工程、燃气工程、供热工程以及管线综合等。并要求根据地块中的建设容量,计算各种工程设施的容量,确定工程管线的走向、管径和工程设施的用地界线等。此外,对地下空间开发利用的具体要求也被列入控制性详细规划的内容之中。

13.4.3　控制性详细规划的编制与审批

依据《城市、镇控制性详细规划编制审批办法》《城市规划编制办法》以及《城市规划编制办法实施细则》的相关规定,控制性详细规划的编制程序、内容及成果如下:

1. 控制性详细规划的编制程序

控制性详细规划的编制工作可分为基础资料收集、地块划分及用地分类、确定控制内容以及成果制作几个阶段,其主要工作内容如下:

（1）基础资料的收集

与其他层次的规划相同,控制性详细规划的编制工作首先从基础资料的收集整理入手。通过实地踏勘、访谈以及相关资料的收集,获取编制规划的基础资料。编制控制性详细规划需要收集的基础资料有:

① 总体规划对本规划地段的规划要求,相邻地段已批准的规划资料;

② 土地利用现状,用地分类至小类;

③ 人口分布现状;

④ 建筑物现状,包括房屋用途、产权、建筑面积、层数、建筑质量、保留建筑等;

⑤ 公共设施规模、分布;

⑥ 工程设施及管网现状;

⑦ 土地经济分析资料,包括地价等级、土地级差效益、有偿使用状况、开发方式等;

⑧ 所在城市及地区历史文化传统、建筑特色等资料。

（2）地块划分及用地分类

控制性详细规划中的地块划分通常遵照以下原则:

① 应保证地块性质单一,避免不相容使用性质用地之间的干扰;

② 严格遵守城市总体规划或其他专业规划的要求;

③ 尊重现有用地产权或使用权边界;

④ 考虑土地价值的区位级差；

⑤ 兼顾基层行政管辖界线，便于现状资料的收集及统计。

地块规模除根据不同性质的用地有所变化外，一般新区的地块规模较大，为 0.5～3hm²；旧城等现状建成区内的地块规模较小，为 0.05～1hm²。

用地性质的分类，一般按照《城市用地分类与规划建设用地标准》分至小类，或根据实际情况，在小类中适当增加一些更为细致的分类或增加一些特殊目的的用地分类，例如混合使用的分类。但过细的分类会影响控制性详细规划面向市场等不确定因素时的弹性。控制性详细规划的用地分类需要与各类用地相对应的兼容性规定相互配合，共同完成对土地利用进行控制的目的。

（3）根据规划设计构思确定控制内容

控制性详细规划中的控制内容可分为以下几种类型。

① 开发及保护用地范围——包括基础设施用地的控制界线（黄线）、各类绿地范围的控制线（绿线）、历史文化街区和历史建筑的保护范围界线（紫线）、地表水体保护和控制的地域界线（蓝线）等"四线"及控制要求；

② 用地控制指标——包括用地性质、用地面积、土地与建筑使用兼容性；

③ 建筑形态控制指标——包括建筑高度、建筑间距、建筑后退红线距离、沿路建筑高度、相邻地段的建筑规定；

④ 环境容量控制指标——包括容积率、建筑密度、绿地率、人口容量；

⑤ 交通控制内容——包括交通出入口方位、停车位；

⑥ 城市设计引导及控制——对城市重要地段的地块，需对地块内建筑的形式、色彩、体量、风格等提出设计要求；

⑦ 配套设施——包括应配套的生活服务设施、市政公用设施、交通设施和管理要求。

（4）编制规划成果

2. 控制性详细规划的成果[①]

控制性详细规划的成果主要包括规划文本、图表（图则）以及附件（含规划说明及技术研究资料等）。文本与图表的内容应当一致，共同形成规划管理的法定依据。

（1）规划文本

控制性详细规划的文本应包括土地使用与建设管理细则，以条文形式重点反映规划范围内各类用地控制和管理的原则以及技术规定，经批准后可纳入规划管理法规体系。规划文本中应包含以下主要内容。

① 总则：包括制定规划的背景、目的、依据和原则，规划范围，文本与图则之间的关系以及主管部门和管理权限。

---

① 有关控制性详细规划的文本及图纸的内容在《城市规划编制办法实施细则》的基础上参考文献[11]并结合规划实践经验列出。

② 规划目标、功能定位及规划结构。

③ "四线"控制：包括黄线(基础设施用地控制界线)、绿线(各类绿地范围控制线)、紫线(历史文化街区和历史建筑保护范围界线)及蓝线(地表水体保护和控制的地域界线)的控制要求。

④ 地块划分以及各地块的使用性质、规划控制原则、规划设计要点。

⑤ 各地块控制指标一览表(控制指标分为规定性和指导性两类。前者是必须遵照执行的,后者是参照执行的)。

⑥ 公共服务设施。

⑦ 道路交通设施。

⑧ 水系、绿化及开敞空间。

⑨ 基础设施：包括给水、排水、电力、电信、燃气、供热以及工程管线综合等。

⑩ 环保、环卫及防灾。

⑪ 地下空间利用。

⑫ 城市设计引导。

⑬ 土地使用和建筑规划管理通则,包括：

a. 各种使用性质用地的活动与建筑兼容性要求(适建、不适建、有条件适建的建筑类型)；

b. 建筑间距的规定；

c. 建筑物后退道路红线距离的规定；

d. 相邻地段的建筑规定；

e. 容积率奖励和补偿规定；

f. 市政公用设施、交通设施的配置和管理要求；

g. 有关名词解释；

h. 其他有关通用的规定。

(2) 规划图纸

表 13-10 列出了控制性详细规划的图纸。

3. 控制性详细规划的审批

根据《城乡规划法》以及《城市、镇控制性详细规划编制审批办法》的规定,城市及县人民政府所在地镇的控制性详细规划由城市或县人民政府城乡规划主管部门负责编制,经城市或县人民政府批准后,报本级人民代表大会常务委员会和上一级人民政府备案。其他镇的控制性详细规划由镇人民政府组织编制,报上一级人民政府审批。

按照上述法规的规定,控制性详细规划的组织编制机关应当组织召开由有关部门和专家参加的审查会。审查通过后,组织编制机关应当将控制性详细规划草案、审查意见、公众意见及处理结果报审批机关。控制性详细规划应当自批准之日起 20 个工作日内,通过政府信息网站以及当地主要新闻媒体等便于公众知晓的方式公布。

表 13-10　控制性详细规划图纸一览表

图纸名称	表 现 内 容	图纸比例
（1）位置图	规划用地的位置（区位）	不限
（2）用地现状图	分类画出各类用地范围（分至小类），建筑物现状、人口分布现状，市政公用设施现状，必要时分别绘制	1/1000～1/2000
（3）土地使用规划图	画出规划各类用地的范围，规划用地的分类和性质，道路网布局，公共设施位置等	1/1000～1/2000
（4）"四线"规划图	划定黄线（基础设施用地控制界线）、绿线（各类绿地范围控制线）、紫线（历史文化街区和历史建筑保护范围界线）及蓝线（地表水体保护和控制的地域界线）的具体范围	1/1000～1/2000
（5）地块划分编号图	标明地块划分界线及编号（和本文中控制指标相对应）	1/1000～1/5000
（6）各地块控制性详细规划图（分图则）	① 规划各地块的界线，标注主要指标（地块编号、地块面积、用地性质、用地兼容性、建筑密度、绿地率、容积率及地块内有特殊需要的控制指标（以表格表示）） ② 道路红线、建筑后退线、停车泊位、主要出入口方位、禁止开口路段、人行通道（地面、地下或高架）位置 ③ 各类公共服务设施的位置及范围，绿化、文物等保护范围，基础设施控制范围（地下、地面、架空），高压走廊等净空控制范围，安全防护范围等 ④ 城市设计导引（地块内的空间形态、环境状况及规划保留建筑）	1/1000～1/2000
（7）公共服务设施规划图	标明公共服务设施的位置、类别、等级、规模以及服务半径等	1/1000～1/2000
（8）道路交通及竖向规划图	包括道路（包括主、次干道，支路）走向、线形、断面、主要控制点坐标、标高、停车场和其他交通设施位置及用地界线，各地块室外地坪规划标高	1/1000～1/2000
（9）开敞空间及景观风貌规划图	标明各类水面、绿化用地、广场等室外活动场地以及视觉景观点、观景点和标志性建筑物、构筑物的位置、视觉通廊等视觉保护范围	1/1000～1/2000
（10）各项工程管线规划图	标绘各类工程管网平面位置、管径、控制点坐标和标高	1/1000～1/2000
（11）环保、环卫及防灾规划图	标明各类环境卫生设施的位置、等级、服务半径、防护隔离距离等，划定环境保护分区的范围，确定各类危险源的位置、危害程度及安全防护距离，确定防灾设施、通道的位置、范围、等级及服务半径等	1/1000～1/2000
（12）地下空间利用规划图	明确地下空间利用的平面及竖向范围，各类地下设施的权属以及不同权属设施间的接口，确定与其他地下工程管线的相对位置关系	1/1000～1/2000
（13）空间形态示意图	表达空间形态与环境的各类透视图、断面图、天际线轮廓图等	不限

资料来源：根据《城市规划编制办法实施细则》、参考文献[11]以及规划实践经验，作者编绘

4. 控制性详细规划的修改

《城乡规划法》及《城市、镇控制性详细规划编制审批办法》对控制性详细规划的修改做出了严格、明确的规定。首先,控制性详细规划组织编制机关应当建立规划动态维护制度,有计划、有组织地对控制性详细规划进行评估和维护;其次,经批准后的控制性详细规划具有法定效力,任何单位和个人不得随意修改。确需修改的,应当按照下列程序进行:

(1) 控制性详细规划组织编制机关应当组织对控制性详细规划修改的必要性的专题论证;

(2) 控制性详细规划组织编制机关应当采用多种方式征求规划地段内利害关系人的意见,必要时应当组织听证;

(3) 控制性详细规划组织编制机关提出修改控制性详细规划的建议,并向原审批机关提出专题报告,经原审批机关同意后,方可组织编制修改方案;

(4) 修改后应当按法定程序审查报批,报批材料中应当附具规划地段内利害关系人意见及处理结果。

同时,如果控制性详细规划修改涉及城市总体规划、镇总体规划强制性内容时,应当先修改总体规划。

13.4.4 控制性详细规划的发展动向与趋势

回顾控制性详细规划引入我国城市规划体系 20 余年的过程,可以发现,围绕对控制性详细规划认识的转变、技术手段的改进以及在规划体系中所起作用的争论从来就没有停止过。控制性详细规划逐渐从初期始于对规划技术手段的探索逐渐转向体现政府政策、公众利益,承载利益博弈平台的方向转变,最终超越了规划技术所能解决问题的领域和范畴。这种变化主要体现在规划管理裁量权以及规划技术改进两大方面。

1. 围绕控制性详细规划行政裁量权的博弈

虽然迄今为止控制性详细规划在我国的规划体系中并未获得核心地位,但由于其在规划管理实践中实际上扮演了开发建设项目能否实施以及按照什么样的条件实施的裁定者角色,所以,矛盾的焦点从一开始就聚焦在规划内容的确定以及确定后的更改上。1989 年《城市规划法》规定,控制性详细规划由城市人民政府或城市规划行政主管部门审批。较之城市总体规划须经同级人民代表大会或其常务委员会审查同意,由上级政府审批,控制性详细规划仅需获得本级政府本身的批准即可,对规划调整或修改也没有明确规定。在房地产开发市场强大的利益推动下,控制性详细规划在编制阶段向利益集团妥协,在实施阶段频繁调整远非个别现象。在规划实践中,这种大面积、频繁调整控制性详细规划内容,尤其是容积率等直接关系到开发利益指标的现象逐渐被冠以"动态调整""动态维护"等名称出现在各类地方性法规、规章和技术规范中,形成了城市规划管理中事实上的行政裁量权。这种现象一方面说明以控制性详细规划为代表的城市规划已经成为城市开发利益博弈的平台,另一方面也暴露出城市规划体系应对能力的不足、行政权力的自我扩张甚至是权力寻租等本质问题。

对于造成控制性详细规划被频繁调整的原因,规划界也有不同的认识。通常社会经济的快速发展导致城市未来空间发展的不确定性以及由此而产生的规划"过时"现象是可以被普遍接受的原因。除此之外,国有土地资产保值增值、土地的高效集约化利用、促进国有企业改革与旧城改造等也会被用作调整控制性详细规划的客观原因[①]。但不可否认的是,对个体利益、集团利益、局部利益的追求才是导致规划屡屡被修改的根本原因。控制性详细规划的频繁修改给城市规划管理带来了极大的危害。首先,城市规划的严肃性和稳定性受到伤害,进而危及城市规划的权威性和政府的公信力。作为代表公共利益,维护城市发展秩序,体现现代社会运行"游戏规则"的城市规划,实现其公平、公正的意义和重要性要远大于其中的技术合理性与对个别事件的应对处理。其次,从技术层面上来看,土地利用性质和强度的频繁大幅度调整会导致城市基础设施以及公共服务设施负担的重大变化,从而导致用地与设施之间不平衡和不匹配的状况。

面对这一状况,中央政府从立法层面作出了回应。首先,2003 年颁布的《行政许可法》确立了行政许可行为必须遵循的"透明公开,程序法定"的原则。2007 年《城乡规划法》以及后续的《城市、镇控制性详细规划编制审批办法》对控制性详细规划的修改作出了严格、具体的规定,以杜绝城市规划实践中频繁随意修改控制性详细规划的现象。应该说这一系列法律法规对约束城市规划管理中的行政裁量权,抑制城市规划实施过程中的违法违规现象起到了积极、明显的作用。但是,此后控制性详细规划编制审批过程中的某些现象也说明了围绕规划行政裁量权的博弈远没有结束。在控制性详细规划修改程序变得严格之后,其编制出现了"粗化"的倾向,即一部分控制性详细规划的内容在空间尺度上不再落实至"地块"层面,而出现了所谓"片区""街坊"层面的内容;在控制指标上出现了以规划控制通则替代地块指标,将强度控制指标"留足余地",甚至是各项控制指标"留白"的做法。更有甚者,有些地方出现了控制性详细规划"编而不批,参考执行",或以国有土地出让合同中的"规划条件"取代控制性详细规划的做法。

上述状况说明控制性详细规划在城市建设及规划管理中起到了越来越重要的作用,逐渐成为了利益博弈的焦点而受到各方关注。同时也要求控制性详细规划必须在规划技术上平衡规划的"刚性"和"弹性";在规划管理中界定行政裁量权的范围,使控制性详细规划真正成为维护公共利益、实现公平竞争、防止腐败的有效工具。

2. 控制性详细规划技术手段的演变

控制性详细规划作为一种城市规划技术在 20 世纪 80 年代被引入我国,以应对我国逐步建立的市场经济体制下城市建设管理问题。与作为该类规划技术源头的北美地区、我国的台湾及香港地区相比较,更多保留了同为详细规划的修建性详细规划中,有关道路交通设施、城市基础设施规划等工程技术性内容。但随着我国市场经济体制的

---

① 参见:参考文献[11]。

不断完善和深化,控制性详细规划在对土地利用实施管控,以协调城市开发中各方利益方面的作用逐渐显现。在土地所有制以及行政管理体制尚未发生根本性改变的背景下,针对控制性详细规划技术手段的讨论与尝试层出不穷,成为了研究和"创新"的重点。其中,有关控制性详细规划编制组织方式的变化,以及地理信息系统等计算机技术和信息技术的应用成为控制性详细规划技术手段演进的突出代表。

(1) 规划控制单元

与侧重城市整体开发管理公平性和一致性,采用类型化管理与控制的"区划"技术不同,控制性详细规划继承了我国城市规划体系中,根据城市开发的需要分片编制详细规划的传统,从一开始就采用了分片编制的技术思路。同时各个时期的相关法律法规也无一对控制性详细规划的编制义务,即是否覆盖总体规划中全部城市建设用地做出明确的规定。但由于快速城市化过程中的城市规划实践面临着遍布整个城市的开发压力,因此,在技术力量和经费等条件允许的前提下,地方政府往往倾向于在城市总体规划所确定城市建设用地范围内全部编制控制性详细规划,即形成所谓的"全覆盖"。

这种全覆盖式的控制性详细规划编制方式在小城市尚无大碍,但对于北京、上海、广州等中心城面积数百甚至上千平方千米的面积来说,分片编制的技术手段与所要覆盖的空间范围之间形成了巨大的落差[①]。因此,除分区规划外,"控制性编制单元"(上海)、"规划管理单元"(广州)等概念出现,《城市、镇控制性详细规划编制审批办法》将这些概念统称为"规划控制单元"。每个规划控制单元的面积通常为 $3 \sim 5 km^2$,根据城市空间结构、规划管理要求、行政边界、社区边界等确定边界,在城市总体规划确定的建设用地中形成无缝、连续、不重叠的单元划分。规划控制单元规划作为介于城市总体规划与控制性详细规划的规划载体,将总体规划的规划意图、人口及建设容量、公共服务设施配套要求等分解至各个单元,作为以单元为单位编制控制性详细规划时的上位规划依据。

(2) "一张图"管理平台

城市规划管理工作是一个将各种相关法规、规划、政策及标准落实至城市空间上的过程。以地理信息系统(GIS)为代表的计算机信息技术的快速发展,为这些相关信息的采集、储存、管理、查询及维护提供了便捷条件。控制性详细规划承载了规划管理中所需要的主要信息,通常理所当然地成为城市规划管理的基础,加之其他相关规划及政策之后,可以在同一个空间上显示规划管理所需要的所有信息,使规划管理工作的效率大大提高,出现错误的概率大幅度降低。武汉、广州等城市所建立的"一张图"管理平台就是较早开展这种应用的实例[②]。

13.4.5　控制性详细规划的局限性

自 1991 年首次出现在官方文件以来,控制性详细规划在我国的快速城市化背景下

[①] 中心城控规所覆盖的空间范围:北京 $1088 km^2$ (2006 年),上海 $660 km^2$ (2008 年),广州 $716 km^2$ (2005 年)。

[②] 例如,"武汉市城乡规划管理用图"以法定规划为主干,结合交通规划、历史文化名城保护规划、城市设计、地下空间规划、基础研究和地方技术标准,形成规划行政许可的法定依据。

的城市建设中发挥了不可替代的重要作用,对市场经济环境下城市规划管理理念的转变与技术手段的应用进行了有益的探索,为具有中国特色的城市规划管理体系的初步形成作出了不可磨灭的贡献。但另一方面,我们也应该清醒地认识到限于我国城市发展与社会体制变革阶段的制约,整个社会乃至规划界对控制性详细规划的认识存在着较大的差别,甚至是先天不足。控制性详细规划在实践中也暴露出其局限性以及某些亟待解决的问题,主要体现在:

(1) 较弱的法律地位和法律效力

虽然《城乡规划法》首次将控制性详细规划列入了我国的法定规划体系,赋予了相应的法律地位,但其法律地位和法律效力仍待加强。首先,控制性详细规划的编制主体和审批主体为同级政府内的职能部门和政府本身,法定过程中缺乏有效的外部监督和对公众意愿的充分反映,影响了规划的法律效力[①];其次,在现行的控制性详细规划的编制、审批及实施的环节中缺乏对行政裁量权的有效约束,规划实施成为了行政管理部门对开发者的单方面约束,增加了城市开发的不确定性和市场风险,甚至成为滋生腐败的温床;再次,即使在《城乡规划法》颁布之后,由于缺少对违法违规行为的处罚措施,“编而不批”、以未获批准的规划作为审批依据、规划条件取代控制性详细规划指标等违法违规现象依然存在。

(2) 未能突出控制性详细规划的核心作用

在我国现行城市规划体系中,控制性详细规划主要被看作是一个介于城市总体规划与修建性详细规划和建筑设计之间的带有某种过渡性质的规划层次,主要扮演着承上启下的角色,负责将城市总体规划所确立的规划目标分解至各个片区、街坊乃至地块。在自上而下的规划体系中,这一定位有其技术上的合理性。但另一方面,从城市规划法制化的角度来看,控制性详细规划应该成为判断城市中所有开发建设活动能否成立的唯一依据,是城市规划管理的核心,应该赋予其更高的法律地位和更强的法律效力,在城市规划体系中起到核心作用。

由于这种认识上的偏差,虽然规划实践中许多城市的中心城区等主要建设地区已实现控制性详细规划编制的“全覆盖”,但迄今为止的相关法律法规中仍缺少控制性详细规划的编制义务,即要求“全覆盖”的相关规定。通常,城市规划的严肃性和权威性依赖城市规划编制与管理的“全覆盖”,实现“无规划,不开发”;另一方面,城市规划管理与控制的公平性也主要通过规划范围的“全覆盖”,至少是所有开发建设依据同一类型的规划来达到的。因此,控制性详细规划的“全覆盖”不仅仅是一个规划技术问题,更重要的是对城市规划严肃性、权威性以及公平、公正与合理的具体体现。

(3) 仍包含大量工程技术内容

虽然与之前的法规相比,《城市、镇控制性详细规划编制审批办法》更多地强调了控

---

① 在控制性详细规划的法定过程中,缺少经人民代表大会或其常务委员会审议的环节,因此缺少成为地方性法规的必要条件。但另一方面,县人民政府所在地镇以外镇的控制性详细规划由上级政府审批。同时,《城市、镇控制性详细规划编制审批办法》也规定了法定程序中征求专家及公众意见的环节。

制性详细规划对土地利用的管控职能，不再强调其中的工程技术内容，但由于对之前相关法规存废的不明确，规划实践中的控制性详细规划依然保留了大量道路交通规划、基础设施规划、环保/环卫及防灾规划、竖向规划等与工程技术相关的内容。如果考虑到"四线"规划、地下空间利用规划等相关内容，控制性详细规划的内容更加趋于繁复，在一定程度上反而使对土地利用及空间形态实施管控这一核心目标有所淡化。

（4）控制性详细规划中存在技术性问题

此外，控制性详细规划中还存在一些技术性的问题，例如：用地种类划分的详细程度、用地兼容性的设置、地块划分的详细程度、公共设施规划的表达方法、规定性指标与指导性指标的设置、与建筑法规的配合等。此外，2005年《城市规划编制办法》一度将控制性详细规划中各地块的主要用途、建筑密度、建筑高度、容积率、绿地率、基础设施和公共服务设施配套规定列为"强制性内容"，但在随后颁布的《城市、镇控制性详细规划编制审批办法》中取消。这也反映出规划界对控制性详细规划的理解仍在不断变化中的事实。

综上所述，控制性详细规划是我国现行城市规划体系中最晚出现的一种规划类型，在城市规划与管理的实践中发挥着重要的作用，但也存在着某些局限性以及许多问题需要进一步的研究和改善。具体而言，控制性详细规划的改革有三大方向。一是法制化。控制性详细规划应该成为达成社会普遍认同和共识的机制与手段，如经过立法程序的法律条文化、公众参与、诉讼机制等。二是核心化。基于控制性详细规划作为协调社会利益矛盾与冲突工具的本质，应在未来的城市规划体系中扮演更为核心的角色。三是聚焦首要职能。控制性详细规划的内容应突出其对土地利用和空间形态管控的核心作用，相应弱化其他的工程技术性内容。

13.4.6　法定图则及其内容、地位和意义

1. 法定图则的背景

深圳市是我国改革开放的最前沿。市场经济的运行规律与传统计划经济体制之间的矛盾也最先在深圳等地区暴露出来。反映在城市规划领域，1987年开始的土地使用制度改革、1989年住房制度的改革以及城市开发建设投资主体的多元化，对城市规划的基本思想、规划体系以及编制方法均带来了前所未有的冲击。从现实出发，深圳市从20世纪80年代末就开始着手城市规划体系及编制办法的改革尝试，基于对市场经济的初步认识和对香港城市规划经验的借鉴，提出了由城市总体规划、次区域规划、分区规划、法定图则及详细蓝图所构成的"三层次五阶段"的城市规划体系，并体现在1989年颁布的《深圳市城市规划标准与准则（试行稿）》中。[①] 法定图则成为城市规划与城市建

---

① "三层次五阶段"，指全市性层次、策略性层次（主要对应城市总体规划阶段）、区域性层次（包括次区域规划和分区规划）以及地方性层次（包括法定图则和详细蓝图）。有关深圳城市规划发展概况，参见：深圳市规划国土局.寻求快速而平衡的发展，深圳城市规划二十年的演进.世界建筑导报，深圳城市规划与建设专集，1999(68)。

设管理的核心内容与手段。虽然由于当时的特定原因,法定图则并没有取代控制性详细规划而被大量付诸实践,但这种探索给城市规划的观念带来了全新的思考,并为城市规划体系的改革做好了技术储备。

　　在随后的实践中,随着土地开发投机、开发建设的失控和生态环境破坏等问题的大量出现,控制性详细规划中所存在的公平性欠缺、以土地批租为导向等问题越来越明显地暴露出来。1998 年经深圳市第二届人民代表大会常务委员会审议通过,《深圳市城市规划条例》正式颁布①。根据该条例的规定,法定图则以地方立法的形式正式成为深圳市城市规划依法行政的重要依据。这标志着深圳市以法定图则为核心的城市规划法制化建设进入了一个新的阶段。随后,深圳市城市规划委员会于 1999 年颁布《深圳市法定图则编制技术规定》,使法定图则的编制工作进一步走上了规范化的道路②。

2. 法定图则的内容

　　根据《深圳市城市规划条例》的规定,法定图则由市规划主管部门根据全市总体规划、次区域规划和分区规划的要求组织编制;由城市规划委员会在公开展示征询公众意见后审批。

　　2014 年颁布的《深圳市法定图则编制技术指引(试行稿)》规定,法定图则的成果由法定文件和技术文件两部分构成。"法定文件是指经法定程序批准具有法律效力的规划文件,是城市规划管理的法定依据,包括文本和图表,二者不可分割";"技术文件是制定法定文件的基础和技术支撑,是规划主管部门执行法定图则的内部操作性及参考性文件,为下层次规划的编制、审批,以及建设项目规划管理提供指导。技术性文件包括:现状调研报告、规划研究报告、技术图纸、专题研究报告以及过程审查报告"。

　　作为法定文件的文本和图表中所包含的主要内容如下:

　　(1) 文本的内容

　　"文本是指法定图则中经法定程序批准的具有法律效力的规划控制条文及说明。是表达图则片区规划意图、目标及各类要素的控制规定或说明",主要包括:

　　① 总则　包括适用范围、成果构成、法律效力、主要依据、解释权归属、生效日期等;

　　② 发展目标　片区发展目标及功能定位;

　　③ 产业发展　片区产业发展方向及空间布局;

　　④ 用地布局与土地利用　包括片区空间结构、功能分区及用地布局、地块土地用途规定、单元划定及管理、土地混合使用规定、发展备用地规定;

　　⑤ 人口规模与开发强度　包括总人口规模、居住人口规模、就业人口规模、旅游人口规模,除公共设施、交通设施、市政设施和安全设施以外的片区总建筑规模,地块开发强度规定、单元开发强度规定等;

---

①　2001 年 3 月 22 日深圳市第三届人民代表大会常务委员会第六次会议对《深圳市城市规划条例》进行了修改。

②　有关法定图则编制技术的最新动向是 2014 年 1 月 2 日由深圳市城市规划委员会法定图则委员会审议通过的《深圳市法定图则编制技术指引(试行稿)》。

⑥ 公共设施　包括主要公共设施、混合设置公共设施等各类公共设施的类别、名称、数量、布局及其他控制要求，有特殊影响公共设施的卫生、安全防护距离、范围和规划控制要求；

⑦ 综合交通　包括综合交通规划总体构思、公共交通体系、各类交通设施、道路系统控制要求，城市轨道线站位规划控制要求，慢行交通系统规划控制要求、城市客运枢纽等交通接驳规划及周边地块交通控制要求，有特殊影响交通设施的卫生、安全防护距离、范围和规划控制要求；

⑧ 市政工程　包括市政专业规划的总体构思，预测需求量，各类市政设施的类别、名称、数量、布局及其他控制要求，市政廊道的控制要求，对环境或安全有特殊影响的市政设施的卫生、安全防护距离、范围和规划控制要求，以及对防洪排涝系统规划、水污染控制规划、地冲击技术应用等的说明，再生水利用、雨水利用、可再生能源利用、固体废弃物资源化利用等绿色市政规划控制要求；

⑨ 城市设计　包括城市设计策略，空间组织构思及控制要点，公共空间布局、位置、类型、界面控制及系统连续性规划控制要求，街道、河流与沿线空间控制要求，慢性系统和环境规划控制要求，建筑控制要求，景观构成关系等；

⑩ 自然生态保护及绿地系统规划　包括一级水源保护区、自然保护区、风景名胜区、基本农田、各类公园、城市绿廊等生态资源的位置、面积和保护措施，绿地系统构成及主要公园、绿地、广场的数量、位置、面积，公园人均面积控制指标等；

⑪ "五线控制"；

⑫ 规划实施　包括重点建设项目的实施规定、单元开发指引；

⑬ 其他；

⑭ 附则。

(2) 图表内容

"图表是指法定图则中经法定程序批准具有法律效力的规划图及其附表"，要求在 1/1000～1/2000 的准确反映近期现状的地形图上，表达土地利用性质、规划布局、地块与单元划分以及其他控制内容，并以插图的方式表达图则所在区域位置、指北针、风向玫瑰图、比例尺及主要规划控制指标（图 13-9）。主要包括：

① 区域位置示意图。

② 地块控制　包括地块边界、编号、用地性质。

③ 单元控制　包括单元边界、编号，配套设施设置，轨道线位及道路红线，公共绿地及公共空间，空间廊道，高度分区，"五线"位置、范围界限，拟保护自然生态、文化遗产的位置，保护或控制范围线等。

④ 配套设施　对独立占地和非独立占地设施，分别采用实位（设施位置、范围不可变动）、虚位（设施边界、形状、位置可变动）、点位的方法进行控制。

⑤ 交通控制　包括轨道线位和站位、主要道路（主、次干路，支路和交叉口）的边界控制范围和名称、商业步行街的起始控制点位置。支路可虚位控制。

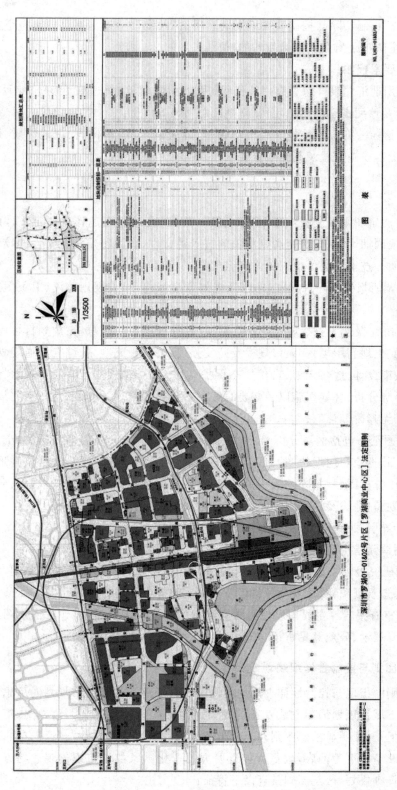

图 13-9　深圳市罗湖商业中心区法定图则

资料来源：深圳市规划和国土资源委员会（市海洋局）. 深圳市罗湖 01－01&02 号片区［罗湖商业中心区］法定图则

⑥ "五线"控制　除与控制性详细规划通用的"四线"外,还包括以划定城市重大危险设施的安全防护距离和范围为目的的"橙线"。

⑦ 其他要素控制。

⑧ 规划用地汇总表　包含有用地代码、用地性质、用地面积、单元编号、单元占地面积、各类用地及单元占建设用地比例、规划区总用地等信息。

⑨ 控制指标一览表　需包含有街坊编号、地块编号、用地代码、用地性质、用地面积、容积率、配套设施设置及其他规定要求。

⑩ 图例。

⑪ 备注。

《深圳市法定图则编制技术指引(试行稿)》规定,在编制上述作为法定文件的文本和图表之前或同期,编制与法定图则相关的技术性文件,作为制定法定文件的技术支撑和解释性说明。技术性文件由以下内容组成:

a. 现状调研报告　除现状外,还包括规划意愿综述、相关规划解读、上版图则规划实施评估等;

b. 规划研究报告　包括规划依据与原则、现状概况与问题分析、规划目标、产业发展、用地布局、土地利用规划、人口规模及开发强度、公共设施规划、综合交通规划、市政工程规划、城市设计、地名规划、自然生态保护及绿地系统规划、环境保护规划、综合防灾和减灾、经济分析、规划实施以及必要时编制的文化遗产保护规划、地下空间规划、环境影响评价、无障碍设计等;

c. 技术图纸　包括区域分析图、规划范围示意图、周边环境影响分析图、土地适用性评价分析图、土地利用现状图、市政工程现状图、土地权属现状图、建筑核查现状图、现状空间环境分析图、相关规划指引图、上版图则实施评估图、功能结构规划及分析图、土地利用规划图、地块及单元划分图、公共设施规划图、综合交通规划图、市政工程规划图、城市设计导引图、地名规划指引图、地下空间利用规划指引图、文化遗产保护规划图、规划控制单元指引图、规划实施指引图;

d. 专题研究报告　包括功能、产业、经济、交通、市政、城市设计、地下空间、环境影响评价、生态景观资源评价、安全评估以及规划实施等方面的专题研究报告;

e. 过程审查报告　主要用以说明图则编制的背景及主要过程,包括法定图则的委托、编制、公开展示、公众意见审议、修改和审批过程等。

3. 法定图则与控制性详细规划

法定图则的出现与控制性详细规划同属对计划经济下传统城市规划的反思与对市场经济条件下城市规划编制方法变革的探索。两者产生的时期也大致相同,规划表现形式相仿。但是,很明显法定图则在应对市场经下的城市开发建设与管理方面,较控制性详细规划改革得更为彻底,也更为接近西方工业化国家的城市规划观念与方法。相对于控制性详细规划,法定图则具有以下特征:

（1）法定图则本身具有法律效力

通过法定编制与审查程序确定的法定图则本身成为基于地方法规的法律性文件，法律地位明确，公开性强，并由此而获得了更强的法律效力。这主要表现在：首先，法定图则以《深圳市城市规划条例》作为其法律依据，其编制、审批、公布的过程本身实质上也是地方性规章制定的过程。其次，法定图则的审批主体是相对而言更能代表城市各阶层利益的城市规划委员会，而非政府或政府中的城市规划主管部门。再次，公众参与（包括为期 30 天的草案公开展示、书面意见、公众意见审议以及批准后图则的公布等）成为法定图则编制过程中的重要内容，而不仅仅是规划成果的展示；

（2）法定图则形成了城市开发利益博弈的平台

法定图则的三级审批制度（规划局技术委员会、法定图则委员会以及城市规划委员会）将城市开发者的利益与规划权威性、稳定性之间的矛盾和冲突暴露在一个更大的范围中，形成了城市开发利益博弈的实质性平台，给规划制定与修改过程中的暗箱操作及其背后的利益输送制造了远高于控制性详细规划的难度和成本。城市规划中利益博弈与矛盾冲突的暴露是迈向城市规划决策、管理公开、透明的起点。公开透明是城市规划实现公开、公正的前提条件，更是城市规划法制化、民主化的基石。

（3）法定图则突出了规划的控制作用

法定图则中采用了土地利用相容性的概念，在照顾到土地利用管理弹性的同时，充分强调了规划对土地利用的控制作用。此外，法定图则还考虑到对公共设施与市政设施的控制作用。一方面突出对设施空间的控制（如大型市政设施的用地，地下、地上空间）；另一方面对非独立占地的设施采用更为灵活的配建内容及规模控制（非用地规划）。这种规划控制方式实际上给开发建设甚至是建筑设计带来更大的自由度，在一定程度上实现了规划控制与建筑自由的平衡。

（4）法定图则简化了道路交通、市政工程规划的内容

法定图则对城市规划的控制作用还突出表现在简化了工程性规划的内容。有关道路交通、城市基础设施等工程性规划的内容，法定文件中仅对其用地、空间以及与外部联系等方面做出规定，具体内容被作为技术文件。这进一步突出了城市规划作为协调社会利益矛盾的职能，而将相对单纯的工程性规划设计作为其技术支撑。

（5）法定图则将土地权属作为明示内容

虽然在经过长期的争论后，法定图则仍将表达土地权属的内容作为技术文件，但是法定图则在实践中已经充分意识到城市规划与土地所有及经济利益的分配直接相关，意识到土地利用的权利与责任应紧密对应，意识到城市规划是规划当局与土地使用权所有者之间开展平等对话的基础。

必须指出的是，自法定图则 1998 年正式出现在深圳市的城市规划体系中至今已有近 20 年的时间，围绕法定图则的各种争议从未停止。受整个国家城市规划体系乃至社会经济体制大环境的影响，也出现了法定图则与控制性详细规划相互影响、互为借鉴的趋势。

4. 法定图则的意义

从上述与控制性详细规划的比较中可以看出，法定图则在构建市场经济体制下的

城市规划体系方面向前迈出了重要的一步。其在我国城市规划发展中的意义主要体现在以下三个方面。

（1）在制度上推进了城市规划的法制化

城市规划的法制化一直是我国城市规划所追求的目标。市场经济的初步建立，其中利益集团的形成以及社会民主意识的提高使得城市规划的法制化不再仅限于理论与思想上的探讨，而更多的是对规划技术与手段的现实追求。应该说：法定图则在我国现阶段政治体制与社会环境下，较好地解决了通过法制途径规划与管理城市建设的问题，使城市规划的法制化与民主化达到了一个新的境地。

（2）在技术上较为成功地将区划技术本土化

从某种意义上来说，我国的改革开放可以看作是一个学习国外优秀技术与经验的过程。城市规划由于其自身兼有社会科学及自然科学的特点，国家与地区间的相互借鉴通常需要一个相对困难的本土化过程。法定图则的规划技术运用及相关编制、审批、实施体系的构建较为成功地将国外成熟的土地利用规划控制技术与我国的现实状况结合在一起，并使规划技术在一定程度上发挥出其原有的作用。

（3）提供了实现开发利益博弈平台的现实路径

城市规划作为体现公共利益和协调利益分配机制的手段，一方面需要顺应市场经济发展的自身规律，另一方面又要保障公众利益。法定图则通过公开、分权、公众参与以及与土地使用权属的挂钩，为城市开发的利益博弈提供了一个相对公开和透明的平台。在宏观上，一方面为保障公共利益提供了法定依据和可靠的监督机制，另一方面也促进了市场中土地资源的公开、合理配置，进而促进了城市社会经济的发展；在微观上明确了土地使用权所有者的权利与义务，既保障了合法者的权益，又限制了土地投机活动的泛滥。法定图则还存在着这样或那样的不足和问题，但开始向着构建城市开发利益博弈平台的方向作出了努力。

13.5　修建性详细规划

13.5.1　修建性详细规划的作用

1. 修建性详细规划的渊源

在我国的城市规划体系中，修建性详细规划具有较长的历史。事实上，在1991年控制性详细规划正式出现之前，修建性详细规划就是详细规划的代名词。详细规划最早出现在1952年《中华人民共和国编制城市规划设计程序（初稿）》中，并一直为后来的规划体系所沿用。在控制性详细规划这一名词和概念出现后，传统的详细规划被冠以修建性详细规划的名称，以示区别。

在1991年之前的城市规划体系中，修建性详细规划与城市总体规划相对应，主要承担描绘城市局部地区具体开发建设蓝图的职责。城市重点项目或重点地区的建设规划、居住区规划、城市公共活动中心的建筑群规划、旧城改造规划等均可以看作是修建性详细规划。在控制性详细规划出现后，修建性详细规划的基本职责并未发生太大的变化，依然以描绘城市局部的建设蓝图为主。但相对于控制性详细规划侧重于对城市开发建设活动的管理与控制，修建性详细规划则侧重于具体开发建设项目的安排和直观表达，同时也受控制性详细规划的控制和指导。

2. 修建性详细规划的任务

1991 年颁布的《城市规划编制办法》第二十五条中要求："对于当前要进行建设的地区，应当编制修建性详细规划，用以指导各项建筑和工程设施的设计和施工。"[①]因此，修建性详细规划的根本任务是按照城市总体规划及控制性详细规划的指导、控制和要求，以城市中准备实施开发建设的待建地区为对象，对其中的各项物质要素（例如建筑物的用途、面积、体型、外观形象，各级道路、广场、公园绿化以及市政基础设施等）进行统一的空间布局（图 13-10）。编制修建性详细规划的依据主要来自于两个方面：一个是城市总体规划、控制性详细规划对该地区的规划要求及控制指标；另一个是来自开发项目自身的要求。修建性详细规划要综合考虑这两方面的要求，在不违反上级规划的前提下尽量满足开发项目的要求。

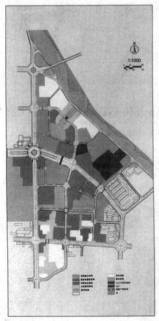

图 13-10　修建性详细规划实例（绵阳商城）

资料来源：中国城市规划设计研究院.中国城市规划设计研究院规划设计作品集[M].北京：中国建筑工业出版社,1999.

---

① 由于《城乡规划法》以及 2005 年颁布的《城市规划编制办法》中均未涉及修建性详细规划的任务，故此处仍然沿用已废止的原《城市规划编制办法》中的论述。

3. 修建性详细规划的特点

相对于控制性详细规划,修建性详细规划具有以下特点。

(1) 以具体、详细的建设项目为依据,计划性较强

修建性详细规划通常以具体、详细的开发建设项目策划及可行性研究为依据,按照拟定的各种功能的建筑物面积要求,将其落实至具体的城市空间中。

(2) 城市空间、形象与环境的形象表达

修建性详细规划一般采用模型、透视图等形象的表达手段将规划范围内的道路、广场、建筑物、绿地、小品等物质空间构成要素综合地体现出来,具有直观、形象、易懂的特点。

(3) 多元化的编制主体

与控制性详细规划代表政府意志,对城市土地利用与开发建设活动实施统一控制与管理不同,修建性详细规划本身并不具备法律效力,且其内容同样受到控制性详细规划的制约。因此,修建性详细规划的编制主体并不限于政府机构,根据开发建设项目主体的不同而异。例如,政府主导的旧城改造项目的修建性详细规划应由政府负责编制,但开发商进行的商品化住宅区开发的居住区规划就可以由开发商负责编制,当然其前提是在政府编制的控制性详细规划的控制之下,或由政府对规划进行审批。

13.5.2　修建性详细规划的编制与审批

1. 修建性详细规划的内容

按照《城市规划编制办法》的要求,修建性详细规划应当包括以下内容:

(1) 建设条件分析及综合技术经济论证;

(2) 建筑、道路和绿地等的空间布局和景观规划设计,布置总平面图;

(3) 对住宅、医院、学校和托幼等建筑进行日照分析;

(4) 根据交通影响分析,提出交通组织方案和设计;

(5) 市政工程管线规划设计和管线综合;

(6) 竖向规划设计;

(7) 估算工程量、拆迁量和总造价,分析投资效益。

2. 修建性详细规划的编制程序

修建性详细规划的编制通常分为以下几个阶段。

(1) 基础资料收集

修建性详细规划需要收集的基础资料与控制性详细规划大致相同,但同时应增加控制性详细规划等规划对本规划地段的要求、工程地质、水文地质等资料以及有关各类建设工程造价的资料等。

(2) 方案构思比较

由于修建性详细规划涉及更具体的建筑物形体、外观、空间组合以及规划范围内的

城市外部空间环境的设计,即使在项目确定、规划要求明确的前提下,也会出现从不同角度、不同着眼点进行的规划设计构思。因此,修建性详细规划在方案编制的初期阶段,多采用多方案比较的方式,探讨不同的可能性。实践中还可以采用规划设计竞赛、招标等形式,邀请不同的设计单位或设计者,博采众长,优化方案。

（3）规划设计成果制作

在选定方案后,通常将修建性详细规划制作成符合要求的直观的规划设计成果,以便报审。

3. 修建性详细规划的成果

修建性详细规划的成果一般由规划说明书和图纸两大部分组成。其中应包含的主要条目、内容、图纸比例等详见表 13-11。

表 13-11　修建性详细规划成果一览表

规划说明书	规划图纸	图纸比例
现状条件分析	规划地段位置图 规划地段现状图（地形地貌、道路、绿化、工程管线及各类用地和建筑的范围、性质、层数、质量等）	1/500～1/2000
规划原则和总体构思 用地布局	规划总平面图（地形地貌、规划道路、绿化布置及各类用地的范围和建筑的轮廓线、用途、层数等）	同上
空间组织和景观特色要求	绿化景观规划图（植物配置、景点名称）	同上
道路和绿地系统规划	道路交通规划图（道路控制点坐标,道路断面,交通设施）	同上
各项专业工程规划及管网综合	市政设施规划图（市政设施的走向、容量、位置,相关设施和用地）	同上
竖向规划	竖向规划图	同上
主要技术经济指标（总用地面积,总建筑面积,住宅建筑总面积,平均层数,容积率,建筑密度,住宅建筑容积率,建筑密度,绿地率等）		
工程量及投资估算		
	透视图、鸟瞰图或模型、动画等	

资料来源：根据《城市规划编制办法》及《城市规划编制办法实施细则》,作者编绘

4. 修建性详细规划的审批

《城乡规划法》以及现行《城市规划编制办法》均未对修建性详细规划的审批主体作出明确的规定。但在规划实践中,仍然延续了由城市人民政府审批的惯例。由于修建性详细规划是依据控制性详细规划以及政府城乡规划主管部门提出的规划条件编制

的，可以将其审批环节视作与建筑物等其他开发建设项目的审批相同。

5. 修建性详细规划与城市设计

虽然我国现行《城市规划法》并未涉及有关城市设计的内容，但在城市规划实践中，详细规划阶段的城市设计有时伴随着控制性详细规划的编制或单独开展。由于详细规划阶段的城市设计与修建性详细规划同为对规划范围中未来物质空间形态做出的安排，所以在规划设计的对象、内容、方法、成果表达方式等方面存在着一定程度的相似之处，但同时又各有所侧重。

一般认为，修建性详细规划更加侧重于建设项目的具实性与经济技术上的可行性，即以落实明确、具体的开发项目为主要目的，其所描绘的是一幅准备在相对较短时期内实施的建设蓝图；而详细规划阶段的城市设计则侧重于描绘城市空间布局与城市风貌景观的某种理想状态，通常不伴随明确的项目可行性分析和实现期限，因而在某种程度上带有控制与引导该地区城市建设的性质。

13.6　中国城市规划体系发展展望

13.6.1　现行城市规划体系中的问题

我国的城市规划体系经过了 60 多年的发展和不断完善，目前已初步形成了一个相对完整和稳定的结构，但在城市规划的实践过程中也暴露出诸多问题，亟待解决。与此同时，各地方政府针对城市规划与建设中所暴露出的问题也进行了包括城市规划体系构建、城市规划编制思路与方法改革在内的多方位探索，并取得了初步成效。

我国现行城市规划体系中所存在的问题与我国城市发展所面临的宏观形势密切相关，主要表现在以下两个方面。

1. 经济体制的转型

我国改革开放后社会经济发生的最大变化，当推经济体制由计划经济转向市场经济。近 40 年的改革开放将社会所蕴藏的生产潜力逐步释放出来。社会运行机制发生了根本性的变化，突出地表现在两个方面。首先，政府职能发生了、正在发生或即将发生重大变化。政府所主导的经济计划职能下降，经济发展统计、预测、协调、监管职能上升；政府的生产组织职能下降，有关城市建设、服务、监控的职能上升。换言之，政府的主要职能不再是具体生产的组织者，而是保障城市社会正常运转的服务者和监督者。这一点从西方市场经济国家政府机构的构成中很容易看出。作为城市政府两大职能的服务性职能，例如，城市基础设施建设、公益性设施建设，以及强制性职能，例如，警察、市容监察、建设管理均与城市规划与建设密切相关。因此，未来城市政府中，有关城市规划、建设和运营管理的职能将日趋增强，重要性提高。伴随政府职能转变的是城市建设投资主体的多元化趋势，这意味着城市规划的对象不仅包括政府主导的城市建设（例如城市基础设施),也包括大量的民间资本主导的开发建设。由于民间资本主导的城市开发建设活动主要受市场因素的左右,城市规划对象中出现了大量的不确定因素。

其次,经济发展所带来的负面影响逐渐显现。其中包括:环境污染、生态系统遭到破坏、大量资源(包括土地等不可再生的资源)的不合理使用甚至是浪费等源自环境领域的负面影响,以及失业、贫富差别、道德沦丧、犯罪等来自社会层面的负面影响。虽然这些问题并不一定是发展市场经济的必然副产物,也不是城市中所独有的现象,但是快速的经济运行过程、不受约束的利润追求以及高度集约的城市社会,使得这些问题和矛盾集中、突出地暴露出来。

此外,我国加入世界贸易组织(WTO),使得市场的边界突破了国界的限制。全球贸易中的产品竞争在事实上演变成资源、人才以及制度的竞争。

2. 快速城市化时期

我国的城镇化水平在 2014 年逼近 55%。按照美国城市地理学家诺瑟姆对城市化一般规律的分析,当一个国家或地区的城市化水平在 30%~70% 时,则该地区处于城市化的加速阶段。我国近年城镇人口的增长事实,也基本上验证了这一规律。虽然近期出现了城市化速度放缓的趋势,但考虑到与发达国家城市化水平的差距以及我国城市化水平中的"虚高"现象,在未来较长时期内,城市化进程仍将持续。快速的城市化在为我国的发展带来了千载难逢的机遇的同时,也使得城市规划与建设工作充满挑战。这主要表现在两个方面:首先,作为后发的城市化国家,城市化的过程和周期有可能被大大压缩,城市化不同阶段的问题会同时交织出现,给解决这些问题增加了难度;其次,在城市化过程中,以城市建设用地快速扩张为特征的外延型发展对城市规划的编制与规划管理提出了非常紧迫的需求。也就是说,要求城市规划需要面对和解决的问题多而且复杂,而留给为解决这些问题进行分析、研究与思考的时间则相对短暂。

此外,宪法及《物权法》对私有财产的承认和保护,社会的多元化、法制化与民主化的趋势均使得城市规划所面对的宏观环境发生了较大的变化。

传统的城市规划无论是从理念上还是从技术上都无法满足社会经济发展的需求,并表现出相对滞后的态势,必须进行改革。从城市规划技术角度来看,我国现行城市规划体系中所暴露出的问题和缺陷可以用"总规不总,控规不控"来概括,即城市总体规划未能发挥其宏观战略性规划的职能,而往往陷入对具体问题的纠缠和处理;详细规划(主要指控制性详细规划)缺少必要的法律地位和权威性,起不到对城市建设活动实施控制和管理的作用。其中,城市总体规划的问题主要体现在以下三个方面。[①]

(1) 规划覆盖范围过大

城市总体规划覆盖范围过大的问题体现在空间范围与时间跨度两个方面。首先,按照现行城市规划编制要求,城市总体规划在空间范围上涉及两个不同的层次,即更接

---

① 有关我国现行城市总体规划中所存在的问题及其对策,参见:谭纵波. 从西方城市规划的二元结构看总体规划的职能[M]//中国城市规划学会. 2004 城市规划年会论文集. 北京:2004.

近于区域规划的市(县)域城镇体系规划和作为核心内容的中心城规划(城市规划区内的规划)。其次,现行城市总体规划的时间跨度包含了作为规划目标的远期规划(20年)、带有展望性质的远景规划(20年之后)以及带有年度实施计划色彩的近期建设规划(5年),跨越20年甚至更长的时间,不但缺乏相应社会经济发展规划的支持,而且包含了不同性质的规划内容。

(2)规划的重点不突出

除上述空间范围与时间跨度过大等问题外,现行城市总体规划的内容还包含了大量社会经济发展规划、区域规划、工程设计、建设实施计划等从宏观到微观的大量内容。在很多时候,由于相关计划、规划以及基础资料的缺失而使得规划编制工作困难重重,同时也在一定程度上导致规划工作精力分散、规划成果重点不突出。相反,现行规划对于市场经济环境下应由政府所承担的城市建设内容与对市场化商业开发活动的控制,没有明确地区分对待。此外,实践中还出现了某些片面理解规划编制办法中有关规划图纸、文本内容的要求,过分追求图纸、文本的详尽程度(即所谓深度),导致规划编制"八股"化的倾向。事实上,由于每个具体城市其现状发展水平不同、城市性质不同以及需要解决的主要问题不同等因素,规划内容应有所侧重,有所取舍,有所突出,而不是平均用力。

(3)对规划职能的认识存在误区

城市总体规划的根本职能,是对特定范围中物质空间形态的未来发展趋势作出宏观的战略性描绘。虽然城市总体规划强调其综合性,但对规划前提与背景的分析以及对其他规划或研究成果的借用不等于规划职能本身,更不等于可以越俎代庖、取而代之。例如,城市总体规划涉及社会经济发展目标并不等于需要独自进行全面预测;涉及区域分析,或用区域的观点来看待和分析一个城市,也不等于取代区域规划。因此,城市总体规划的职能范围应以物质空间形态为主,以规划区所涉及的空间范围为主,以城市发展的中长期战略性方针政策为主。

此外,彻底改变政府各部门各行其是,分别编制体现部门主张规划的现状,使城市总体规划真正走向综合性战略规划,实现"N规合一"也是城市总体规划未来改革的主要方向。

相对于城市总体规划,详细规划中的问题则主要集中在控制性详细规划法律地位及法律效力较弱,不能够很好地对城市中的大量开发建设实施有效控制方面[①]。深圳市所采用的以地方政府立法的形式赋予法定图则相应地位的做法是解决这一问题的有益尝试。

总之,在城市与城市规划的发展过程中,问题的出现与存在并不可怕,任何事物的发展均伴随着问题与矛盾。只要我们不回避矛盾,准确及时地发现问题,把握问题与矛盾的实质,伴随城市化的进程健全与完善我国的城市规划体系,也就不是什么遥不可及的事情了。面对市场经济环境,快速城市化,社会民主化、法制化等新的形势,城市规划

---

① 参见13.4.5节"控制性详细规划的局限性"。

应该顺应时代的变化,构建并完善其理论框架和技术手段,担负起历史的责任。

13.6.2　对我国城市规划体系的展望

虽然我国已初步建立起较为完整的城市规划体系,但随着经济体制的转轨与社会变革,城市规划体系仍需要改革和完善,以应对实践中所遇到的问题。事实上,城市规划作为一项社会管理的应用技术,在实践中往往表现出相对社会发展与变革的滞后性。这就要求我们必须有意识地对未来的社会发展方向作出科学的判断,并在城市规划与管理领域做好技术储备,以改变城市规划相对滞后的状况。

对于城市规划体系的发展趋势是一个见仁见智的问题,在此,仅表述作者个人基于相关分析研究的观点。对于构建我国城市规划体系的问题,可以从技术体系构建与社会定位两个层面进行思考。前者主要涉及城市规划适用技术问题,即什么样的城市规划技术以及由这些技术所组成的规划体系较为适合当前我国城市发展与建设的实际情况;后者则是构建城市规划体系的根本目标与城市规划在现代社会中应起到的作用的问题。现分述如下:

1. 建立以土地利用规划为核心的二元规划结构

从西方工业化国家近现代城市规划的发展历程来看,虽然最终所形成的规划体系各不相同,但围绕土地利用控制所形成的二元化城市规划结构体系却是相通的。所谓二元化城市规划结构体系是指:作为宏观层次的城市总体规划与作为微观层次的详细规划所构成的具有明确职能分工与特征的规划体系。前者侧重于城市整体发展战略,覆盖较大的空间范围,具有较长的规划期限,但不作为判断具体开发建设活动成立与否的依据,因此具有较超脱的地位和规划内容的相对稳定性。而后者主要针对市场经济环境下非特定偶发的具体开发建设活动作出成立与否的判断,涉及利益仲裁,以地块等较小空间范围为对象(并非指规划覆盖范围较小,而是指规划内容及其详细程度以城市中的局部为对象)。其内容的确定和修改需要经过较为严格的法定程序。在这种二元化规划结构体系中,城市规划各层次的职能分工较为明晰,城市规划管理中行政裁量的依据和内容更为透明和具体,形成了不同层次规划各具目的、各司其职的状况。

我国目前所采用的"城市总体规划——详细规划(包括控制性详细规划和修建性详细规划)"的规划技术体系虽然在形式上已经构成了二元化规划结构体系,但从计划经济时期延续而来,并适应当前社会体制及管理架构的自上而下的规划方式与西方发达国家有着本质的区别;同时,在规划实践中也存在着对各阶段规划作用与职能的认识含混、相关政策不配套等规划职能无法得到落实的问题。[①]

在以市场经济与民主法治为代表的社会经济背景下,第二次世界大战后,西方工业化国家都先后建立起以土地利用规划控制为核心的二元化城市规划体系。但在不同的国家与地区中,这种二元化规划体系又表现为不同的规划技术体系(表 13-12)。其中具有代表性的有:

---

① 参见 13.6.1 节"现行城市规划体系中的问题",及第 464 页注①中的文献。

表 13-12　西方工业化国家城市规划技术体系略表

国别	英　国	美　国	德　国	法　国	日　本
城市规划法律依据	1990 年《城乡规划法》(Town and Country Planning Act 1990) 2004 年《规划与强制收购法》(Planning and Compulsory Purchase Act 2004) 2008 年规划法(Planning Act 2008)	1928 年《标准城市规划授权法》(The Standard City Planning Enabling Act of 1928) 1924 年《标准州区划授权法》(Standard State Zoning Enabling Act 1924)等	1997 年《建筑法典》(Baugesetzbuch 1997) 1990 年《建筑利用命令》(Baunutzungsverordnung 1990)等	《城市规划法典》(Code de l'Urbanisme,2012 年 8 月 26 日最新修订)	1968 年《城市规划法》(都市計画法,2015 年最新修订) 1950 年《建筑基准法》(建築基準法,2015 年最新修订)等
体系类型	总体规划——开发许可类	总体规划——核对许可类	总体规划——详细规划类	总体规划——核对许可类	总体规划——核对许可类
宏观层次城市规划	开发规划(development plan): 地方规划(local plan) 社区规划(neighborhood plan,可选)	城市总体(综合)规划(comprehensive plan(master plan,general plan))	土地利用规划(flächennutzungsplan)	国土协调纲要(schéma de cohérence territoriale, SCOT) 空间规划指令(针对特殊战略地区)(directives territoriales d'aménagement, DTA)	建设、开发及保护方针 城市规划区总体规划(都市計画区域マスタープラン) 市町村总体规划(市町村マスタープラン)
微观层次城市规划	规划许可(planning permission) 用途分类令(use classes order, UCO) 开发许可通则令(general permitted development order, GPDO) 特别开发令(special development order, SDO) 地方开发令(local development order, LDO)	区划控制(zoning regulations) 土地细分控制(subdivision control) 官图(official map) 契约(covenant)	详细规划(bebauungsplan)	市镇层面(约束性规划): 地方城市规划(大型市镇)(plan local d'urbanisme, PLU) 市镇地图(小型市镇)(carte communale,CC) 城市规划国家规定(没有能力编制规划的更小型市镇)(règlement national d'urbanisme, RNU) 街区层面(修建性规划): 保护与利用规划(法定的历史街区)(plan de saugegardé et de mise en valeur, PSMV) 协议开发区规划(plan d'aménagement concerté, PAC)	约束性规划: 城市化区及城市化控制区、开发许可(市街化区域ねよび市街化调整区域、開発許可) 地域地区、地区规划(地域地区、地区計画) 修建性规划: 城市再开发、土地区划整理等各种开发规划(市街地再開發事業、土區画整理事業等各種事業計画)
其他城市规划技术	设计指南(design guide) 景观评价(landscape assessment) 可支付住宅(affordable housing) 规划概要(planning brief)	城市设计(urban design)	部门开发规划(STEP) 中间地区规划(BEP) 非正式规划及开发概要(städtebauliche rahmenplanung)	城市项目(projet urbain)	开发构想、城市设计等

　　资料来源:根据谭纵波.国外当代城市规划技术的借鉴与选择[J].国外城市规划,2001(59)修改完善;清华大学建筑学院刘健老师对此表内容亦有贡献。

（1）总体规划——开发许可类。例如：英国的开发规划（development plan）与规划许可制度（planning permission）。

（2）总体规划——核对许可类。例如：北美地区的总体规划（general plan，comprehensive plan，master plan）与区划制度（zoning）以及日本的总体规划与地域地区制等。

（3）总体规划——详细规划类。例如：德国的建设管理规划（bauleitpläne）中的土地利用规划（flächennutzungsplan）与建设规划（bebauungsplan）。

在现阶段，一方面，我国的城市规划技术尚处在逐步完善的阶段，城市规划技术力量也尚未充分强大；另一方面，伴随着快速城市化过程，在未来一段时期内，城市规划对伴随城市规模扩大而产生的开发建设活动进行规划和控制，抑或对已建成城市空间的更新改造活动进行规划和控制，仍是其主要任务之一。市场经济环境使大量非政府主导的开发活动趋于事先难以预测的偶发状态。在不大量增加规划技术力量的前提下，如何对这种大范围内偶发的开发建设活动实施有效的控制，是城市规划体系需要解决的主要问题。在上述西方工业化国家所采用的城市规划体系中，以区划为核心，其范围涵盖整个市区的"总体规划——核对许可类"的规划体系最容易满足这种要求。在这种规划体系中，规划控制内容本身被法律条文化，城市规划主管部门的工作负担与责任较轻，但裁量权也受到一定程度的限制。采用这种规划体系可以较少的规划管理技术力量应对较大范围内大量的偶发建设活动，同时，由于行政裁量权的减小，对现阶段条件下腐败行为的产生也可以起到一定的抑制作用。但是，在总体规划——核对许可类的规划体系中，划一的控制指标所能够达到的仅仅是对城市环境的最低限度的保障，而很难追求更好的效果。

在此基础之上，对城市重点地区以及城市规划技术力量较强的城市则可以编制更为详尽、具体的详细规划（如德国的建设规划），或采用更为灵活的审批方式（如英国的开发许可制度），以追求更高的规划目标。

这种以区划技术解决大量的一般性开发建设，对城市规划区范围内的土地利用实施"全覆盖"式的面状规划控制，以详细规划或灵活的审批方式追求城市重点地区中更高规划目标的做法，可以兼顾城市整体与局部、一般开发活动与重点开发项目、发达地区与欠发达地区城市之间的差别，值得作为我国未来规划技术体系的推荐模式。

2. 实现城市规划的现代化

城市规划的根本目的就是要基于社会经济发展的现实，对城市未来的空间发展作出预测、引导和安排，因此城市规划的性质与内容必须与社会经济发展状况相吻合。对于正处于经济与社会体制转型以及快速城市化阶段的中国，现代化是一个带有根本性的长期目标，城市规划也不例外。

在第 2 章中我们曾经讨论过近代城市规划的三个立足点：①产权明确的多元建设主体；②公共干预下的市场机制；③城市规划科学和城市规划专业人员。从我国社会经济以及城市规划发展的现实状况来看,这三个立足点同样可以用来作为衡量城市规划现代化的标尺。由此,我们可以看到努力的目标和方向,具体有以下几点。

(1) 应对建设主体多元化的城市规划

虽然在城市中我国实行的是公有制下的土地国家所有,但改革开放以来,土地所有权与使用权的分离、以土地使用权出让为标志的土地使用价值的体现和流通,标志着我国的土地在公有制框架下,实现了有期限的土地产权专属化。2004 年召开的第十届全国人大二次会议审议通过的《宪法》修正案以及 2007 年颁布的《物权法》中更进一步明确了"公民的合法私有财产不受侵犯"等保护私有财产的精神。在这种前提下,以盈利为目的的商业性城市开发建设或对房地产的持有,已成为社会中的一种普遍现象和经济活动的重要组成部分。城市规划所面对的是一个多元的以利益诉求为根本目的的对象。能够有效应对这一局面的城市规划技术手段和管理体制的建立健全,无疑是城市规划走上现代化的重要步骤。

(2) 体现公共干预的城市规划

从市场化国家的经济发展过程中可以清楚地看到,市场经济环境下商业开发活动对利益的追逐,在总体上趋于利益集团内部的效率提高和利益最大化,但同时也往往危及其他利益集团的合理权益和社会整体的效率和效益。对此,市场化国家通常采用政府干预的手段,维持利益集团间竞争的相对公平和公正以及社会整体的利益不受侵犯。我国的《宪法》及《物权法》在确认"公民的合法的私有财产不受侵犯"的同时,也明确规定:"国家为了公共利益的需要,可以依照法律规定对公民的私有财产实行征收或者征用并给予补偿。"在保护私有财产,促进社会经济发展与保障公众利益与整体利益最大之间谋取平衡,是公共干预的根本目的,也是管理现代社会必不可少的手段。城市规划是在城市开发建设领域实施公共干预的重要工具。因此,城市规划中针对商业开发活动的控制管理内容与政府主导实施的城市基础设施建设内容同样重要。

(3) 科学、合理、公平、民主的城市规划

由于实施公共干预的城市规划被赋予了具有强制性的公权力,所以城市规划的制定与执行必须体现出科学、合理、公平与民主的精神。与建设型规划设计追求效率不同,管理、控制型的规划或规划内容必须把公平、公正放在首位。无论是编制规划的出发点、具体的规划内容,还是确定规划的程序都应当站在相对客观、公正的立场上,寻求大多数人的理解与赞同。只有这样的城市规划,才能被社会公众所接纳、认可和遵守。城市规划在体现公平、公正、民主精神的同时,还应该通过学科建设和专业人员的培养来提高自身的专业水平,在客观上力求科学与合理。

总之,城市规划的现代化是一个涉及市民切身利益,并伴随实践不断完善的过程,每一个规划师、建筑师、技术人员、行政领导以及普通市民都有责任为这一目标的达成贡献自己的聪明才智。

参考文献

[1] 全国人大常委会法制工作委员会经济法室,国务院法制办农业资源环保法制司,住房和城乡建设部城乡规划司、政策法规司. 中华人民共和国城乡规划法解说[M]. 北京：知识产权出版社,2008.

[2] 建设部规划司. 城市规划法律法规选编[M]. 北京：中国城市规划设计研究院学术情报中心,1992.

[3] 赵士绮. 城市规划管理[M]. 北京：中国建筑工业出版社,1989.

[4] 曹洪涛,储传亨. 当代中国的城市建设[M]. 北京：中国社会科学出版社,1990.

[5] 谭纵波. 中国的城市开发与城市规划[R].日本国土厅大城市建设局,名古屋市. 基于国际比较的大城市问题研究报告书(日文版).1994:187-229.

[6] 中国城市规划学会. 五十年回眸——新中国的城市规划[M]. 北京：商务印书馆,1999.

[7] 全国城市规划执业制度管理委员会. 城市规划原理[M].北京：中国建筑工业出版社,2000.

[8] 陈友华,赵民. 城市规划概论[M]. 上海：上海科学技术文献出版社,2000.

[9] 中国城市规划学会,全国市长培训中心. 城市规划读本[M]. 北京：中国建筑工业出版社,2002.

[10] 中国城市规划学会. 城市总体规划与分区规划[M]. 北京：中国建筑工业出版社,2003.

[11] 同济大学,天津大学,重庆大学,华南理工大学,华中科技大学. 控制性详细规划[M]. 北京：中国建筑工业出版社,2011.

[12] 中国城市规划设计研究院,建设部城乡规划司. 城市规划资料集(第一分册)总论[M]. 北京：中国建筑工业出版社,2003.

[13] 中国城市规划设计研究院,建设部城乡规划司. 城市规划资料集(第二分册)城镇体系规划与城市总体规划[M]. 北京：中国建筑工业出版社,2004.

[14] 中国城市规划设计研究院,建设部城乡规划司. 城市规划资料集(第四分册)控制性详细规划[M]. 中国建筑工业出版社,2002.

[15] 中国城市规划设计研究院学术信息中心调研室,"城市规划通讯"编辑部. 控制性详细规划法规选编[M](内部刊物).

[16] 王玮华. 控制性详细规划讲座. 中国城市规划设计研究院学术信息中心调研室、"城市规划通讯"编辑部(内部刊物).

[17] 清华大学建筑与城市研究所. 城市规划——理论·方法·实践[M]. 北京：地震出版社,1992.

[18] 董光器. 城市总体规划[M]. 南京：东南大学出版社,2003.

[19] 陈秉钊. 当代城市规划导论[M]. 北京：中国建筑工业出版社,2003.

后　记

　　自回母校任教已有近十载，接手"城市规划原理"课程也有 6 年的时间了。"城市规划原理"是清华大学建筑学院传统的专业基础课，吴良镛院士、赵炳时教授等老一辈城市规划学者都曾先后亲自讲授。1999 年当我以一种诚惶诚恐的心情着手准备从金笠铭教授手中接过这门课程时倍感压力。好在多年在国外学习和从事城市规划相关工作的经历、积累以及对城市规划专业的热爱使我逐渐适应了这一角色。

　　从 1999 年开始，我一边收集资料、编写讲义、准备讲课用的幻灯片，一边进行教学实践，先后在清华大学建筑学院和中国人民大学徐悲鸿艺术学院多次讲授同名课程。在教学过程中，一方面发现目前所使用的教材仍然带有某些计划经济时期的色彩，对现实及未来发展的趋势反映不足，需要更新和改进；另一方面，一些兄弟院校教师来旁听该课程或索要课程讲义材料，以及校内其他专业的学生的选课，使我意识到"城市规划原理"这门课程有着超乎想象的需求。因此，我开始思考有关"城市规划原理"这门课程的一些基本问题，例如作为城市规划的基础教学究竟应该包括哪些内容、侧重点是什么、应该按照什么样的思路进行论述等最基本也是最关键的问题，并进行了较为系统的研究（详见：谭纵波. 论城市规划基础课程中的学科知识结构构建[J]. 城市规划. 2005(6)：52-57）。另外也希望把自己的一些思考结果用书面的形式与国内外的同行进行交流。其间，2001—2002 学年我作为访问学者被派往美国哈佛大学设计研究生院，使我又一次有了近距离观察西方国家城市规划的机会，也引发了更多的思考。回国后决心在教学讲义的基础上编写一本可以作为教材的城市规划读物。适逢清华大学出版社的邹永华编审正在策划一个清华大学建筑规划类精品课程教材系列的出版计划，我们一拍即合，开始了正式的撰写工作。原本打算用较少的篇幅为建筑学、城市规划以及相关专业的学生提供一个入门性的读物，无奈城市规划学科知识的庞大，使得本书即使仅保留最核心的内容并点到为止，也不得不屡次增加字数和篇幅。回头来看这样一项工作实难为个人所能，不禁为当初的无谋与胆大妄为而感到后怕。

　　无论如何，这本《城市规划》总算可以奉献给大家了，尽管其中还有这样或那样的不足与谬误。在写作过程中许多人给予了极大的支持和帮助。首先要感谢我的学生，是他们求知的欲望和朝气蓬勃的青春气息给了我写作的动力。要感谢清华大学建筑学院和中国人民大学徐悲鸿艺术学院给我的信任和宝贵的教学实践机会。感谢吴良镛院士和赵炳时教授在百忙之中为本书作序，他们是我国城市规划教育的开拓者和老前辈，对本书的写作给予了极大的鼓励与支持。感谢清华大学出版社的邹永华编审，他严谨热心的编审工作为本书增色不少。感谢北京清华城市规划设计院尹稚院长，沼渔潭工作室的赵炳时教授、于学文教授、杨晨女士、董广宇先生及全体同人，是他们为我提供了进行城市规划实践的场所和强有力的经济支持。感谢李莉、程玲两位女士为本书绘制部分图表。最后,感谢我的家人,感谢他们对我失职的宽容和在我遭遇挫折时的理解与鼓励。

对我来说写作是一种思想的交流,本书管中窥豹、谬误在所难免,真诚希望以己之砖引广大读者之玉。您的阅读是缓解我深夜写作时孤独感的佳方良药。

作　者
2005 年仲夏于北京上地